Jürgen Schnakenberg
**Thermodynamik
und Statistische Physik**

Jürgen Schnakenberg

Thermodynamik und Statistische Physik

Einführung in die Grundlagen
der Theoretischen Physik
mit zahlreichen Übungsaufgaben

2., durchgesehene Auflage

Autor
Prof. Dr. Jürgen Schnakenberg
RWTH Aachen, Institut für
Theoretische Physik

2., durchgesehene Auflage 2002

Die Deutsche Bibliothek - CIP-Einheitsaufnahme
Ein Titelsatz für diese Publikation ist bei Der Deutschen Bibliothek erhältlich

© WILEY-VCH Verlag Berlin GmbH, 2002

Alle Rechte, insbesondere die der Übersetzung in andere Sprachen, vorbehalten. Kein Teil dieses Buches darf ohne schriftliche Genehmigung des Verlages in irgendeiner Form - durch Photokopie, Mikroverfilmung oder irgendein anderes Verfahren - reproduziert oder in eine von Maschinen, insbesondere von Datenverarbeitungsmaschinen, verwendbare Sprache übertragen oder übersetzt werden. Die Wiedergabe von Warenbezeichnungen, Handelsnamen oder sonstigen Kennzeichen in diesem Buch berechtigt nicht zu der Annahme, daß diese von jedermann frei benutzt werden dürfen. Vielmehr kann es sich auch dann um eingetragene Warenzeichen oder sonstige gesetzlich geschützte Kennzeichen handeln, wenn sie nicht eigens als solche markiert sind.

Printed in the Federal Republic of Germany

Gedruckt auf säurefreiem Papier

Druck strauss-offsetdruck, Mörlenbach
Bindung Wilh. Osswald + Co., Neustadt

ISBN 3-527-40362-0

Vorwort

Die Thermodynamik ist wie kaum ein anderes Gebiet der Theoretischen Physik Gegenstand sehr lebendiger didaktischer Diskussionen. Im Mittelpunkt steht dabei immer wieder die Frage, wie man die Theorie thermodynamischer Systeme beginnen soll: phänomenologisch oder statistisch? Soll man also zunächst die phänomenologischen, das heißt makroskopischen Eigenschaften thermodynamischer Systeme beschreiben und dann auf die darunter liegende statistische Theorie eingehen oder soll man umgekehrt sogleich mit der letzteren, also mikroskopischen Theorie als Basis beginnen und darauf das makroskopische Verhalten aufbauen?
Für beide Zugänge gibt es gute Argumente. In den vergangenen drei Jahrzehnten bis hinein in die Gegenwart hatte sich der statistisch-physikalische Zugang in der Literatur durchgesetzt. Dem entsprach in der physikalischen Forschung, dass diese ganz überwiegend auf den physikalischen Mikrokosmos ausgerichtet war. Das hat sich in der Gegenwart geändert. Es war vor allem die Nichtlineare Theorie, die den physikalischen Makrokosmos wiederentdeckt hat. Diese Theorie hat viele Verknüpfungen mit der phänomenologischen Thermodynamik, zum Beispiel in der Physik turbulenter Strömungen oder in der Physik dissipativer Strukturen.
Dieses zuletzt genannte Argument war ausschlaggebend dafür, das vorliegende Buch mit der phänomenologischen Theorie zu beginnen. Sie lässt sich, was oft verkannt wird, ebenso wie die statistische Theorie mathematisch und physikalisch geschlossen darstellen und erfüllt dann auch die „ästhetischen" Anforderungen an eine allgemeine physikalische Theorie. Sie ist *das* Paradigma einer physikalischen Systemtheorie und liefert zugleich die Ausgangspunkte für die oben genannten aktuellen Ansätze der Nichtlinearen Dynamik.
Ein besonderes Anliegen dieses Buches ist es, auch die Grundlagen der Irreversiblen Thermodynamik einzuschließen. Entropie-Produktion gewinnt heute als Stichwort in der öffentlichen Diskussion zunehmend an Bedeutung. Physiker müssen darum diesen zentralen physikalischen Begriff der Thermodynamik gerade auch im phänomenologischen Kontext sicher beherrschen. In Rahmen eines einführenden Textes lässt sich die Irreversible Thermodynamik aber nur sehr schwer auf die statistische Theorie stützen. Die phänomenologische Theorie greift darum weit über den Anwendungsbereich der statistischen Theorie hinaus; die Letztere gerät leicht in Gefahr, sich zu einer reinen Gleichgewichts-Thermodynamik, also einer „Thermostatistik" zu verengen.
Eine Herausforderung stellt in der phänomenologischen Theorie die Begründung des Entropie-Begriffes dar. Der traditionelle Weg über Carnot-Zyklen rückt die Theorie zu sehr in die Nähe der thermodynamischen Maschinen und zu weit von der physikalischen Grundlage des Entropie-Begriffs fort. Seit Herbert B. Callens *Thermodynamics* (1960) jedoch gibt es einen Weg, auch in der phänomenologischen Theorie Entropie nicht nur allgemein für alle thermodynamischen Systeme, sondern sogar als den primären Begriff einzuführen, aus dem sich dann der Begriff der Temperatur

ergibt. Ein „nullter Hauptsatz" wird überflüssig. In diesem Text wird Callens Ansatz verwendet und zusätzlich auf qualitative statistische Argumente gestützt. So werden beide Schulen der Phänomenologen und Statistiker sogar noch ein wenig miteinander versöhnt.

Eine nicht mindere Herausforderung stellt in der statistischen Theorie die Einführung des Ensemble-Begriffs dar. Das vorliegende Buch bietet einen Weg, der sowohl als physikalisches Variationsprinzip, wie auch als ein Prinzip aus der Informationstheorie interpretierbar ist. Die Verknüpfung der Begriffe Entropie und Information in der Thermodynamik ist von Friedrich Schlögl aus seiner „Probabilty and Heat"(1989) hier übernommen worden.

Die Thermodynamik ist eine „Meta-Theorie" in dem Sinne, dass sie Systeme mit einer großen Anzahl von Freiheitsgraden in sehr unterschiedlichen physikalischen Situationen beschreibt. Dementsprechend berührt Sie viele andere physikalische Theorien. Deren Grundlagen werden in diesem Buch jeweils dort in Erinnerung gerufen, wo sie verwendet werden. Das betrifft insbesondere die klassische und die Quanten-Mechanik sowie die Elektrodynamik. Dasselbe gilt für die mathematischen Grundlagen. Soweit diese den Rahmen der elementaren Analysis überschreiten, werden sie an der Stelle erläutert, an der sie verwendet werden.

Der vorliegende Text ist aus mehrfachen Durchgängen der Vorlesung *Thermodynamik* im Rahmen der Kursvorlesung in Theoretischer Physik an der Rheinisch-Westfälischen Technischen Hochschule Aachen seit den siebziger Jahren entstanden. Die an den eigentlichen Lehrbuchtext angehängten Übungsaufgaben stellen eine didaktisch sinnvolle Auswahl dar. Sie sollen helfen, die Studierenden im Umgang mit der Thermodynamik und Statistischen Physik sicher zu machen. Einem oft geäußerten Wunsch der Studierenden folgend sind zu allen Aufgaben ausführliche Lösungsvorschläge nachgestellt, die zur Kontrolle der eigenen Überlegungen und Rechnungen, aber auch zur Anregung dienen sollen. Der Text ist so formuliert, dass auch Nicht-Physiker wenigstens seine einführenden Teile studieren können sollten, zum Beispiel Studierende des Maschinenwesens, Chemiker oder physikalisch interessierte Biologen und Mathematiker. Selbst für Physiker gilt, dass sich eine erste, in die Theorie einführende Lektüre auf grundlegende Kapitel beschränken kann.

Für das Zustandekommen dieses Textes habe ich einer Vielzahl von Kollegen, Mitarbeitern und Studierenden zu danken, die im Vorlesungsablauf, in den zugehörigen Übungen und in vielen Diskussionen wertvolle Anregungen und Beiträge dazu geliefert haben. Besonderer Dank gebührt meinen Mitarbeiterinnen und Mitarbeitern Dr. Uwe Kahlert, Dr. Irene Merk und Dipl.-Ing. Andrea Frisque und den Studierenden der Physik an der Rheinisch-Westfälischen Technischen Hochschule Aachen.

Aachen, im August 2000

J. Schnakenberg

Inhaltsverzeichnis

1 Thermodynamische Systeme und der 1. Hauptsatz der Thermodynamik — **19**

    1.1 Thermodynamische Systeme 19

    1.2 Mikrodynamik 21

    1.3 Makrodynamik 23

    1.4 Die Wechselwirkungen thermodynamischer Systeme 24

        1.4.1 Mechanische Wechselwirkungen 24

        1.4.2 Chemische Wechselwirkungen 25

        1.4.3 Elektrische Wechselwirkungen 27

        1.4.4 Magnetische Wechselwirkungen 30

        1.4.5 Thermische Wechselwirkungen 32

    1.5 Der 1. Hauptsatz der Thermodynamik 33

    1.6 Randbedingungen 35

2 Gleichgewicht und der 2. Hauptsatz der Thermodynamik — **39**

    2.1 Gleichgewicht isolierter Systeme 39

    2.2 Der 2. Hauptsatz in einem Modellsystem 41

        2.2.1 Anhang: Entwicklung von p_n für $N \to \infty$ 45

- 2.3 Der 2. Hauptsatz der Thermodynamik 46
- 2.4 Entropie in partiellen Gleichgewichten 49
- 2.5 Gleichgewicht in offenen Systemen 51
- 2.6 Thermodynamik des Gleichgewichts 53
- 2.7 Extensive und intensive Variablen: die Gibbs–Duhem–Relation 57

3 Irreversible Thermodynamik   61

- 3.1 Prozesse mit Wärmeaustausch 62
- 3.2 Irreversible und reversible Prozesse 63
- 3.3 Prozesse mit Austausch von Wärme, Volumen und Teilchen 66
- 3.4 Elektrische Leitung 69
- 3.5 Chemische Reaktionen 72
- 3.6 Kontinuierliche Bilanzgleichungen 76
  - 3.6.1 Das Schema von Bilanzgleichungen 77
  - 3.6.2 Bilanz der Gesamtmasse 78
- 3.7 Die Bilanz der Komponentenmasse, Diffusion 81
- 3.8 Bilanz des Impulses, Hydrodynamik 85
  - 3.8.1 Ideale Flüssigkeiten, Eulersche Gleichung 86
  - 3.8.2 Zähigkeit, Navier–Stokes–Gleichung 88
  - 3.8.3 Anhang: Gaußscher Integralsatz 91
- 3.9 Bilanz der inneren Energie und der Entropie, Wärmeleitung 92
  - 3.9.1 1. Hauptsatz: innere Energie und Wärmeleitung 92
  - 3.9.2 2. Hauptsatz: Entropie 95

4 Thermodynamische Potentiale — 101

- 4.1 Maximale Entropie und minimale Energie … 102
- 4.2 Freie Energie und freie Enthalpie … 104
- 4.3 Fundamentalrelationen, Legendre–Transformation … 108
- 4.4 Thermodynamische Umformungen, Maxwell-Relationen … 113
- 4.5 Magnetische Systeme … 116

5 Thermodynamische Stabilität und verallgemeinerte Suszeptibilitäten — 121

- 5.1 Variationen höherer Ordnung … 121
- 5.2 Hinreichende Kriterien für Stabilität … 124
- 5.3 Thermische, mechanische und chemische Stabilität … 125
- 5.4 Verallgemeinerte Suszeptibilitäten … 131

6 Thermodynamische Prozesse — 137

- 6.1 Die maximale Arbeit eines thermodynamischen Systems … 137
- 6.2 Periodische Prozesse … 139
- 6.3 Wärmekraftmaschinen … 142
- 6.4 Kältemaschinen … 145
- 6.5 Thermodynamische Temperaturskala … 146

7 Ideale Systeme — 151

- 7.1 Ideales Gas … 151
- 7.2 Thermodynamik des idealen Gases im Gleichgewicht … 155
- 7.3 Mehrkomponentiges ideales Gas … 160
- 7.4 Die Mischungsentropie … 163
- 7.5 Verdünnte Lösungen … 165
- 7.6 Chemisches Gleichgewicht, Massenwirkungsgesetz … 168
- 7.7 Osmose … 171

8 Reale Gase und Phasenübergänge — 177

- 8.1 Das van-der-Waals-Modell 177
- 8.2 Kondensation, Phasenübergang und Maxwell-Konstruktion 180
  - 8.2.1 Kondensation 180
  - 8.2.2 Maxwell-Konstruktion 182
- 8.3 2-Phasen-Beschreibung, Gibbssche Phasenregel 185
- 8.4 Der kritische Punkt 188
- 8.5 Kontinuierlicher Phasenübergang 190

9 Magnetische Systeme und das Landau-Modell — 197

- 9.1 Paramagnetismus 197
  - 9.1.1 Paramagnetische Zustandsgleichung 197
  - 9.1.2 Entropie und freie Energie des Paramagneten 199
  - 9.1.3 Innere Energie und Wärmekapazität 202
- 9.2 Weißsche Theorie des Ferromagnetismus 204
  - 9.2.1 Der Ferromagnet ohne äußeres Feld: $B_0 = 0$ 205
  - 9.2.2 Der Ferromagnet mit einem äußeren Feld $B_0 \neq 0$ 207
- 9.3 Das Landau-Modell 210
  - 9.3.1 Die Lösungen für verschwindendes Feld $y = 0$ 211
  - 9.3.2 Die Lösungen für nicht verschwindendes Feld $y \neq 0$ 213
  - 9.3.3 Das Verhalten der Wärmekapazität 215
- 9.4 Ortsabhängiger Ordnungsparameter 217

INHALTSVERZEICHNIS 11

10 Thermodynamik tiefer Temperaturen　225

10.1 Der 3. Hauptsatz der Thermodynamik 225

10.2 Verallgemeinerte Suszeptibilitäten bei $T \to 0$ 228

10.3 Kühlprozesse 231

  10.3.1 Der Joule–Thomson–Prozess 231

  10.3.2 Kopplung isothermer und adiabatischer Prozesse 234

  10.3.3 Adiabatische Entmagnetisierung 237

11 Die statistische Physik des Gleichgewichts　241

11.1 Mikrodynamik im klassischen Phasenraum 242

11.2 Ensemble und der Liouvillesche Satz 246

11.3 Das mikrokanonische Ensemble des Gleichgewichts 250

11.4 Mikrodynamik im Hilbert–Raum 255

11.5 Quantenstatistische Ensemble und der von Neumannsche Satz 259

11.6 Das mikrokanonische Ensemble in der Quantenstatistik 262

12 Allgemeine kanonische Ensemble　269

12.1 Die Form des allgemeinen kanonischen Ensembles 269

  12.1.1 Die Entropie im Ensemble 270

  12.1.2 Das allgemeine kanonische Ensemble 271

  12.1.3 Die klassische Formulierung 274

  12.1.4 Das mikrokanonische Ensemble 275

12.2 Das kanonische Ensemble 276

  12.2.1 Die quantenstatistische Formulierung 276

12.2.2 Die klassische Formulierung 278

12.2.3 Die Formulierung mit der Zustandsdichte 279

12.3 Das großkanonische Ensemble 279

12.3.1 Die quantenstatistische Formulierung 279

12.3.2 Die klassische Formulierung 283

12.4 Fluktuationen und die Äquivalenz der Ensemble 284

12.4.1 Die Fluktuation der Energie im kanonischen Ensemble 285

12.4.2 Fluktuation der Teilchenzahl im großkanonischen Ensemble . . 286

12.5 Der informationstheoretische Zugang 287

13 Allgemeine Aussagen der statistischen Theorie   293

13.1 Grundbegriffe der Statistik 293

13.1.1 Verbunddichten, bedingte und marginale Dichten 295

13.1.2 Erwartungswerte 296

13.2 Die Maxwellsche Geschwindigkeitsverteilung und barometrische Formel 297

13.2.1 Maxwellsche Geschwindigkeitsverteilung 298

13.2.2 Barometrische Formel 300

13.3 Der Gleichverteilungssatz 301

13.3.1 Formulierung des Gleichverteilungssatzes 301

13.3.2 Anwendungen des Gleichverteilungssatzes 302

13.4 Der Virialsatz 305

13.5 Die Einsteinsche Schwankungsformel 308

13.6 Multivariante Gauß–verteilte Dichte 312

INHALTSVERZEICHNIS

    13.6.1 Die Normierung 313

    13.6.2 Die Bedeutung der Matrix g 315

    13.6.3 Die konjugierten Variablen 316

13.7 Korrelationsfunktionen und die Onsagerschen Reziprozitätsrelationen 317

    13.7.1 Zeitliches Verhalten der Fluktuationen 317

    13.7.2 Korrelationsfunktionen 320

    13.7.3 Symmetrien der Korrelationsfunktion und Onsagersche Reziprozitätrelationen 322

14 Statistische Physik unabhängiger Teilchen   327

14.1 Unabhängige Freiheitsgrade 328

    14.1.1 Die klassisch–statistische Version 328

    14.1.2 Die quantenstatistische Version 330

14.2 Die kanonische 1–Teilchen–Zustandssumme für freie Teilchen 331

    14.2.1 Die quantenstatistische Rechnung 332

    14.2.2 Die klassisch–statistische Rechnung 334

14.3 Thermodynamik des einatomigen idealen Gases 335

14.4 Einatomiges ideales Gas im großkanonischen Ensemble 339

14.5 Thermodynamik eines zweiatomigen idealen Gases 341

    14.5.1 Die Rotationsbeiträge 346

    14.5.2 Moleküle mit zwei gleichartigen Atomen 349

    14.5.3 Die Schwingungsbeiträge 351

    14.5.4 Entkopplung von Rotation und Schwingung 352

14.6 Moleküle mit mehr als zwei Atomen 354

    14.6.1 Die Rotationsbeiträge 355

    14.6.2 Die Schwingungsbeiträge 356

15 Magnetismus und Wechselwirkungen — 363

   15.1 Unabhängige magnetische Momente 363

      15.1.1 Allgemeine Formulierung 364

      15.1.2 Anwendungen 365

   15.2 Das Ising–Modell 367

      15.2.1 Formulierung und die Molekularfeld–Näherung 367

      15.2.2 Thermodynamik in der Molekularfeld–Näherung 370

   15.3 Das 1–dimensionale Ising–Modell 371

      15.3.1 Die Transfermatrix 372

      15.3.2 Magnetisierung 374

   15.4 Van der Waals–Modell: Molekularfeld–Theorie 375

   15.5 Die Virialentwicklung 379

      15.5.1 Die Entwicklung 379

      15.5.2 Auswertung der Virialentwicklung und das van der Waals–Modell 383

      15.5.3 Anhang: Kumulanten–Entwicklung für die niedrigsten Terme . 385

16 Quantenstatistik: Fermionen und Bosonen — 389

   16.1 Besetzungszahlen 389

      16.1.1 Die kanonische Zustandssumme 389

      16.1.2 Die großkanonische Zustandssumme 391

   16.2 Ununterscheidbarkeit in der Quantentheorie 393

      16.2.1 Die Symmetrie der Wellenfunktion 393

      16.2.2 Die 2. Quantisierung 395

   16.3 Bose–Einstein– und Fermi–Dirac–Statistik 397

   16.4 Freie Bosonen und Fermionen 401

INHALTSVERZEICHNIS 15

17 Anwendungen der Quantenstatistik   **407**

     17.1 Die Bose–Einstein-Kondensation 407

         17.1.1 Kondensat 411

         17.1.2 Zustandsgleichung 415

         17.1.3 Wärmekapazität 416

     17.2 Thermodynamik des Photonen-Gases 418

         17.2.1 Schwingungsmoden im elektromagnetischen Feld 418

         17.2.2 Thermodynamik der Photonen 422

     17.3 Debyesche Theorie der Phononen 425

         17.3.1 Schwingungsmoden des Schalls 425

         17.3.2 Thermodynamik der Phononen 428

     17.4 Das entartete Fermi-Gas 429

         17.4.1 Rechnungen: Elimination von μ 431

         17.4.2 Diskussion der Ergebnisse 436

18 Die kinetische Theorie   **441**

     18.1 Die Verteilungsfunktion 442

     18.2 Bewegungsgleichungen 445

     18.3 Die Relaxationszeitnäherung, Stoßzeit und freie Weglänge 449

     18.4 Transporttheorie 452

         18.4.1 Elektrische Leitung 452

         18.4.2 Impulsabhängige Relaxationszeit 454

         18.4.3 Zähigkeit 455

18.5 Stoßintegral 458

    18.5.1 Beschreibung von Stößen 459

    18.5.2 Der Stoßterm 461

    18.5.3 Die Voraussetzung des "molekularen Chaos" 463

18.6 Das Boltzmannsche H–Theorem 464

18.7 Bilanzgleichungen 468

    18.7.1 Explizite Bilanzgleichungen 468

    18.7.2 Bilanz der Gesamtmasse und substantielle Bilanzgleichungen . 471

    18.7.3 Bilanz des Impulses 472

    18.7.4 Bilanz der inneren Energie 474

    18.7.5 Anhang: Verschwinden des Stoßbeitrags 476

A Übungsaufgaben   481

A.1 Aufgaben 481

A.2 Lösungen der Aufgaben 503

B Kommentiertes Literaturverzeichnis   585

1

Thermodynamische Systeme und der 1. Hauptsatz der Thermodynamik

1

Thermodynamische Systeme und der Hauptsatz der Thermodynamik

Kapitel 1

Thermodynamische Systeme und der 1. Hauptsatz der Thermodynamik

In diesem Kapitel wollen wir verstehen, was thermodynamische Systeme sind, auf welche Weisen sie beschreibbar sind, wie sie mit ihrer Umgebung wechselwirken können, wie wir ein thermodynamisches System abgrenzen und was wir über seine Energie aussagen können. Wir werden den 1. Hauptsatz der Thermodynamik formulieren; er ist das fundamentale Postulat über die Energie thermodynamischer Systeme bei ihren Wechselwirkungen mit der Umgebung.

1.1 Thermodynamische Systeme

Thermodynamische Systeme sind Systeme mit einer sehr großen Anzahl von Freiheitsgraden. Wenn es sich um physikalische Systeme handelt, dann wird die Anzahl von Freiheitsgraden dort meist durch die Anzahl N von Teilchen bestimmt, deren jedes seine Freiheitsgrade der Bewegung besitzt. Das können die Translationsbewegungen der Teilchen sein oder auch Schwingungsbewegungen, falls die Teilchen an feste Lagen gebunden sind. Hinzu kommen möglicherweise Rotationsbewegungen der Teilchen oder auch innere Schwingungen, falls die Teilchen eine innere Struktur besitzen. Die Anzahl der Freiheitsgrade in solchen Systemen ist proportional zur Teilchenzahl N, und die ist in *makroskopischen* Systemen sehr groß. Unter makroskopischen Systemen wollen wir hier Systeme mit Ausmaßen aus der unmittelbaren menschlichen Vorstellungswelt verstehen. Typischerweise enthalten solche Systeme Massen von der Größenordnung von einem *Mol* entsprechend einer Anzahl von $N \approx L = 6{,}0225 \cdot 10^{23}$ Teilchen. L heißt die *Avogadro-Zahl*. Die Begriffsbildung *thermodynamische Systeme* entsteht also aus dem Verhältnis von makroskopischen Ausmaßen zu den *mikroskopischen* Ausmaßen eines einzelnen Teilchens.

Freiheitsgrade in physikalischen Systemen müssen nicht unbedingt an die Vorstellung von Teilchen gebunden sein. Eine andere Möglichkeit sind die Freiheitsgrade von Schwingungen, z.B. Schwingungen in einem materiellen Kontinuum oder in einem elektromagnetischen Feld. Wenn solche Systeme makroskopische Ausmaße besitzen, ist wiederum die Anzahl ihrer Freiheitsgrade sehr groß, weil die Wellenlängen der Schwingungen sehr klein im Verhältnis zu makroskopischen Ausmaßen sind, bei elektromagnetischen Schwingungen sogar beliebig klein. Wir können hier auch bereits die Quantentheorie ins Spiel bringen: sie quantisiert die Schwingungen, z.B. die Schwingungen des materiellen Kontinuums zu *Phononen* oder die des elektromagnetischen Feldes zu *Photonen*. Damit hätten wir die Systeme mit Schwingungen wieder auf Systeme mit Teilchen zurückgeführt, die dann natürlich quantentheoretisch zu beschreiben sind.

Thermodynamische Systeme müssen aber nicht physikalische Systeme sein. Chemische oder biologische Systeme sind ebenfalls immer auch thermodynamisch, weil sie makroskopische Ausmaße besitzen und aus Teilchen bestehen. Auf der mikroskopischen Ebene der Teilchen unterscheiden sich chemische und biologische Systeme nicht von den Systemen, die wir physikalisch zu nennen gewohnt sind. Auch eine einzelne biologische Zelle ist noch ein thermodynamisches System. An eine Grenze geraten wir möglicherweise im Fall von Zellorganellen, also von Untereinheiten einer biologischen Zelle, die manchmal nur mehr eine Größenordnung von 1000 Teilchen einer bestimmten Sorte enthalten. Ist 1000 noch sehr groß? Wir werden sogleich darauf eine Antwort zu geben versuchen.

Die Vorstellung mikroskopischer Freiheitsgrade in thermodynamischen Systemen muss aber nicht mit elementaren Teilchen oder Schwingungen verknüpft sein. Auch ein System mit einer sehr großen Anzahl von Nervenzellen, ein sogenanntes neuronales Netz, ist ein thermodynamisches System. Die mikroskopischen Freiheitsgrade sind hier nicht die Bewegungen von Teilchen, sondern die Zustände eines einzelnen Neurons. Aber auch Systeme mit einer sehr großen Anzahl biologischer Individuen, wie man sie in der Populationsdynamik diskutiert, können thermodynamisch sein. Man kann die Thermodynamik bis in die Soziologie hinein fortsetzen, allerdings um den Preis, dass man dort dem menschlichen Individuum dieselbe Rolle zuweist wie einem Wassermolekül in einem Kubikzentimeter Wasser.

Die Begriffsbildung *thermodynamische Systeme* hängt offenbar an der Vorstellung, die wir mit dem Ausdruck *sehr groß* verbinden. Bei $N \approx 6 \cdot 10^{23}$ scheint das unproblematisch, aber bei $N \approx 1000$ kommen uns doch schon Zweifel. Wir wollen hier schon einmal die Antwort vorwegnehmen, die die Thermodynamik auf dieses Problem geben wird. Sie wird Aussagen über thermodynamische Variabeln, z.B. die Energie U eines thermodynamischen Systems, mathematisch in der Form einer Reihe machen, die typischerweise die folgende Gestalt hat:

$$U = N\,u + N^{1/2}\,\delta u + \dots.$$

Das ist eine Entwicklung in Potenzen von $N^{-1/2}$. Der führende Term geht proportional zur Teilchenzahl N, die hier die Anzahl von Freiheitsgraden charakterisieren soll. u hat die Bedeutung einer mittleren Energie pro Teilchen. Der nächste Term beschreibt die sogenannten *Fluktuationen* vom Mittelwert. Je nach der Art der Fragestellung wird man nur den führenden Term, also den Mittelwert, oder auch die Fluktuationen oder gar noch weitere Terme berücksichtigen. Die Thermodynamik ist also eine *asymptotische Theorie* für $N \to \infty$. Den Grenzübergang $N \to \infty$ nennt man auch auch den *thermodynamischen Limes*.

Die obige asymptotische Reihe für U kann allerdings problematisch werden. Die Fluktuationen δu können in der Nähe kritischer Punkte von Phasenübergängen divergieren und die Asymptotik für $N \to \infty$, je nach der Reihenfolge der Grenzprozesse, kompensieren. In solchen Fällen muss man auf die tatsächliche physikalische Situation zurückgreifen. Jedes reale physikalische System besitzt nur endliche viele Teilchen N. Folglich sind dann die thermodynamischen Eigenschaften solcher Phasenübergänge in nicht-trivialer Weise von der Systemgröße abhängig. Wir werden später noch einmal auf diese Situation zurückkommen. Vorerst wollen wir annehmen, dass die asymptotische Entwicklung nach $N^{-1/2}$ unproblematisch ist.

1.2 Mikrodynamik

Wir wollen jetzt voraussetzen, dass es in jedem thermodynamischen System eine Beschreibung der Dynamik der mikroskopischen Freiheitsgrade gibt, die wir *Mikrodynamik* nennen wollen. Im Fall physikalischer Systeme ist die Frage nach der Mikrodynamik einfach zu beantworten. Es sind die Bewegungsgleichungen für Teilchen oder Felder, im Bereich der klassischen Physik also die Newtonschen Bewegungsgleichungen bzw. die Maxwellschen Gleichungen. Wir wollen die Mikrodynamik für das Beispiel von klassischen Teilchen erläutern. Die Newtonschen Bewegungsgleichungen beschreiben dort die Bewegung der Teilchen unter der Einwirkung der Kräfte, die auf jedes der Teilchen ausgeübt werden, z.B. durch Wechselwirkungen mit anderen Teilchen, durch die Wände des Systems oder durch äußere Felder, etwa das Gravitationsfeld oder äußere elektromagnetische Felder, falls die Teilchen eine elektrische Ladung tragen. Durch die Bewegungsgleichungen sind, nach Maßgabe von Anfangsbedingungen, die Bahnen der Teilchen bestimmt. In der Thermodynamik ist es üblich, statt der Newtonschen Bewegungsgleichungen die kanonische Beschreibung durch Hamiltonsche Bewegungsgleichungen zu verwenden. Die kanonische Theorie schließt übrigens auch die Beschreibung von Freiheitsgraden von Feldern ein. Wir werden später darauf zurückkommen. In jedem Fall liefert die Mikrodynamik eine vollständige Beschreibung des Verhaltens der mikroskopischen Freiheitsgrade des Systems.

Auch die quantentheoretische Version der Mikrodynamik ist offensichtlich: für Teilchensysteme ist es die Schrödinger-Gleichung eines Vielteilchensystems, möglicherweise in der Form der 2. Quantisierung. Wenn die mikroskopischen Freiheitsgrade elektromagnetische Schwingungen sind, müssen wir die Quantenelektrodynamik bemühen. In jedem Fall liefert die quantentheoretische Mikrodynamik eine vollständige Beschreibung des Verhaltens der mikroskopischen Freiheitsgrade in der Form von Zustandsvektoren im Hilbertraum des Systems.

Als *Mikrozustände* bezeichnet man momentane Zustände der Mikrodynamik. Für klassische Teilchen ist ein Mikrozustand durch die Angabe der Orte und Geschwindigkeiten sämtlicher Teilchen zu einer bestimmten Zeit festgelegt, in der kanonischen Version durch die Angabe der Orte und Impulse. In der Quantentheorie ist ein Mikrozustand durch die Angabe eines Zustandsvektors zu einer bestimmten Zeit im Hilbertraum des Systems festgelegt. Wir stellen uns vor, dass sich der Mikrozustand eines thermodynamischen Systems in einer sehr großen Menge von erreichbaren Zuständen als Funktion der Zeit bewegt.

Im Fall von nichtphysikalischen Systemen z.B. in der Theorie der neuronalen Netze oder in der Populationsdynamik, ist die Frage nach der Mikrodynamik nicht so einfach zu beantworten. In diesen Beispielen muss die Mikrodynamik angeben, in welcher Weise sich der Zustand eines Neurons ändert oder wie sich ein Individuum bewegt, vermehrt oder wie es ausstirbt. Die Mikrodynamik, die man hier treffender mesoskopische Dynamik nennen sollte, ist in diesen Systemen durch Modelle zu beschreiben, und die thermodynamischen Eigenschaften eines Systems können empfindlich von diesen Modellen abhängen.

In der älteren thermodynamischen Literatur folgte an dieser Stelle das Argument, dass zwar die Vorstellung einer vollständigen Beschreibung eines thermodynamischen Systems durch seine Mikrodynamik erlaubt, jedoch praktisch undurchführbar sei. Dieses Argument ist heute nicht mehr zwingend. Man kann die Newtonschen Bewegungsgleichungen für klassische Systeme von Teilchen mit Anzahlen von einigen 10^5 bis 10^6 auf hinreichend großen und schnellen Computern durch numerische Integration lösen und aus den Lösungen thermodynamische Eigenschaften durch entsprechende Datenverdichtungen gewinnen. Diese Methode ist die sogenannte *Molecular Dynamics* (MD). Im Gegensatz dazu sucht die Thermodynamik, ohne Kenntnis der vollständigen Lösungen thermodynamische Schlüsse allein aus der Existenz und der Struktur der Mikrodynamik zu ziehen. Thermodynamik und MD müssen sich heute ergänzen. Dort, wo die Thermodynamik keine analytischen, d.h. mathematisch allgemein verbindlichen Aussagen mehr machen kann, wird man die MD ergänzend heranziehen. Wir wollen hier den Weg der Thermodynamik verfolgen.

1.3 Makrodynamik

Wenn wir ein makroskopisches System beobachten, und unter Beobachtung wollen wir im wesentlichen die physikalische Messung verstehen, dann interessieren uns Aussagen über Eigenschaften des Systems *als ganzes*, nicht jedoch über das Verhalten der einzelnen mikroskopischen Freiheitsgrade. Solche ganzheitlichen Eigenschaften sind in physikalischen Systemen z.B. die Masse, möglicherweise auch die Massen einzelner Komponenten, das Volumen, die Energie, das elektrische oder magnetische Moment. Allgemein nennt man solche Systemgrößen *makroskopische* oder einfach *thermodynamische Variablen*. Das Verhalten dieser Variabeln heißt *Makrodynamik* oder einfach *Thermodynamik*. Während die Formulierung der Mikrodynamik durch mikroskopische Bewegungsgleichungen unproblematisch ist, erscheint die Formulierung makroskopischer Bewegungsgleichungen für die Thermodynamik höchst problematisch und physikalisch völlig offen. Wie im vorhergehenden Abschnitt erwähnt, versucht die Thermodynamik, ihre Aussagen allein auf die Existenz und die Struktur der Mikrodynamik und auf die sehr große Anzahl ihrer Freiheitsgrade zu stützen. Sie wird dabei natürlich alle physikalischen Aussagen über das jeweilige System benutzen, allen voran die fundamentalen Erhaltungssätze über die Masse, Energie, Impuls, Drehimpuls, elektrische Ladung. Hinzu kommen grundlegende statistische Aussagen, die mit der großen Anzahl der mikroskopischen Freiheitsgrade zusammenhängen und die zu Wahrscheinlichkeitsaussagen für physikalische Zustände führen werden.

Das Programm der Thermodynamik ist auf verschiedenen Ebenen der Ausführlichkeit durchführbar. Wenn man ausschließlich die Existenz einer Mikrodynamik mit einer sehr großen Anzahl von Freiheitsgraden verwendet, kommt man zu einer thermodynamischen Rahmentheorie, die nur sehr allgemeine Aussagen über thermodynamische Systeme machen kann. Man nennt diese Theorie auch die *phänomenologische Thermodynamik*. Sie ist das Vorbild einer physikalischen *Systemtheorie*. Wenn man nicht nur die Existenz, sondern auch die mathematische Form der Mikrodynamik, also etwa die kanonischen Bewegungsgleichungen benutzt, kommt man zur sogenannten *statistischen Thermodynamik*. Diese gibt ein rigoroses Schema dafür an, wie man aus der detaillierten Struktur der Mikrodynamik eines Systems seine thermodynamischen Eigenschaften bestimmen kann. Im Gegensatz zur phänomenologischen Thermodynamik ist das Schema der statistischen Thermodynamik allerdings nur auf die Umgebung spezieller thermodynamischer Zustände, nämlich der Gleichgewichtszustände in einfacher Weise anwendbar. Die Durchführung des Programms der statistischen Thermodynamik, also die Realisierung ihres Schemas, ist außerdem nur für besonders einfache Typen der Mikrodynamik auf einfache Weise analytisch möglich.

Die Bezeichnung *Phänomenologische Thermodynamik* für die thermodynamische Rahmentheorie ist nicht besonders glücklich. Sie legt die Vermutung nahe, dass man dort den statistischen Charakter eines Systems mit einer sehr großen Anzahl von

Freiheitsgraden unberücksichtigt lassen könnte. Wir werden sehen, dass das nicht möglich ist. Keine Art von ernsthafter Systemtheorie kommt ohne jede Kenntnis der inneren Strukturen oder der inneren Dynamik des Systems aus. Für jede Art von Thermodynamik ist die Berücksichtigung des statistischen Charakters des Systems unverzichtbar.

1.4 Die Wechselwirkungen thermodynamischer Systeme

Thermodynamische Systeme können mit ihrer Umgebung wechselwirken, indem sie mit ihr auf physikalisch verschiedene Weisen Energie austauschen. Umgebung in diesem Sinne kann ein anderes thermodynamisches System sein, aber auch ein gewöhnliches physikalisches System, das nur durch wenige Freiheitsgrade beschreibbar ist, z.B. ein mechanisches System wie etwa eine deformierbare Feder, ein Gewicht unter der Einwirkung seiner Schwerkraft, oder elektrische und magnetische Systeme wie elektrische und magnetische Felder oder ein Elektromotor. Physikalische Systeme, die sich im Gegensatz zu thermodynamischen Systemen mit wenigen Freiheitsgraden beschreiben lassen, werden wir im Folgenden auch einfach *nicht-thermodynamisch* nennen.

Wir zählen im Folgenden die wichtigsten Arten von Wechselwirkungen thermodynamischer Systeme mit ihrer Umgebung auf. Wir wollen für die Zählung einer ausgetauschten Energie W vereinbaren, dass $\delta W > 0$ ein differentieller Energiebetrag ist, den das betrachtete System aus seiner Umgebung *aufnimmt*, und entsprechend $\delta W < 0$ ein Energiebetrag, den das System an seine Umgebung *abgibt*.

1.4.1 Mechanische Wechselwirkungen

Wir stellen uns vor, dass ein thermodynamisches System von Wänden eingeschlossen ist. Durch Verschiebung der Wände ändert sich das Volumen des Systems bzw. Volumen wird zwischen dem System und seiner Umgebung ausgetauscht. Da auf die Wände Kräfte wirken, z.B. innere und äußere Druckkräfte, wird mit dem Volumen im Allgemeinen auch mechanische Energie ausgetauscht. Es sei δV eine differentielle Volumenänderung, so dass analog zur Zählung der ausgetauschten Energie $\delta V > 0$ eine Zunahme des Systemvolumens, entsprechend $\delta V < 0$ eine Abnahme bedeutet. Der Austausch mechanischer Energie δW_{mech} wird proportional zu δV sein. Wenn während des Austauschvorgangs stets ein mechanischer Druck p definiert ist, erwarten wir

1.4. DIE WECHSELWIRKUNGEN THERMODYNAMISCHER SYSTEME

$$\delta W_{mech} = -p\,\delta V. \tag{1.1}$$

Das Vorzeichen erklärt sich daraus, dass der Druck positiv ist, $p > 0$, und das System bei einer Ausdehnung ($\delta V > 0$) mechanische Arbeit an seiner Umgebung leistet, d.h., mechanische Arbeit an die Umgebung abgibt und umgekehrt bei $\delta V < 0$.

Dass während des Prozesses δV immer ein mechanischer Druck existiert, ist eine Annahme, die nicht unbedingt zutreffen muss. Wir werden solche Prozesse später als *quasistatisch* kennenlernen. Wenn der Volumenaustausch aber z.B. mit einer Explosion verbunden ist, gibt es im Allgemeinen keinen einheitlichen Druck mehr.

Differentiale wie δV oder δW_{mech} kann man über endliche Prozesse integrieren. Wenn wir den Anfangs- und Endzustand eines endlichen Prozesses mit 1 bzw. 2 bezeichnen, dann ist

$$\int_1^2 \delta V = V_2 - V_1, \tag{1.2}$$

also gleich der Differenz der Volumina von End- und Anfangszustand. Das Ergebnis der Integration ist offensichtlich eindeutig, hängt also nicht vom Integrationsweg ab. Man nennt δV dann auch ein *vollständiges Diffferential*, bzw. das Ergebnis der Integration V eine *Zustandsfunktion*. Wenn wir dagegen den Differentialausdruck δW_{mech} aus (1.1) integrieren,

$$\int_1^2 \delta W_{mech} = -\int_1^2 p\,\delta V, \tag{1.3}$$

wird das Ergebnis im Allgemeinen davon abhängen, in welcher Weise der als definiert angenommene Druck p während des Prozesses $1 \to 2$ vom Volumen abhängt. Deshalb ist $p\,\delta V$ im Allgemeinen kein vollständiges Differential, bzw. das Ergebnis der Integration ist im Allgemeinen keine Zustandsfunktion. Als Beispiel stellen wir uns das Aufpumpen eines Fahrradreifens vor: man kann den Reifen langsam oder schnell aufpumpen. In jedem Fall ist der Zustand 1 der leere und der Zustand 2 der aufgepumpte Reifen. Beim schnellen Aufpumpen müssen wir aber mehr Energie aufbringen. Das sagt uns unsere intuitive Erfahrung und das werden wir später bei der Formulierung des 1. Hauptsatzes auch verstehen.

1.4.2 Chemische Wechselwirkungen

Die Wände, in die ein thermodynamisches System eingeschlossen ist, können für die Teilchen, aus denen das System besteht, durchlässig sein. Man nennt solche Wände *permeabel*. Durch permeable Wände kann das System Teilchen mit der Umgebung austauschen. Wir zählen wiederum $\delta N > 0$ als Aufnahme von Teilchen, $\delta N < 0$ als Abgabe. Mit dem Austausch von Teilchen ist der Austausch chemischer Energie $\delta W_{chem} \sim \delta N$ verbunden. In Analogie zu (1.1) schreiben wir

$$\delta W_{chem} = \mu\, \delta N \tag{1.4}$$

und bezeichnen μ als das *chemische Potential* pro Teilchen. Das chemische Potential ist offenbar die analoge Größe zum mechanischen Druck. Wie im Fall des Drucks muss es auch nicht unbedingt für alle Prozesse δN immer ein chemisches Potential geben. Für die bereits früher erwähnten quasistatischen Prozesse gibt es immer ein chemisches Potential.

Wir wollen versuchen, eine physikalisch anschauliche Vorstellung mit der chemischen Energie bzw. mit dem chemischen Potential μ zu verbinden. Das chemische Potential enthält unter anderem chemische Bindungsenergie. Wir werden später verstehen, dass Unterschiede des chemischen Potentials chemische Reaktionen treiben können. Das chemische Potential enthält aber auch die relativistische Ruheenergie von Teilchen, die bei Kernreaktionen umgesetzt wird. Darüber hinaus enthält das chemische Potential *entropische* Beiträge: wie wir ebenfalls später verstehen werden, ist das chemische Potential um so höher, je dichter die Teilchen in einem System sind. Intuitiv erwarten wir, dass die Teilchen spontan aus Regionen hoher Dichte in Regionen niedrigerer Dichte abwandern. Es wird sich herausstellen, dass dafür Differenzen des chemischen Potentials zwischen den Regionen hoher und niedriger Dichte verantwortlich sind.

Für die Differentiale δN und δW_{chem} trifft dasselbe zu wie für δV und δW_{mech} bei den mechanischen Wechselwirkungen: δN ist ein vollständiges Differential, δW_{chem} im Allgemeinen nicht. Mit anderen Worten: wenn wir (1.4) über einen endlichen Prozess integrieren, hängt das Ergebnis von der Prozessführung ab, weil das chemische Potential außer von der Teilchenzahl N von weiteren thermodynamischen Variabeln abhängt, die während des Prozesses auf verschiedene Weisen mitgeführt werden können. Während die Teilchenzahl N eine Zustandsfunktion ist, trifft das im Allgemeinen auf das Ergebnis der Integration nicht zu.

Das thermodynamische System kann mehrere Arten von Teilchen $k = 1, 2, \ldots, K$ enthalten, die man auch *Komponenten* des Systems nennt. Ein Beispiel ist Luft, die Stickstoff N_2, Sauerstoff O_2, Kohlendioxid CO_2, Wasser H_2O und weitere Spurengase enthält. Dann besitzt in quasistatischen Prozessen jede Komponente k ihr eigenes chemisches Potential μ_k pro Teilchen und wir schreiben statt (1.4)

$$\delta W_{chem} = \sum_{k=1}^{K} \mu_k\, \delta N_k. \tag{1.5}$$

1.4. DIE WECHSELWIRKUNGEN THERMODYNAMISCHER SYSTEME

Es kann sein, dass die Wände des Systems nur für einzelne Komponenten durchlässig sind. Man nennt solche Wände dann *semipermeabel*.

1.4.3 Elektrische Wechselwirkungen

Unter diesem Thema denkt man zunächst an den Austausch elektrischer Ladung zwischen einem thermodynamischen System und seiner Umgebung. Tatsächlich ist Ladungsaustausch ein sehr typischer Prozess in der Thermodynamik, aber elektrische Ladung wird stets von Teilchen getragen, z.B. von Ionen oder Elektronen. Also ist Ladungsaustausch immer mit chemischer Wechselwirkung verknüpft, die wir soeben untersucht haben. Wenn Teilchen ausgetauscht werden, die elektrische Ladung tragen, muss die chemische Wechselwirkung zu einer *elektrochemischen Wechselwirkung* erweitert werden, insbesondere das chemische Potential zu einem *elektrochemischen Potential*. Diese Erweiterung werden wir später vorstellen, nachdem wir eine präzisere Definition des chemischen Potentials vorgenommen haben.

Hier geht es uns um eine andere Version von elektrischer Wechselwirkung, und zwar zwischen einer möglichen elektrischen Polarisation des thermodynamischen Systems und einem äußeren elektrischen Feld, das als Umgebung für das System auftritt. Wir stellen uns vor, dass es in dem thermodynamischen System verschiebbare positive und negative elektrische Ladungen gibt. Diese Ladungen sollen allerdings nicht völlig frei verschiebbar wie in einem elektrischen Leiter, sondern an gewisse Ruhelagen gebunden sein, so dass ein elektrisches Feld immer nur eine endliche Verschiebung bewirken kann. Auf diese Weise kann es im System zu einer Entstehung von Dipolen durch Ladungstrennung kommen. Allerdings kann das System auch schon Moleküle mit einem festen Dipol enthalten, wie das z.B. bei Wassermolekülen der Fall ist. In einer solchen Situation bewirkt ein äußeres elektrisches Feld eine Ausrichtung der Dipole in Feldrichtung, die allerdings, wie wir später verstehen werden, im allgemeinen nicht vollständig sein wird.

Wir wollen jetzt die Energie δW_{el} berechnen, die ein polarisierbares thermodynamisches System mit einem äußeren elektrischen Feld austauscht, wenn seine Polarisation $\boldsymbol{P}$, definiert als die räumliche Dichte des Dipolmoments, um $\delta \boldsymbol{P}$ geändert wird. Wir müssen dazu auf einige Relationen aus der Elektrodynamik der Materialien zurückgreifen, und zwar auf

$$\boldsymbol{D} = \epsilon_0 \boldsymbol{E} + \boldsymbol{P}, \qquad \boldsymbol{\nabla} \boldsymbol{D} = \rho. \qquad (1.6)$$

Die erste Relation verknüpft die elektrische Verschiebungsdichte $\boldsymbol{D}$ mit dem elektrischen Feld $\boldsymbol{E}$ und der Polarisation $\boldsymbol{P}$. Die zweite Relation besagt, dass die Quellen von D die elektrischen Ladungen sind, deren räumliche Dichte mit ρ bezeichnet wird. Diese elektrischen Ladungen sind die sogenannten "wahren" Ladungen: sie enthalten nicht diejenigen Ladungen, die durch Polarisation oder durch Orientierung entstehen. Wir stellen uns vor, dass das elektrische Feld durch das Vorhandensein von elektrischen Leitern $\ell = 1, 2, \ldots$ jeweils mit der Ladung Q_ℓ entsteht. Dann besteht zwischen Q_ℓ und D der Zusammenhang

$$Q_\ell = \oint_{(\ell)} d\boldsymbol{f}_\ell \, \boldsymbol{D}. \tag{1.7}$$

Hier wird über die Oberfläche (ℓ) des Leiters ℓ integriert, wobei die Flächenelemente $d\boldsymbol{f}_\ell$ die aus dem Leiter hinausweisende Normalenrichtung haben sollen. (1.7) gilt unabhängig davon, ob das polarisierbare System an den Leiter angrenzt oder nicht. Auf jeden Fall ist eine Änderung $\delta \boldsymbol{P}$ durch eine Änderung $\delta \boldsymbol{D}$ und diese wiederum durch eine Änderung der Ladungen δQ_ℓ bedingt. Letztere sind mit einer Änderung der Feldenergie um

$$\delta W_{el} = \sum_\ell \Phi_\ell \delta Q_\ell \tag{1.8}$$

verknüpft, wobei Φ_ℓ das Potential des Leiters ℓ ist. δW_{el} in (1.8) ist die Energie, die zur Änderung des Feldes einschließlich der Änderung der Polarisation aufzubringen ist, also als Energie an das System zu rechnen ist. Wir setzen (1.7) für δQ_ℓ bzw. $\delta \boldsymbol{D}$ in (1.8) ein und führen die folgende Umformung durch:

$$\begin{aligned} \delta W_{el} &= \sum_\ell \Phi_\ell \oint_{(\ell)} d\boldsymbol{f} \, \delta \boldsymbol{D} = \sum_\ell \oint_{(\ell)} d\boldsymbol{f} \, \Phi \, \delta \boldsymbol{D} = \\ &= -\oint_{\partial V_0} d\boldsymbol{f} \, \Phi \, \delta \boldsymbol{D} = -\int_{V_0} dV \, \boldsymbol{\nabla} \left(\Phi \, \delta \boldsymbol{D} . \right) \end{aligned} \tag{1.9}$$

Hier haben wir davon Gebrauch gemacht, dass das Potential auf den Leiteroberflächen konstant ist, und außerdem haben wir die Integrationen über die Leiteroberflächen (ℓ) zusammengefasst zu einer Integration über die Grenzfläche ∂V_0 des Volumens V_0, das durch den Raum außerhalb der Leiter gebildet wird. Dabei tritt ein Vorzeichenwechsel auf, weil die in Normalenrichtung aus V_0 herausweisenden Flächenelemente $\delta \boldsymbol{f}$ den $\delta \boldsymbol{f}_\ell$ entgegengesetzt sind. Die Grenzfläche ∂V_0 enthält zusätzlich zu den Leiteroberflächen noch die ∞-ferne Fläche. Diese liefert keinen Beitrag zum Integral, weil dort sämtliche Felder, also auch $\delta \boldsymbol{D}$ verschwinden. Schließlich haben wir im letzten Schritt vom Gaußschen Integralsatz Gebrauch gemacht. Jetzt benutzen wir die Produktregel

1.4. DIE WECHSELWIRKUNGEN THERMODYNAMISCHER SYSTEME

$$\nabla (\Phi \delta D) = \Phi \nabla \delta D + \delta D \nabla \Phi$$

und beachten, dass $\nabla \delta D = 0$, weil sich in V_0, also außerhalb der Leiter, keine felderzeugenden Ladungen befinden sollten. Schließlich setzen wir $E = -\nabla \Phi$ und erhalten

$$\delta W_{el} = \int_{V_0} dV \, E \, \delta D = \epsilon_0 \int_{V_0} dV \, E \, \delta E + \int_{V_0} dV \, E \, \delta P. \tag{1.10}$$

Der Beitrag

$$\epsilon_0 \int_{V_0} dV \, E \, \delta E$$

ist die Energie zur Änderung des Feldes E, die gar nicht auf das System übertragen wird. Als eigentliche Wechselwirkungsenergie des Systems ist

$$\delta W_{el} = \int_V dV \, E \, \delta P \tag{1.11}$$

zu interpretieren. Wir kommen darauf noch einmal im Abschnitt 1.5 zurück. In (1.11) können wir die Integration auf das Systemvolumen V beschränken, weil die Polarisation außerhalb des Systems verschwindet. Wenn das System räumlich homogen polarisiert ist, wird

$$\delta W_{el} = V \, E \, \delta P \tag{1.12}$$

Bei der elektrischen Wechselwirkung mit der Polarisation wird zwar Energie δW_{el} zwischen dem thermodynamischen System und dem elektrischen Feld ausgetauscht, aber nicht etwa elektrisches Dipolmoment. Dieses entsteht oder verschwindet im thermodynamischen System. Das Feld kann kein Dipolmoment aufnehmen, weil das Auftreten von Dipolen an Teilchen bzw. an Materie gebunden ist. Das ist anders als im Fall der mechanischen und chemischen Wechselwirkung, denn dort gelten im Unterschied zum elektrischem Dipolmoment für die entsprechenden Variabeln Volumen und Teilchenzahl *Erhaltungssätze*. Das bedeutet, dass das vom System abgegebene Volumen und die vom System abgegebenen Teilchenzahlen in der Systemungebung wieder auftreten müssen und umgekehrt. Wir halten fest, dass Wechselwirkungen thermodynamischer Systeme nicht notwendig über Austauschvariabeln erfolgen, für die ein Erhaltungssatz gilt. In jedem Fall aber wird bei Wechselwirkungen Energie zwischen dem System und seiner Umgebung ausgetauscht.

1.4.4 Magnetische Wechselwirkungen

Wir wollen hier die magnetische Wechselwirkungsenergie δW_{magn} berechnen, die ein magnetisierbares thermodynamisches System mit einem äußeren Magnetfeld austauscht, wenn seine Magnetisierung $\boldsymbol{M}$, definiert als die räumliche Dichte des magnetischen Moments, um $\delta \boldsymbol{M}$ geändert wird. Auch dazu müssen wir auf Relationen aus der Elektrodynamik der Materialien zurückgreifen. Analog zu (1.6) ist

$$\boldsymbol{B} = \mu_0 \left(\boldsymbol{H} + \boldsymbol{M} \right), \qquad \boldsymbol{\nabla} \times \boldsymbol{H} = \boldsymbol{j}. \qquad (1.13)$$

Die erste Relation verknüpft die magnetische Flussdichte $\boldsymbol{B}$ mit dem Magnetfeld $\boldsymbol{H}$ und der Magnetisierung $\boldsymbol{M}$. Die zweite Relation besagt, dass die Wirbel von $\boldsymbol{H}$ die elektrische Stromdichte $\boldsymbol{j}$ ist. Diese Stromdichte beschreibt nur die sogenannten "wahren" Ströme: sie enthält nicht diejenigen Ströme, die durch die Magnetisierung entstehen. Damit ist allerdings die Analogie zum elektrischen Fall im vorhergehenden Abschnitt auch schon beendet, denn anders als im elektrischen Fall leistet das $\boldsymbol{B}$-Feld keine Arbeit an den Strömen $\boldsymbol{j}$, weil die Lorentz-Kraft $\boldsymbol{j} \times \boldsymbol{B}$ senkrecht auf $\boldsymbol{j}$ steht. Vielmehr wird durch eine Änderung $\delta \boldsymbol{B}$ ein elektrisches Feld $\boldsymbol{E}$ gemäß

$$\boldsymbol{\nabla} \times \boldsymbol{E} = -\frac{\partial}{\partial t} \boldsymbol{B} \qquad (1.14)$$

induziert, und dieses leistet an den Strömen $\boldsymbol{j}$ Arbeit. Diese Arbeit entnehmen wir der Energiebilanz des elektromagnetischen Feldes:

$$\frac{\partial w}{\partial t} + \boldsymbol{\nabla} \boldsymbol{S} = -\boldsymbol{j}\, \boldsymbol{E}. \qquad (1.15)$$

Hierin sind w die räumliche Energiedichte des Feldes und $\boldsymbol{S}$ die Energiestromdichte bzw. der *Poynting-Vektor*:

$$w = \frac{1}{2} \left(\boldsymbol{E}\boldsymbol{D} + \boldsymbol{H}\boldsymbol{B} \right), \qquad \boldsymbol{S} = \boldsymbol{E} \times \boldsymbol{H}.$$

Aus (1.15) lesen wir ab, dass $-\boldsymbol{j}\,\boldsymbol{E}$ die räumliche Leistungsdichte an die Felder ist, also auch an die Magnetisierung des thermodynamischen Systems. Die Gesamtleistung P gewinnen wir daraus durch räumliche Integration. Wenn wir außerdem die zweite der Relationen (1.13) verwenden, erhalten wir

1.4. DIE WECHSELWIRKUNGEN THERMODYNAMISCHER SYSTEME

$$P = -\int dV\, \boldsymbol{j}\, \boldsymbol{E} = -\int dV\, (\boldsymbol{\nabla} \times \boldsymbol{H})\, \boldsymbol{E}. \tag{1.16}$$

Wir benutzen den Hilfssatz

$$\boldsymbol{\nabla}\, (\boldsymbol{E} \times \boldsymbol{H}) = \boldsymbol{H}\, (\boldsymbol{\nabla} \times \boldsymbol{E}) - \boldsymbol{E}\, (\boldsymbol{\nabla} \times \boldsymbol{H})$$

und erhalten weiter

$$P = -\int dV\, \boldsymbol{H}\, (\boldsymbol{\nabla} \times \boldsymbol{E}) + \int dV\, \boldsymbol{\nabla}\, (\boldsymbol{E} \times \boldsymbol{H}). \tag{1.17}$$

Das zweite Integral auf der rechten Seite verschwindet, weil wir es mit dem Gaußschen Integralsatz in ein Integral über die ∞-ferne Oberfläche umformen können, auf der die Felder verschwinden sollen. Im ersten Integral setzen wir das Induktionsgesetz (1.14) ein:

$$P = \int dV\, \boldsymbol{H}\, \frac{\partial}{\partial t} \boldsymbol{B}. \tag{1.18}$$

Für eine Änderung $\delta \boldsymbol{B}$ erhalten wir daraus durch zeitliche Integration die an das Feld einschließlich des Systems übertragene Energie

$$\delta W_{magn} = \int dV\, \boldsymbol{H}\, \delta \boldsymbol{B} = \mu_0 \int dV\, \boldsymbol{H}\, \delta \boldsymbol{H} + \mu_0 \int dV\, \boldsymbol{H}\, \delta \boldsymbol{M}. \tag{1.19}$$

Wie im elektrischen Fall ist der Beitrag

$$\mu_0 \int dV\, \boldsymbol{H}\, \delta \boldsymbol{H}$$

die Energie zur Änderung des Feldes $\boldsymbol{H}$, die gar nicht auf das System übertragen wird. Als eigentliche Wechselwirkungsenergie des Systems ist

$$\delta W_{magn} = \mu_0 \int_V dV\, \boldsymbol{H}\, \delta \boldsymbol{M} = \int_V dV\, \boldsymbol{B}_0\, \delta \boldsymbol{M} \tag{1.20}$$

zu interpretieren. Das Integrationsvolumen ist jetzt wieder das Systemvolumen, weil es außerhalb des Systems keine Magnetisierung gibt. Das Feld $\boldsymbol{B}_0$ ist definiert als

$B_0 := \mu_0 H$, also als magnetische Flussdichte außerhalb des Systems. Wenn das System räumlich homogen polarisiert ist, wird

$$\delta W_{magn} = V \mu_0 H \, \delta M. \qquad (1.21)$$

Rein formal erscheint δW_{magn} völlig analog zur elektrischen Energie δW_{el} aus (1.12):

$$\delta W_{el} = V E \, \delta P.$$

Die Analogie ist tatsächlich rein formal, denn das Feld H ist gemäß (1.13) ausschließlich durch die äußeren Ströme j bestimmt, d.h., H ist zugleich auch das Vakuumfeld ohne Vorhandensein des thermodynamischen Systems. Dagegen ist das Feld E ein über die mikroskopischen Dipole gemitteltes Feld E, d.h., E würde sich ändern, wenn das System nicht vorhanden wäre.

1.4.5 Thermische Wechselwirkungen

Thermodynamische Systeme können untereinander Energie direkt durch Wechselwirkung zwischen ihren mikroskopischen Freiheitsgraden austauschen. Jeder mikroskopische Freiheitsgrad trägt Energie, z.B. als kinetische Energie der Translation. Nehmen wir an, dass zwei thermodynamische Systeme durch eine dünne, nicht verschiebbare und impermeable Wand getrennt seien. Ein Teilchen, das von der einen Seite auf die Wand stößt, kann Energie auf die Schwingungsfreiheitsgrade der Wandmoleküle übertragen. Makroskopisch wird die Wand dabei nicht bewegt. Die Wandmoleküle können ihrerseits bei einem Stoßvorgang mit einem Teilchen auf der anderen Seite Energie auf das Teilchen übertragen, z.B. als kinetische Energie. Auf diese Weise kommt es zu einem Austausch von Energie direkt zwischen den mikroskopischen Freiheitsgraden, ohne dass dabei makroskopische physikalische Prozesse beteiligt sind. Die Energie der mikroskopischen Freiheitsgrade wird auch *thermische Energie* oder *Wärme* genannt, die Wechselwirkung zwischen den mikroskopischen Freiheitsgraden entsprechend thermische Wechselwirkung. Die dabei zwischen einem thermodynamischen System und seiner thermodynamischen Umgebung ausgetauschte thermische Energie oder Wärme bezeichnen wir mit dem Symbol Q bzw. δQ bei einem differentiellen Prozess.

Die Schreibweise δQ kann zu dem Missverständnis führen, dass es sich dabei um ein vollständiges Differential handelt: das ist im allgemeinen nicht der Fall, denn Wärmeaustauschprozesse können zwischen denselben Anfangs- und Endzuständen auf sehr viele Weisen geführt werden. dass man δQ anders als δV, δN usw. nicht einfach integrieren kann, liegt daran, dass es für Wärme Q im Gegensatz zu Volumen V, Teilchenzahl N usw. keine eindeutige physikalische Definition gibt. Nochmals in anderen Worten: Volumen V, Teilchenzahl N usw. sind Eigenschaften thermodynamischer Zustände oder *Zustandsfunktionen*, wie wir das bereits oben ausgedrückt haben, Wärme dagegen kann man immer nur mit Prozessen verbinden.

Bei der thermischen Wechselwirkung kann auch elektromagnetische Strahlung als *Wärmestrahlung* beteiligt sein: die schwingenden Wandmoleküle haben eine elektrische Struktur und senden als schwingende elektrische Dipole Strahlung aus, die von den Teilchen absorbiert werden kann.

1.5 Der 1. Hauptsatz der Thermodynamik

Der 1. Hauptsatz besagt, dass ein thermodynamisches System einen Speicher für die Energien darstellt, die bei den Wechselwirkungen mit seiner Umgebung ausgetauscht werden. Der Begriff *Speicher* für Energien ist eine sprachliche Umschreibung für einen Erhaltungssatz, den wir folgendermaßen formulieren können:

1. Hauptsatz der Thermodynamik:
Die Summe der Energien, die ein thermodynamisches System durch Wechselwirkungen mit seiner Umgebung austauscht, bleibt erhalten.

Den Energiespeicher eines thermodynamischen Systems bezeichnet man als seine *innere Energie U*. Deren Bilanz ist durch die Summe der Wechselwirkungsenergien gegeben, also

$$\delta U = \delta Q + \delta W_{mech} + \delta W_{chem} + \delta W_{el} + \delta W_{magn} + \ldots \quad (1.22)$$

Wir wollen offen lassen, dass es außer den Wechselwirkungsprozessen, die wir im Abschnitt 1.4 als Beispiele genannt haben, noch weitere gibt. Die Relation (1.22) ist zunächst nur eine Definition der differentiellen Änderung der inneren Energie. Die Aussage des 1. Hauptsatzes ist, dass δU ein vollständiges Differential ist, d.h., dass das Integral über δU in (1.22) zwischen zwei Zuständen 1 und 2 nicht vom Integrationsweg, also nicht von der Prozessführung, sondern nur vom Anfangs- und Endzustand abhängt:

$$U(2) - U(1) = \int_1^2 (\delta Q + \delta W_{mech} + \delta W_{chem} + \delta W_{el} + \delta W_{magn} + \ldots) \quad (1.23)$$

Die innere Energie U soll also eine Zustandsfunktion sein. Das ist für die einzelnen Summanden auf der rechten Seite ja im Allgemeinen nicht der Fall, wie wir im Abschnitt 1.4 begründet hatten. Eine andere Ausdrucksweise für den 1. Hauptsatz erhalten wir, wenn wir Anfangs- und Endzustand gleich wählen, also einen *Kreisprozess* ausführen. Dann wird aus (1.23)

$$\oint \delta Q + \oint \delta W_{mech} + \oint \delta W_{chem} + \oint \delta W_{el} + \oint \delta W_{magn} + \ldots = 0, \qquad (1.24)$$

aber die einzelnen Beiträge werden im Allgemeinen nicht verschwinden:

$$\oint \delta Q \neq 0, \qquad \oint \delta W_{mech} \neq 0, \qquad \oint \delta W_{chem} \neq 0, \qquad \ldots \qquad (1.25)$$

Die häufigste Situation der Thermodynamik sind Systeme, die mit ihrer Umgebung nur Wärme, mechanische Arbeit und Teilchen austauschen können. Wenn wir zusätzlich annehmen, dass dabei stets ein mechanischer Druck p und ein chemisches Potential μ existiert, dann lautet der 1. Hauptsatz für solche "einfachen" thermodynamischen Systeme

$$\delta U = \delta Q - p\,\delta V + \mu\,\delta N. \qquad (1.26)$$

Wenn das System verschiedene Komponenten, also verschiedene Teilchenarten enthält, ist der letzte Term auf der rechten Seite zu ersetzen durch

$$\mu\,\delta N \cong \sum_{k=1}^{K} \mu_k\,\delta N_k. \qquad (1.27)$$

Wir vereinbaren, dass die Schreibweise auf der linken Seite von (1.27) immer im Sinne der rechten Seite zu interpretieren ist, falls mehrere Komponenten vorhanden sind. Wir können auch sagen, dass die linke Seite dann ein Skalarprodukt der formalen Vektoren $\delta N = (\delta N_1, \delta N_2, \ldots, \delta N_K)$ und $\mu = (\mu_1, \mu_2, \ldots, \mu_K)$ bedeuten soll. Wir merken schließlich noch an, dass wir die Variabeln Druck p und chemisches Potential μ bzw. μ_k hier noch als vorläufig definiert betrachten. Eine thermodynamisch rigorose Definition werden wir im folgenden Kapitel kennenlernen.

In (1.26) sind keine elektrischen und magnetischen Prozesse berücksichtigt. In solchen Prozessen bleiben jedoch Volumen V und Teilchenzahlen N fast immer unverändert. Wir verwenden dann den 1. Hauptsatz in der Form

$$\delta U = \delta Q + \int dV\, \boldsymbol{E}\, \delta \boldsymbol{P} + \int dV\, \mu_0\, \boldsymbol{H}\, \delta \boldsymbol{M}, \qquad (1.28)$$

vgl. (1.11) und (1.20) im Abschnitt 1.4. Insbesondere für räumlich homogene Systeme schreiben wir den 1. Hauptsatz in der Form

$$\delta U = \delta Q + V\, \boldsymbol{E}\, \delta \boldsymbol{P} + V\, \mu_0\, \boldsymbol{H}\, \delta \boldsymbol{M}. \qquad (1.29)$$

Im Rahmen der Thermodynamik ist der 1. Hauptsatz zunächst ein Erfahrungssatz. Seine Bestätigung muss dieser Satz dadurch erfahren, dass seine Konsequenzen mit physikalischen Experimenten verglichen werden. Andererseits ist die Erhaltung der Energie eine fundamentale Aussage in allen physikalischen Theorien. Der 1. Hauptsatz stellt eine sehr allgemeine Formulierung der Energierhaltung dar, indem er alle Formen von Energie zusammenfasst und erst über deren Summe eine Aussage macht.

1.6 Randbedingungen

Unter den Randbedingungen eines thermodynamischen Systems wollen wir die Kontrolle über die Wechselwirkungen mit der Umgebung verstehen. Mechanische Wechselwirkungen, also Volumenänderungen, werden meist durch verschiebbare Kolben dargestellt. dass ein System keine mechanischen Wechselwirkungen ausführen soll, ist durch eine Bedingung V =konstant auf einfache Weise kontrollierbar. Die Kontrolle elektrischer und magnetischer Wechselwirkungen erfolgt durch die Steuerung der äußeren elektrischen und magnetischen Felder $\boldsymbol{E}$ und $\boldsymbol{B}$.

Problematischer ist bereits die Kontrolle chemischer Wechselwirkungen durch die Wandeigenschaften permeabel oder impermeabel. So sind z.B. H_2-Moleküle in der Lage, durch eine Vielzahl von Materialien zu diffundieren. Eine besondere Version der chemischen Randbedingungen sind semipermeable Wände, die nur für bestimmte Komponenten des Systems durchlässig sind, z.B. für Wasser, aber nicht für Ionen. Die Wände biologischer Zellen, die sogenannten Zellmembranen, sind semipermeabel, wobei die Permeabilität für einzelne Komponenten dort sogar noch gesteuert werden kann. Zu den chemischen Randbedingungen gehört auch die Kontrolle darüber, ob chemische Reaktionen im Inneren des Systems stattfinden können. Wir werden später die Prozesse chemischer Reaktionen in das Konzept der Wechselwirkungen thermodynamischer Systeme einordnen. Vorerst nehmen wir an, dass keine chemischen Reaktionen stattfinden, weil z.B. die Komponenten des Systems nicht reaktionsfähig sind.

Eine besonders wichtige Randbedingung ist die Kontrolle über thermische Wechselwirkungen. Man spricht von *adiabatischen* Prozessen, wenn das System dabei keine thermische Energie bzw. Wärme mit der Umgebung austauscht. Die Möglichkeit, adiabatische Prozesse zu realisieren, hängt davon ab, thermisch isolierende Wände zu haben. Solche Wände verlangen einen sehr großen physikalischen bzw. technischen Aufwand, z.B. in Dewar–Gefäßen. Dennoch wollen wir hier die Möglichkeit adiabatischer Prozesse bzw. Randbedingungen als Idealisierung voraussetzen. Wärmedurchlässige Wände bezeichnet man als diatherm.

Durch entsprechende Steuerungen sind verschiedene Randbedingungen kombinierbar. Besonders wichtig sind in der Thermodynamik adiabatische Prozesse, bei denen mechanische, elektrische oder magnetische Wechselwirkungen stattfinden, z.B. adiabatische Expansion, Kompression oder adiabatische Magnetisierung oder Entmagnetisierung. Nicht kombinierbar sind offensichtlich adiabatische Randbedingungen mit (externen) chemischen Wechselwirkungen, weil Teilchenaustausch immer auch den Austausch von Energie zwischen den mikroskopischen Freiheitsgraden der Teilchen ermöglicht. Dagegen sind innere chemische Wechselwirkungen, nämlich chemische Reaktionen, unter adiabatischen Randbedingungen möglich.

Wenn ein thermodynamisches System überhaupt keine Wechselwirkungen mit der Umgebung haben kann, nennt man es *isoliert*. Isolierte thermodynamische Systeme sind ein sehr wichtiges gedankliches Modell, mit dem wir im folgenden Kapitel die weitere Formulierung der Thermodynamik verfolgen werden. Zur Bedingung der Isolation gehört natürlich auch die Abwesenheit von elektrischen und magnetischen Feldern. Allerdings können wir bei unseren weiteren Überlegungen zeitlich konstante Magnetfelder unter der Randbedingung der Isolation zulassen, weil dort nach einer Einschaltphase des Feldes kein weiterer Austausch von Energie zwischen dem System und dem Feld mehr stattfindet. Dasselbe trifft auf zeitlich konstante elektrische Felder zu, wenn das System ein Isolator ist. Streng genommen könnte man isolierte Systeme überhaupt nicht mehr beobachten, weil physikalische Messungen an einem System natürlich immer gewisse Wechselwirkungen voraussetzen. Wir stellen uns aber vor, dass die für Messungen notwendigen Eingriffe in isolierte Systeme hinreichend klein sind, so dass sie den thermodynamischen Zustand des Systems nicht wesentlich ändern, in einem idealisierten Gedankenexperiment sogar überhaupt nicht beeinflussen.

2

Gleichgewicht und der 2. Hauptsatz der Thermodynamik

2

Gleichgewicht und der 2. Hauptsatz der Thermodynamik

Kapitel 2

Gleichgewicht und der 2. Hauptsatz der Thermodynamik

Im 1. Kapitel haben wir beschrieben, was thermodynamische Systeme sind, und auch bereits eine grundlegende Aussage über ihre Energiebilanz, nämlich den 1. Hauptsatz formuliert. Der thermodynamische Charakter dieser Systeme kam bisher nur dadurch zum Ausdruck, dass mikroskopische Freiheitsgrade existieren, die direkt Energie mit der Umgebung in der Form von Wärme austauschen können. Im übrigen gilt der 1. Hauptsatz aber auch bereits für Systeme, die nur eine kleine Anzahl von Freiheitsgraden besitzen, also gar nicht thermodynamisch sind. In diesem Kapitel wird es darum gehen, eine grundlegende Aussage zu formulieren, die nur aufgrund der sehr großen Anzahl von mikroskopischen Freiheitsgraden, also im thermodynamischen Limes verständlich ist, nämlich den 2. Hauptsatz der Thermodynamik. Wir werden mit isolierten thermodynamischen Systemen beginnen, deren physikalische Bedeutung angesichts der Tatsache, dass sie keine Wechselwirkungen mit ihrer Umgebung haben, zunächst nicht offensichtlich ist. Es wird sich aber zeigen, dass sie eine Schlüsselstellung für die weitere Entwicklung der Theorie auch für offene Systeme besitzen.

2.1 Gleichgewicht isolierter Systeme

Wir beginnen mit einem Erfahrungssatz über isolierte thermodynamische Systeme. Wir beobachten, dass in solchen Systemen beliebige Anfangszustände spontan, d.h., ohne äußere Einwirkung, in Endzustände relaxieren, die dadurch charakterisiert sind, dass sich in ihnen die thermodynamischen Variablen zeitlich nicht mehr ändern. Solche relaxierten Endzustände heißen *thermodynamische Gleichgewichtszustände* oder einfach *Gleichgewichte*. Wir erinnern daran, dass thermodynamische

Variable wie z.B. innere Energie, Volumen, Teilchenzahl usw. nur die Makrodynamik der Systeme betreffen. Mikrodynamisch bleibt ein thermodynamisches System auch im Gleichgewicht weiter in Bewegung, d.h., die mikroskopischen Freiheitsgrade folgen auch im Gleichgewicht weiter dem dynamischen Ablauf aufgrund ihrer Bewegungsgleichungen.

Wir führen einige Beispiele für spontane Relaxationsvorgänge in ein thermodynamisches Gleichgewicht an:

1. Im Anfangszustand sollen sich alle Teilchen oder die Teilchen einer Komponente in einem Teilvolumen des Gesamtvolumens befinden. Im Gleichgewicht haben sich alle Teilchen homogen über das Gesamtvolumen verteilt. Diesen Vorgang kann man durch Einbringen eines Tintentropfens in ein Glas mit Wasser verfolgen. Die Tinte breitet sich aus dem anfänglichen Tropfen über das Gesamtvolumen aus. Dieses System ist zwar thermisch nicht isoliert, aber derselbe Vorgang würde ablaufen, wenn wir das Glas mit Wasser in ein Dewargefäß setzen würden.

2. Das System bestehe aus zwei Teilsystemen, die durch eine impermeable, aber diatherme Wand getrennt sind. Im Anfangszustand sollen die Teilchen in dem einen Teilsystem sehr hohe kinetische Energien ihrer mikroskopischen Bewegung besitzen ("heiß"), in dem anderen Teilsystem sehr niedrige ("kalt"). Im Gleichgewicht haben sich die kinetischen Energien ausgeglichen: alle Teilchen besitzen im Mittel dieselbe kinetische Energie.

3. Im Anfangszustand werden die Teilchen eines Systems in eine makroskopische Bewegung versetzt, z.B. in eine Strömung oder in eine Schockwelle. Im Gleichgewicht sind sämtliche makroskopischen Bewegungen abgeklungen. Die mikroskopischen Bewegungen der Teilchen sind makroskopisch nicht beobachtbar.

4. Ein System bestehe aus reaktionsfähigen Molekülen. Im Anfangszustand wird die Reaktion ausgelöst, z.B. eine Explosion. Im Gleichgewicht besteht das System aus einer homogenen Mischung der Reaktionsprodukte ohne makroskopische Bewegung.

Die Frage, die wir im weiteren Verlauf dieses Kapitels beantworten wollen, lautet: welche physikalische Ursache treibt ein isoliertes thermodynamisches System in einen Gleichgewichtszustand? Und warum wird der einmal erreichte Gleichgewichtszustand nicht wieder verlassen, obwohl das System mikrodynamisch in Bewegung bleibt? Warum gibt es also makrodynamisch eine spontane Tendenz in das Gleichgewicht hinein, aber nicht aus dem Gleichgewicht heraus?

Wir wollen dabei so vorgehen, dass wir im folgenden Abschnitt Antworten auf diese Fragen für ein einfaches Modellsystem formulieren und diese im Abschnitt 2.3 zu einem allgemeinen Prinzip für thermodynamische Systeme verallgemeinern. Zuvor wollen wir klären, von welchen Variablen der einmal erreichte Gleichgewichtszustand abhängen kann. Dafür kommen alle Variablen in Betracht, die während der dynamischen Entwicklung des isolierten System vom Ausgangszustand in das Gleichgewicht erhalten bleiben, nämlich die innere Energie U, das Volumen V und die Teilchenzahlen der einzelnen Komponenten N_k. Die letzteren sind aber auch nur dann erhalten, wenn wir chemische Reaktionen ausschließen, was wir zunächst tun wollen. Wenn jedoch chemische Reaktionen im System ablaufen können, ist außer U und V nur die Gesamtmasse M erhalten. Falls die Relaxation in den Gleichgewichtszustand unter der Einwirkung eines zeitlich konstanten elektrischen oder magnetischen Feldes $\boldsymbol{E}$ bzw. $\boldsymbol{B}_0$ erfolgt, dann wird das erreichte Gleichgewicht im Allgemeinen auch noch von $\boldsymbol{E}$ bzw. $\boldsymbol{B}_0$ abhängen.

Die beiden fundamentalen physikalischen Erhaltungsgrößen Impuls und Drehimpuls kommen nicht als Variablen des Gleichgewichts in Betracht, weil wir im Allgemeinen für isolierte thermodynamische Systeme nicht voraussetzen wollen, dass sie translations- und rotationsinvariant gelagert sind. Im übrigen könnte man einen anfänglichen Gesamtimpuls stets durch eine geeignete Galilei-Transformation des Systems eliminieren.

2.2 Der 2. Hauptsatz in einem Modellsystem

Wir wollen die spontane Tendenz der Entwicklung thermodynamischer Systeme in Gleichgewichtszustände anhand eines Modellsystems verstehen. Die Ergebnisse unserer Überlegungen an dem Modellsystem werden uns im folgenden Abschnitt dazu dienen, den 2. Hauptsatz ganz allgemein für beliebige isolierte thermodynamische Systeme zu formulieren.

Das Modellsystem besteht aus einer Anzahl N von ortsfesten Spins, deren jeder die Einstellmöglichkeiten $s = \uparrow$ und $s = \downarrow$ besitzt. Die Mikrodynamik soll darin bestehen, dass jeder Spin unabhängig von den anderen Spins Übergänge $\uparrow \rightarrow \downarrow$ bzw. umgekehrt ausführt. Wir stellen uns vor, dass diese Übergänge zeitlich beliebig mit einer mittleren Frequenz erfolgen. Ein Mikrozustand ist durch die Angabe sämtlicher Spins $s_\nu = \uparrow$ bzw. $s_\nu = \downarrow$ für alle $\nu = 1, 2, \ldots, N$ definiert. Man nennt eine solche Angabe auch eine *Spinkonfiguration*. Das Spinsystem besitzt offensichtlich 2^N Spinkonfigurationen bzw. Mikrozustände.

Als Makrovariable wählen wir die Anzahl n der Spins mit der Einstellung $s = \uparrow$. Zur Begründung dieser Wahl merken wir an, dass auch die Magnetisierung des Modellsystems durch die Makrovariable n gegeben ist, nämlich

$$M = \frac{m}{V}\left[n - (N - n)\right] = \frac{2m}{V}\left(n - \frac{N}{2}\right). \tag{2.1}$$

Darin ist m das magnetische Moment des Teilchens, das den Spin trägt.

Jeder mögliche Wert der Makrovariablen n wird durch mehrere Mikrozustände repräsentiert, nämlich gerade durch so viele Mikrozustände, wie es Möglichkeiten gibt, n Auswahlen aus N Objekten zu treffen. Diese Anzahl W_n der repräsentativen Mikrozustände ist durch den Binomialkoeffizienten

$$W_n = \binom{N}{n} := \frac{N!}{n!\,(N-n)!} \tag{2.2}$$

bestimmt. Man nennt W_n auch das *statistische Gewicht* des Makrozustandes, der durch einen Wert der Makrovariablen n beschrieben ist. Nur die Makrozustände für $n = 0$ und $n = N$ besitzen nur je einen repräsentativen Mikrozustand. Wenn wir die W_n über alle n summieren, erhalten wir wieder die Gesamtzahl 2^N von Mikrozuständen:

$$\sum_{n=0}^{N} \binom{N}{n} = 2^N. \tag{2.3}$$

Diese Beziehung können wir aus der Entwicklung

$$(1+z)^N = \sum_{n=0}^{N} \binom{N}{n} z^n \tag{2.4}$$

entnehmen, wenn wir $z = 1$ setzen.

Da die Anzahl der Mikrozustände 2^N beträgt, ist die Wahrscheinlichkeit, bei einer Messung einen beliebigen Mikrozustand zu finden, bei unabhängigen Spins durch 2^{-N} gegeben. Daraus und aus (2.2) folgt, dass die Wahrscheinlichkeit p_n, einen Wert n der Makrovariablen zu finden,

$$p_n = 2^{-N} \binom{N}{n} \tag{2.5}$$

lautet. Die Wahrscheinlichkeit für einen Makrozustand ist also durch sein statistisches Gewicht bestimmt. Wir berechnen jetzt den mittleren Wert $\langle n \rangle$ der Makrovariablen n:

2.2. DER 2. HAUPTSATZ IN EINEM MODELLSYSTEM

$$\langle n \rangle = \sum_{n=0}^{N} n \, p_n = 2^{-N} \sum_{n=0}^{N} n \binom{N}{n} = \frac{N}{2}. \tag{2.6}$$

Dieses Ergebnis finden wir aus (2.4), indem wir dort nach z differenzieren und anschließend wieder $z=1$ setzen. Jetzt wollen wir ein Maß für die Abweichung des n-Wertes von seinem Mittelwert finden. Wir führen die Fluktuationen $\delta n := n - \langle n \rangle$ ein und bemerken zunächst, dass $\langle \delta n \rangle = 0$. Um ein Maß für die Fluktuationen zu haben, berechnen den Mittelwert des Quadrats der Fluktuationen:

$$\langle (\delta n)^2 \rangle = \langle (n - \langle n \rangle)^2 \rangle = \langle n^2 \rangle - \langle n \rangle^2. \tag{2.7}$$

Durch zweimaliges Differenzieren nach z in (2.4) und anschließender Setzung $z=1$ finden wir zunächst

$$\langle n(n-1) \rangle = \frac{1}{4} N(N-1)$$

und daraus weiter mit (2.6)

$$\langle (\delta n)^2 \rangle = \langle n^2 \rangle - \langle n \rangle^2 = \frac{N}{4}. \tag{2.8}$$

Ein Maß für die Abweichung von n von seinem Mittelwert ist nun nicht $\langle (\delta n)^2 \rangle$, sondern

$$\sqrt{\langle (\delta n)^2 \rangle} = \frac{1}{2} \sqrt{N}. \tag{2.9}$$

Dieses Ergebnis besagt, dass der Mittelwert der Makrovariablen n von der Ordnung N ist, seine Abweichung vom Gleichgewicht aber nur von der Ordnung $\sqrt{N}$. Man kann das noch deutlicher machen, wenn man die relativen Abweichungen vom Mittelwert betrachtet:

$$\frac{\sqrt{\langle (\delta n)^2 \rangle}}{\langle n \rangle} = \frac{1}{\sqrt{N}}. \tag{2.10}$$

In unserem Modellsystem ist die Anzahl der Freiheitsgrade durch die Anzahl N der Spins gegeben. Im thermodynamischen Limes $N \to \infty$ verschwinden also die relativen Abweichungen vom Mittelwert. Dasselbe Ergebnis kann man noch in eine mathematisch ausführlichere Form bringen. Wir führen die relativen Abweichungen der Variablen n von ihrem Mittelwert $\langle n \rangle$ als eine Variable ξ ein,

$$\xi := \frac{n - \langle n \rangle}{N} = \frac{n - N/2}{N}, \qquad (2.11)$$

und zeigen im Anhang zu diesem Abschnitt, dass asymptotisch für $N \to \infty$

$$p_n \to p(\xi) = \sqrt{\frac{2N}{\pi}} \exp\left(-2N\xi^2\right). \qquad (2.12)$$

Die Wahrscheinlichkeit $p(\xi)\,d\xi$, einen endlichen Wert von ξ im Intervall $(\xi, \xi + d\xi)$ zu finden, verschwindet im thermodynamischen Limes $N \to \infty$. Die Wahrscheinlichkeitsdichte $p(\xi)$ in (2.12) heißt *Gauß-Verteilung*. Sie ist typisch für Wahrscheinlichkeitsdichten thermodynamischer Variablen. Wir werden später ausführlich darauf zurückkommen.

Wir übertragen unsere Modellergebnisse auf unsere Fragestellungen zum thermodynamischen Gleichgewicht. Der Mittelwert $\langle n \rangle = N/2$ ist in einem isolierten System als Gleichgewichtswert zu deuten. Unsere Frage lautete, warum wir keine makroskopischen Abweichungen vom einmal erreichten Gleichgewicht mehr beobachten. Eine makroskopische Abweichung vom Gleichgewicht wäre ein Wert δn von derselben Ordnung wie $\langle n \rangle$ selbst, also von der Ordnung N, entsprechend einem endlichen Wert von ξ. Die mittlere Abweichung δn ist aber gemäß (2.9) nur von der Ordnung $\sqrt{N}$ bzw. die Wahrscheinlichkeit für einen endlichen Wert von ξ verschwindet im thermodynamischen Limes, wie wir oben bereits bemerkt hatten. Das thermodynamische Gleichgewicht besitzt im thermodynamischen Limes einen ∞-großen Wahrscheinlichkeitsvorteil. Darum strebt das isolierte System "spontan" in das Gleichgewicht und verlässt dieses nicht mehr. Man nennt solche spontanen Prozesse deshalb auch *irreversibel*.

Bereits für endliche N zeigt das statistische Gewicht W_n, das in (2.2) durch den Binomialkoeffizienten gegeben ist, ein Maximum bei $n = \langle n \rangle = N/2$ (N als gerade vorausgesetzt). Je größer N wird, desto ausgeprägter ist dieses Maximum. Das System folgt dem statistischen Gewicht.

Wir fassen zusammen: in isolierten thermodynamischen Systemen sind makroskopische Abweichungen, d.h., Abweichungen von der relativen Größenordnung 1 vom Gleichgewicht ausgeschlossen, weil das Gleichgewicht einen Wahrscheinlichkeitsvorteil bzw. einen Vorteil an statistischem Gewicht besitzt, der im thermodynamischen

2.2. DER 2. HAUPTSATZ IN EINEM MODELLSYSTEM

Limes $N \to \infty$ divergiert. Die mittlere Größenordnung der relativen Abweichung makroskopischer Variablen von ihrem Gleichgewichtswert ist durch $\sim N^{-1/2}$ gegeben, vgl. (2.10). Fluktuationen dieser relativen Größenordnungen können in thermodynamischen Systemen offensichtlich spontan auftreten, niemals jedoch Fluktuationen der relativen Größenordnung 1.

2.2.1 Anhang: Entwicklung von p_n für $N \to \infty$

Wir entwickeln die Wahrscheinlichkeit p_n in (2.5) asymptotisch für $N \to \infty$, so dass wir die Stirling–Formel

$$\ln N! = N \ln N - N + O(\ln N)$$

verwenden können. Das Ergebnis (2.9) zeigt bereits, dass nur für n-Werte in unmittelbarer Nähe von $N/2$ nichtverschwindende Wahrscheinlichkeiten p_n auftreten. Darum wenden wir die Stirling–Formel auch auf $n!$ und $(N-n)!$ an. Wir erhalten damit

$$\ln p_n \to N \ln N - n \ln n - (N-n) \ln (N-n) - N \ln 2.$$

Jetzt führen wir die relativen Abweichungen ξ gemäß (2.11) ein, so dass

$$n = \frac{N}{2}(1 + 2\xi), \qquad N - n = \frac{N}{2}(1 - 2\xi).$$

Einsetzen in die Entwicklung von $\ln p_n$ ergibt nach kurzer Rechnung

$$\ln p_n \to -\frac{N}{2}\left[(1 + 2\xi) \ln (1 + 2\xi) + (1 - 2\xi) \ln (1 - 2\xi)\right] + \ldots$$

Hier haben wir alle Terme fortgelassen, die nicht von ξ abhängen. Diese werden wir später durch eine Normierungsbedingung bestimmen. Da die ξ nach dem Ergebnis von (2.10) nur von der Ordnung $N^{-1/2}$ sind, können wir $\xi \ll 1$ annehmen und nach ξ entwickeln:

$$(1 \pm 2\xi) \ln (1 \pm 2\xi) = \pm 2\xi + 2\xi^2 + \ldots.$$

In der Ordnung ξ^2 finden wir

$$\ln p_n \to -2\,N\,\xi^2,$$

und somit

$$p_n \to p(\xi) \sim \exp\left(-2\,N\,\xi^2\right).$$

Den in (2.12) angegebenen Faktor vor $p(\xi)$ finden wir durch eine Normierungsforderung

$$\int_{-\infty}^{+\infty} d\xi\, p(\xi) = 1.$$

Zwar variiert die relative Abweichung ξ in (2.11) nur in dem endlichen Intervall $-1 \leq \xi \leq +1$, doch verschwinden die Beiträge zu $p(\xi)$ in $|\xi| > 1$ mit $N \to \infty$ so rasch, dass man das Integrationsintervall asymptotisch für $N \to \infty$ auf $-\infty < \xi < +\infty$ ausweiten kann.

2.3 Der 2. Hauptsatz der Thermodynamik

Wir verallgemeinern die Ergebnisse unseres Modellsystems im vorhergehenden Abschnitt auf allgemeine isolierte thermodynamische Systeme. Als Postulat formulieren wir, dass Gleichgewichte isolierter thermodynamischer Systeme gegenüber anderen Makrozuständen durch ein Maximum von Wahrscheinlichkeit bzw. ihres statistischen Gewichts W ausgezeichnet sind. Wir erinnern daran, dass das statistische Gewicht W die Anzahl von Mikrozuständen angibt, durch die ein Makrozustand repräsentiert wird. Wir wollen das statistische Gewicht als eine neue Makrovariable in die Thermodynamik einführen. Die Variable W selbst hat die Eigenschaft, dass sie sich *multiplikativ* verhält: beim Zusammenfügen von zwei Systemen zu einem multiplizieren sich die Anzahlen von Zuständen, weil jeder Zustand in dem einen System mit jedem Zustand in dem anderen System kombinierbar ist. In der Physik zieht man es vor, mit *additiven* Variablen zu arbeiten, die sich beim Zusammenfügen von zwei Systemen addieren. Das erreichen wir für das statistische Gewicht, indem wir nicht W, sondern den Logarithmus $\ln W$ als neue Makrovariable einführen. Diese Variable trägt die Bezeichnung *Entropie* und wird mit dem Symbol S bezeichnet:

$$S = \ln W. \tag{2.13}$$

Wir formulieren unser obiges Postulat jetzt wie folgt:

2.3. DER 2. HAUPTSATZ DER THERMODYNAMIK

2. Hauptsatz der Thermodynamik:
Das Gleichgewicht isolierter thermodynamischer Systeme ist durch ein Maximalprinzip der Entropie ausgezeichnet.

Wie im Fall unseres Modellsystems im vorhergehenden Abschnitt erwarten wir, dass das statistische Gewicht W des Gleichgewichts gegenüber dem von Nicht–Gleichgewichtszuständen im thermodynamischen Limes ∞–groß wird. Wir wollen diese Aussage genauer formulieren. Dazu präzisieren wir zunächst die Eigenschaft der Additivität der Entropie. Sie bedeutet, dass sich der Wert der Entropie bei einer identischen Vervielfachung des Systems um einen Faktor λ ebenfalls mit diesem Faktor λ multipliziert. Der Vervielfältigungsfaktor λ muss nicht ganzzahlig sein. Variablen mit dieser Eigenschaft nennt man *extensiv*. Offensichtlich sind auch die Variablen Teilchenzahl N, Volumen V, innere Energie U, gesamtes elektrisches oder magnetisches Moment extensiv. Im thermodynamischen Limes $N \to \infty$ divergieren extensive Variablen linear mit N.

Es sei nun W die Anzahl repräsentativer Mikrozustände eines Gleichgewichtszustands eines isolierten Systems, W' diejenige einer makroskopischen Abweichung aus dem Gleichgewicht in demselben isolierten System. Der Entropieunterschied

$$S - S' = \ln \frac{W}{W'} \qquad (2.14)$$

divergiert ebenfalls linear mit $N \to \infty$, und zwar gegen $+\infty$, weil ja stets $W > W'$ als Definition des Gleichgewichts. Die Wahrscheinlichkeit, eine spontane makroskopische Abweichung aus dem Gleichgewicht zu beobachten, ist offensichtlich proportional zu W'/W, und diese Wahrscheinlichkeit verhält sich mit $N \to \infty$ dann wie

$$\frac{W'}{W} \sim e^{-\gamma N}, \qquad \gamma > 0, \qquad (2.15)$$

verschwindet also exponentiell mit $N \to \infty$. Wir haben dabei nach dem Vorbild unseres Beispielsystems im Abschnitt 2.2 angenommen, dass die Wahrscheinlichkeit für einen Makrozustand proportional zur Anzahl der repräsentativen Mikrozustände ist. Diese Annahme erscheint unmittelbar plausibel, doch werden wir sie später im statistisch–thermodynamischen Teil noch genauer zu begründen haben. Hier reicht uns das Plausibilitätsargument zur Veranschaulichung des 2. Hauptsatzes der Thermodynamik.

Wir wollen noch ein weiteres qualitatives Argument für den 2. Hauptsatz anführen und dazu nochmals auf das Modellsystem im vorhergehenden Abschnitt zurückgreifen. Wir zählen die einzelnen Spins jetzt als $s_\nu = +1$ für den Zustand $\uparrow$ und

$s_\nu = -1$ für $\downarrow$. Die Anzahl n der Spins im Zustand $+1 \cong \uparrow$ und die Abweichungen $\delta n = n - N/2$ lassen sich dann ausdrücken durch

$$n = \sum_{\nu=1}^{N} \frac{1}{2}(1 + s_\nu) = \frac{N}{2} + \frac{1}{2}\sum_{\nu=1}^{N} s_\nu, \qquad \delta n = \frac{1}{2}\sum_{\nu=1}^{N} s_\nu. \qquad (2.16)$$

Die $s_\nu/2$ spielen hier also die Rolle lokaler Fluktuationen um den Mittelwert $\langle s_\nu \rangle = 0$, weil beide Werte $s_\nu = \pm 1$ gleich wahrscheinlich sind. Offensichtlich muss jede extensive Variable x in beliebigen thermodynamischen Systemen additiv aus N lokalen Beiträgen

$$x = \sum_{\nu=1}^{N} x_\nu, \qquad \delta x = \sum_{\nu=1}^{N} \delta x_\nu. \qquad (2.17)$$

darstellbar sein. Wir bilden nun das Schwankungsquadrat

$$\langle (\delta x)^2 \rangle = \langle \left(\sum_{\nu=1}^{N} \delta x_\nu\right)^2 \rangle = \sum_{\nu,\nu'=1}^{N} \langle \delta x_\nu \, \delta x_{\nu'} \rangle. \qquad (2.18)$$

Die Doppelsumme auf der rechten Seite hat zunächst N^2 Summanden. Nun nehmen wir an, dass die lokalen Fluktuationen an verschiedenen Orten $\nu \neq \nu'$ unabhängig sind, so dass die Mittelwerte der Produkte zu einem Produkt der Mittelwerte werden:

$$\langle \delta x_\nu \, \delta x_{\nu'} \rangle = \langle \delta x_\nu \rangle \langle \delta x_{\nu'} \rangle = 0 \qquad \text{für} \qquad \nu \neq \nu', \qquad (2.19)$$

denn wie mit der Schreibweise von (2.17) vereinbart ist $\langle \delta x_\nu \rangle = 0$. Damit wird aus (2.18)

$$\langle (\delta x)^2 \rangle = \sum_{\nu=1}^{N} \langle (\delta x_\nu)^2 \rangle. \qquad (2.20)$$

Die Summe auf der rechten Seite hat nur mehr N Summanden. Also ist das Schwankungsquadrat einer extensiven Variablen von der Ordnung N bzw.

$$\sqrt{\langle (\delta x)^2 \rangle} \sim \sqrt{N}. \qquad (2.21)$$

Die relativen Abweichungen aus dem Gleichgewicht, die als Fluktuationen spontan zu erwarten sind, haben die Ordnung $N^{-1/2}$. Makroskopische Abweichungen aus dem Gleichgewicht kommen nicht vor.

Die Voraussetzung (2.19) ist zu einschneidend, wenn sie wörtlich so interpretiert wird, dass die Fluktuationen zwischen je zwei Teilchen unabhängig sein sollen. Hinreichend ist die Annahme, dass die Fluktuationen von Teilchen unabhängig sind, die einen gewissen Mindestabstand haben. Bereits dann nämlich reduziert sich die Summe von N^2 Summanden auf eine Summe mit einer Anzahl von Summanden, die proportional zu N statt N^2 ist, und genau diese Art von Reduktion ist der entscheidende Punkt in unserer Überlegung.

2.4 Entropie in partiellen Gleichgewichten

Wir wollen den 2. Hauptsatz der Thermodynamik in eine quantitative Formulierung überführen. Dazu benötigen wir eine formale Beschreibung von Nicht-Gleichgewichtszuständen, zu der uns der Begriff des *partiellen Gleichgewichts* führen wird. Ein isoliertes System kann innere Wände enthalten, die das System in Teilsysteme unterteilen. Die inneren Wände können selbst wieder isolierend sein, aber auch jede andere Kombination von Randbedingungen realisieren, wie wir sie im Abschnitt 1.6 beschrieben haben. Das Vorhandensein innerer Wände wollen wir allgemein auch als *innere Zwangsbedingungen* bezeichnen. Innere Zwangsbedingungen denken wir uns dadurch beschrieben, dass gewisse extensive Variablen x_i, $i = 1, 2, \ldots$, festgelegte Werte haben, z.B. die Teilchenzahl, das Volumen oder die innere Energie in einem Teilsystem, das durch entsprechend undurchlässige Wände abgegrenzt ist.

Unsere Beobachtung, dass isolierte Systeme spontan in Gleichgewichtszustände relaxieren, gilt auch für Systeme mit inneren Zwangsbedingungen. Man nennt ein Gleichgewicht unter inneren Zwangsbedingungen ein *partielles Gleichgewicht*. Wichtig ist nun die folgende Beobachtung: werden einige oder alle inneren Zwangsbedingungen aufgehoben, dann erfolgt eine spontane Entwicklung in ein neues Gleichgewicht, von dem wir in Verallgemeinerung der Schlüsse im vorhergehenden Abschnitt erwarten, dass es eine größere Entropie besitzt als das alte Gleichgewicht. Wenn alle inneren Zwangsbedingungen aufgehoben sind, nennen wir das Gleichgewicht *vollständig*. Bereits im Abschnitt 2.1 hatten wir überlegt, dass das vollständige Gleichgewicht durch die innere Energie U, das Volumen V und die Teilchenzahl N des isolierten Systems festgelegt ist, also auch seine Entropie:

$$S = S(U, V, N). \tag{2.22}$$

Wir benötigen hier zunächst nur die Existenz der Funktion $S(U, V, N)$ mit der angegebenen Bedeutung. Detaillierte Aussagen über $S(U, V, N)$ werden wir später machen, z.B. bereits im Abschnitt 2.6. Die Variable N kann, wie früher schon vereinbart, auch für die Teilchenzahlen von mehreren Komponenten stehen, wenn wir zunächst chemische Reaktionen ausschließen. Auch den partiellen Gleichgewichten mit inneren Zwangsbedingungen können wir durch Zählung der repräsentativen Mikrozustände je eine Entropie zuordnen, die wir mit

$$S = S(U, V, N; x_1, x_2, \ldots) \qquad (2.23)$$

bezeichnen. Die beiden Entropien in (2.22) und (2.23) fallen zusammen, wenn alle x_i die Werte haben, die sie im vollständigen Gleichgewicht annehmen. Zur Vereinfachung der Schreibweise kann man vereinbaren, dass die x_i bereits als Differenzen zwischen den Werten mit inneren Zwangsbedingungen und den Werten im vollständigen Gleichgewicht gezählt werden. Dann entspricht $x_i = 0$ für alle i dem vollständigen Gleichgewicht und

$$S(U, V, N; 0, 0, \ldots) = S(U, V, N). \qquad (2.24)$$

Den 2. Hauptsatz können wir nun so ausdrücken, dass $S(U, V, N; x_1, x_2, \ldots)$ als Funktion der x_i ein Maximum bei $x_i = 0$ besitzen soll. Daraus folgt *notwendig*, dass

$$\left(\frac{\partial S(U, V, N; x)}{\partial x_i} \right)_{x=0} = 0, \qquad i = 1, 2, \ldots. \qquad (2.25)$$

x ist eine Abkürzung für den formalen Vektor $(x_1, x_2, \ldots)$. Bei den partiellen Ableitungen in (2.25) sind U, V, N konstant zu halten. Hinreichend für ein Maximum der Entropie bei $x = 0$ ist

$$\sum_{i,j} \left(\frac{\partial^2 S(U, V, N; x)}{\partial x_i \, \partial x_j} \right)_{x=0} \delta x_i \, \delta x_j < 0. \qquad (2.26)$$

Die δx_i sind Differentiale der Variablen x_i. (2.26) drückt aus, dass die Entropie bei $x = 0$ ein Maximum und nicht etwa ein Minimum besitzt, was nach (2.25) noch möglich wäre. Man bezeichnet (2.26) deshalb auch als Stabilitätsbedingung. Natürlich wäre auch hinreichend, dass nicht die quadratische Form in (2.26) negativ definit ist, sondern etwa die Form 4. Ordnung mit den 4. Ableitungen der Entropie nach den x als Koeffizienten. Der Normalfall in thermodynamischen Systemen wird allerdings die Stabilitätsbedingung in der Form von (2.26) sein.

Die obigen Formulierungen (2.25) und (2.26) charakterisieren das vollständige Gleichgewicht und seine Stabilität. Voraussetzungsgemäß sollte es aber auch partielle Gleichgewichte geben, die durch feste Werte für einige der x_i definiert sind, und diese sollen natürlich auch stabil sein. Wir bezeichnen die freien, also nicht festgelegten Variablen unter den x_i wie bisher mit x_i und diejenigen mit festen Werten mit a_i. Dann bestimmt die Extremalbedingung

$$\frac{\partial S(U,V,N;x,a)}{\partial x_i} = 0, \qquad i = 1, 2, \ldots . \tag{2.27}$$

die Lage des partiellen Gleichgewichts, ausgedrückt durch die Lösungen $x_i = x_{i0}$ von (2.27) als Funktionen der gegebenen Werte der $a = (a_1, a_2, \ldots)$, und

$$\sum_{i,j} \left(\frac{\partial^2 S(U,V,N;x,a)}{\partial x_i \, \partial x_j} \right)_{x=x_0} \delta x_i \, \delta x_j < 0. \tag{2.28}$$

garantiert die Stabilität des partiellen Gleichgewichts. Hier sind die Differentiale δx_i auf die Gleichgewichtswerte x_{i0} bezogen. Immer wenn eines der bisher festgelegten a_i als x_i freigegeben wird, erfolgt ein spontaner Prozess in ein neues Gleichgewicht, bei dem die Entropie anwächst.

Man kann die δx_i als *virtuelle Variationen* in Analogie zur gleichnamigen Begriffsbildung in der Mechanik betrachten. Wie dort wollen wir die δx_i keinen Beschränkungen außer den inneren und äußeren Randbedingungen, die wir ja auch schon Zwangsbedingungen genannt hatten, unterwerfen. *Reale* Prozesse δx_i verlaufen immer so, dass sie den Zustand $x = 0$, also das vollständige Gleichgewicht anstreben, ohne dass diese Annäherung immer mit einer gleichmäßigen monotonen Abnahme der $|\delta x_i|$ erfolgen muss. Die Auswahl von Variablen x_i ist auf sehr viele Weisen möglich. Ausgehend von einem vollständigen oder partiellen Gleichgewicht kann man auf sehr viele Weisen neue extensive Variablen x_i definieren, bezüglich derer das Gleichgewicht eine maximale Entropie haben muss. Alle obigen Aussagen treffen prinzipiell für alle möglichen Wahlen von Variablen x_i zu.

2.5 Gleichgewicht in offenen Systemen

Wir hatten den Begriff des Gleichgewichts bisher nur als relaxierten Endzustand isolierter Systeme verstanden. Jetzt wollen wir versuchen, auch für offene Systeme den Begriff des Gleichgewichts zu definieren. Offene Systeme können Austauschprozesse mit ihrer Umgebung ausführen und dabei einige oder mehrere ihrer extensiven

Variablen ändern, z.B. ihre innere Energie U, ihr Volumen V oder ihre Teilchenzahl N. Eine sehr einfache Möglichkeit, Gleichgewicht für offene Systeme zu definieren, besteht darin, das offene System mit seiner Umgebung zu einem insgesamt isolierten System zusammmenzufassen und den Zustand des offenen Teilsystems dann als einen Gleichgewichtszustand zu verstehen, wenn das isolierte Gesamtsystem in ein Gleichgewicht relaxiert ist.

Diese Definition hat den Nachteil, dass sie eine Aussage über ein weiteres System, nämlich über das Umgebungssystem, enthält, also eigentlich eine Definition eines Zustands zweier wechselwirkender Systeme ist. Wir können den Begriff des Gleichgewichts eines offenen Systems aber auch durch Eigenschaften ausschließlich des Systems selbst beschreiben. Dazu wählen wir ein Gedankenexperiment: Wenn ein offenes System, dessen Zustand sich zeitlich ändern mag, zu einem bestimmten Zeitpunkt von isolierenden Wänden umgeben gedacht wird und sich sein Zustand dann nicht mehr ändert, dann soll der Zustand vor der Isolation als Gleichgewicht des offenen Systems bezeichnet werden. Diese Definition schließt die frühere ein. Denn befanden sich System und Umgebung vor der Isolation in einem Gleichgewicht, dann können nach der Isolation keine neuen spontanen Entwicklungen mehr auftreten, weil diese mit einer Zunahme der Entropie verbunden sein müssten. Solche Entwicklungen hätten aber auch schon vor der Isolation auftreten können, im Widerspruch zur Annahme, dass das System und seine Umgebung sich vor der Isolation in einem Gleichgewicht befanden.

Unter Verwendung des Gedankenexperiments der Isolation können wir dem zuvor offenen System im Gleichgewicht auch sogleich eine Entropie zuordnen, nämlich diejenige Entropie, die es als isoliert gedachtes System hätte. Die Zuordnung einer Entropie für isolierte Systeme im Gleichgewicht hatten wir ja im Abschnitt 2.3 geklärt.

Mit der Erweiterung des Gleichgewichtsbegriffs auf offene Systeme kommen wir noch einmal auf die Überlegungen im vorhergehenden Abschnitt zurück. Dort hatten wir das Gleichgewicht eines isolierten Gesamtsystems durch ein Maximalprinzip $S(U, V, N; x) = \text{Max}$ bezüglich der extensiven Variablen x charakterisiert, die Abweichungen vom Gleichgewicht beschreiben sollten. Wir wenden dieses Maximalprinzip nun auf isolierte Systeme an, die aus Teilsystemen $\sigma = 1, 2, \ldots$, bestehen. Die Teilsysteme können durch beliebige Wände voneinander getrennt sein. Wir nehmen aber an, dass jedes dieser nunmehr offenen Teilsysteme für sich in einem Gleichgewicht ist und bleibt und eine Entropie $S^{(\sigma)}(U^{(\sigma)}, V^{(\sigma)}, N^{(\sigma)})$ haben soll, wie wir das soeben beschrieben haben. Hier sind die $U^{(\sigma)}, V^{(\sigma)}, N^{(\sigma)}$ die innere Energie, das Volumen und die Teilchenzahl des Teilsystems σ. Da das Gesamtsystem isoliert sein sollte, ist

$$\sum_\sigma U^{(\sigma)} = U, \qquad \sum_\sigma V^{(\sigma)} = V, \qquad \sum_\sigma N^{(\sigma)} = N \qquad (2.29)$$

mit konstanten Werten für U, V, N. Da weiterhin die Entropie extensiv, also additiv sein soll, ist dem Gesamtsystem, das zunächst nicht notwendig in einem Gleichgewichtszustand ist, die Entropie

$$S = \sum_\sigma S^{(\sigma)}(U^{(\sigma)}, V^{(\sigma)}, N^{(\sigma)}) \qquad (2.30)$$

zuzuordnen. Als Variable x_i im Sinne des vorhergehenden Abschnitts können jetzt alle $U^{(\sigma)}, V^{(\sigma)}, N^{(\sigma)}$ auftreten, soweit sie nicht durch die Isolationsbedingung (2.29) und durch Randbedingungen der inneren Wände der Teilsysteme eingeschränkt sind. Dieses Verfahren zur Bestimmung einer Entropie von Nicht–Gleichgewichtszuständen ist offensichtlich *rekursiv*: die Entropie des größeren Systems in einem Nicht-Gleichgewichtszustand wird zurückgeführt auf die Entropien von Teilsystemen im Gleichgewicht. Die Rekursion kann natürlich nicht beliebig oft nach unten ausgeführt werden, weil es eine Grenze gibt, unterhalb derer ein Teilsystem nicht mehr thermodynamisch ist. Dadurch wird die Möglichkeit, Nicht–Gleichgewichtszustände thermodynamisch zu beschreiben, begrenzt. Das Gleichgewicht ist jetzt wieder dadurch zu bestimmen, dass die Entropie S in (2.30) als Funktion der nicht eingeschränkten Variablen $U^{(\sigma)}, V^{(\sigma)}, N^{(\sigma)}$ maximal wird. Zu diesen lokalen Variablen können auch nicht–lokale Abweichungen vom Gleichgewicht hinzukommen, z.B. chemische Reaktionen oder Phasenübergänge.

2.6 Thermodynamik des Gleichgewichts

In diesem Abschnitt geht es ausschließlich um thermodynamische Systeme in einem vollständigen Gleichgewicht, beschrieben durch die Entropie $S(U, V, N)$ als Funktion der inneren Energie U, des Volumens V und der Teilchenzahl N. Wir wollen jetzt Aussagen über diese funktionale Abhängigkeit machen. Dazu stellen wir uns vor, dass wir den Gleichgewichtszustand ändern, indem wir die extensiven Variablen U, V, N ändern. Das bedeutet natürlich, dass das System offen sein muss. Bei diesen Änderungen soll das System aber stets in einem Gleichgewichtszustand bleiben. Man nennt solche Änderungen deshalb auch *quasistatisch*. Es ist einleuchtend, dass quasistatische Prozesse eine Idealisierung darstellen und nur durch hinreichend langsame Änderungen von U, V, N angenähert werden können.

Wir müssen diese quasistatischen Prozesse, die eine Folge von Gleichgewichtszuständen darstellen, von den spontanen Prozessen unterscheiden, die wir in den vorhergehenden Abschnitten diskutiert haben. Die spontanen Prozesse führten aus Nicht–Gleichgewichtszuständen in Gleichgewichtszustände hinein. Wir hatten sie durch gewisse extensive Variablen x_i gekennzeichnet, z.B. Variablen von Teilsystemen, ihre Differentiale durch δx_i. Bei den langsamen, quasistatischen Prozessen denken wir uns die spontanen Prozesse als schnelle Vorgänge, die immer schon ihre relaxierten Endzustände, nämlich das jeweilige Gleichgewicht, erreicht haben. Zur Unterscheidung schreiben wir die differentiellen Änderungen der quasistatischen Prozesse als dU, dV, dN usw.

Wir beginnen mit drei Definitionen, nämlich für die Temperatur T, den Druck p und das chemische Potential μ:

$$\frac{1}{T} := \left(\frac{\partial S}{\partial U}\right)_{V,N}, \qquad p := T\left(\frac{\partial S}{\partial V}\right)_{U,N}, \qquad \mu := -T\left(\frac{\partial S}{\partial N}\right)_{U,V} \qquad (2.31)$$

Die Indizes (V, N) usw. bedeuten, dass diese Variablen bei den partiellen Ableitungen festgehalten werden. Von den Begriffen Druck p und chemisches Potential μ hatten wir bereits früher Gebrauch gemacht. Die obigen Definitionen sollen die früheren, vorläufigen Definitionen präzisieren. Sie werden uns auf dieselben Zusammenhänge wie früher führen. Die Definition der Temperatur T in (2.31) erscheint dagegen zunächst rein formal. Im folgenden Kapitel werden wir uns davon überzeugen, dass die in (2.31) definierte Temperatur diejenigen Eigenschaften hat, die wir auch anschaulich mit diesem Begriff verbinden

Zur Definition der Temperatur T in (2.31) müssen wir auch noch anmerken, dass sie die Einheit einer Energie besitzt, weil wir die Entropie mit $S = \ln W$ im Abschnitt 2.3 ja als dimensionslose Variable definiert hatten. Üblicherweise wird die Temperatur aber in den Einheiten Grad Kelvin (K) gemessen. Der Umrechnungsfaktor zwischen T in Joule und T' in K ist die sogenannte *Boltzmann-Konstante* k_B:

$$T = k_B T', \qquad k_B = 1,3805 \cdot 10^{-23}\,\text{J/K}.$$

Gleichzeitig wird die Entropie gemäß $S' = k_B S$ umdefiniert, also in Einheiten J/K gemessen, so dass die Definition von T' die Form $1/T' = \partial S'/\partial U$ behält. Wir wollen bei unseren bisherigen Definitionen einer dimensionslosen Entropie und einer Temperatur in Einheiten der Energie bleiben. Wir können unsere Formeln an jeder Stelle durch die Transformation

$$T = k_B T', \qquad S = S'/k_B$$

in die übliche Schreibweise bringen. Wir weisen schließlich noch darauf hin, dass bei der Anwesenheit mehrerer Komponenten im System für jede Komponente ein chemisches Potential durch

2.6. THERMODYNAMIK DES GLEICHGEWICHTS

$$\mu_k = -T \left(\frac{\partial S}{\partial N_k} \right)_{U,V,N_{k'\neq k}} \qquad (2.32)$$

zu definieren ist. Wir bleiben bei der Verabredung aus dem Abschnitt 1.5 und interpretieren μ und N als formale Vektoren aus den jeweiligen Variablen der einzelnen Komponenten, falls mehrere Komponenten vorhanden sind.

Wir müssen die Thermodynamik an dieser Stelle um zwei weitere Postulate ergänzen, nämlich einmal um die Aussage, dass die Temperatur nicht negativ sein kann, also $T \geq 0$. Wir werden später im statistischen Teil der Theorie verstehen, dass negative Temperaturen $T < 0$ thermodynamisch instabile Zustände charakterisieren, die im Allgemeinen sehr schnell zerfallen. Die andere Ergänzung ist der sogenannte *3. Hauptsatz* der Thermodynamik, der besagt, dass $T = 0$ ein thermodynamischer Zustand ist, der physikalisch nicht erreichbar ist, wohl beliebig angenähert werden kann. Der 3. Hauptsatz wird meist so formuliert, dass für $T \to 0$ die Entropie verschwindet: $S \to 0$. Da $S = \ln W$, vgl. Abschnitt 2.3, bedeutet $S \to 0$, dass das statistische Gewicht $W \to 1$ geht. Die Wahrscheinlichkeit, einen Makrozustand zu erreichen, der durch nur einen einzigen Mikrozustand repräsentiert wird, verschwindet im thermodynamischen Limes, weil sich die statistischen Gewichte von Makrozuständen mit $S > 0$ wie $W = \exp S$ verhalten, also mit $N \to \infty$ sogar exponentiell divergieren. Auf den 3. Hauptsatz und seine thermodynamischen Konsequenzen werden wir im Kapitel 10 ausführlich eingehen.

Wenn $T > 0$ und damit auch $1/T = \partial S/\partial U > 0$, können wir $S = S(U,V,N)$ eindeutig nach der inneren Energie U auflösen: $U = U(S,V,N)$. Wir wollen nun die funktionalen Zusammenhänge $S = S(U,V,N)$ und $U = U(S,V,N)$ in einen Zusammenhang bringen. Dazu bilden wir das *vollständige Differential* der Entropie und erhalten unter Verwendung der Definitionen (2.31):

$$\begin{aligned} dS &= \left(\frac{\partial S}{\partial U}\right)_{V,N} dU + \left(\frac{\partial S}{\partial V}\right)_{U,N} dV + \left(\frac{\partial S}{\partial N}\right)_{U,V} dN \\ &= \frac{1}{T} dU + \frac{p}{T} dV - \frac{\mu}{T} dN. \end{aligned} \qquad (2.33)$$

Wir lösen nach dU auf,

$$dU = T\,dS - p\,dV + \mu\,dN, \qquad (2.34)$$

und vergleichen mit dem vollständigen Differential dU aus dem funktionalen Zusammenhang $U = U(S,V,N)$:

$$dU = \left(\frac{\partial U}{\partial S}\right)_{V,N} dS + \left(\frac{\partial U}{\partial V}\right)_{S,N} dV + \left(\frac{\partial U}{\partial N}\right)_{S,V} dN. \tag{2.35}$$

Der Vergleich zeigt

$$T = \left(\frac{\partial U}{\partial S}\right)_{V,N}, \quad p = -\left(\frac{\partial U}{\partial V}\right)_{S,N}, \quad \mu = \left(\frac{\partial U}{\partial N}\right)_{S,V} \tag{2.36}$$

als Definitionen von T, p, μ, die äquivalent zu (2.31) sind.

Man nennt die Ausdrücke (2.33) und (2.34) für die vollständigen Differentiale dS und dU auch *Gibbs'sche Fundamentalrelationen*, hier für die Entropie und die innere Energie. Wir werden später weitere Gibbs'sche Fundamentalrelationen kennenlernen. Es liegt nun nahe, die Fundamentalrelation für dU in (2.34) mit dem 1. Hauptsatz in der Form

$$\delta U = \delta Q - p\, \delta V + \mu\, \delta N \tag{2.37}$$

aus dem Abschnitt 1.5 zu vergleichen. Wir betonen nochmals, dass der 1. Hauptsatz (2.37) für beliebige, also nicht notwendig quasistatische Prozesse $\delta \ldots$ gilt. Aber natürlich gilt er *auch* für quasistatische Prozesse, für die wir die Differentiale $\delta \ldots$ nach unserer Vereinbarung durch $d \ldots$ ersetzen können. Der Vergleich ergibt zunächst Übereinstimmung mit den früheren Definitionen des Druckes p und des chemischen Potentials μ, zusätzlich aber die Relation

$$dQ = T\, dS. \tag{2.38}$$

Diese Relation ist folgendermaßen zu lesen: bei quasistatischen Prozessen, bei denen ein System also niemals aus dem Gleichgewicht gerät, sind die Entropieänderung dS und die ausgetauschte Wärme dQ durch (2.38) verknüpft. Wir werden im folgenden Kapitel lernen, dass für beliebige Prozesse $\delta \ldots$

$$\delta Q \leq T\, \delta S. \tag{2.39}$$

gilt.

Die Beziehung (2.38) kann zugleich als eine Messvorschrift für Entropien gedeutet werden: die Bestimmung einer Entropie wird auf die Bestimmung von Wärme in

2.7. EXTENSIVE UND INTENSIVE VARIABLEN

einem quasistatischen Prozess zurückgeführt. Eine solche Messvorschrift ist erforderlich, weil wir bisher nur die Existenz einer Entropie gefordert hatten. Bei allen physikalischen Begriffsbestimmungen muss immer auch eine Möglichkeit angegeben werden, den definierten Begriff durch eine Messung zu bestimmen. Diese Überlegung legt die Frage nahe, wie denn Wärme durch eine Messung bestimmt werden kann. Wir geben hier nur den Hinweis, dass man Wärme prinzipiell dadurch bestimmen kann, dass man adiabatische Prozesse und Prozesse mit Wärmeaustausch zwischen zwei thermodynamischen Zuständen vergleicht. Auf diese Weise wird die Bestimmung von Wärme auf die von mechanischer Arbeit zurückgeführt. Im folgenden Kapitel werden wir eine alternative Bestimmung von Wärme, nämlich durch elektrische Energie kennenlernen.

2.7 Extensive und intensive Variablen: die Gibbs–Duhem–Relation

Wir haben argumentiert, dass die thermodynamischen Variablen innere Energie U, Volumen V, Teilchenzahl N und Entropie S extensiv sind. Das bedeutete, dass bei einer identischen Vervielfachung eines thermodynamischen Systems um einen beliebigen Faktor λ die Werte dieser Variablen sich ebenfalls mit dem Faktor λ multiplizieren. Wir formulieren diesen Zusammenhang für die Funktion $U = U(S, V, N)$:

$$U(\lambda S, \lambda V, \lambda N) = \lambda U. \tag{2.40}$$

Wir differenzieren diese Identität nach λ und setzen anschließend $\lambda = 1$. Mit der Kettenregel der Differentialrechnung erhalten wir

$$\left(\frac{\partial U}{\partial S}\right)_{V,N} S + \left(\frac{\partial U}{\partial V}\right)_{S,N} V + \left(\frac{\partial U}{\partial N}\right)_{S,V} N = U.$$

Dieses ist der *Eulersche Satz* für homogene Funktionen vom 1. Grad, die gerade durch die Identität (2.40) definiert sind. Setzen wir nun die partiellen Ableitungen der inneren Energie U aus (2.36) ein, so erhalten wir

$$TS - pV + \mu N = U. \tag{2.41}$$

Dieses ist eine Verknüpfung der extensiven Variablen U, S, V, N mit den Variablen T, p, μ, die in (2.36) als partielle Ableitung einer extensiven Variablen U nach einer anderen extensiven Variablen S, V oder N definiert sind. Variablen der letzteren Art nennt man *intensiv*. Während extensive Variablen im thermodynamischen Limes $N \to \infty$ linear mit N divergieren, bleiben intensive Variablen bei $N \to \infty$ offensichtlich konstant. Äquivalent dazu ist die Aussage: bei einer identischen Vervielfachung eines thermodynamischen Systems um einen Faktor λ bleiben die intensiven Variablen ungeändert. Wegen der Extensivität von U, S, V, N muss es eine lineare Relation zwischen diesen Variablen geben. (2.41) zeigt, dass die Koeffizienten dieser Relationen durch die intensiven Variablen T, P, μ gegeben sind. Die Unterscheidung zwischen extensiven und intensiven Variablen beruht auf der Eigenschaft der *Skalierung* thermodynamischer Variablen mit der Teilchenzahl N bzw. mit einem Vervielfachungsfaktor λ.

Wir bilden nun das vollständige Differential dU in (2.41). Da (2.41) auf der Relation $U = U(S, V, N)$ beruht und diese nur im Gleichgewicht gilt, kann dort nur ein vollständiges Differential $d\ldots$ im Sinne eines quasistatischen Prozesses gebildet werden. Mit der Produktregel der Differentialrechnung erhalten wir

$$\begin{aligned} dU &= T\,dS - p\,dV + \mu\,dN \\ &\quad + S\,dT - V\,dp + N\,d\mu. \end{aligned} \qquad (2.42)$$

Die erste Zeile dieser Gleichung ist gerade die Gibbs'sche Fundamentalrelation (2.34) für die innere Energie U. Also folgt

$$S\,dT - V\,dp + N\,d\mu = 0, \qquad (2.43)$$

die sogenannte *Gibbs–Duhem–Relation*. Sie besagt, dass die intensiven Variablen nicht unabhängig sind, sondern genau durch eine Relation verknüpft sind, die auf das Skalierungsverhalten mit N bzw. mit einem Vervielfachungsfaktor λ zurückgeht. Im folgenden Kapitel werden wir eine andere Interpretation der Gibbs–Duhem–Relation kennenlernen: sie ist die Bedingung dafür, dass ein thermodynamisches System überhaupt identifiziert werden kann.

3

Irreversible Thermodynamik

Kapitel 3

Irreversible Thermodynamik

Bei den spontanen Prozessen, die ein isoliertes thermodynamisches System in einen Gleichgewichtszustand führen, nimmt die Entropie zu, weil das Gleichgewicht in isolierten Systemen durch maximale Entropie bestimmt ist. Solche spontanen Prozesse sind unter der Bedingung der Isolation nicht umkehrbar, weil die Wahrscheinlichkeit für makroskopische Abweichungen vom Gleichgewicht im thermodynamischen Limes exponentiell mit $N \to \infty$ verschwindet. Lediglich Fluktuationen um das Gleichgewicht mit der relativen Größenordnung $\sim N^{-1/2}$ sind möglich. Diese Fluktuationen wollen wir nicht zu den thermodynamischen Prozessen rechnen. Thermodynamische Prozesse sollen immer durch Änderungen von makroskopischen thermodynamischen Variablen mit der relativen Größenordnung 1 charakterisiert sein. Wegen der Nicht–Umkehrbarkeit der ins Gleichgewicht führenden spontanen Prozesse nennt man sie auch *irreversibel* und die Theorie dieser Prozesse auch Thermodynamik der irreversiblen Prozesse oder kurz irreversible Thermodynamik. Die irreversible Thermodynamik ist die eigentliche, realistische Thermodynamik, weil alle realen Prozesse immer irreversibel sind. Die bereits im Abschnitt 2.6 vorgestellte Thermodynamik des Gleichgewichts mit ihren quasistatischen Prozessen wird sich als eine Idealisierung der irreversiblen Thermodynamik herausstellen und verdiente deshalb besser die Bezeichnung *Thermostatik*.

Wir werden die spontanen oder irreversiblen Prozesse in diesem Kapitel zunächst als Ausgleichsprozesse zwischen zwei Teilsystemen beschreiben, die zusammen ein isoliertes System bilden. Die beiden Teilsysteme sollen dabei jeweils für sich in einem Gleichgewichtszustand sein und auch bleiben, aber nicht notwendig im Gleichgewicht miteinander, d.h., das isolierte Gesamtsystem ist im Allgemeinen nicht im Gleichgewicht. Die Verschiebungen von extensiven Variabeln wie z.B. Energie, Volumen oder Teilchenzahlen zwischen den Teilsystemen stellen dann die internen Variabeln x dar, bezüglich derer sich ein Gleichgewicht des Gesamtsystems einstellen kann, vgl. Abschnitte 2.4 und 2.5. Wir beginnen mit dem Fall des Wärmeausgleichs zwischen den Teilsystemen und stellen daran anschließend das allgemeine Schema der irreversiblen Thermodynamik beispielhaft dar. Dieses Schema lässt sich in naheliegender Weise auf andere Ausgleichsprozesse übertragen.

3.1 Prozesse mit Wärmeaustausch

Ein isoliertes Gesamtsystem bestehe aus zwei Teilsystemen, die durch eine diatherme, aber mechanisch feste und für Teilchen impermeable Wand getrennt seien. Die beiden Teilsysteme sollen stets in einem Gleichgewichtszustand sein, der durch U, V, N bzw. U', V', N' und durch die Entropien $S = S(U, V, N)$ bzw. $S' = S'(U', V', N')$ beschrieben sei. Da die Variablen V, N bzw. V', N' wegen der Isolationsbedingung und der Wandeigenschaften unverändert bleiben, brauchen wir sie im folgenden nicht mehr explizit mitzuschreiben. Bei partiellen Ableitungen nach U werden sie konstant gehalten. Weil das Gesamtsystem isoliert ist, gilt

$$\delta U + \delta U' = 0. \tag{3.1}$$

Die Entropie des Gesamtsystems lautet

$$S_0 = S(U) + S'(U'). \tag{3.2}$$

Deren Variation aufgrund der virtuellen Variationen $\delta U, \delta U'$ ist

$$\begin{aligned} \delta S_0 &= \delta S(U) + \delta S'(U') \\ &= \frac{\partial S}{\partial U} \delta U + \frac{\partial S'}{\partial U'} \delta U' = \left(\frac{1}{T} - \frac{1}{T'}\right) \delta U, \end{aligned} \tag{3.3}$$

wobei wir (3.1) und die Definitionen der Temperatur $\partial S/\partial U = 1/T$ bzw. $\partial S'/\partial U' = 1/T'$ aus dem Abschnitt 2.6 benutzt haben. Im Gleichgewicht des isolierten Gesamtsystems soll die Entropie S_0 ein Maximum besitzen. Dann ist notwendig $\delta S_0 = 0$ bei beliebigen virtuellen Variationen δU. Daraus folgt für das Gleichgewicht des Gesamtsystems, dass die Temperaturen gleich sein müssen: $T = T'$. Dadurch ist zwar ein Extremum der Entropie S_0, aber noch kein Maximum festgelegt. Um $S_0 =$ Max im Gleichgewicht zu garantieren, müssen wir eine zweite Variation $\delta^2 S_0$ untersuchen und nach der Bedingung für $\delta^2 S_0 < 0$ fragen. Das soll in einem späteren Kapitel über *Stabilität* ausgeführt werden.

3.2. IRREVERSIBLE UND REVERSIBLE PROZESSE 63

Wir können die δU aber auch als Differentiale eines realen Prozesses deuten, der kontinuierlich mit der Zeit abläuft. Dann schreiben wir statt (3.3)

$$\frac{dS_0}{dt} = \left(\frac{1}{T} - \frac{1}{T'}\right) \frac{dU}{dt}. \tag{3.4}$$

Solange ein Prozess abläuft, also $dU/dt \neq 0$, ist das System noch auf dem Weg ins Gleichgewicht, d.h., seine Entropie nimmt zu: $dS_0/dt > 0$. Daraus folgt

$$\begin{aligned} T < T' &\succ dU/dt > 0 \\ T > T' &\succ dU/dt < 0. \end{aligned} \tag{3.5}$$

Das bedeutet: Energie, hier also Wärme, fließt aus dem System mit der höheren in das System mit der tieferen Temperatur. Diese Konsequenz ergänzt die formale Definition der Temperatur im Abschnitt 2.6 durch ein physikalisch anschauliches Argument. Während des Ausgleichsprozesses ändern sich die Temperaturen T und T', und zwar muss die tiefere Temperatur zunehmen, die höhere abnehmen. Das folgt aus der Annahme, dass überhaupt ein Gleichgewicht existieren soll, in dem die Temperaturen gleich sind.

Die Annahme, dass die beiden Teilsysteme während des Ausgleichsprozesses im Gleichgewicht bleiben und eine einheitliche Temperatur haben sollen, ist eine Idealisierung. Diese ist nur gerechtfertigt, wenn der Wärmeübergang durch die diatherme Wand hinreichend langsam ist und sich der Temperaturausgleich jeweils im System dagegen sehr schnell vollzieht. Unter realen Bedingungen wird sich in der Nähe der Wand ein Temperaturgradient einstellen. Ein System mit einem Temperaturgradienten kann sich nicht im Gleichgewicht befinden, weil dieses konstante Temperatur fordert. In einer solchen Situation versucht man, das Gebiet des Gradienten in differentielle Teilsysteme aufzuteilen, die jeweils für sich im Gleichgewicht sind. Man erhält dann eine kontinuierliche Theorie, die jedoch thermodynamisch problematisch ist, weil die differentiellen Teilsysteme möglicherweise zu wenige Freiheitsgrade besitzen. Wir kommen auf die kontinuierliche Theorie später zurück.

3.2 Irreversible und reversible Prozesse

Wir schreiben die Gleichung (3.4) über die Änderung der Gesamtentropie als

$$\frac{dS_0}{dt} = \Delta \frac{1}{T} J_U =: \dot{S}_{irr} \tag{3.6}$$

mit den Definitionen

$$\Delta\frac{1}{T} := \frac{1}{T} - \frac{1}{T'}, \qquad J_U := \frac{dU}{dt} \qquad (3.7)$$

und bezeichnen $\Delta(1/T)$ als die verallgemeinerte *thermodynamische Kraft*, J_U als den *Fluss* (oder Strom) des Prozesses, hier des Wärmeausgleichs, und $\dot{S}_{irr}$ als die *Entropieproduktion* des Prozesses. Wie wir bereits im vorhergehenden Abschnitt argumentiert hatten, ist $\dot{S}_{irr} > 0$, solange ein Prozess stattfindet, also solange $J_U \neq 0$. Die Ungleichung $\dot{S}_{irr} > 0$ gibt dem Prozess offensichtlich seine irreversible bzw. spontane Richtung, und der Wert von $\dot{S}_{irr}$ lässt sich als Maß für die Irreversibilität des Prozesses interpretieren. Nur im Gleichgewicht mit $\Delta(1/T) = 0$ verschwindet $\dot{S}_{irr}$. Allgemein gilt also $\dot{S}_{irr} \geq 0$.

Man kann den Fluss J_U als Folge der Temperaturdifferenz $\Delta(1/T)$ auffassen, allerdings auch umgekehrt. Die Situation ist ähnlich wie beim Ohmschen Gesetz: in einem elektrischen Leiter kann man den elektrischen Strom als Folge einer Potentialdifferenz auffassen, aber auch umgekehrt die Potentialdifferenz als Folge eines Stroms. Tatsächlich wird sich elektrische Leitung ebenfalls als ein spontaner bzw. irreversibler thermodynamischer Prozess erweisen. Analog zum Ohmschen Gesetz können wir auch in unserem Fall des Wärmeausgleichs einen linearen Zusammenhang zwischen J_U und $\Delta(1/T)$ erwarten:

$$J_U = L\,\Delta\frac{1}{T}. \qquad (3.8)$$

Dieses ist – wie übrigens auch das Ohmsche Gesetz – ein rein phänomenologischer Ansatz, der zunächst durch kein anderes Argument gerechtfertigt ist, als dass $J_U = 0$ sein muss, wenn $\Delta(1/T) = 0$ und umgekehrt. Man nennt L in (3.8) einen *phänomenologischen Koeffizienten*, der offensichtlich das Analogon zum Leitwert eines elektrischen Leiters ist. Lineare phänomenologische Relationen wie (3.8) oder das Ohmsche Gesetz lassen sich letztlich nur durch das Experiment rechtfertigen. Tatsächlich gibt es eine sehr große Zahl von irreversiblen Prozessen, in denen sie gerechtfertigt sind, allerdings auch solche mit massiven Abweichungen vom linearen Verhalten. Es gibt auch Theorien, die sogenannten *Linear Response Theorien*, in denen solche linearen Relationen näherungsweise hergeleitet werden, und zwar für hinreichend kleine thermodynamische Kräfte. In diesen Theorien wird angenommen, dass sich die Flüsse in eine Potenzreihe nach den Kräften entwickeln lassen. (3.8) ist als niedrigster, nichtverschwindender Term einer solchen Potenzreihe zu interpretieren.

Wenn die lineare Relation (3.8) gerechtfertigt ist, dann können wir die Entropieproduktion als

3.2. IRREVERSIBLE UND REVERSIBLE PROZESSE

$$\dot{S}_{irr} = L \left(\Delta \frac{1}{T}\right)^2 = \frac{1}{L} J_U^2 \tag{3.9}$$

schreiben. Im Sinne der soeben genannten Potenzreihenentwicklung ist $\dot{S}_{irr}$ von quadratischer Ordnung in der Kraft oder im Fluss. Das gibt Anlass zu der folgenden Idealisierung. Für

$$\Delta \frac{1}{T} \to 0 \quad \text{oder} \quad J_U \to 0$$

bezeichnet man den Wärmeaustausch als *reversibel*, weil die Entropieproduktion in diesem Grenzfall von höherer (zweiter) Ordnung verschwindet als die Kraft oder der Fluss selbst. Wenn nun ein beliebiges System im thermodynamischen Gleichgewicht auf reversible Weise Wärme empfängt, dann schreiben wir für die damit verbundene Änderung seiner Entropie

$$\frac{dS}{dt} = \frac{\partial S}{\partial U} \frac{dU}{dt} = \frac{1}{T} \frac{dQ_{rev}}{dt}. \tag{3.10}$$

Diesen Zusammenhang kennen wir bereits aus dem Abschnitt 2.6 in der Form $dQ = T\,dS$ für quasistatische Prozesse. So ist auch die Wärmeaufnahme oder -abgabe für jedes der beiden Teilsysteme quasistatisch, weil diese nach Voraussetzung immer in einem Gleichgewicht bleiben sollten. Die irreversible Entropieproduktion $\dot{S}_{irr}$ lässt sich also nicht den einzelnen Teilsystemen, sondern nur dem Gesamtsystem zuordnen. In unserer Modellsituation, in der zwei Gleichgewichtssysteme im Kontakt sind, findet die Entropieproduktion in der Wand zwischen den Teilsystemen statt. Wir wollen die Unterscheidungen zwischen reversibler und irreversibler Entropieänderung nochmals verdeutlichen, indem wir das Gesamtsystem öffnen und annehmen, dass jedes der beiden Teilsysteme außer dem Wärmeausgleich zusätzlich auf reversible Weise Wärme mit der Umgebung austauscht. Dann gilt für die zeitliche Änderung der Entropie S_0 des Gesamtsystems

$$\begin{aligned}
\frac{dS_0}{dt} &= \left(\frac{dS_0}{dt}\right)_{rev} + \left(\frac{dS_0}{dt}\right)_{irr}, \\
\left(\frac{dS_0}{dt}\right)_{rev} &= \frac{1}{T} \frac{dQ_{rev}}{dt} + \frac{1}{T'} \frac{dQ'_{rev}}{dt}, \\
\left(\frac{dS_0}{dt}\right)_{irr} &= \dot{S}_{irr} = \Delta \frac{1}{T} J_U.
\end{aligned} \tag{3.11}$$

Weil $\dot{S}_{irr} \geq 0$, gilt für die Entropieänderung beliebiger Systeme stets

$$\frac{dS_0}{dt} \geq \left(\frac{dS_0}{dt}\right)_{rev}. \qquad (3.12)$$

Das Gleichheitszeichen gilt nur für quasistatische Prozesse des Gesamtsystems. Während $\dot{S}_{irr}$ eine Systemeigenschaft des Nicht–Gleichgewichtssystems darstellt, können wir die reversiblen Terme in $(dS_0/dt)_{rev}$ als *Entropietransport* interpretieren. Wir werden darauf bei der Formulierung der kontinuierlichen Theorie zurückgreifen.

Wir haben in diesem Abschnitt mehrfach die Begriffe "quasistatisch" und "reversibel" bzw. "irreversibel" verwendet. Wir wollen diese Begriffe jetzt noch einmal zusammenfassend klären und gegeneinander abgrenzen. "Quasistatisch" ist die Eigenschaft eines Systems: bei quasistatischen Prozessen bleibt das System immer in einem Gleichgewicht, obwohl es mit seiner Umgebung Austauschprozesse haben kann. "Quasistatisch" für das System sagt nichts über diese Austauschprozesse aus. "Reversibel" oder "irreversibel" ist die Eigenschaft von Prozessen zwischen Systemen. In der Situation des Gesamtsystems, das aus zwei Teilsystemen besteht, hatten wir angenommen, dass die Prozesse zwischen den Teilsystemen irreversibel sein konnten, aber ihre Auswirkungen auf die Teilsysteme im Rahmen der quasistatischen Beschreibung bleiben.

3.3 Prozesse mit Austausch von Wärme, Volumen und Teilchen

Wir kehren zurück zur Situation des Abschnitts 3.1, in der ein isoliertes Gesamtsystem aus zwei Teilsystemen bestehen sollte. Die beiden Teilsysteme sollen jetzt außer Wärme auch Volumen und Teilchen austauschen können, jedoch nach wie vor für sich jeweils in einem Gleichgewichtszustand bleiben. Die Isolationsbedingung des Gesamtsystems lautet

$$\delta U + \delta U' = 0, \qquad \delta V + \delta V' = 0, \qquad \delta N + \delta N' = 0. \qquad (3.13)$$

Analog zu (3.3) im Abschnitt 3.1 bilden wir die Variation der Gesamtentropie S_0 und erhalten unter Verwendung der Isolationsbedingung (3.13) und der Definitionen für Temperatur, Druck und chemisches Potential aus dem Abschnitt 2.6:

$$\delta S_0 = \left(\frac{1}{T} - \frac{1}{T'}\right)\delta U + \left(\frac{p}{T} - \frac{p'}{T'}\right)\delta V - \left(\frac{\mu}{T} - \frac{\mu'}{T'}\right)\delta N. \qquad (3.14)$$

3.3. PROZESSE MIT AUSTAUSCH VON WÄRME, VOLUMEN, TEILCHEN

Wenn die Wand zwischen den Teilsystemen diatherm und mechanisch beweglich ist, so dass Wärme und Volumen ausgetauscht werden können ($\delta U \neq 0$, $\delta V \neq 0$), jedoch keine Teilchen ($\delta N = 0$), folgt aus (3.14)

$$\delta S_0 = \left(\frac{1}{T} - \frac{1}{T'}\right) \delta U + \left(\frac{p}{T} - \frac{p'}{T'}\right) \delta V, \qquad (3.15)$$

so dass im Gleichgewicht $T = T'$ und $p = p'$ sein muss. Wenn bereits thermisches Gleichgewicht eingestellt ist, also $T = T'$, entnehmen wir aus (3.15) für einen zeitlich kontinuierlichen, spontanen Prozess des Volumenaustausches, dass

$$\dot{S}_{irr} = \frac{dS_0}{dt} = \frac{\Delta p}{T} \frac{dV}{dt} \geq 0, \qquad \Delta p := p - p'. \qquad (3.16)$$

Das System mit dem höheren Druck dehnt sich aus, bis im Gleichgewicht $p = p'$ erreicht ist. Wir untersuchen den Prozess des Volumenaustausches für den Fall, dass die mechanisch bewegliche Wand thermisch isolierend ist. Die beiden Teilsysteme führen dann adiabatische quasistatische Zustandsänderungen aus, für die der 1. Hauptsatz

$$\delta U = -p\,\delta V, \qquad \delta U' = -p'\,\delta V' \qquad (3.17)$$

lautet. Bevor wir wieder die Variation δS_0 der Gesamtentropie diskutieren, berechnen wir die Variationen der Entropien der beiden Teilsysteme. Durch Einsetzen des 1. Hauptsatzes aus (3.17) finden wir

$$\delta S = \frac{1}{T}\delta U + \frac{p}{T}\delta V = 0$$

und ebenso $\delta S' = 0$. Bei quasistatischen adiabatischen Prozessen ändert sich die Entropie nicht. Das hätten wir auch aus $\delta S = \delta Q_{rev}/T$ mit $\delta Q_{rev} = 0$ schließen können. Für unsere Fragestellung nach dem Gleichgewicht bei adiabatischem Volumenaustausch bedeutet das, dass $\delta S_0 = \delta S + \delta S'$ identisch verschwindet: das Gleichgewicht ist thermodynamisch indifferent. Wir können hier nur ein mechanisches Gleichgewicht bestimmen, nämlich durch die Gleichheit der mechanischen Kräfte auf den beiden Seiten der Wand, also $p = p'$. Allerdings kann das System um diesen Zustand auch Oszillationen ausführen. Wenn diese Oszillationen durch Reibung abklingen, entsteht ein neues thermodynamisches Problem, weil Reibung Wärmezufuhr bedeutet. Der Endzustand ist dann wieder ein thermodynamisches

Gleichgewicht, dessen Lage sich daraus bestimmt, wie sich die Reibungswärme auf die beiden Teilsysteme verteilt.

Wegen seiner physikalischen, chemischen und sogar biologischen Bedeutung betrachten wir auch noch den Fall, dass die Wand zwischen den Teilsystemen diatherm und permeabel für einige oder sogar alle Teilchenarten ist, aber mechanisch fest, also $\delta V = 0$. Wir nehmen an, dass thermisches Gleichgewicht bereits eingestellt ist: $T = T'$. Dann folgt für das Gleichgewicht bezüglich Teilchenaustausch aus (3.14) $\mu = \mu'$. Falls mehrere Teilchenarten vorhanden sind, muss zunächst festgestellt werden, für welche die Wand permeabel ist. Gleichgewicht besteht, wenn für alle permeablen Komponenten $\mu_k = \mu'_k$ ist. Die Entropieproduktion für spontanen Teilchenaustausch lautet (bei eingestelltem thermischem Gleichgewicht)

$$\dot{S}_{irr} = \sum_k \left(-\frac{\Delta \mu_k}{T}\right) J_k \geq 0, \qquad (3.18)$$

worin

$$\Delta \mu_k := \mu_k - \mu'_k, \qquad J_k = \frac{dN_k}{dt}. \qquad (3.19)$$

Wenn nur eine Komponente vorhanden oder permeabel ist, folgt der Fluss J_k dem Gefälle des chemischen Potentials über die Wand, also vom höheren zum tieferen chemischen Potential. Bei mehreren permeablen Komponenten muss nur die gesamte Entropieproduktion $\dot{S}_{irr}$ positiv sein. Für einzelne Komponenten könnten die Summanden in (3.18) auch negativ sein, d.h., einzelne Komponenten könnten auch gegen ihr eigenes chemisches Potentialgefälle "bergauf" transportiert werden, und zwar entropisch auf Kosten der übrigen. Das ist allerdings nur möglich, wenn es Kopplungen zwischen verschiedenen Flüssen J_k und Kräften $-\Delta\mu_{k'}/T$ gibt, sogenannte Flusskopplungen. Die linearen phänomenologischen Relationen haben bei mehreren permeablen Komponenten im Allgemeinen die Form

$$J_k = \sum_{k'} L_{kk'} \left(-\frac{\Delta \mu_{k'}}{T}\right). \qquad (3.20)$$

Kopplung zwischen verschiedenen Flüssen und Kräften bedeutet im Rahmen der linearen Theorie, dass die entsprechenden nichtdiagonalen $L_{kk'} \neq 0$ sein müssen. Wenn nur diagonale $L_{kk'}$ auftreten, also $L_{kk'} = \delta_{kk'} L_k$, dann ist jeder einzelne Summand in (3.18) nicht negativ:

$$\left(-\frac{\Delta \mu_k}{T}\right) J_k = L_k \left(-\frac{\Delta \mu_k}{T}\right)^2 \geq 0$$

dass $L_{kk} = L_k > 0$, folgt daraus, dass der Transport der Komponente k allein immer ihrem Potentialgefälle folgen muss. Flusskopplungen haben eine sehr große Bedeutung beim Austausch von Ionen und neutralen Molekülen über die Wände von biologischen Zellen, den sogenannten Zellmembranen.

Wir beschließen diesen Abschnitt mit der Frage, ob alle Variabeln U, V, N gleichzeitig über die Wand zwischen den beiden Teilsystemen ausgetauscht werden können. Das würde bedeuten, dass wir sämtliche, aus (3.14) ablesbaren thermodynamischen Kräfte

$$\Delta \frac{1}{T} = \frac{1}{T} - \frac{1}{T'}, \qquad \Delta \frac{p}{T} = \frac{p}{T} - \frac{p'}{T'}, \qquad -\Delta \frac{\mu}{T} = -\frac{\mu}{T} + \frac{\mu'}{T'}$$

zwischen den Teilsystemen vorgeben müssten. Das ist aber nicht möglich, weil die intensiven Variabeln T, p, μ in jedem der beiden Teilsysteme die Gibbs–Duhem-Relation, vgl. Abschnitt 2.7, erfüllen müssen. Das bedeutet, dass wenigstens eine der Kräfte offen bleiben muss, z.B. die chemische Potentialdifferenz wenigstens einer Komponente. Diese Aussage hat einen sehr anschaulichen physikalischen Hintergrund: eine physikalisch reale Wand muss definierbar sein, z.B. durch eine Aufteilung von Volumen oder von wenigstens einer Komponente zwischen den Teilsystemen. Wenn U, V, N gleichzeitig austauschbar sein sollen, verlieren die Teilsysteme ihre physikalische Identität.

3.4 Elektrische Leitung

Elektrische Leitung entsteht durch den Transport elektrisch geladener Teilchen. Wir kommen deshalb noch einmal auf die Situation im vorhergehenden Abschnitt zurück, in der die Wand zwischen den zwei Teilsystemen eines insgesamt isolierten Systems für Teilchen und damit auch für Wärme durchlässig ist. Zusätzlich wollen wir nun annehmen, dass die Teilchen der Komponente k eine elektrische Ladung e_k tragen. Man schreibt $e_k = e z_k$, worin e die Elementarladung ist. z_k heißt die *Wertigkeit* des Teilchens, das man im Fall eines geladenen Atoms oder Moleküls ein *Ion* nennt. $z_k > 0$ beschreibt Kationen, $z_k < 0$ Anionen und $z_k = 0$ neutrale Teilchen. Aber natürlich sind auch Elektronen weiterhin in unserer Beschreibung enthalten.

Wir wollen nun weiter annehmen, dass der Austausch elektrisch geladener Teilchen durch eine elektrische Potentialdifferenz zwischen den beiden Teilsystemen getrieben wird. Dieser Potentialdifferenz entspricht ein elektrisches Feld, mit dem das Gesamtsystem nun offensichtlich Energie austauschen kann. Wir müssen deshalb die Isolationsbedingung für die innere Energie gegenüber der Formulierung in (3.13) im vorhergehenden Abschnitt abändern, und zwar in

$$\delta U + \delta U' = \delta W_f. \qquad (3.21)$$

Hier ist δW_f die Energie, die das elektrische Feld beim Austausch geladener Teilchen an das thermodynamische System abgibt ($\delta W_f > 0$) oder aufnimmt ($\delta W_f < 0$). Da allgemein $e\Phi$ die elektrische Feldenergie einer Ladung e im Potential Φ ist, wird

$$\delta W_f = -\sum_k e_k \left(\Phi \, \delta N_k + \Phi' \, \delta N'_k\right). \qquad (3.22)$$

Φ und Φ' sind die Potentiale der beiden Teilsysteme. Das negative Vorzeichen berücksichtigt, dass Abgabe von Feldenergie für das thermodynamische System positiv zu zählen ist. Die Isolationsbedingung für Teilchen bleibt dagegen unverändert:

$$\delta N_k + \delta N'_k = 0, \qquad k = 1, 2, \ldots. \qquad (3.23)$$

Wir nehmen wiederum an, dass thermisches Gleichgewicht bereits eingestellt ist, $T = T'$, und kein Volumenaustausch stattfindet, $\delta V = 0$. Die Variation der Gesamtentropie lautet dann

$$\delta S_0 = \frac{1}{T}\left(\delta U + \delta U'\right) - \frac{1}{T}\sum_k \left(\mu_k \, \delta N_k + \mu'_k \, \delta N'_k\right). \qquad (3.24)$$

Einsetzen von (3.21), (3.22) und (3.23) ergibt nach einer kurzen Rechnung

$$\delta S_0 = -\frac{1}{T}\sum_k \left(\Delta\mu_k + e_k \Delta\Phi\right) \delta N_k. \qquad (3.25)$$

$\Delta\Phi = \Phi - \Phi'$ ist die elektrische Potentialdifferenz zwischen den Teilsystemen. (3.25) legt es nahe, das chemische Potential μ_k einer geladenen Komponente zum *elektrochemischen Potential* zu erweitern:

$$\eta_k := \mu_k + e_k \Phi, \qquad \eta'_k := \mu'_k + e_k \Phi'. \qquad (3.26)$$

Damit wird aus (3.25)

$$\delta S_0 = -\frac{1}{T}\sum_k \Delta\eta_k \, \delta N_k, \qquad \Delta\eta_k = \eta_k - \eta'_k. \qquad (3.27)$$

3.4. ELEKTRISCHE LEITUNG

Als thermodynamische Kräfte für den Teilchenaustausch treten jetzt die $-\Delta\eta_k/T$ anstelle der $-\Delta\mu_k/T$ auf. Gleichgewicht besteht in (3.27), wenn sämtliche Differenzen der elektrochemischen Potentiale verschwinden: $\Delta\eta_k = 0$, $k = 1, 2, \ldots$. Es ist also möglich, dass für eine geladene Komponente Gleichgewicht trotz unterschiedlicher chemischer Potentiale besteht. Dazu muss die elektrische Potentialdifferenz die chemische Potentialdifferenz ausgleichen:

$$\Delta\Phi = -\Delta\mu_k/e_k. \tag{3.28}$$

Dieser Wert von $\Delta\Phi$ heißt das *Nernst-Potential* der Komponente k. Für einen zeitlich kontinuierlichen Prozess lautet die zu (3.27) entsprechende Entropieproduktion

$$\dot{S}_{irr} = -\frac{1}{T}\sum_k \Delta\eta_k J_k \geq 0. \tag{3.29}$$

In die linearen phänomenologischen Gleichungen (3.20) aus dem vorhergehenden Abschnitt müssen wir jetzt die $-\Delta\eta_k/T$ als thermodynamische Kräfte einführen:

$$J_k = \sum_{k'} L_{kk'} \left(-\frac{\Delta\eta_{k'}}{T}\right). \tag{3.30}$$

Wir wollen jetzt annehmen, dass die beiden Teilsysteme chemisch für alle Komponenten identisch sind, also $\Delta\mu_k = 0$ für alle $k = 1, 2, \ldots$. Außerdem wollen wir nicht die einzelnen Komponentenflüsse J_k, sondern den gesamten elektrischen Fluss J_E bzw. Strom durch die Wand diskutieren:

$$J_E = \sum_k e_k J_k = \frac{1}{T}\sum_{k,k'} L_{kk'} e_k e_{k'} (-\Delta\Phi) = -G\,\Delta\Phi. \tag{3.31}$$

Wir finden also eine lineare Relation zwischen dem elektrischen Strom J_E und der Potentialdifferenz $\Delta\Phi$. Das ist offensichtlich das Ohmsche Gesetz, das sich also tatsächlich, wie bereits früher angekündigt, als ein spezieller Fall der thermodynamischen linearen phänomenologischen Relationen herausstellt. Das Vorzeichen in (3.31) erklärt sich durch eine verschiedene Zählung der Potentialdifferenz und der elektrischen Spannung. Die Größe

$$G := \frac{1}{T}\sum_{k,k'} L_{kk'} e_k e_{k'} \tag{3.32}$$

ist der elektrische Leitwert der Wand bzw. $R = 1/G$ ist ihr elektrischer Widerstand. Die Entropieproduktion aus (3.29) lautet

$$\dot{S}_{irr} = -\frac{1}{T} \sum_k e_k \Delta\Phi \, J_k = -\frac{1}{T} \Delta\Phi \, J_E \geq 0. \qquad (3.33)$$

Man nennt $T\dot{S}_{irr}$ auch die *Ohmsche Wärme*.

3.5 Chemische Reaktionen

Wie wir bereits im Abschnitt 2.1 bemerkt hatten, können auch chemische Reaktionen ein thermodynamisches System ins Gleichgewicht führen. Wir wollen in diesem Abschnitt chemische Reaktionen in das Schema der irreversiblen Thermodynamik einordnen, das wir in den vorangegangenen Abschnitten dieses Kapitels entwickelt haben. Dazu müssen wir zunächst die kinetische Beschreibung chemischer Reaktionen formulieren. Wir beginnen mit einem Beispiel:

$$3\,H_2 + N_2 \rightleftharpoons 2\,NH_3. \qquad (3.34)$$

In dieser Reaktion treten drei Komponenten auf, nämlich

$$k = 1: \, H_2, \qquad k = 2: \, N_2, \qquad k = 3: \, NH_3.$$

Für die Veränderungen der Teilchenzahlen während des Reaktionsablaufs gilt

$$-\frac{1}{3}\frac{dN_1}{dt} = -\frac{dN_2}{dt} = +\frac{1}{2}\frac{dN_3}{dt} =: \frac{d\xi}{dt} \qquad (3.35)$$

oder

$$\frac{dN_k}{dt} = \nu_k \frac{d\xi}{dt}, \qquad \begin{cases} \nu_1 = -3 \\ \nu_2 = -1 \\ \nu_3 = +2 \end{cases} \qquad (3.36)$$

Die Variable ξ heißt *Reaktionslaufzahl*, $d\xi/dt$ die *Reaktionsgeschwindigkeit* und ν_k der *stöchiometrische Koeffizient* der Komponente k. Die stöchiometrischen Koeffizienten

3.5. CHEMISCHE REAKTIONEN

sind im Reaktionsschema (3.34) nur bis auf einen gemeinsamen Faktor definiert. Um die Definition eindeutig zu machen, greifen wir auf den molekularen Reaktionsmechanismus zurück und definieren ν_k als die Zahl von Teilchen der Komponente k, die in einem elementaren Reaktionsschritt umgesetzt wird. Wenn $\nu_k > 0$, heißt die Komponente k ein *Produkt*, wenn $\nu_k < 0$, ein *Edukt*. Wir haben in (3.35) und (3.36) zeitlich kontinuierliche Reaktionsabläufe beschrieben; für virtuelle Variationen gilt entsprechend $\delta N_k = \nu_k \delta \xi$.

Wir verallgemeinern unser Beispiel: in einem thermodynamischen System sollen mehrere chemische Reaktionen $r = 1, 2, \ldots$ unabhängig voneinander ablaufen können. Das allgemeine Reaktionsschema lautet

$$\nu'_{1r} C_1 + \nu'_{2r} C_2 + \ldots \rightleftharpoons \nu''_{1r} C_1 + \nu''_{2r} C_2 + \ldots. \tag{3.37}$$

Die C_k stehen symbolisch für die Edukte und Produkte, im obigen Beispiel sind das H_2, N_2 und NH_3. Die ν'_{kr} sind die stöchiometrischen Vorwärtskoeffizienten der Reaktion r, die ν''_{kr} die stöchiometrischen Rückwärtskoeffizienten. Definitionsgemäß gilt stets $\nu'_{kr} \geq 0$ und $\nu''_{kr} \geq 0$. Gewöhnlich gilt auch $\nu'_{kr} \cdot \nu''_{kr} = 0$: eine Komponente C_k tritt entweder nur als Edukt oder nur als Produkt auf. Wenn $\nu'_{kr} \cdot \nu''_{kr} > 0$, heißt C_k ein *Katalysator*. Wenn dann außerdem $\nu'_{kr} \neq \nu''_{kr}$, nennt man C_k einen *Autokatalysator*. In Verallgemeinerung von (3.36) ist

$$\frac{dN_k}{dt} = \sum_r (\nu''_{kr} - \nu'_{kr}) \frac{d\xi_r}{dt} = \sum_r \nu_{kr} W_r \tag{3.38}$$

mit

$$\nu_{kr} := \nu''_{kr} - \nu'_{kr}, \qquad W_r := \frac{d\xi_r}{dt}. \tag{3.39}$$

Analog gilt für virtuelle Variationen

$$\delta N_k = \sum_k \nu_{kr} \delta \xi_r. \tag{3.40}$$

Wir kommen jetzt zur Thermodynamik chemischer Reaktionen, indem wir uns diese als einen Teilchenaustausch zwischen den beiden Seiten der Reaktionen vorstellen. Die beiden Reaktionsseiten treten begrifflich an die Stelle von zwei Teilsystemen, zwischen denen Teilchen ausgetauscht werden können, wie wir das im Abschnitt

3.3 dargestellt haben. Die Reaktionslaufzahlen ξ_r werden auf diese Weise zu inneren Variabeln x, bezüglich derer die Entropie im Gleichgewicht maximal wird, vgl. Abschnitt 2.4. Das Abschalten einer Reaktion durch $\delta x_r = 0$ bzw. $W_r = 0$ stellt eine innere Zwangsbedingung dar, die nur ein partielles Gleichgewicht zulässt. Nach Freigabe dieser Zwangsbedingung läuft spontan ein Reaktionsprozess in Richtung auf ein neues Gleichgewicht mit einer größeren Entropie ab.

Zur Vereinfachung der Schreibweise wollen wir im Folgenden annehmen, dass in dem betreffenden System alle anderen Austauschvorgänge (thermisch, mechanisch, lokaler Teilchenaustausch) bereits im Gleichgewicht sind. Außerdem soll das System – wie bisher – insgesamt isoliert sein. Diese Bedingung werden wir im folgenden Kapitel aufheben. Es sei $S_0 = S_0(U, V, N_1, N_2, \ldots)$ die Entropie des Gesamtsystems zu gegebenen Teilchenzahlen $N_1, N_2, \ldots$. Wir berechnen die virtuelle Variation der Entropie unter Verwendung von (3.40):

$$\begin{aligned}\delta S_0 &= \sum_k \left(\frac{\partial S_0}{\partial N_k}\right)_{U,V,N_{k'}\neq k} \delta N_k = -\frac{1}{T}\sum_k \mu_k\, \delta N_k = \\ &= -\frac{1}{T}\sum_{k,r} \nu_{kr}\,\mu_k\,\delta\xi_r = \frac{1}{T}\sum_r A_r\,\delta\xi_r,\end{aligned} \qquad (3.41)$$

worin

$$A_r := -\sum_k \nu_{kr}\,\mu_k \qquad (3.42)$$

die *Affinität* der Reaktion r ist. Aus $\delta S_0 = 0$ folgt, dass im Gleichgewicht der Reaktionen sämtliche Affinitäten verschwinden müssen: $A_r = 0, r = 1, 2, \ldots$. Für zeitlich kontinuierliche, spontane Reaktionsprozesse ist

$$\dot{S}_{irr} = \frac{1}{T}\sum_r A_r\, W_r \geq 0. \qquad (3.43)$$

Für eine einzelne Reaktion bedeutet das $AW \geq 0$. Deren Affinität können wir schreiben als

$$A = -\sum_k \nu_k\,\mu_k = \sum_k \nu'_k\,\mu_k - \sum_k \nu''_k\,\mu_k. \qquad (3.44)$$

3.5. CHEMISCHE REAKTIONEN

Die Affinität beschreibt das mit den stöchiometrischen Koeffizienten gewichtete Gefälle der chemischen Potentiale längs des Reaktionsweges. Für eine einzelne Reaktion bedeutet $AW \geq 0$, dass die Reaktion diesem Gefälle folgt. Das ist eine weitere Analogie zum Teilchenaustausch zwischen zwei Teilsystemen. Bei mehreren Reaktionen können einzelne von ihnen gegen ihr Gefälle "bergauf" entropisch auf Kosten der übrigen getrieben werden, wenn insgesamt nur $\dot{S}_{irr} \geq 0$ ist.

Im Abschnitt 3.3 hatten wir überlegt, dass einzelne Komponenten durch Flusskopplungen lokal gegen das Gefälle ihres eigenen Potentials "bergauf" getrieben werden können. Das ist auch mit einer Kopplung zwischen Transport und chemischer Reaktion möglich. Wir betrachten wieder zwei Teilsysteme, in denen jeweils dieselben chemischen Reaktionen ablaufen können. Die Wand zwischen den Teilsystemen sei diatherm und permeabel für die Komponente $k = 1$. Die zeitlich kontinuierliche Entropiezunahme beträgt

$$\dot{S}_{irr} = \frac{1}{T} \sum_r (A_r W_r + A'_r W'_r) + \left(-\frac{\Delta \mu_1}{T}\right) J_1 \geq 0, \qquad (3.45)$$

worin J_1 der Transportfluss der Komponente $k = 1$ ist:

$$J_1 = \left(\frac{dN_1}{dt}\right)_{Tr}.$$

Entropisch ist "Bergauftransport"

$$\left(-\frac{\Delta \mu_1}{T}\right) J_1 < 0$$

auf Kosten der chemischen Reaktionen möglich. Man nennt einen solchen Vorgang *aktiven Transport*. Er ist einer der wichtigsten Prozesse in biologischen Zellen. Dort werden z.B. Ionen gegen ihr elektrochemisches Potentialgefälle chemisch durch die Zellwand gepumpt. Die irreversible Thermodynamik besagt keinesfalls, dass aktiver Transport erfolgen muss, sondern nur, dass er bei entsprechender Kopplung zwischen Transportfluss und Reaktion entropisch ablaufen kann.

Wenn wir die Formulierung linearer phänomenologischer Relationen konsequent auf eine chemische Reaktion übertragen, müssten wir für eine einzelne Reaktion

$$W = LA \qquad (3.46)$$

schreiben, für mehrere Reaktionen entsprechend einen multilinearen Ausdruck. Tatsächlich stellt sich ein solcher Ansatz nur für die unmittelbare Umgebung des Gleichgewichts als annehmbare Näherung heraus. Besser bewährt sich für die Reaktionsgeschwindigkeit einer Reaktion

$$\nu'_1 C_1 + \nu'_2 C_2 + \ldots \rightleftharpoons \nu''_1 C_1 + \nu''_2 C_2 + \ldots$$

der sogenannte *Stoßzahlansatz*

$$W = V \left(\kappa' \prod_k c_k^{\nu'_k} - \kappa'' \prod_k c_k^{\nu''_k} \right). \tag{3.47}$$

Hier sind $c_k := N_k/V$ die Teilchenzahldichten oder Konzentrationen der Komponenten $k = 1, 2, \ldots$. Die chemischen Potentiale μ_k sind Funktionen der Dichten c_k. Unter Benutzung dieses funktionalen Zusammenhangs, auf den wir später noch eingehen werden, müssen die Faktoren κ' und κ'' so gewählt werden, dass die Gleichgewichtsbedingung $W = 0$ für $A = 0$ erfüllt ist. Der Vorfaktor V berücksichtigt, dass die Reaktionsgeschwindigkeit W definitionsgemäß eine extensive Größe ist. Die molekulare Vorstellung hinter dem Stoßzahlansatz besteht darin, dass in einem Reaktionsschritt gerade die Anzahlen von Teilchen der einzelnen Komponenten zusammentreffen müssen, die durch die stöchiometrischen Koeffizienten gegeben sind. Die Wahrscheinlichkeit eines solchen Zusammentreffens wird proportional zu den Produkten der entsprechenden Teilchendichten bzw. ihrer Potenzen angenommen. Diese Annahme ist eigentlich nur für unabhängige Teilchen gerechtfertigt. Dennoch erweist sich der Stoßzahlansatz als eine brauchbare Näherung für sehr viele Reaktionen.

In der Chemie ist es üblich, nicht mit Teilchenzahlen, sondern mit *Molen* zu rechnen. Ein Mol kann man am einfachsten als eine andere Einheit für Teilchenzahlen interpretieren: es enthält immer die Anzahl $L = 6,0225 \cdot 10^{23}$ von Teilchen, unabhängig von der Art der Teilchen. L ist die sogenannte *Avogadro-Zahl*. Bei der Zählung der Teilchenzahlen N in Molen erhalten die chemischen Potentiale die Einheit Energie/Mol, so dass Produkte $\mu \delta N$ invariant bleiben. Wie bei allen anderen physikalischen Variabeln ist die Einheitenumrechnung kein wesentlicher Punkt der Theorie. Wir vereinbaren deshalb, dass im Folgenden immer Teilchenzahlen oder Mole interpretiert werden können. Getrennte Schreibweisen erübrigen sich.

3.6 Kontinuierliche Bilanzgleichungen

Bisher haben wir in diesem Kapitel thermodynamische Systeme diskutiert, die sich aus einer endlichen Anzahl von diskreten Teilsystemen zusammensetzen. Die Teilsysteme sollten jeweils für sich immer in einem thermodynamischen Gleichgewicht

3.6. KONTINUIERLICHE BILANZGLEICHUNGEN

sein und über die Wände zwischen ihnen extensive Größen wie Wärme, Volumen oder Teilchen austauschen können. Wir wollen die diskrete zu einer räumlich kontinuierlichen Substruktur verallgemeinern. Die Teilsysteme werden dann zu räumlich differentiellen, lokalen Systemen, die wir offensichtlich nicht mehr durch Wände abgrenzen können, sondern die notwendigerweise für alle Austauschprozesse offen sind. Die Identität der differentiellen Teilsysteme definieren wir entweder als Volumenelemente dV oder als Massenelemente dM. In diesem Abschnitt werden wir zunächst die differentiellen lokalen Bilanzen extensiver Variabeln formulieren. Die eigentliche Thermodynamik räumlich kontinuierlicher Prozesse und ihre Problematik werden wir im folgenden Abschnitt darstellen.

3.6.1 Das Schema von Bilanzgleichungen

Es sei E eine beliebige extensive Variable und $\rho_E(\mathbf{r},t)$ ihre räumliche Dichte, die in einem kontinuierlichen System im Allgemeinen vom Ort $\mathbf{r}$ und der Zeit t abhängen wird. Die in einem Volumen V enthaltene Menge von E ist gegeben durch

$$E(t) = \int_V dV\, \rho_E(\mathbf{r},t). \tag{3.48}$$

Wir wollen annehmen, dass das Integrationsgebiet V zeitunabhängig ist. Dann kann sich $E(t)$ auf zwei Weisen zeitlich ändern, nämlich durch *Transport* über die Grenzen von V und durch Erzeugung oder Vernichtung innerhalb von V. Wir schreiben dafür

$$\frac{dE(t)}{dt} = \Phi_E + P_E, \tag{3.49}$$

worin Φ_E die Transportrate und P_E die Erzeugungs- oder Vernichtungsrate ist. Die Transportrate können wir in der Form

$$\Phi_E = -\int_{\partial V} d\mathbf{f}\, \mathbf{j}_E(\mathbf{r},t) \tag{3.50}$$

ansetzen. Es wird über die Grenzfläche ∂V von V integriert. Deren Flächenelemente $d\mathbf{f}$ sollen die aus V nach außen weisende Normalenrichtung haben. $\mathbf{j}_E(\mathbf{r},t)$ ist die lokale Flussdichte von E am Ort $\mathbf{r}$ zur Zeit t. Das Skalarprodukt $d\mathbf{f}\, \mathbf{j}_E(\mathbf{r},t)$ bringt zum Ausdruck, dass nur die $\mathbf{j}_E(\mathbf{r},t)$-Komponente parallel zu $d\mathbf{f}$ zum Transport in V hinein oder aus V heraus beiträgt. Das Vorzeichen berücksichtigt, dass eine $\mathbf{j}_E(\mathbf{r},t)$-Komponente in die Normalenrichtung nach außen zu einer Abnahme von E

in V führt und umgekehrt. Unter Verwendung des Gaußschen Integralsatzes formen wir (3.50) um in

$$\Phi_E = -\int_V dV \, \boldsymbol{\nabla} \, \boldsymbol{j}_E(\boldsymbol{r},t). \tag{3.51}$$

Die Erzeugung oder Vernichtung von E wird im Allgemeinen in V räumlich kontinuierlich verteilt sein. Wir schreiben deshalb

$$P_E = \int_V dV \, \pi_E(\boldsymbol{r},t). \tag{3.52}$$

$\pi_E(\boldsymbol{r},t)$ ist die räumliche Dichte der Erzeugung ($\pi_E > 0$) oder Vernichtung ($\pi_E < 0$) von E pro Zeit. Aus (3.52) geht hervor, dass P_E selbst eine extensive Größe ist.

Wir setzen (3.51) und (3.52) in (3.49) ein und erhalten

$$\int_V dV \left(\frac{\partial}{\partial t} \rho_E(\boldsymbol{r},t) + \boldsymbol{\nabla} \, \boldsymbol{j}_E(\boldsymbol{r},t) - \pi_E(\boldsymbol{r},t) \right) = 0 \tag{3.53}$$

Die zeitliche Ableitung d/dt konnten wir in das Integral hineinziehen, weil das Integrationsvolumen V nach Voraussetzung zeitlich konstant sein sollte. Vor einer Funktion von $\boldsymbol{r}$ und t müssen wir sie dann allerdings als partielle Ableitung $\partial/\partial t$ schreiben, weil der Ort $\boldsymbol{r}$ im zeitlich festen Volumen nicht von der Zeitableitung betroffen ist. (3.53) soll für alle Volumina V gelten. Daraus folgt, dass der Integrand verschwindet, also

$$\frac{\partial}{\partial t} \rho_E(\boldsymbol{r},t) + \boldsymbol{\nabla} \, \boldsymbol{j}_E(\boldsymbol{r},t) = \pi_E(\boldsymbol{r},t). \tag{3.54}$$

Dieses ist die gesuchte kontinuierliche Bilanz der extensiven Größe E, und zwar in der sogenannten *expliziten* Version, d.h., vom Standpunkt eines ruhenden Beobachters aus. Wenn $\pi_E(\boldsymbol{r},t) = 0$, also keine Erzeugung oder Vernichtung von E stattfindet, ist E eine Erhaltungsgröße und (3.54) (mit $\pi_E(\boldsymbol{r},t) = 0$) ist die kontinuierliche Version eines Erhaltungssatzes.

3.6.2 Bilanz der Gesamtmasse

Ein Beispiel für eine erhaltene Größe ist die Gesamtmasse. Transport von Masse erfolgt durch Strömung in Flüssigkeiten, sogenannter *konvektiver* Transport.

3.6. KONTINUIERLICHE BILANZGLEICHUNGEN

Wir bezeichnen die lokale Geschwindigkeit der Strömung am Ort r zur Zeit t mit $u(r,t)$. Es sei ferner $\rho(r,t)$ die räumliche Dichte der Gesamtmasse. Dann ist $j(r,t) = \rho(r,t)\,u(r,t)$ die Flussdichte der Gesamtmasse, die also rein konvektiv ist, d.h., ausschließlich durch die Strömung getragen wird. Der lokale Erhaltungssatz für die Gesamtmasse lautet damit

$$\frac{\partial}{\partial t}\rho(r,t) + \nabla\,(\rho(r,t)\,u(r,t)) = 0. \tag{3.55}$$

Wir wollen das System auch vom Standpunkt eines Beobachters beschreiben, der sich mit der lokalen Geschwindigkeit $u(r,t)$ mitbewegt. Es sei $f(r,t)$ eine beliebige Funktion von Ort und Zeit. Der mitbewegte Beobachter wird nicht nur eine Veränderung in der Zeit, sondern auch eine Veränderung des Ortes r mit der Geschwindigkeit $u(r,t)$ feststellen. Die entsprechende Zeitableitung heißt *totale* Zeitableitung und wird als d/dt zum Unterschied von der partiellen Ableitung $\partial/\partial t$ geschrieben. Wir berechnen

$$\begin{aligned}
\frac{d}{dt}f(r,t) &= \lim_{\Delta t \to 0} \frac{1}{\Delta t}\left[f(r(t+\Delta t), t+\Delta t) - f(r(t),t)\right] \\
&= \frac{\partial}{\partial t}f(r,t) + \nabla f(r,t)\,u \\
&= \left(\frac{\partial}{\partial t} + u\nabla\right)f(r,t).
\end{aligned} \tag{3.56}$$

r ist hier immer als $r(t)$ zu interpretieren. Da $f(r,t)$ beliebig ist, kann man diese Relation als Operator-Identität lesen:

$$\frac{d}{dt} = \frac{\partial}{\partial t} + u\nabla. \tag{3.57}$$

Darin ist $u\nabla$ ein skalarer Operator, der in kartesischen Koordinaten

$$u\nabla = \sum_{\alpha=1}^{3} v_\alpha \frac{\partial}{\partial x_\alpha} =: v_\alpha \partial_\alpha. \tag{3.58}$$

lautet. Im letzten Schritt haben wir die Summationskonvention benutzt: wenn in einem Produktausdruck ein kartesischer Index doppelt auftritt, wird darüber summiert. Wir wenden diese Operator-Identität auf die Dichte ρ der Gesamtmasse an. Unter Verwendung der expliziten Bilanz (3.55) erhalten wir

$$\frac{d\rho}{dt} = \frac{\partial \rho}{\partial t} + \boldsymbol{u}\boldsymbol{\nabla}\rho$$
$$= -\boldsymbol{\nabla}(\rho\,\boldsymbol{u}) + \boldsymbol{u}\boldsymbol{\nabla}\rho = -\rho\,\boldsymbol{\nabla}\boldsymbol{u},$$

worin wir im letzten Schritt die Produktregel für $\boldsymbol{\nabla}$ verwendet haben. Zur Vereinfachung der Schreibweise haben wir die Argumente $(\boldsymbol{r}, t)$ nicht mehr mitgeschrieben. Die obige Umrechnung liefert uns die sogenannte *substantielle* Bilanz der Gesamtmasse:

$$\frac{d\rho}{dt} + \rho\,\boldsymbol{\nabla}\boldsymbol{u} = 0. \tag{3.59}$$

Die Bezeichnung "substantiell" weist darauf hin, dass sich der Beobachter dabei mit der Substanz, also mit der strömenden Masse mitbewegt. Man nennt die Strömung *inkompressibel*, wenn der mitbewegte Beobachter keine Dichteänderung feststellt: $d\rho/dt = 0$. Äquivalent damit ist $\boldsymbol{\nabla}\boldsymbol{u} = 0$.

Unter Verwendung der substantiellen Bilanz der Gesamtmasse in (3.59) können wir auch die substantielle Bilanz einer beliebigen extensiven Größe formulieren. Dazu greifen wir zwar auf die explizite Bilanz in (3.54) zurück, formulieren die substantielle Bilanz aber für die Massendichte $\sigma_E := \Delta E/\Delta M$ anstelle der Volumendichte $\rho_E := \Delta E/\Delta V$. Es gilt

$$\rho_E = \frac{\Delta E}{\Delta V} = \frac{\Delta M}{\Delta V}\frac{\Delta E}{\Delta M} = \rho\,\sigma_E. \tag{3.60}$$

Alternativ können wir auch schreiben

$$E(t) = \int_V dV\,\rho_E = \int_M dM\,\sigma_E.$$

Hier soll M die im Volumen V enthaltene Masse bedeuten. $\sigma_E = \sigma_E(\boldsymbol{r}, t)$ heißt auch das *spezifische E*.

In der folgenden Umrechnung benutzen wir die Operator–Identität (3.57) sowie die Produktregel für d/dt und für $\boldsymbol{\nabla}$ und die substantielle Bilanz (3.59):

3.7. DIE BILANZ DER KOMPONENTENMASSE, DIFFUSION

$$\begin{aligned}
\frac{\partial \rho_E}{\partial t} = \frac{\partial}{\partial t}(\rho\,\sigma_E) &= \frac{d}{dt}(\rho\,\sigma_E) - \boldsymbol{u}\boldsymbol{\nabla}(\rho\,\sigma_E) \\
&= \rho\frac{d\sigma_E}{dt} + \sigma_E\frac{d\rho}{dt} - \boldsymbol{u}\boldsymbol{\nabla}(\rho\,\sigma_E) \\
&= \rho\frac{d\sigma_E}{dt} - \rho\,\sigma_E\boldsymbol{\nabla}\boldsymbol{u} - \boldsymbol{u}\boldsymbol{\nabla}(\rho\,\sigma_E) \\
&= \rho\frac{d\sigma_E}{dt} - \boldsymbol{\nabla}(\rho\,\sigma_E\,\boldsymbol{u}) .
\end{aligned}$$

Einsetzen in die explizite Bilanz (3.54) ergibt die gesuchte substantielle Bilanz

$$\rho\frac{d\sigma_E}{dt} + \boldsymbol{\nabla}\boldsymbol{J}_E = \pi_E, \tag{3.61}$$

worin

$$\boldsymbol{J}_E = \boldsymbol{j}_E - \rho\,\sigma_E\,\boldsymbol{u} = \boldsymbol{j}_E - \rho_E\,\boldsymbol{u} \tag{3.62}$$

die Flussdichte ist, die der mitbewegte Beobachter relativ zum konvektiven Anteil $\rho\,\sigma_E\,\boldsymbol{u} = \rho_E\,\boldsymbol{u}$ feststellt.

3.7 Die Bilanz der Komponentenmasse, Diffusion

Nachdem wir im vorangegangenen Abschnitt die Formulierung kontinuierlicher Bilanzen extensiver Größen allgemein vorbereitet haben, wollen wir im folgenden Bilanzen einzelner wichtiger Variablen diskutieren. Das Muster für alle hier zu entwickelnden Bilanzen ist entweder die explizite Version (3.54) oder die substantielle Version (3.61).

Wir beginnen mit der Bilanz der Komponentenmassen. Es sei ρ_k die räumliche Dichte der Masse der Komponente k, so dass

$$M_k = \int_V dV\,\rho_k$$

die im Volumen V enthaltene Komponentenmasse M_k ist. Die Erzeugung oder Vernichtung von M_k kann durch chemische Reaktionen erfolgen, deren Teilchenzahländerungen wir bereits in (3.38) im Abschnitt 3.5 angegeben hatten. Wir kommen damit zu der folgenden Form für die Bilanz von M_k:

$$\frac{\partial}{\partial t}\rho_k + \boldsymbol{\nabla}\boldsymbol{j}_k = m_k \sum_r \nu_{kr}\, w_r. \tag{3.63}$$

Hier ist $\boldsymbol{j}_k$ die Flussdichte der Masse der Komponente k. Auf der rechten Seite haben wir gegenüber (3.38) die Reaktionsgeschwindigkeit W_r durch die räumliche Dichte w_r der im System kontinuierlich verteilten Reaktionsgeschwindigkeit ersetzt, weil auch links eine räumliche Dichte ρ_k bilanziert wird. m_k ist die Masse pro Teilchen der Komponente k. Der Faktor m_k berücksichtigt, dass der Reaktionsterm auf der rechten Seite einen Teilchenumsatz zählt, während ρ_k eine Massendichte ist. Eine alternative Formulierung benutzt die Teilchenzahldichte oder Konzentration $c_k = \rho_k/m_k$:

$$\frac{\partial}{\partial t}c_k + \boldsymbol{\nabla}\boldsymbol{j}_k = \sum_r \nu_{kr}\, w_r. \tag{3.64}$$

Bei der Verwendung der Einheit Mol wird m_k die Molmasse. Die Dichten bzw. Flussdichten ρ_k, $\boldsymbol{j}_k$, w_r sind im Allgemeinen Funktionen vom Ort $\boldsymbol{r}$ und der Zeit t.

Wenn wir in (3.63) über alle Komponenten k summieren, müssen wir wieder zu dem expliziten Erhaltungssatz (3.55) kommen. Das bedeutet

$$\sum_k \rho_k = \rho, \qquad \sum_k \boldsymbol{j}_k = \rho\,\boldsymbol{u}, \qquad \sum_r \left(\sum_k m_k \nu_{kr}\right) w_r = 0. \tag{3.65}$$

Man kann die Massenflussdichte der Komponente k äquivalent durch ein Komponenten-Strömungsfeld beschreiben: $\boldsymbol{j}_k = \rho_k\,\boldsymbol{u}_k$. Dann folgt aus (3.65)

$$\boldsymbol{u} = \sum_k \frac{\rho_k}{\rho}\,\boldsymbol{u}_k. \tag{3.66}$$

$\boldsymbol{u}$ ist also als Schwerpunktsgeschwindigkeit aller Komponenten zu interpretieren und wird deshalb auch baryzentrische Geschwindigkeit genannt. Da die dritte Bedingung in (3.65) für beliebige Werte der Dichte der Reaktionsgeschwindigkeit w_r gelten soll, folgt sogar

$$\sum_k m_k\, \nu_{kr} = 0. \tag{3.67}$$

Diese Bedingung besagt, dass die Gesamtmasse in jeder chemischen Reaktion erhalten bleibt.

3.7. DIE BILANZ DER KOMPONENTENMASSE, DIFFUSION

Zur substantiellen Version der Bilanz (3.63) der Komponentenmasse M_k gelangen wir, indem wir M_k zunächst durch ein Massenintegral darstellen:

$$M_k = \int_V dV\, \rho_k = \int_M dM\, \frac{\rho_k}{\rho} = \int_M dM\, b_k.$$

Hier ist $b_k = \rho_k/\rho$ der sogenannte *Massenbruch*, der konsequenterweise auch spezifische Komponentenmasse genannt werden kann. Nach dem Schema der allgemeinen substantiellen Bilanz in (3.61) lautet die substanstielle Bilanz der Komponentenmasse dann

$$\rho \frac{d}{dt} b_k + \boldsymbol{\nabla} \boldsymbol{J}_k = m_k \sum_r \nu_{kr}\, w_r, \qquad (3.68)$$

worin

$$\boldsymbol{J}_k = \boldsymbol{j}_k - \rho\, b_k\, \boldsymbol{u} = \boldsymbol{j}_k - \rho_k\, \boldsymbol{u} = \rho_k\, (\boldsymbol{u}_k - \boldsymbol{u}). \qquad (3.69)$$

Man bezeichnet die Flussdichte $\boldsymbol{J}_k$ relativ zum konvektiven Anteil des Transports von M_k auch als *Diffusionsflussdichte*.

Wenn man in die Bilanzgleichungen die bereits aus den Abschnitten 3.2 und 3.3 bekannten linearen phänomenologischen Relationen für die Flussdichten einführt, erhält man die sogenannten *phänomenologischen Differentialgleichungen*. Wir erläutern das an dem Fall eines Systems ohne Konvektion, also $\boldsymbol{u} = 0$. Wir wollen annehmen, dass die Komponente k nur von ihrem eigenen Potentialgefälle getrieben wird. Die kontinuierliche Version der linearen phänomenologischen Relation (3.20) aus dem Abschnitt 3.3 hat dann zunächst die Gestalt

$$\boldsymbol{j}_k \sim -\boldsymbol{\nabla} \frac{\mu_k}{T}.$$

Statt dessen wollen wir den Ansatz

$$\frac{1}{m_k} \boldsymbol{j}_k = -D_k\, \boldsymbol{\nabla} c_k. \qquad (3.70)$$

machen, also die *Teilchenflussdichte* $\boldsymbol{j}_k/m_k$ als proportional zum Konzentrationsgradienten $\boldsymbol{\nabla} c_k$ setzen. (Wir erinnern daran, dass $\boldsymbol{j}_k$ als Massenflussdichte definiert war.) Später werden wir sehen, dass das chemische Potential eine Funktion von T und c_k ist, so dass die beiden linearen Relationen zumindest für $\nabla T = 0$ äquivalent sind. Wir setzen also voraus, dass thermisches Gleichgewicht bereits eingetreten ist. Der lineare phänomenologische Koeffizient D_k in (3.70) heißt der *Diffusionskoeffizient* der Komponente k in dem betreffenden System. Wir setzen (3.70) in die explizite Bilanz (3.63) für $\rho_k = m_k c_k$ ein und erhalten

$$\frac{\partial}{\partial t} c_k - \nabla (D_k \nabla c_k) = \sum_r \nu_{kr} w_r. \qquad (3.71)$$

Es ist möglich, dass D_k auch von der Konzentration c_k abhängt. Darum ist im Allgemeinen

$$\nabla (D_k \nabla c_k) = D_k \Delta c_k + \frac{\partial D_k}{\partial c_k} (\nabla c_k)^2,$$

worin Δ der Laplace–Operator ist:

$$\Delta = \nabla \cdot \nabla = \sum_{\alpha=1}^{3} \frac{\partial^2}{\partial x_\alpha^2} = \partial_\alpha \partial_\alpha.$$

Da wir bereits einen linearen Ansatz für die Flussdichte als Funktion des Konzentrationsgradienten ∇c_k gemacht haben, ist es konsequent, den quadratischen Term $\sim (\nabla c_k)^2$ zu streichen. Somit wird aus (3.71)

$$\frac{\partial}{\partial t} c_k - D_k \Delta c_k = \sum_r \nu_{kr} w_r. \qquad (3.72)$$

Dieses ist eine partielle Differentialgleichung, aus der $c_k = c_k(\mathbf{r}, t)$ nach Vorgabe von Anfangs- und Randbedingungen zu lösen ist. Wenn die Komponente k nicht an chemischen Reaktionen beteiligt ist, entsteht die gewöhnliche *Diffusionsgleichung*

$$\frac{\partial}{\partial t} c_k - D_k \Delta c_k = 0. \qquad (3.73)$$

Die Ankopplung an eine chemische Reaktion erläutern wir für den Fall, dass die Komponente k, dargestellt durch das Symbol C, ein Autokatalysator ist:

$$C + A \rightleftharpoons 2C.$$

Hier soll A eine weitere Komponente sein, deren Konzentration c_A räumlich und zeitlich konstant vorgegeben ist. Wir benutzen den Stoßzahlansatz für die Reaktionsgeschwindigkeit, vgl. (3.47) im Abschnitt 3.5, und finden als phänomenologische Differentialgleichung für die Konzentration c von C:

$$\frac{\partial}{\partial t} c - D_C \Delta c = \kappa' c_A c - \kappa'' c^2. \tag{3.74}$$

Dieses ist wieder eine geschlossene partielle Differentialgleichung für $c = c(\mathbf{r}, t)$. Sie ist nicht–linear in c, und diese Eigenschaft kann für die Entwicklung von c eine Fülle von interessanten Phänomenen wie z.B. räumliche und zeitliche Musterbildung verursachen. Gleichungen vom Typ (3.74) heißen *Reaktions–Diffusions–Gleichungen*. Sie stellen einen der Ausgangspunkte für die Theorie der offenen Systeme oder die Nicht–lineare Dynamik dar.

3.8 Bilanz des Impulses, Hydrodynamik

Während uns die Bilanz der Komponentenmassen im vorhergehenden Abschnitt auf eine phänomenologische Formulierung für die Diffusion geführt hat, werden wir in diesem Abschnitt erkennen, dass die Bilanz des Impulses auf eine phänomenologische Formulierung für die Hydrodynamik führt. Wir betrachten ein Massenelement $\Delta M = \rho \Delta V$ in einem System mit einer Strömungsgeschwindigkeit $\mathbf{u} = \mathbf{u}(\mathbf{r}, t)$. Der Impuls $\Delta M \, \mathbf{u}$ des Massenelements ändert sich gemäß dem 2. Newtonschen Prinzip:

$$\Delta M \frac{d\mathbf{u}}{dt} = \Delta \mathbf{F} - \int_{\partial(\Delta V)} df \, \mathbf{P}(\mathbf{n}). \tag{3.75}$$

Die Zeitableitung $d\mathbf{u}/dt$ auf der linken Seite ist als totale Zeitableitung im Sinne des Abschnitts 3.6.2 zu lesen, weil die Beschleunigung im 2. Newtonschen Prinzip längs der Bahn von ΔM, also von einem mit ΔM mitbewegt gedachten Beobachter aus zu bestimmen ist. $\Delta \mathbf{F}$ ist eine auf ΔM wirkende *intrinsische* Kraft, z.B. die Schwerkraft oder eine elektrische Kraft, falls ΔM geladen ist. Solche Kräfte sind proportional zu ΔM: wir schreiben $\Delta \mathbf{F} = \mathbf{f} \Delta M$. Das gilt auch für eine elektrische Kraft, wenn wir annehmen, dass die Ladung pro Masse einen gegebenen Wert besitzt.

Das Integral auf der rechten Seite von (3.75) soll die auf ΔM einwirkenden *Flächenkräfte* beschreiben, wie sie z.B. durch den Druck p im System verursacht werden. Demgemäß wird das Integral über die Hüllfläche $\partial(\Delta V)$ des Volumens ΔV von ΔM erstreckt. Der Ausdruck $d\boldsymbol{f}\,\boldsymbol{P}(\boldsymbol{n})$ ist die Kraft auf ein Flächenelement $d\boldsymbol{f}$ von $\partial(\Delta V)$, das die (wie üblich) nach außen weisende Normalenrichtung $\boldsymbol{n}$ besitzt. Da im 2. Newtonschen Prinzip die Kraft aber immer auf das Massenelement $\Delta M = \rho\,\Delta V$ bezogen wird, also gegen die Normalenrichtung $\boldsymbol{n}$, tritt das Integral der Flächenkräfte mit einem Minuszeichen auf.

3.8.1 Ideale Flüssigkeiten, Eulersche Gleichung

Wir nehmen nun an, dass die Flächenkräfte ausschließlich durch den Druck p im System verursacht werden. Dass das eine Einschränkung auf sogenannte *ideale* Flüssigkeiten darstellt, werden wir im folgenden Abschnitt erkennen. Mit dieser Einschränkung wird in (3.75) $\boldsymbol{P}(\boldsymbol{n}) = \boldsymbol{n}\,p$, weil der Druck auf eine Fläche $d\boldsymbol{f}$ immer eine auf der Fläche senkrecht stehende bzw. in Normalenrichtung weisende Kraft ausübt. Wir setzen diesen Ausdruck in das Integral in (3.75) ein und finden unter Verwendung des Gaußschen Integralsatzes

$$\int_{\partial(\Delta V)} d\boldsymbol{f}\,\boldsymbol{P}(\boldsymbol{n}) = \int_{\partial(\Delta V)} d\boldsymbol{f}\,\boldsymbol{n}\,p = \int_{\partial(\Delta V)} d\boldsymbol{f}\,p = \int_{\Delta V} dV\,\boldsymbol{\nabla} p. \qquad (3.76)$$

(Im Anhang zu diesem Abschnitt wird die hier verwendete Version des Gaußschen Integralsatzes erläutert.) Wir führen nun den Limes $\Delta V \to 0$ durch, so dass

$$\int_{\Delta V} dV\,\boldsymbol{\nabla} p \to \Delta V\,\boldsymbol{\nabla} p,$$

und setzen in (3.75) ein. Nach Kürzung durch ΔV und mit $\Delta M = \rho\,\Delta V$ erhalten wir die *Eulersche Gleichung* der Hydrodynamik für ideale Flüssigkeiten

$$\rho\,\frac{d\boldsymbol{u}}{dt} + \boldsymbol{\nabla} p = \rho\,\boldsymbol{f}, \qquad (3.77)$$

bzw. für deren α–Komponente

$$\rho\,\frac{du_\alpha}{dt} + \frac{\partial p}{\partial x_\alpha} = \rho\,f_\alpha. \qquad (3.78)$$

3.8. BILANZ DES IMPULSES, HYDRODYNAMIK

Offensichtlich müssen wir diese Gleichung mit der allgemeinen Form einer substantiellen Bilanzgleichung (3.61)

$$\rho \frac{d\sigma_E}{dt} + \nabla J_E = \pi_E$$

vergleichen. Mit $E = \alpha$–Komponente des Impulses wird $\sigma_E = u_\alpha$, und $\pi_E = \rho f_\alpha$. Letzteres besagt, dass die Kraft eine "Quelle" oder "Senke" des Impulses ist, entsprechend der Aussage des 2. Newtonschen Prinzips. Allerdings hat der Term ∇p in (3.77) noch nicht die geforderte Struktur ∇J_E. Das erreichen wir, wenn wir rein formal einen Tensor $P_{\alpha\beta} = \delta_{\alpha\beta} p$ einführen, so dass (3.78) in der Form

$$\rho \frac{du_\alpha}{dt} + \frac{\partial P_{\alpha\beta}}{\partial x_\beta} = \rho f_\alpha. \qquad (3.79)$$

geschrieben werden kann. In dieser Schreibweise haben wir die *Summationskonvention verwendet*: über alle in Produktausdrücken doppelt vorkommende kartesische Indizes β soll von $\beta = 1$ bis $\beta = 3$ summiert werden. Ausführlich geschrieben ist also

$$\frac{\partial P_{\alpha\beta}}{\partial x_\beta} \cong \sum_{\beta=1}^{3} \frac{\partial P_{\alpha\beta}}{\partial x_\beta} = \sum_{\beta=1}^{3} \delta_{\alpha\beta} \frac{\partial p}{\partial x_\beta} = \frac{\partial p}{\partial x_\alpha}.$$

Jetzt erkennen wir, dass $P_{\alpha\beta}$ die von einem mitbewegten Beobachter registrierte β–Komponente der Flussdichte der α–Komponente der Impulsdichte ist. Diese Definition ist für $P_{\alpha\beta} = \delta_{\alpha\beta} p$ symmetrisch in α und β. Der Druck erhält also in der kontinuierlichen Schreibweise die Bedeutung eines Impulstransports.

Mit der Operator–Identität (3.57),

$$\frac{d}{dt} = \frac{\partial}{\partial t} + \boldsymbol{u}\nabla = \frac{\partial}{\partial t} + u_\beta \frac{\partial}{\partial x_\beta}$$

(unter Verwendung der Summationskonvention, hier für β), lautet die Eulersche Gleichung (3.79)

$$\rho \frac{\partial u_\alpha}{\partial t} + \rho u_\beta \frac{\partial u_\alpha}{\partial x_\beta} + \frac{\partial P_{\alpha\beta}}{\partial x_\beta} = \rho f_\alpha. \qquad (3.80)$$

Mit den Umformungen

$$\rho \frac{\partial u_\alpha}{\partial t} = \frac{\partial}{\partial t}(\rho u_\alpha) - u_\alpha \frac{\partial \rho}{\partial t},$$
$$\frac{\partial \rho}{\partial t} = -\frac{\partial}{\partial x_\beta}(\rho u_\beta), \quad \text{vgl. (3.55)},$$
$$\rho u_\beta \frac{\partial u_\alpha}{\partial x_\beta} = \frac{\partial}{\partial x_\beta}(\rho u_\alpha u_\beta) - u_\alpha \frac{\partial}{\partial x_\beta}(\rho u_\beta)$$

erhalten wir daraus die explizite Bilanz

$$\frac{\partial}{\partial t}(\rho u_\alpha) + \frac{\partial}{\partial x_\beta}(P_{\alpha\beta} + \rho u_\alpha u_\beta) = \rho f_\alpha \qquad (3.81)$$

nach dem Muster von (3.54). Hierin hat nun

$$P_{\alpha\beta} + \rho u_\alpha u_\beta = \delta_{\alpha\beta} p + \rho u_\alpha u_\beta$$

die Bedeutung einer expliziten Flussdichte $\cong j_E$ für den Impuls vom Standpunkt eines ruhenden Beobachters aus.

3.8.2 Zähigkeit, Navier–Stokes–Gleichung

Der Tensor $P_{\alpha\beta}$, der die β-Komponente der Flussdichte der α-Komponente der Impulsdichte darstellt und in idealen Flüssigkeiten die Gestalt $P_{\alpha\beta} = \delta_{\alpha\beta} p$ besitzt, muss erweitert werden, wenn die betreffende Flüssigkeit nicht ideal ist, sondern das Phänomen der *Zähigkeit* aufweist. Darunter versteht man, dass Flüssigkeitsbereiche mit anfangs verschiedenen Geschwindigkeiten ihre Geschwindigkeitsunterschiede ausgleichen. Im Abschnitt 2.1 hatten wir diesen Vorgang als Beispiel dafür angeführt, wie sich in einem isolierten System spontan ein Gleichgewichtszustand ausbildet. Den Geschwindigkeitsausgleich zwischen verschiedenen Bereichen einer Flüssigkeit kann man als spontanen Impulsaustausch interpretieren, der zu den uns bereits bekannten Austauschvorgängen von Wärme, Volumen und Teilchen hinzukommt. Seine treibende Kraft ist offensichtlich ein Unterschied bzw. ein Gradient der Geschwindigkeit, der ebenfalls ein Tensor $\partial u_\alpha / \partial x_\beta$ ist. Wir schließen also Zähigkeit in unsere Beschreibung ein, indem wir statt $P_{\alpha\beta} = \delta_{\alpha\beta} p$ nunmehr

3.8. BILANZ DES IMPULSES, HYDRODYNAMIK

$$P_{\alpha\beta} = \delta_{\alpha\beta}\, p - Z_{\alpha\beta} \qquad (3.82)$$

schreiben, worin $Z_{\alpha\beta}$ den Impulsaustausch durch Zähigkeit darstellt. $P_{\alpha\beta}$ heißt auch der *Spannungstensor*, insbesondere *zäher* Spannungstensor, wenn $Z_{\alpha\beta} \neq 0$. Man kann nun zeigen, dass auch $Z_{\alpha\beta}$ symmetrisch ist, also $Z_{\alpha\beta} = Z_{\beta\alpha}$.

Im Sinne einer linearen phänomenologischen Relation nehmen wir weiter an, dass $Z_{\alpha\beta}$ und $\partial u_\alpha / \partial u_\beta$ linear voneinander abhängen. Die allgemeinste lineare Relation zwischen diesen beiden Tensoren lautete (unter Verwendung der Summationskonvention)

$$Z_{\alpha\beta} = L_{\alpha\beta\kappa\lambda} \frac{\partial u_\kappa}{\partial x_\lambda}. \qquad (3.83)$$

Das Koeffizientenschema $L_{\alpha\beta\kappa\lambda}$ besitzt $3^4 = 81$ Koeffizienten. Aus Symmetrieargumenten lässt sich diese Anzahl sehr weitgehend reduzieren, zumal in isotropen, also richtungsunabhängigen Flüssigkeiten. Man kann zeigen dass dann nur mehr zwei unabhängige Koeffizienten in $L_{\alpha\beta\kappa\lambda}$ enthalten sind. Die lineare phänomenologische Relation (3.83) schreibt man in diesem Fall in der Form

$$Z_{\alpha\beta} = \eta \left(\frac{\partial u_\alpha}{\partial x_\beta} + \frac{\partial u_\beta}{\partial x_\alpha} - \frac{2}{3} \frac{\partial u_\lambda}{\partial x_\lambda} \delta_{\alpha\beta} \right) + \zeta \frac{\partial u_\lambda}{\partial x_\lambda} \delta_{\alpha\beta}. \qquad (3.84)$$

Die beiden Koeffizienten η und ζ heißen *Zähigkeitskoeffizienten*. Da der Impulsaustausch die Geschwindigkeitsunterschiede ausgleicht, also dem Geschwindigkeitsgradienten entgegengesetzt gerichtet ist und da wir $Z_{\alpha\beta}$ in (3.82) mit dem negativen Vorzeichen eingeführt haben, sind η und ζ stets positiv. Der erste Term auf der rechten Seite mit dem sogenannten *dynamischen* Zähigkeitskoeffizienten η besitzt die Eigenschaft dass seine Spur verschwindet. Setzen wir in ihm $\alpha = \beta$ unter Beachtung der Summationskonvention, d.h., summieren wir über $\alpha = \beta$, so wird mit $\delta_{\alpha\alpha} = 3$

$$\frac{\partial u_\alpha}{\partial x_\alpha} + \frac{\partial u_\alpha}{\partial x_\alpha} - \frac{2}{3} \frac{\partial u_\lambda}{\partial x_\lambda} \delta_{\alpha\alpha} = 0.$$

Der zweite Term mit dem Koeffizienten ζ tritt nur bei kompressiblen Flüssigkeiten auf, weil ja inkompressible Flüssigkeiten durch $\nabla u = 0$ bzw. $\partial_\lambda / \partial x_\lambda = 0$ charakterisiert sind, vgl. Abschnitt 3.6.2. Wenn man sich wie üblich in der Theorie zäher Flüssigkeiten auf inkompressible Flüssigkeiten beschränkt, lautet (3.84)

$$Z_{\alpha\beta} = \eta \left(\frac{\partial u_\alpha}{\partial x_\beta} + \frac{\partial u_\beta}{\partial x_\alpha} \right) \tag{3.85}$$

Wir setzen diese Relation in $P_{\alpha\beta}$ in (3.82) und den daraus sich ergebenden Ausdruck weiter in die Bilanzgleichung (3.79) ein:

$$\rho \frac{du_\alpha}{dt} + \frac{\partial}{\partial x_\beta} \left[\delta_{\alpha\beta} p - \eta \left(\frac{\partial u_\alpha}{\partial x_\beta} + \frac{\partial u_\beta}{\partial x_\alpha} \right) \right] = \rho f_\alpha. \tag{3.86}$$

Bei der Auswertung linearisieren wir in den Ableitungen $\partial/\partial x_\alpha$, d.h., wir nehmen den dynamischen Zähigkeitskoeffizienten, der im Allgemeinen z.B. noch von der Temperatur und dem Druck abhängt, als räumlich konstant an, und beachten, dass

$$\frac{\partial}{\partial x_\beta} \frac{\partial u_\alpha}{\partial x_\beta} = \frac{\partial^2 u_\alpha}{\partial x_\beta^2} \cong \sum_{\beta=1}^{3} \frac{\partial^2}{\partial x_\beta^2} u_\alpha = \Delta u_\alpha,$$

$$\frac{\partial}{\partial x_\beta} \frac{\partial u_\beta}{\partial x_\alpha} = \frac{\partial}{\partial x_\alpha} \frac{\partial u_\beta}{\partial x_\beta} = \frac{\partial}{\partial x_\alpha} \boldsymbol{\nabla} \boldsymbol{u} = 0,$$

letzteres wiederum für inkompressible Flüssigkeiten. Wir erhalten damit die *Navier–Stokes-Gleichung*

$$\rho \frac{du_\alpha}{dt} + \frac{\partial p}{\partial x_\alpha} = \rho f_\alpha + \eta \Delta u_\alpha, \tag{3.87}$$

oder als vektorielle Gleichung

$$\rho \frac{d\boldsymbol{u}}{dt} + \boldsymbol{\nabla} p = \rho \boldsymbol{f} + \eta \Delta \boldsymbol{u}. \tag{3.88}$$

Sie spielt offensichtlich die Rolle einer phänomenologischen Differentialgleichung für den Impuls. Wenn wir in (3.88) $d/dt = \partial/\partial t + \boldsymbol{u}\,\boldsymbol{\nabla}$ gemäß der Operator–Identität (3.57) ausschreiben, also

$$\rho \left(\frac{\partial}{\partial t} + (\boldsymbol{u}\,\boldsymbol{\nabla}) \right) \boldsymbol{u} + \boldsymbol{\nabla} p = \rho \boldsymbol{f} + \eta \Delta \boldsymbol{u}, \tag{3.89}$$

erkennen wir, dass die Navier–Stokes-Gleichung nicht–linear ist. Diese Eigenschaft ist wesentlich für das Verhalten von Strömungen. Sie ist Ursache z.B. für das Phänomen der Turbulenz bei hohen Geschwindigkeiten. Die Navier–Stokes-Gleichung ist eine der Grundgleichungen in der Hydrodynamik.

3.8.3 Anhang: Gaußscher Integralsatz

Die übliche Form des Gaußschen Integralsatzes lautet für ein Volumen V und ein Vektorfeld $\boldsymbol{a} = \boldsymbol{a}(\boldsymbol{r})$

$$\int_{\partial V} d\boldsymbol{f}\, \boldsymbol{a} = \int_V dV\, \boldsymbol{\nabla} \boldsymbol{a},$$

vgl. auch Abschnitt 1.4.3. Hier ist $d\boldsymbol{f}$ ein Flächenelement der Einhüllenden ∂V von V in Normalenrichtung $\boldsymbol{n}$ und dV ein Volumenelement von V. In Komponenten und unter Verwendung der Summationskonvention schreibt sich diese Normalversion des Gaußschen Satzes in der Form

$$\int_{\partial V} df_\alpha\, a_\alpha = \int_V dV\, \frac{\partial a_\alpha}{\partial x_\alpha}.$$

Der Gaußsche Satz gilt in gleicher Weise, wenn wir a_α durch die α–Komponente eines Tensors $A_{\alpha\beta}$ ersetzen, also

$$\int_{\partial V} df_\alpha\, A_{\alpha\beta} = \int_V dV\, \frac{\partial A_{\alpha\beta}}{\partial x_\alpha}.$$

Wenn nun der Tensor $A_{\alpha\beta}$ die Gestalt $A_{\alpha\beta} = \delta_{\alpha\beta} A$ besitzt, also diagonal mit identischen Diagonalelementen ist, folgt weiter

$$\int_{\partial V} df_\beta\, A = \int_V dV\, \frac{\partial A}{\partial x_\beta}.$$

In dieser Form bzw. ihrer vektoriellen Version

$$\int_{\partial V} d\boldsymbol{f}\, A = \int_V dV\, \boldsymbol{\nabla} A$$

haben wir den Gaußschen Satz im Abschnitt 3.8.1 (mit $A = p$) verwendet.

3.9 Bilanz der inneren Energie und der Entropie, Wärmeleitung

In einer konsequenten Darstellung der Theorie kontinuierlicher Systeme würde man nun alle bisher formulierten Bilanzen verwenden, um daraus Bilanzen für die kinetische, potentielle und die gesamte Energie des Systems und schließlich den 1. Hauptsatz zu gewinnen. Anschließend müsste man den 2. Hauptsatz in Anlehnung an seine Version für diskrete Systeme neu formulieren. Diesen Weg findet man in der Literatur zur Kontinuumstheorie oder zur kontinuierlichen irreversiblen Thermodynamik. Er würde den Rahmen der hier vorgestellten Einführung sprengen. Wir wählen einen anderen Weg, indem wir unsere Formulierungen der beiden Hauptsätze aus den Kapiteln 1 und 2 als Bilanzen für Energie und Entropie in einem räumlich homogenen System interpretieren und in physikalisch naheliegender Weise auf kontinuierliche Bilanzgleichungen für räumlich inhomogene Systeme verallgemeinern.

3.9.1 1. Hauptsatz: innere Energie und Wärmeleitung

Der erste Hauptsatz der Thermodynamik, z.B. in der Formulierung

$$\delta U = \delta Q - p\,\delta V + \sum_k \mu_k\,\delta N_k \tag{3.90}$$

aus dem Abschnitt 1.5, erhält für zeitlich kontinuierliche, reale Prozesse die Form

$$\frac{dU}{dt} = \frac{dQ}{dt} + \sum_k \mu_k \frac{dN_k}{dt} - p\,\frac{dV}{dt}. \tag{3.91}$$

Diese beziehen wir auf ein zeitlich konstantes, mit einer möglichen Strömung des Systems mitbewegtes Massenelement $\Delta M \to 0$. Das bedeutet, dass wir die substantielle Version der Bilanz der inneren Energie gewinnen werden. Dementsprechend stellen wir die innere Energie U von ΔM durch ihre Massendichte oder spezifische innere Energie σ_U dar: $U = \sigma_U \Delta M$. Die beiden ersten Terme auf der rechten Seite von (3.91) $\sim dQ/dt$ und $\sim dN_k/dt$ sind offensichtlich Flüsse der inneren Energie zwischen ΔM und seiner Umgebung, die wir durch die substantielle Flussdichte $\boldsymbol{J}_U$ darstellen:

$$\begin{aligned}\frac{dQ}{dt} + \sum_k \mu_k \frac{dN_k}{dt} &= -\int_{\partial \Delta V} d\boldsymbol{f}\,\boldsymbol{J}_U = -\int_{\Delta V} dV\,\boldsymbol{\nabla}\boldsymbol{J}_U \\ &= -\int_{\Delta M} dM\,\frac{1}{\rho}\boldsymbol{\nabla}\boldsymbol{J}_U \to -\frac{1}{\rho}\boldsymbol{\nabla}\boldsymbol{J}_U\,\Delta M. \end{aligned} \tag{3.92}$$

3.9. BILANZ DER INN. ENERGIE UND ENTROPIE, WÄRMELEITUNG

Hier bedeuten ΔV und $\partial \Delta V$ das Volumen von ΔM und seine Hüllfläche. Die Umrechnung des Terms $p\,dV/dt$ ergibt für $V = \Delta V = \Delta M/\rho$

$$p\frac{dV}{dt} \cong p\frac{d\Delta V}{dt} = p\frac{d}{dt}\left(\frac{1}{\rho}\Delta M\right) = p\frac{d}{dt}\left(\frac{1}{\rho}\right)\Delta M. \quad (3.93)$$

Einsetzen in (3.91) führt auf die substantielle Bilanz

$$\rho\frac{d\sigma_U}{dt} + \boldsymbol{\nabla}\boldsymbol{J}_U = -p\,\rho\,\frac{d}{dt}\left(\frac{1}{\rho}\right). \quad (3.94)$$

Die Erzeugung bzw. Vernichtung der inneren Energie auf der rechten Seite können wir unter Verwendung der substantiellen Bilanz (3.59) aus dem Abschnitt 3.6 wie folgt umformen:

$$p\,\rho\,\frac{d}{dt}\left(\frac{1}{\rho}\right) = -\frac{p}{\rho}\frac{d\rho}{dt} = p\,\boldsymbol{\nabla}\boldsymbol{u},$$

also auch

$$\rho\frac{d\sigma_U}{dt} + \boldsymbol{\nabla}\boldsymbol{J}_U = -p\,\boldsymbol{\nabla}\boldsymbol{u}. \quad (3.95)$$

Aus dieser Schreibweise wird deutlich, dass die Kompression oder Expansion eines kompressiblen Systems als Quelle oder als Senke für die innere Energie wirken kann. (3.95) ist auf der rechten Seite durch weitere Quellen oder Senken zu erweitern, z.B. durch $\boldsymbol{j}_e\boldsymbol{E}$, wenn im System eine elektrische Stromdichte $\boldsymbol{j}_e$ in einem elektrischen Feld $\boldsymbol{E}$ auftritt. Wenn es sich dabei um Ohmsche Leitung handelt, ist stets $\boldsymbol{j}_e\boldsymbol{E} \geq 0$, also dieser Term immer eine Quelle für die innere Energie. Wir kommen darauf bei der Diskussion der Bilanz der Entropie zurück.

Aus unserer obigen Herleitung können wir auch entnehmen, dass die Flussdichte der inneren Energie zwei Anteile besitzt,

$$\boldsymbol{J}_U = \boldsymbol{J}_Q + \sum_k \mu_k \boldsymbol{J}_k, \quad (3.96)$$

und zwar eine reine Wärmeflussdichte $\boldsymbol{J}_Q$ und Beiträge von den Teilchenflussdichten bzw. Diffusionsflussdichten $\boldsymbol{J}_k$ der Komponenten $k = 1, 2, \ldots$. Eine der wichtigsten

Anwendungen der Bilanz der inneren Energie ist der Fall reiner Wärmeleitung in einem nicht strömenden System ($u = 0$) und ohne Anwesenheit von Quellen und Senken für U. Wir wollen dafür wiederum die phänomenologische Differentialgleichung formulieren und benutzen analog zum Fall der Diffusion die lineare phänomenologische Relation für die Wärmeflussdichte:

$$J_U = J_Q = j_Q = L \nabla \frac{1}{T} = -\lambda \nabla T, \qquad (3.97)$$

vgl. auch die diskrete Version (3.8) im Abschnitt 3.2. $\lambda := L/T^2$ heißt die Wärmeleitfähigkeit. Wie im Fall der Diffusion im Abschnitt 3.7 linearisieren wir

$$\nabla J_U = -\nabla (\lambda \nabla T) = -\lambda \Delta T,$$

worin Δ hier wieder der Laplace–Operator ist. Im Ausdruck $d\sigma_U/dt = \partial \sigma_U/\partial t$ (für $u = 0$) denken wir uns die spezifische innere Energie als Funktion der Temperatur für das spezielle System gegeben: $\sigma_U = \sigma_U(T)$. Dann wird

$$\frac{d\sigma_U}{dt} = \frac{\partial \sigma_U}{\partial t} = \frac{\partial \sigma_U}{\partial T} \frac{\partial T}{\partial t} = \sigma_C \frac{\partial T}{\partial t}.$$

Die *spezifische Wärme*

$$\sigma_C := \frac{\partial \sigma_U}{\partial T} \qquad (3.98)$$

ist im Allgemeinen noch eine Funktion der Temperatur. Wir setzen jedoch $\sigma_C \approx$ const, da σ_C als Faktor neben $\partial T/\partial t$ steht und wir die phänomenologische Gleichung linearisiert in ∇T und $\partial T/\partial t$ herleiten wollen. Einsetzen dieser Umformungen und Approximationen in die Bilanz (3.94) führt auf die *Wärmeleitungsgleichung*

$$\frac{\partial T}{\partial t} - \frac{\lambda}{\rho \sigma_C} \Delta T = 0, \qquad (3.99)$$

die dieselbe Gestalt wie die Diffusionsgleichung (3.73) besitzt. Aus dieser linearen partiellen Differentialgleichung ist nach Vorgabe von Anfangs- und Randbedingungen der Verlauf der Temperatur als Funktion von Ort und Zeit zu berechnen: $T = T(r, t)$. Die Kombination $\lambda/(\rho \sigma_C)$ entspricht einem Diffusionskoeffizienten für Wärme und wird auch der Temperaturleitwert genannt.

3.9. BILANZ DER INN. ENERGIE UND ENTROPIE, WÄRMELEITUNG

3.9.2 2. Hauptsatz: Entropie

Unser Ausgangspunkt ist jetzt die Fundamentalrelation für die Entropie aus dem Abschnitt 2.5:

$$dS = \frac{1}{T} dU + \frac{p}{T} dV - \sum_k \frac{\mu_k}{T} dN_k. \qquad (3.100)$$

Wie im Fall der inneren Energie wollen wir diese Relation auf ein zeitlich konstantes, mit einer möglichen Strömung des Systems mitbewegtes Massenelement $\Delta M \to 0$ beziehen, um damit eine räumlich und zeitlich kontinuierliche Entropiebilanz zu gewinnen. Dieses Vorgehen ist problematisch, weil der Übergang zu einer räumlich kontinuierlichen Bilanz durch $\Delta M \to 0$ die Voraussetzung verletzt, dass thermodynamische Aussagen immer nur asymptotisch für eine unendlich große Anzahl von Freiheitsgraden möglich sind. Wir müssen deshalb an dieser Stelle voraussetzen, dass die angestrebte räumlich kontinuierliche Beschreibung hinreichend grob im Vergleich zur mikroskopischen Struktur des Systems ist. Diese Annahme wird auch als das Prinzip des *lokalen Gleichgewichts* bezeichnet: das Massenelement $\Delta M \to 0$ soll immer noch als ein thermodynamisches System im Gleichgewicht betrachtet werden können.

Wir gehen zur zeitlich kontinuierlichen Version von (3.100) über, stellen die innere Energie U, die Entropie S und die Teilchenzahlen N_k der Komponenten durch ihre spezifischen Werte bzw. durch ihre Massendichten dar,

$$U = \sigma_U \Delta M, \qquad S = \sigma_S \Delta M, \qquad N_k = \frac{M_k}{m_k} = \frac{b_k}{m_k} \Delta M,$$

und verwenden außerdem noch aus dem Abschnitt 3.9.1 die Umrechnung (3.93):

$$p \frac{dV}{dt} = p \frac{d}{dt} \left(\frac{1}{\rho} \right) \Delta M.$$

Auf diese Weise erhalten wir

$$\frac{d\sigma_S}{dt} = \frac{1}{T} \left(\frac{d\sigma_U}{dt} + p \frac{d}{dt} \frac{1}{\rho} \right) - \frac{1}{T} \sum_k \frac{\mu_k}{m_k} \frac{db_k}{dt}. \qquad (3.101)$$

Aus den Abschnitten 3.7 und 3.9.1 entnehmen wir die substantiellen Bilanzen (3.68) und (3.94) für b_k und σ_U in der Form

$$\rho \frac{d}{dt} b_k = -\nabla \boldsymbol{J}_k + m_k \sum_r \nu_{kr}\, w_r,$$

$$\frac{\rho}{T}\left(\frac{d\sigma_U}{dt} + p\frac{d}{dt}\frac{1}{\rho}\right) = -\nabla \boldsymbol{J}_U.$$

Einsetzen in (3.101) ergibt

$$\rho \frac{d\sigma_S}{dt} = -\frac{1}{T}\nabla \boldsymbol{J}_U + \sum_k \frac{\mu_k}{T}\nabla \boldsymbol{J}_k - \frac{1}{T}\sum_{k,r}\mu_k\, \nu_{kr}\, w_r. \qquad (3.102)$$

Mit der Produktregel für den ∇-Operator führen wir die folgenden Umformungen durch:

$$\frac{1}{T}\nabla \boldsymbol{J}_U = \nabla\left(\frac{1}{T}\boldsymbol{J}_U\right) - \boldsymbol{J}_U\nabla\frac{1}{T},$$

$$\frac{\mu_k}{T}\nabla \boldsymbol{J}_k = \nabla\left(\frac{\mu_k}{T}\boldsymbol{J}_k\right) - \boldsymbol{J}_k\nabla\frac{\mu_k}{T}.$$

Außerdem verwenden wir die Definition (3.42)

$$A_r = -\sum_k \nu_{kr}\,\mu_k$$

der Affinität der Reaktion r aus dem Abschnitt 3.5 und gelangen schließlich zur substantiellen Bilanz der Entropie:

$$\rho\frac{d\sigma_S}{dt} + \nabla \boldsymbol{J}_S = \boldsymbol{J}_U\nabla\frac{1}{T} + \sum_k \boldsymbol{J}_k\left(-\nabla\frac{\mu_k}{T}\right) + \sum_r w_r\frac{A_r}{T}, \qquad (3.103)$$

worin

$$\boldsymbol{J}_S := \frac{1}{T}\left(\boldsymbol{J}_U - \sum_k \mu_k \boldsymbol{J}_k\right) = \frac{1}{T}\boldsymbol{J}_Q \qquad (3.104)$$

3.9. BILANZ DER INN. ENERGIE UND ENTROPIE, WÄRMELEITUNG

Flussdichte	$\boldsymbol{J}_U$	$\boldsymbol{J}_k$	w_r	$\boldsymbol{j}_e$
Kraft	$\boldsymbol{\nabla}(1/T)$	$\boldsymbol{\nabla}(-\mu_k/T)$	A_r/T	$\boldsymbol{E}/T$

Tabelle 3.1: Verallgemeinerte thermodynamische Flussdichten und Kräfte

die Flussdichte der Entropie ist, vgl. auch (3.96). Auf der rechten Seite von (3.103) stehen die Quellterme der räumlichen Entropiedichte π_S. Sie stellen die kontinuierliche Analogie zur Entropieproduktion $\dot{S}_{irr}$ im diskreten Fall dar. Zu ihnen könnten wir weitere Terme hinzufügen, z.B. einen Term $\boldsymbol{j}_e \boldsymbol{E}/T$ für den Fall, dass im System elektrische Leitung stattfindet. Der zweite Hauptsatz der Thermodynamik lässt sich nun so ausdrücken, dass diese Quellterme nicht negativ sind:

$$\pi_S = \boldsymbol{J}_U \boldsymbol{\nabla} \frac{1}{T} + \sum_k \boldsymbol{J}_k \left(-\boldsymbol{\nabla} \frac{\mu_k}{T}\right) + \sum_r w_r \frac{A_r}{T} + \boldsymbol{j}_e \frac{\boldsymbol{E}}{T} \geq 0. \qquad (3.105)$$

Die Struktur der Quellterme ist ebenfalls analog zu der von $\dot{S}_{irr}$ im diskreten Fall: es sind Produkte bzw. Skalarprodukte aus jeweils einer Flussdichte und einem Gradienten einer intensiven Variabeln. Diese bezeichnet man auch als verallgemeinerte thermodynamische *Flüsse* und *Kräfte*. Bei chemischen Reaktionen ist die verallgemeinerte thermodynamische Kraft A_r/T als diskrete Version eines Gradienten, nämlich als Differenz der gewichteten chemischen Potentiale auf den beiden Reaktionsseiten zu interpretieren. Bei der elektrischen Leitung ist die Kraft als isothermer Gradient ($T = $ konstant) des elektrischen Potentials Φ darstellbar: $\boldsymbol{E}/T = -\boldsymbol{\nabla}(\Phi/T)$. Die Tabelle 3.1 stellt die verallgemeinerten Flussdichten und Kräfte zusammen.

4

Thermodynamische Potentiale

Kapitel 4

Thermodynamische Potentiale

In den bisherigen Formulierungen des 2. Hauptsatzes der Thermodynamik haben wir das Gleichgewicht isolierter Gesamtsysteme durch ein Maximalprinzip für die Entropie charakterisiert. Wir erinnern insbesondere an die Formulierung im Abschnitt 2.4: dort hatten wir die Entropie eines isolierten Gesamtsystems als $S = S(U, V, N; x)$ beschrieben, worin U, V, N die konstanten Werte der inneren Energie, des Volumens und der Teilchenzahlen sind und die Variable x einen Satz interner extensiver Variablen darstellt, der gewisse Abweichungen vom vollständigen Gleichgewicht des Systems kennzeichnet. Wenn die internen Variablen festgelegte Werte haben, kann das System nur ein partielles Gleichgewicht erreichen. Wenn sie freigegeben werden, geht das System spontan in ein vollständiges Gleichgewicht, das durch $S =$Maximum bezüglich der internen Variablen x ausgezeichnet ist. Als interne Variablen kann man sich z.B. die Werte der inneren Energie, des Volumens oder der Teilchenzahlen von Teilsystemen vorstellen.

Wir wollen in diesem Kapitel das Gleichgewicht offener Systeme beschreiben, wobei wir natürlich noch genauer einschränken müssen, in welcher Weise ein System offen sein kann. Im Allgemeinen wird nämlich ein offenes System überhaupt kein Gleichgewicht erreichen können. Als Beispiel nennen wir ein System, das thermisch an zwei andere Systeme mit verschiedenen Temperaturen gekoppelt ist. Wir werden uns deshalb im Folgenden auf solche Systeme beschränken, die in bestimmter Weise an ein einziges, großes Umgebungssystem gekoppelt sind. In dieser Situation werden wir das Gleichgewicht wiederum durch ein Extremalprinzip beschreiben, allerdings nicht mehr für die Entropie, sondern für andere sogenannte *thermodynamische Potentiale*, die wir in diesem Kapitel kennenlernen werden.

Bei unseren folgenden Überlegung in diesem Kapitel müssen wir noch eine weitere wichtige Einschränkung machen. Die zu betrachtenden offenen Systeme sollen immer schon in einem thermischen Gleichgewicht sein. Denken wir uns ein solches System im thermischen Gleichgewicht aus Teilsystemen zusammengesetzt wie im Abschnitt 2.5 beschrieben. Dann gilt für seine Entropie S und seine innere Energie U

$$\begin{aligned} S &= \sum_\sigma S^{(\sigma)}(U^{(\sigma)}, V^{(\sigma)}, N^{(\sigma)}), \\ U &= \sum_\sigma U^{(\sigma)}, \end{aligned} \qquad (4.1)$$

worin $\sigma = 1, 2, \ldots$ die Teilsysteme bezeichnet. Wenn thermisches Gleichgewicht zwischen den Teilsystemen besteht, sind deren Temperaturen gleich: $T^{(\sigma)} = T$ für alle $\sigma = 1, 2, \ldots$. Folglich gilt für die Variation der Entropie S

$$\delta S = \sum_\sigma \frac{1}{T^{(\sigma)}} \delta U^{(\sigma)} + \ldots = \frac{1}{T} \sum_\sigma \delta U^{(\sigma)} + \ldots = \frac{1}{T} \delta U + \ldots. \qquad (4.2)$$

Die hier nicht ausgeschriebenen Variationen $+\ldots$ betreffen nur die $\delta V^{(\sigma)}$ und $\delta N^{(\sigma)}$. Aus (4.2) folgt unmittelbar

$$\frac{\partial S}{\partial U} = \frac{1}{T}, \qquad (4.3)$$

worin die partielle Ableitung mit $V^{(\sigma)}$ =konstant und $N^{(\sigma)}$ =konstant auszuführen ist.

4.1 Maximale Entropie und minimale Energie

Wir zeigen zuerst, dass die beiden Extremalprinzipien S =Maximum für $\delta U = 0$ und U =Minimum für $\delta S = 0$ äquivalent sind, wobei jeweils die Variablen V, N konstant gehalten werden. Variiert werden in beiden Prinzipien die internen Variablen x, die wir oben noch einmal in Erinnernung gebracht haben. Das erste Prinzip S =Maximum für $\delta U = 0$ ist unsere bisherige Formulierung des 2. Hauptsatzes isolierter Gesamtsysteme. Das zweite Prinzip U =Minimum für $\delta S = 0$ beschreibt eine physikalisch völlig andere Situation. Da die innere Energie variiert wird, muss das System offen sein. Wegen $\delta S = 0$ kommen allerdings nur adiabatische Austauschprozesse mit der Umgebung in Betracht; das System soll also mechanische, elektrische oder magnetische Energien mit einem mechanischem System, z.B. eine elastische Feder, oder mit elektrischen oder magnetischen Feldern austauschen können.

4.1. MAXIMALE ENTROPIE UND MINIMALE ENERGIE

Wir geben zunächst eine physikalisch anschauliche Begründung für unsere obige Äquivalenzbehauptung. Wenn die innere Energie U zu gegebener Entropie S nicht minimal wäre, dann könnte man dem System adiabatisch ($S =$ konstant) Energie ΔW entziehen, z.B. mechanische Energie, und ihm denselben Betrag an Energie in Form von Wärme $\Delta Q = |\Delta W|$ unter Entropiezunahme $\Delta S = \Delta Q/T$ reversibel wieder zuführen. Insgesamt bliebe dabei die Energie U unverändert, aber die Entropie hätte sich erhöht. Umgekehrt, wenn die Entropie nicht maximal wäre, gäbe es einen spontanen Prozess unter Entropiezunahme $\Delta S > 0$. Diese Entropie könnte man dem System dann in Form von Wärme $\Delta Q = T\Delta S$ wieder reversibel entnehmen. Insgesamt bliebe dabei die Entropie unverändert, aber die Energie hätte sich erniedrigt.

Unser formaler Beweis für die behauptete Äquivalenz geht aus von der Relation $S = S(U; x)$. Da die Variablen V, N konstant zu halten sind, werden sie im Folgenden nicht mitgeschrieben. x steht wieder für eine interne extensive Variable oder einen Satz solcher Variablen, bezüglich derer sich das Gleichgewicht einstellen können soll. Jetzt benutzen wir die Voraussetzung, dass thermisches Gleichgewicht bereits besteht, so dass $\partial S/\partial U = 1/T > 0$, vgl. (4.3). Folglich lässt sich $S = S(U; x)$ nach U umkehren, $U = U(S; x)$, und es gilt auch $\partial U/\partial S = T$. Wir bilden die vollständigen Differentiale der beiden Relationen $S = S(U, x)$ und $U = U(S, x)$:

$$dS = \frac{dU}{T} + \left(\frac{\partial S}{\partial x}\right)_U dx, \qquad dU = T\, dS + \left(\frac{\partial U}{\partial x}\right)_S dx. \qquad (4.4)$$

Durch Multiplikation von dS mit T und Addition der beiden Ausdrücke lassen sich $T\, dS$ und dU eliminieren. Wir erhalten

$$T\left(\frac{\partial S}{\partial x}\right)_U + \left(\frac{\partial U}{\partial x}\right)_S = 0. \qquad (4.5)$$

Hieraus folgt erstens, dass die beiden Extremalbedingungen $(\partial S/\partial x)_U = 0$ und $(\partial U/\partial x)_U = 0$ bzw. $S =$ Extremum für $\delta U = 0$ und $U =$ Extremum für $\delta S = 0$ sich gegenseitig bedingen. Wegen $T > 0$ folgt weiter, dass $(\partial S/\partial x)_U > 0$ wenn $(\partial U/\partial x)_U < 0$ und umgekehrt, also $U =$ Minimum für $\delta S = 0$ wenn $S =$ Maximum für $\delta S = 0$ und umgekehrt.

Wenn x ein Satz mehrerer interner Variablen ist, $x = (x_1, x_2, \ldots)$, muss nach den x_i, x_j einzeln differenziert werden. Die zu (4.5) analoge Relation lautet dann

$$T\left(\frac{\partial S}{\partial x_i}\right)_U + \left(\frac{\partial U}{\partial x_i}\right)_S = 0. \qquad (4.6)$$

Auch hieraus folgt wieder die Äquivalenz zwischen S =Maximum für $\delta U = 0$ und U =Minimum für $\delta S = 0$.

Bei der obigen Herleitung haben wir angenommen, dass das Volumen V des Systems unverändert bleibt. Dennoch sollte das System bei einem x–Prozess auch mechanische Arbeit adiabatisch mit der Umgebung austauschen können. Ein Beispiel dafür ist ein interner Druckausgleich im System, z.B. zwischen zwei Teilsystemen, bei dem das Gesamtvolumen erhalten bleibt und die interne mechanische Arbeit adiabatisch mit der Umgebung ausgetauscht wird. Wir können ein Extremalprinzip aber auch für den Fall formulieren, dass nicht das Volumen, sondern der Druck konstant gehalten wird. Dann benutzen wir nicht die innere Energie, sondern die *Enthalpie*

$$H := U + pV \tag{4.7}$$

Aus dieser Definition folgt mit (4.4) und $p = -(\partial U/\partial V)_S$

$$dH = dU + p\,dV + V\,dp = \frac{1}{T}dS + V\,dp + \left(\frac{\partial U}{\partial x}\right)_{S,V} dx, \tag{4.8}$$

so dass

$$\left(\frac{\partial H}{\partial x}\right)_{S,p} = \left(\frac{\partial U}{\partial x}\right)_{S,V}. \tag{4.9}$$

Somit lässt sich (4.5) umformulieren in

$$T\left(\frac{\partial S}{\partial x}\right)_{U,V} + \left(\frac{\partial H}{\partial x}\right)_{S,p} = 0. \tag{4.10}$$

Daraus lesen wir ab, dass S =Maximum für $\delta U = 0$, $\delta V = 0$ auch äquivalent ist mit H =Minimum für $\delta S = 0$, $\delta p = 0$.

4.2 Freie Energie und freie Enthalpie

Das Prinzip U =Minimum für $\delta S = 0$ charakterisiert das Gleichgewicht eines adiabatisch offenen Systems. Wir wollen in diesem Abschnitt das Gleichgewicht eines

4.2. FREIE ENERGIE UND FREIE ENTHALPIE

thermisch offenen Systems durch ein Extremalprinzip beschreiben. Dazu betrachten wir ein thermodynamisches System Σ im thermischen Kontakt mit einem Umgebungssystem Σ'. Das aus Σ und Σ' bestehende Gesamtsystem sei isoliert. Die Entropie des Gesamtsystems sei gegeben durch

$$S_0 = S'(U') + S(U; x). \tag{4.11}$$

U und $S(U;x)$ sind die innere Energie und die Entropie von Σ, x sind wieder interne Variablen, bezüglich derer sich Σ in ein Gleichgewicht entwickeln kann. Entsprechend sind U' und $S'(U')$ innere Energie und Entropie des Umgebungssystems Σ'. Die anderen Variablen wie V, N und V', N' sind zunächst nicht betroffen und werden deshalb nicht mitgeschrieben. Wir wollen auch wieder voraussetzen, dass thermisches Gleichgewicht bereits eingestellt ist, also

$$\frac{\partial S}{\partial U} = \frac{1}{T} = \frac{1}{T'} = \frac{\partial S'}{\partial U'}. \tag{4.12}$$

Zur Vereinfachung der Schreibweise der partiellen Ableitungen vereinbaren wir, dass die unabhängigen Variablen durch (4.11) definiert sind. Wenn nach einer dieser Variablen partiell differenziert wird, sollen die übrigen konstant gehalten werden.

Wir berechnen nun die Variation der Gesamtentropie:

$$\begin{aligned}\delta S_0 &= \frac{\partial S'}{\partial U'} \delta U' + \frac{\partial S}{\partial U} \delta U + \frac{\partial S}{\partial x} \delta x \\ &= \frac{1}{T}(\delta U' + \delta U) + \frac{\partial S}{\partial x} \delta x \\ &= \frac{\partial S}{\partial x} \delta x,\end{aligned} \tag{4.13}$$

weil für das isolierte Gesamtsystem $\delta U' + \delta U = 0$.

Bei der Einstellung des Gleichgewichts bezüglich der internen Variablen x von Σ wird sich die Temperatur T von Σ und Σ' möglicherweise ändern. Wir wollen jedoch voraussetzen, dass das Umgebungssystem Σ' sehr viel größer als Σ sein soll, symbolisch $\Sigma' \gg \Sigma$, so dass die gemeinsame Temperatur T durch die x-Prozesse in Σ nicht geändert wird. Die x-Prozesse sollen *isotherm* ablaufen. Korrekt ist diese Voraussetzung nur im Grenzfall $\Sigma' \to \infty$, den man aber in beliebiger Genauigkeit erreichen kann. Man nennt das Umgebungssystem Σ' dann einen *Thermostaten* für das System Σ.

4. THERMODYNAMISCHE POTENTIALE

Wir definieren die *freie Energie F* des Systems Σ durch

$$F := U - TS \qquad (4.14)$$

und berechnen deren Variation bei Variationen von U bzw. U' und x, jedoch bei fester Temperatur T:

$$\delta F = \delta U - T\left(\frac{\partial S}{\partial U}\delta U + \frac{\partial S}{\partial x}\delta x\right) = -T\frac{\partial S}{\partial x}\delta x. \qquad (4.15)$$

Wir vergleichen mit (4.13) und finden

$$\delta F = -T\,\delta S_0. \qquad (4.16)$$

Im Gleichgewicht bezüglich der internen Variablen x ist $\delta S_0 = 0$, folglich auch $\delta F = 0$. Bei spontanen Prozessen in das Gleichgewicht nimmt die Gesamtentropie S_0 zu, also $\delta S_0 > 0$. Wegen $T > 0$ nimmt dann die freie Energie F ab, also $\delta F < 0$. Das bedeutet, dass für ein System in einem Thermostaten mit T =konstant die beiden Prinzipien

$$S_0 = \text{Max}, \qquad F = \text{Min} \qquad (4.17)$$

äquivalent sind. Der entscheidende Vorteil des Prinzips F =Min besteht darin, dass die freie Energie F gemäß ihrer Definition in (4.14) nur mehr Variablen des Systems Σ enthält.

Ganz analog gehen wir vor, wenn das Umgebungssystem Σ' für das System Σ einen *Thermo–Mechano–Staten* darstellt. Die Gesamtentropie lautet

$$S_0 = S(U', V') + S(U, V; x). \qquad (4.18)$$

Die beiden Systeme sollen Wärme und Volumen austauschen können, aber in Bezug auf diesen Austausch im Gleichgewicht sein,

$$\frac{\partial S}{\partial U} = \frac{\partial S'}{\partial U'} = \frac{1}{T}, \qquad \frac{\partial S}{\partial V} = \frac{\partial S'}{\partial V'} = \frac{p}{T}, \qquad (4.19)$$

4.2. FREIE ENERGIE UND FREIE ENTHALPIE

und das Umgebungssystem Σ' soll hinreichend groß sein, damit Temperatur T und Druck p bei den x-Prozessen in Σ konstant bleiben. Analog zu (4.13) lautet die Variation der Gesamtentropie

$$\begin{aligned}\delta S_0 &= \frac{\partial S'}{\partial U'}\delta U' + \frac{\partial S'}{\partial V'}\delta V' + \frac{\partial S}{\partial U}\delta U + \frac{\partial S}{\partial V}\delta V + \frac{\partial S}{\partial x}\delta x \\ &= \frac{1}{T}(\delta U + \delta U') + \frac{p}{T}(\delta V + \delta V') + \frac{\partial S}{\partial x}\delta x \\ &= \frac{\partial S}{\partial x}\delta x,\end{aligned} \qquad (4.20)$$

weil $\delta U + \delta U' = 0$ und $\delta V + \delta V' = 0$ wegen der Isolation des Gesamtsystems. Wir definieren die *freie Enthalpie* G des Systems Σ durch

$$G := U + pV - TS = F + pV. \qquad (4.21)$$

Für deren Variation erhalten wir mit T =konstant, p =konstant

$$\delta G = \delta U + p\,\delta V - T\left(\frac{\partial S}{\partial U}\delta U + \frac{\partial S}{\partial V}\delta V + \frac{\partial S}{\partial x}\delta x\right) = -T\frac{\partial S}{\partial x}\delta x. \qquad (4.22)$$

Der Vergleich mit (4.20) zeigt, dass $\delta G = -T\delta S_0$. Somit besteht für ein System in einem Thermo–Mechano–Staten Äquivalenz zwischen den Prinzipien

$$S_0 = \text{Max}, \qquad G = \text{Min}. \qquad (4.23)$$

Das Prinzip G =Min enthält wiederum ausschließlich die Variablen des Systems Σ.

Offenbar lässt sich zu jeder Kombination extensiver Variablen ein entsprechendes "Stat-System" konstruieren und ein Minimalprinzip für ein geeignetes *thermodynamisches Potential* angeben. In unseren obigen Beispielen waren das die freie Energie F und die freie Enthalpie G. Voraussetzung für eine solche Konstruktion ist, dass der Austausch mit dem Umgebungssystem über physikalisch sinnvolle Wände bzw. Randbedingungen erfolgt, wie wir sie im Abschnitt 1.6 diskutiert haben. Wir erwähnen noch den *Thermo–Chemo–Staten*, mit dem ein System Σ Wärme und Teilchen aller Komponenten austauscht. Die Gesamtentropie S_0 und ihre Variation δS_0 lauten

$$S_0 = S'(U', N') + S(U, N; x), \qquad \delta S_0 = \frac{\partial S}{\partial x}\,\delta x. \qquad (4.24)$$

Das zugehörige Potential ist

$$\Psi := U - TS - \mu N \qquad \text{bzw.} \qquad \Psi := U - TS - \sum_k \mu_k N_k. \qquad (4.25)$$

Eine einfache Rechnung nach dem obigen Muster ergibt $\delta\Psi = -T\,\delta S_0$, so dass für ein System Σ in einem Thermo–Chemo–Staten die Extremalprinzipien S_0 =Max und Ψ =Min äquivalent sind. Natürlich lassen sich nach diesem Muster auch Thermo-Chemo–Staten konstruieren, mit denen Σ Wärme und nur einige der Komponenten austauscht.

Wir merken schließlich noch an, dass ein Stat-System für den Austausch sämtlicher extensiver Variablen nicht möglich ist. Ein solches Stat-System müsste sämtliche intensiven Variablen vorgeben, was nach der Gibbs–Duhem-Relation, vgl. Abschnitt 2.7, nicht möglich ist. Zum gleichen Schluss gelangt man, wenn man für das vollständige Stat-System das zugehörige thermodynamische Potential zu konstruieren versucht. Für die Variablen U, V, N müsste es

$$U - TS + pV - \mu N \equiv 0 \qquad (4.26)$$

lauten, vgl. Abschnitt 2.7. Mit einem identisch verschwindenden Potential ist offensichtlich kein Extremalprinzip formulierbar.

4.3 Fundamentalrelationen, Legendre–Transformation

Das Gleichgewicht thermodynamischer Systeme kann durch Extremalprinzipien für thermodynamische Potentiale charakterisiert werden. Das jeweils zu verwendende Potential richtet sich nach den Randbedingungen des Systems. Die Tabelle 4.1 stellt diejenigen Extremalprinzipien zusammen, die wir in den vorangegangenen Abschnitten vorgestellt haben. Nach dieser physikalischen Motivation für die Einführung der thermodynamischen Potentiale wollen wir in diesem Abschnitt einige wichtige Relationen behandeln, die die Potentiale im thermodynamischen Gleichgewicht erfüllen. Dabei wird es ausschließlich um quasistatische Prozesse gehen, also um Prozesse, in denen das System stets im Gleichgewicht bleibt. Aus diesem Grund wird in diesem

4.3. FUNDAMENTALRELATIONEN, LEGENDRE–TRANSFORMATION

Potential	Extremum	Thermisch	Mechanisch	Chemisch
Entropie	S =Max	$\delta U = 0$	$\delta V = 0$	$\delta N = 0$
Energie	U =Min	$\delta S = 0$	$\delta V = 0$	$\delta N = 0$
Enthalpie	H =Min	$\delta S = 0$	$\delta p = 0$	$\delta N = 0$
Freie Energie	F =Min	$\delta T = 0$	$\delta V = 0$	$\delta N = 0$
Freie Enthalpie	G =Min	$\delta T = 0$	$\delta p = 0$	$\delta N = 0$
Ψ	Ψ =Min	$\delta T = 0$	$\delta V = 0$	$\delta \mu = 0$

Tabelle 4.1: Extremalprinzipien für thermodynamische Potentiale

Abschnitt auch keine Nicht–Gleichgewichtsvariable x auftreten. Die quasistatischen Änderungen des Gleichgewichts denken wir uns durch hinreichend langsame Änderungen der extensiven oder intensiven thermodynamischen Variablen erzeugt.

Im Abschnitt 2.6 haben wir bereits die Gibbs'schen Fundamentalrelationen für die Entropie und die innere Energie formuliert, nämlich

$$dS = \frac{1}{T}dU + \frac{p}{T}dV - \frac{\mu}{T}dN \qquad (4.27)$$

$$dU = T\,dS - p\,dV + \mu\,dN. \qquad (4.28)$$

Die beiden Relationen sind äquivalent; auch alle weiteren Fundamentalrelationen, die wir im Folgenden formulieren werden, sind mit (4.27) und (4.28) äquivalent. Die Bedeutung der Fundamentalrelationen liegt darin, dass wir aus ihnen die unabhängigen Variablen ablesen können, als deren Funktionen wir die thermodynamischen Potentiale zu interpretieren haben, nämlich die Entropie in (4.27) als $S = S(U, V, N)$ und die innere Energie in (4.28) als $U = U(S, V, N)$. Man nennt die zu einem Potential gehörenden unabhängigen Variablen auch seine *natürlichen* Variablen. Ferner können wir aus den Fundamentalrelationen sämtliche anderen thermodynamischen Variablen durch partielle Differentiation entnehmen:

$$\left(\frac{\partial S(U,V,N)}{\partial U}\right)_{V,N} = \frac{1}{T(U,V,N)}, \qquad (4.29)$$

$$\left(\frac{\partial S(U,V,N)}{\partial V}\right)_{U,N} = \frac{p(U,V,N)}{T(U,V,N)}, \qquad (4.30)$$

$$\left(\frac{\partial S(U,V,N)}{\partial N}\right)_{U,V} = -\frac{\mu(U,V,N)}{T(U,V,N)}, \qquad (4.31)$$

$$\left(\frac{\partial U(S,V,N)}{\partial S}\right)_{V,N} = T(S,V,N), \qquad (4.32)$$

$$\left(\frac{\partial U(S,V,N)}{\partial V}\right)_{S,N} = p(S,V,N), \qquad (4.33)$$

$$\left(\frac{\partial U(S,V,N)}{\partial N}\right)_{S,V} = \mu(S,V,N). \qquad (4.34)$$

Nach dem gleichen Muster können wir auch bei allen weiteren thermodynamischen Potentialen verfahren, z.B. bei der Enthalpie H:

$$\begin{aligned} dH &= d(U+pV) = dU + p\,dV + V\,dp \\ &= T\,dS + V\,dp + \mu\,dN \end{aligned} \qquad (4.35)$$

unter Verwendung von dU aus (4.28). Also ist $H = H(S,p,N)$ und

$$\left(\frac{\partial H(S,p,N)}{\partial S}\right)_{p,N} = T(S,p,N), \qquad (4.36)$$

$$\left(\frac{\partial H(S,p,N)}{\partial p}\right)_{S,N} = V(S,p,N), \qquad (4.37)$$

$$\left(\frac{\partial H(S,p,N)}{\partial N}\right)_{S,p} = \mu(S,p,N). \qquad (4.38)$$

Wir führen noch die freie Energie F auf,

$$\begin{aligned} dF &= d(U-TS) = dU - T\,dS - S\,dT \\ &= -S\,dT - p\,dV + \mu\,dN, \end{aligned} \qquad (4.39)$$

$$\left(\frac{\partial F(T,V.N)}{\partial T}\right)_{V,N} = -S(T,V,N), \qquad (4.40)$$

$$\left(\frac{\partial F(T,V,N)}{\partial V}\right)_{T,N} = -p(T,V,N), \qquad (4.41)$$

$$\left(\frac{\partial F(T,V,N)}{\partial N}\right)_{T,V} = \mu(T,V,N), \qquad (4.42)$$

und die freie Enthalpie G:

4.3. FUNDAMENTALRELATIONEN, LEGENDRE–TRANSFORMATION

Potential	Definition	unabhängige Variablen	Fundamentalrelation	
Entropie	S	U, V, N	$dS =$	$(1/T)\,dU + (p/T)\,dV$ $-(\mu/T)\,dN$
Innere Energie	U	S, V, N	$dU =$	$T\,dS - p\,dV + \mu\,dN$
Enthalpie	$H = U + pV$	S, p, N	$dH =$	$T\,dS + V\,dp + \mu\,dN$
Freie Energie	$F = U - TS$	T, V, N	$dF =$	$-S\,dT - p\,dV + \mu\,dN$
Freie Enthalpie	$G = F + pV$	T, p, N	$dG =$	$-S\,dT + V\,dp + \mu\,dN$
Psi	$\Psi = F - \mu N$	T, V, μ	$d\Psi =$	$-S\,dT - p\,dV - N\,d\mu$

Tabelle 4.2: Thermodynamische Potentiale, ihre Variablen und ihre Fundamentalrelationen.

$$\begin{aligned} dG &= d(F + pV) = dF + p\,dV + V\,dp \\ &= -S\,dT + V\,dp + \mu\,dN, \end{aligned} \qquad (4.43)$$

$$\left(\frac{\partial G(T, p, N)}{\partial T}\right)_{p,N} = -S(T, p, N), \qquad (4.44)$$

$$\left(\frac{\partial G(T, p, N)}{\partial p}\right)_{T,N} = V(T, p, N), \qquad (4.45)$$

$$\left(\frac{\partial G(T, p, N)}{\partial N}\right)_{T,p} = \mu(T, p, N). \qquad (4.46)$$

In der Tabelle 4.2 sind diese Relationen für die Potentiale aus der Tabelle 4.1 noch einmal zusammengestellt. Die unabhängigen Variablen in der dritten Spalte sind die natürlichen Variablen des entsprechenden Potentials.

Aus der Relation $TS - pV + \mu N = U$, vgl. Abschnitt 2.7, folgen für G und Ψ die Darstellungen

$$G = U - TS + pV = \mu N, \qquad \Psi = U - TS - \mu N = -pV.$$

Daraus folgt aber *nicht* etwa, dass G eine Funktion von N und μ und Ψ eine Funktion von p und V sei. Vielmehr sind diese Darstellungen zu lesen als

$$\begin{aligned} G(T, p, N) &= U - TS + pV = \mu(T, p, N)\,N, \\ \Psi(T, V, \mu) &= U - TS - \mu N = -p(T, V, \mu)\,V. \end{aligned}$$

Die Transformationen zwischen den Potentialen sind *Legendre–Transformationen*. Das Schema solcher Transformationen besteht darin, dass in einem funktionalen Zusammenhang $y = f(x)$ die Ableitung $u := f'(x)$ als neue unabhängige Variable eingeführt werden soll. In der Transformationen von $U = U(S)$ zur freien Energie F soll z.B. die Temperatur $T = \partial U/\partial S$ als neue unabhängige Variable eingeführt werden. Die Variablen V, N bleiben davon unberührt. Wenn man nun $u := f'(x)$ umkehrt, $x = g(u)$, und dadurch die Variable x in $y = f(x)$ eliminieren würde, also $y = f(g(u))$, dann würde man den früheren Zusammenhang $y = f(x)$ daraus nicht rekonstruieren können, bzw. Information verlieren. Das folgt daraus, dass die Rekonstruktion von $y = f(x)$ auf die Lösung der Differentialgleichung

$$y = f\left(g\left(\frac{dy}{dx}\right)\right)$$

hinausläuft, die eine beliebige Integrationskonstante c additiv zu x enthält. Mit anderen Worten: alle funktionalen Zusammenhänge $f = f(x + c)$ führen auf dieselbe Relation $y = f(g(u))$. Wenn weitere Variablen auftreten wie das in der Thermodynamik der Fall ist, z.B. V, N beim Übergang von U zu F, dann könnte c sogar noch eine Funktion dieser weiteren Variablen sein. Man würde also die Information funktionaler Zusammenhänge verlieren.

Um diesen Verlust an Information zu vermeiden, geht man mit der Transformation $x = g(u)$ der unabhängigen Variablen gleichzeitig zu einer transformierten Funktion über, nämlich zu

$$z := y - x\,u = f(g(u)) - g(u)\,u = F(u).$$

Im thermodynamischen Beispiel entsprechen sich: $y \cong U$, $x \cong S$, $u \cong T$, $z \cong F$. Wenn wir nun die Legendre–Transformation wiederholen, also $\xi = F'(u)$ als neue unabhängige Variable einführen, dann erhalten wir

$$\begin{aligned}\xi &= \frac{dz}{du} = \frac{d}{du}(y - x\,u) = \frac{dy}{du} - \frac{dx}{du}u - x \\ &= \frac{dy}{dx}\frac{dx}{du} - \frac{dx}{du}u - x = -x,\end{aligned}$$

also – bis auf ein Vorzeichen – die frühere unabhängige Variable x zurück. Der nochmals transformierte funktionale Zusammenhang ist

$$\eta = z - (-x)\,u = z + u\,x = y,$$

also auch die frühere abhängige Variable y. Die Legendre–Transformation ist durch Wiederholung umkehrbar.

4.4 Thermodynamische Umformungen, Maxwell-Relationen

In diesem Abschnitt werden wir einige mathematische Techniken kennenlernen, die bei Umformungen in der Thermodynamik des Gleichgewichts immer wieder und auch später in diesem Text noch verwendet werden. Wie im vorangegangenen Abschnitt geht es auch in diesem Abschnitt also ausschließlich um quasistatische Änderungen oder Prozesse, bei dem das jeweilige System stets in einem Gleichgewicht bleibt. Wir beginnen mit der Bemerkung, dass aus einer Fundamentalrelation wie z.B.

$$dU = T\,dS - p\,dV + \mu\,dN \tag{4.47}$$

durch Nebenbedingungen Aussagen wie

$$\begin{aligned} dU &= T\,dS \quad V, N = \text{const,} \\ dU &= -p\,dV \quad S, N = \text{const} \end{aligned}$$

folgen, und daraus weiter z.B.

$$\left(\frac{\partial U}{\partial T}\right)_{V,N} = T\left(\frac{\partial S}{\partial T}\right)_{V,N}, \quad \left(\frac{\partial U}{\partial p}\right)_{S,N} = -p\left(\frac{\partial V}{\partial p}\right)_{S,N}. \tag{4.48}$$

Eine partielle Ableitung

$$\left(\frac{\partial U}{\partial T}\right)_{V,N}$$

ist so zu interpretieren, dass U hier als Funktion von T, V, N aufgefasst wird, $U = U(T, V, N)$, und unter den Bedingungen $V =$const und $N =$const nach T differenziert wird. Damit ist auch schon gesagt, dass die thermodynamischen Potentiale nicht notwendig immer als Funktionen derjenigen unabhängigen Variablen aufgefasst werden müssen, die als Differentiale in ihren Fundamentalrelationen auftreten. Die Funktion $U(T, V, N)$ erhält man aus dem Potential, in dessen Fundamentalrelation die Differentiale von T, V, N auftreten, also aus der freien Energie $F = F(T, V, N)$, und zwar durch

$$U = F + TS = F - T\left(\frac{\partial F}{\partial T}\right)_{V,N} = \left[1 - T\left(\frac{\partial}{\partial T}\right)_{V,N}\right] F(T,V,N) = U(T,V,N).$$
(4.49)

Allerdings verliert man thermodynamische Information beim Übergang von $F(T, V, N)$ zu $U(T, V, N)$. Um das einzusehen, fragen wir, inwieweit die freie Energie $F(T, V, N)$ in (4.49) durch ein gegebenes $U(T, V, N)$ festgelegt ist oder nicht. Zur Beantwortung dieser Frage betrachten wir (4.49) als eine Differentialgleichung für $F(T, V, N)$. Diese Differentialgleichung ist von 1. Ordnung, linear und inhomogen. Ihre Lösungen unterscheiden sich durch beliebige Lösungen der zugehörigen homogenen Differentialgleichung für $U = 0$. Da V, N konstant bleiben, können wir die homogene Differentialgleichung in der Form

$$F_0(T) - T\frac{dF_0(T)}{dT} = 0$$

schreiben. Deren Lösung erhalten wir durch Trennung der Variablen:

$$\frac{dT}{T} = \frac{dF_0}{F_0}, \quad \succ \quad F_0(T) \sim T.$$

Der Proportionalitätsfaktor in $F_0(T) \sim T$ kann aber jetzt noch von den konstant gehaltenen Variablen V, N abhängen:

$$F_0(T, V, N) = \phi(V, N)\, T,$$

worin $\phi(V, N)$ eine beliebige Funktion von V, N ist. Folglich ist durch vorgegebenes $U(T, V, N)$ die freie Energie nur bis auf die Addition beliebiger Funktionen vom Typ $F_0(T, V, N) = \phi(V, N)\, T$ bestimmt. Diese Beliebigkeit bedeutet einen Verlust an thermodynamischer Information.

Wir bleiben noch bei der Funktion $U = U(T, V, N)$ und drücken das vollständige Differential dU in den Variablen T, V, N aus:

$$\begin{aligned}
dU &= T\, dS - p\, dV + \mu\, dN \\
&= T\left(\frac{\partial S}{\partial T}\right)_{V,N} dT + \left[T\left(\frac{\partial S}{\partial V}\right)_{T,N} - p\right] dV + \\
&\quad + \left[T\left(\frac{\partial S}{\partial N}\right)_{T,V} + \mu\right] dN.
\end{aligned}$$
(4.50)

4.4. THERMODYN. UMFORMUNGEN, MAXWELL-RELATIONEN

Daraus ist direkt ablesbar

$$\left(\frac{\partial U}{\partial T}\right)_{V,N} = T\left(\frac{\partial S}{\partial T}\right)_{V,N}, \tag{4.51}$$

$$\left(\frac{\partial U}{\partial V}\right)_{T,N} = T\left(\frac{\partial S}{\partial V}\right)_{T,N} - p, \tag{4.52}$$

$$\left(\frac{\partial U}{\partial N}\right)_{T,V} = T\left(\frac{\partial S}{\partial N}\right)_{T,V} + \mu. \tag{4.53}$$

(4.51) ist identisch mit der ersten Relation in (4.48). Nach diesem Schema kann man offenbar eine Fülle analoger Relationen gewinnen.

Weitere wichtige thermodynamische Relationen sind die sogenannten *Maxwell-Relationen*, die nach dem folgenden Schema aus den Fundamentalrelationen herleitbar sind. Ausgangspunkt sei wieder die Fundamentalrelation (4.47) für dU. Daraus folgt

$$\left(\frac{\partial T}{\partial V}\right)_{S,N} = \left(\frac{\partial}{\partial V}\right)_{S,N}\left(\frac{\partial U}{\partial S}\right)_{V,N} = \left(\frac{\partial}{\partial S}\right)_{V,N}\left(\frac{\partial U}{\partial V}\right)_{S,N} = -\left(\frac{\partial p}{\partial S}\right)_{V,N}. \tag{4.54}$$

Hier haben wir vorausgesetzt, dass die Reihenfolge der Differentiationen in der zweiten Ableitung der inneren Energie vertauschbar ist. Wir führen noch ein zweites Beispiel an. Aus der Fundamentalrelation

$$dF = -S\,dT - p\,dV + \mu\,dN \tag{4.55}$$

für die freie Energie folgt nach demselben Schema wie in (4.54)

$$\left(\frac{\partial S}{\partial V}\right)_{T,N} = \left(\frac{\partial p}{\partial T}\right)_{V,N}. \tag{4.56}$$

Wir setzen diese Maxwell-Relation in (4.52) ein und erhalten eine sehr oft verwendete Relation

$$\left(\frac{\partial U}{\partial V}\right)_{T,N} = T\left(\frac{\partial p}{\partial T}\right)_{V,N} - p. \tag{4.57}$$

Wir erwähnen schließlich noch eine Herleitungstechnik, die darauf beruht, in geschickter Weise funktionale Zusammenhänge zwischen thermodynamischen Variablen zu formulieren. So folgt z.B. aus der freien Enthalpie mit $V = (\partial G/\partial p)_{T,N}$ eine Darstellung $V = V(T,p,N)$ und daraus für N =konstant

$$dV = \left(\frac{\partial V}{\partial T}\right)_{p,N} dT + \left(\frac{\partial V}{\partial p}\right)_{T,N} dp. \tag{4.58}$$

Hieraus lesen wir für V =konstant ab, dass

$$\left(\frac{\partial p}{\partial T}\right)_{V,N} = -\frac{(\partial V/\partial T)_{p,N}}{(\partial V/\partial p)_{T,N}}. \tag{4.59}$$

Die in diesem Abschnitt aufgeführten thermodynamischen Umformungen sollen als Beispiele für Techniken dienen, mit denen man thermodynamische Relationen herleiten oder überprüfen kann. Ganz offensichtlich ist die Fülle möglicher thermodynamischer Aussagen so groß, dass es sich verbietet, sie systematisch aufzulisten.

4.5 Magnetische Systeme

Bei der Formulierung des 1. Hauptsatzes im Kapitel 1 hatten wir die Möglichkeit eingeschlossen, dass ein thermodynamisches System elektrisch und magnetisch über Felder $\boldsymbol{E}$ bzw. $\boldsymbol{H}$ mit der Umgebung wechselwirkt und dadurch eine elektrische Polarisation $\boldsymbol{P}$ bzw. eine Magnetisierung $\boldsymbol{M}$ erfährt. Der vollständige 1. Hauptsatz unter Einschluss thermischer, mechanischer und chemischer Wechselwirkungen lautete dann

$$\delta U = \delta Q - p\,\delta V + \mu\,\delta N + V\boldsymbol{E}\,\delta\boldsymbol{P} + V\boldsymbol{B_0}\,\delta\boldsymbol{M}. \tag{4.60}$$

Hier ist $\boldsymbol{B_0} = \mu_0 \boldsymbol{H}$ die magnetische Flussdichte außerhalb des Systems. Der Faktor Volumen V erscheint in den elektrischen und magnetischen Wechselwirkungstermen, weil $\boldsymbol{P}$ und $\boldsymbol{M}$ als Polarisation bzw. Magnetisierung pro Volumen definiert sind, so dass $V\boldsymbol{P}$ bzw. $V\boldsymbol{M}$ die entsprechenden extensiven Variablen sind. Wenn wir nun die Formulierung des 2. Hauptsatzes aus dem Kapitel 2 auf Systeme mit elektrischen und magnetischen Wechselwirkungen erweitern, erhalten wir offensichtlich die folgende Fundamentalrelation für die innere Energie:

4.5. MAGNETISCHE SYSTEME

$$dU = T\,dS - p\,dV + \mu\,dN + V\,\boldsymbol{E}\,d\boldsymbol{P} + V\,\boldsymbol{B_0}\,d\boldsymbol{M}, \tag{4.61}$$

d.h., das Potential U besitzt die natürlichen Variablen $S, V, N, \boldsymbol{P}, \boldsymbol{M}$: $U = U(S, V, N, \boldsymbol{P}, \boldsymbol{M})$. Äquivalent damit ist $S = S(U, V, N, \boldsymbol{P}, \boldsymbol{M})$. Es ist auch offensichtlich, dass jetzt eine Vielzahl neuer Potentiale durch Legendre–Transformationen gebildet werden kann: jede neue Variable verdoppelt die Anzahl möglicher Legendre–Transformationen. Wir wollen uns deshalb auf ein einfaches Beispiel beschränken: keine mechanische Wechselwirkung, also $V =$ konstant, keine chemischen Wechselwirkungen, also $N =$ konstant, und nur magnetische Wechselwirkungen, also $\boldsymbol{P} = 0$. Außerdem nehmen wir an, dass die Magnetisierung $\boldsymbol{M}$ und die externe Flussdichte $\boldsymbol{B_0}$ stets parallel oder antiparallel sind, wie das in isotropen Systemen oder in Systemen mit einfacher Symmetrie immer der Fall ist. Dann lautet die Fundamentalrelation statt (4.61)

$$dU = T\,dS + V\,B_0\,dM. \tag{4.62}$$

Dieser Fall eines einfachen magnetischen Systems ist die in Anwendungen am häufigsten vorkommende Situation eines thermdynamischen Systems in einem externen Feld. Das elektrische Analogon lässt unmittelbar daraus ablesen. Eine erste Legendre–Transformation führt uns zur freien Energie als Funktion von T und M, $F = F(T, M)$:

$$F = U - TS: \qquad dF = -S\,dT + V\,B_0\,dM. \tag{4.63}$$

Hieraus folgt insbesondere

$$B_0 = \frac{1}{V}\left(\frac{\partial F}{\partial M}\right)_T. \tag{4.64}$$

Eine zweite Legendre–Transformation eliminiert die Variable M zugunsten von B_0. Im Fall der Variablen S, V bzw. T, V führte das auf die freie Enthalpie G. Diese Bezeichnung ist hier nicht angebracht. Wir schreiben

$$\tilde{F} = F - V\,B_0\,M: \qquad d\tilde{F} = -S\,dT - V\,M\,dB_0, \tag{4.65}$$

so dass $\tilde{F} = \tilde{F}(T, B_0)$ und

$$M = -\frac{1}{V}\left(\frac{\partial \tilde{F}}{\partial B_0}\right)_T. \qquad (4.66)$$

Beide Potentiale, F und $\tilde{F}$ werden als freie Energien bezeichnet. Wichtig ist, dass man sie anhand der natürlichen Variablen unterscheidet. Häufiger wird allerdings $\tilde{F}$ verwendet und oft als F geschrieben. Das ist sinnvoll, wenn keine Gefahr der Verwechslung mit $F = F(T, M)$ besteht.

5

Thermodynamische Stabilität und verallgemeinerte Suszeptibilitäten

5

Kapitel 5

Thermodynamische Stabilität und verallgemeinerte Suszeptibilitäten

Gleichgewichtszustände thermodynamischer Systeme lassen sich durch Extremalprinzipien für thermodynamische Potentiale charakterisieren, z.B. S =Max für isolierte Systeme oder F =Min für Systeme in einem Thermostaten. Die Auswahl des Potentials für das Extremalprinzip richtet sich nach den Randbedingungen des betrachteten Systems. Die Auswertung der Extremaleigenschaft S =Extr oder F =Extr bzw. $\delta S = 0$ oder $\delta F = 0$ usw. führt auf Gleichgewichtsbedingungen, z.B. Gleichheit der Temperaturen oder des Druckes im Inneren des Systems. Damit ist noch nichts über die Stabilität des Gleichgewichts gesagt, die erst durch S =Max oder F =Min usw. garantiert ist. Diese Situation ist dieselbe wie bei der Diskussion des Extremums einer Funktion $f(x)$ an einer Stelle $x = x_0$: die Bedingung $f'(x_0) = 0$ ist notwendig für ein Extremum bei $x = x_0$, aber erst das Vorzeichen der zweiten Ableitung $f''(x)$ ist hinreichend für ein Maximum oder ein Minimum 2. Ordnung von $f(x)$ bei $x = x_0$, nämlich $f''(x_0) < 0$ für ein Maximum und $f''(x_0) > 0$ für ein Minimum. Wir wollen diese Diskussion auf die Extrema der thermodynamischen Potentiale übertragen und nach hinreichenden Kriterien fragen, unter denen das Gleichgewicht eines Systems stabil ist. Dazu wollen wir die Schreibweise der Variationen höherer Ordnung, nämlich der zweiten Ordnung verwenden, die uns die Formulierung der Stabilitätskriterien insbesondere im Fall mehrerer Variablen erleichtern wird.

5.1 Variationen höherer Ordnung

Ausgangspunkt für Variationen höherer Ordnung ist die gewöhnliche Taylor-Entwicklung einer Funktion $f(x + \delta x)$ nach δx:

$$\begin{aligned}f(x+\delta x) &= f(x) + f'(x)\,\delta x + \frac{1}{2}f''(x)\,(\delta x)^2 + \ldots \\ &= f(x) + \delta f(x) + \frac{1}{2}\delta^2 f(x) + \ldots .\end{aligned} \qquad (5.1)$$

Hier haben wir lediglich die formalen Definitionen

$$\delta f(x) := f'(x)\,\delta x, \qquad \delta^2 f(x) := f''(x)\,(\delta x)^2 \qquad (5.2)$$

bzw. allgemein

$$\delta^n f(x) := f^n(x)\,(\delta x)^n \qquad (5.3)$$

eingeführt, worin $f^n(x)$ die n–te Ableitung von $f(x)$ bedeutet. Wenn wir nun die δx als differentielle Variationen der unabhängigen Variablen x interpretieren, dann werden auch die $\delta^n f(x)$ zu differentiellen Variationen, und zwar jeweils von der Ordnung $O((\delta x)^n)$. Sie werden kurz auch als Variationen der Ordnung n bezeichnet. Für die Funktion $f(x) = x$, also für die unabhängige Variable x selbst ist offensichtlich nur die erste Variation δx von Null verschieden und $\delta^n x = 0$ für $n > 1$.

Die Funktion $f(x)$ besitze nun an einer Stelle $x = x_0$ ein relatives Maximum 2. Ordnung. Das lässt sich jetzt äquivalent durch die beiden folgenden Formulierungen ausdrücken:

$$f'(x_0) = 0, \qquad f''(x_0) < 0 \qquad (5.4)$$

oder

$$\delta f(x)\big|_{x=x_0} = 0, \qquad \delta^2 f(x)\big|_{x=x_0} < 0, \qquad (5.5)$$

analog auch für ein relatives Minimum von $f(x)$ bei $x = x_0$. (5.5) wird auch verkürzt als

$$\delta f(x_0) = 0, \qquad \delta^2 f(x_0) < 0 \qquad (5.6)$$

geschrieben.

5.1. VARIATIONEN HÖHERER ORDNUNG

Für die Variation 1. Ordnung der Ableitung $f'(x)$ der Funktion $f(x)$ erhalten wir nach der Regel (5.3)

$$\delta f'(x) = f''(x)\,\delta x, \tag{5.7}$$

eingesetzt in den Ausdruck $\delta^2 f(x)$ in (5.2):

$$\delta^2 f(x) = \delta f'(x)\,\delta x. \tag{5.8}$$

Diese Beziehung kann man auch dadurch gewinnen, dass man δ wie einen Differentialoperator behandelt, für den die Produktregel gilt:

$$\delta^2 f(x) = \delta\left(\delta f(x)\right) = \delta\left(f'(x)\,\delta x\right) = \delta f'(x)\,\delta x + f'(x)\,\delta^2 x.$$

Weil aber $\delta^2 x = 0$ für die unabhängige Variable x, folgt daraus (5.8).

Für eine Funktion $f(x)$ nur einer Variablen x bietet die Schreibweise der Variationen kaum Vorteile gegenüber der gewöhnlichen Schreibweise. Das ändert sich aber im Fall von Funktionen mehrerer Variablen $f = f(x_1, x_2, \ldots)$. Die Taylor–Entwicklung lautet hier

$$f(x_1 + \delta x_1, x_2 + \delta x_2, \ldots) = f + \delta f + \frac{1}{2}\delta^2 f + \ldots, \tag{5.9}$$

worin

$$\delta f = \sum_i \frac{\partial f}{\partial x_i}\,\delta x_i, \qquad \delta^2 f = \sum_{i,j} \frac{\partial^2 f}{\partial x_i\,\partial x_j}\,\delta x_i\,\delta x_j, \qquad \ldots \tag{5.10}$$

Zur Vereinfachung der Schreibweise lassen wir die Argumente $x_1, x_2, \ldots$ in der Funktion f fort. Auch hier verschwinden die Variationen höherer als 1. Ordnung der unabhängigen Variablen $x_1, x_2, \ldots$, so dass analog zum Fall einer Variablen wieder

$$\delta^2 f = \sum_i \delta\left(\frac{\partial f}{\partial x_i}\right)\delta x_i. \tag{5.11}$$

Die Funktion f besitze an einem Punkt $x_0 = (x_{1,0}, x_{2,0}, \ldots)$ ein relatives Maximum 2. Ordnung. In der gewöhnlichen Schreibweise würde das zu beschreiben sein als

$$\left(\frac{\partial f}{\partial x_i}\right)_{x_0} = 0, \quad \left(\frac{\partial^2 f}{\partial x_i \, \partial x_j}\right)_{x_0} \text{ ist negativ definit,} \qquad (5.12)$$

entsprechend für ein relatives Minimum. In der Sprechweise der Variationen lautet derselbe Sachverhalt

$$\left.\begin{array}{l} f = \text{Max} \iff \delta f = 0, \ \delta^2 f < 0, \\ f = \text{Min} \iff \delta f = 0, \ \delta^2 f > 0. \end{array}\right\} \qquad (5.13)$$

Diese Schreibweise werden wir in den folgenden Abschnitten bei der Formulierung hinreichender Kriterien für die Stabilität thermodynamischer Gleichgewichte benutzen.

5.2 Hinreichende Kriterien für Stabilität

Zur Diskussion der Stabilität thermodynamischer Gleichgewichte greifen wir auf die Konstruktion zurück, die wir bereits im Abschnitt 2.5 beschrieben haben: ein insgesamt isoliertes Gesamtsystem bestehe aus beliebig vielen Teilsystemen $\sigma = 1, 2, \ldots$, deren jedes in einem thermodynamischen Gleichgewicht sein und bleiben soll, beschrieben durch eine Entropie $S^{(\sigma)}(U^{(\sigma)}, V^{(\sigma)}, N^{(\sigma)})$. Je nach der Art der Randbedingung für die Wände zwischen den Teilsystemen können zwischen ihnen Wärme, Volumen und Teilchen ausgetauscht werden. In diese Situation eingeschlossen sind völlig offene Teilsysteme, die entweder durch ein bestimmtes Volumen, also durch $\delta V^{(\sigma)} = 0$, oder durch eine bestimmte Masse, also $\delta M^{(\sigma)} = 0$ oder $\delta N^{(\sigma)} = 0$ definiert sind. Mit dieser Konstruktion können wir offensichtlich sämtliche Variationen von Gleichgewichten beschreiben, soweit wir sie bisher überhaupt diskutiert haben, z.B. auch Systeme in Stat-Systemen, vgl. Kapitel 4. Eingeschlossen sind auch räumlich differentielle Teilsysteme, wie wir sie in den Abschnitten 3.6 und 3.7 verwendet haben.

Die Gesamtentropie S_0 ist die Summe der Entropien der Teilsysteme:

$$S_0 = \sum_\sigma S^{(\sigma)}(U^{(\sigma)}, V^{(\sigma)}, N^{(\sigma)}). \qquad (5.14)$$

Dasselbe gilt für die Variationen 1. und 2. Ordnung der Gesamtentropie:

$$\delta S_0 = \sum_\sigma \delta S^{(\sigma)}, \qquad \delta^2 S_0 = \sum_\sigma \delta^2 S^{(\sigma)}. \tag{5.15}$$

Hier haben wir die Variablen $U^{(\sigma)}, V^{(\sigma)}, N^{(\sigma)}$ zur Vereinfachung der Schreibweise nicht mehr mitgeschrieben. Das Gleichgewicht des isolierten Gesamtsystems ist stabil, wenn $\delta^2 S_0 < 0$. Wenn bereits für jedes Teilsystem σ die Stabilitätsbedingung $\delta^2 S^{(\sigma)} < 0$ erfüllt ist, dann ist damit auch ein hinreichendes Stabilitätskriterium für das Gesamtsystem erfüllt. Dieses Kriterium ist natürlich bei weitem nicht notwendig, denn es könnten einzelne Summanden in der Summe für $\delta^2 S_0$ positiv sein, wenn nur die Summe insgesamt negativ ist, d.h. einzelne Teilsysteme könnten durchaus instabile Gleichgewichte besitzen, wenn sie nur durch die übrigen Teilsysteme stabilisiert werden. Wir wollen uns jedoch darauf beschränken, hinreichende Kriterien für die Stabilität der Teilsysteme zu finden, also für $\delta^2 S^{(\sigma)} < 0$ für alle σ. Damit können wir unsere Aufgabenstellung wie folgt formulieren: wir suchen Kriterien für $\delta^2 S < 0$ für beliebige thermodynamische Systeme im Gleichgewicht. Als unabhängige Variationen sollen $\delta U, \delta V, \delta N$ gelten. Wir gehen aus von der Fundamentalrelation

$$\delta S = \frac{1}{T} \delta U + \frac{p}{T} \delta V - \frac{\mu}{T} \delta N, \tag{5.16}$$

aus der, wie im vorangegangenen Abschnitt gezeigt,

$$\delta^2 S = \delta\left(\frac{1}{T}\right) \delta U + \delta\left(\frac{p}{T}\right) \delta V - \delta\left(\frac{\mu}{T}\right) \delta N. \tag{5.17}$$

folgt. Die Variationen $\delta(1/T), \delta(p/T), \delta(\mu/T)$ kann man nun wieder durch die $\delta U, \delta V, \delta N$ ausdrücken und dann untersuchen, unter welchen Bedingungen die entstehende quadratische Form negativ definit ist. Wir werden der Übersichtlichkeit wegen zunächst anders vorgehen, nämlich die einzelnen Terme in (5.17) getrennt untersuchen, d.h., thermische, mechanische und chemische Stabilität einzeln diskutieren. Es erscheint einleuchtend, dass dann auch Stabilität bei kombinierten thermischen, mechanischen und chemischen Variationen besteht, doch bedarf diese Verallgemeinerung eines formalen Nachweises.

5.3 Thermische, mechanische und chemische Stabilität

Wir beginnen mit der thermischen Stabilität und untersuchen zunächst, unter welchen Bedingungen in (5.17) für $\delta V = 0$, $\delta N = 0$

$$\delta^2 S = \delta\left(\frac{1}{T}\right)\delta U < 0 \qquad (5.18)$$

ist. Wir formen um:

$$\delta\left(\frac{1}{T}\right) = -\frac{\delta T}{T^2}, \qquad \delta U = \left(\frac{\partial U}{\partial T}\right)_{V,N} \delta T = C_V\, \delta T,$$

wo

$$C_V = \left(\frac{\partial U}{\partial T}\right)_{V,N} \qquad (5.19)$$

die *Wärmekapazität* des Systems bei V =const ist. Häufig wird in der Thermodynamik die spezifische Wärmekapazität C_V/M diskutiert, also die Wärmekapazität pro Masse, die auch *spezifische Wärme* genannt wird. Wir können in (5.18) allerdings auch δT durch δU darstellen:

$$\delta T = \left(\frac{\partial T}{\partial U}\right)_{V,N} \delta U = \frac{1}{C_V}\delta U.$$

Wir finden also zwei mögliche Darstellungen für die zweite Variation $\delta^2 S$ der Entropie:

$$\begin{aligned}\delta^2 S &= -\frac{C_V}{T^2}(\delta T)^2, \\ &= -\frac{1}{T^2 C_V}(\delta U)^2.\end{aligned} \qquad (5.20)$$

In jedem Fall lautet die thermische Stabilitätsbedingung $C_V > 0$: die Wärmekapazität bzw. die spezifische Wärme (bei konstantem Volumen) muss positiv und endlich groß sein. Eine Verletzung dieser Stabilitätsbedingung kann bei Phasenübergängen eintreten, z.B. beim Schmelzen von Eis zu Wasser unter Wärmezufuhr $\delta Q > 0$. Bei V =const und N =const ist nach dem 1. Hauptsatz $\delta U = \delta Q > 0$. Während des Schmelzvorgangs bleibt die Temperatur unverändert: $\delta T = 0$. Folglich wird dort die Wärmekapazität formal unendlich groß: $C_V = \partial U/\partial T \to \infty$. Da δU hier als unabhängige Variation auftritt, müssen wir das Stabilitätskriterium aus der zweiten Zeile von (5.20) heranziehen, aus dem dann $\delta^2 S = 0$ folgt. Aus der physikalischen

5.3. THERMISCHE, MECHANISCHE UND CHEMISCHE STABILITÄT

Anschauung heraus empfinden wir natürlich auch den Schmelzvorgang als thermisch stabil. Offensichtlich müssen wir zu seiner vollständigen Beschreibung die Umwandlung von Eis zu Wasser als weiteren thermodynamischen Freiheitsgrad einführen und damit das System als Zwei-Komponenten-System darstellen. Wir werden darauf bei der Behandlung von Phasenübergängen zurückkommen.

Wir können die thermische Stabilität auch unter veränderten thermodynamischen Bedingungen, z.B. unter p =const statt V =const diskutieren. Dazu formen wir (5.16) um:

$$\begin{aligned}
\delta S &= \frac{1}{T}\delta U + \frac{p}{T}\delta V - \frac{\mu}{T}\delta N \\
&= \frac{1}{T}\delta(U+pV) - \frac{V}{T}\delta p - \frac{\mu}{T}\delta N \\
&= \frac{1}{T}\delta H - \frac{V}{T}\delta p - \frac{\mu}{T}\delta N,
\end{aligned} \quad (5.21)$$

worin $H = U + pV$ die Enthalpie ist, vgl. Abschnitt 4.1. Für p =const und N =const folgt daraus weiter

$$\begin{aligned}
\delta^2 S &= \delta\left(\frac{1}{T}\right)\delta H \\
&= -\frac{C_p}{T^2}(\delta T)^2, \\
&= -\frac{1}{T^2 C_p}(\delta H)^2.
\end{aligned} \quad (5.22)$$

Hier ist

$$C_p := \left(\frac{\partial H}{\partial T}\right)_{p,N} \quad (5.23)$$

die Wärmekapazität bei konstantem Druck bzw. $c_p = C_p/M$ die spezifische Wärme bei konstantem Druck. Die Stabilitätsbedingung lautet jetzt, dass die Wärmekapazität C_p bzw. die spezifische Wärme c_p positiv und endlich sein muss. Später werden wir zeigen, dass die beiden Bedingungen für thermische Stabilität bei V, N =const und bei p, N =const nicht unabhängig sind.

Ganz analog untersuchen wir die mechanische Stabilität und fragen, unter welcher Bedingung $\delta^2 S < 0$ für $\delta T = 0$ und $\delta N = 0$:

$$\begin{aligned}
\delta^2 S &= \delta\left(\frac{p}{T}\right)\delta V = \frac{1}{T}\delta p\,\delta V \\
&= \frac{1}{T}\left(\frac{\partial V}{\partial p}\right)_{T,N}(\delta p)^2 = -\frac{V\kappa_T}{T}(\delta p)^2 \\
&= \frac{1}{T}\left(\frac{\partial p}{\partial V}\right)_{T,N}(\delta V)^2 = -\frac{1}{TV\kappa_T}(\delta V)^2.
\end{aligned} \qquad (5.24)$$

Hier haben wir die *isotherme Kompressibilität*

$$\kappa_T := -\frac{1}{V}\left(\frac{\partial V}{\partial p}\right)_{T,N} \qquad (5.25)$$

eingeführt, die die relative Volumenänderung pro Druckänderung misst. Da $T > 0$ und $V > 0$, ist das thermodynamische System mechanisch stabil, wenn die isotherme Kompressibilität κ_T positiv und endlich ist. Das bedeutet, dass das Volumen V des Systems abnehmen muss, wenn der Druck p zunimmt und umgekehrt. Diese Folgerung entspricht unserer physikalischen Anschauung von mechanischer Stabilität.

Wir können die mechanische Stabilität auch unter adiabatischer Randbedingung, also bei $S =$const untersuchen. Dazu ziehen wir $U =$Min als Bedingung für ein stabiles Gleichgewicht heran. Die Stabilitätsbedingung lautet dann $\delta^2 U > 0$. Für $S, N =$const ist $\delta U = -p\,\delta V$, und somit

$$\begin{aligned}
\delta^2 U &= -\delta p\,\delta V \\
&= -\left(\frac{\partial V}{\partial p}\right)_{S,N}(\delta p)^2 = V\kappa_S(\delta p)^2, \\
&= -\left(\frac{\partial p}{\partial V}\right)_{S,N}(\delta V)^2 = \frac{1}{V\kappa_S}(\delta V)^2.
\end{aligned} \qquad (5.26)$$

Hier haben wir die *adiabatische Kompressibilität*

$$\kappa_S := -\frac{1}{V}\left(\frac{\partial V}{\partial p}\right)_{S,N} \qquad (5.27)$$

in Analogie zu κ_T in (5.25) eingeführt. Das thermodynamische System ist adiabatisch mechanisch stabil, wenn die adiabatische Kompressibilität κ_S positiv und

5.3. THERMISCHE, MECHANISCHE UND CHEMISCHE STABILITÄT

endlich ist. Wir werden im folgenden Abschnitt lernen, dass die beiden mechanischen Stabilitätskriterien für isotherme und adiabatische Randbedingungen nicht unabhängig sind.

Schließlich erwähnen wir noch die chemische Stabilität für T, V =const:

$$\delta^2 S = -\frac{1}{T} \delta\mu\, \delta N = -\frac{1}{T} \left(\frac{\partial \mu}{\partial N}\right)_{T,V} (\delta N)^2 \qquad (5.28)$$

und analog, wenn wir $\delta^2 S$ durch $(\delta\mu)^2$ ausdrücken. Das thermodynamische System ist chemisch stabil, wenn $(\partial\mu/\partial N)_{T,V}$ positiv und endlich ist. Das chemische Potential μ muss also zunehmen, wenn die Teilchenzahl N zunimmt und umgekehrt. Wenn das thermodynamische System mehrere Komponenten $k = 1, 2, \ldots$ enthält, wird

$$\delta^2 S = -\frac{1}{T} \sum_{k,k'} \left(\frac{\partial \mu_k}{\partial N_{k'}}\right)_{T,V} \delta N_k\, \delta N_{k'}. \qquad (5.29)$$

Das thermodynamische System ist stabil, wenn die Matrix $(\partial \mu_k/\partial N_{k'})_{T,V}$ positiv definit ist. Aus der Fundamentalrelation für die freie Energie,

$$dF = -S\, dT - p\, dV + \sum_k \mu_k\, \delta N_k,$$

folgt als eine Maxwell-Relation, dass die Matrix $(\partial \mu_k/\partial N_{k'})_{T,V}$ symmetrisch ist:

$$\left(\frac{\partial \mu_k}{\partial N_{k'}}\right)_{T,V} = \left(\frac{\partial \mu_{k'}}{\partial N_k}\right)_{T,V} \qquad (5.30)$$

Nach dem hier angegebenen Schema lassen sich Stabilitätsbedingungen für weitere Randbedingungen formulieren, insbesondere auch die Bedingung dafür, dass das thermodynamische System sowohl thermisch als auch mechanisch und chemisch stabil ist. Als ein Beispiel dafür formulieren wir die Bedingung für die gekoppelte thermische und mechanische Stabilität, ausgedrückt durch δT und δV. Unser Ausgangspunkt ist (5.17) mit $\delta N = 0$ bzw. N =konstant:

$$\delta^2 S = \delta\left(\frac{1}{T}\right) \delta U + \delta\left(\frac{p}{T}\right) \delta V. \qquad (5.31)$$

Als unabhängige Variablen vereinbaren wir für die folgenden Umformungen T und V, so dass wir bei den partiellen Ableitungen Nebenbedingungen nicht explizit mitschreiben müssen. In (5.31) führen wir aus:

$$\delta\left(\frac{1}{T}\right) = -\frac{\delta T}{T^2},$$

$$\delta U = \frac{\partial U}{\partial T}\delta T + \frac{\partial U}{\partial V}\delta V = C_V \delta T + \frac{\partial U}{\partial V}\delta V,$$

$$\delta\left(\frac{p}{T}\right) = \frac{\delta p}{T} - \frac{p\,\delta T}{T^2},$$

$$\delta p = \frac{\partial p}{\partial T}\delta T + \frac{\partial p}{\partial V}\delta V.$$

Einsetzen in (5.31) führt nach einer elementaren Rechnung und unter Verwendung der isothermen Kompressibilität aus (5.25) auf

$$\begin{aligned}\delta^2 S &= -\frac{C_V}{T^2}(\delta T)^2 - \frac{1}{TV\kappa_T}(\delta V)^2 \\ &\quad -\frac{1}{T^2}\left[\frac{\partial U}{\partial V} - T\frac{\partial p}{\partial T} + p\right]\delta T\,\delta V.\end{aligned} \qquad (5.32)$$

Im vorhergehenden Kapitel haben wir gezeigt, dass

$$\frac{\partial U}{\partial V} = T\frac{\partial p}{\partial T} - p$$

(mit T, V, N als unabhängigen Variablen), so dass der Ausdruck in [...] in (5.32) verschwindet:

$$\delta^2 S = -\frac{C_V}{T^2}(\delta T)^2 - \frac{1}{TV\kappa_T}(\delta V)^2. \qquad (5.33)$$

Das System ist stabil, wenn sowohl $C_V > 0$ als auch $\kappa_T > 0$.

5.4 Verallgemeinerte Suszeptibilitäten

Im vorhergehenden Abschnitt haben wir die Stabilität des Gleichgewichts thermodynamischer Systeme dadurch bestimmt, dass gewisse thermodynamische Größen wie die Wärmekapazitäten C_V und C_p, die Kompressibilitäten κ_T und κ_S oder die Ableitungen $\partial\mu/\partial N$ endlich und positiv sein mussten. Diese Größen werden auch *verallgemeinerte Suszeptibilitäten* genannt. In diesem Abschnitt wollen wir nachweisen, dass die Stabilitätsbedingungen unter verschiedenen Randbedingungen nicht unabhängig sind. Das wird sich dadurch äußern, dass zwischen den verallgemeinerten Suszeptibilitäten gewisse Beziehungen existieren. Wir beginnen mit den Wärmekapazitäten, für die wir zunächst alternative Darstellungen angeben, nämlich

$$C_V = \left(\frac{\delta Q}{\delta T}\right)_{V,N}, \quad C_p = \left(\frac{\delta Q}{\delta T}\right)_{p,N}. \tag{5.34}$$

Dieses ist die allgemeine Definition für C_V und C_p, die noch nicht einmal einen quasistatischen Prozess für die Wärmeübertragung voraussetzt. Aus (5.34) folgen unsere früheren Definitionen. Für quasistatische Wärmeübertragung ist nämlich $dQ = T\,dS$, so dass aus (5.34) auch

$$C_V = T\left(\frac{\partial S}{\partial T}\right)_{V,N}, \quad C_p = T\left(\frac{\partial S}{\partial T}\right)_{p,N}. \tag{5.35}$$

folgt. Nun ist für $V, N =$ const $T\,dS = dU$, und für $p, N =$ const $T\,dS = dH$, vgl. (5.21), also auch

$$C_V = \left(\frac{\partial U}{\partial T}\right)_{V,N}, \quad C_p = \left(\frac{\partial H}{\partial T}\right)_{p,N} \tag{5.36}$$

in Übereinstimmung mit unseren früheren Definitionen.

Bei den folgenden Umformungen sei stets $N =$ const, so dass wir die N-Abhängigkeit unberücksichtigt lassen können. Wir wollen einen Ausdruck für die Differenz $C_p - C_V$ der Wärmekapazitäten bei konstantem Druck p und bei konstantem Volumen V herleiten. Aus (5.35) entnehmen wir

$$C_p - C_V = T\left[\left(\frac{\partial S}{\partial T}\right)_{p,N} - \left(\frac{\partial S}{\partial T}\right)_{V,N}\right]. \tag{5.37}$$

Zur Umrechnung von $\partial/\partial T$ bei p =const auf die Nebenbedingung V =const denken wir uns $V = V(T,p)$ in $S = S(T,V)$ eingesetzt. Dann wird

$$\left(\frac{\partial S}{\partial T}\right)_{p,N} = \left(\frac{\partial S}{\partial T}\right)_{V,N} + \left(\frac{\partial S}{\partial V}\right)_{T,N} \left(\frac{\partial V}{\partial T}\right)_{p,N}. \qquad (5.38)$$

Wir setzen in (5.37) ein und erhalten

$$C_p - C_V = T \left(\frac{\partial S}{\partial V}\right)_{T,N} \left(\frac{\partial V}{\partial T}\right)_{p,N}. \qquad (5.39)$$

Aus der Fundamentalrelation für die freie Energie folgt als eine Maxwell-Relation

$$\left(\frac{\partial S}{\partial V}\right)_{T,N} = \left(\frac{\partial p}{\partial T}\right)_{V,N}, \qquad (5.40)$$

vgl. auch Abschnitt 4.4. Außerdem führen wir den *Ausdehnungskoeffizienten*

$$\alpha := \frac{1}{V} \left(\frac{\partial V}{\partial T}\right)_{p,N} \qquad (5.41)$$

ein, der die relative Volumenänderung pro Temperaturänderung bei konstantem Druck (und konstanter Teilchenzahl) angibt. Schließlich verwenden wir einen Hilfssatz aus dem Abschnitt 4.4, der für den funktionalen Zusammenhang $p = p(T,V)$ (für N =const) auf

$$\left(\frac{\partial p}{\partial T}\right)_{V,N} = -\frac{(\partial V/\partial T)_{p,N}}{(\partial V/\partial p)_{T,N}} = \frac{\alpha}{\kappa_T} \qquad (5.42)$$

führt. Im letzten Schritt haben wir außer dem Ausdehnungskoeffizienten α aus (5.41) die isotherme Kompressibilität κ_T aus (5.25) verwendet. Wir setzen diese Umformungen in (5.39) ein und erhalten für $C_p - C_V$ den Ausdruck

$$C_p - C_V = \frac{\alpha^2 T V}{\kappa_T}. \qquad (5.43)$$

5.4. VERALLGEMEINERTE SUSZEPTIBILITÄTEN

Diese Relation besagt, dass $C_p > C_V$, wenn das System mechanisch isotherm stabil ist, also $\kappa_T > 0$ und endlich. Dann schließt die thermische Stabilität bei $V =$const diejenige bei $p =$const ein.

Einen weiteren wichtigen Zusammenhang zwischen den verallgemeinerten Suszeptibilitäten $C_p, C_V, \kappa_T, \kappa_S$ gewinnen wir, wenn wir das Differential $T\,dS$ einmal in den Variablen T, V und zum anderen in T, p ausdrücken ($N =$const):

$$T\,dS = T\left(\frac{\partial S}{\partial T}\right)_{V,N} dT + T\left(\frac{\partial S}{\partial V}\right)_{T,N} dV,$$

$$T\,dS = T\left(\frac{\partial S}{\partial T}\right)_{p,N} dT + T\left(\frac{\partial S}{\partial p}\right)_{T,N} dp. \quad (5.44)$$

Die Ableitungen $T\partial S/\partial T$ bei $V =$const bzw. $p =$const ersetzen wir durch C_V bzw. C_p, vgl. (5.35), ferner verwenden wir die Maxwell-Relation (5.40) und eine analoge Maxwell-Relation

$$\left(\frac{\partial S}{\partial p}\right)_{T,N} = -\left(\frac{\partial V}{\partial T}\right)_{p,N},$$

die aus der Fundamentalrelation für die freie Enthalpie G folgt. Schließlich verwenden wir noch die Definition (5.41) für den Ausdehungskoeffizienten α sowie die Relation (5.42) und erhalten aus (5.44)

$$T\,dS = C_V\,dT + \frac{\alpha T}{\kappa_T}\,dV, \qquad T\,dS = C_p\,dT - \alpha T V\,dp. \quad (5.45)$$

Insbesondere gelten diese beiden Relationen für adiabatische differentielle (quasistatische) Prozesse. Für diese erhalten wir mit $dS = 0$

$$C_V\,dT = -\frac{\alpha T}{\kappa_T}\,dV, \qquad C_p\,dT = \alpha T V\,dp. \quad (5.46)$$

Die Division dieser beiden Relationen führt auf den gewünschten Zusammenhang

$$\frac{C_p}{C_V} = -\kappa_T V \left(\frac{\partial p}{\partial V}\right)_{S,N} = \frac{\kappa_T}{\kappa_S}, \quad (5.47)$$

vgl. (5.27). Da $C_p > C_V$ unter der Annahme mechanischer Stabilität, ist auch $\kappa_T > \kappa_S$: jedes thermisch stabile thermodynamische System ist isotherm stärker kompressibel als adiabatisch. Die adiabatische mechanische Stabilität schließt die isotherme mechanische Stabilität ein.

Die verallgemeinerten Suszeptibilitäten lassen sich immer als zweite Ableitungen entsprechender thermodynamischer Potentiale schreiben, z.B.:

$$C_V = T\left(\frac{\partial S}{\partial T}\right)_{V,N} = -T\left(\frac{\partial^2 F}{\partial T^2}\right)_{V,N}, \tag{5.48}$$

$$C_p = T\left(\frac{\partial S}{\partial T}\right)_{p,N} = -T\left(\frac{\partial^2 G}{\partial T^2}\right)_{p,N}, \tag{5.49}$$

$$\kappa_T = -\frac{1}{V}\left(\frac{\partial V}{\partial p}\right)_{T,N} = -\frac{1}{V}\left(\frac{\partial^2 G}{\partial p^2}\right)_{T,N}, \tag{5.50}$$

$$\kappa_S = -\frac{1}{V}\left(\frac{\partial V}{\partial p}\right)_{S,N} = -\frac{1}{V}\left(\frac{\partial^2 H}{\partial p^2}\right)_{S,N}, \tag{5.51}$$

desgleichen der Ausdehnungskoeffizient

$$\alpha = \frac{1}{V}\left(\frac{\partial V}{\partial T}\right)_{p,N} = \frac{1}{V}\left(\frac{\partial}{\partial T}\right)_{p,N}\left(\frac{\partial G}{\partial p}\right)_{T,N}. \tag{5.52}$$

In diesen Zusammenhang gehört auch die *magnetische Suszeptibilität*, die durch

$$\chi_M := \left(\frac{\partial M}{\partial H}\right)_T = \mu_0\left(\frac{\partial M}{\partial B_0}\right)_T \tag{5.53}$$

definiert ist. Hier ist M die Magnetisierung und $B_0 = \mu_0 H$ die Flussdichte des externen Feldes H. Im Abschnitt 4.5. haben wir die Magnetisierung als Ableitung der freien Energie $\tilde{F} = \tilde{F}(T, B_0)$ dargestellt,

$$M = -\frac{1}{V}\left(\frac{\partial \tilde{F}}{\partial B_0}\right)_T,$$

so dass

$$\chi_M = -\frac{\mu_0}{V}\left(\frac{\partial^2 \tilde{F}}{\partial B_0^2}\right)_T. \tag{5.54}$$

6

Thermodynamische Prozesse

Kapitel 6

Thermodynamische Prozesse

Auch in den vorangegangenen Kapiteln war von thermodynamischen Prozessen schon häufiger die Rede. In diesem Kapitel wird es um thermodynamische Prozesse gehen, in denen ein System mit seiner Umgebung Arbeit und Wärme austauscht, und um die Frage, ob sich die ausgetauschten Größen unter gewissen Bedingungen optimieren lassen. Der Anwendungsbereich solcher Überlegungen sind thermodynamische Maschinen, also zeitlich periodisch verlaufende Prozesse. Die Optimierung thermodynamischer Prozesse hat in der Entwicklung der Thermodynamik historisch am Anfang gestanden, z.B. in den Formulierungen des 2. Hauptsatzes durch Clausius und Kelvin, auf die wir später in diesem Kapitel zurückkommen werden. In vielen Texten über Thermodynamik steht aus diesem Grund das Kapitel über thermodynamische Maschinen am Anfang. Wir haben statt dessen eine allgemeinere Grundlegung der Thermodynamik versucht, durch die der Eindruck vermieden werden soll, die thermodynamischen Maschinen bildeten notwendigerweise die logische Grundlage der Theorie.

6.1 Die maximale Arbeit eines thermodynamischen Systems

Wir stellen zu Beginn die Frage, welche Arbeit ein thermodynamisches System Σ bei einem Prozess $A \to B$ zwischen zwei Zuständen A und B maximal nach außen leisten kann. Wir wollen annehmen, dass die beiden Zustände A und B Gleichgewichtszustände von Σ sind, möglicherweise partielle Gleichgewichte. In jedem Fall sind die Entropien $S(A), S(B)$ von Σ in den Zuständen A und B definiert. Der Prozess $A \to B$ soll jedoch nicht notwendig quasistatisch sein. Die vom System zu leistende Arbeit $-\Delta W$ denken wir uns an einen externen, nicht-thermodynamischen

Speicher abgegeben, z.B. an eine mechanische Feder, an ein Gewicht, das im Schwerefeld der Erde angehoben wird, oder als elektrische Arbeit an einen Kondensator. Im Fall mechanischer Arbeit kann man sich vorstellen, dass sich das System Σ bei dem Prozess $A \to B$ ausdehnt, aber Σ könnte auch ein zusammengesetztes System sein, in dem interne mechanische Prozesse unter Abgabe von Arbeit ablaufen, z.B. ein interner Ausdehnungsprozess, dessen Arbeitsleistung nach außen abgegeben wird. In diesem Fall wären A und möglicherweise auch B partielle Gleichgewichte.

Wir wollen weiter annehmen, dass das System Σ während des Prozesses $A \to B$ Wärme ΔQ mit einem Wärmereservoir Σ' austauscht. Das Wärmereservoir Σ' führt dabei einen Prozess $A' \to B'$ aus, der quasistatisch sein soll, so dass

$$-\Delta Q = \int_{A'}^{B'} dS' \, T'(S'). \tag{6.1}$$

Hier sind T' und S' die Temperatur und die Entropie von Σ' und $T'(S')$ die thermische Zustandsgleichung von Σ', die aus $T'(S') = \partial U'(S')/\partial S'$ folgt. Das Minuszeichen in (6.1) berücksichtigt, dass ΔQ die von Σ aufgenommene und demnach von Σ' abgegebene Wärme ist. Wenn wir schließlich noch annehmen, dass das Arbeitssystem Σ bei dem Prozess $A \to B$ keine Teilchen mit der Umgebung austauscht, dann lautet der 1. Hauptsatz

$$\Delta U := U(B) - U(A) = \Delta Q + \Delta W. \tag{6.2}$$

Wir betrachten das Gesamtsystem $\Sigma + \Sigma'$ als isoliert, so dass

$$\Delta S + \Delta S' \geq 0, \tag{6.3}$$

worin

$$\Delta S := S(B) - S(A), \qquad \Delta S' := S'(B') - S'(A'), \tag{6.4}$$

und $\Delta S + \Delta S' = 0$ genau dann, wenn der Prozess $A \to B$ in Σ quasistatisch ist, denn der Prozess $A' \to B'$ in Σ' war ja bereits als quasistatisch vorausgesetzt. Die von Σ nach außen zu leistende Arbeit ist $-\Delta W$, da ΔW als Arbeit an Σ gezählt wird. Aus (6.2) folgt, dass $-\Delta W = \Delta Q - \Delta U$ maximal wird, wenn ΔQ maximal ist, weil $\Delta U = U(B) - U(A)$ durch die Zustände A, B vorgegeben ist. Aus (6.1) folgt weiter, dass ΔQ maximal wird, wenn $\Delta S'$ minimal ist, weil $T' > 0$ und $T'(S')$ als thermische Zustandsgleichung für einen quasistatischen Prozess $A' \to B'$ eindeutig vorgegeben ist. Aus (6.3) in der Form $\Delta S' \geq -\Delta S$ entnehmen wir, dass der minimale Wert von $\Delta S'$ durch $\Delta S'_{min} = -\Delta S$ gegeben ist. Die von Σ nach außen abgegebene Arbeit $-\Delta W$ ist also maximal, wenn der Prozess $A \to B$ in Σ quasistatisch ist.

Wir betrachten insbesondere die Situation, dass das Wärmereservoir Σ' ein Thermostat für Σ ist, so dass $T' = T =$const. Dann folgt aus (6.1), dass $\Delta Q = -T \Delta S'$ und

$$-\Delta W = \Delta Q - \Delta U = -T \Delta S' - \Delta U \leq T \Delta S - \Delta U = -\Delta F, \qquad (6.5)$$

worin wir wieder von $\Delta S' \geq -\Delta S$ Gebrauch gemacht haben. Die Abnahme $-\Delta F$ der freien Energie ist die maximale Arbeit, die von einem System in einem isothermen Prozess nach außen abgegeben werden kann.

Wenn Σ' nicht nur ein Thermostat, sondern sogar ein Thermo-Mechano-Stat ist, also die Temperatur $T' = T =$const und auch der Druck $p' = p =$const sind, dann enthält ΔW zwei Anteile, nämlich die mit Σ' ausgetauschte mechanische Arbeit $-p \Delta V$ und die nach außen zu leistende Arbeit $\Delta \tilde{W}$. Der 1. Hauptsatz lautet jetzt statt (6.2)

$$\Delta U = \Delta Q - p \Delta V + \Delta \tilde{W}. \qquad (6.6)$$

Nach wie vor ist $\Delta Q = -T \Delta S'$ und $\Delta S' \geq -\Delta S$. Für die nach außen abzugebende Arbeit $\Delta \tilde{W}$ erhalten wir jetzt die Ungleichung

$$\begin{aligned} -\Delta \tilde{W} &= -\Delta U + \Delta Q - p \Delta V \\ &= -\Delta U - T \Delta S' - p \Delta V \\ &\leq -\Delta U + T \Delta S - p \Delta V = -\Delta G. \end{aligned} \qquad (6.7)$$

Die maximale Arbeit, die von einem System in einem isothermen und isobaren Prozess nach außen abgegeben werden kann, ist die Differenz der freien Enthalpie. Diese Schlussfolgerung kann auf andere Randbedingungen von Σ mit den jeweils zugehörigen thermodynamischen Potentialen übertragen werden.

6.2 Periodische Prozesse

Periodische oder zyklische thermodynamische Prozesse bilden das Grundmuster für thermodynamische Maschinen. In einem periodischen Prozess kehrt ein thermodynamisches System in seinen Ausgangszustand zurück. Das gilt nicht notwendig auch für seine Umgebung, ganz im Gegenteil: der Sinn thermodynamischer Maschinen besteht gerade darin, z.B. Wärme Q in mechanische Arbeit W umzuwandeln oder umgekehrt. Wir wollen uns in diesem Abschnitt grundsätzlich mit periodischen Prozessen thermodynamischer Systeme beschäftigen und dabei annehmen, dass das System keine Teilchen mit seiner Umgebung austauscht. Dann lautet der 1. Hauptsatz für eine differentielle Variation

$$\delta U = \delta Q + \delta W. \tag{6.8}$$

Wir integrieren den 1. Hauptsatz über eine Periode des Prozesses bzw. über einen Umlauf:

$$\oint \delta U = \oint \delta Q + \oint \delta W. \tag{6.9}$$

Da die innere Energie U eines Zustandsfunktion bzw. δU ein vollständiges Differential ist, verschwindet das Umlaufintegral über U und wir erhalten:

$$\oint \delta Q + \oint \delta W = 0. \tag{6.10}$$

Diese Beziehung ist offensichtlich die Version des 1. Hauptsatzes für periodische Prozesse. Wir wollen jetzt auch eine Version des 2. Hauptsatzes für periodische Prozesse herleiten. Dazu gehen wir zurück auf die Überlegungen aus dem Abschnitt 3.2 und teilen die Variation δS der Entropie in einen reversiblen Beitrag $\delta S_{rev} = \delta Q/T$ und einen irreversiblen Beitrag $\delta S_{irr} \geq 0$ auf:

$$\delta S = \frac{\delta Q}{T} + \delta S_{irr} \geq \frac{\delta Q}{T}. \tag{6.11}$$

Wieder integrieren wir über eine Periode des Prozesses:

$$\oint \delta S = \oint \frac{\delta Q}{T} + \oint \delta S_{irr} \geq \oint \frac{\delta Q}{T}. \tag{6.12}$$

Da auch die Gesamtentropie S auf der linken Seite eine Zustandsfunktion ist, verschwindet ihr Umlaufintegral, und wir erhalten

$$\oint \frac{\delta Q}{T} + \oint \delta S_{irr} = 0 \tag{6.13}$$

6.2. PERIODISCHE PROZESSE

oder auch

$$\oint \frac{\delta Q}{T} \leq 0. \tag{6.14}$$

Dieses ist die gesuchte periodische Version des 2. Hauptsatzes, die auch *Clausius–Theorem* genannt wird. Das Gleichheitszeichen gilt genau dann, wenn es keine irreversiblen Beiträge zur Entropiebilanz gibt. Aus unserer Herleitung folgt auch, dass

$$-\oint \frac{\delta Q}{T} = \oint \delta S_{irr} \geq 0 \tag{6.15}$$

ein Maß für die Irreversibilität des Prozesses ist. Diese Größe kann man im entropischen Sinn auch als Verlustterm interpretieren, allerdings nicht im energetischen Sinne, denn die Energie bleibt gemäß (6.10) erhalten. Wir kommen auf den entropischen Verlust im folgenden Abschnitt zurück.

Es gibt weitere, äquivalente Aussagen für periodische Versionen des 2. Hauptsatzes, die in der Geschichte der Thermodynamik eine Rolle gespielt haben. Da ist zunächst die Kelvinsche Aussage, dass es kein *perpetuum mobile 2. Art* geben kann. Ein perpetuum mobile 1. Art ist eine Maschine, die nur Arbeit abgibt. Eine solche Maschine ist offensichtlich bereits durch den 1. Hauptsatz verboten. Ein perpetuum mobile 2. Art ist eine Maschine, die *ausschließlich* Wärme aufnimmt und dafür Arbeit abgibt. Die Einschränkung "ausschließlich" bedeutet, dass die Maschine keine weiteren Wechselwirkungen mit ihrer Umgebung hat. Ein perpetuum mobile 2. Art wäre durch den 1. Hauptsatz nicht auszuschließen; die abgegebene Arbeit müsste nur dem Betrag nach gleich der aufgenommenen Wärme sein:

$$-\oint \delta W = \oint \delta Q > 0.$$

Das perpetuum mobile 2. Art widerspricht aber dem Clausius–Theorem (6.14), denn wenn Wärme nur aufgenommen werden soll, wäre stets $\delta Q > 0$ und somit wegen $T > 0$ auch

$$\oint \frac{\delta Q}{T} > 0.$$

Diese Überlegung zeigt übrigens, dass auch ein verallgemeinertes perpetuum mobile 2. Art, in dem Wärme bei beliebigen Temperaturen ausschließlich *aufgenommen* wird, verboten ist.

Eine weitere äquivalente Aussage für die periodische Version des 2. Hauptsatz ist die Clausiussche Aussage, dass es keine Maschine gibt, die ausschließlich Wärme $Q_1 > 0$ bei einer niedrigeren Temperatur T_1 aufnimmt und dieselbe Wärmemenge Q_2 dem Betrage nach bei einer höheren Temperatur T_2 wieder abgibt: $Q_2 = -Q_1 < 0$ Auch hier bedeutet "ausschließlich", dass keine weitere Wechselwirkung mit der Umgebung stattfindet. Auch diese Clausiussche Maschine wäre allein nach dem 1. Hauptsatz erlaubt. Allerdings widerspricht auch sie dem Clausius–Theorem, denn es wäre

$$\oint \frac{\delta Q}{T} = \frac{Q_1}{T_1} + \frac{Q_2}{T_2} = \left(\frac{1}{T_1} - \frac{1}{T_2}\right) Q_1 > 0,$$

weil voraussetzungsgemäß $T_1 < T_2$ und $Q_1 > 0$ sein sollte.

Bei den Anwendungen des Clausius–Theorems (6.14) auf reale periodische Prozesse muss vorausgesetzt werden, dass dort stets eine Temperatur T existiert, d.h., dass stets thermisches Gleichgewicht besteht. Bei beliebigen Prozessen ist das natürlich nicht notwendig der Fall. Dann lässt sich nur noch festhalten, dass es eine irreversible Entropiezunahme $\dot{S}_{irr} > 0$ gibt.

6.3 Wärmekraftmaschinen

Wir beginnen mit der *Wärmekraftmaschine*, die als periodischer Prozess im Sinne des vorhergehenden Abschnitts mit einer Netto–Abgabe von mechanischer Arbeit definiert ist:

$$A := -\oint \delta W > 0. \tag{6.16}$$

Das bedeutet zugleich, dass die Maschine insgesamt Wärme aufnehmen muss, denn wegen des 1. Hauptsatzes ist dann

$$Q := \oint \delta Q = -\oint \delta W > 0. \tag{6.17}$$

Die Maschine kann aber nicht nur Wärme aufnehmen, weil sie dann ein verallgemeinertes perpetuum mobile 2. Art wäre, wie es im vorhergehenden Abschnitt beschrieben wurde. Also muss die Wärmekraftmaschine bei verschiedenen Temperaturen Wärme aufnehmen und abgeben. Die einfachste Version einer Wärmekraftmaschine arbeitet bei zwei Temperaturen T_1, T_2, bei denen die Wärmemengen Q_1

6.3. WÄRMEKRAFTMASCHINEN

bzw. Q_2 ausgetauscht werden sollen. Es sei $T_2 > T_1$. Aus dem 1. Hauptsatz folgt jetzt

$$A = -\oint \delta W = Q_1 + Q_2, \qquad (6.18)$$

und aus dem 2. Hauptsatz in der Form des Clausius–Theorems

$$\oint \frac{\delta Q}{T} = \frac{Q_1}{T_1} + \frac{Q_2}{T_2} = -\oint \delta S_{irr} =: -S_{irr} \leq 0. \qquad (6.19)$$

Diese beiden Gleichungen bilden ein lineares Gleichungssystem, aus dem A und Q_1 bestimmt werden können:

$$\begin{aligned} A &= \left(1 - \frac{T_1}{T_2}\right) Q_2 - T_1 S_{irr}, \\ Q_1 &= -\frac{T_1}{T_2} Q_2 - T_1 S_{irr}. \end{aligned} \qquad (6.20)$$

Aus dem 2. Hauptsatz, $S_{irr} \geq 0$, und aus der Bedingung $T_1 < T_2$ folgt, dass $Q_2 > 0$ sein muss, damit Arbeit $A > 0$ abgegeben wird: Wärme Q_2 wird bei der höheren Temperatur aufgenommen. Ebenso folgt, dass $Q_1 < 0$: Wärme wird bei der tieferen Temperatur abgegeben. Eine physikalisch und technisch wichtige Größe ist der *Wirkungsgrad* η der Wärmekraftmaschine, der das Verhältnis aus abgegebener Arbeit A zu aufgenommener Wärme Q_2 angibt. Aus (6.20) folgt für den Wirkungsgrad

$$\eta = \frac{A}{Q_2} = 1 - \frac{T_1}{T_2} - \frac{T_1 S_{irr}}{Q_2} \leq 1 - \frac{T_1}{T_2}. \qquad (6.21)$$

Es gibt also einen *idealen Wirkungsgrad* $1 - T_1/T_2$, den eine Wärmekraftmaschine ohne entropische Verluste, also mit $S_{irr} = 0$, erreichen würde. Eine solche Maschine müsste streng quasistatisch arbeiten, d.h., das System müsste sich jederzeit in einem Gleichgewichtszustand befinden. Das bedeutet insbesondere, dass die Maschine ∞-langsam laufen würde, weil jeder Prozess in endlicher Zeit notwendigerweise zu irreversiblen Flüssen bzw. Flussdichten im Sinne des Kapitels 3 führen würden. Andererseits sollte der Wirkungsgrad η aber zumindest positiv sein, damit überhaupt Arbeit A abgegeben wird. Das ist offenbar der Fall, wenn

$$\frac{T_1 S_{irr}}{Q_2} < 1 - \frac{T_1}{T_2} \qquad \text{bzw.} \qquad S_{irr} < \left(\frac{1}{T_1} - \frac{1}{T_2}\right) Q_2.$$

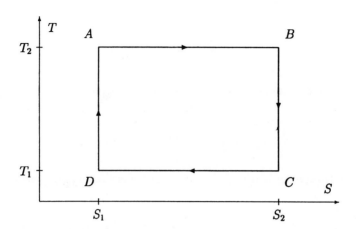

Abbildung 6.1: Carnot-Zyklus im $T - S$-Diagramm

Eine Faustregel besagt, dass technisch reale Maschinen etwa mit dem halben idealen Wirkungsgrad laufen können.

Eine spezielle Realisierung einer Wärmekraftmaschine, die zwischen zwei Temperaturen $T_1 < T_2$ läuft, ist der *Carnot-Zyklus*, der wieder in der Geschichte der Thermodynamik eine Rolle gespielt hat. Dieser Zyklus ist in der Abbildung 6.1 dargestellt, und zwar in einem $T - S$-Diagramm. Der Zyklus besteht aus vier Teilschritten:

1. $A \to B$: isotherme Expansion bei T_2 mit reversibler Wärmeaufnahme $Q_2 > 0$,
$$Q_2 = T_2 \left(S_2 - S_1 \right) = T_2 \Delta S, \qquad \Delta S := S_2 - S_1.$$

2. $B \to C$: adiabatische Expansion unter Abkühlung $T_2 \to T_1$.

3. $C \to D$: isotherme Kompression bei T_1 mit reversibler Wärmeabgabe $Q_1 > 0$,
$$Q_1 = T_1 \left(S_1 - S_2 \right) = -T_1 \Delta S.$$

4. $D \to A$: adiabatische Kompression unter Erwärmung $T_1 \to T_2$.

Die abgegebene Arbeit bestimmen wir aus dem 1. Hauptsatz zu

$$A = -\oint \delta W = \oint \delta Q = Q_2 + Q_1 = (T_2 - T_1) \Delta S, \qquad (6.22)$$

6.4. KÄLTEMASCHINEN

und daraus den Wirkungsgrad

$$\eta = \frac{A}{Q_2} = \frac{(T_2 - T_1)\Delta S}{T_2 \Delta S} = 1 - \frac{T_1}{T_2}. \qquad (6.23)$$

Das ist erwartungsgemäß der ideale Wirkungsgrad, weil die Wärmeaustauschprozesse bei T_1 und T_2 als reversibel und die adiabatischen Prozesse als streng ohne Entropiezunahme angenommen wurden.

6.4 Kältemaschinen

Bei Kältemaschinen wird Arbeit $W > 0$ aufgewendet, um Wärme $Q_1 > 0$ einem Reservoir Σ_1' bei der Temperatur T_1 zu entnehmen und Wärme $Q_2 < 0$ bei einer höheren Temperatur $T_2 > T_1$ an ein anderes Reservoir Σ_2' abzugeben. Nach dem 1. Hauptsatz ist

$$\oint \delta Q = Q_1 + Q_2 = -\oint \delta W =: -W. \qquad (6.24)$$

Wegen der Voraussetzung $W > 0$ ist die abgegebene Wärme

$$|Q_2| = -Q_2 = Q_1 + W > Q_1$$

dem Betrage nach größer als die aufgenommene Wärme Q_1. Wir lösen die beiden linearen Gleichungen (6.18) und (6.19) aus dem vorhergehenden Abschnitt jetzt nach Q_1 und Q_2 auf und erhalten (mit $A = -W$)

$$\begin{aligned} Q_1 &= \frac{(W/T_2 - S_{irr})\, T_1}{1 - T_1/T_2}, \\ Q_2 &= -\frac{W - T_1 S_{irr}}{1 - T_1/T_2}. \end{aligned} \qquad (6.25)$$

Damit tatsächlich bei T_1 Wärme aufgenommen wird, also $Q_1 > 0$, muss offensichtlich die Bedingung $S_{irr} < W/T_2$ erfüllt sein. Dann ist auch

$$T_1 S_{irr} < W \frac{T_1}{T_2} < W,$$

und damit auch $Q_2 < 0$: bei T_2 wird Wärme abgegeben.

Es sind vor allem zwei Versionen von Kältemaschinen zu unterscheiden. Da ist einmal die **Kühlmaschine**, bei der es darauf ankommt, eine möglichst große Wärmemenge Q_1 bei der Temperatur T_1 aufzunehmen. Als Wirkungsgrad η_K der Kühlmaschine definiert man deshalb, wieviel Wärme Q_1 pro aufgewendeter Arbeit W aufgenommen wird. Unter Verwendung von (6.25) erhalten wir

$$\eta_K := \frac{Q_1}{W} = \frac{1 - T_2 S_{irr}/W}{T_2/T_1 - 1} \leq \frac{1}{T_2/T_1 - 1}. \tag{6.26}$$

$(T_2/T_1 - 1)^{-1}$ ist der ideale Wirkungsgrad der Kühlmaschine für verschwindenden entropischen Verlust.

Bei der **Wärmepumpe** kommt es dagegen darauf an, eine möglichst große Wärmemenge $Q_2 < 0$ bei der Temperatur T_2 abzugeben. Der Wirkungsgrad η_W ist zu definieren als abgegebene Wärme $-Q_2$ pro aufgewendeter Arbeit W. Aus (6.25) erhalten wir

$$\eta_W = \frac{-Q_2}{W} = \frac{1 - T_1 S_{irr}/W}{1 - T_1/T_2} \leq \frac{1}{1 - T_1/T_2}. \tag{6.27}$$

$(1 - T_1/T_2)^{-1}$ ist der ideale Wirkungsgrad der Wärmepumpe.

6.5 Thermodynamische Temperaturskala

Die Tatsache, dass der Wirkungsgrad einer idealen Wärmekraftmaschine unabhängig von der verwendeten Substanz (z.B. Gas oder Flüssigkeit) immer durch $\eta = A/Q_2 = 1 - T_1/T_2$ gegeben ist, wird gelegentlich dazu herangezogen, eine *thermodynamische Temperaturskala* auf reine Energiemessungen der Arbeit A und der zugeführten Wärme Q_2 zu gründen. Offensichtlich wird dadurch die Temperaturskala nur bis auf einen Faktor festgelegt, der in dem Verhältnis T_1/T_2 herausfällt. Dem entspricht, dass wir auch in unserer Definition der Temperatur im Abschnitt 2.6,

6.5. THERMODYNAMISCHE TEMPERATURSKALA

$$\frac{1}{T} := \left(\frac{\partial S}{\partial U}\right)_{V,N}, \tag{6.28}$$

die T-Skala nur bis auf einen Faktor bestimmen konnten, weil die Definition der Entropie S nur bis auf einen Faktor festgelegt werden konnte. Andere, nämlich nicht-lineare Skalentransformationen sind für die Entropie S nicht erlaubt, weil S eine extensive Variable sein sollte, also $S \sim N$. Der noch offene Skalenfaktor kann durch einen Temperaturfixpunkt festgelegt werden, z.B. durch den Tripelpunkt (Ko-existenz der gasförmigen, flüssigen und festen Phase) von Wasser, auf der Kelvin-Skala der Temperatur bei $T = 273,16$ K.

Die Bestimmung der thermodynamischen Temperaturskala durch Wirkungsgrade einer Wärmekraftmaschine ist höchstens von prinzipiellem Interesse, aber nur schwer praktikabel, weil sie die Existenz einer idealen Wärmekraftmaschine voraussetzt. Es gibt direktere Zugänge zur Bestimmung der thermodynamischen Temperaturskala, z.B. durch die Messung der Wärmezufuhr δQ, die erforderlich ist, um bei einer Druckänderung δp die Temperatur eines beliebigen Systems konstant zu halten. Wir denken uns die Temperatur zunächst durch eine empirische Skala τ, z.B. durch die Ausdehnung einer Flüssigkeitssäule in einem engen Rohr, gegeben und suchen nach dem Zusammenhang $T = T(\tau)$, wo T die thermodynamische Temperatur im Sinne der Definition (6.28) ist. Die Nebenbedingungen T =const und τ =const sind äquivalent. Nun ist bei reversibler Wärmezufuhr (stets N =const)

$$\left(\frac{\delta Q}{\delta p}\right)_\tau = T\left(\frac{\partial S}{\partial p}\right)_T = -T\left(\frac{\partial V}{\partial T}\right)_p = -T\left(\frac{\partial V}{\partial \tau}\right)_p \frac{d\tau}{dT}, \tag{6.29}$$

worin wir eine Maxwell-Relation aus der Fundamentalrelation für die freie Enthalpie verwendet haben. Aus (6.29) folgt

$$\frac{dT}{T\,d\tau} = \frac{d}{d\tau}\ln T(\tau) = -\frac{(\partial V/\partial \tau)_p}{(\delta Q/\delta p)_\tau}. \tag{6.30}$$

Auf der rechten Seite ist außer dem bereits erwähnten $(\delta Q/\delta p)_\tau$ noch $(\partial V/\partial \tau)_p$ zu bestimmen, also die Volumenänderung pro Änderung der empirischen Temperatur τ unter konstantem Druck. Beide Größen sind direkt und ohne Kenntnis der thermodynamischen T-Skala wenigstens prinzipiell messbar. Die resultierende T-Skala ist unabhängig vom verwendeten System. Sie ist allerdings auch wieder nur bis auf einen Faktor bestimmt, weil die Integration von $d\ln T/d\tau$ nur bis auf eine additive Konstante bestimmt ist, die sich unter dem Logarithmus als ein Faktor auswirkt.

7

Ideale Systeme

Kapitel 7

Ideale Systeme

In den bisherigen Kapiteln haben wir die Thermodynamik als eine *Rahmentheorie* kennengelernt, in der aufgezeigt wird, wie sich z.B. aus den thermodynamischen Potentialen die thermischen Gleichgewichtseigenschaften eines Systems ermitteln lassen oder wodurch die Stabilität des Gleichgewichts bedingt ist. In diesem Kapitel wollen wir diesen Rahmen zum ersten Mal mit physikalischen Aussagen über spezielle Systeme ausfüllen, indem wir angeben, wie dort nun tatsächlich der Druck p oder die innere Energie U von den Variablen T, V, N abhängen. Wir beginnen hier mit einer Idealisierung, nämlich mit *verdünnten* Systemen, die man auch als *ideale* Systeme bezeichnet. Dazu gehören ideale Gase, Mischungen idealer Gase, aber auch etwa verdünnte Lösungen. Tatsächlich gehören diese idealen Systeme zu den ganz wenigen thermodynamischen Systemen, von denen wir sämtliche thermischen Eigenschaften des Gleichgewichts in elementar analytischer Form ausdrücken können.

7.1 Ideales Gas

Die Idealisierung eines verdünnten thermodynamischen Systems wollen wir dadurch ausführen, dass wir sämtliche thermodynamischen Funktionen asymptotisch für verschwindende Teilchendichte $c := N/V \to 0$ (als Teilchen pro Volumen oder als Mole pro Volumen) auswerten. Präziser ausgedrückt: wir werden die thermodynamischen Funktionen in eine Taylor–Reihe nach der Dichte c entwickeln und nur die niedrigsten nichtverschwindenden Ordnungen berücksichtigen. Für ein einkomponentiges Gas (aus einer Art von Teilchen bestehend) schreiben wir die Taylor–Entwicklungen für die innere Energie U und den Druck p in der Form

$$U(T,V,N)/N = \sum_{\nu=0}^{\infty} u_\nu(T)\, c^\nu = u_0(T) + u_1(T)\, c + \ldots, \qquad (7.1)$$

$$p(T,V,N) = \sum_{\nu=0}^{\infty} b_\nu(T)\, c^\nu = b_0(T) + b_1(T)\, c + \ldots \qquad (7.2)$$

Dabei haben wir bereits von der Extensivität von U Gebrauch gemacht, die eine Darstellung $U(T,V,N) = N\, u(T,c)$ erlaubt, desgleichen von der Intensivität von p, die eine Darstellung $p(T,V,N) = \tilde{p}(T,c)$ erlaubt. Aus physikalischen Argumenten schließen wir, dass $b_0(T) = 0$: im Grenzfall verschwindender Dichte $c \to 0$ muss auch der Druck verschwinden. Der Druck entsteht durch den Aufprall thermisch bewegter Teilchen auf die Wände, so dass kein Druck auftreten kann, wenn keine Teilchen vorhanden sind. Dagegen ist $u_0(T)$ als Energie pro Teilchen (oder pro Mol) im Grenzfall $c \to 0$ endlich. In niedrigster nichtverschwindender Ordnung in c gilt also für den Druck

$$p = b_1(T)\, \frac{N}{V}, \qquad (7.3)$$

auch *Boylesches Gesetz* für das ideale Gas genannt.

Die beiden Entwicklungen von U und p in (7.1) und (7.2) sind nicht unabhängig. Im Abschnitt 4.4 hatten wir die Beziehung

$$\left(\frac{\partial U}{\partial V}\right)_{T,N} = T \left(\frac{\partial p}{\partial T}\right)_{V,N} - p. \qquad (7.4)$$

hergeleitet, die wir auf die beiden Entwicklungen (7.1) und (7.2) anwenden wollen. Dazu formen wir um

$$\left(\frac{\partial}{\partial V}\right)_{T,N} = \left(\frac{\partial c}{\partial V}\right)_{T,N} \left(\frac{\partial}{\partial c}\right)_T = -\frac{N}{V^2} \left(\frac{\partial}{\partial c}\right)_T,$$

angewendet auf (7.4) mit $U = N\, u$ führt auf

$$-c^2 \left(\frac{\partial u}{\partial c}\right)_T = T \left(\frac{\partial p}{\partial T}\right)_{V,N} - p. \qquad (7.5)$$

Aus den Reihenentwicklungen (7.1) und (7.2) folgt (mit $b_0(T) = 0$)

7.1. IDEALES GAS

$$-c^2 \left(\frac{\partial u}{\partial c}\right)_T = -c^2 \sum_{\nu=1}^{\infty} \nu \, u_\nu(T) \, c^{\nu-1} = -\sum_{\nu=2}^{\infty} (\nu - 1) \, u_{\nu-1}(T) \, c^\nu, \quad (7.6)$$

$$T \left(\frac{\partial p}{\partial T}\right)_{V,N} - p = \sum_{\nu=1}^{\infty} [T \, b'_\nu(T) - b_\nu(T)] \, c^\nu, \quad (7.7)$$

worin $b'_\nu(T)$ die Ableitung von $b_\nu(T)$ nach T bedeutet. (7.6) und (7.7) eingesetzt in (7.5) führt auf

$$-(\nu - 1) \, u_{\nu-1}(T) = T \, b'_\nu(T) - b_\nu(T), \quad \nu = 1, 2, \ldots, \quad (7.8)$$

woraus für $\nu = 1$ die Bedingung $T \, b'_1(T) - b_1(T) = 0$ oder

$$\frac{db_1}{b_1} = \frac{dT}{T}, \quad b_1(T) \sim T \quad (7.9)$$

folgt. Wir schreiben $b_1(T) = kT$ und erhalten für die Entwicklung des Drucks

$$p = c \, k \, T + b_2(T) \, c^2 + \ldots = c \, k \, T \, [1 + B_2(T) \, c + \ldots]. \quad (7.10)$$

Diese Entwicklung wird auch *Virialentwicklung* genannt und $B_\nu(T) = b_\nu(T)/(kT)$ die *Virialkoeffizienten*. Es wird sich nun in der statistischen Theorie der idealen Gase herausstellen, dass die Konstante k einen universellen Wert für alle idealen Gase besitzt, der natürlich von der verwendeten Temperaturskala und auch davon abhängt, ob die Teilchenzahl N in $c = N/V$ in Teilchen oder in Molen angegeben wird. Wir setzen $k = 1$ und erhalten damit eine Temperaturskala in Einheiten einer Energie. Eine solche Skala hatten wir bereits im Abschnitt 2.6 vereinbart, allerdings war dort die Temperatur durch die Definition $1/T = (\partial S/\partial U)_{V,N}$ nur bis auf einen Faktor bestimmt, denn alle Aussagen des Abschnitts 2.6 über die Entropie S treffen auch auf eine Entropie S' zu, die sich von S durch einen beliebigen (positiven) Faktor unterscheidet. Auch die thermodynamische Temperaturskala aus dem Abschnitt 6.5 definierte nur Verhältnisse T_1/T_2 von Temperaturen und ließ somit noch einen beliebigen Faktor in der T-Skala offen. Die Temperaturmessung mit einem idealen Gas, also mit dem niedrigsten nichtverschwindenden Term $T = p/c = pV/N$, ist nun durch die Wahl der Proportionalitätskonstante $k = 1$ eindeutig geworden.

Bei Verwendung der Kelvin-Skala wird $k = k_B = 1,3805 \cdot 10^{-23}$ J/K, die Boltzmann-Konstante, gesetzt, vgl. auch Abschnitt 2.6. Bei Verwendung der Einheit Mol für die Teilchenzahlen ist $N/L =: n$ die Anzahl von Molen, wobei $L = 6,0225 \cdot 10^{23}$ die Avogadro–Zahl ist. Die Virialentwicklung (7.10) schreibt sich dann als

$$p = \frac{n}{V} RT \left(1 + \tilde{B}_2(T) \frac{n}{V} + \ldots\right), \tag{7.11}$$

worin $\tilde{B}_2(T) = L\, B_2(T)$ und $R = k\, L$, also $R = L$ für die Temperaturskala mit $k = 1$ bzw.

$$R = k_B\, L = 8,314\ \text{J/Mol K}$$

für die Kelvin–Skala. $R = k_B\, L$ heißt auch die *Gaskonstante*.

Die Eigenschaft $(\partial U/\partial V)_{T,N} = 0$ für ein ideales Gas wird durch den Drosselversuch von *Gay-Lussac* nachgewiesen. Man lässt unter isolierenden Randbedingungen ein ideales Gas aus einem Anfangsvolumen V_A in ein Endvolumen $V_B > V_A$ entspannen. Dieser Entspannungsvorgang ist im Allgemeinen kein quasistatischer Prozess. Wegen der Isolation des Systems gilt aber

$$U(T_A, V_A, N) = U(T_B, V_B, N),$$

worin T_A und T_B die Anfangs– und Endtemperaturen des Entspannungsprozesses sind. Das Versuchsergebnis für ein ideales, also bereits im Anfangszustand A hinreichend verdünntes Gas lautet $T_B = T_A$, so dass dann

$$U(T_A, V_A, N) = U(T_A, V_B, N),$$

woraus für beliebige Werte von $V_A \neq V_B$ die Aussage $(\partial U/\partial V)_{T,N} = 0$ folgt.

Wir definieren ein ideales Gas jetzt also durch die niedrigsten nichtverschwindenden Terme von (7.1) und (7.10), d.h., durch die Zustandsgleichungen

$$U(T, V, N) = N\, u(T), \qquad pV = NT, \tag{7.12}$$

wobei wir nochmals darauf hinweisen, dass diese beiden Aussagen nicht unabhängig sind; die erste folgt aus der zweiten, vgl. (7.5). Zur Vereinfachung schreiben wir die innere Energie pro Teilchen (für $c \to 0$) in (7.12) und im Folgenden als $u(T)$ statt $u_0(T)$.

Unsere Überlegungen in diesem Abschnitt beruhen auf der Annahme, dass überhaupt Taylor–Entwicklungen von U und p in Potenzen der Konzentration $c = N/V$ möglich sind, d.h., dass diese Variablen analytische Funktionen von c sind. Für hinreichend hohe Temperaturen ist diese Annahme gerechtfertigt. Wir werden aber sehen, dass im Grenzfall $T \to 0$ die Voraussetzung der Analytizität nicht mehr zutrifft, bzw., dass dann die Reihenfolge der Grenzübergänge $c \to 0$ und $T \to 0$ wichtig werden kann.

dass in einem idealen Gas die innere Energie pro Teilchen $U/N = u(T)$ bei gegebener Temperatur T nicht von seiner Dichte $c = N/V$ abhängt, führt zu der Konsequenz, dass die Teilchen in zwei idealen Gasen gleicher Temperatur, z.B. im thermischen Kontakt, aber verschiedener Dichte gleiche mittlere Energien besitzen. Daraus folgt offensichtlich, dass die mittleren Energien der Teilchen keine Beiträge von etwa vorhandenen Wechselwirkungen zwischen ihnen tragen können. Dem entspricht die Idealisierung einer hinreichenden Verdünnung: die Teilchen sind im Mittel soweit voneinander entfernt, dass Wechselwirkungen keine Rolle mehr spielen können. Man kann sich vorstellen, dass jedes der Teilchen in einem idealen Gas sich so verhält, als gäbe es keine anderen Teilchen in dem Gas. Dennoch soll eine statistische Mittelung über die mikroskopischen Teilchenbewegungen stattfinden. Das ist im Bild des idealen Gases nur dadurch möglich, dass die Teilchen im thermischen Gleichgewicht mit den Wänden des Systems stehen.

7.2 Thermodynamik des idealen Gases im Gleichgewicht

Wir wenden in diesem Abschnitt die allgemeinen thermodynamischen Relationen aus den Kapiteln 4 und 5 auf das ideale Gas an, das durch die beiden Zustandsgleichungen (7.12) definiert ist. Wir beginnen mit der isothermen Kompressibilität κ_T (vgl. Abschnitt 5.3) und dem thermischen Ausdehnungskoeffizienten (vgl. Abschnitt 5.4):

$$\kappa_T = -\frac{1}{V}\left(\frac{\partial V}{\partial p}\right)_{T,N} = -\frac{1}{V}\left(\frac{\partial}{\partial p}\right)_{T,N}\frac{NT}{p} = \frac{NT}{p^2 V} = \frac{1}{p}, \quad (7.13)$$

$$\alpha = \frac{1}{V}\left(\frac{\partial V}{\partial T}\right)_{p,N} = \frac{1}{V}\left(\frac{\partial}{\partial T}\right)_{p,N}\frac{NT}{p} = \frac{N}{pV} = \frac{1}{T}. \quad (7.14)$$

Bei $T \to 0$ hätte das ideale Gas also einen unendlich großen Ausdehnungskoeffizienten. Das ist ein unphysikalisches Ergebnis, das darauf hinweist, dass bei $T \to 0$ das ideale Gas eine unerlaubte Idealisierung darstellt. Für die Wärmekapazitäten C_V und C_p (vgl. Abschnitt 5.3) erhalten wir

$$C_V = \left(\frac{\partial U}{\partial T}\right)_{V,N} = N u'(T), \tag{7.15}$$

$$C_p = \left(\frac{\partial H}{\partial T}\right)_{p,N} = \left(\frac{\partial}{\partial T}\right)_{p,N} [N u(T) + pV] = N [u'(T) + 1], \tag{7.16}$$

für ihre Differenz

$$C_p - C_V = N. \tag{7.17}$$

Dasselbe Ergebnis erhalten wir auch durch Anwendung der allgemeinen Beziehung für $C_p - C_V$ aus dem Abschnitt 5.4:

$$C_p - C_V = \frac{\alpha^2 T V}{\kappa_T} = N. \tag{7.18}$$

Wir hatten noch eine weitere Relation zwischen C_V und C_p im Abschnitt 5.4 hergeleitet, nämlich

$$\frac{C_p}{C_V} = \frac{\kappa_T}{\kappa_S}. \tag{7.19}$$

Hier war κ_S die adiabatische Kompressibilität, definiert als

$$\kappa_S = -\frac{1}{V}\left(\frac{\partial V}{\partial p}\right)_{S,N}. \tag{7.20}$$

Wir wollen nun annehmen, dass das Verhältnis $C_p/C_V = \gamma$ konstant ist. Nach wie vor ist aber auch $C_p - C_V = N$: Aus diesen beiden Gleichungen lassen sich C_p und C_V bestimmen:

$$C_V = \frac{N}{\gamma - 1}, \quad C_p = \frac{N\gamma}{\gamma - 1}.$$

7.2. THERMODYNAMIK DES IDEALEN GASES IM GLEICHGEWICHT

γ =const bedeutet also, dass die Wärmekapazitäten selbst konstant sind. Das ist nun für sehr viele ideale Gase tatsächlich der Fall. Später in der statistischen Theorie werden wir zeigen, dass die Modellierung idealer Gase als Systeme unabhängiger Teilchen exakt auf konstante Wärmekapazitäten führt. Wir setzen jetzt $\kappa_T = \gamma \kappa_S$ und $\kappa_T = 1/p$, vgl. (7.14), in (7.20) ein und erhalten

$$\left(\frac{\partial V}{\partial p}\right)_{S,N} = -V \kappa_S = -\frac{V \kappa_T}{\gamma} = -\frac{V}{\gamma p}. \qquad (7.21)$$

Wir integrieren diese Relation unter der Nebenbedingung S =const und N =const:

$$\frac{dp}{p} + \gamma \frac{dV}{V} = 0,$$
$$\ln(p V^\gamma) = \text{const},$$
$$p V^\gamma = \text{const}. \qquad (7.22)$$

(7.22) wird auch *adiabatische Zustandsgleichung* des idealen Gases genannt. Eine physikalisch bessere Schreibweise ist

$$\frac{p}{p_0}\left(\frac{V}{V_0}\right)^\gamma = 1, \qquad (7.23)$$

worin V_0, p_0 Referenzwerte für Volumen und Druck sind, die selbst die adiabatische Zustandsgleichung erfüllen. Unter Benutzung der Zustandsgleichung $pV = NT$ finden wir auch die folgenden äquivalenten Formen der adiabatischen Zustandsgleichung:

$$T V^{\gamma-1} = \text{const}, \qquad p^{1-\gamma} T^\gamma = \text{const} \qquad (7.24)$$

Wir erinnern daran, dass hier außer S =const auch stets N =const angenommen worden war. Die Konstanten auf den rechten Seiten in (7.24) enthalten von N abhängige Terme.

Bei der Beschreibung des idealen Gases haben wir hier die Variablen T, V, N benutzt, zu denen die freie Energie $F(T, V, N)$ als thermodynamisches Potential gehört, vgl. Abschnitt 4.3. Wir wollen die freie Energie des idealen Gases aus $F = U - TS$ berechnen, worin $U(T, V, N) = N u(T)$, vgl. (7.12). Wir bestimmen deshalb zunächst die Entropie des idealen Gases als Funktion von T, V, N, und zwar mit dem Ansatz

$$S(T, V, N) = N\, s(T, v), \qquad v := V/N = 1/c. \tag{7.25}$$

Die Entropie S ist eine extensive Größe, die Entropie pro Teilchen $s(T, v)$ ist intensiv und kann nur noch von den intensiven Variablen T, v abhängen, $v = V/N$ ist das Volumen pro Teilchen (oder das molare Volumen). Wir wenden die Fundamentalrelation der Entropie,

$$dS = \frac{1}{T} dU + \frac{p}{T} dV - \frac{\mu}{T} dN, \tag{7.26}$$

auf $s(T, v)$ an. Dabei ist $dN = 0$, weil $s(T, v)$ die Entropie pro Teilchen (oder pro Mol) ist, also für eine feste Teilchenzahl. Wir erhalten dann

$$ds = \frac{1}{T} du + \frac{p}{T} dv. \tag{7.27}$$

Es ist

$$du = du(T) = u'(T)\, dT. \tag{7.28}$$

$u'(T)$ ist die Wärmekapazität pro Teilchen bei konstantem Volumen (oder molare Wärme, falls die Teilchenzahlen in Mol gezählt werden), vgl. (7.16). Für p/T setzen wir in (7.27) die Zustandsgleichung $p/T = N/V = 1/v$ ein. Wir erhalten

$$ds = \frac{u'(T)}{T} dT + \frac{dv}{v}. \tag{7.29}$$

Da die beiden Summanden auf der rechten Seite jeweils nur von T bzw. v abhängen, können wir unmittelbar integrieren:

$$s(T, v) = s_0(T) + \ln v. \tag{7.30}$$

Hierin ist $s_0(T)$ durch

$$\frac{ds_0(T)}{dT} = \frac{u'(T)}{T}, \tag{7.31}$$

7.2. THERMODYNAMIK DES IDEALEN GASES IM GLEICHGEWICHT

also nur bis auf eine additive Konstante bestimmt. Die Schreibweise $\ln v$ in (7.30) macht den Wert des Logarithmus von der verwendeten Einheit für v abhängig, z.B. Mol/l oder mM/l. Der Unterschied ist wiederum eine Konstante, die man sich nach Festlegung der Einheit in $s_0(T)$ enthalten denken kann. Eine andere Ausdrucksweise dafür ist, dass (7.30) nur Differenzen der Entropie festlegt, nämlich

$$\begin{aligned} s(T_2, v_2) - s(T_1, v_1) &= s_0(T_2) - s_0(T_2) + \ln\frac{v_2}{v_1} = \\ &= \int_{T_1}^{T_2} dT' \frac{u'(T')}{T'} + \ln\frac{v_2}{v_1}. \end{aligned} \quad (7.32)$$

Diese Gleichung kann auch so gelesen werden, dass die Entropie durch (7.30) immer nur bezüglich eines Referenzzustands s_0, T_0, v_0 mit $s_0 = s(T_0, v_0)$ festgelegt ist:

$$s(T, v) = s_0 + \int_{T_0}^{T} dT' \frac{u'(T')}{T'} + \ln\frac{v}{v_0}. \quad (7.33)$$

An dieser Schreibweise wollen wir noch einmal die Transformation auf Temperaturen auf der Kelvin-Skala erläutern: $T \to k_B T$ und entsprechend $s \to s/k_B$. Da die Wärme pro Teilchen $u'(T) = du(T)/dT$ eine Ableitung nach T enthält, transformiert sie sich wie eine Entropie: $u' \to u'/k_B$, insgesamt also für die Entropie pro Teilchen auf der Kelvin-Skala

$$s(T, v) = s_0 + \int_{T_0}^{T} dT' \frac{u'(T')}{T'} + k_B \ln\frac{v}{v_0}.$$

Daraus ist auch die molare Entropie ablesbar, indem u' als molare Wärme gelesen und k_B durch die Gaskonstante R ersetzt wird.

Aus (7.30) bestimmen wir die Entropie pro Teilchen als Funktion von T, p, indem wir die Zustandsgleichung $v = T/p$ in $\ln v$ einsetzen:

$$s(T, p) = \tilde{s}_0(T) - \ln p, \quad \tilde{s}_0(T) = s_0(T) + \ln T. \quad (7.34)$$

Daraus folgt

$$\frac{d\tilde{s}_0(T)}{dT} = \frac{ds_0(T)}{dT} + \frac{1}{T} = \frac{u'(T) + 1}{T}, \quad (7.35)$$

vgl. auch (7.17). Für die freie Energie pro Teilchen $f(T,v)$ finden wir

$$f(T,v) = u(T) - T\,s(T,v) = f_0(T) - T \ln v, \qquad f_0(T) = u(T) - T\,s_0(T). \tag{7.36}$$

Da $s_0(T)$ nur bis auf eine additive Konstante bestimmt ist, ist die freie Energie nur bis auf eine additive lineare Funktion in T bestimmt. Für die freie Enthalpie pro Teilchen, also das chemische Potential pro Teilchen erhalten wir daraus

$$\begin{aligned} \mu(T,v) &= f(T,v) + pv = f(T,v) + T = \mu_0(T) - T \ln v, \\ \mu_0(T) &= f_0(T) + T = u(T) - T\,s_0(T) + T. \end{aligned} \tag{7.37}$$

Oft möchte man das chemische Potential als Funktion von T,p statt T,v ausdrücken. Mit der Zustandsgleichung $v = T/p$ finden wir

$$\mu(T,p) = \tilde{\mu}_0(T) + T \ln p, \qquad \tilde{\mu}_0(T) = \mu_0(T) - T \ln T. \tag{7.38}$$

7.3 Mehrkomponentiges ideales Gas

Wir erweitern unsere Überlegungen jetzt auf den Fall, dass sich in einem Volumen V mehrere ideale Gase $k = 1,2,\ldots$ jeweils mit den Teilchenzahlen N_k befinden. Wir nehmen an, dass sich jedes der idealen Gase für sich so verhält, als wäre es allein in dem Volumen V vorhanden. Diese Annahme ist eine konsequente Verallgemeinerung der Vorstellung eines idealen Gases für ein System bei hinreichender Verdünnung. Bereits am Ende des Abschnitts 7.1 hatten wir ja überlegt, dass sich in einem einkomponentigen idealen Gas jedes Teilchen so verhält, als gäbe es keine anderen Teilchen in dem System. Diese Vorstellung übertragen wir jetzt also auf ein mehrkomponentiges ideales Gas. Sie führt auf die folgenden Ausdrücke für die innere Energie U und die Entropie S des Gesamtsystems:

$$U = \sum_k N_k\, u_k(T), \tag{7.39}$$

$$S = \sum_k N_k\, s_k(T, v_k). \tag{7.40}$$

7.3. MEHRKOMPONENTIGES IDEALES GAS

Hier soll $u_k(T)$ die innere Energie pro Teilchen (oder pro Mol) der idealen Komponente k sein, nicht zu verwechseln mit den Koeffizientenfunktionen $u_\nu(T)$ in der Reihenentwicklung (7.1). $s_k(T,v_k)$ ist die Entropie pro Teilchen der idealen Komponente, die nach (7.30) durch

$$s_k(T,v_k) = s_{0,k}(T) + \ln v_k, \qquad k = 1,2,\ldots \tag{7.41}$$

gegeben ist. $v_k = V/N_k$ ist das Volumen pro Teilchen der Komponente k, und $s_{0,k}(T)$ ist zu bestimmen aus

$$\frac{ds_{0,k}(T)}{dT} = \frac{u'_k(T)}{T}, \tag{7.42}$$

vgl. (7.31). $u'_k(T)$ ist die Wärmekapazität pro Teilchen (oder die Molwärme) der Komponente k bei V =const. Ebenso erhalten wir für die freie Energie F des Gesamtsystems nach dem Vorbild von (7.36)

$$F = \sum_k N_k \left[f_{0,k}(T) - T \ln v_k \right], \tag{7.43}$$

$$f_{0,k}(T) = u_k(T) - T\, s_{0,k}(T). \tag{7.44}$$

Aus der freien Energie F berechnen wir den Druck $p = -(\partial F/\partial V)_{T,N_k}$ des Gesamtsystems. Die Variable V tritt auf der rechten Seite in den $v_k = V/N_k$ auf. Die Rechnung ergibt

$$p = -\left(\frac{\partial F}{\partial V}\right)_{T,N_k} = \sum_k \frac{N_k T}{V} = \frac{NT}{V}. \tag{7.45}$$

Hier ist

$$N := \sum_k N_k$$

die gesamte Teilchenzahl des Systems. Der Gesamtdruck p erfüllt formal die Zustandsgleichung eines idealen Gases mit N Teilchen unabhängig davon, dass diese verschiedenen Komponenten angehören. Eine andere Schreibweise ist

$$p = \sum_k p_k, \qquad p_k = \frac{N_k T}{V}. \tag{7.46}$$

p_k ist der Druck jeder einzelnen Komponente; man nennt ihn auch *Partialdruck*. Aufgrund der Annahme der Unabhängigkeit der Komponenten addieren sich die Partialdrucke zum Gesamtdruck. Das ist offensichtlich eine spezielle Version des Superpositionsprinzips, dessen Gültigkeit in einem idealen System nicht–wechselwirkender Teilchen offensichtlich ist. Die Partialdrucke können auch als Bruchteile des Gesamtdrucks dargestellt werden:

$$p_k = \frac{N_k T}{V} = x_k\, p, \qquad x_k := \frac{N_k}{N}. \tag{7.47}$$

Die Brüche x_k heißen auch *Molenbrüche*. Alle weiteren thermodynamischen Eigenschaften des mehrkomponentigen idealen Gases ergeben sich nach demselben Muster, z.B.:

$$C_V(T) = \left(\frac{\partial U}{\partial T}\right)_{V,N_k} = \sum_k N_k\, u'_k(T), \tag{7.48}$$

$$H = U + pV = \sum_k N_k\, h_k(T), \qquad h_k(T) = u_k(T) + T, \tag{7.49}$$

$$C_p(T) = \left(\frac{\partial H}{\partial T}\right)_{p,N_k} = \sum_k N_k\, [u'_k(T) + 1], \tag{7.50}$$

$$G = F + pV = \sum_k N_k\, \mu_k(T, v_k), \tag{7.51}$$

$$\mu_k(T, v_k) = \mu_{0,k}(T) - T \ln v_k, \qquad \mu_{0,k}(T) = f_{0,k}(T) + T. \tag{7.52}$$

Für das chemische Potential $\mu_k(T, v_k)$ der Komponente k sind noch andere Schreibweisen, nämlich als Funktionen der Teilchendichten $c_k = N_k/V = 1/v_k$ oder der Molenbrüche x_k üblich:

$$\mu_k(T, v_k) = \mu_{0,k}(T) + T \ln c_k \tag{7.53}$$
$$\mu_k(T, p, x_k) = \mu_{0,k}(T, p) + T \ln x_k, \tag{7.54}$$
$$\mu_{0,k}(T, p) = \tilde{\mu}_{k,0}(T) + T \ln p, \tag{7.55}$$
$$\tilde{\mu}_{k,0}(T) = \mu_{k,0}(T) - T \ln T. \tag{7.56}$$

Auch die Gesamtentropie S wollen für spätere Zwecke als Funktion von T, p und der Teilchenzahlen N_k ausdrücken. Wir gehen aus von (7.40) und (7.41):

$$S = \sum_k N_k \left[s_{0,k}(T) + \ln v_k\right]$$

und drücken v_k aus durch

$$\frac{1}{v_k} = \frac{N_k}{V} = x_k \frac{N}{V} = x_k \frac{p}{T},$$

so dass

$$S(T, p, N_1, \ldots) = \sum_k N_k \left[s_k(T, p) - \ln x_k\right], \quad (7.57)$$

$$s_k(T, p) = s_{0,k}(T) + \ln \frac{T}{p}.$$

7.4 Die Mischungsentropie

Ein isoliertes Gesamtsystem bestehe aus zwei Teilsystemen, die durch eine diatherme, aber mechanisch feste und undurchlässige Wand getrennt seien. Die beiden Teilsysteme haben die Volumina V_1, V_2. Zu Anfang sollen die beiden Teilsysteme jeweils ein ideales Gas mit Teilchenzahlen N_1, N_2 enthalten. Die Teilchenarten in den beiden Teilsystemen können gleich oder verschieden sein. Wir nehmen an, dass sich in dieser Angangssituation ein partielles Gleichgewicht A des Gesamtsystems eingestellt hat; die gemeinsame Temperatur sei T_A.

Jetzt wird die Trennwand entfernt: es findet eine Durchmischung der Teilchen der beiden Teilsysteme statt. Dieses ist im Allgemeinen ein spontaner, irreversibler Prozess, der mit einer Zunahme der Gesamtentropie verbunden ist. Die Durchmischung führt in ein neues Gleichgewicht E mit einer Temperatur T_E. Wir bilanzieren die inneren Energien des Anfangs- und Endzustands A bzw. E. Da die beiden Gase ideal sein sollten, gilt

$$\begin{aligned} U_A &= N_1 u_1(T_A) + N_2 u_2(T_A), \\ U_E &= N_1 u_1(T_E) + N_2 u_2(T_E). \end{aligned} \quad (7.58)$$

Weil der Durchmischungsprozess in einem isolierten Gesamtsystem abläuft, gilt $U_A = U_E$, und zwar für beliebige Teilchenzahlen N_1, N_2. Daraus folgt $T_A = T_E$. Wir können den Durchmischungsprozess deshalb in gleicher Weise in einem Gesamtsystem ablaufen lassen, das an einen Thermostaten mit einer Temperatur T gekoppelt ist. Wir stellen jetzt die Entropiebilanz auf. *Vor* der Durchmischung im Anfangszustand A lautet die Gesamtentropie

$$\begin{aligned} S_A &= N_1 s_1\left(T, \frac{V_1}{N_1}\right) + N_2 s_2\left(T, \frac{V_2}{N_2}\right) \\ &= N_1\left(s_{0,1}(T) + \ln\frac{V_1}{N_1}\right) + N_2\left(s_{0,2}(T) + \ln\frac{V_2}{N_2}\right). \end{aligned} \quad (7.59)$$

Nach der Durchmischung im Endzustand E lautet die Gesamtentropie für *verschiedene* ideale Gase in den Teilsystemen aufgrund der Überlegungen im vorangegangenen Abschnitt:

$$\begin{aligned} S_E^{(\neq)} &= N_1 s_1\left(T, \frac{V}{N_1}\right) + N_2 s_2\left(T, \frac{V}{N_2}\right) \\ &= N_1\left(s_{0,1}(T) + \ln\frac{V}{N_1}\right) + N_2\left(s_{0,2}(T) + \ln\frac{V}{N_2}\right), \end{aligned} \quad (7.60)$$

worin $V = V_1 + V_2$ das Gesamtvolumen ist. Wir berechnen die Entropiedifferenz $\Delta S^{(\neq)} = S_E^{(\neq)} - S_A$:

$$\Delta S^{(\neq)} = S_E^{(\neq)} - S_A = N_1 \ln\frac{V}{V_1} + N_2 \ln\frac{V}{V_2}. \quad (7.61)$$

Da $V > V_1$ und $V > V_2$, ist $\Delta S^{(\neq)} > 0$. Das war zu erwarten, weil die Durchmischung verschiedener Gase ein irreversibler Prozess ist. Der Zuwachs $\Delta S^{(\neq)}$ von Entropie in (7.61) heißt *Mischungsentropie*.

Wenn die beiden Teilsysteme vor der Durchmischung *dasselbe* Gas, d.h., dieselbe Teilchenart enthielten, dann haben wir im durchmischten Endzustand E ein einkomponentiges ideales Gas mit $N = N_1 + N_2$ Teilchen in einem Volumen $V = V_1 + V_2$:

$$S_E^{(=)} = (N_1 + N_2) s_0(T) + (N_1 + N_2) \ln\frac{V}{N_1 + N_2}. \quad (7.62)$$

7.5. VERDÜNNTE LÖSUNGEN

Wir müssen dann nur noch $s_{0,1}(T) = s_{0,2}(T) = s_0(T)$ in S_A in (7.59) setzen. Die Entropiedifferenz $\Delta S^{(=)} = S_E^{(=)} - S_A$ lautet jetzt

$$\Delta S^{(=)} = S_E^{(=)} - S_A = N_1 \ln\left(\frac{V}{N_1+N_2}\frac{N_1}{V_1}\right) + N_2 \ln\left(\frac{V}{N_1+N_2}\frac{N_2}{V_2}\right). \qquad (7.63)$$

Es ist $\Delta S^{(=)} \geq 0$. Das sehen wir, wenn wir (7.63) mit $\alpha := V_1/V$ und $\beta := N_1/N$ umformen in

$$-\frac{\Delta S^{(=)}}{N} = \beta \ln\frac{\alpha}{\beta} + (1-\beta)\ln\frac{1-\alpha}{1-\beta},$$

Jetzt benutzen wir die Ungleichung $\ln x \leq x-1$ für $x > 0$. Das Gleichheitszeichen gilt genau dann, wenn $x = 1$. Diese Ungleichung angewendet auf den obigen Ausdruck für $-\Delta S^{(=)}/N$ führt unter Beachtung von $0 < \alpha < 1$ und $0 < \beta < 1$ unmittelbar auf $-\Delta S^{(=)}/N \leq 0$ bzw. $\Delta S^{(=)} \geq 0$. Das Gleichheitszeichen $\Delta S^{(=)} = 0$ gilt genau dann, wenn $\alpha = \beta$, also

$$\frac{V_1}{V} = \frac{N_1}{N} \quad \text{bzw.} \quad \frac{N_1}{V_1} = \frac{N}{V}.$$

Dann ist aber auch $N_2/V_2 = N/V$. Die "Durchmischung" von Systemen mit derselben Teilchenart und derselben Dichte führt nicht zu einer Entropiezunahme. Tatsächlich handelt es sich dann auch nicht um eine Durchmischung von Systemen, sondern um eine identische Vervielfachung eines Systems.

7.5 Verdünnte Lösungen

In der Einleitung zu diesem Kapitel hatten wir ideale Systeme als verdünnte Systeme definiert. Die Verdünnung bestand bisher darin, dass Gasmoleküle eine hinreichend geringe Teilchendichte pro Volumen $c = N/V$ besitzen und ihre thermodynamischen Eigenschaften in niedrigster Ordnung einer Entwicklung nach der Teilchendichte darstellbar sind. In diesem Abschnitt werden wir lernen, dass ganz analoge Entwicklungen möglich sind, wenn Teilchen in hinreichend geringer Dichte in einem Lösungsmittel gelöst sind. Das Lösungsmittel, z.B. Wasser oder Alkohole, tritt also an die Stelle des Vakuums bei den idealen Gasen. Die gelösten Teilchen können wieder Moleküle, aber auch Ionen sein. Im letzteren Fall beschreiben wir dann verdünnte Elektrolyten.

Wir wollen im Folgenden das Lösungsmittel immer als die Komponente $k = 0$ des Systems bezeichnen, die gelösten Teilchen als die Komponenten $k = 1, 2, \ldots$. Als thermodynamische Variable werden wir T, p und die Teilchenzahlen (oder Molzahlen) $N_0, N_1, N_2, \ldots$ benutzen. Als *verdünnt* werden wir eine Lösung bezeichnen, für die $N_k \ll N_0$ für alle $k \geq 1$ ist. Als Entwicklungsparameter wird uns das Verhältnis N_k/N_0 dienen. Wir beginnen mit der Entwicklung der inneren Energie in der Form $U = U(T, p, N_0, N_1, \ldots)$. Wir schreiben diese Entwicklung nur bis zur ersten Ordnung in N_k/N_0 auf. Sie muss die Form

$$U(T, p, N_0, N_1, \ldots) = \sum_{k \geq 0} N_k u_k(T, p) + \cdots \qquad (7.64)$$

haben. Das folgt daraus, dass der Term 1. Ordnung linear in den N_k für $k > 0$ sein und das korrekte Skalenverhalten bezüglich der extensiven Variablen $U, N_0, N_1, \ldots$ haben muss. Der Term 0-ter Ordnung ist die innere Energie des reinen Lösungsmittels ($N_k = 0$ für $k > 0$), die sich in der Form

$$U(T, p, N_0) = N_0 u_0(T, p)$$

schreiben lässt, worin $u_0(T, p)$ die innere Energie pro Teilchen des reinen Lösungsmittels als Funktion von T, p ist. Dieselbe Entwicklung ist offensichtlich auch für das Volumen als Funktion von $T, p, N_0, N_1, \ldots$ möglich:

$$V(T, p, N_0, N_1, \ldots) = \sum_{k \geq 0} N_k v_k(T, p) + \cdots \qquad (7.65)$$

Hier ist $v_0(T, p)$ das Volumen pro Teilchen (oder das Molvolumen) des reinen Lösungsmittels. Bei unseren weiteren Überlegungen wollen wir nun in den Entwicklungen von U und V analog zum idealen Gas nur die niedrigsten Terme in den Teilchenzahlen der gelösten Komponenten berücksichtigen, d.h., wir brechen die Entwicklungen (7.64) und (7.65) nach den linearen Termen in den N_k ab.

Unser nächstes Ziel ist die Berechnung der Entropie $S = S(T, p, N_0, N_1, \ldots)$ der Lösung. Wir werden sehen, dass für S eine Entwicklung vom Typ (7.64) oder (7.65) unzureichend ist. Wir gehen aus von der Fundamentalrelation für die Entropie für $N_k =$const und setzen die Entwicklungen (7.64) und (7.65) für U und V ein:

$$dS = \frac{dU + p\,dV}{T} = \sum_{k \geq} N_k \frac{du_k(T, p) + p\,dv_k(T, p)}{T}. \qquad (7.66)$$

7.5. VERDÜNNTE LÖSUNGEN

Auf der linken Seite steht ein vollständiges Differential dS, so dass auch die rechte Seite ein vollständiges Differential sein muss. Da die Teilchenzahlen N_k beliebig wählbar sind, müssen bereits die einzelnen Summanden vollständige Differentiale sein. Wir schreiben

$$ds_k(T,p) := \frac{du_k(T,p) + p\,dv_k(T,p)}{T}. \tag{7.67}$$

Hieraus sind durch Integration die Funktionen $s_k(T,p)$ bestimmbar. Bei der Integration der Gesamtentropie aus

$$dS = \sum_{k\geq 0} N_k\,ds_k(T,p) \tag{7.68}$$

ist jedoch zu beachten, dass N_k =const gehalten worden war, so dass bei der Integration eine von $N_1, N_2, \ldots$ abhängige Funktion $S_M(N_0, N_1, N_2, \ldots)$ additiv hinzukommt:

$$S(T,p,N_0,N_1,N_2,\ldots) = \sum_{k\geq 0} N_k\,s_k(T,p) + S_M(N_0,N_1,N_2,\ldots). \tag{7.69}$$

Um $S_M(N_0, N_1, N_2, \ldots)$ zu bestimmen, denken wir uns die Lösung soweit verdünnt, dass sie in ein mehrkomponentiges ideales Gas übergeht. Dieser rein gedankliche Schritt schließt die Verdampfung des Lösungsmittels ein. Das ist erreichbar durch eine hinreichende Verringerung des Drucks p bei N_k =const, so dass die Funktion $S_M(N_0, N_1, N_2, \ldots)$ davon nicht betroffen ist. Äquivalent dazu ist eine hinreichende Erhöhung der Temperatur T bei konstantem Druck. Auf jeden Fall muss die Funktion $S_M(N_0, N_1, N_2, \ldots)$ also mit den T- und p-unabhängigen Termen der Entropie eines mehrkomponentigen idealen Gases übereinstimmen, die wir aus (7.57) ablesen:

$$S_M(N_0, N_1, \ldots) = -\sum_{k\geq 0} N_k \ln x_k, \tag{7.70}$$

worin $x_k = N_k/N$ wieder die Teilchenzahl-Brüche (oder Molenbrüche) sind und die Summation über $k = 0, 1, \ldots$ zu erstrecken ist, also unter Einschluss des Lösungsmittels. Die Gesamtentropie der verdünnten Lösung lautet also

$$S(T,p,N_0,N_1\ldots) = \sum_{k\geq 0} N_k\,[s_k(T,p) - \ln x_k]. \tag{7.71}$$

Wir erkennen, dass die Mischungsentropie S_M der Lösung nicht durch eine Entwicklung nach den Molenbrüchen x_k berechenbar ist, weil sie logarithmische Terme vom Typ $x_k \ln x_k$ bzw. $N_k \ln N_k$ enthält.

Aus der Entropie S in (7.71) bestimmen wir freie Energie, freie Enthalpie und die chemischen Potentiale der Komponenten der verdünnten Lösung:

$$F(T, p, N_0, N_1, \ldots) = \sum_{k \geq 0} N_k \left[u_k(T, p) - T s_k(T, p) + T \ln x_k \right], \quad (7.72)$$

$$G(T, p, N_0, N_1, \ldots) = \sum_{k \geq 0} N_k \left[u_k(T, p) - T s_k(T, p) + p v_k(T, p) + T \ln x_k \right], \quad (7.73)$$

$$\mu_k(T, p, x_k) = \mu_{0,k}(T, p) + T \ln x_k, \quad k = 0, 1, 2, \ldots \quad (7.74)$$

$$\mu_{0,k}(T, p) = u_k(T, p) - T s_k(T, p) + p v_k(T, p).$$

Die freie Energie F ist hier nicht als Funktion ihrer natürlichen Variablen $T, V, N_0, N_1, \ldots$ dargestellt, lässt sich aber sofort in diese umrechnen.

7.6 Chemisches Gleichgewicht, Massenwirkungsgesetz

Im Abschnitt 3.5 hatten wir chemische Reaktionen als spontane, irreversible Prozesse beschrieben, die ein thermodynamisches System unter der Randbedingung der Isolation, aber auch in einem Thermo- oder in einem Thermo-Mechano-Staten in das Gleichgewicht führen. Das thermodynamische Gleichgewicht, das im Fall einer chemischen Reaktion auch als chemisches Gleichgewicht bezeichnet wird, war beschrieben durch das Verschwinden der Affinitäten sämtlicher Reaktionen. Die Affinität einer Reaktion

$$\nu_1' C_1 + \nu_2' C_2 + \ldots \rightleftharpoons \nu_1'' C_1 + \nu_2'' C_2 + \ldots .$$

war definiert als

$$A = -\sum_k \nu_k \mu_k = \sum_k \nu_k' \mu_k - \sum_k \nu_k'' \mu_k, \quad \nu_k := \nu_k'' - \nu_k'. \quad (7.75)$$

7.6. CHEMISCHES GLEICHGEWICHT, MASSENWIRKUNGSGESETZ

Wir setzen jetzt den Ausdruck (7.54) für das chemische Potential einer Komponente k in einem mehrkomponentigen idealen Gas,

$$\mu_k(T, p, x_k) = \mu_{0,k}(T, p) + T \ln x_k,$$

gleichlautend mit dem Ausdruck (7.74) für das chemische Potential einer Komponente in einer verdünnten Lösung, in die Gleichgewichtsbedingung $A = 0$ für die chemische Reaktion ein und erhalten

$$\sum_k \nu_k \mu_{0,k}(T, p) + T \sum_k \nu_k \ln x_k = 0$$

oder

$$\prod_k x_k^{\nu_k} = K(T, p) := \exp\left\{-\frac{1}{T} \sum_k \nu_k \mu_{0,k}(T, p)\right\}. \tag{7.76}$$

Durch die *Gleichgewichtskonstante* $K(T, p)$ ist das Verhältnis der Teilchenzahlbrüche (oder Molenbrüche) x_k bestimmt. Jeder Teilchenzahlbruch x_k tritt als Faktor so oft auf, wie es seinem stöchiometrischen Koeffizienten ν_k entspricht. Die Gleichgewichtsrelation (7.76) wird auch das *Massenwirkungsgesetz* genannt.

Läuft die chemische Reaktion in einem mehrkomponentigen idealen Gas ab, dann können wir gemäß (7.55) auch noch

$$\mu_{0,k}(T, p) = \tilde{\mu}_{k,0}(T) + T \ln p$$

benutzen. Für die Gleichgewichtskonstante $K(T, p)$ erhalten wir dann

$$\begin{aligned} K(T, p) &= \exp\left\{-\frac{1}{T} \sum_k \nu_k \mu_{0,k}(T, p)\right\} = K(T)\, p^{-\Delta\nu}, \\ K(T) &= \exp\left\{-\frac{1}{T} \sum_k \nu_k \tilde{\mu}_{0,k}(T)\right\}, \quad \Delta\nu := \sum_k \nu_k. \end{aligned} \tag{7.77}$$

Durch Änderung des Druckes p kann man das Reaktionsgleichgewicht so verschieben, dass es sich bei Druckerhöhung auf die Seite des kleineren Volumens, d.h., wegen

$pV = NT$ auf die Seite der kleineren Teilchenzahlen (oder Molzahlen) verschiebt, und umgekehrt. Als Beispiel wählen wir

$$3\,\mathrm{H}_2 + \mathrm{N}_2 \rightleftharpoons 2\,\mathrm{NH}_3, \tag{7.78}$$

vgl. Abschnitt 3.5. Die Komponenten und ihre stöchiometrischen Koeffizienten bezeichnen wir mit

$$\begin{array}{lll} \mathrm{H}_2: & k=1 & \nu_1 = -3 \\ \mathrm{N}_2: & k=2 & \nu_2 = -1 \\ \mathrm{NH}_3: & k=3 & \nu_3 = +2, \end{array}$$

$\Delta\nu = -2$, so dass

$$\frac{x_3^2}{x_1^3\, x_2} = K(T)\,p^2. \tag{7.79}$$

Hier verschiebt eine Erhöhung des Druckes die Reaktion auf die Seite von NH_3, weil dort nur 2 Teilchen (oder Mole), auf der Seite von H_2 und N_2 aber 4 Teilchen (oder Mole) auftreten. Die Druckabhängigkeit des chemischen Gleichgewichts ist ein spezielles Beispiel des Prinzips des kleinsten Zwangs, auch Prinzip von le Chatelier und Braun genannt: ein thermodynamisches System weicht der Änderung äußerer Bedingungen immer in der Weise aus, dass es deren Auswirkungen bzw. deren Zwang vermindert.

Wir wollen das Ergebnis (7.76) mit dem *Stoßzahlansatz* vergleichen, der die Reaktionsgeschwindigkeit W einer chemischen Reaktion als

$$W = V\left(\kappa' \prod_k c_k^{\nu_k'} - \kappa'' \prod_k c_k^{\nu_k''}\right). \tag{7.80}$$

ansetzt. Daraus folgt für das chemische Gleichgewicht $W = 0$

$$\prod_k c_k^{\nu_k} = \frac{\kappa'}{\kappa''}. \tag{7.81}$$

Wir schreiben

$$c_k = \frac{N_k}{V} = \frac{N_k}{N}\frac{N}{V} = x_k c,$$

worin N die Gesamtteilchenzahl und $c = N/V$ die Gesamtkonzentration sind. Einsetzen in (7.81) führt auf

$$\prod_k x_k^{\nu_k} = \frac{\kappa'}{\kappa''} c^{-\Delta\nu}. \tag{7.82}$$

In einem mehrkomponentigen idealen Gas ist $c = p/T$, so dass diese Gleichgewichtsbedingung mit (7.76) übereinstimmt, wenn wir

$$\frac{\kappa'}{\kappa''}\left(\frac{p}{T}\right)^{-\Delta\nu} = K(T,p)$$

setzen. Wir erkennen daran, dass die Ratenkonstanten κ' und κ'' im Allgemeinen Funktionen von T, p sind.

In einer verdünnten Lösung können wir in (7.82) $c \approx N_0/V = 1/v_0(T,p)$ annehmen, so dass wir durch die Setzung

$$\frac{\kappa'}{\kappa''} v_0^{\Delta\nu}(T,p) = K(T,p) \tag{7.83}$$

Übereinstimmung mit (7.76) finden.

7.7 Osmose

Wir betrachten zwei verdünnte Lösungen Σ', Σ'' mit demselben Lösungsmittel. Die beiden Systeme seien durch eine mechanisch feste, aber diatherme und für das Lösungsmittel durchlässige Wand getrennt. Die gelösten Komponenten $k = 1, 2, \ldots$ sollen die Wand nicht durchdringen können. Es bestehe bereits thermisches Gleichgewicht, also $T' = T'' =: T$, sowie auch Gleichgewicht in bezug auf den Austausch von Lösungsmittel zwischen Σ' und Σ'', also

$$\mu_0(T, p', x_0') = \mu_0(T, p'', x_0''), \tag{7.84}$$

Wenn $x'_0 \neq x''_0$, d.h., wenn die beiden Systeme eine unterschiedliche Zusammensetzung in bezug auf die gelösten Komponenten besitzen, dann erwarten wir eine Druckdifferenz $\Delta p := p' - p'' \neq 0$ zwischen ihnen, den sogenannten *osmotischen Druck*. Wir wollen den osmotischen Druck berechnen und setzen dazu die explizite Form des chemischen Potentials $\mu_0(T, p', x'_0)$ des Lösungsmittels aus (7.74) in (7.84) ein:

$$\mu_{0,0}(T,p') + T \ln x'_0 = \mu_{0,0}(T,p'') + T \ln x''_0, \qquad (7.85)$$

woraus

$$\ln \frac{x'_0}{x''_0} = \frac{1}{T} \left[\mu_{0,0}(T,p'') - \mu_{0,0}(T,p') \right] \qquad (7.86)$$

folgt. Nun ist

$$\ln x'_0 = \ln \left(1 - \sum_{k \geq 1} x'_k \right) = - \sum_{k \geq 1} x'_k + O\left(x'^2_k\right) \qquad (7.87)$$

mit einer Taylor–Entwicklung nach den x'_k, $k \geq 1$, entsprechend für $\ln x''_0$. Für verdünnte Lösungen ist $x'_k \ll 1, x''_k \ll 1$, so dass wir die Entwicklungen nach dem linearen Term abbrechen können. Einsetzen in (7.86) führt auf

$$\sum_{k \geq 1} (x''_k - x'_k) = \frac{1}{T} \left[\mu_{0,0}(T,p'') - \mu_{0,0}(T,p') \right]. \qquad (7.88)$$

Hieraus erkennen wir, dass auch die rechte Seite von der Ordnung $\ll 1$ ist, so dass wir nach der Druckdifferenz $\Delta p := p' - p''$ entwickeln können. In niedrigster Ordnung erhalten wir

$$\mu_{0,0}(T,p'') - \mu_{0,0}(T,p') = -\Delta p \left(\frac{\partial \mu_{0,0}(T,p)}{\partial p} \right)_T. \qquad (7.89)$$

Schließlich entnehmen wir aus der Gibbs–Duhem–Relation, vgl. Abschnitt 2.7, für das reine Lösungsmittel ($k = 0$),

$$-S_0 \, dT + V_0 \, dp - N_0 \, d\mu_{0,0} = 0, \qquad (7.90)$$

7.7. OSMOSE

die Beziehung

$$\left(\frac{\partial \mu_{0,0}(T,p)}{\partial p}\right)_T = \frac{V_0}{N_0} = v_0. \tag{7.91}$$

v_0 ist das Volumen pro Teilchen (oder Molvolumen) des reinen Lösungsmittels. Einsetzen von (7.89) und (7.91) in (7.88) ergibt für die osmotische Druckdifferenz das Ergebnis

$$\Delta p = p' - p'' = \frac{T}{v_0} \sum_{k \geq 1} (x'_k - x''_k). \tag{7.92}$$

Die Ausdrücke

$$\sum_{k \geq 1} x'_k, \quad \sum_{k \geq 1} x''_k$$

nennt man auch die *Osmolaritäten* der Lösungen Σ', Σ''. Die Lösung mit der höheren Osmolarität, also mit dem höheren Teilchenzahlanteil der gelösten Komponenten, besitzt den höheren Druck. Stellt man in den beiden Lösungen denselben Druck ein, z.B. durch einen gemeinsamen Thermo–Mechano–Staten, dann geht soviel Lösungsmittel durch die Wand zwischen Σ' und Σ'', bis die Osmolaritäten sich ausgeglichen haben:

$$p' - p'' = 0 \quad \Longleftrightarrow \quad \sum_{k \geq 1} (x'_k - x''_k) = 0. \tag{7.93}$$

Wir betrachten noch den Sonderfall, dass Σ'' das reine Lösungsmittel ohne gelöste Komponenten enthält, also $x''_k = 0$ für $k \geq 1$, und schreiben näherungsweise für eine verdünnte Lösung in Σ':

$$x'_k = \frac{N'_k}{N'} \approx \frac{N'_k}{N'_0}, \quad N'_0 v'_0 \approx V'$$

für $k \geq 1$. Dann lautet die Druckdifferenz

$$\Delta p = p' - p'' = \frac{T}{V'} \sum_{k \geq 1} N'_k. \tag{7.94}$$

Diese Beziehung ist formal völlig analog zu der, die den Druck in einem mehrkomponentigen idealen Gas angibt, vgl. Abschnitt 7.3 (van't Hoff, 1886).

8

Reale Gase und Phasenübergänge

Kapitel 8

Reale Gase und Phasenübergänge

Im vorangegangenen Kapitel haben wir ideale Gase durch die niedrigsten nichtverschwindenden Ordnungen der Virialentwicklung von innerer Energie U und Druck p nach der Teilchendichte charakterisiert. Das Modell des idealen Gases beschreibt das thermodynamische Verhalten von Gasen bei hinreichend niedriger Dichte oder, was bei konstantem Druck p äquivalent ist, bei hinreichend hoher Temperatur T sehr gut. Bei hohen Dichten oder tiefen Temperaturen wird jedoch in realen Gasen eine Erscheinung beobachtet, die das Modell des idealen Gases nicht beschreiben kann: die *Kondensation* aus dem gasförmigen in den flüssigen Zustand. Die Werte der Dichten oder Temperaturen, bei denen Kondensation eintritt, können sehr unterschiedlich und sogar um Größenordnungen verschieden sein. Sie hängen von den mikroskopischen Parametern des jeweiligen Gases ab. Wir werden in diesem Kapitel ein sehr einfaches Modell für die Kondensation realer Gase kennenlernen, nämlich das *van der Waals*-Modell. Die mikroskopischen Grundlagen dieses Modells werden wir später im statistischen Teil der Thermodynamik verstehen.

Die Kondensation vom gasförmigen in den flüssigen Zustand ist ein sogenannter *Phasenübergang* 1. Ordnung. Das van der Waals-Modell zeigt außerdem einen Phasenübergang *2. Ordnung*, für den ein bestimmtes Verhalten in der Umgebung eines *kritischen Punktes* typisch ist. Wir werden dieses Verhalten, soweit es im Rahmen einer phänomenologischen Theorie verständlich ist, ebenfalls in diesem Kapitel beschreiben.

8.1 Das van-der-Waals–Modell

Das Modell des idealen Gases stellt die Entwicklung der Thermodynamik in niedrigster nichtverschwindender Ordnung für unendliche Verdünnung $c := N/V \to 0$

dar. Wie wir bereits am Ende des Abschnitts 7.1 überlegt hatten, entspricht dieser Grenzfall dem Verhalten unabhängiger Teilchen ohne jede Wechselwirkung. Das van der Waals-Modell für reale Gase macht nun sehr grobe Annahmen über eine Wechselwirkung zwischen den Teilchen, die bei zunehmender Dichte, d.h., abnehmenden mittleren Abständen zwischen den Teilchen des Gases das thermodynamische Verhalten des Systems immer mehr mitbestimmen wird. Auch die Kondensation aus dem gasförmigen in den flüssigen Zustand beruht auf Wechselwirkungen zwischen den Teilchen, denn im flüssigen Zustand gibt es offenbar eine Art von Bindung zwischen den Teilchen, die allerdings nicht etwa eine chemische Bindung ist.

Es gibt im Allgemeinen sowohl *abstoßende* wie *anziehende* Wechselwirkungen zwischen den Teilchen eines thermodynamischen Systems. Eine abstoßende Wechselwirkung kommt dadurch zustande, dass bei sehr hohen Dichten das Eigenvolumen der Teilchen physikalisch wirksam wird. Im idealen Gas mit seiner sehr starken Verdünnung spielte das Eigenvolumen der Teilchen keine Rolle; die Teilchen waren dort ebenso gut als Punktteilchen denkbar. Das Eigenvolumen der Teilchen realer Gase macht sich dadurch bemerkbar, dass das Gas nicht beliebig kompressibel ist. Wenn deren mittlerer Abstand ungefähr gleich dem doppelten Teilchenradius wird, erwarten wir, dass die Teilchen sich als gegenseitig undurchdringlich erweisen, weil sich schließlich ihre Elektronenhüllen berühren würden, was zu einer sehr starken elektrostatischen Abstoßung Anlass gibt. Das van der Waals-Modell berücksichtigt das Eigenvolumen der Teilchen, indem es das Volumen pro Teilchen $v = V/N$ um das Eigenvolumen b reduziert. Aus der Zustandsgleichung $pv = T$ des idealen Gases wird dann

$$p(v - b) = T. \qquad (8.1)$$

Bei etwa kugelförmigen Teilchen ist $b = 4\pi r_0^3/3$, worin r_0 Teilchenradius ist.

Anziehende Wechselwirkungen zwischen elektrisch neutralen Teilchen können auf verschiedenste Weisen zustandekommen, z.B. dadurch, dass die Teilchen feste, statische elektrische Dipolmomente tragen wie etwa Wassermoleküle. Aber auch zwischen rotationssymmetrischen Teilchen, die nicht polar sind, kommt es zu einer anziehenden Wechselwirkung, indem Quantenfluktuation in den elektronischen Strukturen zweier eng benachbarter Teilchen zu Dipolmomenten führen, die sich gegenseitig anziehen. Dieser Typ einer anziehenden Wechselwirkung heißt *van der Waals*-Wechselwirkung. Die Dipole aufgrund der Quantenfluktuationen sind aber nicht etwa statisch; im quantentheoretischen Erwartungswert erscheinen die einzelnen Teilchen nach wie vor rotationssymmetrisch, also nicht polar. In der Quantentheorie zeigt man die van der Waals-Wechselwirkung, indem man nachweist, dass die Grundzustandsenergie zweier benachbarter Teilchen aufgrund der Coulomb-Wechselwirkung zwischen Kernen und Elektronen gegenüber der Konfiguration

8.1. DAS VAN-DER-WAALS-MODELL

räumlich getrennter Teilchen abgesenkt ist. Die einfachsten Versionen dieser Theorie zeigen ein Abstandsverhalten $\sim 1/r^6$ für die anziehende Wechselwirkung, wo r der Abstand zwischen den Kernen der Teilchen ist.

Das van der Waals–Modell berücksichtigt die anziehende Wechselwirkung zwischen Teilchen nur sehr grob, so dass deren typische Einzelheiten keine Rolle spielen. Auf jedes Teilchen Nr. i wirkt eine anziehende Kraft

$$\boldsymbol{F}_i = \sum_{j \neq i} \boldsymbol{F}_{ij},$$

worin $\boldsymbol{F}_{ij}$ die Wechselwirkungskraft zwischen den Teilchen Nr. i und j ist. Die Anzahl der Summanden, für die $\boldsymbol{F}_{ij} \neq 0$ ist, erwarten wir als proportional zur Dichte $c = N/V$ des Systems. Der Druck der Teilchen auf eine Wandfläche des Systems entsteht durch den Aufprall der Teilchen auf die Wand und die damit verbundene Impulsumkehr. Dieser Druck ist nun gegenüber dem Fall wechselwirkungsfreier Teilchen in einem idealen Gas reduziert, weil die Teilchen an der Wand eine einseitige Anziehung nach innen erfahren. Die gesamte Druckreduktion Δp erhalten wir durch Summation über die Anziehungskräfte der Teilchen $i \in W$ an der Wand pro Wandfläche A:

$$\Delta p = \frac{1}{A} \left| \sum_{i \in W} \boldsymbol{F}_i \right| = \frac{1}{A} \left| \sum_{i \in W} \sum_{j} \boldsymbol{F}_{ij} \right|. \tag{8.2}$$

Auch die Anzahl der Summanden in der $i \in W$-Summe pro Wandfläche A erwarten wir proportional zur Dichte des Systems, insgesamt also $\Delta p \sim (N/V)^2 = 1/v^2$, worin v wieder das Volumen pro Teilchen ist. Wir schreiben $\Delta p = a/v^2$. Um diese Druckdifferenz ist der Druck p aus der Zustandsgleichung (8.1) zu reduzieren. Wir erhalten also

$$p = \frac{T}{v-b} \rightarrow \frac{T}{v-b} - \frac{a}{v^2} \tag{8.3}$$

oder

$$\left(p + \frac{a}{v^2} \right)(v-b) = T. \tag{8.4}$$

Dieses ist die Zustandsgleichung, die das van der Waals-Modell für reale Gase charakterisiert, und wird auch einfach als van der Waals-Zustandsgleichung bezeichnet.

8.2 Kondensation, Phasenübergang und Maxwell–Konstruktion

8.2.1 Kondensation

In der Abbildung 8.1 zeigen wir einige Isothermen des van der Waals–Modells, d.h., einige Kurven, die den Druck

$$p(T, v) = \frac{T}{v-b} - \frac{a}{v^2} \qquad (8.5)$$

als Funktion des Teilchenvolumens (oder des Molvolumens) v jeweils für konstante Temperatur T angeben, und zwar für verschiedene Werte der Temperatur als Kurvenparameter.

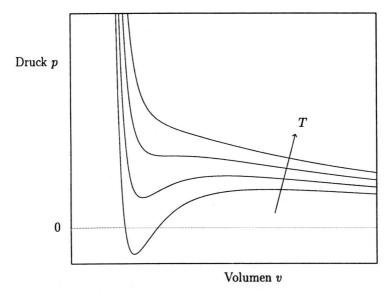

Abbildung 8.1: Formale Isothermen des van der Waals–Modells mit steigender Temperatur in Pfeilrichtung.

Für hinreichend tiefe Temperaturen kann der aus (8.5) berechnete Druck negativ werden. Dieses unphysikalische Ergebnis schließen wir aus, indem wir das Modell nur für entsprechend hohe Temperaturen verwenden. Aber auch für $p > 0$ zeigt die Zustandsgleichung (8.5) Bereiche, in denen

8.2. KONDENSATION, PHASENÜBERGANG, MAXWELL-KONSTR.

$$\left(\frac{\partial p}{\partial v}\right)_T = -\frac{T}{(v-b)^2} + \frac{2a}{v^3} \tag{8.6}$$

positiv werden kann. Dort wäre dann die isotherme Kompressibilität

$$\kappa_T = -\frac{1}{v}\left(\frac{\partial v}{\partial p}\right)_T$$

negativ, also das System mechanisch instabil. Solche Bereiche treten in realen Gasen nicht auf. Dort beobachtet man jedoch *Kondensation*, d.h., einen Übergang von der gasförmigen in die flüssige Phase, und umgekehrt. Diese Kondensation erfolgt als Funktion des Volumens v isotherm (T =const) bei einem konstantem Druck $p_D(T)$, der von der jeweiligen Temperatur abhängt. Zur Beschreibung der isothermen Kondensation erscheint es also naheliegend, die formalen Isothermen des van der Waals-Modells in der Abbildung 8.1 durch $p = p_D$ im Volumenbereich der Kondensation abzuändern, wie es in der Abbildung 8.2 gezeigt ist. Der Wert $p = p_D$ schneidet die formale Isotherme in drei Punkten $v_1 < v_2 < v_3$. In $v > v_3$ ist das System gasförmig, in $v < v_1$ flüssig. In $v_1 \leq v \leq v_3$, dem sogenannten *Koexistenzgebiet*, findet Kondensation bei $p = p_D$ statt. Der Verlauf der formalen Isotherme des van der Waals-Modells wird in diesem Bereich als unphysikalisch verworfen.

Im Koexistenzgebiet $v_1 \leq v \leq v_3$ ist das Volumen v additiv aus den Volumina der koexistierenden Phasen Gas und Flüssigkeit zusammengesetzt: $v = v_g + v_{fl}$. Da $v = v_3$ reines Gas und $v = v_1$ reine Flüssigkeit bedeutet, bestimmen sich die Volumenanteile von Gas und Flüssigkeit aus

$$v_g = \lambda v_3, \qquad v_{fl} = (1-\lambda)v_1, \qquad 0 \leq \lambda \leq 1, \tag{8.7}$$

so dass $\lambda = 1$ reines Gas und $\lambda = 0$ reine Flüssigkeit bedeuten. Daraus und aus $v = v_g + v_{fl}$ folgt die sogenannte *Hebel-Regel*:

$$v_g = \frac{v - v_1}{v_3 - v_1} v_3, \qquad v_{fl} = \frac{v_3 - v}{v_3 - v_1} v_1. \tag{8.8}$$

v_1, v_3 sind also die Volumina pro Teilchen (oder Molvolumina) der flüssigen bzw. gasförmigen Phase an den Grenzen des Koexistenzgebietes zur Temperatur T der betrachteten Isothermen.

Für hinreichend hohe Temperaturen ($T \to \infty$) und hinreichend große Verdünnung ($v \to \infty$) geht die van der Waals-Zustandsgleichung in die des idealen Gases über:

$$p = \frac{T}{v-b} - \frac{a}{v^2} \to \frac{T}{v-b} \to \frac{T}{v}. \tag{8.9}$$

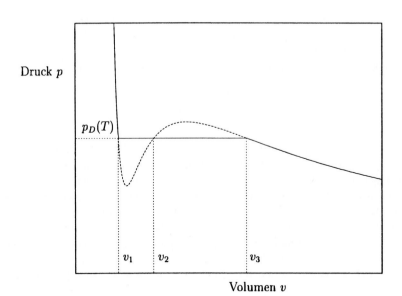

Abbildung 8.2: Isotherme eines realen Gases mit Kondensation im Bereich $v_1 \leq v \leq v_3$ bei konstantem Druck $p = p_D$.

8.2.2 Maxwell–Konstruktion

Wir wollen jetzt den Druck $p_D = p_D(T)$ bestimmen, bei dem zu gegebener und konstanter Temperatur T der Phasenübergang zwischen flüssig und gasförmig erfolgt. Dazu diskutieren wir das chemische Potential μ des van der Waals–Modells. Aus der Gibbs–Duhem–Relation im Abschnitt 2.7,

$$S\,dT - V\,dp + N\,d\mu = 0,$$

folgt für $T =$const $d\mu = v\,dp$ und somit

$$\mu(T,p) = \mu(T,p_a) + \int_{p_a}^{p} dp'\, v(T,p'). \tag{8.10}$$

Hier ist p_a ein beliebiger Referenzwert des Druckes, bei dem wir die Integration beginnen. Das Problem der Integration besteht darin, dass $v(T,p)$ als Funktion des Drucks (bei $T =$const) im van der Waals–Modell (zunächst ohne Abschneidung durch p_D) in einigen Bereichen mehrdeutig ist. Wir wollen die Integration in (8.10)

8.2. KONDENSATION, PHASENÜBERGANG, MAXWELL-KONSTR.

nun so durchführen, dass wir bei einem p_a im Gasbereich beginnen und dann der formalen van der Waals–Isotherme folgen. Dazu können wir uns die Isotherme durch einen Kurvenparameter s beschreiben denken, z.B. durch die Bogenlänge, so dass

$$\int_{p_a}^{p} dp' \, v(p') = \int_{s_a}^{s} ds' \, \frac{dp(s')}{ds'} \, v(s').$$

(Da die Temperatur T bei den folgenden Überlegungen weiterhin konstant gehalten wird, schreiben wir zur Vereinfachung $v(p)$ statt $v(T,p)$). Als Kurvenparameter s können wir auch das Volumen v verwenden:

$$\mu(T,p) = \mu(T,p_a) + \int_{v_a}^{v} dv' \, \frac{dp(v')}{dv'} \, v'. \tag{8.11}$$

In dieser Gleichung hängen p und v über die van der Waals–Zustandsgleichung $p = p(v)$ (ausführlich $p = p(T,v)$) zusammen. Durch partielle Integration und anschließende elementare Integrationen erhalten wir

$$\begin{aligned}
\int_{v_a}^{v} dv' \, \frac{dp(v')}{dv'} \, v' &= [p(v') \, v']_{v_a}^{v} - \int_{v_a}^{v} dv' \, p(v') \\
&= p(v) \, v - p(v_a) \, v_a - \int_{v_a}^{v} dv' \, \frac{T}{v' - b} + \int_{v_a}^{v} dv' \, \frac{a}{v'^2} \\
&= p(v) \, v - p(v_a) \, v_a - T \ln \frac{v - b}{v_a - b} - a \left(\frac{1}{v} - \frac{1}{v_a} \right). \tag{8.12}
\end{aligned}$$

Dieses Ergebnis stellt zugleich einen Algorithmus zur Erstellung einer Kurve für $\mu = \mu(T,p)$ (bei T =const) dar. Wir geben einen Wert für das Volumen v ein, berechnen den zugehörigen Druck $p = p(v)$ aus der van der Waals–Zustandsgleichung, das chemische Potential relativ zum Referenzwert $\mu(T,p_a)$ aus dem Ergebnis der Integration in (8.12) und stellen $\mu(T,p)$ als Funktion des Drucks p dar. Das Ergebnis ist in der Abbildung 8.3 gezeigt. Der obere Teil der Abbildung zeigt die mehrdeutige Umkehrung $v = v(p)$ der van der Waals–Isothermen, der untere Teil das ebenfalls mehrdeutige chemische Potential. Bei der Integration von a nach c nimmt μ als Funktion von p zu. Im Punkt c kehrt der Druck um, so dass μ dort eine Spitze hat und unter Abnahme zurückläuft. Die Abnahme von μ ist hier aber schwächer als die Zunahme auf dem Ast von a nach c, weil der Integrand v auf dem Ast von a nach c größer ist als auf dem Ast von c nach e. Im Punkt e kehrt der Druck nochmals um, so dass μ dort wieder eine Spitze hat und jetzt unter Zunahme zurückläuft. Wiederum ist die letztere Zunahme schwächer als die Abnahme auf dem Ast von c nach e. Das bedeutet, dass die Kurve für μ sich selbst schneiden muss. Dies geschieht in den Punkten b und f, also

$$\int_a^b dp\, v(p) = \int_a^f dp\, v(p)$$

oder auch

$$\int_b^f dp\, v(p) = \int_b^d dp\, v(p) + \int_d^f dp\, v(p) = 0. \qquad (8.13)$$

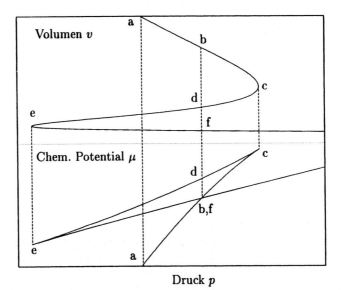

Abbildung 8.3: Integration der Funktion $v(p)$ (oben) zur Berechnung des mehrdeutigen chemischen Potentials μ (unten).

Unter Beachtung der Vorzeichen der Integrationsdifferentiale dp erkennen wir aus dieser Beziehung, dass die senkrechte Gerade b-d-f aus der Funktion $v(p)$ im oberen Teil der Abbildung 8.3 zwei gleich große Flächen b-c-d und d-e-f ausschneidet. Diese sogenannte *Maxwell-Konstruktion* hat nun eine unmittelbare thermodynamische Bedeutung für die Stabilität des Systems, die bei gegebenen Werten der Variablen T, p, N durch $G = N\,\mu(T, p)$ =Minimum bestimmt ist. Da N =const, reduziert sich

8.3. 2–PHASEN–BESCHREIBUNG, GIBBSSCHE PHASENREGEL   185

die Stabilitätsbedingung auf $\mu(T,p)$ =Minimum. Das bedeutet, dass im Bereich b-c-d-e-f, wo das durch formale Integration gewonnene μ mehrdeutig ist, immer nur der Zustand mit dem jeweils tiefsten μ–Wert stabil ist. Für das Volumen $v = v(p)$ als Funktion des Druckes p besagt das, dass $v(p)$ am Punkt b auf den Wert am Punkt f *unstetig* springt bzw. umgekehrt. Der Druckwert des Sprungs, also der Wert von p_D, vgl. Abbildung 8.2, ist durch die Maxwell–Konstruktion gleicher Flächen der abgeschnittenen van der Waals–Isotherme bestimmt.

Der unstetige Sprung der extensiven Variablen Volumen bzw. Volumen pro Teilchen (oder pro Mol) v, die als erste Ableitung des Potentials $G(T,p,N)$ bzw. $\mu(T,p)$ darstellbar ist,

$$v = \left(\frac{\partial \mu}{\partial p}\right)_T = \frac{1}{N}\left(\frac{\partial G}{\partial p}\right)_{T,N},$$

führt zu der Bezeichnung Phasenübergang *1. Ordnung*. Eine andere, heute üblichere Bezeichnungsweise ist *diskontinuierlicher Phasenübergang*. In einem späteren Abschnitt dieses Kapitels werden wir auch einen Phasenübergang 2. Ordnung bzw. einen kontinuierlichen Phasenübergang kennenlernen.

8.3   2–Phasen–Beschreibung, Gibbssche Phasenregel

Eine andere, physikalisch äquivalente Beschreibung der Kondensation, die der Begriffsbildung *Phasenübergang* noch besser entspricht, interpretiert Gas (gekennzeichnet durch den Index g) und Flüssigkeit (Index fl) als zwei *Phasen* derselben Komponente, z.B. Wasser H_2O oder CO_2. Es seien N_g und N_{fl} die Teilchenzahlen (oder Molzahlen) der Komponente in den beiden Phasen, so dass

$$N_g + N_{fl} = N \tag{8.14}$$

die gesamte Teilchenzahl der Komponente ist. Für die freie Enthalpie gilt dann entsprechend

$$G = N_g \mu_g + N_{fl} \mu_{fl} \tag{8.15}$$

mit den chemischen Potentialen μ_g, μ_{fl} der Gas– bzw. Flüssigkeitsphase. Das System ist bei gegebenen Werten von T, p, N thermodynamisch stabil, wenn G =Min bezüglich der Aufteilung der Komponente in ihre beiden Phasen. Daraus folgt notwendigerweise $\delta G = 0$:

$$\delta G = \mu_g(T,p)\,\delta N_g + \mu_{fl}(T,p)\,\delta N_{fl} = 0, \qquad (8.16)$$

bzw., weil $\delta N_g + \delta N_{fl} = \delta N = 0$, vgl. (8.14),

$$\delta G = (\mu_g - \mu_{fl})\,\delta N_g = 0, \qquad (8.17)$$

also $\mu_g = \mu_{fl}$. In dem thermodynamischen Bereich, in dem die beiden Phasen koexistieren können sollen, müssen ihre chemischen Potentiale übereinstimmen. Dieses Ergebnis entspricht der Maxwell-Konstruktion im vorhergehenden Abschnitt. Aus dieser Konstruktion haben wir dort auch den Koexistenzdruck p_D grafisch bzw. numerisch bestimmt. Diese Bestimmung wollen wir jetzt auch analytisch nachvollziehen. Unser Ausgangspunkt ist $\mu_g(T,p_D) = \mu_{fl}(T,p_D)$. Diese Identität lässt sich so lesen, dass aus ihr bei Vorgabe der Temperatur T der Koexistenzdruck p_D als Funktion von T bestimmbar ist: $p_D = p_D(T)$. Bei einer differentiellen Änderung dT und dp_D gilt dann auch

$$d\mu_g(T,p_D) = d\mu_{fl}(T,p_D) \qquad (8.18)$$

worin wir $d\mu_g(T,p_D)$ und $d\mu_{fl}(T,p_D)$ durch die Gibbs–Duhem-Relation pro Teilchen der Phasen g und fl ausdrücken:

$$d\mu_g = -s_g\,dT + v_g\,dp_D, \qquad d\mu_{fl} = -s_{fl}\,dT + v_{fl}\,dp_D. \qquad (8.19)$$

s_g und s_{fl} sind die Entropien pro Teilchen in den Phasen g und fl, v_g und v_{fl} die Volumina pro Teilchen. Einsetzen von (8.19) in (8.18) führt auf

$$\frac{dp_D}{dT} = \frac{s_g - s_{fl}}{v_g - v_{fl}}. \qquad (8.20)$$

Wir denken uns nun den Übergang $fl \to g$ quasistatisch und isotherm durchgeführt:

$$s_g - s_{fl} = \int_{fl}^{g} ds = \int_{fl}^{g} \frac{dq}{T} = \frac{1}{T}\int_{fl}^{g} dq = \frac{\ell}{T}. \qquad (8.21)$$

8.3. 2-PHASEN-BESCHREIBUNG, GIBBSSCHE PHASENREGEL

Hier ist ℓ die Wärme, die dem System bei einem isothermen und quasistatischen Übergang $g \to fl$ pro Teilchen (oder pro Mol) zugeführt werden muss, auch *latente Wärme* oder *Verdampfungswärme* genannt. Entsprechend heißt der Koexistenzdruck p_D auch der *Dampfdruck*, d.h., der Druck des Gases über seiner flüssigen Phase. Einsetzen von (8.21) in (8.20) führt auf die *Clausius-Clapeyron-Gleichung*:

$$\frac{dp_D}{dT} = \frac{\ell}{T(v_g - v_{fl})}. \tag{8.22}$$

Unter der Annahme, dass $v_{fl} \ll v_g$ und dass das Gas näherungsweise als ideales Gas beschreibbar ist, also $v_g \approx T/p_D$, lässt sich die Clausius-Clapeyron-Gleichung integrieren:

$$\frac{dp_D}{dT} = \frac{\ell p_D}{T^2},$$
$$\frac{dp_D}{p_D} = \ell \frac{dT}{T^2},$$
$$\ln \frac{p_D}{p_0} = -\frac{\ell}{T},$$
$$p_D(T) = p_0 \exp\left(-\frac{\ell}{T}\right). \tag{8.23}$$

Hier ist p_0 eine Integrationskonstante, die durch den Wert des Dampfdrucks bei einer speziellen Temperatur T festzulegen ist.

Die Koexistenz von verschiedenen Phasen derselben Komponente lässt sich auf den allgemeinen Fall von $k = 1, 2, \ldots, K$ Komponenten erweitern, von denen jede in den Phasen $\phi = 1, 2, \ldots, \Phi$ existieren können soll. Die Gesamtheit der intensiven thermodynamischen Variablen dieses Systems sei gegeben durch $T, p, x_{k,\phi}$, wobei $x_{k,\phi}$ den Molenbruch der Komponente k in der Phase ϕ bedeuten soll. Die Anzahl dieser intensiven Variablen beträgt offensichtlich $K\Phi + 2$. Sie sind allerdings nicht unabhängig. Zunächst gilt, dass die Summe der Molenbrüche in jeder Phase wieder den Wert 1 ergeben muss:

$$\sum_k x_{k,\phi} = 1, \quad \phi = 1, 2, \ldots, \Phi. \tag{8.24}$$

Das sind insgesamt Φ Bedingungen. Ferner muss jede Komponente k mit sich selbst in sämtlichen Phasen im Gleichgewicht stehen, also:

$$\mu_{k,1} = \mu_{k,2} = \ldots = \mu_{k,\Phi}, \quad k = 1, 2, \ldots, K. \tag{8.25}$$

Das sind $K(\Phi - 1)$ Bedingungen. Insgesamt besitzt das System demnach

$$f = K\Phi + 2 - \Phi - K(\Phi - 1) = K + 2 - \Phi \tag{8.26}$$

unabhängige intensive Variablen oder *Freiheitsgrade*. Dieses ist die *Gibbssche Phasenregel*. Für unseren obigen Fall einer Komponente ($K = 1$) in zwei Phasen ($\Phi = 2$), z.B. gasförmig und flüssig, ergibt die Gibbsche Phasenregel $f = 1 + 2 - 2 = 1$, also z.B. die Temperatur T, mit der ja auch der Dampfdruck p_D bereits festgelegt ist. Zu diesen f unabhängigen intensiven Variablen tritt noch eine extensive Variable, z.B. das Gesamtvolumen V oder die gesamte Teilchenzahl N hinzu, damit das System thermodynamisch vollständig beschrieben ist.

8.4 Der kritische Punkt

Unsere Überlegungen im Abschnitt 8.2 haben gezeigt, dass die Existenz zweier relativer Extrema der Funktion $p = p(v)$ (bei $T =$const), nämlich eines Minimums und eines Maximums, notwendig für die Beschreibung von Kondensation durch eine Maxwell–Konstruktion war. Für sehr hohe Temperaturen, $T \to \infty$, geht die van der Waals–Zustandsgleichung aber in die monotone Funktion $p = T/(v - b)$ über, die kein Extremum besitzt. Es gibt also eine *kritische Temperatur* T_c, oberhalb derer keine Kondensation mehr auftritt. Für $T < T_c$ erwarten wir zwei relative Extrema in $p = p(v)$, für $T > T_c$ eine monotone Funktion $p = p(v)$. Also muss es für $T = T_c$ einen *kritischen Punkt* bei einem $v = v_c$, an dem $p = p(v)$ einen Wendepunkt besitzt: $(\partial^2 p/\partial v^2)_c = 0$. Im van der Waals–Modell ist

$$p = \frac{T}{v - b} - \frac{a}{v^2}, \tag{8.27}$$

$$\left(\frac{\partial p}{\partial v}\right)_T = -\frac{T}{(v - b)^2} + \frac{2a}{v^3}, \tag{8.28}$$

$$\left(\frac{\partial^2 p}{\partial v^2}\right)_T = \frac{2T}{(v - b)^3} - \frac{6a}{v^4}. \tag{8.29}$$

Der kritische Punkt ist dann dadurch definiert, dass bei $T = T_c$

8.4. DER KRITISCHE PUNKT

$$p_c = \frac{T_c}{v_c - b} - \frac{a}{v_c^2}, \tag{8.30}$$

$$\left(\frac{\partial p}{\partial v}\right)_{T_c} = -\frac{T_c}{(v_c - b)^2} + \frac{2a}{v_c^3} = 0, \tag{8.31}$$

$$\left(\frac{\partial^2 p}{\partial v^2}\right)_{T_c} = \frac{2T_c}{(v_c - b)^3} - \frac{6a}{v_c^4} = 0. \tag{8.32}$$

Durch Elimination von T_c aus den beiden Gleichungen (8.31) und (8.32) folgt zunächst

$$v_c = 3b, \tag{8.33}$$

daraus durch Einsetzen in (8.31)

$$T_c = \frac{8}{27}\frac{a}{b}, \tag{8.34}$$

und daraus weiter durch Einsetzen in (8.30)

$$p_c = \frac{1}{27}\frac{a}{b^2}. \tag{8.35}$$

Aus v_c, T_c, p_c können wir eine dimensionslose Kombination bilden, die auch *Realgasfaktor* genannt wird:

$$\frac{T_c}{p_c v_c} = \frac{8}{3}. \tag{8.36}$$

Das van der Waals-Modell macht also eine Vorhersage über die experimentell bestimmbaren Größen T_c, p_c, v_c. Der Vergleich mit den bei realen Gasen tatsächlich gemessenen Werten des Realgasfaktors führt dann zu einem Kriterium für die Anwendbarkeit des Modells. Die gemessenen Werte liegen in der Größenordnung von $T_c/(p_c v_c) \approx 3.7$ im Vergleich zum Modellwert von $8/3 \approx 2.7$. Das van der Waals-Modell kann also nur als ein qualitatives Modell für reale Gase dienen.

Man kann die kritischen Werte T_c, p_c, v_c benutzen, um die van der Waals-Zustandsgleichung in eine skalierte Form zu überführen. Dazu stellen wir $y := p/p_c$ als Funktion von $x := v/v_c$ mit dem Parameter $t := T/T_c$ dar. Das Ergebnis der einfachen Umformung lautet:

$$y = \frac{8t}{3x-1} - \frac{3}{x^2}, \qquad x := \frac{v}{v_c},\ y := \frac{p}{p_c},\ t := \frac{T}{T_c}. \tag{8.37}$$

Die Abbildung 8.4 zeigt nochmals drei Isothermen mit dem durch die Maxwell-Konstruktion ersetzten Dampfdruck im Koexistenzgebiet, und zwar für die skalierten Temperaturen $t = T/T_c = 0.9, 0.94, 0.98$. Abszisse und Ordinate sind ebenfalls skaliert als $x = v/v_c$ bzw. $y = p/p_c$ aufgetragen. Die y-Skala wurde bei $y = 0.3$ abgeschnitten, weil das van der Waals-Modell nicht für Temperaturen sehr weit unterhalb von T_c gilt. Außerdem ist in der Abbildung 8.4 mit gestrichelten Linien das Koexistenzgebiet abgegrenzt. Innerhalb dieses Koexistenzgebietes verlaufen sämtliche Isothermen mit konstantem Druck.

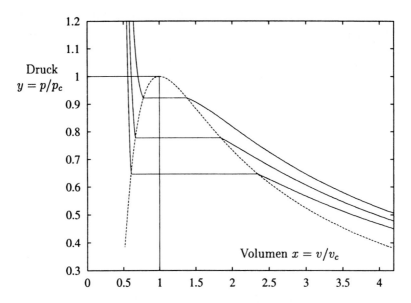

Abbildung 8.4: Isothermen des van der Waals-Modells zu den Temperaturen $t = T/T_c = 0.9, 0.94, 0.98$ und Abgrenzung des Koexistenzgebietes.

8.5 Kontinuierlicher Phasenübergang

Im Abschnitt 8.2 hatten wir den Übergang aus der gasförmigen in die flüssige Phase als Funktion des Druckes p als diskontinuierlichen Phasenübergang bezeichnet, weil das Volumen $v = v(p)$ als Funktion von p (bei T =const) für $p = p_D$, also beim Dampfdruck, einen unstetigen Sprung vom Wert v_g zum Wert v_{fl} oder umgekehrt macht. Die alternative Bezeichnung Phasenübergang 1. Ordnung rührt daher, dass die unstetige Variable v als erste Ableitung eines Potentials, nämlich der freien Enthalpie $G(T, p, N)$, nach einer intensiven Variablen, nämlich dem Druck p darstellbar ist. Das van der Waals-Modell enthält noch einen weiteren, nämlich einen *kontinuierlichen* Phasenübergang oder auch Phasenübergang 2. Ordnung. Dazu betrachten wir die Differenz $\Delta v = v_g - v_{fl}$ der Volumina pro Teilchen (oder pro Mol) als Funktion der Temperatur T. Oberhalb der kritischen Temperatur, $T > T_c$, tritt kein Phasenunterschied zwischen gasförmig und flüssig auf, so dass hier konsequenterweise $\Delta v = 0$ zu setzen ist. Unterhalb der kritischen Temperatur, $T < T_c$, tritt ein $\Delta v > 0$ auf, und zwar wachsend mit abnehmender Temperatur. Dieses Verhalten entnehmen wir qualitativ der Abbildung 8.4: das Koexistenzgebiet wird mit abnehmender Temperatur breiter. Bei $T = T_c$ ist $\Delta v = 0$. Die Funktion $\Delta v(T)$ verschwindet also in $T \geq T_c$ und verhält sich monoton abnehmend in $T < T_c$. Wir wollen nun den Übergang von $T \geq T_c$ zu $T < T_c$ in der Nähe der kritischen Temperatur T_c untersuchen.

Für unsere folgende Rechnung benutzen wir die auf den kritischen Punkt skalierte Zustandsgleichung $y = y(x; t)$ aus (8.37), so dass $\Delta v = v_g - v_{fl}$ durch $\Delta x = x_3 - x_1$ zu ersetzen ist, worin x_3 und x_1 die größte und die kleinste der drei Lösungen von $y(x_\nu; t) = y_D$ sind. Wir entwickeln $y = y(x; t)$ in (8.37) nach x am kritischen Punkt $x = 1$. Dazu berechnen wir (mit $y'(x; t)$ für die partielle Ableitung nach x usw.)

$$y(x;t) = \frac{8t}{3x-1} - \frac{3}{x^2}, \qquad y(1;t) = 4t - 3,$$

$$y'(x;t) = -\frac{24t}{(3x-1)^2} + \frac{6}{x^3}, \qquad y'(1;t) = 6(1-t),$$

$$y''(x;t) = \frac{144t}{(3x-1)^3} - \frac{18}{x^4}, \qquad y''(1;t) = -18(1-t),$$

$$y'''(x;t) = -\frac{1296t}{(3x-1)^4} + \frac{72}{x^5}, \qquad y'''(1;t) = -81t + 72.$$

Die Entwicklung bis zur 3. Ordnung lautet also

$$y(x;t) = 1 - 4(1-t) + 6(1-t)(x-1) - 9(1-t)(x-1)^2 - \frac{27t-24}{2}(x-1)^3 + \ldots \quad (8.38)$$

8. REALE GASE UND PHASENÜBERGÄNGE

Wir verallgemeinern diese Entwicklung mit der Schreibweise

$$y(x;t) = 1 - \eta(1-t) + a(1-t)(x-1) + b(1-t)(x-1)^2 - c(x-1)^3 + \ldots \quad (8.39)$$

Es muss $\eta > 0$ sein, weil der Druck mit abnehmendem $t = T/T_c$ abnimmt. Weiterhin muss der Koeffizient des Terms 3. Ordnung negativ sein, also hier $c > 0$, weil der Druck y als Funktion des Volumens x außerhalb des Koexistenzgebietes mit wachsendem x abnimmt und umgekehrt. In der Entwicklung (8.38) des van der Waals-Modells können wir $c = (27t - 24)/2$ für $t = 1$ auswerten, also $c = 3/2$, weil sich dieser Koeffizient im Gegensatz zu denen der 1. und 2. Ordnung unkritisch verhält, also bei $t = 1$ nicht verschwindet. Der Koeffizient $a(1-t)$ der 1. Ordnung muss für $t < 1$ positiv sein, also $a > 0$, damit dort zwei relative Extrema auftreten. Der Koeffizient 2. Ordnung muss bei $t = 1$ lediglich verschwinden, sein Vorzeichen wird sich sogleich als unwesentlich herausstellen.

Im nächsten Schritt formulieren wir die Maxwell-Konstruktion:

$$\int_{x_1}^{x_3} dx\, y(x;t) = y_D\,(x_3 - x_1). \quad (8.40)$$

Wir setzen die Entwicklung (8.39) ein und finden mit der Substitution $x = 1 + \xi$

$$[1 - \eta(1-t)](\xi_3 - \xi_1) + \frac{a}{2}(1-t)(\xi_3^2 - \xi_1^2) +$$
$$+ \frac{b}{3}(1-t)(\xi_3^3 - \xi_1^3) - \frac{c}{4}(\xi_3^4 - \xi_1^4) = y_D\,(\xi_3 - \xi_1), \quad (8.41)$$

woraus nach Division durch $\xi_3 - \xi_1 = x_3 - x_2 \neq 0$ für den skalierten Dampfdruck

$$y_D = 1 - \eta(1-t) + \frac{a}{2}(1-t)(\xi_3 + \xi_1) + \ldots \quad (8.42)$$

folgt. Bei der Berechnung der $x_\nu = 1 + \xi_\nu$ aus $y(x_\nu;t) = y_D$ berücksichtigen wir nur $y_D = 1 - \eta(1-t)$. Wir müssen uns später überzeugen, dass die Beschränkung auf diese Ordnung konsistent ist. Einsetzen von (8.39) in $y(x_\nu;t) = y_D$ führt dann auf

$$a(1-t)\xi_\nu + b(1-t)\xi_\nu^2 - c\xi_\nu^3 = 0, \quad (8.43)$$

8.5. KONTINUIERLICHER PHASENÜBERGANG

woraus zunächst die Lösung $\xi_\nu = 0$ folgt, die wir sogleich als die mittlere Lösung $\xi_2 = 0$ bzw. $x_2 = 1$ erkennen werden. Nach Division durch $\xi_\nu \neq 0$ bleibt die quadratische Gleichung

$$a(1-t) + b(1-t)\xi_\nu - c\xi_\nu^2 = 0, \tag{8.44}$$

mit den Lösungen

$$\xi_\nu = \frac{b}{2c}(1-t) \pm \sqrt{\frac{a}{c}(1-t) + \left[\frac{b}{2c}(1-t)\right]^2}. \tag{8.45}$$

In niedrigster Ordnung in $1-t$ können wir uns darin auf

$$\xi_\nu = \pm\sqrt{\frac{a}{c}(1-t)} \tag{8.46}$$

beschränken. Diese beiden Lösungen sind die kleinste und größte Lösung ξ_1 bzw. ξ_3, weil sie offensichtlich $\xi_2 = 0$ einschließen. Damit ist auch die Beschränkung auf $y_D = 1 - \eta(1-t)$ in (8.42) gerechtfertigt, denn die fortgelassenen Terme sind höchstens von der Ordnung $(1-t)\xi_\nu \sim (1-t)^{3/2}$ oder kleiner.

Für den Ordnungsparameter $\Delta x = x_3 - x_1 = \xi_3 - \xi_1$ erhalten wir schließlich

$$\Delta x = 2\sqrt{\frac{a}{c}(1-t)} \sim \left(1 - \frac{T}{T_c}\right)^{1/2}. \tag{8.47}$$

Für das van der Waals-Modell mit $a=6$ und $c=3/2$ wird $\Delta x = 4\sqrt{1-t}$.

Das Ergebnis (8.47) ist typisch für einen kontinuierlichen Phasenübergang: oberhalb der kritischen Temperatur T_c verschwindet Δx, der sogenannte *Ordnungsparameter*, unterhalb von T_c ist Δx proportional zu einer Potenz β des skalierten Abstands $(T_c - T)/T_c = 1-t$ von der kritischen Temperatur, des sogenannten *Kontrollparameters*:

$$\Delta x \sim \left(1 - \frac{T}{T_c}\right)^\beta. \tag{8.48}$$

β wird der *kritische Exponent* des Ordnungsparameters genannt. In unserer Theorie, die sich auf die van der Waals-Zustandsgleichung stützte, haben wir $\beta = 1/2$

gefunden. Das ist ein typisches Ergebnis sogenannter *Molekularfeldtheorien*, auch im deutschen Sprachgebrauch oft *mean field Theorien* genannt. Solche Theorien berücksichtigen nur das mittlere Verhalten der wechselwirkenden Teilchen, das gerade durch die van der Waals–Zustandsgleichung beschrieben wird. Konsequente Theorien kritischer Punkte müssen auch die thermischen *Fluktuationen* einschließen. Im Abschnitt 1.1 haben wir zwar argumentiert, dass diese Fluktuationen relativ zum Mittelwert im allgemeinen nur von der Ordnung $N^{-1/2}$ sind, worin N die Teilchenzahl des Systems ist, doch trifft dieses Verhalten gerade nicht für den kritischen Bereich zu; dort können die Fluktuationen sehr groß werden. Wir werden auf die Fluktuationen später im Zusammenhang mit der statistischen Theorie zurückkommen. Theorien des kritischen Punktes unter Einschluss der Fluktuationen der thermodynamischen Variablen ergeben Abweichungen von $\beta = 1/2$. Es zeigt sich aber, dass sich der kritische Exponent *universell* verhält: der Wert von β hängt nur von der Raumdimension des Systems ab, evtl. noch von der Spindimension, falls eine Spinvariable beteiligt ist, sowie von der Reichweite der Wechselwirkung.

Der Ordnungsparameter verhält sich als Funktion der Temperatur am kritischen Punkt $T = T_c$ stetig bzw. *kontinuierlich*, jedoch mit einer singulären Ableitung $d\Delta x/dT$: diese springt von dem Wert $-\infty$ bei $T = T_c - 0$ auf den Wert 0 bei $T > T_c$. Da die Volumendifferenz $\Delta x = (v_g - v_g)/v_c$ als Ableitung der freien Enthalpie G nach dem Druck p dargestellt werden kann, ist es hier die gemischte *zweite* Ableitung von G nach p und T, die am kritischen Punkt springt. Von dieser Betrachtungsweise rührt die Bezeichnung Phasenübergang *2. Ordnung* her.

9

Magnetische Systeme und das Landau–Modell

Kapitel 9

Magnetische Systeme und das Landau–Modell

Im vorangegangenen Kapitel 8 haben wir gezeigt, dass der übergang vom Modell des idealen Gases zum van der Waals–Modell des realen Gases durch die Berücksichtigung von Wechselwirkungen zwischen den Teilchen zu diskontinuierlichen und kontinuierlichen Phasenübergängen führen kann. dass Wechselwirkungen zwischen den mikroskopischen Freiheitsgraden zu Phasenübergängen führen können, ist ein sehr allgemeines Phänomen in der Thermodynamik. Wir werden es in diesem Kapitel in magnetischen Systemen wiederfinden. Man bezeichnet solche Phänomene auch als *kooperativ*. Kooperative Phänomene zeichnen sich weiter dadurch aus, dass ihr Verhalten am kritischen Punkt weitgehend *universell* ist, also unabhängig von dem speziellen Typ des physikalischen Systems. Wir werden eine solche Universalität in diesem Kapitel im Vergleich zwischen kooperativen magnetischen Systemen und dem realen Gas aus dem Kapitel 8 finden. Das universelle Verhalten am kritischen Punkt ist das Motiv zur Formulierung eines universellen Modells, des sogenannten Landau–Modells.

9.1 Paramagnetismus

9.1.1 Paramagnetische Zustandsgleichung

Wir betrachten zunächst ein thermodynamisches System unabhängiger, d.h., nicht wechselwirkender magnetischer Momente. Die Momente können durch Spins oder durch Bahnmomente von Elektronen in Atomen oder Molekülen oder auch von Kernen realisiert werden. Nicht wechselwirkend bedeutet hier, dass jedes der Momente sich unabhängig von den übrigen Momenten in seiner Richtung einstellen kann. Wir wollen hier auch annehmen, dass die magnetischen Momente frei drehbar sind, d.h., dass sie ohne Einwirkung eines äußeren magnetischen Feldes keine energetisch bevorzugte Richtung besitzen. Wenn jedoch ein äußeres magnetisches Feld mit der Flussdichte $\boldsymbol{B}_0 = \mu_0 \boldsymbol{H}$ vorhanden ist, dann besitzt ein magnetisches Moment $\boldsymbol{m}$ dort eine Energie

$$E = -\boldsymbol{m}\,\boldsymbol{B}_0, \qquad (9.1)$$

wie aus der Elektrodynamik bekannt ist. Die Energie ist also minimal, wenn $\boldsymbol{m}$ die Richtung von $\boldsymbol{B}_0$ einnimmt. In einem thermodynamischen System magnetischer Momente wäre die perfekte Ausrichtung aller Momente in $\boldsymbol{B}_0$-Richtung also ein Zustand minimaler Energie, allerdings auch minimaler Entropie, weil er ein Zustand perfekter Ordnung wäre und somit das statistische Gewicht $W = 1$ hätte, vgl. Abschnitt 2.3. Bei endlichen Temperaturen wird das System einen Kompromiss zwischen minimaler Energie, d.h. Ausrichtung in $\boldsymbol{B}_0$-Richtung, und maximaler Entropie, d.h. maximale Unordnung der $\boldsymbol{m}$-Richtungen, suchen. Wir erwarten, dass dabei eine mittlere, jedoch nicht perfekte Ausrichtung der magnetischen Momente in $\boldsymbol{B}_0$-Richtung zustandekommt, deren räumliche Dichte als die *Magnetisierung* $\boldsymbol{M}$ des Paramagneten definiert wird. Wenn für $\boldsymbol{B}_0 = 0$ keine Vorzugsrichtung für die magnetischen Momente existiert, wird die Magnetisierung $\boldsymbol{M}$ parallel zu $\boldsymbol{B}_0$ sein und für $\boldsymbol{B}_0 = 0$ wird $\boldsymbol{M} = 0$ sein. Eine Zunahme des Feldes $\boldsymbol{B}_0$ wird zu einer Zunahme der Magnetisierung führen, eine Zunahme der Temperatur T jedoch zu einer Schwächung der Magnetisierung, weil die thermische Bewegung der Momente mit zunehmender Temperatur anwächst. Dieser Zusammenhang legt es nahe, die Magnetisierung als monotone Funktion von B_0/T anzusetzen. Diese Variable wird dimensionslos, wenn wir sie mit dem mikroskopischen magnetischen Moment $m = |\boldsymbol{m}|$ multiplizieren: $\eta := m B_0/T$. Bei Verwendung der Kelvin-Skala für die Temperatur T' müssten wir $\eta = m B_0/(k_B T')$ schreiben, wo k_B die Boltzmann-Konstante ist. Unser Ansatz für die Magnetisierung M in $\boldsymbol{B}_0$-Richtung lautet also $M \sim \Lambda(\eta)$. Außerdem erwarten wir

$$\eta \to \infty: \qquad M \to \frac{N\,m}{V}, \qquad (9.2)$$

worin N die Gesamtzahl der mikroskopischen Momente und V das Volumen des Systems sind. $N m/V$ ist die *Sättigungsmagnetisierung*. Wir skalieren die Funktion $\Lambda(\eta)$ nun so, dass $\Lambda(\eta) \to 1$ für $\eta \to \infty$, so dass

$$M = \frac{N\,m}{V} \Lambda(\eta), \qquad \eta = \frac{m\,B_0}{T}. \qquad (9.3)$$

9.1. PARAMAGNETISMUS

Dieses ist die *paramagnetische Zustandsgleichung*, die der Zustandsgleichung $pV = NT$ des idealen Gases entspricht. Weil $M = 0$ für $B_0 = 0$, ist $\Lambda(0) = 0$. In der Nähe von $\eta = 0$ wird $\Lambda(\eta)$ in eine Potenzreihe nach η entwickelbar sein, so dass wir für hinreichend schwache Felder in niedrigster Ordnung $\Lambda(\eta) \sim \eta$ erwarten. Wir werden später im statistischen Teil die Funktion $\Lambda(\eta)$ für verschiedene Systeme berechnen. Für klassische Momente m, die sich kontinuierlich relativ zur $\boldsymbol{B}_0$-Richtung einstellen können, werden wir

$$\Lambda(\eta) = \coth \eta - \frac{1}{\eta} = \frac{\eta}{3} + O(\eta^3) \tag{9.4}$$

finden, für quantisierte Elektronenspins $m = e\hbar/(2m_e)$ (e = Elementarladung, m_e = Elektronenmasse)

$$\Lambda(\eta) = \tanh \eta = \eta + O(\eta^3). \tag{9.5}$$

Beide Funktionen $\Lambda(\eta)$ in (9.4) und (9.5) erfüllen offensichtlich $\Lambda(\eta) \to 1$ für $\eta \to \infty$. Die magnetische Suszeptibilität

$$\chi_M = \left(\frac{\partial M}{\partial H}\right)_T = \mu_0 \left(\frac{\partial M}{\partial B_0}\right)_T \tag{9.6}$$

ist im allgemeinen noch eine Funktion von B_0 und T. Nur im Grenzfall schwacher Felder B_0, wenn wir $\Lambda(\eta)$ durch den Term $\sim \eta$ approximieren können, wird χ_M unabhängig vom Feld H bzw. B_0. Für die beiden obigen Beispiele lautet χ_M dann

$$\chi_M = \begin{cases} \mu_0 N m^2/(3VT) & \text{klassisch,} \\ \mu_0 N m^2/(VT) & \text{Elektronenspin.} \end{cases} \tag{9.7}$$

In jedem Fall ist $\chi_M \sim 1/T$: *Curiesches Gesetz*. Wir wollen aber betonen, dass die Voraussetzung eines "hinreichend schwachen Feldes" $\eta = mB_0/T \ll 1$ von der Temperatur abhängt.

9.1.2 Entropie und freie Energie des Paramagneten

Aus der Kenntnis der Magnetisierung als Funktion von B_0 und T können wir auch recht weitgehende Aussagen über die Entropie des Paramagneten gewinnen. Wie im Abschnitt 4.5 gezeigt, lautet die Fundamentalrelation für die freie Energie $\tilde{F} = \tilde{F}(T, B_0)$:

$$d\tilde{F} = -S\, dT - V M\, dB_0. \tag{9.8}$$

Daraus folgt eine Maxwell-Relation, die wir unter Verwendung von (9.3) auswerten:

$$\left(\frac{\partial S}{\partial B_0}\right)_T = V \left(\frac{\partial M}{\partial T}\right)_{B_0} = -\frac{N m^2 B_0}{T^2} \Lambda'\left(\frac{m B_0}{T}\right). \tag{9.9}$$

($\Lambda'(\eta)$ bedeutet die Ableitung nach η.) Daraus finden wird durch Integration nach B_0 bzw. mit der Substitution $\eta = m B_0/T$ die Entropie $S = S(T, B_0)$ als Funktion von T, B_0:

$$\begin{aligned}
S(T, B_0) &= S_0(T) - \frac{N m^2}{T^2} \int_0^{B_0} dB_0'\, B_0'\, \Lambda'\left(\frac{m B_0'}{T}\right) \\
&= S_0(T) - N \int_0^{\eta} d\eta'\, \eta'\, \Lambda'(\eta') \\
&= S_0(T) + N \sigma\left(\frac{m B_0}{T}\right)
\end{aligned} \tag{9.10}$$

mit

$$\sigma(\eta) := -\int_0^{\eta} d\eta'\, \eta'\, \Lambda'(\eta') = -\eta \Lambda(\eta) + \Phi(\eta), \tag{9.11}$$

$$\Phi(\eta) = \int_0^{\eta} d\eta\, \Lambda(\eta'), \tag{9.12}$$

durch eine partielle Integration, bzw. auch $\Phi'(\eta) = \Lambda(\eta)$.

Da $\sigma(0) = 0$, lesen wir aus (9.10) ab, dass $S_0(T)$ die Entropie des Paramagneten in Abwesenheit eines äußeren Feldes, also für $B_0 = 0$ ist. $S_0(T)$ enthält die thermische Bewegung sämtlicher Freiheitsgrade des Systems, bei denen die Orientierungen der Momente nicht betroffen sind. Bei Inversion des Feldes, $B_0 \to -B_0$, kehrt im Paramagneten auch die Magnetisierung ihre Richtung um: $M \to -M$. Folglich ist $\Lambda(\eta)$ ungerade, $\Lambda(-\eta) = -\Lambda(\eta)$, vgl. auch (9.4) und (9.5), und $\Lambda'(\eta)$ ist gerade. Dann folgt aus (9.11), dass auch $\sigma(\eta)$ gerade ist: $\sigma(-\eta) = \sigma(\eta)$. Der Feldanteil der

9.1. PARAMAGNETISMUS

Entropie hängt also nicht von der Richtung von B_0 ab, was physikalisch unmittelbar einleuchtet. Ebenso physikalisch einleuchtend ist, dass $\sigma(\eta) < 0$: durch das Einschalten des Feldes B_0 wird die Ausrichtung der Momente und somit die Ordnung im Paramagneten erhöht, damit aber die Anzahl der repräsentativen Mikrozustände und somit die Entropie erniedrigt, vgl. Abschnitt 2.1. Formal schließen wir $\sigma(\eta) < 0$ aus (9.11), wenn wir beachten, dass $\Lambda'(\eta) > 0$: eine Erhöhung von B_0 führt immer zu einer Zunahme der Magnetisierung M. Natürlich kann die Gesamtentropie S als Logarithmus der Anzahl der repräsentativen Mikrozustände niemals negativ werden. Daraus folgt $-\sigma(\eta) \leq S_0/N$. Diese Eigenschaft können wir hier nicht nachweisen, da $S_0(T)$ hier lediglich als T-abhängige Integrationskonstante auftritt.

Wir berechnen die freie Energie $\tilde{F} = \tilde{F}(T, B_0)$ aus der Fundamentalrelation (9.8), indem wir die Variablen (T, η) statt (T, B_0) benutzen. Unter Verwendung von (9.10), (9.11) und

$$m B_0 = T \eta, \qquad m\, dB_0 = \eta\, dT + T\, d\eta$$

erhalten wir

$$\begin{aligned} d\tilde{F} &= -[S_0(T) + N\,\sigma(\eta)]\, dT - N\, m\, \Lambda(\eta)\, dB_0 \\ &= -[S_0(T) + N\,\Phi(\eta)]\, dT - N\, T\, \Lambda(\eta)\, d\eta. \end{aligned} \qquad (9.13)$$

Wegen $\Phi'(\eta) = \Lambda(\eta)$, vgl. (9.12), lässt sich $\tilde{F}$ daraus integrieren zu

$$\tilde{F}(T, B_0) = \tilde{F}_0(T) - N T\, \Phi(\eta) = \tilde{F}_0(T) - N T\, \Phi\left(\frac{m B_0}{T}\right). \qquad (9.14)$$

Darin hängt die Funktion $\tilde{F}_0(T)$ mit $S_0(T)$ durch $d\tilde{F}_0(T)/dT = S_0(T)$ zusammen.

Zu gegebenem $\Lambda(\eta)$ können wir $\Phi(\eta)$ berechnen. Unter Benutzung der in (9.4) und (9.5) angegebenen $\Lambda(\eta)$ finden wir

$$\Phi(\eta) = \int_0^\eta d\eta'\, \Lambda(\eta') = \begin{cases} \ln(\sinh\eta/\eta) & \text{klassische Momente,} \\ \ln(\cosh\eta) & \text{Elektronenspins.} \end{cases} \qquad (9.15)$$

Für hinreichend kleine $\eta = m B_0/T$, wenn wir $\Lambda(\eta)$ linear approximieren können, $\Lambda(\eta) = \alpha\,\eta$, wird

$$\Phi(\eta) = \frac{\alpha}{2}\eta^2, \quad \sigma(\eta) = -\frac{\alpha}{2}\eta^2,$$
$$S(T, B_0) = S_0(T) - \frac{N\alpha}{2}\left(\frac{m B_0}{T}\right)^2,$$
$$\tilde{F}(T, B_0) = \tilde{F}_0(T) - \frac{N\alpha}{2}\frac{(m B_0)^2}{T}. \tag{9.16}$$

9.1.3 Innere Energie und Wärmekapazität

Die innere Energie berechnen wir aus $U = \tilde{F} + TS$. Einsetzen von S aus (9.10) und $\tilde{F}$ aus (9.14) ergibt

$$\begin{aligned} U(T, B_0) &= U_0(T) - NT\left[\Phi(\eta) - \sigma(\eta)\right] \\ &= U_0(T) - NT\eta\Lambda(\eta) \\ &= U_0(T) - Nm B_0 \Lambda\left(\frac{m B_0}{T}\right) \end{aligned} \tag{9.17}$$

mit $U_0(T) = \tilde{F}_0(T) + T S_0(T)$. Für hinreichend kleine $\eta = m B_0/T$ wird daraus

$$U(T, B_0) = U_0(T) - N\alpha\frac{(m B_0)^2}{T}. \tag{9.18}$$

Wir bestimmen schließlich noch den feldabhängigen Anteil der Wärmekapazität C_{B_0}:

$$\begin{aligned} \left(\frac{\partial U}{\partial T}\right)_{B_0} &= U'_0(T) + C_{B_0}, \\ C_{B_0} &= N\left(\frac{m B_0}{T}\right)^2 \Lambda'\left(\frac{m B_0}{T}\right), \end{aligned} \tag{9.19}$$

worin $\Lambda'(\eta)$ wieder die Ableitung nach η bedeutet. Für den Fall von Elektronenspins, $\Lambda(\eta) = \tanh\eta$, wird

$$C_{B_0} = N\frac{(m B_0/T)^2}{\cosh^2(m B_0/T)}. \tag{9.20}$$

9.1. PARAMAGNETISMUS

Die Abbildung 9.1 zeigt den Verlauf von C_{B_0}/N als Funktion der skalierten Temperatur $\tau = T/(m\,B_0)$. Dieser Verlauf ist typisch für ein *2-Zustands–System*. Bei $T = 0$ zeigen sämtliche Spins der Elektronen in Feldrichtung B_0. Dieser Zustand ist durch nur einen Mikrozustand repräsentiert. Mit zunehmender Energie nimmt auch die Anzahl der repräsentativen Zustände zu. Sie beträgt

$$W = \binom{N}{n} = \frac{N!}{n!\,(N-n)!},$$

worin n = Anzahl der Spins gegen die Feldrichtung B_0, vgl. Abschnitt 2.2. Mit zunehmender Temperatur T kann das System deshalb zunächst mehr Energie bzw. Wärme pro Temperatur aufnehmen. Bei sehr hoher Temperatur bestimmt dann aber der entropische Anteil $-TS$ das Minimum der freien Energie $F = U - TS$, d.h., das System strebt einem Zustand mit maximaler Entropie zu. Wegen $S = \ln W$ ist das äquivalent zu $W =$ Max, und das ist bei $n = N/2$ erreicht, wenn gleich viele Spins in und gegen die Feldrichtung B_0 zeigen. Weitere Energie kann nicht mehr aufgenommen werden, so dass die Wärmekapazität als Funktion der Temperatur wieder abnehmen muss.

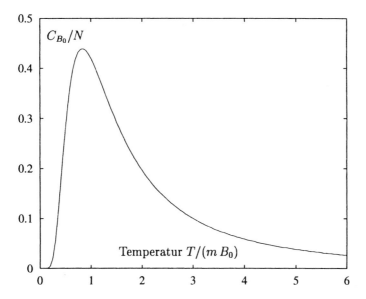

Abbildung 9.1: Feldabhängiger Anteil der Wärmekapazität C_{B_0} eines Systems elektronischer Spins als Funktion der Temperatur.

9.2 Weißsche Theorie des Ferromagnetismus

Im vorangegangenen Abschnitt haben wir ein System unabhängiger magnetischer Momente thermodynamisch beschrieben. Wir können die Ergebnisse dieser Beschreibung begrifflich vergleichen mit dem System unabhängiger Teilchen, also mit dem idealen Gas im Kapitel 7. Die Beziehung $M = M(T, B_0)$, die wir im vorangegangenen Abschnitt in der Form (9.3),

$$M = \frac{Nm}{V} \Lambda(\eta), \qquad \eta = \frac{mB_0}{T}.$$

modelliert hatten, haben wir mit $V = V(T, p) = NT/p$ beim idealen Gas zu vergleichen. Wir können sie also als die "ideale Gasgleichung" unabhängiger magnetischer Momente ansprechen. Jetzt wollen wir auch für das System magnetischer Momente den analogen Schritt ausführen, der uns vom idealen Gas zu einem realen Gas führte. Das reale Gas unterscheidet sich vom idealen Gas dadurch, dass die Teilchen miteinander wechselwirken können. Thermodynamisch hatten wir diese Wechselwirkungen im Kapitel 8 durch das Modell des van der Waals-Gases beschrieben. Dieses Modell ist, wie wir dort angemerkt hatten, ein sogenanntes *Molekularfeld-Modell*: die thermodynamischen Auswirkungen der Wechselwirkungen waren sehr pauschal durch ein Eigenvolumen der Teilchen und durch eine Druckreduktion aufgrund einer Anziehung zwischen den Teilchen erfasst worden.

Analog werden wir jetzt im Fall des Systems magnetischer Momente vorgehen, wobei der Ausdruck Molekularfeld-Modell noch viel anschaulicher sein wird. Wir stellen uns die Wechselwirkung zwischen den magnetischen Momenten so vor, dass ein herausgegriffenes Moment nicht nur unter der Wirkung des äußeren Feldes mit der Flussdichte B_0 steht, sondern zusätzlich noch unter der Wirkung eines inneren Feldes mit der Flussdichte B_{eff}, die ihrerseits durch die benachbarten magnetischen Momente erzeugt wird. Auf diese Weise kommt eine "anziehende" Wechselwirkung zustande: benachbarte Momente haben die Tendenz, sich parallel zu stellen. Solche Systeme heißen *Ferromagneten*. Deren Molekularfeld-Beschreibung setzt das effektive Feld B_{eff} proportional zur gesamten mittleren Magnetisierung M,

$$B_{eff} = \lambda \mu_0 M, \qquad (9.21)$$

die nunmehr analog zum Fall des Paramagneten aus der impliziten Gleichung

$$M = \frac{Nm}{V} \Lambda\left(\frac{m(B_0 + B_{eff})}{T}\right) = \frac{Nm}{V} \Lambda\left(\frac{m(B_0 + \lambda \mu_0 M)}{T}\right) \qquad (9.22)$$

9.2. WEISSSCHE THEORIE DES FERROMAGNETISMUS

zu berechnen ist. Diese Gleichung ist die Zustandsgleichung des Molekularfeld-Modells bzw. des *Weißschen Modells* eines Ferromagneten. Sie ist das Analogon zur van der Waals–Zustandsgleichung eines realen Gases. Die Konstante λ wird auch *Austauschkonstante* genannt. Sie ist offensichtlich ein Parameter, der die Stärke der Wechselwirkung zwischen den Momenten beschreibt. Indem der Ansatz (9.21) das lokale Wechselwirkungsfeld als durch die gesamte Magnetisierung des Systems gegeben annimmt, setzt er eine sehr langreichweitige Wechselwirkung voraus.

9.2.1 Der Ferromagnet ohne äußeres Feld: $B_0 = 0$

Bei der Auswertung von (9.22) beginnen wir mit dem Fall $B_0 = 0$, also ohne äußeres Feld:

$$M = \frac{Nm}{V} \Lambda\left(\frac{m\lambda\mu_0 M}{T}\right). \tag{9.23}$$

Beim Paramagneten war bei $B_0 = 0$ auch immer $M = 0$. Beim Ferromagneten in (9.23) kann aber ein $M \neq 0$ für $B_0 = 0$ auftreten. Zwar ist auch dort $M = 0$ immer eine Lösung, weil ja $\Lambda(0) = 0$ sein sollte, aber wenn $\Lambda(\eta)$ bei $\eta = 0$ eine hinreichend große Steigung besitzt, gibt es zwei weitere Lösungen $M \neq 0$, vgl. Abbildung 9.2 (Schnittpunkte von $f(M) = (Nm/V)\Lambda(m\lambda\mu_0 M/T)$ mit $g(M) = M$.) Diese Steigung wird durch die Temperatur gesteuert, weil alle anderen Parameter $N/V, m, \lambda$ in einem magnetischen System nicht verfügbar sind. Es gibt offensichtlich eine *kritische* Temperatur T_c, die die beiden Bereiche $M = 0$ und $M \neq 0$ trennt. Sie ist dadurch definiert, dass die rechte Seite von (9.23) für $T = T_c$ dieselbe Steigung wie die linke Seite besitzt, also den Wert 1:

$$\left[\left(\frac{\partial}{\partial M}\right)_{T_c} \frac{Nm}{V} \Lambda\left(\frac{m\lambda\mu_0 M}{T_c}\right)\right]_{M=0} = 1. \tag{9.24}$$

Die Entwicklung von $\Lambda(\eta)$ bei $\eta = 0$ habe die Form

$$\Lambda(\eta) = \alpha\eta + O(\eta^3), \tag{9.25}$$

vgl. Abschnitt 9.1, worin z.B. $\alpha = 1/3$ für den klassischen Paramagneten und $\alpha = 1$ für Elektronenspins, vgl. (9.4) und (9.5). Dann folgt aus (9.24) für die kritische Temperatur, die in magnetischen Systemen auch *Curie-Temperatur* genannt wird:

9. MAGNETISCHE SYSTEME UND DAS LANDAU-MODELL

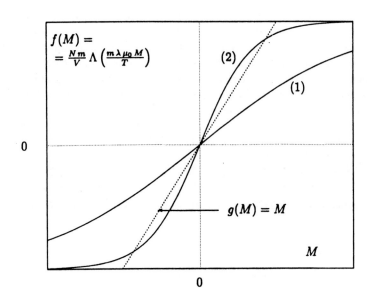

Abbildung 9.2: Lösung von (9.23): Schnittpunkte von $f(M) = (Nm/V)\,\Lambda(m\lambda\mu_0 M/T)$ mit $g(M) = M$, (1): $T > T_c$, (2): $T < T_c$. (Dargestellt ist der Verlauf $\Lambda(\eta) = \tanh\eta$ für Elektronenspins.)

$$T_c = \frac{Nm^2}{V}\lambda\mu_0\alpha. \tag{9.26}$$

Wir können jetzt auch die Gleichung (9.23) in kritisch skalierter Form aufschreiben. Wir wählen

$$t := T/T_c, \qquad x := \frac{M}{Nm/V} \tag{9.27}$$

und finden

$$x = \Lambda\left(\frac{x}{\alpha t}\right). \tag{9.28}$$

Die Abbildung 9.3 zeigt die Lösungen $x \neq 0$ dieser Gleichung als Funktion der kritisch skalierten Temperatur t für $t < 1$ bzw. $T < T_c$. (Wir haben in dieser Abbildung wieder den Fall von Elektronenspins mit $\Lambda(\eta) = \tanh\eta$ mit $\alpha = 1$ gewählt.) Wir

9.2. WEISSSCHE THEORIE DES FERROMAGNETISMUS

erkennen in der Abbildung einen *kontinuierlichen* Phasenübergang: Ordnungsparameter ist hier die Magnetisierung $M \sim x$, Kontrollparameter ist wie beim realen Gas die Temperatur. Man nennt die Magnetisierung $M \neq 0$ bei $B_0 = 0$ auch eine *spontane* Magnetisierung. Sie ist typisch für das Verhalten von Ferromagneten. Die spontane Magnetisierung ist in $T < T_c$ keine eindeutige Funktion der Temperatur; unser Molekularfeld–Modell liefert uns zu jedem T je zwei Magnetisierungen $M \neq 0$, die sich durch ihr Vorzeichen unterscheiden. Welche der beiden Magnetisierungsrichtungen sich tatsächlich einstellt, wird durch lokale Fluktuationen entschieden. Die Einstellung eines von mehreren möglichen Werten des Ordnungsparameters nennt man auch *spontane Symmetriebrechung*. Sie ist ebenfalls typisch für kontinuierliche Phasenübergänge. Auch in $T < T_c$ bleibt $M = 0$ bzw. $x = 0$ eine Lösung von (9.28). Sie wird dort allerdings *instabil*. Dieses ist eine allgemeine Eigenschaft kontinuierlicher Phasenübergänge, auf die wir im folgenden Abschnitt zurückkommen werden.

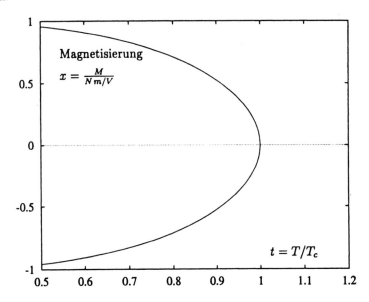

Abbildung 9.3: Ordnungsparameter $x \sim M$ als Funktion der skalierten Temperatur $t = T/T_c$ im Weißschen Modell eines Ferromagneten.

9.2.2 Der Ferromagnet mit einem äußeren Feld $B_0 \neq 0$

Wir untersuchen jetzt noch die Lösungen der Zustandsgleichung (9.22) für nicht verschwindendes äußeres Feld $B_0 \neq 0$. Auch für $B_0 \neq 0$ können wir die Zustandsgleichung skaliert formulieren, nämlich in Erweiterung von (9.28) als

$$x = \Lambda\left(\frac{y+x}{\alpha t}\right), \qquad y := \frac{B_0}{(Nm/V)\lambda\mu_0}, \tag{9.29}$$

die Definitionen von x und t in (9.27) bleiben unverändert. Die Abbildung 9.4 zeigt das Ergebnis der Auswertung von (9.29), nämlich die skalierte Magnetisierung x als Funktion des skalierten äußeren Feldes y, und zwar je einmal $x(y)$ für $t > 1$ und $t < 1$. Für $t > 1$, also $T > T_c$, ist x eine eindeutige Funktion von y, bzw. M eine eindeutige Funktion von B_0. Wegen der qualitativen Ähnlichkeit zum Paramagneten nennt man $T > T_c$ auch den *paramagnetischen Bereich*. Für $t < 1$ bzw. $T < T_c$ ist $x(y)$ bzw. $M(B_0)$ mehrdeutig. Dieses Verhalten ist völlig analog zu dem der Funktion $V(p)$ (bei $T =$ konstant) im van der Waals-Modell: auch dort lieferte die formale Isotherme ein mehrdeutiges $V(p)$. Wie im van der Waals-Modell sind die Äste $M > 0$ für $B_0 < 0$ und $M < 0$ für $B_0 > 0$ *instabil* und müssen durch die Senkrechte $B_0 = 0$ zwischen den nicht verschwindenden Werten von M für $B_0 \to +0$ und $B_0 \to -0$ abgeschnitten werden. Dieses Verfahren entspricht der Maxwell-Konstruktion beim realen Gas. Auf seine Begründung für den Ferromagneten werden wir im folgenden Abschnitt zurückkommen. Es entsteht auf diese Weise ein diskontinuierlicher Phasenübergang für die Magnetisierung als Funktion des äußeren Feldes.

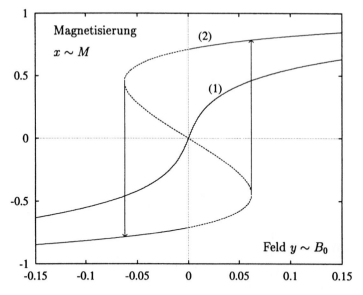

Abbildung 9.4: Magnetisierung $x \sim M$ als Funktion des äußeren Feldes $y \sim B_0$, (1): $t > 1$, (2): $t < 1$.

Im Gegensatz zum realen Gas ist es in vielen Ferromagneten möglich, die instabilen Äste weitgehend zu realisieren. Wenn man in der Abbildung 9.4 von hohen B_0-

9.2. WEISSSCHE THEORIE DES FERROMAGNETISMUS

Werten kommend den Wert $B_0 = 0$ in negativer Richtung durchläuft, bleibt man zunächst auf dem instabilen Ast $M > 0$ (in Abbildung 9.4 gestrichelt), bis dieser mit senkrechter Tangente endet. Spätestens dort muss das System bei weiterer Abnahme von B_0 auf den stabilen unteren Ast springen (Pfeile in der Abbildung 9.4), entsprechend in umgekehrter Richtung. Man nennt dieses Verhalten *Hysterese*: die Magnetisierung hängt nicht nur vom jeweiligen Wert des äußeren Feldes, sondern auch von der "Vorgeschichte" des Systems ab.

Es ist einsichtig, dass sich im ferromagnetischen Bereich im allgemeinen keine magnetische Suszeptibilität χ_M mehr sinnvoll definieren lässt, wohl aber im paramagnetischen Bereich $t > 1$ bzw. $T > T_c$ des Ferromagneten. Wir entwickeln $\Lambda(\eta)$ auf der rechten Seite von (9.29) für hinreichend kleine Felder y und entsprechend hinreichend kleine Magnetisierungen x bis zur linearen Ordnung, $\Lambda(\eta) \approx \alpha \eta$, vgl. (9.25), und erhalten

$$x = \frac{y + x}{t}$$

und daraus

$$x = \frac{y}{t-1} = \frac{y T_c}{T - T_c}. \tag{9.30}$$

Aus (9.27) und (9.29) setzen wir $y T_c = \alpha m B_0$ und $M = (N m/V) x$ ein und erhalten

$$M = \frac{N m^2}{V} \frac{\alpha B_0}{T - T_c} \tag{9.31}$$

bzw.

$$\chi_M = \left(\frac{\partial M}{\partial H}\right)_T = \mu_0 \left(\frac{\partial M}{\partial B_0}\right)_T = \mu_0 \frac{N m^2}{V} \frac{\alpha}{T - T_c}. \tag{9.32}$$

Dieses Verhalten von χ_M wird auch *Curie-Weißsches Gesetz* genannt und ist mit dem Curieschen Gesetz (9.7) für den Paramagneten zu vergleichen.

9.3 Das Landau–Modell

Die qualitativen Ähnlichkeiten zwischen den kontinuierlichen und diskontinuierlichen Phasenübergängen im van der Waals-Modell und in der Weißschen Theorie des Ferromagnetismus findet man auch in vielen anderen thermodynamischen Systemen mit kooperativen Phänomenen wieder. In diesen Systemen ist immer ein Ordnungsparameter x definierbar, der sich in der Nähe des kritischen Punktes wie

$$x = \begin{cases} \sim (1-t)^\beta & t < 1 \quad \text{bzw.} \quad T < T_c \\ 0 & t > 1 \quad \text{bzw.} \quad T > T_c \end{cases} \quad (9.33)$$

verhält, worin der kritische Exponent β für gewisse Klassen von Systemen immer denselben Wert besitzt. Die Molekularfeld-Theorie liefert, wie wir gesehen haben, $\beta = 1/2$. Dieses sogenannte *universelle* Verhalten von kooperativen Systemen in der Nähe des kritischen Punktes ist der Ausgangspunkt des Landau-Modells, das wir hier in ihrer einfachsten Version, nämlich wiederum als Molekularfeld-Theorie kennenlernen wollen. Es macht einen Ansatz für die freie Enthalpie G in der Form $G = G(T, p, y; x)$. Darin ist y ein skaliertes äußeres Feld, z.B. das Feld B_0 in einem Ferromagneten und x der skalierte Ordnungsparameter, z.B. die Magnetisierung. Im folgenden benötigen wir den Druck p zunächst nicht als Variable und schreiben ihn deshalb nicht explizit mit. Der Ordnungsparameter x in $G = G(T, y; x)$ spielt die Rolle einer inneren Variablen, wie wir sie bereits früher verwendet haben. Der Gleichgewichtswert des Ordnungsparameters soll durch $G =$ Min in bezug auf die Variable x bestimmt werden. Dieses Vorgehen entspricht genau unseren allgemeinen Überlegungen im Kapitel 4. Insofern könnten wir das Landau-Modell jetzt auch als einen weiteren Abschnitt an das Kapitel 4 anhängen.

Das Landau-Modell beruht auf der Annahme, dass $G = G(T, y; x)$ nach dem Ordnungsparameter x entwickelt werden kann:

$$G(T, y; x) = G_0(T, y) + \gamma x + a x^2 + b x^4 + \ldots \quad (9.34)$$

Den Koeffizienten γ des linearen Terms ermitteln wir aus der Relation, die im Fall magnetischer Systeme

$$M = -\frac{1}{V} \left(\frac{\partial \tilde{F}}{\partial B_0} \right)_T \quad (9.35)$$

lautet, vgl. Abschnitt 4.5. Tatsächlich entspricht die freie Energie $\tilde{F} = \tilde{F}(T, B_0)$ in magnetischen Systemen der Funktion $G = G(T, y; x)$, weil y der Feldvariablen B_0 entspricht.

9.3. DAS LANDAU-MODELL

Die Relation (9.35) wird also als

$$x = -\left(\frac{\partial G}{\partial y}\right)_T \qquad (9.36)$$

in das Landau-Modell übertragen. Wir setzen (9.34) in (9.36) ein und finden $\gamma = -y$.

In der Entwicklung (9.34) haben wir keinen Term $\sim x^3$ eingeschlossen, weil wir annehmen wollen, dass das System bei $y = 0$, im magnetischen Fall $B_0 = 0$, gegen eine Vorzeichenumkehr von x, im magnetischen Fall die Magnetisierung, invariant ist. Man kann das Landau-Modell aber auf den allgemeinen Fall ohne diese Invarianz erweitern.

Wir bilden jetzt die Variation δG aufgrund einer Variation δx des Ordnungsparameters bei T =konstant und y =konstant und erhalten aus (9.34) (mit $\gamma = -y$)

$$\delta G = \left(-y + 2\,a\,x + 4\,b\,x^3\right)\delta x. \qquad (9.37)$$

Der Gleichgewichtswert des Ordnungsparameters sollte durch G =Min bestimmt sein. Daraus folgt $\delta G = 0$ bei beliebigem δx, also

$$-y + 2\,a\,x + 4\,b\,x^3 = 0. \qquad (9.38)$$

Die *lokale* Stabilität der Lösungen dieser Gleichung verlangt $\delta^2 G > 0$. Gemäß den Regeln aus dem Kapitel 5 berechnen wir aus (9.37)

$$\delta^2 G = \left(2\,a + 12\,b\,x^2\right)(\delta x)^2. \qquad (9.39)$$

9.3.1 Die Lösungen für verschwindendes Feld $y = 0$

Wir untersuchen die Lösungen von (9.38) zunächst für verschwindendes Feld $y = 0$. Sie lauten

$$x = \begin{cases} 0 \\ \pm\sqrt{-a/(2\,b)} \end{cases} \qquad (9.40)$$

Für die Lösung $x = 0$ wird

$$\left(\delta^2 G\right)_{x=0} = 2\,a\,(\delta x)^2, \tag{9.41}$$

d.h., $x = 0$ ist stabil für $a > 0$. Für die beiden Lösungen $x \neq 0$ aus (9.40) wird

$$\left(\delta^2 G\right)_{x \neq 0} = -4\,a\,(\delta x)^2, \tag{9.42}$$

d.h., die Lösungen $x \neq 0$ sind stabil für $a < 0$. Der Übergang zwischen $a > 0$ und $a < 0$ soll einen kontinuierlichen Phasenübergang als Funktion der Temperatur bei einer kritischen Temperatur $T = T_c$ beschreiben. Die einfachste Annahme dafür ist $a = a(T) \sim T - T_c$ oder in skalierter Form $a = a_0\,(t-1)$ mit $t = T/T_c$ und $a_0 > 0$. Die in $t < 1$ stabile Lösung $x \neq 0$ erhält dann die Form

$$x = \pm\sqrt{\frac{a_0}{2\,b}\,(1-t)}, \tag{9.43}$$

also die uns bekannte Form eines kontinuierlichen Phasenübergangs in der Molekularfeld-Version. Allerdings muss dafür auch noch $b > 0$ erfüllt sein. Diese Bedingung folgt daraus, dass auch bei $t = 1$ die Lösung $x = 0$ stabil sein muss. Dort ist aber $\delta^2 G = 0$, so dass wir $\delta^4 G$ untersuchen müssen. Mit den Regeln aus dem Kapitel 5 berechnen wir $\delta^4 G = 24\,b\,(\delta x)^4$. Aus der Stabilität von $x = 0$ bei $t = 1$ folgt also auch $b > 0$.

Zur Vereinfachung der Schreibweise wollen wir vereinbaren, dass wir durch eine geeignete Skalierung des Ordnungsparameters x und der freien Enthalpie G die Konstanten $a_0 = 1/2$ und $b = 1/4$ gewählt haben. Dann ist $a = (t-1)/2$, und die freie Enthalpie kann geschrieben werden in der skalierten Form

$$G(T, y; x) - G_0(T, y) \sim -y\,x + \frac{t-1}{2}\,x^2 + \frac{1}{4}\,x^4, \tag{9.44}$$

und (9.43) vereinfacht sich zu

$$x = \pm\sqrt{1-t}. \tag{9.45}$$

Wenn die mikroskopischen Fluktuationen δx des Ordnungsparameters sehr groß werden, können die beiden Zustände in (9.45) instabil werden. Wir schätzen ab, dass sie stabil bleiben, wenn das Schwankungsquadrat $\langle(\delta x)^2\rangle$ kleiner bleibt als der quadratische Abstand der beiden Lösungen von (9.45), wenn also $\langle(\delta x)^2\rangle < 4\,(1-t)$. Diese Bedingung heißt auch das *Ginzburg-Kriterium*.

9.3.2 Die Lösungen für nicht verschwindendes Feld $y \neq 0$

In einem zweiten Schritt untersuchen wir die Lösungen von (9.38) zu nicht verschwindendem Feld $y \neq 0$. In der skalierten Form $y = P(x) := (t-1)x + x^3$ läuft das auf die Ermittlung der Schnittpunkte eines Polynoms 3. Ordnung $P(x)$ mit einer Parallelen zur x-Achse zum vorgegebenen Wert y hinaus. Die Abbildung 9.5 zeigt zwei Verläufe von $P(x)$, und zwar für $t > 1$ und für $t < 1$. Für $t > 1$ bzw. $T > T_c$ gibt es zu jedem y stets genau eine Lösung von $y = P(x)$, für $t < 1$ bzw. $T < T_c$ gibt es y-Bereiche, in denen es drei Lösungen von $y = P(x)$ gibt, die wir x_1, x_2, x_3 in aufsteigender Reihenfolge nennen wollen, also $x_1 < x_2 < x_3$. Die beiden Extrema von $P(x)$ liegen bei

$$x_{e1,2} = \mp\sqrt{\frac{1-t}{3}}. \tag{9.46}$$

Dort hat $P(x)$ den Wert $P(x_{e1,2}) = \pm y_e$ mit

$$y_e = \frac{2}{3\sqrt{3}}(1-t)^{3/2}. \tag{9.47}$$

In $-y_e < y < +y_e$ gibt es also drei Lösungen $x_1 < x_2 < x_3$ für den Ordnungsparameter. Unter diesen sind jene *lokal* stabil, für die $\delta^2 G > 0$. Gemäß (9.39) ist das der Fall, wenn (in skalierter Form) $t - 1 + 3x^2 > 0$ bzw.

$$x^2 > \frac{1-t}{3} = x_{e1,2}^2. \tag{9.48}$$

Aus der Abbildung 9.5 entnehmen wir, dass der größte und der kleinste Wert des Ordnungsparameters, x_3 und x_1, immer die Bedingung (9.48) erfüllen und damit lokal stabil sind, während x_2 immer lokal instabil ist. Jede mikroskopische Fluktuation würde aus x_2 herausführen, nicht jedoch aus x_1 und x_3[1]. Von diesen beiden ist aber immer einer der *global* stabilere, nämlich x_3 für $y > 0$ und x_1 für $y < 0$. Das geht unmittelbar aus der Auftragung von $G(T, y; x) - G_0(T, y) \sim -yx + (t-1)x^2/2 + x^4/4$ als Funktion des Ordnungsparameters x in Abbildung 9.6 hervor. Dort ist der Fall $y > 0$ gezeigt, so dass x_3 global stabiler als x_1 ist, entsprechend umgekehrt für $y < 0$.

Unsere Stabilitätsüberlegungen haben eine Konsequenz, die wir bereits im Zusammenhang mit der Weißschen Theorie erwähnt haben, nämlich die Hysterese in der

---
[1] Vgl. aber die Bemerkung am Ende des Abschnitts 9.3.1

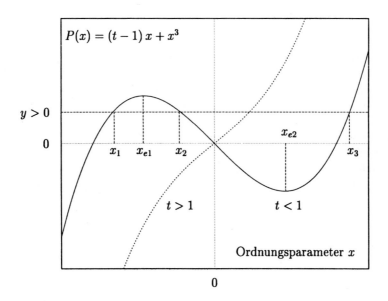

Abbildung 9.5: Berechnung des Ordnungsparameters für nicht verschwindendes Feld $y \neq 0$, hier $y > 0$.

Magnetisierung M als Funktion des Feldes B_0 bzw. hier in der Hysterese des x-Wertes als Funktion von y. Für $t < 1$ bzw. $T < T_c$ beginnen wir mit negativem Feld $y < 0$ und negativem $x_1 < 0$. Wir erhöhen das Feld y. Beim Wert $y = 0$ wechselt die globale Stabilität von $x_1 < 0$ zu $x_3 > 0$ unstetig, also in einem diskontinuierlichen Phasenübergang. Dennoch kann das System auch für $y > 0$ zunächst noch im Zustand $x_1 < 0$ verbleiben, weil dieser ja lokal stabil bleibt. Spätestens beim Wert $y = y_e$, vgl. (9.47), springt das System auf den Ast $x_3 > 0$, möglicherweise aber schon vorher, wenn Fluktuationen auftreten, die den lokalen Stabilitätsbereich überwinden. Das dahinter stehende mikroskopische Bild ist das der Keimbildung und des Keimwachstums. Zunächst werden sich lokale x_3-Keime in der x_1-Umgebung bilden. Die entscheidende Frage ist dann, ob diese Keime weiter wachsen werden und schließlich das gesamte System erfassen. Derselbe Vorgang spielt sich natürlich in umgekehrter Richtung ab. Die Abbildung 9.7 zeigt das zugehörige Bild analog zur Abbildung 9.4.

Auch das van der Waals-Modell lässt sich in die Form des Landau-Modells übertragen. Das haben wir bereits im Abschnitt 8.5 vorweggenommen, als wir dort den kritisch skalierten Druck $y = p/p_c$ in der Nähe des kritischen Punktes bei $t = 1, x = 1$ nach $x - 1$ entwickelt hatten:

$$y_D = 1 - \eta(1-t) + a(1-t)(x-1) + b(1-t)(x-1)^2 - c(x-1)^3.$$

9.3. DAS LANDAU-MODELL 215

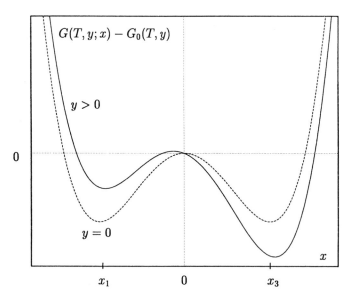

Abbildung 9.6: Verlauf von $g(T, y; x) - g_0(T, y) = -y x + (t-1) x^2/2 + x^4/4$ als Funktion des Ordnungsparameters x für $y > 0$ und $y = 0$.

Hier war $x = v/v_c$ das kritisch skalierte Volumen (pro Teilchen). Ein Term $\sim (x-1)^2$ bzw. $\sim x^2$ tritt in der entsprechenden Gleichung (9.38) des Landau-Modells nicht auf. Allerdings zeigte sich bereits im Abschnitt 8.5, dass der Term $b(1-t)(x-1)^2$ dort unwesentlich war.

9.3.3 Das Verhalten der Wärmekapazität

Wir wollen das Verhalten der Wärmekapazität C_p für verschwindendes Feld $y = 0$ beim kontinuierlichen Phasenübergang von $T > T_c$ nach $T < T_c$ bestimmen. Dazu greifen wir auf die freie Enthalpie $G = G(T, p; x)$ in (9.34) (mit $\gamma = -y = 0$ und $a = a_0 (T/T_c - 1)$) zurück:

$$G(T, p; x) = G_0(T, p) + a_0 \left(\frac{T}{T_c} - 1\right) x^2 + b x^4. \tag{9.49}$$

Wegen $dG = -S\, dT + V\, dp + \mu\, dN$ folgt daraus für die Entropie

$$S = -\left(\frac{\partial G}{\partial T}\right)_p = S_0(T, p) - \frac{a_0}{T_c} x^2 - \left(\frac{\partial G}{\partial x}\right)_{T,p} \left(\frac{\partial x}{\partial T}\right)_p \tag{9.50}$$

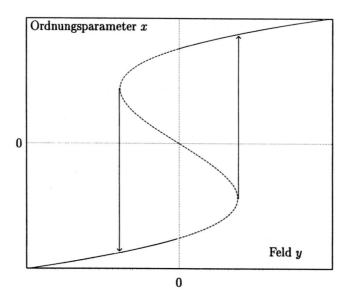

Abbildung 9.7: Diskontinuierlicher Phasenübergang und Hysterese im Landau–Modell.

mit $S_0 = -(\partial G_0/\partial T)_p$. Weil nun im Gleichgewicht $\partial G/\partial x = 0$, bleibt aus (9.50) $S = S_0(T,p) - a_0\, x^2/T_c$. Jetzt setzen wir $x^2 = 0$ für $T > T_c$ und

$$x^2 = \frac{a_0}{2\,b}\left(1 - \frac{T}{T_c}\right) \qquad \text{für} \qquad T < T_c,$$

vgl. (9.43), ein und erhalten

$$T > T_c: \qquad S = S_0(T,p),$$
$$T < T_c: \qquad S = S_0(T,p) - \frac{a_0^2}{2\,b\,T_c}\left(1 - \frac{T}{T_c}\right). \tag{9.51}$$

Die Entropie ist beim übergang von $T > T_c$ zu $T < T_c$ zwar stetig, doch tritt in $T < T_c$ ein zusätzlicher Term auf, der eine Verminderung der Entropie beschreibt. Diese Entropieverminderung ist mit dem Auftreten eines Ordnungsparameters in $T < T_c$ verknüpft. Zum Beispiel bedeutet im Ferromagneten das Auftreten einer spontanen Magnetisierung $M \neq 0$ in $T < T_c$ einen höheren Ordnungszustand als

9.4. ORTSABHÄNGIGER ORDNUNGSPARAMETER

$M = 0$ in $T > T_c$. Ein stärker geordneter Zustand ist aber stets mit einer geringeren Zahl repräsentativer Mikrozustände, d.h., mit einer niedrigeren Entropie verknüpft. Im van der Waals–Modell ist die kondensierte Phase in $T < T_c$ stärker geordnet als die Gasphase in $T > T_c$.

Aus der Entropie in (9.51) gewinnen wir gemäß $C_p = T\,(\partial S/\partial T)_p$ die Wärmekapazität C_p:

$$T > T_c: \qquad C_p = C_{p,0},$$
$$T < T_c: \qquad C_p = C_{p,0} + \frac{a_0^2}{2\,b\,T_c^2}\,T \qquad (9.52)$$

mit $C_{p,0} = T\,(\partial S_0/\partial T)_p$. Infolge des oben geschilderten Verhaltens der Entropie ändert sich die Wärmekapazität beim Übergang von $T < T_c$ zu $T > T_c$ sprunghaft. Auch andere verallgemeinerte Suszeptibilitäten wie C_V, der Ausdehnungskoeffizient oder die Kompressibilität können sich beim Übergang von $T < T_c$ zu $T > T_c$ sprunghaft ändern.

9.4 Ortsabhängiger Ordnungsparameter

Im vorangegangenen Abschnitt haben wir angenommen, dass der Ordnungsparameter x einen einheitlichen Wert für das gesamte System hat, bzw. räumlich homogen ist. Das ist aber nicht notwendig der Fall. So kann z.B. das äußere Feld vom Ort abhängen: $y = y(\boldsymbol{r})$. Dann erwarten wir, dass auch der Ordnungsparameter vom Ort abhängt: $x = x(\boldsymbol{r})$. In diesem Fall müssen wir die freie Enthalpie G durch eine räumliche Integration über das System darstellen:

$$G = \int d^3r\, c(\boldsymbol{r})\, \mu(T, p, y(\boldsymbol{r}); x(\boldsymbol{r})), \qquad (9.53)$$

worin d^3r das differentielle Volumenelement dV ist, $c(\boldsymbol{r})$ die Teilchendichte am Ort $\boldsymbol{r}$ und $\mu(\ldots)$ das chemische Potential bzw. die freie Enthalpie pro Teilchen. Wir nehmen nun an, dass die Teilchendichte $c(\boldsymbol{r})$ konstant ist und nicht vom Ordnungsparameter betroffen ist, so dass wir sie als Faktor vor das Integral ziehen können. Wenn diese Voraussetzung nicht erfüllt ist, z.B. beim van der Waals–Modell, müssten wir die folgenden Formulierungen entsprechend abändern. Die Entwicklung der freien Enthalpie nach dem Ordnungsparameter x im vorangegangenen Abschnitt, vgl. (9.34), übertragen wir nun auf das chemische Potential. Da der Ordnungsparameter jetzt aber ortsabhängig ist, müssen wir diese Entwicklung um einen Term erweitern, der einen räumlichen Gradienten von $x(\boldsymbol{r})$ enthält. Wir schreiben in skalierter Form analog zu (9.44)

$$\mu(T,y;x) - \mu_0(T,y) \sim -y\,x + \frac{t-1}{2}\,x^2 + \frac{1}{4}\,x^4 + \frac{1}{2}\,(\boldsymbol{\nabla} x)^2 + \ldots \qquad (9.54)$$

dass $\boldsymbol{\nabla} x$ nur in der Form $(\boldsymbol{\nabla} x)^2$ auftritt, folgt aus der Annahme, dass das System räumlich isotrop sein soll. Den Wert 1/2 für den Entwicklungskoeffizienten können wir durch eine geeignete Skalierung der Raumkoordinate $\boldsymbol{r}$ erreichen. Die Erweiterung in (9.54) ist als niedrigster, nicht verschwindender Term in $\boldsymbol{\nabla} x$ zu interpretieren. dass $(\boldsymbol{\nabla} x)^2$ mit positivem Vorzeichen auftritt, folgt daraus, dass in einem homogenen System ein inhomogener Ordnungsparameter sicher zu einer Erhöhung der freien Enthalpie führt. Der nächst höhere Term in einem isotropen System hätte die Form $\sim (\boldsymbol{\nabla} x)^4$.

Den räumlichen Verlauf $x(\boldsymbol{r})$ des Ordnungsparameters im Gleichgewicht müssen wir wiederum durch die Minimalbedingung $\delta G = 0$ bestimmen. Durch Einsetzen der Entwicklung (9.54) in das Integral (9.53) und durch Bildung der Variation δ unter der Annahme, dass das Integrationsgebiet, d.h. die Systemgröße konstant bleibt, erhalten wir

$$\delta G \sim \int d^3r \left[-y + (t-1)\,x + x^3\right] \delta x + \int d^3r\,\frac{1}{2}\,\delta\,(\boldsymbol{\nabla} x)^2. \qquad (9.55)$$

Auch δx ist hier wie x als Funktion von $\boldsymbol{r}$ aufzufassen. Den letzten Term auf der rechten Seite formen wir durch partielle Integration um. Es ist

$$\frac{1}{2}\,\delta\,(\boldsymbol{\nabla} x)^2 = \boldsymbol{\nabla} x\,(\delta \boldsymbol{\nabla} x) = \boldsymbol{\nabla}\,(\delta x\,\boldsymbol{\nabla} x) - \left(\boldsymbol{\nabla}^2 x\right)\delta x,$$

weil Variation δ und Gradient $\boldsymbol{\nabla}$ unabhängige Operationen und darum vertauschbar sind. Beim Einsetzen in das Volumenintegral beachten wir, dass unter Benutzung des Gaußschen Integralsatzes

$$\int d^3r\,\boldsymbol{\nabla}\,(\delta x\,\boldsymbol{\nabla} x) = \oint_{\partial V} d\boldsymbol{f}\,\delta x\,\boldsymbol{\nabla} x = 0,$$

weil sowohl der Ordnungsparameter wie sein Gradient und seine Variation auf der einhüllenden Fläche ∂V des Systems verschwinden. Somit erhalten wir insgesamt für δG

9.4. ORTSABHÄNGIGER ORDNUNGSPARAMETER

$$\delta G \sim \int d^3r \left[-y + (t-1)x + x^3 - \boldsymbol{\nabla}^2 x\right] \delta x. \tag{9.56}$$

Die Minimalbedingung $\delta G = 0$ für beliebige $\delta x = \delta x(\boldsymbol{r})$ führt auf die partielle Differentialgleichung

$$\left(\boldsymbol{\nabla}^2 - t + 1\right)x - x^3 = -y. \tag{9.57}$$

Um die Bedeutung dieser Gleichung zu erkennen, lösen wir sie approximativ für ein δ-förmiges "Testfeld" $y = y(\boldsymbol{r}) = y_0\,\delta(\boldsymbol{r})$, worin $\delta(\boldsymbol{r})$ die Diracsche δ-Funktion ist. Diese Situation ist ein Gedankenexperiment mit der Fragestellung, wie sich der Ordnungsparameter als Funktion des Ortes überkritisch ($t > 1$) und unterkritisch ($t < 1$) verhält, wenn wir das System lokal durch ein äußeres Feld stören. Wir beginnen mit dem überkritischen Fall $t > 1$. Dort ist $x = 0$, wenn $y = 0$ wäre. Wir erwarten eine kleine, lokal begrenzte Abweichung von $x = 0$ an der Stelle $\boldsymbol{r} = 0$ der Störung, so dass wir den Term x^3 vernachlässigen können:

$$\left(\boldsymbol{\nabla}^2 - t + 1\right)x = -y_0\,\delta(\boldsymbol{r}). \tag{9.58}$$

Wir lösen diese Gleichung durch Fourier–Transformation:

$$x(\boldsymbol{r}) = \int d^3k\,\tilde{x}(\boldsymbol{k})\,\exp(i\,\boldsymbol{k}\,\boldsymbol{r}), \qquad \tilde{x}(\boldsymbol{k}) = \frac{1}{(2\pi)^3}\int d^3r\,x(\boldsymbol{r})\,\exp(-i\,\boldsymbol{k}\,\boldsymbol{r}),$$

$$\delta(\boldsymbol{r}) = \frac{1}{(2\pi)^3}\int d^3r\,\exp(i\,\boldsymbol{k}\,\boldsymbol{r}).$$

Einsetzen in die partielle Differentialgleichung (9.58) führt auf

$$\tilde{x}(\boldsymbol{k}) = \frac{y_0}{(2\pi)^3}\frac{1}{k^2 + t - 1}. \tag{9.59}$$

Die Rücktransformation

$$x(\boldsymbol{r}) = \frac{y_0}{(2\pi)^3}\int d^3k\,\frac{\exp(i\,\boldsymbol{k}\,\boldsymbol{r})}{k^2 + t - 1} \tag{9.60}$$

führen wir unter Benutzung von Kugelkoordinaten durch:

$$|\mathbf{k}| = k, \qquad \mathbf{k}\,\mathbf{r} = k\,r\cos\theta,$$

so dass

$$\begin{aligned}\int d^3k\,\frac{\exp(i\,\mathbf{k}\,\mathbf{r})}{k^2+t-1} &= 2\pi\int_0^\infty dk\,\frac{k^2}{k^2+t-1}\int_{-1}^{+1}d(\cos\theta)\exp(i\,k\cos\theta)\\ &= \frac{4\pi}{r}\int_0^\infty dk\,\frac{k\sin k r}{k^2+t-1} = \frac{2\pi^2}{r}\exp\left(-\sqrt{t-1}\,r\right). \end{aligned} \qquad (9.61)$$

Wir schreiben das Endergebnis für $x(\mathbf{r})$ in der Form

$$x(\mathbf{r}) = \frac{y_0}{4\pi r}\,e^{-r/r_0}, \qquad (9.62)$$

worin

$$r_0 = (t-1)^{-1/2} \qquad (9.63)$$

die Bedeutung einer sogenannten *Korrelationslänge* des Ordnungsparameters hat. Diese drückt aus, wie weit sich eine lokale Abweichung des Ordnungsparameters in das System hinein erstreckt. Unser Ergebnis besagt insbesondere, dass die Korrelationslänge mit der Annäherung an den kritischen Punkt divergiert, und zwar mit dem Exponenten $-1/2$. Dasselbe Verhalten finden wir auch unterkritisch. Hier dürfen wir den Term $\sim x^3$ natürlich nicht vernachlässigen. Für $t < 1$ hat der Ordnungsparameter für $y = 0$ den homogenen Wert $x = \pm\sqrt{1-t}$. Wenn eine Störung $y(\mathbf{r}) = y_0\,\delta(\mathbf{r})$ auftritt, wollen wir annehmen, dass sich x nach der Abweichung von seinem homogenen Wert entwickeln lässt. Wir betrachten den Fall des homogenen Wertes $x = +\sqrt{1-t}$, der Fall $x = -\sqrt{1-t}$ lässt sich ganz analog behandeln, und schreiben

$$x = \sqrt{1-t} + \xi, \qquad x^3 = (1-t)^{3/2} + 3(1-t)\,\xi + \ldots$$

und brechen die Entwicklung nach dem linearen Term in ξ ab. Einsetzen in die partielle Differentialgleichung (9.57) führt jetzt auf

$$\left(\nabla^2 + 2(t-1)\right)\xi = -y_0\,\delta(\mathbf{r}). \qquad (9.64)$$

9.4. ORTSABHÄNGIGER ORDNUNGSPARAMETER

Die Lösung von (9.64) folgt dem obigen Schema. Für die Korrelationslänge erhalten wir

$$r_0 = [2(1-t)]^{-1/2}, \tag{9.65}$$

also wiederum eine Divergenz bei Annäherung an den kritischen Punkt mit dem Exponenten $-1/2$.

Wie jede thermodynamische Größe wird auch der Ordnungsparameter Fluktuationen in Abhängigkeit von Raum und Zeit zeigen. Solche Fluktuationen haben wir mit der oben diskutierten Ortsabhängigkeit des Ordnungsparameters noch nicht erfasst. Um sie zu beschreiben, müssten wir die Molekularfeld-Näherung fallen lassen und ein Ensemble aller möglichen Verläufe von $x(r,t)$ betrachten. Das oben beschriebene $x(r)$ ist als der mittlere Verlauf des Ordnungsparameters zu interpretieren. Die Molekularfeld-Theorie ist gerade dadurch charakterisiert, dass nur der mittlere Ordnungsparameter und seine Ortsabhängigkeit betrachtet werden. Die Formulierung des Ensembles aller möglichen Verläufe des Ordnungsparameters ist ein Problem der statistischen Theorie der Thermodynamik.

10

Thermodynamik tiefer Temperaturen

Kapitel 10

Thermodynamik tiefer Temperaturen

Das letzte Kapitel der sogenannten phänomenologischen Thermodynamik ist der Thermodynamik tiefer Temperaturen gewidmet, insbesondere dem Grenzübergang $T \to 0$. Wie wir schon im Abschnitt 1.3 erläutert hatten, bezeichnet man als *phänomenologische* Thermodynamik jenen Teil der Theorie, der lediglich die Existenz einer Mikrodynamik mit ihrer sehr großen Anzahl von Freiheitsgraden voraussetzt, aber noch nicht die detaillierte mikrodynamische Struktur und keine statistischen Aussagen, die sich auf diese Struktur stützen. Der Grenzübergang $T \to 0$ wird uns zugleich an die Grenze der phänomenologischen Theorie führen. Darum nimmt dieses Kapitel eine Mittlerstellung zwischen phänomenologischer und statistischer Theorie ein. Mit der statistischen Theorie werden wir im folgenden Kapitel beginnen.

10.1 Der 3. Hauptsatz der Thermodynamik

Wir werden in diesem Abschnitt auf die Überlegungen des 2. Kapitels zurückgreifen, in dem wir den zweiten Hauptsatz der Thermodynamik formuliert hatten. Dort hatten wir die Entropie S eines Gleichgewichtszustands als den Logarithmus der Anzahl W der Mikrozustände definiert, die den makroskopischen Gleichgewichtszustand repräsentieren:

$$S = \ln W. \tag{10.1}$$

Da die Anzahl W repräsentativer Mikrozustände nicht kleiner als 1 sein kann, ist die Entropie nicht negativ: $S \geq 0$. Der Wert $S = 0$ wird bei $W = 1$ angenommen, also dann, wenn ein thermodynamischer Makrozustand durch nur einen Mikrozustand repräsentiert wird. Wir begründen jetzt, dass diese Situation nur dann eintreten kann, wenn das System seine kleinst mögliche Energie besitzt, die wir mit $U = U_0$ bezeichnen wollen. Wenn nämlich $U > U_0$ ist, können wir diese Energie immer auf verschiedene Weisen etwa auf lokale Teilsysteme des Gesamtsystems oder auch verschiedene Freiheitsgrade verteilen und auf diese Weise unterscheidbare Mikrozustände, also $W > 1$ bzw. $S > 0$ erzeugen.

Das Durchlaufen von thermodynamisch äquivalenten Mikrozuständen in einem System nennt man auch *Fluktuationen*. Im Kapitel 13 werden wir die Eigenschaften von Fluktuationen ausführlich darstellen. Im Zusammenhang dieses Kapitels stellen wir also fest, dass im Zustand tiefst möglicher Energie, auch *Grundzustand* genannt, offenbar keine thermodynamischen Fluktuationen mehr auftreten können und dass deshalb dort die Entropie verschwindet. Es ist auch einsichtig, dass wir bei der Berechnung des Grundzustands quantentheoretisch vorgehen müssen, weil im Bereich kleinster Energien eines Systems das Wirkungsquantum $\hbar$ nicht vernachlässigbar ist. Selbstverständlich können im Grundzustand Quantenfluktuationen auftreten, aber diese finden nicht zwischen verschiedenen Mikrozuständen bzw. Quantenzuständen statt. Das Fazit unserer Überlegungen können wir zusammenfassen in der Form

$$\lim_{U \to U_0} S(U, V, N) = 0. \tag{10.2}$$

Im Abschnitt 2.6 hatten wir die Temperatur T eines Gleichgewichtszustands durch

$$\frac{1}{T} = \left(\frac{\partial S}{\partial U}\right)_{V,N} \quad \text{bzw.} \quad T = \left(\frac{\partial U}{\partial S}\right)_{V,N} \tag{10.3}$$

definiert. Aus unseren Überlegungen über den mikroskopischen Zusammenhang von Energie und Entropie folgt auch, dass die Temperatur nicht negativ werden kann, also $T \geq 0$, weil mit zunehmender Energie U immer mehr Fluktuationen möglich werden, also auch die Entropie S zunehmen wird. Der kleinst mögliche Wert der Temperatur ist also $T = 0$. Weil nun die Wärmekapazität thermodynamisch stabiler Systeme stets positiv ist,

$$C_V = \left(\frac{\partial U}{\partial T}\right)_{V,N} > 0, \tag{10.4}$$

vgl. Abschnitt 5.3, folgt weiter, dass mit $U \to U_0$ auch die Temperatur abnehmen wird und umgekehrt. Wir erwarten sogar, dass für die tiefst mögliche Energie

10.1. DER 3. HAUPTSATZ DER THERMODYNAMIK

$U \to U_0$ auch die Temperatur ihren tiefst möglichen Wert $T \to 0$ erreicht. In der statistischen Theorie in den folgenden Kapiteln werden wir diese Erwartung bestätigen. Es reicht sogar, dass es wenigstens ein System gibt, das beliebig tiefe Temperaturen $T \to 0$ erreichen kann, weil dann auch jedes andere thermodynamische System durch thermischen Kontakt im Gleichgewicht dieselbe Temperatur erreichen kann. Unter Vorwegnahme dieser Aussage schreiben wir

$$\lim_{T \to 0} S(U, V, N) = 0, \tag{10.5}$$

worin T, S, U außerdem durch (10.3) verknüpft sind. Korrekt formuliert müsste diese Aussage lauten:

3. Hauptsatz der Thermodynamik:
Für $\partial S/\partial U \to \infty$ bzw. $\partial U/\partial S \to 0$ geht $S \to 0$.

Die Aussage des 3. Hauptsatzes der Thermodynamik werden wir in diesem Kapitel in der Form

$$\lim_{T \to 0} S(T, z) = 0 \tag{10.6}$$

verwenden. Hier ist "z" die symbolische Bezeichnung für weitere thermodynamische Zustandsvariablen, z.B. V, N oder p, N usw.

Tatsächlich ist die Forderung $W = 1$ im Grundzustand unnötig scharf. Es reicht die Forderung, dass

$$\lim_{N \to \infty} \frac{1}{N} \lim_{U \to U_0} \ln W = 0. \tag{10.7}$$

Der äußere Limes $N \to \infty$ ist der thermodynamische Limes. (10.7) bedeutet also, dass die Entropie im Grundzustand schwächer als linear mit N zunimmt. Da sie aber eine extensive größe sein sollte, ist das asymptotisch gleichbedeutend mit $S = 0$ für $N \to \infty$. Eine endliche Entartung des Quanten–Grundzustands etwa wäre kein Widerspruch zum 3. Hauptsatz.

10.2 Verallgemeinerte Suszeptibilitäten bei $T \to 0$

Der 3. Hauptsatz der Thermodynamik hat weitreichende Konsequenzen für das Verhalten thermodynamischer größen bei $T \to 0$, insbesondere für die verallgemeinerten Suszeptibilitäten, die wir im Abschnitt 5.4 eingeführt hatten. Wir zeigen, dass diese, soweit sie als Temperaturableitungen $\partial/\partial T$ definiert sind, ebenfalls mit $T \to 0$ verschwinden. Wir beginnen mit den Wärmekapazitäten C_V und C_p, für die wir im Abschnitt 5.4

$$C_V = T \left(\frac{\partial S}{\partial T}\right)_{V,N}, \qquad C_p = T \left(\frac{\partial S}{\partial T}\right)_{p,N} \qquad (10.8)$$

gezeigt hatten. Wir kehren diese Beziehungen, z.B. die für C_V durch Integration um:

$$S(T, V, N) = S_0(V, N) + \int_0^T dT' \, \frac{C_V(T', V, N)}{T'}. \qquad (10.9)$$

Wegen des 3. Hauptsatzes ist $S_0(V, N) = 0$. Wenn nun für $T \to 0$ die Funktion $C_V(T, V, N)$ endlich bliebe (oder gar divergierte), dann würde $S(T, V, N)$ mit $T \to 0$ divergieren, im Widerspruch zum 3. Hauptsatz. Denselben Nachweis können wir für C_p statt C_V führen. Also folgern wir

$$\lim_{T \to 0} C_V = 0 \quad \text{und} \quad \lim_{T \to 0} C_p = 0, \qquad (10.10)$$

und analog für jede Wärmekapazität, die mit beliebig anderen Nebenbedingungen gebildet wird. Dasselbe gilt für den thermischen Ausdehnungskoeffizienten

$$\alpha = \frac{1}{V} \left(\frac{\partial V}{\partial T}\right)_{p,N}. \qquad (10.11)$$

Unter Zuhilfenahme der Maxwell–Relation

$$\left(\frac{\partial V}{\partial T}\right)_{p,N} = -\left(\frac{\partial S}{\partial p}\right)_{T,N}, \qquad (10.12)$$

die aus der Fundamentalrelation für die freie Enthalpie G folgt, vgl. Abschnitt 5.4, wird aus (10.11)

10.2. VERALLGEMEINERTE SUSZEPTIBILITÄTEN BEI $T \to 0$

$$\alpha = -\frac{1}{V}\left(\frac{\partial S}{\partial p}\right)_{T,N}. \tag{10.13}$$

Wenn nun (10.6) gleichmäßig für alle z gilt, was wir voraussetzen wollen, dann verschwinden auch sämtliche partiellen Ableitungen der Entropie nach z mit $T \to 0$, also auch $(\partial S/\partial p)_{T,N}$, und somit

$$\lim_{T \to 0} \alpha = 0. \tag{10.14}$$

Analog zu (10.12) schließen wir aus der Fundamentalrelation der freien Energie die Maxwell-Relation

$$\left(\frac{\partial p}{\partial T}\right)_{V,N} = \left(\frac{\partial S}{\partial V}\right)_{T,N}, \tag{10.15}$$

und daraus weiter

$$\lim_{T \to 0}\left(\frac{\partial p}{\partial T}\right)_{V,N} = \lim_{T \to 0}\left(\frac{\partial S}{\partial V}\right)_{T,N} = 0. \tag{10.16}$$

Ebenfalls im Abschnitt 5.4 hatten wir die Differenz $C_p - C_V$ der Wärmekapazitäten bei p =const und V =const berechnet:

$$C_p - C_V = \frac{\alpha^2 TV}{\kappa_T} = \alpha TV \left(\frac{\partial p}{\partial T}\right)_{V,N}, \tag{10.17}$$

unter Verwendung von $\alpha/\kappa_T = (\partial p/\partial T)_{V,N}$, vgl. ebenfalls Abschnitt 5.4. Daraus folgt mit (10.14) und (10.16)

$$\lim_{T \to 0} \frac{C_p - C_V}{T} = V \lim_{T \to 0}\left[\alpha \left(\frac{\partial p}{\partial T}\right)_{V,N}\right] = 0, \tag{10.18}$$

und zwar sogar von höherer Ordnung, weil auf der rechten Seiten sowohl α als auch $(\partial p/\partial T)_{V,N}$ für $T \to 0$ verschwinden. Diese Bemerkung legt es nahe, für die Entropie den Ansatz

$$S = \Sigma(z)\,T^n \qquad (10.19)$$

zu machen, worin $n > 0$ und z.B. $\Sigma(z) = \Sigma(V,N)$ oder $\Sigma(z) = \Sigma(p,N)$. Dieser Ansatz ist tatsächlich für eine große Klasse von Systemen erfüllt. Wir werden darauf im statistischen Teil der Theorie zurückkommen. Mit ihm erhalten wir aufgrund der obigen Umformungen

$$C_V = T\left(\frac{\partial S}{\partial T}\right)_{V,N} = n\,\Sigma(V,N)\,T^n, \qquad (10.20)$$

$$C_p = T\left(\frac{\partial S}{\partial T}\right)_{p,N} = n\,\Sigma(p,N)\,T^n, \qquad (10.21)$$

$$\alpha = \frac{1}{V}\left(\frac{\partial V}{\partial T}\right)_{p,N} = -\frac{1}{V}\left(\frac{\partial S}{\partial p}\right)_{T,N} = -\frac{1}{V}\left(\frac{\partial \Sigma}{\partial p}\right)_{N} T^n, \qquad (10.22)$$

$$\left(\frac{\partial p}{\partial T}\right)_{V,N} = \left(\frac{\partial S}{\partial V}\right)_{T,N} = \left(\frac{\partial \Sigma}{\partial V}\right)_{N} T^n, \qquad (10.23)$$

d.h., sämtliche verallgemeinerte Suszeptibilitäten, soweit sie als Temperaturableitungen definiert sind, verschwinden für $T \to 0$ mit derselben T-Potenz wie die Entropie selbst. Dagegen folgt aus (10.17) für $C_p - C_V$

$$C_p - C_V = \alpha T V \left(\frac{\partial p}{\partial T}\right)_{V,N} \sim T^{2n+1}. \qquad (10.24)$$

Im Gegensatz zu den verallgemeinerten Suszeptibilitäten, die als Temperaturableitungen definiert sind, verschwindet die isotherme Kompressibilität

$$\kappa_T = -\frac{1}{V}\left(\frac{\partial V}{\partial p}\right)_{T,N} \qquad (10.25)$$

im Allgemeinen nicht mit $T \to 0$, desgleichen auch nicht die adiabatische Kompressibilität κ_S. Im statistischen Teil der Theorie werden wir lernen, dass z.B. in einem Fermi-Gas, einem thermodynamischen System von Fermionen, $\kappa_T > 0$ für $T \to 0$, im Fall der Bose-Kondensation in einem Bose-Gas bei $T \to 0$ der Druck p sogar unabhängig vom Volumen wird.

Wir kommen noch einmal auf die Aussage (10.14) zurück, dass nämlich der thermische Ausdehnungskoeffizient α für $T \to 0$ verschwinden muss. Im Abschnitt 7.2 hatten wir für den thermischen Ausdehnungskoeffizienten eines idealen Gases $\alpha = 1/T$

berechnet, also einen Ausdruck, der mit $T \to 0$ sogar divergiert, im krassen Widerspruch zu (10.14). Aus der Divergenz von α für $T \to 0$ hatten wir damals geschlossen, dass das Modell des idealen Gases für $T \to 0$ physikalisch unrealistisch ist. Wir erkennen jetzt, dass der Hintergrund dafür offenbar ein Widerspruch des Modells des idealen Gases mit dem 3. Hauptsatz ist. Diesen Widerspruch können wir auch noch an anderen Eigenschaften des Modells erkennen, z.B. an seiner Entropie, die wir im Abschnitt 7.2 als

$$S(T,V,N) = N \left[s_0(T) + \ln \frac{V}{N}\right]. \qquad (10.26)$$

hergeleitet hatten. Selbst wenn für $T \to 0$ der T-abhängige Anteil $s_0(T) \to 0$ erfüllen würde, bliebe doch $S \to N \ln(V/N)$, im Widerspruch zum 3. Hauptsatz. Aber noch nicht einmal $s_0(T) \to 0$ ist für $T \to 0$ erfüllt, denn das Modell des idealen Gases führt auf konstante Wärmekapazitäten, wie wir in der statistischen Theorie nachweisen werden. Mit C_p =const oder C_V =const schließen wir aus (10.8), dass der T-abhängige Anteil der Entropie sich wie $s_0(T) \sim \ln T$ verhält, also mit $T \to 0$ sogar logarithmisch divergiert: $S \to -\infty$. Ein weiterer Widerspruch zum 3. Hauptsatz ist die Aussage $C_p - C_V = N$ für das ideale Gas, vgl. Abschnitt 7.2, denn gemäß (10.18) geht $(C_p - C_V)/T \to 0$ für $T \to 0$.

10.3 Kühlprozesse

In diesem Abschnitt wollen wir eine schematische Darstellung der thermodynamischen Grundlagen von Kühlprozessen anhand von drei Beispielen geben. Das Prinzip dieser Prozesse wird immer darin bestehen, dass ein thermodynamisches System unter bestimmten Bedingungen auf Kosten seiner inneren Energie Arbeit leistet, allgemeiner ausgedrückt, *entspannt* wird, und dass dabei seine Temperatur abnimmt.

10.3.1 Der Joule–Thomson–Prozess

Ein sehr häufig verwendeter Kühlprozess, wenn auch nicht bis hin zu tiefsten Temperaturen, ist der *Joule-Thomson-Prozess*. Darin wird ein Gas oder eine Flüssigkeit aus einem Teilsystem (1) unter konstantem Druck p_1 durch eine poröse Wand in ein Teilsystem (2) mit dem konstanten Druck $p_2 < p_1$ entspannt. Die poröse Struktur der Wand soll verhindern, dass die durch sie hindurchgehenden Teilchen unter der Wirkung des Druckunterschieds $p_1 - p_2$ ein makroskopisches Strömungsfeld aufbauen. Die poröse Wandstruktur ist außerdem ein schlechter Wärmeleiter, so dass sich ein Temperaturunterschied zwischen den beiden Teilsystemen ausbilden kann. Wenn das Gesamtsystem thermisch isoliert ist, dann kann nach dem 1. Hauptsatz die Expansionsleistung $p_2\, dV_2/dt - p_1\, dV_1/dt$ des Gesamtsystems nur aus dem Unterschied $U_1 - U_2$ der inneren Energien in den Teilsystemen (1) und (2) stammen:

$$p_2 \frac{dV_2}{dt} - p_1 \frac{dV_1}{dt} = \frac{d}{dt}(U_1 - U_2). \qquad (10.27)$$

Hieraus folgt (mit $p_1 =$const und $p_2 =$const)

$$\frac{d}{dt}(U_1 + p_1 V_1) = \frac{d}{dt}(U_2 + p_2 V_2) \qquad \text{bzw.} \qquad \frac{dH_1}{dt} = \frac{dH_2}{dt}, \qquad (10.28)$$

d.h., bei dem Entspannungsprozess von (1) nach (2) ist die Enthalpie $H = U + pV$ konstant. Wir denken uns den Entspannungsprozess stationär ablaufend, so dass jedes der beiden Teilsysteme (1) und (2) für sich als in einem Gleichgewicht befindlich angenommen werden kann. Wir wollen jetzt untersuchen, ob sich aufgrund der Druckdifferenz $\Delta p = p_1 - p_2$ eine Temperaturdifferenz $\Delta T = T_1 - T_2$ einstellt. Dazu untersuchen wir $D := (\partial T/\partial p)_H$. Wenn $D > 0$, stellt sich ein Kühleffekt ein. Aus der Fundamentalrelation für die Enthalpie,

$$dH = \left(\frac{\partial H}{\partial T}\right)_p dT + \left(\frac{\partial H}{\partial p}\right)_T dp \qquad (10.29)$$

(bei $N =$const) folgt

$$D = \left(\frac{\partial T}{\partial p}\right)_H = -\frac{(\partial H/\partial p)_T}{(\partial H/\partial T)_p}. \qquad (10.30)$$

Es ist $(\partial H/\partial T)_p = C_p$ die Wärmekapazität bei konstantem Druck p, vgl. Abschnitt 5.4. Außerdem gilt analog zu der Beziehung

$$\left(\frac{\partial U}{\partial V}\right)_T = T\left(\frac{\partial p}{\partial T}\right)_V - p,$$

vgl. Abschnitt 4.4, auch

$$\left(\frac{\partial H}{\partial p}\right)_T = V - T\left(\frac{\partial V}{\partial T}\right)_p. \qquad (10.31)$$

10.3. KÜHLPROZESSE

Einsetzen in (10.30) führt auf

$$D = \left(\frac{\partial T}{\partial p}\right)_H = \frac{1}{C_p}\left[T\left(\frac{\partial V}{\partial T}\right)_p - V\right]. \tag{10.32}$$

Für ein ideales Gas $pv = T$ bzw. $pV = NT$ wird $D = 0$. Die Relationen $(\partial H/\partial p)_T = 0$ und $(\partial U/\partial V)_T = 0$ im idealen Gas entsprechen einander. Wir untersuchen deshalb ein reales Gas, wie es das van der Waals-Modell beschreibt:

$$\left(p + \frac{a}{v^2}\right)(v-b) = T. \tag{10.33}$$

Hierin interpretieren wir $v = v(T,p)$ als Funktion von T, p und differenzieren nach T unter der Bedingung $p =$const,

$$-\frac{2a}{v^3}\left(\frac{\partial v}{\partial T}\right)_p (v-b) + \left(p + \frac{a}{v^2}\right)\left(\frac{\partial v}{\partial T}\right)_p = 1,$$

woraus

$$\left(\frac{\partial v}{\partial T}\right)_p = \frac{1}{p - a/v^2 + 2ab/v^3} \tag{10.34}$$

folgt. Wir setzen (10.34) in (10.32) (mit $V = Nv$) ein und eliminieren die Temperatur T durch die Zustandsgleichung (10.33). Das Ergebnis lautet

$$D = \left(\frac{\partial T}{\partial p}\right)_H = \frac{N}{C_p}\frac{2a/v - 3ab/v^2 - bp}{p - a/v^2 + 2ab/v^3}. \tag{10.35}$$

Wenn wir in diesem Ergebnis $b = 0$ setzen, wird

$$D = \left(\frac{\partial T}{\partial p}\right)_H = \frac{N}{C_p}\frac{2a/v}{p - a/v^2},$$

also $D > 0$ im Bereich $p > a/v^2$. Setzen wir jedoch $a = 0$ in (10.35), erhalten wir $D = -Nb/C_p < 0$, also Erwärmung statt Kühlung ("Inversion"). Wir schließen daraus, dass die Anziehung zwischen den Teilchen des realen Gases aufgrund der van der Waals-Wechselwirkung $\sim a/v^2$ der entscheidende Grund für den Kühleffekt ist, nicht die gegenseitige Verdrängung der Teilchen aufgrund ihres Eigenvolumens b. dass die anziehende van der Waals-Wechselwirkung bei der Entspannung zu einer Abnahme der Enthalpie und somit auch der Temperatur führt, ist physikalisch unmittelbar einleuchtend.

10.3.2 Kopplung isothermer und adiabatischer Prozesse

Zur Erreichung tiefster Temperaturen kann man eine Folge von miteinander verknüpften isothermen und adiabatischen Zustandsänderungen einer beliebigen Variablen ausführen, z.B. des Volumens V oder des Feldes B_0. Hier erläutern wir das Prinzip am Beispiel des Volumens, später gehen wir speziell auf magnetische Systeme ein. Die beiden Zustandsänderungen sind in der Abbildung 10.1 dargestellt. Im Teilschritt $A \to B$ wird das System isotherm bei der Temperatur $T_A = T_B$ vom Volumen V_A auf $V_B < V_A$ verdichtet, im Teilschritt $B \to C$ adiabatisch auf den Ausgangswert $V_C = V_A$ wieder entspannt. Wir nehmen an, dass (bei $N =$const)

$$\left(\frac{\partial S}{\partial V}\right)_T = \left(\frac{\partial p}{\partial T}\right)_V > 0, \tag{10.36}$$

vgl. auch die Fundamentalrelation der freien Energie. Eine Verletzung dieser Bedingung würde bedeuten, dass man durch Volumenvergrößerung beliebig kleine Entropien, schließlich also den absoluten Nullpunkt erreichen würde, andererseits aber auch aufgrund der damit verbundenen Verdünnung (bei $N =$const) ein ideales System, das jedoch den 3. Hauptsatz verletzen würde, wie wir bereits im Abschnitt 10.1 nachgewiesen haben. (10.36) besagt, dass in der $S-T$-Ebene für $V_B < V_A$ die Kurve $S = S(T, V_B)$ unterhalb der Kurve $S = S(T, V_A)$ verläuft. Dann folgt, dass die Temperatur im zweiten, adiabatischen Teilschritt von $T_B = T_A$ auf $T_C < T_A$ absinkt. Für diesen zweiten Schritt gilt

$$S(T_C, V_A) = S(T_B, V_B) = S(T_A, V_B). \tag{10.37}$$

Zu gegebenen Werten von T_A, V_A, V_B ist daraus die Endtemperatur T_C zu bestimmen.

Wir fragen zunächst, wie groß die Temperaturabsenkung dT pro Volumenzunahme dV bei der adiabatischen Entspannung ist. Es ist (bei $N =$const)

$$dS = \left(\frac{\partial S}{\partial T}\right)_V dT + \left(\frac{\partial S}{\partial V}\right)_T dV, \tag{10.38}$$

so dass für $S =$const bzw. $dS = 0$

$$\left(\frac{dT}{dV}\right)_S = -\frac{(\partial S/\partial V)_T}{(\partial S/\partial T)_V}. \tag{10.39}$$

10.3. KÜHLPROZESSE

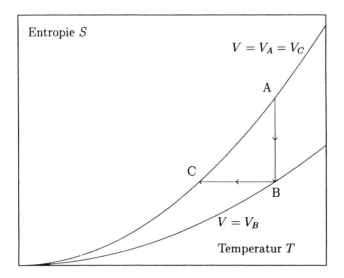

Abbildung 10.1: Kopplung isothermer und adiabatischer Schritte im $S-T$-Diagramm

Mit $S \to 0$ für $T \to 0$ wird im Zähler $(\partial S/\partial V)_T$ in gleicher Ordnung mit $T \to 0$ verschwinden wie S selbst, im Nenner $(\partial S/\partial T)_V$ jedoch in niedrigerer Ordnung, möglicherweise sogar einen endlichen Wert erreichen, wenn etwa $S \sim T$. In jedem Fall gilt

$$\lim_{T \to 0} \left(\frac{dT}{dV}\right)_S = 0, \qquad (10.40)$$

d.h., dass mit $T \to 0$ die pro adiabatischer Volumenzunahme erreichbare Temperaturabsenkung selbst gegen 0 konvergiert: der absolute Nullpunkt $T = 0$ ist nicht mit einer endlichen Anzahl von Schritten erreichbar, sondern höchstens beliebig nahe anzunähern. Wenn wir in (10.40) die Relationen

$$\left(\frac{\partial S}{\partial V}\right)_T = \left(\frac{\partial p}{\partial T}\right)_V = \frac{\alpha}{\kappa_T}, \qquad \left(\frac{\partial S}{\partial T}\right)_V = \frac{C_V}{T}$$

einsetzen, vgl. auch Abschnitt 10.2, dann erhalten wir

$$\left(\frac{dT}{dV}\right)_S = -\frac{\alpha T}{C_V \kappa_T}. \qquad (10.41)$$

Wenn wir insbesondere $S(T,V) = \Sigma(V) T^n$ annehmen, vgl. Abschnitt 10.2, dann wird

$$\left(\frac{\partial S}{\partial V}\right)_T = \Sigma'(V) T^n, \qquad \left(\frac{\partial S}{\partial T}\right)_V = n \Sigma(V) T^{n-1} \qquad (10.42)$$

($\Sigma'(V)$ bedeutet die Ableitung nach V) und somit

$$\left(\frac{dT}{dV}\right)_S = -T \frac{\Sigma'(V)}{\Sigma(V)}. \qquad (10.43)$$

Die pro adiabatischer Volumenzunahme erreichbare Temperaturabsenkung verschwindet linear mit $T \to 0$. Mit der Modellannahme $S(T,V) = \Sigma(V) T^n$ können wir die Relation (10.37) für die Endtemperatur T_C eines endlichen adiabatischen Entspannungsprozesses sogar exakt lösen:

$$\frac{T_C}{T_A} = \left(\frac{\Sigma(V_B)}{\Sigma(V_A)}\right)^{1/n} < 1, \qquad (10.44)$$

denn wegen (10.36) ist $\Sigma(V_B) < \Sigma(V_A)$, wenn $V_B < V_A$. Auch aus (10.44) schließen wir, dass die Endtemperatur T_C zwar beliebig niedrig werden kann, jedoch immer positiv bleibt: $T_C > 0$. Mit einem konstanten Verhältnis V_B/V_A der Arbeitsvolumina würden die jeweils erreichbaren Endtemperaturen wie in einer geometrischen Folge abnehmen. Eine Endtemperatur $T_C = 0$ wäre nur dann erreichbar, wenn $\Sigma(V_B) = 0$. Dann wäre jedoch $S(T, V_B) = 0$ für beliebige T, im Widerspruch zur Überlegung, dass $S = 0$ nur für den energetisch tiefsten Zustand $U = U_0$ eintritt.

Die Unerreichbarkeit von $T = 0$ kann man natürlich auch anschaulich aus der Abbildung 10.1 erkennen: mit einer Folge von gekoppelten isothermen und adiabatischen Schritten kommt man dem absoluten Nullpunkt $T = 0$ höchstens beliebig nahe. Wenn dagegen $S(T = 0, V_A) > S(T = 0, V_B)$ wäre, was nach dem 3. Hauptsatz ausgeschlossen ist, könnte man $T = 0$ mit endlich vielen Schritten erreichen.

10.3.3 Adiabatische Entmagnetisierung

Zur Erreichung tiefster Temperaturen wird die im Abschnitt 10.3.2 beschriebene Kopplung isothermer und adiabatischer Prozesse in magnetischen Systemen verwendet, z.B. in einem Paramagneten, wie wir ihn im Abschnitt 9.1 dargestellt haben. Die Prozessschritte $A \to B$ und $B \to C$ aus dem Abschnitt 10.3.2 sind hier:

1. $A \to B$: Isothermes Einschalten eines Feldes von $B_0 = 0$ auf einen Wert B_0 bei der Temperatur $T_A = T_B$,

2. $B \to C$: Adiabatisches Ausschalten des Feldes vom Wert B_0 auf $B_0 = 0$, das sogenannte *adiabatische Entmagnetisieren*.

Wieder ist die im zweiten Schritt erreichbare Temperatur T_C zu bestimmen aus der Beziehung (10.37), hier analog zu schreiben als

$$S(T_C, B_0 = 0) = S(T_A, B_0). \tag{10.45}$$

Wir verwenden die Darstellung der Entropie eines Paramagneten aus dem Abschnitt 9.1,

$$S(T, \eta) = S_0(T) + N\sigma(\eta), \qquad \eta = \frac{m B_0}{T}, \tag{10.46}$$

worin

$$\sigma(\eta) = -\int_0^\eta d\eta'\, \eta'\, \Lambda'(\eta') = -\eta\, \Lambda(\eta) + \Phi(\eta) < 0 \tag{10.47}$$

und $\Lambda(\eta)$ die Magnetisierung als Funktion von B_0 und T darstellt: $M = (N m/V)\,\Lambda(m B_0/T)$. Wir setzen (10.46) in (10.45) ein und beachten, dass $\sigma(0) = 0$, vgl. (10.47):

$$S_0(T_C) = S_0(T_A) + N\sigma\left(\frac{m B_0}{T_A}\right). \tag{10.48}$$

Nun ist $S_0(T)$ monoton steigend, weil die Wärmekapazität C_0 bei $B_0 = 0$ nicht negativ sein kann,

$$C_0 = T\frac{dS_0(T)}{dT} > 0,$$

und außerdem ist $\sigma(\eta) < 0$, wie wir im Abschnitt 9.1 gezeigt haben. Das folgte übrigens auch daraus, dass die Entropie mit zunehmendem Feld B_0 abnimmt, $(\partial S/\partial B_0)_T < 0$, weil die magnetische Ordnung mit B_0 zunimmt. Mit diesen beiden Feststellungen folgt aus (10.48), dass $T_C < T_A$. Wenn wir im linearen Bereich der Magnetisierung als Funktion des Feldes bleiben, also annehmen, dass die magnetische Suszeptibilität unabhängig vom Feld ist, dann wird $\Lambda(\eta) \approx \alpha\eta$ und $\sigma(\eta) \approx -\alpha\eta^2/2$, vgl. Abschnitt 9.1. Wir wollen außerdem im Sinne einer Modellrechnung annehmen, dass die Entropie $S_0(T)$ eine lineare Funktion der Temperatur ist, $S_0(T) = \Sigma_0 T$. Dann wird aus (10.48)

$$T_C = T_A - \frac{\alpha N}{2\Sigma_0}\left(\frac{mB_0}{T_A}\right)^2. \tag{10.49}$$

Diese Relation darf natürlich nicht bei beliebig tiefen Temperaturen T_A angewendet werden, denn zum einen darf dann nicht mehr in $\eta = mB_0/T$ linearisiert werden und zum anderen machen sich bei hinreichend tiefen Temperaturen doch Wechselwirkungen zwischen den magnetischen Momenten bemerkbar, die aus dem Paramagneten z.B. einen Ferromagneten werden lassen können.

11

Die statistische Physik des Gleichgewichts

11

Die statistische Physik des Gleichgewichts

Kapitel 11

Die statistische Physik des Gleichgewichts

Jede thermodynamische Theorie setzt sich als Ziel, ein System mit einer sehr großen Anzahl von Freiheitsgraden durch wenige makroskopische Variablen, auch Makrovariablen genannt, zu beschreiben. Eine Schlüsselrolle nimmt dabei die Makrovariable Entropie ein. Sie ist ein logarithmisches Maß für die Anzahl der Mikrozustände, durch die ein Makrozustand repräsentiert wird. Die wesentliche Aussage über die Entropie ist, dass sie in isolierten Systemen nicht abnehmen kann, weil Makrozustände mit einer größeren Anzahl repräsentativer Mikrozustände eine größere Wahrscheinlichkeit für ihre Realisierung besitzen. Im thermodynamischen Grenzfall unendlich vieler Freiheitsgrade wird dieser Wahrscheinlichkeitsvorteil unendlich groß.

Diese noch sehr allgemeinen Aussagen bilden die Grundlage der sogenannten phänomenologischen Theorie der Thermodynamik, die wir in den vorangegangenen Kapiteln in ihren Grundzügen entwickelt haben. Darin spielte also nur die Existenz einer Mikrodynamik und die sehr große Anzahl ihrer Freiheitsgrade und ihrer Zustände in einem thermodynamischen System eine Rolle, nicht jedoch, wie diese Mikrodynamik im einzelnen beschaffen ist und welche Auswirkungen der Typ der Mikrodynamik auf die thermodynamische Makrodynamik hat. Lediglich in den Kapiteln über reale Gase, Magnetismus und die Landau–Theorie hatten wir den Typ der Mikrodynamik etwas weitergehender eingeengt, nämlich angenommen, dass es eine Wechselwirkung zwischen den mikroskopischen Freiheitsgraden geben soll. Die sogenannte statistische Theorie der Thermodynamik, die wir mit diesem Kapitel beginnen, setzt sich im Unterschied zur soeben genannten phänomenologischen Theorie als Ziel, aus der im einzelnen zu beschreibenden Mikrodynamik eines Systems auf sein möglicherweise typisches thermodynamisches Verhalten zu schließen. Aus der Rahmentheorie der phänomenologischen Thermodynamik wird dann eine detaillierte Theorie für spezielle Systeme. Dieses Programm ist jedoch, wie sich bald zeigen wird, nur für sehr einfache Typen von Mikrodynamiken analytisch ausführbar, und das im wesentlichen auch nur für thermodynamische Gleichgewichtszustände.

In diesem Kapitel wollen wir nun zunächst die grundlegenden Begriffe und Aussagen kennenlernen, auf denen sich die statistische Theorie gründet, und zwar sowohl in der klassischen als auch in der quantentheoretischen Version.

11.1 Mikrodynamik im klassischen Phasenraum

Wir beginnen mit der klassischen Beschreibung der Dynamik der mikroskopischen Freiheitsgrade durch die kanonische Theorie der klassischen Mechanik. Das System habe f Freiheitsgrade, beschrieben durch je f Koordinaten $q_1, q_2, \ldots, q_f$ und verallgemeinerte Impulse $p_1, p_2, \ldots, p_f$. In einem System von N Teilchen, die keine weiteren inneren Freiheitsgrade mehr besitzen, ist $f = 3N$. In jedem Fall geht die Anzahl der Freiheitsgrade im thermodynamischen Limes gegen Unendlich: $f \to \infty$. Die $2f$ Koordinaten und Impulse bilden den sogenannten *Phasenraum* des Systems. Für N Teilchen ohne innere Freiheitsgrade besitzt der Phasenraum die Dimension $2f = 6N$. Die mikroskopische Dynamik wird beschrieben durch die kanonischen Bewegungsgleichungen

$$\frac{dq_i}{dt} = \frac{\partial H}{\partial p_i}, \qquad \frac{dp_i}{dt} = -\frac{\partial H}{\partial q_i}, \qquad i = 1, 2, \ldots, f, \tag{11.1}$$

worin $H = H(q_1, q_2, \ldots, q_f, p_1, p_2, \ldots, p_f)$ die *Hamilton–Funktion* des Systems ist. In zeitlich translationsinvarianten, also die Energie erhaltenden Systemen ist H die Gesamtenergie als Funktion der Koordinaten und Impulse. Für ein System von Teilchen ohne innere Freiheitsgrade, die paarweise untereinander wechselwirken können, hat die Hamilton–Funktion die Form

$$H = \sum_{j=1}^{N} \frac{1}{2m} \boldsymbol{p}_j^2 + \frac{1}{2} \sum_{j,k=1}^{N} W(|\boldsymbol{r}_j - \boldsymbol{r}_k|), \tag{11.2}$$

worin $W(r_{jk})$ das vom Abstand $r_{jk} = |\boldsymbol{r}_j - \boldsymbol{r}_k|$ zweier Teilchen j, k abhängige Wechselwirkungspotential ist. Die kanonischen Koordinaten $q_1, q_2, \ldots, q_f$ und Impulse $p_1, p_2, \ldots, p_f$ sind als die kartesischen Koordinaten der Orts- und Impulsvektoren $\boldsymbol{r}_j$ und $\boldsymbol{p}_j$ für $j = 1, 2, \ldots, N$ zu interpretieren.

In den obigen Formulierungen haben wir implizit eine weitere Annahme gemacht: die Hamilton–Funktion soll nur von den Systemvariablen q_i, p_i bzw. im Beispiel nur von

11.1. MIKRODYNAMIK IM KLASSISCHEN PHASENRAUM

den Orten $\boldsymbol{r}_j$ und Impulsen $\boldsymbol{p}_j$ der Teilchen abhängen, nicht jedoch von Variablen, die die physikalische Umgebung des Systems beschreiben und auch nicht explizit von der Zeit t, womit zugleich auch die Energieerhaltung gesichert ist. Wir nehmen also an, dass das betrachtete thermodynamische System keine Wechelwirkungen mit der Umgebung hat, also *isoliert* ist. Diese Annahme wollen wir in diesem Kapitel beibehalten. Im nächsten Kapitel werden wir darstellen, wie die Theorie auf offene Systemene zu erweitern ist.

Im Folgenden kürzen wir die Schreibweise der kanonischen Variablen mit (q,p) ab. Darin sind q und p je als f–dimensionale Vektoren $q \cong (q_1, q_2, \ldots, q_f)$ bzw. $p \cong (p_1, p_2, \ldots, p_f)$ zu lesen. Jeder Punkt (q_0, p_0) des Phasenraums stellt einen möglichen Bewegungszustand des Systems dar, der sich eindeutig in die Zukunft weiterentwickelt. Die Weiterentwicklung wird durch die Lösung $(q(t), p(t))$ der Differentialgleichungen (11.1) zum Anfangswert $(q(t=0), p(t=0)) = (q_0, p_0)$ bestimmt. Diese Lösung beschreibt eine Bahn im Phasenraum, die man auch eine *Trajektorie* nennt. Von jedem Punkt im Phasenraum geht also eindeutig eine Trajektorie aus. Wir nehmen weiter an, dass die Bewegungsgleichungen (11.1), die wir in der verkürzten Schreibweise als

$$\frac{dq}{dt} = \frac{\partial H}{\partial p}, \qquad \frac{dp}{dt} = -\frac{\partial H}{\partial q} \qquad (11.3)$$

formulieren, *invariant gegen Zeitumkehr* sind:

$$t \to -t, \qquad q \to q, \qquad p \to -p, \qquad H(q,p) \to H(q,-p) = H(q,p). \qquad (11.4)$$

Das bedeutet, dass mit $(q(t), p(t))$ auch $(q(-t), p(-t))$ eine mögliche Trajektorie ist, die dieselbe Anfangsbedingung $(q(t=0), p(t=0)) = (q_0, p_0)$ wie $(q(t), p(t))$ erfüllt. Jeder Bewegungszustand (q_0, p_0) hat also nicht nur eine eindeutige Zukunft, sondern auch eine eindeutige Vergangenheit. Aus diesen Überlegungen folgt: durch jeden Phasenraumpunkt läuft genau eine Trajektorie, die nirgends beginnen und nirgends enden kann. Eine weitere Folgerung daraus ist, dass Trajektorien sich auch nicht schneiden können, weil dann durch den Schnittpunkt zwei Trajektorien liefen, Zukunft und Vergangenheit dort also nicht mehr eindeutig bestimmt wären.

Wir wenden uns jetzt der Frage zu, wie sich makroskopische, thermodynamische Aussagen auf die Mikrodynamik stützen lassen. Natürlich lassen sich sämtliche thermodynamischen Variablen eines Systems bestimmen, wenn sein mikrodynamischer Zustand (q,p) zu einem Zeitpunkt und damit auch für die Zukunft bekannt ist. Diesen Weg beschreibt die Methode der *Molecular Dynamics* (MD), die wir bereits im Abschnitt 1.2 erwähnt hatten. Sie löst die Bewegungsgleichungen (11.1) bzw. (11.3) unter Einsatz sehr großer Rechenleistungen auf einem Computer für alle Teilchen, d.h., sie bestimmt eine Systemtrajektorie, und gewinnt daraus durch Informationsverdichtung thermodynamische Aussagen. Das ist heute für Modellsysteme bis zur größenordnung von einigen 10^6 Teilchen möglich. Die statistische Thermodynamik dagegen geht von der Situation aus, dass durch thermodynamische Messungen an einem System auch nur thermodynamische Informationen vorliegen, die bei weitem nicht ausreichen, um den vollständigen mikrodynamischen Zustand (q,p) des Systems zu bestimmen.

Eine naheliegender Gedanke in dieser Situation ist es, dass eine thermodynamische Aussage nicht einem einzigen mikrodynamischen Zustand (q,p) zu einer bestimmten Zeit zuzuordnen ist, sondern einem *zeitlichen Mittelwert* über einen Zeitraum τ, der auf der Skala der makroskopischen Abläufe sehr kurz, auf der Skala der Mikrodynamik der einzelnen Freiheitsgrade jedoch sehr lang ist. Wir gehen diesem Gedanken nach, indem wir einen Auschnitt aus der Systembewegung $(q(t), p(t))$ zwischen den Zeiten $t = 0$ und $t = \tau$ betrachten. Es sei $x(q,p)$ eine *Phasenraumfunktion*, die eine physikalische Eigenschaft, insbesondere auch eine makroskopische thermodynamische Variable des Systems beschreibt wie z.B. die Energie, die Teilchenzahl oder die Dichte in einem Teilsystem oder auch den Druck auf die Systemwand. Dann ist durch

$$\bar{x}_\tau = \frac{1}{\tau} \int_0^\tau dt\, x\,(q(t), p(t)) \tag{11.5}$$

der *zeitliche Mittelwert* der größe x im Zeitintervall $(0, \tau)$ definiert. Rein formal kann man $\bar{x}_\tau$ auch schreiben als

$$\bar{x}_\tau = \int d\Gamma\, x(q,p)\, \bar{\rho}_\tau(q,p), \tag{11.6}$$

$$\bar{\rho}_\tau(q,p) = \frac{1}{\tau} \int_0^\tau dt\, \delta\,(q - q(t))\, \delta\,(p - p(t)). \tag{11.7}$$

Hierin ist $d\Gamma = dq\, dp$ das $2f$–dimensionale Volumenelement im Phasenraum und $\delta(q)$ die f–dimensionale Diracsche Deltafunktion, entsprechend $\delta(p)$. Offensichtlich kann man $\bar{\rho}_\tau(q,p)\, d\Gamma$ als den Bruchteil der Zeit τ interpretieren, während dessen sich die Trajektorie im Volumenelement $d\Gamma$ aufhält. Es liegt nun nahe, durch

$$\bar{\rho}(q,p) := \lim_{\tau\to\infty} \bar{\rho}_\tau(q,p) = \lim_{\tau\to\infty} \frac{1}{\tau} \int_0^\tau dt\, \delta\,(q - q(t))\, \delta\,(p - p(t)) \tag{11.8}$$

eine Phasenraumdichte von Trajektorien zu definieren, mit der man ganz allgemein Mittelwerte von Phasenraumfunktionen $x(q,p)$ analog zu (11.6), also durch

11.1. MIKRODYNAMIK IM KLASSISCHEN PHASENRAUM

$$\overline{x} = \int d\Gamma\, x(q,p)\, \overline{\rho}(q,p) \tag{11.9}$$

bestimmen kann, ohne sich auf Ausschnitte aus einer speziellen Trajektorie zu stützen. Der Limes $\tau \to \infty$ bedingt für ein isoliertes System, dass sein makroskopischer Zustand das thermodynamische Gleichgewicht ist. Dieses Konzept ist aber nur dann thermodynamisch befriedigend, wenn

1. die Trajektorie wenigstens einmal durch jedes Phasenraumelement $d\Gamma$ läuft und nicht etwa ganze Bereiche im Phasenraum ausspart und

2. dieses auch bereits während makroskopisch realisierbarer Mittelungszeiten τ tut.

Zum Punkt 1 versucht die sogenannte Ergodentheorie Aussagen zu gewinnen. Es gibt allerdings nur sehr wenige Modellsysteme mit physikalisch eher unrealistischen Eigenschaften, in denen man die *Ergodizität*, d.h., die Erfüllung der Bedingung im Punkt 1 explizit nachgewiesen hat. Noch problematischer ist aber der Punkt 2. Um die größenordnung von hinreichenden Mittelungszeiten τ abzuschätzen, greifen wir auf ein sehr viel einfacheres Modellsystem zurück, nämlich auf das bereits früher als Modell verwendete System aus einer Anzahl N ortsfester Spins von Elektronen mit je zwei möglichen Einstellungen. Dessen Phasenraum ist nicht klassisch beschreibbar, sondern ist der quantentheoretische Zustandsraum sämtlicher 2^N Spinkonfigurationen. Wir wollen abschätzen, welche Zeit τ mindestens erforderlich ist, damit jede dieser Konfigurationen einmal realisiert wird. Es sei Δt die Zeit, die im Mittel zwischen zwei Spinflip–Prozessen $\uparrow\to\downarrow$ oder $\downarrow\to\uparrow$ eines einzelnen Spins vergeht. Dann ist $\Delta t/N$ die Zeit, die im Mittel zwischen zwei Spinflip–Prozessen des Gesamtsystems vergeht und

$$\tau = 2^N \frac{\Delta t}{N}$$

die größenordnung der Zeit, die erforderlich ist, um jede Spinkonfiguration einmal zu realisieren. Um eine Abschätzung zu gewinnen, wählen wir Δt gleich der Zeit, während der - in klassischer Interpretation - ein Elektron im H–Atom einmal um den Kern umläuft:

$$\Delta t = \frac{\hbar}{E_0} = \left(\frac{4\pi\epsilon_0}{e^2}\right)^2 \frac{2\hbar^3}{m},$$

(E_0 =Grundzustandsenergie, e =Elementarladung, m =Elektronenmasse). Es ist physikalisch einsichtig, dass auch ein Spinflip nicht wesentlich schneller erfolgen kann. Einsetzen der Werte führt auf $\Delta t > 10^{-17}s$. Für die Systemgröße wählen wir $N = 10^3$, entsprechend einem Würfel mit je 10 Spins pro Kantenlänge. Ein solches System verdient kaum mehr die Charakterisierung thermodynamisch. Dennoch ergibt sich dann bereits ein $\tau > 10^{300}s$. Diesen Wert vergleichen wir mit dem Alter des Universums von einigen $10^{17}s$. Das Fazit lautet: das Alter des Universums reicht noch nicht einmal aus, um in einem auf der makroskopischen Skala extrem kleinen System wenigstens sämtliche Mikrozustände nur einmal zu realisieren. Das Konzept der Dichte von Trajektorien im Phasenraum im Sinne eines Zeitmittels als Grundlage für die Interpretation makroskopischer Messungen erscheint physikalisch unrealistisch, und zwar selbst dann, wenn das System ergodisch ist, was für das Spinsystem natürlich zutrifft.

Wenn nun rein empirisch die Zeitmittel von Systemen im thermodynamischen Gleichgewicht über relativ sehr kurze Trajektorien innerhalb physikalisch realistischer Zeiten τ übereinstimmen, was übrigens ja auch in Simulationen der MD festgestellt wird, dann kann das offenbar nur bedeuten, dass der Phasenraum in bezug auf makroskopische Eigenschaften sehr homogen ist. Zeitmittel sind offenbar weitgehend unabhängig von der Startposition der gemittelten Trajektorie im Phasenraum. Der Gedanke eines thermodynamisch weitgehend homogenen Phasenraums ist die Grundlage der sogenannten Ensemble–Theorie der statistischen Thermodynamik, mit der wir im folgenden Kapitel beginnen werden.

11.2 Ensemble und der Liouvillesche Satz

Ein *Ensemble* ist eine gedankliche Konstruktion: wir denken uns eine sehr große Anzahl M physikalisch identischer Kopien des isolierten Originalsystems, die sich in beliebigen Bewegungszuständen befinden können, dargestellt durch *Ensemblepunkte* (q, p) im Phasenraum. Jeder Ensemblepunkt charakterisiert den Bewegungszustand eines Ensemblemitglieds. Wir wollen annehmen, dass wir das Ensemble durch eine *Ensembledichte* $\rho(q, p, t)$ beschreiben können: $\rho(q, p, t)\, d\Gamma$ soll der Bruchteil der M Phasenraumpunkte sein, der sich zur Zeit t im Phasenraumelement $d\Gamma = dq\, dp$ bei (q, p) aufhält. Damit ist auch bereits gesagt, dass die Ensembledichte auf den Wert 1 normiert sein soll:

$$\int d\Gamma \rho(q, p, t) = 1. \tag{11.10}$$

Diese Normierung erlaubt auch die Interpretation, dass $\rho(q, p, t)\, d\Gamma$ die *Wahrscheinlichkeit* ist, den Ensemblepunkt eines beliebig herausgegriffenen Ensemblemitgliedes im Element $d\Gamma$ bei (q, p) zu finden. Die Dichte $\rho(q, p, t)$ soll eine kontinuierliche

11.2. ENSEMBLE UND DER LIOUVILLESCHE SATZ

und sogar stetig differenzierbare Funktion von q und p sein, was natürlich nur im Grenzfall $M \to \infty$ vorstellbar ist. Sie wird in der Ensemble-Theorie die Rolle des Zeitmittels aus dem vorhergehenden Abschnitt übernehmen, kann jetzt aber auch explizit von der Zeit abhängen.

Da sich die Ensemblepunkte gemäß den Bewegungsgleichungen (11.1) bewegen, können wir uns das Ensemble wie eine durch den Phasenraum strömende Flüssigkeit vorstellen. Wir werden im Folgenden die Begriffsbildungen für die Strömung einer gewöhnlichen Flüssigkeit aus dem Abschnitt 3.6 übernehmen und auf den $2f$-dimensionalen Phasenraum übertragen. Äquivalent zur Aussage der Bewegungsgleichungen (11.1) ist die Feststellung, dass das Ensemble dem lokalen *Geschwindigkeitsfeld*

$$v = \left(\frac{dq}{dt}, \frac{dp}{dt}\right) = \left(\frac{\partial H}{\partial p}, -\frac{\partial H}{\partial q}\right) \tag{11.11}$$

folgt. Die Ensemblepunkte werden analog dem Transport der Gesamtmasse in einer gewöhnlichen Flüssigkeit *konvektiv* transportiert, d.h., ihre Flussdichte beträgt $j = \rho v$.

Ein im Phasenraum ortsfester Beobachter wird eine zeitliche Änderung $\partial \rho / \partial t$ der Ensembledichte feststellen, wenn diese explizit von der Zeit abhängt. Ein mitbewegter Beobachter registriert jedoch die *totale* Zeitableitung:

$$\begin{aligned}
\frac{d\rho}{dt} &= \frac{\partial \rho}{\partial t} + \frac{\partial \rho}{\partial q}\frac{dq}{dt} + \frac{\partial \rho}{\partial p}\frac{dp}{dt} \\
&= \frac{\partial \rho}{\partial t} + \frac{\partial \rho}{\partial q}\frac{\partial H}{\partial p} - \frac{\partial \rho}{\partial p}\frac{\partial H}{\partial q} \\
&= \frac{\partial \rho}{\partial t} + \{\rho, H\},
\end{aligned} \tag{11.12}$$

worin $\{\rho, H\}$ die *Poisson-Klammer* der klassischen Mechanik ist. Der *Liouvillesche Satz* besagt nun, dass $d\rho/dt = 0$, ausführlich geschrieben

$$\frac{d\rho}{dt} = \frac{\partial \rho}{\partial t} + \{\rho, H\} = 0. \tag{11.13}$$

Der mitbewegte Beobachter registriert nach diesem Satz also eine konstante Dichte des Ensembles, bzw. die Ensembleströmung ist *inkompressibel*. Ein sehr einfacher

Beweis des Liouvilleschen Satzes geht von einem mit der Ensembleströmung mitbewegten Bereich Γ_t des Phasenraums aus, dessen $(2f - 1)$-dimensionale einhüllende Hyperfläche $\partial \Gamma_t$ ebenfalls aus sich bewegenden Ensemblepunkten besteht. Die Anzahl der Ensemblepunkte in Γ_t ist zeitlich konstant, weil keine Trajektorie die Einhüllende $\partial \Gamma_t$ schneiden kann. Wäre das nämlich der Fall, dann würden sich zwei Trajektorien eines inneren Ensemblepunktes und eines Punktes auf $\partial \Gamma_t$ schneiden, was nach unseren Überlegungen im vorhergehenden Abschnitt ausgeschlossen ist. In der kanonischen Theorie der klassischen Mechanik wird außerdem gezeigt, dass das $2f$-dimensionale Phasenraumvolumen des mitströmenden Bereichs Γ_t zeitlich konstant ist, wobei seine Form sich allerdings ändern kann. Aus den beiden Aussagen folgt, dass dann auch die Dichte als der Quotient aus Anzahl der Ensemblepunkte und Phasenraumvolumen zeitlich konstant ist.

Wir können den Beweis des Liouvilleschen Satzes aber auch formal führen. Dazu betrachten wir jetzt einen räumlich und zeitlich festen Bereich Γ_0 des Phasenraums. Dann ist

$$b_0(t) = \int_{\Gamma_0} d\Gamma \, \rho(q, p, t) \qquad (11.14)$$

der Bruchteil der Ensemblepunkte, der sich zur Zeit t in Γ_0 aufhält. Weil Γ_0 zeitunabhängig sein sollte, lässt sich die zeitliche Änderung von $b_0(t)$ schreiben als

$$\frac{db_0(t)}{dt} = \int_{\Gamma_0} d\Gamma \, \frac{\partial \rho}{\partial t}. \qquad (11.15)$$

Weil keine Trajektorie in Γ_0 beginnt oder endet, kann es zu einem $db_0(t)/dt \neq 0$ nur dadurch kommen, dass netto Phasenraumpunkte über die Einhüllende $\partial \Gamma_0$ in Γ_0 ein- oder aus Γ_0 ausströmen, und zwar mit der Flussdichte $j = \rho v$, wie wir oben bemerkt hatten:

$$\frac{db_0(t)}{dt} = -\int_{\partial \Gamma_0} dA_\Gamma \, \rho v. \qquad (11.16)$$

Hier ist dA_Γ das Element der $(2f - 1)$-dimensionalen Hyperfläche $\partial \Gamma_0$, die Γ_0 einhüllt. Das Minuszeichen berücksichtigt, dass das Element dA_Γ in Normalenrichtung nach außen weisen soll, also $dA_\Gamma \rho v > 0$ einen Strom nach außen bzw. eine Abnahme von Ensemblepunkten bedeutet, und umgekehrt. Die einfachste Vorstellung dazu folgt dem Bild im normalen dreidimensionalen Raum, vgl. Abschnitt 3.6, wo das Flächenelement df der Einhüllenden eines Volumenbereichs V ebenfalls die Richtung der Normalen nach außen haben sollte. Ebenso wie im dreidimensionalen

11.2. ENSEMBLE UND DER LIOUVILLESCHE SATZ

Raum gilt auch im $2f$-dimensionalen Phasenraum ein *Gaußscher Integralsatz*, unter dessen Verwendung wir (11.16) wie folgt weiter umformen können:

$$\frac{db_0(t)}{dt} = -\int_{\partial \Gamma_0} dA_\Gamma \, \rho v = -\int_{\Gamma_0} d\Gamma \, \text{Div}(\rho v). \tag{11.17}$$

Hier ist $\text{Div}(\rho v)$ das Phasenraum-Analogon der gewöhnlichen dreidimensionalen Divergenz. Nochmals ausführlich geschrieben ist sie definiert als

$$\begin{aligned}\text{Div}(\rho v) &= \sum_{i=1}^{f} \left[\frac{\partial}{\partial q_i} \left(\rho \frac{dq_i}{dt} \right) + \frac{\partial}{\partial p_i} \left(\rho \frac{dp_i}{dt} \right) \right] \\ &= \sum_{i=1}^{f} \left[\frac{\partial}{\partial q_i} \left(\rho \frac{\partial H}{\partial p_i} \right) - \frac{\partial}{\partial p_i} \left(\rho \frac{\partial H}{\partial q_i} \right) \right].\end{aligned} \tag{11.18}$$

Wir setzen die rechten Seiten von (11.15) und (11.17) gleich und beachten, dass diese Aussagen für beliebige Bereiche Γ_0 zutreffen sollen. Daraus folgt in der üblichen Weise die Gleichheit der Integranden, und wir erhalten

$$\frac{\partial \rho}{\partial t} + \text{Div}(\rho v) = 0. \tag{11.19}$$

Dieses ist die Form einer *Kontinuitätsgleichung* bzw. eines Erhaltungssatzes. Er entspricht dem Erhaltungssatz für die Gesamtmasse bei der gewöhnlichen Strömung, vgl. Abschnitt 3.6, und drückt hier die Erhaltung der Anzahl der Ensemblepunkte aus. Jetzt führen wir die spezielle Form (11.11) der Phasenraumströmung in die Divergenz in (11.19) ein und erhalten unter Verwendung der Produktregel für die Differentiation (wieder in verkürzter Schreibweise)

$$\begin{aligned}\text{Div}(\rho v) &= \frac{\partial}{\partial q}\left(\rho \frac{dq}{dt}\right) + \frac{\partial}{\partial p}\left(\rho \frac{dp}{dt}\right) \\ &= \frac{\partial}{\partial q}\left(\rho \frac{\partial H}{\partial p}\right) - \frac{\partial}{\partial p}\left(\rho \frac{\partial H}{\partial q}\right) \\ &= \frac{\partial \rho}{\partial q}\frac{\partial H}{\partial p} - \frac{\partial \rho}{\partial p}\frac{\partial H}{\partial q} + \rho \left(\frac{\partial^2 H}{\partial q \, \partial p} - \frac{\partial^2 H}{\partial p \, \partial q} \right) \\ &= \{\rho, H\}.\end{aligned} \tag{11.20}$$

Im letzten Schritt haben wir angenommen, dass die gemischten partiellen Ableitungen von H nach q und p nicht von der Reihenfolge der Ableitungen abhängen, und wieder die Schreibweise der Poisson–Klammer benutzt. Unter Verwendung dieses Ergebnisses lautet die Kontinuitätsgleichung (11.19)

$$\frac{\partial \rho}{\partial t} + \{\rho, H\} = 0, \qquad (11.21)$$

was äquivalent zum Liouvilleschen Satz in der Form (11.13) ist. Der entscheidende Schritt in unserem formalen Beweis war

$$\operatorname{Div} v = \frac{\partial}{\partial q}\left(\frac{dq}{dt}\right) + \frac{\partial}{\partial p}\left(\frac{dp}{dt}\right) = \frac{\partial^2 H}{\partial q\, \partial p} - \frac{\partial^2 H}{\partial p\, \partial q} = 0. \qquad (11.22)$$

$\operatorname{Div} v = 0$ ist eine zu $d\rho/dt = 0$ äquivalente Formulierung der Inkompressibilität einer Strömung, vgl. Abschnitt 3.6.

11.3 Das mikrokanonische Ensemble des Gleichgewichts

Im vorangegangenen Abschnitt haben wir beschrieben, wie ein Ensemble durch den Phasenraum strömt. Wir hatten dem Begriff des Ensembles aber noch keine physikalische Bedeutung zugewiesen. Das soll in diesem Abschnitt geschehen. Die Frage lautet, in welcher Weise wir ein Ensemble verwenden können, um ein thermodynamisches Gleichgewicht eines isolierten Systems zu beschreiben. Die Verbindung zwischen dem makroskopischen Begriff des thermodynamischen Gleichgewichts und der mikroskopischen Ensembledichte $\rho(q, p, t)$ soll dadurch gegeben sein, dass $\rho(q, p, t)\, d\Gamma$ die Wahrscheinlichkeit ist, in einem Gedankenexperiment den Mikrozustand des thermodynamischen Systems bei einer Momentaufnahme zur Zeit t im Phasenraumelement $d\Gamma$ beim Phasenraumpunkt (q, p) zu finden. Da das thermodynamische Gleichgewicht stationär ist, seine Makrovariablen also zeitlich konstant sind, werden wir zunächst fordern, dass auch die Wahrscheinlichkeit $\rho(q, p, t)\, d\Gamma$ stationär ist, also $\partial \rho/\partial t = 0$. Aus dem Liouvilleschen Satz (11.21) folgt dann auch

$$\frac{\partial \rho}{\partial t} = 0 \quad \Longleftrightarrow \quad \{\rho, H\} = 0. \qquad (11.23)$$

$\{\rho, H\} = 0$ besagt, dass die Ensembledichte ρ ein *Integral der Bewegung* ist, auch Konstante der Bewegung genannt. Da die Einführung des Begriffs des Ensembles

11.3. DAS MIKROKANONISCHE ENSEMBLE DES GLEICHGEWICHTS

kein neues Integral der Bewegung begründet, kann ρ nur eine Funktion aller unabhängigen Integrale der Bewegung $\Phi_\nu(q,p), \nu = 1, 2, \ldots$ sein:

$$\rho = \rho\left(\Phi_1(q,p), \Phi_2(q,p), \ldots\right), \qquad \{\Phi_\nu, H\} = 0, \qquad \nu = 1, 2, \ldots \qquad (11.24)$$

Die Eigenschaft der Unabhängigkeit der Φ_ν ist dadurch definiert, dass die vollständigen Differentiale

$$d\Phi_\nu = \frac{\partial \Phi_\nu}{\partial q} dq + \frac{\partial \Phi_\nu}{\partial p} dp$$

linear unabhängig sein sollen. Unter den Integralen der Bewegung befinden sich die Erhaltungsgrößen, die durch Invarianzen des Systems bedingt sind: Energie, Impuls, Drehimpuls, Teilchenzahl, Masse und elektrische Ladung, falls die Teilchen geladen sind. Dieses sind extensive, makroskopische Variablen, die auch als thermodynamische Variablen auftreten können. Allerdings sind Impuls und Drehimpuls nur dann erhalten, wenn das System translations- und rotationsinvariant ist, was im Allgemeinen wegen des Vorhandenseins von abschließenden Wänden, zumal im isolierten System, nicht der Fall ist. Die Erhaltung der Teilchenzahl N ist in unserem bisherigen Formalismus durch die Wahl des Phasenraums mit einer festen Zahl von Freiheitsgraden identisch erfüllt und braucht deshalb nicht explizit durch ein Integral $\Phi_\nu(q,p)$ beschrieben zu werden. Die Erhaltung der Masse ist damit ebenfalls erfüllt, wenn wir zunächst von Kernreaktionen absehen, desgleichen ist die Erhaltung der elektrischen Ladung bereits mit der Teilchenzahlerhaltung erfüllt. Übrigens ist auch das Volumen V des Systems durch Randbedingungen in den Ortskoordinaten q des Phasenraums bereits festgelegt. Somit verbleibt allein die Energie als makroskopisches Integral der Bewegung. Da die Energie in einem isolierten System einen festen Wert U besitzt, der zugleich den Wert der inneren Energie im Sinne der Thermodynamik darstellt, muss $\rho(q,p) = 0$ für alle Phasenraumpunkte sein, für die $H(q,p) \neq U$ ist. Da $\rho(q,p)$ aber über den gesamten Phasenraum normiert sein sollte, vgl. (11.10), kann $\rho(q,p)$ nur die Form

$$\rho(q,p) = \tilde{\rho}(q,p)\,\delta\left(H(q,p) - U\right) \qquad (11.25)$$

haben, worin $\tilde{\rho}(q,p)$ die Abhängigkeit von den übrigen, nicht-makroskopischen Integralen der Bewegung enthält. Die Funktion $\delta(\ldots)$ ist hier die Diracsche Deltafunktion einer skalaren Variablen, nämlich der Energie.

An dieser Stelle führen wir nun ein entscheidendes *Postulat* in die Theorie ein, nämlich, dass in (11.25) $\tilde{\rho}(q,p)$ =konstant sein soll, in anderen Worten: die Ensembledichte für das thermodynamische Gleichgewicht soll ausschließlich von den

Makrovariablen abhängen, durch die das Gleichgewicht selbst bestimmt ist, in unserem Fall durch U, V, N. Eine andere Ausdrucksweise dafür lautet: *Postulat gleicher a priori–Wahrscheinlichkeiten*. Es besagt, dass physikalische Zustände, die sich durch keine makroskopische bzw. thermodynamische Charakterisierung unterscheiden lassen, im thermodynamischen Gleichgewicht gleiche Wahrscheinlichkeit besitzen sollen. Eine etwas anschaulichere Sprechweise formuliert das Postulat als das "Prinzip maximaler Vorurteilslosigkeit". Wir werden auf diese Sprechweise im folgenden Kapitel noch einmal zurückkommen.

Das Postulat gleicher a priori–Wahrscheinlichkeiten erscheint unmittelbar einleuchtend. Und doch müssen wir feststellen, dass seine Aussage offensichtlich davon abhängt, wie die physikalischen Zustände, die gleiche a priori–Wahrscheinlichkeiten besitzen sollen, zu zählen sind. Wenn wir $\bar{\rho}(q,p) =$ konstant fordern und dann etwa den Phasenraum der (q,p) einer Transformation unterwerfen, bei der die Phasenraumelemente $d\Gamma$ nicht invariant sind, erhielten wir eine transformierte Ensembledichte, die nicht mehr konstant wäre. Das folgt daraus, dass $\bar{\rho}(q,p)\,d\Gamma$ die Bedeutung einer Wahrscheinlichkeit (pro Energie) hat, die zumindest prinzipiell physikalisch messbar ist und darum invariant sein muss. Nun wissen wir aber, dass gerade die *kanonischen* Transformationen, die dadurch definiert sind, dass sie die Bewegungsgleichungen (11.1) ungeändert lassen, auch die Phasenraumelemente $d\Gamma$ ungeändert lassen, außerdem übrigens auch die Poisson-Klammern $\{\ldots,\ldots\}$. Auch die Systembewegung selbst ist eine solche kanonische Transformation. Man sagt, dass $d\Gamma$ ein *invariantes Maß* unter kanonischen Transformationen und damit unter den physikalischen Bewegungen des Systems ist, und es ist außerdem die einzige Invariante, die den Charakter eines Maßes besitzt, also additiv ist. Erst diese Invarianzüberlegungen machen das Postulat der gleichen a priori–Wahrscheinlichkeit physikalisch überzeugend. Letztlich allerdings kann nur der Vergleich der messbaren Konsequenzen eines Postulats mit den empirischen Befunden darüber entscheiden, ob das Postulat gerechtfertigt ist.

Bevor wir nun (11.25) mit $\bar{\rho}(q,p) =$ konstant in eine praktikable Form umschreiben, überlegen wir die physikalischen Dimensionen der darin vorkommenden größen. Der Ausdruck $\rho(q,p)\,d\Gamma$ ist eine Wahrscheinlichkeit und somit dimensionslos. Das Phasenraumelement $dq_i\,dp_i$ des einzelnen Freiheitsgrades besitzt die Dimension Länge × Impuls, also Wirkung. Wir wollen nun auch $d\Gamma$ dimensionslos machen und ändern seine Definition ab in

$$d\Gamma = \frac{1}{h^f}\,dq\,dp = \prod_{i=1}^{f}\frac{dq_i\,dp_i}{h},$$

worin h die Dimension einer Wirkung besitzt und als *Phasenraumeinheit* interpretiert werden kann. Deren Wert ist hier zunächst belanglos, denn es soll auch mit dem

11.3. DAS MIKROKANONISCHE ENSEMBLE DES GLEICHGEWICHTS

abgeänderten $d\Gamma$ bei der Normierung (11.10) bleiben, d.h., auch die Ensembledichte wird abgeändert und dadurch dimensionslos. Später werden wir im Zusammenhang mit der Quantenstatistik zeigen, dass die Phasenraumeinheit h tatsächlich physikalische Realität erhält und das *Plancksche Wirkungsquantum* ist.

Die δ-Funktion $\delta(H(q,p) - U)$ hat die Dimension einer inversen Energie, weil das Energie-Integral über $\delta(H(q,p)-U)$ gleich 1, also dimensionslos ist. Insgesamt folgt daraus, dass die Faktorfunktion $\bar{\rho}(q,p)$ in (11.25) die Dimension Energie besitzt. Aus diesem Grund schreiben wir (11.25) zusammen mit dem Postulat gleicher a priori-Wahrscheinlichkeiten in der Form

$$\rho(q,p) = \frac{\Delta U}{W} \delta\left(H(q,p) - U\right), \tag{11.26}$$

worin ΔU ein Energieparameter ist, dessen größenordnung wir zunächst offen lassen, und W ein dimensionsloser Normierungsquotient, dessen Wert wir durch Integration über den Phasenraum unter Beachtung der Normierung (11.10) bestimmen:

$$W = \Delta U \int d\Gamma \, \delta\left(H(q,p) - U\right). \tag{11.27}$$

Um die Bedeutung von W zu erkennen, bilden wir das Phasenraumvolumen $\Gamma(U)$ der Zustände (q,p) mit Energien $H(q,p) \leq U$ in Einheiten von h^f:

$$\Gamma(U) := \int d\Gamma \, \Theta\left(U - H(q,p)\right), \tag{11.28}$$

worin $\Theta(\xi)$ die *Heavysidesche Sprungfunktion* ist:

$$\Theta(\xi) = \begin{cases} 1 & \xi \geq 0, \\ 0 & \xi < 0. \end{cases} \tag{11.29}$$

Die Ableitung

$$\frac{d\Gamma(U)}{dU} = \int d\Gamma \, \delta\left(H(q,p) - U\right), \tag{11.30}$$

hat dann die Bedeutung des Phasenraumsvolumens pro Energie dU in Einheiten von h^f, auch *Zustandsdichte* genannt. Wir können W aus (11.27) also auch in der Form

$$W = \frac{d\Gamma(U)}{dU}\Delta U = \Gamma(U+\Delta U) - \Gamma(U) \qquad (11.31)$$

schreiben, wobei wir im letzten Schritt $\Delta U \ll U$ vorausgesetzt haben, was im thermodynamischen Limes stets erfüllt ist. Aus (11.31) erkennen wir, dass W die Bedeutung eines Maßes für die Anzahl von Phasenraumpunkten im Energieintervall zwischen U und $U + \Delta U$ hat, und zwar gemessen in Einheiten von h^f. Diese Phasenraumpunkte besitzen die Energie $H(q,p) = U$ bis auf Abweichungen von der Ordnung $\Delta U \ll U$ im thermodynamischen Limes.

Wir stellen jetzt die Verbindung zwischen der Mikrodynamik und der Thermodynamik her, indem wir die Anzahl W von Mikrozuständen mit der Energie $H(q,p) = U$ identifizieren mit der im Abschnitt 2.3 eingeführten Zahl von Mikrozuständen, die das Gleichgewicht eines isolierten Systems repräsentieren und durch die gemäß $S = \ln W$ die Entropie dieses Gleichgewichts gegeben ist. Durch die Wahl des Phasenraums mit einer festen Anzahl von Freiheitsgraden und mit entsprechenden Randbedingungen für die Ortskoordinaten q sind die in W gezählten Zustände außerdem durch eine feste Teilchenzahl N und durch ein festes Volumen V charakterisiert, wie wir oben bereits angemerkt hatten. Damit wird W in (11.27) oder (11.31) zu einer Funktion von $U, V, N : W = W(U, V, N)$. Wir erhalten also

$$S(U,V,N) = \ln W(U,V,N) = \ln\left\{\Delta U \int d\Gamma\, \delta(H(q,p) - U)\right\}. \qquad (11.32)$$

Das durch die Ensembledichte $\rho(q,p)$ in (11.26) definierte Ensemble heißt das *mikrokanonische Ensemble* und $W(U,V,N)$ die *mikrokanonische Zustandssumme*. Wenn es gelingt, die rechte Seite von (11.32) durch eine Integration im mikrodynamischen Phasenraum zu berechnen, dann ist daraus die Thermodynamik gemäß

$$\left(\frac{\partial S}{\partial U}\right)_{V,N} = \frac{1}{T}, \qquad \left(\frac{\partial S}{\partial V}\right)_{U,N} = \frac{p}{T}, \qquad \left(\frac{\partial S}{\partial N}\right)_{U,V} = -\frac{\mu}{T}. \qquad (11.33)$$

zu entwickeln, vgl. Kapitel 2. Wir sehen jetzt auch, dass in der klassischen Statistik dieses Abschnitts die Phasenraumeinheit h bzw. h^f keine Rolle spielt. Wenn wir nämlich den Logarithmus bilden, fällt der additive Term $-\ln h^f$ aus $d\Gamma$ bei den Ableitungen in (11.33) heraus. Aus dem gleichen Grund spielt auch das Energieintervall ΔU, das wir aus Gründen der physikalischen Dimension eingeführt hatten, hier keine Rolle. Auch die Wahl der größenordnung von ΔU ist weitgehend unerheblich: in der Schreibweise

$$W = \frac{d\Gamma(U)}{dU}\Delta U$$

dürfte ΔU sogar extensiv sein, also $\Delta U \sim N$, z.B. auch $\Delta U = U$, denn bei der Bildung des Logarithmus entstände daraus ein additiver Term $\sim \ln N$, der im thermodynamischen Limes $N \to \infty$ gegenüber der extensiven Entropie $S \sim N$ verschwindet.

11.4 Mikrodynamik im Hilbert–Raum

Wir wollen im Folgenden die Überlegungen zur Mikrodynamik im klassischen Phasenraum und die Konstruktion von Ensembeln auf den Fall eines quantentheoretisch beschriebenen Systems übertragen. An die Stelle des klassischen Phasenraums tritt der *Hilbert-Raum* der Quantenzustände des Systems, das wir hier weiterhin als isoliert annehmen wollen. Wie im Fall des Phasenraums soll auch der Hilbert–Raum dann nur Zustände zu fester Zahl von Freiheitsgraden, z.B. zu fester Zahl N von Teilchen, und gegebenenfalls zu festem Volumen V enthalten. Letzteres ist durch räumliche Randbedingungen der Quantenzustände erreichbar. Die Energien der Zustände im Hilbert-Raum sollen beliebig sein.

Ein Bewegungszustand des Systems, klassisch durch einen Phasenraumpunkt (q,p) beschrieben, entspricht quantentheoretisch einem *Zustandsvektor* $|\Psi(t)\rangle$ im Hilbert–Raum. Seine zeitliche Entwicklung wird durch die *Schrödinger-Gleichung* bestimmt:

$$i\hbar \frac{\partial}{\partial t}|\Psi(t)\rangle = H|\Psi(t)\rangle. \tag{11.34}$$

Hier ist H der *Hamilton-Operator* des Systems. Für das im Abschnitt 11.1 genannte Beispiel von N Teilchen ohne innere Freiheitsgrade hat H dieselbe Struktur wie in (11.2), allerdings sind die $\boldsymbol{p}_j$ und $\boldsymbol{r}_j$ jetzt als *Operatoren* zu interpretieren. In der Ortsdarstellung bedeutet das $\boldsymbol{p}_j = -i\hbar \boldsymbol{\nabla}_j$, während die Ortsvektoren wie Variablen zu behandeln sind. (11.34) ist die "Ket-Version" der Schrödinger-Gleichung. Die dazu adjungierte "Bra-Version", die wir ebenfalls verwenden werden, lautet

$$-i\hbar \frac{\partial}{\partial t}\langle\Psi(t)| = \langle\Psi(t)|H. \tag{11.35}$$

Die Schrödinger-Gleichung in den Versionen (11.34) und (11.35) besitzt die formalen Lösungen

$$|\Psi(t)\rangle = e^{-iHt/\hbar}|\Psi\rangle, \qquad \langle\Psi(t)| = \langle\Psi|e^{iHt/\hbar}, \tag{11.36}$$

worin $|\Psi\rangle$ statt $|\Psi(0)\rangle$ geschrieben wurde.

Sehr häufig verwendet man zur Darstellung von Zustandsvektoren im Hilbert–Raum eine ortho–normierte und vollständige *Basis*. Das sind Zustände $|s\rangle$ bzw. $\langle s|$ mit der Eigenschaft

$$\text{Ortho–Normierung:} \quad \langle s|s'\rangle = \delta_{ss'}, \tag{11.37}$$

$$\text{Vollständigkeit:} \quad \sum_s |s\rangle\langle s| = 1. \tag{11.38}$$

Die $|s\rangle$ können Eigenzustände zu einem hermiteschen Operator sein, z.B. zur Energie oder zum Impuls. Wegen der Vollständigkeit lässt sich der zeitabhängige Systemzustand $|\Psi(t)\rangle$ bzw. $\langle\Psi(t)|$ als Linearkombination der $|s\rangle$ bzw. $\langle s|$ darstellen:

$$\begin{aligned}|\Psi(t)\rangle &= \sum_s |s\rangle\langle s|\Psi(t)\rangle = \sum_s c_s(t)|s\rangle, \quad & c_s(t) &= \langle s|\Psi(t)\rangle, \\ \langle\Psi(t)| &= \sum_s \langle\Psi(t)|s\rangle\langle s| = \sum_s c_s^*(t)\langle s|, \quad & c_s^*(t) &= \langle\Psi(t)|s\rangle.\end{aligned} \tag{11.39}$$

c_s^* bedeutet das konjugiert Komplexe zu c_s.

Wir kommen jetzt zur quantentheoretischen Beschreibung physikalischer Eigenschaften, insbesondere makroskopischer, thermodynamischer Variablen wie z.B. der Energie oder der Teilchenzahl in Teilsystemen, der Dichte oder auch des Drucks auf die Systemwand. Physikalische Variablen werden in der Quantentheorie durch *Operatoren* x im Hilbert–Raum beschrieben. Diese treten an die Stelle der Phasenraumfunktionen $x(q,p)$ im klassischen Fall. Wenn sich das System im Quantenzustand $|\Psi(t)\rangle$ befindet, ist der quantentheoretische Erwartungswert von x durch das *Matrix-Element* $\langle\Psi(t)|x|\Psi(t)\rangle$ gegeben. Dieser quantentheoretische Erwartungswert enthält noch *keine* Mittelung über die Zeit oder über ein Ensemble im Sinne der statistischen Physik. Diese letztere Art der Mittelung werden wir erst im folgenden Abschnitt einführen. Unter Voraussetzung der Vollständigkeit des Systems $|s\rangle$ können wir den quantentheoretischen Erwartungswert wie folgt schreiben:

$$\begin{aligned}\langle\Psi(t)|x|\Psi(t)\rangle &= \sum_{s,s'} \langle\Psi(t)|s'\rangle\langle s'|x|s\rangle\langle s|\Psi(t)\rangle \\ &= \sum_{s,s'} c_{s'}^*(t)\, c_s(t)\, \langle s'|x|s\rangle,\end{aligned} \tag{11.40}$$

11.4. MIKRODYNAMIK IM HILBERT-RAUM

vgl. (11.39). Eine alternative Schreibweise lautet

$$\langle \Psi(t)|x|\Psi(t)\rangle = \mathrm{Sp}\,(\rho(t)\,x). \tag{11.41}$$

Hierin bedeutet Sp(A) die *Spur* des Operators A, die unter Verwendung eines vollständigen Systems $|s\rangle$ durch

$$\mathrm{Sp}\,(A) = \sum_s \langle s|A|s\rangle, \tag{11.42}$$

definiert ist. Diese Definition ist unabhängig von der verwendeten vollständigen, orthonormierten Basis $|s\rangle$: Sei nämlich $|r\rangle$ eine andere solche Basis ist, dann können wir wie folgt umformen:

$$\sum_s \langle s|A|s\rangle = \sum_s \langle s|A \sum_r |r\rangle\langle r|s\rangle = \sum_r \langle r| \sum_s |s\rangle\langle s|A|r\rangle = \sum_r \langle r|A|r\rangle.$$

Die für die Darstellung der Spur verwendete Basis darf sogar zeitabhängig sein.

$\rho(t)$ ist der *Dichte-Operator*, der hier durch

$$\rho(t) := |\Psi(t)\rangle\langle\Psi(t)| \tag{11.43}$$

definiert ist. Der Dichte-Operator ist normiert im Sinne der Spur:

$$\mathrm{Sp}\,(\rho(t)) = \sum_s \langle s|\Psi(t)\rangle\rangle\Psi(t)|s\rangle = \sum_s \langle\Psi(t)|s\rangle\langle s|\Psi(t)\rangle = \langle\Psi(t)|\Psi(t)\rangle = 1, \tag{11.44}$$

sofern der Zustand $|\Psi(t)\rangle$ normiert ist. Wir wollen jetzt schon darauf hinweisen, dass (11.43) eine spezielle Version eines Dichte-Operators ist; die allgemeine Definition werden wir im folgenden Abschnitt kennenlernen. Die Äquivalenz von (11.40) und (11.41) zeigen wir wieder unter Annahme der Vollständigkeit von $|s\rangle$:

$$\begin{aligned}\mathrm{Sp}\,(\rho(t)\,x) &= \sum_{s,s'} \langle s|\Psi(t)\rangle\langle\Psi(t)|s'\rangle\langle s'|x|s\rangle \\ &= \sum_{s,s'} c_{s'}^*(t)\,c_s(t)\,\langle s'|x|s\rangle,\end{aligned}$$

vgl. (11.39). Unter Verwendung der Schrödinger-Gleichung (11.34) bzw. (11.35) und der Produktregel der Differentiation leiten wir eine *Bewegungsgleichung* für den Dichte-Operator her:

$$\begin{aligned} i\hbar \frac{\partial}{\partial t}\rho(t) &= i\hbar \frac{\partial}{\partial t}\left(|\Psi(t)\rangle\langle\Psi(t)|\right) \\ &= H|\Psi(t)\rangle\langle\Psi(t)| - |\Psi(t)\rangle\langle\Psi(t)|H \\ &= -[\rho(t), H], \end{aligned} \qquad (11.45)$$

worin $[A, B]$ den *Kommutator* von zwei Operatoren A und B bedeutet:

$$[A, B] = AB - BA.$$

Nun gilt für die zeitliche Änderung jedes Operators A in einem System, dessen zeitliche Entwicklung durch den Hamilton-Operator H gegeben ist, dass

$$\frac{dA}{dt} = \frac{\partial A}{\partial t} + \frac{1}{i\hbar}[A, H]. \qquad (11.46)$$

Es ist $\partial A/\partial t \neq 0$, wenn der Operator A explizit von der Zeit abhängt, $A = A(t)$, was für $\rho(t)$ im Allgemeinen zutrifft, vgl. (11.43). dA/dt erfasst dagegen die gesamte zeitliche Änderung, nämlich außer einem möglichen $\partial A/\partial t \neq 0$ auch diejenige, die durch die Schrödinger-Gleichung beschrieben wird. Damit ist offensichtlich, dass $\partial A/\partial t$ der Zeitableitung des ortsfesten und dA/dt der des mitbewegten Beobachters im klassischen Fall im Abschnitt 11.3 entspricht. Wir erinnern an die Herleitung von (11.46) in der Quantentheorie: der Operator dA/dt ist definiert durch die totale Zeitableitung von Matrix-Elementen $\langle\Phi(t)|A|\Psi(t)\rangle$ mit beliebigen Zuständen $|\Phi(t)\rangle$ und $|\Psi(t)\rangle$:

$$\begin{aligned} \langle\Phi(t)|\frac{dA}{dt}|\Psi(t)\rangle : &= \frac{d}{dt}\langle\Phi(t)|A|\Psi(t)\rangle \\ &= \langle\Phi(t)|\frac{\partial A}{\partial t}|\Psi(t)\rangle + \left(\frac{\partial}{\partial t}\langle\Phi(t)|\right)A|\Psi(t)\rangle + \langle\Phi(t)|A\left(\frac{\partial}{\partial t}|\Psi(t)\rangle\right) \\ &= \langle\Phi(t)|\frac{\partial A}{\partial t}|\Psi(t)\rangle - \frac{1}{i\hbar}\langle\Phi(t)|HA|\Psi(t)\rangle + \frac{1}{i\hbar}\langle\Phi(t)|AH|\Psi(t)\rangle \\ &= \langle\Phi(t)|\left(\frac{\partial A}{\partial t} + \frac{1}{i\hbar}[A, H]\right)|\Psi(t)\rangle. \end{aligned} \qquad (11.47)$$

11.5. QUANTENSTAT. ENSEMBLE, VON NEUMANNSCHER SATZ

Da diese Beziehung für alle $|\Phi(t)\rangle$ und $|\Psi(t)\rangle$ zutrifft, folgt daraus (11.46). Wenn wir nun die Operator-Beziehung (11.46) für $A = \rho(t)$ formulieren und außerdem (11.45) beachten, ergibt sich der *von Neumannsche Satz* für den Dichte-Operator:

$$\frac{d\rho(t)}{dt} = \frac{\partial \rho(t)}{\partial t} + \frac{1}{i\hbar}\,[\rho(t), H] = 0. \qquad (11.48)$$

Dieses ist offensichtlich die quantentheoretische Version des Liouvilleschen Satzes (11.13). Den von Neumannschen Satz (11.48) haben wir bisher aber nur für die spezielle Version (11.43) des Dichte-Operators $\rho(t)$ hergeleitet. Wir werden im folgenden Abschnitt lernen, dass er auch für den Dichte-Operator von quantentheoretischen Ensemblen gilt.

11.5 Quantenstatistische Ensemble und der von Neumannsche Satz

Die Konstruktion quantentheoretischer Ensemble folgt der der klassischen Ensemble: wir denken uns eine sehr große Zahl physikalisch identischer Kopien des isolierten Originalsystems, die sich in gewissen Quantenzuständen $|s(t)\rangle$ des Hilbert-Raums des Originalsystems befinden. Zu einem beliebigen Zeitpunkt, z.B. bei $t = 0$, sollen die $|s(0)\rangle \equiv |s\rangle$ ortho-normiert und vollständig sein, also (11.37) und (11.38) erfüllen. Dann haben sie diese Eigenschaft auch zu jedem Zeitpunkt, denn

$$\begin{aligned}\langle s(t)|s'(t)\rangle &= \langle s|\,e^{iHt/\hbar}\,e^{-iHt/\hbar}\,|s\rangle = \langle s|s'\rangle = \delta_{ss'},\\ \sum_s |s(t)\rangle\langle s(t)| &= e^{-iHt/\hbar}\sum_s |s\rangle\langle s|\,e^{iHt/\hbar} = e^{-iHt/\hbar}\,e^{iHt/\hbar} = 1. \end{aligned} \qquad (11.49)$$

Im nächsten Schritt bilden wir die zur klassischen Ensembledichte $\rho(q,p,t)$ analoge größe: $p(s)$ soll der Bruchteil derjenigen Ensemblemitglieder sein, die sich zur Zeit $t = 0$ im Quantenzustand $|s(0)\rangle \equiv |s\rangle$ befinden. Dann wissen wir, dass sie sich zur Zeit t im Quantenzustand $|s(t)\rangle$ befinden, der sich gemäß der Schrödinger-Gleichung aus $|s\rangle$ entwickelt. Die zeitliche Entwicklung steckt also hier in den Quantenzuständen $|s(t)\rangle$, und darum trägt $p(s)$ im Gegensatz zu $\rho(q,p,t)$ kein Zeitargument. Analog zum klassischen Fall können wir aber sagen, dass die Ensemblemitglieder durch den Hilbert-Raum "strömen". Als Folge der obigen Definition ergibt sich $p(s) \geq 0$ und

$$\sum_s p(s) = 1. \qquad (11.50)$$

Wir können $p(s)$ auch als Wahrscheinlichkeit interpretieren, dass sich ein beliebig herausgegriffenes Ensemblemitglied im Quantenzustand $|s(t)\rangle$ befindet. Wie wir aus dem vorangehenden Abschnitt wissen, besitzt eine physikalische Variable des Originalsystems, die durch den Operator x dargestellt werde, für ein Ensemblemitglied im Quantenzustand $|s(t)\rangle$ den quantentheoretischen Erwartungswert $\langle s(t)|x|s(t)\rangle$. Dann besitzt x zur Zeit t im *Ensemble-Mittel* den Wert

$$\langle x \rangle(t) = \sum_s p(s) \langle s(t)|x|s(t)\rangle = \mathrm{Sp}\,(\rho(t)\,x), \qquad (11.51)$$

worin

$$\rho(t) := \sum_s |s(t)\rangle\, p(s)\, \langle s(t)| \qquad (11.52)$$

der *Dichte-Operator* des Ensembles ist, auch *Dichte-Matrix* oder *statistischer Operator* genannt. Der Nachweis des letzten Schrittes in (11.51) benutzt die Definition der Spur in (11.42) und die Ortho–Normierung und Vollständigkeit des Systems der $|s(t)\rangle$, vgl. (11.49):

$$\begin{aligned}
\mathrm{Sp}\,(\rho(t)\,x) &= \sum_{s'} \langle s'(t)|\rho(t)\,x|s'(t)\rangle \\
&= \sum_{s,s'} \langle s'(t)|s(t)\rangle\, p(s)\, \langle s(t)|x|s'(t)\rangle \\
&= \sum_s p(s)\, \langle s(t)|x|s(t)\rangle. \qquad (11.53)
\end{aligned}$$

Wir müssen die Ensemble–Mittelung in (11.51) sehr scharf unterscheiden von der Situation, in der wir eine Linearkombination

$$|\Psi(t)\rangle = \sum_s \langle s(t)|\Psi(t)\rangle\, |s(t)\rangle = \sum_s \langle s|\Psi\rangle\, |s(t)\rangle = \sum_s c_s(0)\, |s(t)\rangle \qquad (11.54)$$

aus den Zuständen $|s(t)\rangle$ bilden, vgl. auch (11.39) zur Schreibweise der $c_s(0) = \langle s(0)|\Psi(0)\rangle$, und den quantentheoretischen Erwartungswert von x im Quantenzustand $|\Psi(t)\rangle$ durch die Zustände $|s(t)\rangle$ ausdrücken:

11.5. QUANTENSTAT. ENSEMBLE, VON NEUMANNSCHER SATZ

$$\langle \Psi(t)|x|\Psi(t)\rangle = \sum_{s,s'} c_{s'}^*(0)\, c_s(0) \langle s'(t)|x|s(t)\rangle. \tag{11.55}$$

Hier treten beliebige Kombinationen (s, s') von Quantenzuständen $|s(t)\rangle$ und $|s'(t)\rangle$ auf, im Ensemble-Mittel in (11.51) dagegen nur diagonale Terme $s = s'$. Man kann sich den Übergang von (11.55) zu (11.51) dadurch ausgeführt denken, dass durch eine statistische Mittelungsprozedur die in dem Produkt $c_{s'}^*(0)\, c_s(0)$ für $s \neq s'$ enthaltene quantentheoretische Phaseninformation verlorengeht,

$$\text{aber:} \quad \begin{array}{ll} s \neq s': & \overline{c_{s'}^*(0)\, c_s(0)} = 0, \\ s = s': & \overline{c_s^*(0)\, c_s(0)} = \overline{|c_s(0)|^2} \geq 0. \end{array}$$

Die Werte $p(s)$ entsprechen dann den $\overline{|c_s(0)|^2}$. Die Situation der Linearkombination (11.55) bezeichnet man auch als eine *reine Gesamtheit*, die Ensemble-Mittelung bzw. die Situation der durch Mittelung verlorengegangenen Phaseninformation als *gemischte Gesamtheit*. Als Mittelung, die die Phaseninformation auslöscht, kann man sich auch die unvollkommene Rekonstruktion des Quantenzustands aufgrund fehlender Information über den präzisen Quantenzustand vorstellen. Genau diese Situation wird uns im folgenden Abschnitt dazu führen, ein Ensemble zur statistischen Beschreibung des thermodynamischen Gleichgewichts zu bilden.

Das Ensemble-Mittel in (11.51) enthält zwei verschiedene statistische Elemente: zum einen die Wahrscheinlichkeiten $p(s)$, dass sich ein Ensemblemitglied im Quantenzustand $|s(t)\rangle$ befindet, und zum anderen die im quantentheoretischen Erwartungswert $\langle s(t)|x|s(t)\rangle$ enthaltene statistische Deutung der Quantentheorie. Diese beiden statistischen Elemente sind begrifflich scharf voneinander zu trennen. Nur in der reinen Gesamtheit fließen sie zusammen.

Der Dichte-Operator $\rho(t)$ in (11.52) ist normiert im Sinne der Spur. Unter Verwendung der Ortho-Normierung der $|s(t)\rangle$ finden wir nämlich

$$\text{Sp}\,(\rho(t)) = \sum_{s,s'} \langle s'(t)|s(t)\rangle\, p(s)\, \langle s(t)|s'(t)\rangle = \sum_s p(s) = 1, \tag{11.56}$$

vgl. (11.50). Da die $|s(t)\rangle$ die Schrödinger-Gleichung erfüllen sollten,

$$i\hbar \frac{\partial}{\partial t}|s(t)\rangle = H\,|s(t)\rangle, \qquad i\hbar \frac{\partial}{\partial t}\langle s(t)| = \langle s(t)|\,H, \tag{11.57}$$

vgl. auch (11.49), ergibt sich mit derselben Rechnung wie in (11.45)

$$\frac{\partial \rho(t)}{\partial t} + \frac{1}{i\hbar}[\rho(t), H] = 0 \qquad (11.58)$$

und zusammen mit der Operator–Identität (11.46) der *von Neumannsche Satz* jetzt für allgemeine Dichte–Operatoren vom Typ (11.52)

$$\frac{d\rho(t)}{dt} = \frac{\partial \rho(t)}{\partial t} + \frac{1}{i\hbar}[\rho(t), H] = 0. \qquad (11.59)$$

Der Dichte–Operator ist *hermitesch*, denn unter Verwendung der üblichen Rechenregeln der Quantentheorie ist

$$\begin{aligned} \rho^+(t) &= \sum_s (|s(t)\rangle\, p(s)\, \langle s(t)|)^+ \\ &= \sum_s |s(t)\rangle\, p^*(s)\, \langle s(t)| \\ &= \sum_s |s(t)\rangle\, p(s)\, \langle s(t)| = \rho(t), \end{aligned} \qquad (11.60)$$

weil $p(s)$ per Definition reell ist. Aus der Hermitizität folgt, dass $\rho(t)$ relle Eigenwerte besitzt. Diese sind die Wahrscheinlichkeiten $p(s)$, und zwar zu den Eigenzuständen $|s(t)\rangle$, denn

$$\rho(t)|s(t)\rangle = \sum_{s'} |s'(t)\rangle\, p(s')\, \langle s'(t)|s(t)\rangle = p(s)|s(t)\rangle. \qquad (11.61)$$

Diese Eigenwert–Relation gilt offensichtlich zu jeder Zeit t, wobei die Eigenwerte $p(s)$ zeitunabhängig sind.

11.6 Das mikrokanonische Ensemble in der Quantenstatistik

Zur Formulierung der quantentheoretischen Version des mikrokanonischen Ensembles im Gleichgewicht gehen wir völlig analog wie im klassischen Fall vor. Wir fordern zunächst, dass der zugehörige Dichte–Operator stationär ist. Aus dem von Neumannschen Satz (11.59) folgt dann

11.6. MIKROKANONISCHES ENSEMBLE IN DER QUANTENSTATISTIK

$$\frac{\partial \rho}{\partial t} = 0 \quad \Longleftrightarrow \quad [\rho, H] = 0. \tag{11.62}$$

Der Dichte–Operator kann also wieder nur eine Funktion solcher Operatoren sein, die Integrale der Bewegung darstellen. Unter ihnen sind die Erhaltungsgrößen, die durch Invarianzen des Systems bedingt sind. Impuls und Drehimpuls sind in thermodynamischen Systemen wegen der Existenz von Systemwänden im Allgemeinen nicht erhalten. Durch die Wahl des Hilbert–Raums der Quantenzustände des Systems seien die Erhaltung der Teilchenzahl N, der Masse und der elektrischen Ladung hier identisch erfüllt. Desgleichen sei das Volumen V des Systems durch entsprechende räumliche Randbedingungen für die Quantenzustände festgelegt. Von den Erhaltungsgrößen bleibt dann nur noch die Energie, dargestellt durch den Hamilton–Operator H, die als Variable im Dichte–Operator ρ auftreten kann. Wir übernehmen das Postulat gleicher a priori–Wahrscheinlichkeiten mit derselben Begründung wie im klassischen Fall nun auch in die Quantenstatistik. Das im klassischen Fall verwendete Argument der Invarianz der Phasenraumelemente unter der Systembewegung ist jetzt zu ersetzen durch die aus der Quantentheorie bekannte Erhaltung der Wahrscheinlichkeit in der zeitabhängigen Schrödinger–Gleichung. Das Ergebnis aus dem Postulat gleicher a priori–Wahrscheinlichkeiten lautet, dass der Dichte–Operator ausschließlich vom Hamilton–Operator abhängt: $\rho = \rho(H)$. Um die Form von $\rho(H)$ zu ermitteln, gehen wir von (11.52) aus und verwenden zur Darstellung von ρ die Eigenzustände $|s\rangle$ des Hamilton–Operators:

$$H\,|s\rangle = E(s)\,|s\rangle, \qquad |s(t)\rangle = e^{-i\,E(s)\,t/\hbar}\,|s\rangle, \qquad \langle s(t)| = \langle s|\,e^{i\,E(s)\,t/\hbar}. \tag{11.63}$$

Dann wird

$$\rho = \sum_s |s\rangle\,p(s)\,\langle s|. \tag{11.64}$$

Das Postulat gleicher a priori–Wahrscheinlichkeiten besagt nun, dass $p(s)$ nur noch eine Funktion des Eigenwerts $E(s)$ sein kann. Da das thermodynamische System isoliert sein sollte und somit einen festen Wert U besitzt, müssen die $p(s)$ die Form

$$p(s) \sim \delta(E(s), U) := \begin{cases} 1 & E(s) = U \\ 0 & E(s) \neq U \end{cases} \tag{11.65}$$

haben, so dass

$$\rho \sim \sum_s |s\rangle \, \delta(E(s), U) \, \langle s|. \tag{11.66}$$

Der noch offene Proportionalitätsfaktor wird durch die Normierungsbedingung $\text{Sp}(\rho) = 1$ bestimmt. Das Ergebnis lautet

$$\begin{aligned} \rho &= \frac{1}{W} \sum_s |s\rangle \, \delta(E(s), U) \, \langle s|, \\ W &= W(U, N, V) = \sum_s \delta(E(s), U). \end{aligned} \tag{11.67}$$

Es ist also $p(s) = 1/W$ für $E(s) = U$ und $p(s) = 0$ sonst. W ist die quantentheoretische Version der mikrokanonischen Zustandssumme und hat die Bedeutung der Anzahl von Quantenzuständen zur Energie U. Folglich gewinnen wir die Verbindung zwischen Mikrodynamik und Thermodynamik, indem wir $\ln W$ als Entropie des Systems interpretieren:

$$S(U, V, N) = \ln W(U, V, N). \tag{11.68}$$

Alle weiteren Schritte folgen dem Muster des klassischen Falls in Abschnitt 11.3.

Analog dem klassischen Fall können wir auch im quantentheoretischen Fall eine Funktion

$$\Gamma(U) = \sum_s \Theta(U - E(s)) \tag{11.69}$$

definieren, die die Anzahl der Zustände mit Energien $E(s) \leq U$ zählt. Deren Ableitung

$$\frac{d\Gamma(U)}{dU} = \sum_s \delta(E(s) - U) \tag{11.70}$$

hat wie im klassischen Fall die Bedeutung der Anzahl von Zuständen pro Energie, ist also die Zustandsdichte des Systems. Im klassischen Fall konnten wir allerdings die mikrokanonische Zustandssumme durch $W(U) = d\Gamma(U)/dU \, \Delta U$ ausdrücken, vgl. (11.31). Das ist im quantentheoretischen Fall in (11.67) nicht ohne weiteres ersichtlich. Wenn wir jedoch die Definition von $\delta(E(s), U)$ gegenüber (11.65) abändern in

11.6. MIKROKANONISCHES ENSEMBLE IN DER QUANTENSTATISTIK

$$p(s) \sim \delta(E(s), U) := \begin{cases} 1 & U \leq E(s) \leq U + \Delta U, \\ 0 & \text{sonst} \end{cases}, \qquad (11.71)$$

dann wird ganz offensichtlich

$$W = \sum_s \delta(E(s), U) = \Gamma(U + \Delta U) - \Gamma(U). \qquad (11.72)$$

Die Abstände zwischen den Energieeigenwerten in einem System mit einer makroskopischen Teilchenzahl N, zumal im thermodynamischen Limes $N \to \infty$, werden sehr klein. Wir interpretieren nun ΔU als ein Energieintervall, das groß gegen diese Abstände, jedoch klein gegen die makroskopische, extensive Energie U ist. Auf dieser Energieskala sind die Definitionen (11.65) und (11.71) für $\delta(E(s), U)$ äquivalent und aus (11.72) folgt weiter

$$W = \sum_s \delta(E(s), U) = \Gamma(U + \Delta U) - \Gamma(U) = \frac{d\Gamma(U)}{dU} \Delta U = \sum_s \delta(E(s) - U) \Delta U, \qquad (11.73)$$

vgl. (11.70). Damit haben wir auch die quantentheoretische Analogie zu (11.31) hergestellt. Gelegentlich findet man auch die symbolische Schreibweise

$$\rho = \frac{\Delta U}{W} \delta(H - U), \qquad (11.74)$$

die im Sinne von

$$\begin{aligned} \rho &= \rho \sum_s |s\rangle\langle s| \\ &= \frac{\Delta U}{W} \sum_s \delta(H - U) |s\rangle\langle s| \\ &= \frac{\Delta U}{W} \sum_s \delta(E(s) - U) |s\rangle\langle s| \end{aligned} \qquad (11.75)$$

zu verstehen ist und mit der Definition von ρ in (11.67) übereinstimmt, wenn wir dort $\delta(E(s), U)$ durch $\delta(E(s) - U) \Delta U$ wie in (11.73) ersetzen.

12

Allgemeine kanonische Ensemble

Kapitel 12

Allgemeine kanonische Ensemble

Im vorhergehenden Kapitel haben wir die grundlegenden Begriffsbildungen kennengelernt, die wir benötigen, um thermodynamische Aussagen aus der Mikrodynamik eines Systems zu gewinnen. Insbesondere haben wir z.B. unter Verwendung des Postulats der gleichen a priori–Wahrscheinlichkeiten das mikrokanonische Ensemble konstruiert, das das thermodynamische Verhalten eines isolierten Systems beschreibt. In einem isolierten System besitzen die Variablen innere Energie U, Volumen V und Teilchenzahlen N, möglicherweise auch noch weitere extensive Variablen, feste Werte. In diesem Kapitel wollen wir die mikrodynamische Beschreibung thermodynamischer Systeme auf offene Gleichgewichtssysteme erweitern. Unser Ziel ist also die Bestimmung des Dichte–Operators ρ bzw. der Phasenraumdichte $\rho(q,p)$ von Ensembles, die ein solches offenes Gleichgewichtssystem beschreiben. In diesem können extensive Variablen durch Austausch mit einem Umgebungssystem fluktuieren, z.B. die Energie in einem Thermostaten oder die Energie und die Teilchenzahl in einem Thermo-Chemo-Staten, vgl. Kapitel 4. Im Gleichgewicht wird sich aber ein stationärer Mittelwert der fluktuierenden extensiven Variablen einstellen. Eine unserer Fragestellungen wird sein, wie groß die Fluktuationen um den Mittelwert sind.

12.1 Die Form des allgemeinen kanonischen Ensembles

Wir wählen für alle Herleitungen in diesem Kapitel die quantenstatistische Schreibweise, weil sie sich als formal einfacher handhabbar erweist. Die Übertragung der Ergebnisse auf die klassische Schreibweise wird sich als unproblematisch herausstellen. Aus dem Kapitel 11 wissen wir, dass der zu bestimmende Dichte–Operator die Form

$$\rho = \sum_s |s\rangle p(s) \langle s| \qquad (12.1)$$

besitzt, worin die $p(s)$ die Wahrscheinlichkeit ist, den Quantenzustand $|s\rangle$ in dem Ensemble vorzufinden. Wir werden die Wahrscheinlichkeiten $p(s)$ durch ein *Variationsprinzip* bestimmen: für das jeweilige Ensemble soll die Entropie in Abhängigkeit von den $p(s)$ maximal werden, wobei die Mittelwerte der mit der Umgebung ausgetauschten, fluktuierenden Variablen x_ν als Nebenbedingungen auftreten:

$$S = \text{Max}, \qquad \sum_s p(s) \langle s|x_\nu|s\rangle = \langle x_\nu \rangle = \text{const.} \qquad (12.2)$$

Eine der Nebenbedingungen ist in jedem Fall die Normierung der $p(s)$:

$$\sum_s p(s) = 1, \qquad (12.3)$$

die wir durch die Wahl $x_0 = 1$ formal in (12.2) einschließen können. Die x_ν für $\nu \geq 1$ beschreiben die ausgetauschten physikalischen Variablen wie z.B. Energie, Teilchenzahl usw. Wenn keine ausgetauschten Variablen x_ν für $\nu \geq 1$ auftreten, dann haben wir offensichtlich die Situation eines isolierten Systems, d.h., dass wir das im Kapitel 11 begründete mikrokanonische Ensemble hier wiederfinden müssen.

12.1.1 Die Entropie im Ensemble

Für unser Vorgehen benötigen wir zunächst einen Ausdruck für die Entropie S in Abhängigkeit von den Wahrscheinlichkeiten $p(s)$. Das Ensemble bestehe aus insgesamt M identischen Kopien des Originalsystems, von denen sich jeweils M_s im Quantenzustand $|s\rangle$ befinden sollen, so dass $p(s) = M_s/M$ ist. Alle weiteren Überlegungen sollen im Grenzfall $M \to \infty$ gemäß der bereits im Kapitel 11 vorgestellten allgemeinen Ensemble–Theorie durchgeführt werden. Dieser Grenzfall soll auch $M_s \to \infty$ beinhalten. Wenn ein $p(s) = 0$ sein sollte, treffen die folgenden Ergebnisse formal übrigens auch zu. Wir bestimmen die Ensemble-Entropie S_E als $S_E = \ln W_E$, worin W_E diejenige Anzahl von unterscheidbaren Verteilungen der Ensemble–Mitglieder auf die $|s\rangle$ ist, die zu denselben $p(s)$ gehören. W_E ist offensichtlich gegeben durch

$$W_E = \frac{M!}{\prod_s M_s!}, \qquad \sum_s M_s = M. \qquad (12.4)$$

12.1. DIE FORM DES ALLGEMEINEN KANONISCHEN ENSEMBLES

Dieses ist gerade die Anzahl von Permutationen von Ensemblemitgliedern auf die Zustände $|s\rangle$, gekürzt um die Anzahlen $M_s!$ von Ensemblemitgliedern in demselben Zustand. Die letzteren erzeugen nämlich keine neue Ensembleverteilung. Unter Verwendung der Stirling-Formel $\ln M! = M \ln M - M$ für $M \to \infty$, desgleichen für die $M_s!$ sowie $M_s = M\, p(s)$, berechnen wir

$$\begin{aligned} S_E &= \ln M! - \sum_s \ln M_s! = M \ln M - \sum_s M_s \ln M_s = \\ &= -M \sum_s p(s) \ln p(s). \end{aligned} \quad (12.5)$$

Die Ensemble-Entropie S_E ist extensiv mit der Ensemblegröße M. Die auf ein einzelnes System bezogene Entropie lautet also

$$S = \frac{S_E}{M} = -\sum_s p(s) \ln p(s). \quad (12.6)$$

Eine Plausibilitätserklärung mit demselben Ergebnis geht aus von dem Ausdruck $S = \ln W$ für die Entropie des mikrokanonischen Ensembles im vorhergehenden Kapitel. Da dort $p = 1/W$ für die Zustände $|s\rangle$ mit den vorgegebenen festen Werten für Energie und Teilchenzahl, können wir also auch $S = -\ln p$ schreiben. Wenn die Mikrozustände $|s\rangle$ mit unterschiedlichen Wahrscheinlichkeiten $p(s)$ auftreten, muss p durch $p(s)$ ersetzt und das Ergebnis mit den $p(s)$ gemittelt werden. Auf diese Weise erhalten wir

$$S = -\sum_s p(s) \ln p(s), \quad (12.7)$$

gleichlautend mit (12.6).

12.1.2 Das allgemeine kanonische Ensemble

Wir lösen das Variationsproblem (12.2) mit der Entropie S aus (12.6) durch Anwendung der Methode der *Lagrangeschen Multiplikatoren*, d.h., wir bestimmen das Maximum der Funktion

$$A = S - \sum_{\nu \geq 0} \beta_\nu \left(\sum_s p(s) \langle s|x_\nu|s\rangle - \langle x_\nu \rangle \right), \quad (12.8)$$

wobei die $p(s)$ nun formal als unabhängig zu betrachten sind. Die Nebenbedingungen werden nach Durchführung der Variation durch eine geeignete Wahl der Lagrangeschen Multiplikatoren β_ν erfüllt. Damit $A =$ Max, muss δA verschwinden. Es ist

$$\delta A = \delta S - \sum_{\nu \geq 0} \beta_\nu \langle s|x_\nu|s\rangle \, \delta p(s). \tag{12.9}$$

Für δS folgt aus (12.6) durch Anwendung der Regeln für das Rechnen mit Variationen aus dem Kapitel 5

$$\delta S = -\sum_s \delta \left(p(s) \ln p(s) \right) = -\sum_s (\ln p(s) + 1) \, \delta p(s),$$

so dass

$$\delta A = -\sum_s \left(\ln p(s) + 1 + \sum_{\nu \geq 0} \beta_\nu \langle s|x_\nu|s\rangle \right) \delta p(s). \tag{12.10}$$

Für formal unabhängige $p(s)$ folgt daraus, dass die einzelnen Terme in den (...) verschwinden müssen, d.h., dass

$$p(s) = \exp\left\{ -1 - \sum_{\nu \geq 0} \beta_\nu \langle s|x_\nu|s\rangle \right\}. \tag{12.11}$$

Der Summand $\nu = 0$ sollte mit $x_0 = 1$ die Nebenbedingung der Normierung darstellen, so dass sich $p(s)$ auch in der Form

$$p(s) = \exp\left\{ -1 - \beta_0 - \sum_{\nu \geq 1} \beta_\nu \langle s|x_\nu|s\rangle \right\} = \frac{1}{Z} \exp\left\{ -\sum_{\nu \geq 1} \beta_\nu \langle s|x_\nu|s\rangle \right\} \tag{12.12}$$

schreiben lässt, worin $Z := \exp(1 + \beta_0)$ als *Zustandssumme* bezeichnet wird. Die Festlegung des Lagrangeschen Multiplikators β_0 bzw. der Zustandssumme Z durch die Normierung der $p(s)$ führt auf

$$Z = \sum_s \exp\left\{ -\sum_{\nu \geq 1} \beta_\nu \langle s|x_\nu|s\rangle \right\}. \tag{12.13}$$

12.1. DIE FORM DES ALLGEMEINEN KANONISCHEN ENSEMBLES

Aus (12.10) berechnen wir wiederum unter Verwendung der Regeln für das Rechnen mit Variationen aus dem Kapitel 5

$$\delta^2 A = \delta^2 S = -\sum_s \frac{(\delta p(s))^2}{p(s)} < 0, \tag{12.14}$$

weil die Wahrscheinlichkeiten $p(s)$ nicht negativ sind. Sollten einige der $p(s)$ identisch verschwinden, dann treten diese Terme bereits im Ausdruck (12.8) für A (bis auf höchstens konstante Terme) nicht auf, also auch nicht in (12.14). Wir haben also damit gezeigt, dass die Entropie S nicht nur extremal, sondern tatsächlich maximal wird.

In nahezu allen Anwendungen kanonischer Ensembles ist es so, dass die Operatoren x_ν der fluktuierenden Variablen paarweise miteinander kommutieren: $[x_\nu, x_{\nu'}] = 0$. Wir können die Zustände $|s\rangle$ dann so wählen, dass sie Eigenzustände zu allen x_ν sind:

$$x_\nu |s\rangle = x_\nu(s) |s\rangle. \tag{12.15}$$

Die $x_\nu(s)$ sind die Eigenwerte zu x_ν im Zustand $|s\rangle$. Wir vereinbaren weiterhin, dass die Zustände $|s\rangle$ feste Werte für diejenigen Variablen besitzen, die in dem gewählten Ensemble nicht mit der Umgebung ausgetauscht werden, d.h., nicht fluktuieren. Unter Verwendung von (12.15) formulieren wir den Dichte–Operator ρ des allgemeinen kanonischen Ensembles wie folgt:

$$\begin{aligned}
\rho &= \sum_s p(s) |s\rangle \langle s| \\
&= \frac{1}{Z} \sum_s \exp\left\{-\sum_{\nu \geq 1} \beta_\nu \langle s|x_\nu|s\rangle\right\} |s\rangle \langle s| \\
&= \frac{1}{Z} \sum_s \exp\left\{-\sum_{\nu \geq 1} \beta_\nu x_\nu(s)\right\} |s\rangle \langle s| \\
&= \frac{1}{Z} \exp\left\{-\sum_{\nu \geq 1} \beta_\nu x_\nu\right\} \sum_s |s\rangle \langle s| \\
&= \frac{1}{Z} \exp\left\{-\sum_{\nu \geq 1} \beta_\nu x_\nu\right\}.
\end{aligned} \tag{12.16}$$

Die Forderung der Normierung lässt sich jetzt durch $\mathrm{Sp}(\rho) = 1$ ausdrücken, so dass sich die Zustandssumme anstelle von (12.13) auch in der Form

$$Z = \mathrm{Sp}\left[\exp\left\{-\sum_{\nu\geq 1}\beta_\nu\, x_\nu\right\}\right] \qquad (12.17)$$

schreiben lässt.

Da die $p(s)$ die Eigenwerte des Dichte–Operators sind, $\rho|s\rangle = p(s)|s\rangle$, wie auch nochmals in (12.16) abgelesen werden kann, können wir die Entropie anstelle von (12.7) auch durch

$$S = -\mathrm{Sp}\,(\rho\ln\rho) \qquad (12.18)$$

ausdrücken.

Wie bereits oben erwähnt, müssen die Lagrangeschen Multiplikatoren β_ν für $\nu \geq 1$ so gewählt werden, dass die Mittelwerte $\langle x_\nu\rangle$ diejenigen Werte annehmen, die sich durch den Kontakt mit der Umgebung einstellen. Diese Forderung lässt sich wie folgt formulieren:

$$\begin{aligned}
\langle x_\nu\rangle &= \sum_s p(s)\,\langle s|x_\nu|s\rangle = \mathrm{Sp}\,[x_\nu\,\rho] = \\
&= \frac{1}{Z}\mathrm{Sp}\left[x_\nu \exp\left\{-\sum_{\nu'\geq 1}\beta_{\nu'}\,x_{\nu'}\right\}\right] \\
&= -\frac{1}{Z}\frac{\partial}{\partial\beta_\nu}\mathrm{Sp}\left[\exp\left\{-\sum_{\nu'\geq 1}\beta_{\nu'}\,x_{\nu'}\right\}\right] \\
&= -\frac{1}{Z}\frac{\partial Z}{\partial\beta_\nu} = -\frac{\partial\ln Z}{\partial\beta_\nu}.
\end{aligned} \qquad (12.19)$$

12.1.3 Die klassische Formulierung

In der klassischen Formulierung der Ensemble-Theorie wird der Dichte-Operator ρ zu einer Phasenraumdichte $\rho(q,p)$. Außerdem sind auch die ausgetauschten bzw. fluktuierenden physikalischen Variablen x_ν als Phasenraum-Funktionen darzustellen: $x_\nu = x_\nu(q,p)$. Wir erhalten also

$$\rho(q,p) = \frac{1}{Z}\exp\left\{-\sum_{\nu\geq 1}\beta_\nu\,x_\nu(q,p)\right\} \qquad (12.20)$$

12.1. DIE FORM DES ALLGEMEINEN KANONISCHEN ENSEMBLES 275

und für die klassische Zustandssumme

$$Z = \int d\Gamma \, \exp\left\{-\sum_{\nu \geq 1} \beta_\nu \, x_\nu(q,p)\right\}. \tag{12.21}$$

Die Rechnung in (12.19) zur Festlegung der Lagrangeschen Multiplikatoren β_ν für $\nu \geq 1$ lässt sich völlig analog auf den klassischen Fall übertragen. Das Ergebnis $\langle x_\nu \rangle = -\partial \ln Z / \partial \beta_\nu$ bleibt dasselbe.

Eine physikalische Variable, die sich im klassischen Fall nicht als Phasenraum-Funktion darstellen lässt, ist die Teilchenzahl N. Wenn also N im Kontakt mit einem Thermo–Chemo–Staten ausgetauscht wird, werden wir die klassische Formulierung im Abschnitt 12.3 entsprechend abändern müssen.

12.1.4 Das mikrokanonische Ensemble

Wir überzeugen uns, dass die allgemeinen Überlegungen dieses Abschnitts wieder auf das uns bereits aus dem Kapitel 11 bekannte mikrokanonische Ensemble führen, wenn wir ein isoliertes System betrachten. In diesem Fall werden keine Variablen mit der Umgebung ausgetauscht, d.h., es treten keine Lagrangeschen Multiplikatoren für $\nu \geq 1$ auf: $\beta_\nu = 0$ für $\nu \geq 1$. Dann lautet (12.12)

$$p(s) = \frac{1}{Z}. \tag{12.22}$$

Vereinbarungsgemäß sollten die Zustände $|s\rangle$ feste Werte zu allen denjenigen Variablen besitzen, die nicht ausgetauscht werden, bzw. nicht fluktuieren. Das sind für isolierte Systeme die Energie H, das Volumen V und die Teilchenzahl N. Insbesondere sind die $|s\rangle$ dann diejenigen Eigenzustände zum Hamilton–Operator H, die alle denselben Energie-Eigenwert $E(s) = U$ besitzen, wo U der feste Wert der inneren Energie des isolierten Systems ist. Die Normierungsforderung führt dann auf

$$Z = \sum_s 1 = W(U,V,N), \tag{12.23}$$

worin $W(U,V,N)$ die Anzahl der Eigenzustände $|s\rangle$ zum Hamilton–Operator H ist, die den Eigenwert $E(s) = U$ und außerdem das Volumen V und die Teilchenzahl N besitzen. Damit haben wir den Anschluss an die Formulierungen im Kapitel 11 gefunden: wir setzen für die Entropie $S(U,V,N) = \ln W(U,V,N)$ und entwickeln daraus wie bekannt die Thermodynamik des Systems.

Allerdings hatten wir im Kapitel 11 eine etwas andere Vereinbarung für die Zustände $|s\rangle$ gewählt: sie sollten Energie–Eigenzustände mit *beliebigen* Eigenwerten $E(s)$ sein können, jedoch zu festen Werten von V und N. Mit dieser Vereinbarung müssen wir (12.22) offensichtlich abändern in $p(s) \sim \delta(E(s)-U)$. Diese Formulierung entspricht der im Kapitel 11.

12.2 Das kanonische Ensemble

12.2.1 Die quantenstatistische Formulierung

Unter dem kanonischen Ensemble im engeren Sinn versteht man dasjenige Ensemble, das ein thermodynamisches System im Kontakt mit einem Thermostaten beschreibt. Ausgetauscht wird also Energie, so dass $x_1 = H$ und alle $x_\nu = 0$ für $\nu > 1$. Die Zustände $|s\rangle$ werden nun als Eigenzustände zum Hamilton–Operator H mit beliebigen Eigenwerten $E(s)$ gewählt, während Volumen V und Teilchenzahl N in den $|s\rangle$ feste Werte besitzen, was durch die Konstruktion des Hilbert–Raums bzw. im klassischen Fall des Phasenraums erreichbar ist. Mit der üblicherweise verwendeten Schreibweise $\beta_1 =: \beta$ lauten die Wahrscheinlichkeiten $p(s)$ bzw. der Dichte–Operator ρ für das kanonische Ensemble

$$p(s) = \frac{1}{Z} e^{-\beta E(s)}, \qquad \rho = \frac{1}{Z} e^{-\beta H}. \qquad (12.24)$$

Die kanonische Zustandssumme Z folgt aus der Normierung zu

$$Z = \operatorname{Sp}\left(e^{-\beta H}\right) = \sum_s e^{-\beta E(s)}. \qquad (12.25)$$

Die kanonische Zustandssumme Z hängt offensichtlich von den Variablen β, V, N ab: $Z = Z(\beta, V, N)$. Während V und N parametrisch in den Zuständen $|s\rangle$ enthalten sind, tritt β explizit auf der rechten Seite von (12.25) auf. β ist aus der Forderung zu bestimmen, dass der Erwartungswert $\langle H \rangle$ denjenigen Wert der inneren Energie U besitzt, der durch den Kontakt mit dem Umgebungssystem vorgegeben ist, nämlich gemäß (12.19) durch

$$U = \langle H \rangle = -\frac{\partial \ln Z}{\partial \beta}. \qquad (12.26)$$

12.2. DAS KANONISCHE ENSEMBLE

Um die Verbindung zur Thermodynamik herzustellen, berechnen wir nun die Entropie im kanonischen Ensemble. Wir gehen aus von der Darstellung (12.18) und setzen dort

$$\ln \rho = -\beta H - \ln Z$$

aus (12.24) ein:

$$S = -\mathrm{Sp}\,(\rho \ln \rho) = \beta \,\mathrm{Sp}\,(\rho H) + \ln Z = \beta U + \ln Z. \tag{12.27}$$

Diese letztere Relation betrachten wir mit der Wahl von U, V, N als unabhängige Variablen. Aus (12.26) folgt dann, dass auch β eine Funktion von U, V, N wird: $\beta = \beta(U, V, N)$. Wir differenzieren (12.27) nach U bei $V, N =$ const:

$$\left(\frac{\partial S}{\partial U}\right)_{V,N} = \left(\frac{\partial \beta}{\partial U}\right)_{V,N} U + \beta + \left(\frac{\partial \ln Z}{\partial U}\right)_{V,N}. \tag{12.28}$$

Nun ist

$$\left(\frac{\partial \ln Z}{\partial U}\right)_{V,N} = \left(\frac{\partial \ln Z}{\partial \beta}\right)_{V,N} \left(\frac{\partial \beta}{\partial U}\right)_{V,N} = -U \left(\frac{\partial \beta}{\partial U}\right)_{V,N}, \tag{12.29}$$

so dass aus (12.28)

$$\left(\frac{\partial S}{\partial U}\right)_{V,N} = \beta \tag{12.30}$$

folgt. Andererseits ist aber

$$\left(\frac{\partial S}{\partial U}\right)_{V,N} = \frac{1}{T}, \tag{12.31}$$

vgl. Kapitel 2. Der Lagrangesche Multiplikator β hat also die Bedeutung der inversen Temperatur: $\beta = 1/T$. Mit dieser Einsicht können wir (12.27) in der Form

$$F = U - TS = -T \ln Z \qquad (12.32)$$

schreiben: Aus der Berechnung der kanonischen Zustandssumme können wir die freie Energie F des Systems bestimmen. Wir kehren zurück zu den unabhängigen Variablen β, V, N bzw. T, V, N und gewinnen aus $F = F(T, V, N)$ nach dem Muster im Kapitel 4 sämtliche thermodynamischen Eigenschaften im Gleichgewicht des betrachteten Systems. Wir haben also für das kanonische Ensemble einen thermodynamischen Formalismus gefunden, der dem des mikrokanonischen Ensembles völlig analog ist. Im mikrokanonischen Ensemble war als Zustandssumme die Anzahl $W(U, V, N)$ von Zuständen mit gegebenen Werten der Energie, des Volumens und der Teilchenzahl zu berechnen. Daraus war gemäß $S(U, V, N) = \ln W(U, V, N)$ das zugehörige thermodynamische Potential, nämlich die Entropie zu bilden, aus der wiederum sämtliche thermodynamischen Eigenschaften im Gleichgewicht des betrachteten Systems zu gewinnen waren.

Zur Bestätigung unserer obigen Überlegungen zeigen wir, dass die aus der Fundamentalrelation $dF = -S\,dT - p\,dV + \mu\,dN$ der freien Energie folgende Beziehung $S = -\partial F/\partial T$ erfüllt erfüllt ist. Wir benutzen dabei, dass wegen $\beta = 1/T$

$$T \frac{\partial}{\partial T} = -\beta \frac{\partial}{\partial \beta}$$

gilt, und erhalten

$$-\frac{\partial}{\partial T}(-T \ln Z) = \ln Z + \frac{\partial \ln Z}{\partial T} = \ln Z - \beta \frac{\partial \ln Z}{\partial \beta} = \ln Z + \beta U = S, \qquad (12.33)$$

vgl. (12.27). Die übrigen, aus der Fundamental-Relation für F folgenden Relationen brauchen wir nicht zu bestätigen, weil V und N nach wie vor als Parameter in Z enthalten sind.

12.2.2 Die klassische Formulierung

Die klassische Formulierung des kanonischen Ensembles ist offensichtlich. Der Dichte–Operator der Quantenstatistik wird zur Phasenraumdichte

$$\rho(q, p) = \frac{1}{Z} e^{-\beta H(q,p)} \qquad (12.34)$$

12.3. DAS GROSSKANONISCHE ENSEMBLE

der klassischen Statistik, worin $H(q,p)$ die Hamilton–Funktion ist und die Forderung der Normierung im Sinne des Phasenraumintegrals auf die klassische kanonische Zustandssumme

$$Z = \int d\Gamma \, e^{-\beta H(q,p)} \tag{12.35}$$

führt. Daraus ist wieder die freie Energie F gemäß $F = -T \ln Z$ zu bilden.

12.2.3 Die Formulierung mit der Zustandsdichte

Häufig formuliert man die kanonische Zustandssumme unter Verwendung der Zustandsdichte $D(E)$, die wir bereits aus dem vorhergehenden Kapitel kennen. Im quantenstatistischen Fall schreiben wir

$$\begin{aligned} Z &= \sum_s e^{-\beta E(s)} = \int_0^\infty dE \sum_s \delta\left(E(s) - E\right) e^{-\beta E} = \\ &= \int_0^\infty dE \, D(E) \, e^{-\beta E}, \end{aligned} \tag{12.36}$$

$$D(E) := \sum_s \delta\left(E(s) - E\right), \tag{12.37}$$

und im Fall der klassischen Statistik

$$Z = \int d\Gamma \, e^{-\beta H(q,p)} = \int_0^\infty dE \, D(E) \, e^{-\beta E}, \tag{12.38}$$

$$D(E) := \frac{d\Gamma(E)}{dE}. \tag{12.39}$$

Diese Definitionen der Zustandsdichte $D(E)$ stimmen mit jenen aus dem vorhergehenden Kapitel überein. (Wir haben hier die Variable E statt U verwendet, um Verwechslungen mit der inneren Energie zu vermeiden).

12.3 Das großkanonische Ensemble

12.3.1 Die quantenstatistische Formulierung

Unter dem großkanonischen Ensemble versteht man dasjenige Ensemble, das ein thermodynamisches System im Kontakt mit einem Thermo–Chemo–Staten beschreibt. Ausgetauscht werden also Energie und Teilchen, so dass $x_1 = H$, $x_2 = N$

und alle $x_\nu = 0$ für $\nu > 2$. Die Zustände $|s\rangle$ werden nun als Eigenzustände zum Hamilton–Operator H mit beliebigen Eigenwerten $E(s)$ und zugleich als Eigenzustände zum Teilchenzahl–Operator N mit beliebigen Eigenwerten $N(s)$ gewählt, während das Volumen V in den $|s\rangle$ einen festen Wert besitzt, was durch die Konstruktion des Hilbert–Raums bzw. im klassischen Fall des Phasenraums erreichbar ist. Im quantentheoretischen Fall ist die Konstruktion von Zuständen mit verschiedenen Teilchenzahlen in demselben Hilbertraum ohne weiteres möglich, z.B. durch die sogenannten Besetzungszahlzustände im *Fock-Raum*, mit dem wir uns übrigens später noch befassen werden. Im klassischen Fall tritt hier eine Schwierigkeit auf, weil Phasenräume jeweils zu einer bestimmten Teilchenzahl gehören. Wir werden bei der klassischen Formulierung des großkanonischen Ensembles lernen, dass dort das direkte Produkt der Phasenräume mit verschiedenen Teilchenzahlen zu bilden ist.

Mit der üblicherweise verwendeten Schreibweise $\beta_1 =: \beta$ und $\beta_2 =: \gamma$ lauten die Wahrscheinlichkeiten $p(s)$ bzw. der Dichte–Operator ρ für das großkanonische Ensemble

$$p(s) = \frac{1}{Z} e^{-\beta E(s) - \gamma N(s)}, \qquad \rho = \frac{1}{Z} e^{-\beta H - \gamma N}. \qquad (12.40)$$

Hier sind $N(s)$ die Eigenwerte des Teilchenzahl–Operators N im Zustand $|s\rangle$, also $N|s\rangle = N(s)|s\rangle$. Die großkanonische Zustandssumme Z folgt aus der Normierung zu

$$Z = \mathrm{Sp}\left(e^{-\beta H - \gamma N}\right) = \sum_s e^{-\beta E(s) - \gamma N(s)}. \qquad (12.41)$$

Die großkanonische Zustandssumme Z hängt offensichtlich von den Variablen β, V, γ ab: $Z = Z(\beta, V, \gamma)$. Während V parametrisch in den Zuständen $|s\rangle$ enthalten ist, treten β und γ explizit auf der rechten Seite von (12.41) auf. β und γ sind aus der Forderung zu bestimmen, dass die Erwartungswerte $\langle H \rangle$ und $\langle N \rangle$ diejenigen Werte der inneren Energie U bzw. der Teilchenzahl $\langle N \rangle$ besitzen, die durch den Kontakt mit dem Umgebungssystem vorgegeben sind, nämlich gemäß (12.19) durch

$$U = \langle H \rangle = -\frac{\partial \ln Z}{\partial \beta}, \qquad \langle N \rangle = -\frac{\partial \ln Z}{\partial \gamma} \qquad (12.42)$$

Zur Vereinfachung der Schreibweise werden wir im Folgenden das Symbol N zugleich für den Operator N wie für seinen Erwartungswert $\langle N \rangle$ verwenden. Aus dem jeweiligen Zusammenhang ist stets ersichtlich, welche der beiden Bedeutungen gemeint ist.

12.3. DAS GROSSKANONISCHE ENSEMBLE

Um die Verbindung zur Thermodynamik herzustellen, berechnen wir nun die Entropie im großkanonischen Ensemble. Wir gehen aus von der Darstellung (12.18) und setzen dort

$$\ln \rho = -\beta H - \gamma N - \ln Z$$

aus (12.40) ein:

$$S = -\operatorname{Sp}(\rho \ln \rho) = \beta \operatorname{Sp}(\rho H) + \gamma \operatorname{Sp}(\rho N) + \ln Z = \beta U + \gamma N + \ln Z. \quad (12.43)$$

Diese letztere Relation betrachten wir mit der Wahl von U, V, N als unabhängige Variablen. Aus (12.42) folgt dann, dass auch β und γ Funktionen von U, V, N sind: $\beta = \beta(U, V, N)$, $\gamma = \gamma(U, V, N)$. Wir differenzieren (12.43) zunächst nach U bei V, N =const:

$$\left(\frac{\partial S}{\partial U}\right)_{V,N} = \left(\frac{\partial \beta}{\partial U}\right)_{V,N} U + \beta + \left(\frac{\partial \gamma}{\partial U}\right)_{V,N} N + \left(\frac{\partial \ln Z}{\partial U}\right)_{V,N}. \quad (12.44)$$

Nun ist

$$\begin{aligned}\left(\frac{\partial \ln Z}{\partial U}\right)_{V,N} &= \left(\frac{\partial \ln Z}{\partial \beta}\right)_{V,\gamma} \left(\frac{\partial \beta}{\partial U}\right)_{V,N} + \left(\frac{\partial \ln Z}{\partial \gamma}\right)_{\beta,V} \left(\frac{\partial \gamma}{\partial U}\right)_{V,N} \\ &= -U \left(\frac{\partial \beta}{\partial U}\right)_{V,N} - N \left(\frac{\partial \gamma}{\partial U}\right)_{V,N},\end{aligned} \quad (12.45)$$

so dass aus (12.44) wiederum

$$\frac{\partial S}{\partial U} = \beta \quad (12.46)$$

folgt. Nach wie vor ist aber

$$\frac{\partial S}{\partial U} = \frac{1}{T}, \quad (12.47)$$

so dass wie im kanonischen Ensemble wieder $\beta = 1/T$. Unter Beibehaltung von U, V, N als unabhängige Variablen differenzieren wir nach demselben Muster (12.43) jetzt nach N bei U, V =const:

$$\left(\frac{\partial S}{\partial N}\right)_{U,V} = \left(\frac{\partial \beta}{\partial N}\right)_{U,V} U + \left(\frac{\partial \gamma}{\partial N}\right)_{U,V} N + \gamma + \left(\frac{\partial \ln Z}{\partial N}\right)_{U,V}. \quad (12.48)$$

Nun ist

$$\begin{aligned}\left(\frac{\partial \ln Z}{\partial N}\right)_{U,V} &= \left(\frac{\partial \ln Z}{\partial \beta}\right)_{V,\gamma} \left(\frac{\partial \beta}{\partial N}\right)_{U,V} + \left(\frac{\partial \ln Z}{\partial \gamma}\right)_{\beta,V} \left(\frac{\partial \gamma}{\partial N}\right)_{U,V} \\ &= -U \left(\frac{\partial \beta}{\partial N}\right)_{U,V} - N \left(\frac{\partial \gamma}{\partial N}\right)_{U,V},\end{aligned} \quad (12.49)$$

so dass aus (12.48)

$$\frac{\partial S}{\partial N} = \gamma \quad (12.50)$$

folgt. Nach wie vor ist aber

$$\frac{\partial S}{\partial N} = -\frac{\mu}{T}, \quad (12.51)$$

vgl. Kapitel 2. Der Lagrangesche Multiplikator γ hat also die Bedeutung von $\gamma = -\mu/T$. Wenn wir außerdem $\beta = 1/T$ benutzen, können wir (12.27) damit in der Form

$$\Psi = U - TS - \mu N = -T \ln Z \quad (12.52)$$

schreiben: Aus der Berechnung der großkanonischen Zustandssumme können wir das Potential Ψ des Systems bestimmen. Wir kehren zurück zu den unabhängigen Variablen β, V, γ bzw. T, V, μ und gewinnen aus $\Psi = \Psi(T, V, \mu)$ nach dem Muster im Kapitel 4 sämtliche thermodynamischen Eigenschaften im Gleichgewicht des betrachteten Systems. Wir haben also für das großkanonische Ensemble einen thermodynamischen Formalismus gefunden, der dem des mikrokanonischen und kanonischen Ensembles völlig analog ist.

12.3. DAS GROSSKANONISCHE ENSEMBLE

Zur Bestätigung unserer obigen Überlegungen zeigen wir, dass die aus der Fundamentalrelation $d\Psi = -S\,dT - p\,dV - N\,d\mu$ folgenden Beziehungen $S = -\partial\Psi/\partial T$ und $N = -\partial\Psi/\partial\mu$ erfüllt sind. Dabei wollen wir die Beziehungen (12.42) benutzen, die jedoch in den Variablen β und γ ausgedrückt sind. Wir müssen also eine Transformation von den Variablen T, μ zu den Variablen β, γ durchführen. Aus

$$\beta = \frac{1}{T}, \qquad \gamma = -\frac{\mu}{T} \tag{12.53}$$

folgt

$$\begin{aligned}
\frac{\partial}{\partial \beta} &= \frac{\partial \beta}{\partial T}\frac{\partial}{\partial \beta} + \frac{\partial \gamma}{\partial T}\frac{\partial}{\partial \gamma} = -\frac{1}{T^2}\frac{\partial}{\partial \beta} + \frac{\mu}{T^2}\frac{\partial}{\partial \gamma}, \\
\frac{\partial}{\partial \mu} &= \frac{\partial \beta}{\partial \mu}\frac{\partial}{\partial \beta} + \frac{\partial \gamma}{\partial \mu}\frac{\partial}{\partial \gamma} = -\frac{1}{T}\frac{\partial}{\partial \gamma},
\end{aligned} \tag{12.54}$$

so dass

$$\begin{aligned}
\frac{\partial \Psi}{\partial T} &= -\frac{\partial}{\partial T}(T \ln Z) = -\ln Z - T\frac{\partial}{\partial T}\ln Z = \\
&= -\ln Z + \frac{1}{T}\frac{\partial}{\partial \beta}\ln Z - \frac{\mu}{T}\frac{\partial}{\partial \gamma}\ln Z = \\
&= \frac{1}{T}(\Psi - U + N\mu) = -S, \\
\frac{\partial \Psi}{\partial \mu} &= \frac{\partial}{\partial \gamma}\ln Z = -N,
\end{aligned} \tag{12.55}$$

womit der Nachweis erbracht ist. Die übrige, aus der Fundamental-Relation für Ψ folgende Relation $p = -\partial\Psi/\partial V$ brauchen wir nicht zu bestätigen, weil V nach wie vor als Parameter in Z enthalten ist.

12.3.2 Die klassische Formulierung

Zur klassischen Formulierung des großkanonischen Ensembles bemerken wir zunächst, dass der großkanonische Dichte-Operator der Quantenstatistik zu einer Phasenraumdichte in der klassischen Statistik wird. Diese hat offensichtlich die Form

$$\rho(q,p) = \frac{1}{Z} e^{-\beta H(q,p) - \gamma N}. \tag{12.56}$$

Während die Energie $H(q,p)$ auf der rechten Seite auch eine Phasenraumfunktion ist, ist N mit der Dimension des Phasenraums verknüpft. Für klassische Teilchen lautet diese $6N$. Wenn also im großkanonischen Ensemble verschiedene Teilchenzahlen zugelassen sind, müssen auch die Phasenräume zu verschiedenen Teilchenzahlen zugelassen werden, d.h., es muss ihr direktes Produkt als Phasenraum des großkanonischen Ensembles aufgefasst werden. Die Normierung von $\rho(q,p)$ enthält dann auch die Summe über alle Teilchenzahlen:

$$Z = \sum_{N=0}^{\infty} \int d\Gamma_N \, e^{-\beta H_N(q,p) - \gamma N}. \tag{12.57}$$

Wir haben N als Index in $H_N(q,p)$ und in $d\Gamma_N$ hinzugefügt, um zu betonen, dass die Hamilton-Funktion und das Phasenraum-Element jeweils zur Teilchenzahl N zu bilden sind. Offensichtlich lässt sich die großkanonische Zustandssumme auch in der Form

$$Z = \sum_{N=0}^{\infty} e^{-\gamma N} Z_N, \qquad Z_N = \int d\Gamma \, e^{-\beta H(q,p)} \tag{12.58}$$

schreiben, worin Z_N die kanonische Zustandssumme zu N Teilchen ist.

12.4 Fluktuationen und die Äquivalenz der Ensemble

Offensichtlich unterscheiden sich die verschiedenen kanonischen Ensemble dadurch voneinander, dass in ihnen jeweils gewisse Variablen feste Werte besitzen, während andere Variablen, im Abschnitt 12.1 allgemein mit x_ν bezeichnet, mit einem Umgebungssystem ausgetauscht werden, also fluktuieren können. Die Fluktuationen der x_ν erfolgen um einen Mittelwert $\langle x_\nu \rangle$, der sich durch den Kontakt mit dem Umgebungssystem einstellt und der als Nebenbedingung im Variationsproblem für die Entropie des Systems auftritt. Die Tabelle 12.1 fasst diese Verhältnisse für das mikrokanonische, kanonische und großkanonische Ensemble noch einmal zusammen. In diesem Abschnitt wollen wir die Größe der Fluktuationen bestimmen.

12.4. FLUKTUATIONEN UND DIE ÄQUIVALENZ DER ENSEMBLE   285

Kontakt:	Ensemble	fest	fluktuierend x_ν
isoliert	mikrokanonisch	U, V, N	keine
thermisch offen	kanonisch	V, N	U
thermisch und materiell offen	großkanonisch	V	U, N

Tabelle 12.1: Kontakt-Situation der Ensemble mit festen und fluktuierenden Variablen

12.4.1 Die Fluktuation der Energie im kanonischen Ensemble

Wir beginnen mit den Fluktuationen der Energie im kanonischen Ensemble. Diese sind zu beschreiben durch

$$\delta H = H - \langle H \rangle. \tag{12.59}$$

Der Mittelwert der Fluktuationen verschwindet offensichtlich: $\langle \delta H \rangle = 0$. Um dennoch eine Aussage über die Größenordnung der Fluktuationen zu gewinnen, bilden wir den Erwartungswert des Quadrates der Fluktuationen, das sogenannte *Schwankungsquadrat* der Energie:

$$\begin{aligned}\langle (\delta H)^2 \rangle &= \langle (H - \langle H \rangle)^2 \rangle = \langle \left(H^2 - 2H\langle H \rangle + \langle H \rangle^2 \right) \rangle = \\ &= \langle H^2 \rangle - \langle H \rangle^2.\end{aligned} \tag{12.60}$$

Eine Aussage über das Schwankungsquadrat können wir gewinnen, wenn wir die Darstellung der inneren Energie

$$U = \langle H \rangle = \frac{1}{Z} \operatorname{Sp}\left(H\, e^{-\beta H}\right) \tag{12.61}$$

nochmals nach β differenzieren:

$$\frac{\partial U}{\partial \beta} = -\frac{1}{Z} \operatorname{Sp}\left(H^2\, e^{-\beta H}\right) - \frac{1}{Z^2} \frac{\partial Z}{\partial \beta} \operatorname{Sp}\left(H\, e^{-\beta H}\right). \tag{12.62}$$

Nun ist $\partial Z/\partial \beta = -ZU = -Z\langle H \rangle$, vgl. (12.26). Einsetzen in (12.62) führt auf

$$\langle(\delta H)^2\rangle = \langle H^2\rangle - \langle H\rangle^2 = -\frac{\partial U}{\partial \beta}. \tag{12.63}$$

Aus $\beta = 1/T$ folgt weiter

$$\frac{\partial U}{\partial \beta} = -T^2 \frac{\partial U}{\partial T} = -T^2 C_V,$$

worin C_V die Wärmekapazität bei konstantem Volumen ist. Wir erhalten damit aus (12.63) einen sehr einfachen Ausdruck für das Schwankungsquadrat, nämlich

$$\langle(\delta H)^2\rangle = T^2 C_V. \tag{12.64}$$

Wir diskutieren das Verhalten dieses Ausdrucks im thermodynamischen Limes Teilchenzahl $N \to \infty$. Da die Wärmekapazität C_V extensiv ist, also $C_V \sim N$, verhält sich auch das Schwankungsquadrat extensiv, also $\langle(\delta H)^2\rangle \sim N$. Die Größenordnung der Fluktuationen selbst ist durch die Wurzel aus dem Schwankungsquadrat gegeben, und deren relative Größenordnung durch

$$\frac{\sqrt{\langle(\delta H)^2\rangle}}{\langle H\rangle} = \frac{T\sqrt{C_V}}{U} \sim \frac{1}{\sqrt{N}}, \tag{12.65}$$

d.h., im thermodynamischen Limes verschwindet die relative Größenordnung der Fluktuationen der Energie. In diesem Sinn sind das mikrokanonische und das kanonische Ensemble äquivalent: wenn man an den extensiven Variablen nur in der Ordnung $\sim N$ bzw. an den intensiven Variablen als Verhältnisse extensiver Variablen nur in der Ordnung 1 interessiert ist, führen die beiden Ensemble zu identischen Ergebnissen. Die Auswahl des verwendeten Ensembles kann dann etwa nach pragmatischen, d.h., rechentechnischen Gesichtspunkten erfolgen.

12.4.2 Fluktuation der Teilchenzahl im großkanonischen Ensemble

Eine völlig analoge Aussage gilt für den Unterschied zwischen dem kanonischen und dem großkanonischen Ensemble bezüglich der Teilchenzahl. Aus

12.5. DER INFORMATIONSTHEORETISCHE ZUGANG

$$\langle N \rangle = \frac{1}{Z} \mathrm{Sp}\left(N\, e^{-\beta H - \gamma N}\right) \qquad (12.66)$$

folgt durch nochmaliges Differenzieren nach γ:

$$\begin{aligned}\frac{\partial \langle N \rangle}{\partial \gamma} &= -\frac{1}{Z}\mathrm{Sp}\left(N^2 e^{-\beta H - \gamma N}\right) - \frac{1}{Z^2}\frac{\partial Z}{\partial \gamma}\mathrm{Sp}\left(H e^{-\beta H - \gamma N}\right)\\ &= -\langle N^2\rangle + \langle N\rangle^2 = -\left\langle (\delta N)^2 \right\rangle, \end{aligned} \qquad (12.67)$$

worin wir $\partial Z/\partial \gamma = -Z\langle N\rangle$ benutzt haben, vgl. (12.42). Hieraus folgt bereits, dass das Schwankungsquadrat der Teilchenzahl extensiv ist, weil auf der linken Seite $\langle N\rangle$ extensiv, $\gamma = -\mu/T$ jedoch intensiv ist. Damit können wir den analogen Schluss wie für die Energie im kanonischen Ensemble ziehen: im thermodynamischen Limes $N \to \infty$ verschwindet die relative Größenordnung der Fluktuationen der Teilchenzahl $\sim 1/\sqrt{N}$. Für die Fluktuationen der Energie im großkanonischen Ensemble können wir natürlich denselben Schluss wie im kanonischen Ensemble ziehen.

Selbstverständlich treten auch im mikrokanonischen Ensemble bzw. in einem isolierten thermodynamischen System Fluktuationen auf, z.B. in Teilsystemen, die ja offen sind. Lediglich die Variablen U, V, N für das Gesamtsystem haben konstante Werte. Entsprechendes gilt für die anderen Ensemble bzw. Systeme, die durch sie beschrieben werden.

12.5 Der informationstheoretische Zugang

Das Variationsprinzip, das wir im Abschnitt 12.1 zur Herleitung der kanonischen Ensembles benutzt haben,

$$S = \mathrm{Max}, \qquad \sum_s p(s)\langle s|x_\nu|s\rangle = \langle x_\nu\rangle = \mathrm{const}, \qquad (12.68)$$

lässt eine informationstheoretische Interpretation zu, die auch von physikalischem Interesse ist. Diese Interpretation ist eine formale Verallgemeinerung des Prinzips der gleichen a priori–Wahrscheinlichkeiten, das wir bereits im Kapitel 11 kennen gelernt haben.

Wir werden in diesem Abschnitt zeigen, dass man Ensemble für die Beschreibung thermodynamischer Systeme im Gleichgewicht durch die folgenden Forderungen finden kann: wir suchen einen Dichte–Operator ρ bzw. eine Phasenraumdichte $\rho(q,p)$ mit folgenden Eigenschaften:

1. ρ bzw. $\rho(q,p)$ soll die Bedingungen des thermodynamischen Systems in seiner jeweiligen Kontaktsituation erfüllen, nämlich

    (a) feste Werte für die mit dem Kontaktsystem nicht ausgetauschten Variablen identisch erfüllen, z.B. N =const für materiell abgeschlossene Systeme,

    (b) vorgebbare Mittelwerte für ausgetauschte Variablen realisieren, z.B. $\langle U \rangle$ für thermisch offene Systeme.

2. Im übrigen soll das durch ρ bzw. $\rho(q,p)$ zu beschreibende Ensemble *statistisch maximal unbestimmt* sein, d.h., es sollen nur die unter Punkt 1 aufgeführten Kenntnisse zu seiner Konstruktion benutzt werden.

Ganz offensichtlich ist der Punkt 2 eine Verallgemeinerung des im Kapitel 11 eingeführten Postulats der gleichen a priori–Wahrscheinlichkeiten. Wir können nämlich den obigen Punkt 2 auch dadurch ausdrücken, dass ρ bzw. $\rho(q,p)$ nur von den festen Werten der nicht ausgetauschten Variablen und von den Mittelwerten der ausgetauschten Variablen abhängen soll, aber zwischen allen damit verträglichen physikalischen Situationen nicht unterscheiden können soll.

Wir beginnen mit der Festlegung der Eigenschaft *statistisch maximal unbestimmt*. Es seien $A, B, C, \ldots$ *Ereignisse*, in der physikalischen Sprechweise Ergebnisse von Messungen in einem wirklichen oder gedachten Experiment. Ein solches Gedankenexperiment ist das Herausgreifen eines beliebigen Ensemblemitglieds, das Ereignis das Ergebnis der Messung, in welchem Quantenzustand $|s\rangle$ bzw. in welchem Phasenraumelement $d\Gamma$ es sich befindet. Den Ereignissen $A, B, C, \ldots$ seien Wahrscheinlichkeiten $p(A), p(B), p(C), \ldots$ zugeordnet, die jeweils $0 \leq p(A) \leq 1, \ldots$ erfüllen und deren Summe über alle möglichen Ereignisse auf den Wert 1 normiert seien. Mit dem Eintritt eines Ereignisses A ist ein *Informationsgewinn* $I(A)$ verbunden, der um so größer ist, je unwahrscheinlicher das Ereignis ist, d.h., desto kleiner $p(A)$ ist, und umgekehrt. Über den Informationsgewinn $I(A)$, der durch das Eintreten von A entsteht, wollen wir die folgenden Annahmen machen:

1. $I(A)$ soll eine Funktion von $p(A)$ sein: $I(A) = L(p(A))$.

2. Durch das Eintreten eines *sicheren Ereignisses* S, das durch $p(S) = 1$ charakterisiert ist, soll kein Informationsgewinn eintreten: $L(1) = 0$.

3. Für das *Produkt* $A \wedge B$ von zwei *statistisch unabhängigen* Ereignissen A und B soll der Informationsgewinn additiv sein: $I(A \wedge B) = I(A) + I(B)$. Das Produktereignis $A \wedge B$ ist dadurch definiert, dass *sowohl A als auch B* eintreten sollen. Zwei Ereignisse A und B heißen statistisch unabhängig, wenn $p(A \wedge$

12.5. DER INFORMATIONSTHEORETISCHE ZUGANG

$B) = p(A) p(B)$. Folglich bedeutet die Additivität des Informationsgewinns, dass

$$L(p(A) p(B)) = L(p(A)) + L(p(B))$$
$$\text{bzw.} \quad L(\xi_A \xi_B) = L(\xi_A) + L(\xi_B). \quad (12.69)$$

4. Es soll $L'(\xi) = dL(\xi)/d\xi < 0$ sein: je wahrscheinlicher ein Ereignis ist, desto kleiner soll der Informationsgewinn mit seinem Eintreten sein und umgekehrt. Diese Forderung hatten wir oben schon formuliert.

Da Wahrscheinlichkeiten im Intervall $0 \leq \xi \leq 1$ kontinuierlich verteilt sind, setzen wir voraus, dass $L(\xi)$ differenzierbar ist. Die Differentiation von (12.69) nach ξ_A bei ξ_B =const ergibt

$$\xi_B L'(\xi_A \xi_B) = L'(\xi_A). \quad (12.70)$$

Wir wählen $\xi_A = 1$ und schreiben $\xi_B =: \xi$. Dann lautet (12.70)

$$L'(\xi) = \frac{L'(1)}{\xi}, \quad \text{integriert:} \quad L(\xi) = L'(1) \ln \xi + C. \quad (12.71)$$

Da $L(1) = 0$ sein sollte, vgl. Punkt 2 oben, folgt für die Integrationskonstante $C = 0$. Da $L'(\xi) < 0$ sein sollte, vgl. Punkt 4 oben, ist $L'(1) < 0$, und wir schreiben $-L'(1) =: k > 0$. Das Ergebnis unserer Überlegungen lautet dann

$$L(\xi) = -k \ln \xi. \quad (12.72)$$

Die Ensemblekonstruktion sollte die Wahrscheinlichkeitsverteilung des thermodynamischen Systems auf Mikrozustände repräsentieren. Darum müssen wir uns das Gedankenexperiment der Feststellung des Zustands von Ensemblemitgliedern sehr oft wiederholt denken. Wir werden im folgenden zunächst die quantenstatistische Version formulieren und nach dem *mittleren* Informationsgewinn $\langle I \rangle$ fragen, wenn wir eine sehr große Anzahl von Messungen des Quantenzustands $|s\rangle$ beliebiger Ensemblemitglieder durchführen. Diese ist offensichtlich gegeben durch die Ensemblemittelung von (12.72) für $\xi = p(s)$, worin $p(s)$ die gesuchte Wahrscheinlichkeit für den Zustand $|s\rangle$ ist, also durch

$$\langle I \rangle = -k \sum_s p(s) \ln p(s). \tag{12.73}$$

Die entsprechende Beziehung in der klassischen Statistik lautet

$$\langle I \rangle = -k \int d\Gamma \, \rho(q,p) \ln \rho(q,p), \tag{12.74}$$

worin $\rho(q,p)$ die gesuchte Ensembledichte ist.

Eine andere Formulierung des Vorgehens in diesem Abschnitt lässt sich so ausdrücken, dass wir die $p(s)$ (klassisch die $\rho(q,p)$) *maximal vorurteilsfrei* schätzen wollen. Es leuchtet ein, dass dann auch der Informationsgewinn bei der Messung maximal sein wird. Auf jeden Fall stimmt der mittlere Informationsgewinn in (12.73) mit dem Wert der Entropie in (12.7) im Abschnitt 12.1 überein. Alle weiteren Schritte zur Konstruktion der Ensemble folgen nun wieder denen im Abschnitt 12.1.

13

Allgemeine Aussagen der statistischen Theorie

13

Kapitel 13

Allgemeine Aussagen der statistischen Theorie

Im vorhergehenden Kapitel haben wir die mikroskopische statistische Theorie des thermodynamischen Gleichgewichts auf der Grundlage von Ensemble–Beschreibungen formuliert. Jedes Ensemble ist quantenstatistisch durch einen Dichte–Operator ρ, klassisch–statistisch durch eine Phasenraumdichte $\rho(q,p)$ charakterisiert. Damit können wir sämtliche thermodynamischen Gleichgewichtseigenschaften des Systems erfassen, wenn auch die analytische Durchführung dieses Programms nur in einfachen Einzelfällen möglich ist. In diesem Kapitel werden wir einige allgemeine Aussagen der mikroskopischen statistischen Theorie kennenlernen und dabei grundlegende Begriffe einer jeden statistischen Theorie verwenden, nämlich Wahrscheinlichkeitsdichten, Erwartungswerte und Fluktuationen. Insbesondere wird uns die Theorie der Fluktuationen eine weitere Verknüpfung der mikroskopischen mit der phänomenologischen Theorie aufzeigen, die bis in die irreversible Thermodynamik reicht.

13.1 Grundbegriffe der Statistik

Wir wollen zunächst einige Grundbegriffe der statistischen Theorie und wichtige Zusammenhänge zwischen ihnen zusammenstellen. Teilweise haben wir diese bereits verwendet, so dass jetzt eine systematischere Darstellung fällig ist. Es sei wieder x eine fluktuierende extensive physikalische Variable, typischerweise eine Energie, eine Teilchenzahl oder ein Volumen eines thermodynamischen Systems, möglichweise auch eines Teilsystems oder vielleicht schon auf ein Volumen oder eine Masse bezogen, also eine räumliche oder materielle Dichte. Wir formulieren zunächst die Wahrscheinlichkeit, dass die fluktuierende Variable einen Wert zwischen x und $x+dx$

besitzt, und bezeichnen diese mit $p(x)\,dx$. Es ist nämlich einleuchtend, dass diese Wahrscheinlichkeit selbst wie auch das Intervall dx, auf das sie bezogen wird, ein Differential 1. Ordnung ist. Die Funktion $p(x)$ heißt die *Wahrscheinlichkeitsdichte* der Variablen x. Es ist offensichtlich, dass $p(x)$ nicht negativ werden kann: $p(x) \geq 0$.

Die Schreibweise $p(x)\,dx$ ist eine Abkürzung. Ausführlich würde man die fluktuierende Variable mit einem anderen Symbol bezeichnen, z.B. ξ, und

$$p_\xi(x)\,dx := W\{x \leq \xi \leq x + dx\} \tag{13.1}$$

definieren, worin $W\{\ldots\}$ "Wahrscheinlichkeit, dass ..." bedeutet. Wir wollen aber weiter die abkürzende Schreibweise $p(x)\,dx$ im Sinne der ausführlichen Definition in (13.1) verwenden.

Im physikalischen Sprachgebrauch wird $p(x)$ auch oft als "Verteilung" bezeichnet. Das ist im Sinne der mathematischen Statistik nicht korrekt, weil dort

$$\Phi(x) := \int_{-\infty}^{x} dx'\,p(x') \tag{13.2}$$

als *Verteilungsfunktion* definiert wird. Da der fluktuierende Wert der Variablen x mit Sicherheit im Intervall $-\infty < x < \infty$ liegt, muss für die Dichte $p(x)$ die *Normierungsbedingung*

$$\int_{-\infty}^{+\infty} dx\,p(x) = 1 \tag{13.3}$$

erfüllt sein. Unter Verwendung der Verteilungsfunktion drückt sich die Normierungsbedingung als $\Phi(\infty) = 1$ aus. Wir wollen in unserer Schreibweise den Fall einschließen, dass x eine diskrete Variable ist, z.B. eine Teilchenzahl N. Dann schreiben wir $p(N)$ statt $p(x)$, und die Normierungsbedingung lautet

$$\sum_{N=0}^{\infty} p(N) = 1. \tag{13.4}$$

In dieser Weise lassen sich alle folgenden Beziehungen stets auf eine diskrete Variable übertragen.

13.1. GRUNDBEGRIFFE DER STATISTIK

13.1.1 Verbunddichten, bedingte und marginale Dichten

Häufig werden wir es in der statistischen Theorie der Thermodynamik mit der Situation zu tun haben, dass mehrere fluktuierende Variablen zugleich auftreten, z.B. Energie *und* Teilchenzahl oder Energien in verschiedenen Teilsystemen usw. Wir formulieren hier den Fall, dass zwei fluktuierende Variablen x_1, x_2 auftreten. Die Verallgemeinerung auf beliebig viele Variablen ist offensichtlich. Mit $p(x_1, x_2)\, dx_1\, dx_2$ bezeichnen wir die Wahrscheinlichkeit, den Wert der Variablen Nr. 1 im Intervall zwischen x_1 und $x_1 + dx_1$ zu finden *und* den Wert der Variablen Nr. 2 im Intervall zwischen x_2 und $x_2 + dx_2$. Die Wahrscheinlichkeit $p(x_1, x_2)\, dx_1\, dx_2$ ist also eine *Verbundwahrscheinlichkeit* für ein "sowohl-als-auch-Ereignis", nämlich - in ausführlicher Schreibweise - für $x_1 \leq \xi_1 \leq x_1 + dx_1$ und $x_2 \leq \xi_2 \leq x_2 + dx_2$. Entsprechend heißt $p(x_1, x_2)$ die Verbunddichte oder auch kombinierte Dichte für die Variablen x_1 und x_2. Die Normierung von $p(x_1, x_2)$ lautet analog zu (13.3)

$$\int dx_1 \int dx_2\, p(x_1, x_2) = 1. \tag{13.5}$$

(Wir werden im Folgenden gelegentlich Integrationsgrenzen zwecks Vereinfachung der Schreibweise nicht explizit ausschreiben, wenn der Integrationsbereich offensichtlich ist, hier von $-\infty$ bis $+\infty$.)

Wenn die Verbunddichte $p(x_1, x_2)$ gegeben ist, kann man aus ihr die Wahrscheinlichkeitsdichte für eine der beiden Variablen x_1 oder x_2 bilden. Wir fragen nach der Wahrscheinlichkeit für $x_1 \leq \xi_1 \leq x_1 + dx_1$, ohne dass der Wert von x_2 dabei eine Rolle spielen soll. Wir müssen also über alle Möglichkeiten für die Werte von x_2 integrieren und erhalten als sogenannte *marginale* Dichte für x_1

$$p_1(x_1) = \int dx_2\, p(x_1, x_2), \tag{13.6}$$

entsprechend für $p_2(x_2)$. Die Indizes der Funktionssymbole $p_1(\ldots)$ und $p_2(\ldots)$ berücksichtigen, dass es sich in den beiden Fällen im Allgemeinen um verschiedene funktionale Abhängigkeiten handeln wird.

Unter Benutzung des Begriffs der marginalen Dichte definieren wir jetzt die *bedingte* Dichte

$$p(x_1|x_2) := \frac{p(x_1, x_2)}{p_2(x_2)}. \tag{13.7}$$

$p(x_1|x_2)\,dx_1$ ist die Wahrscheinlichkeit für $x_1 \leq \xi_1 \leq x_1 + dx_1$ unter der Bedingung, dass der Wert x_2 mit Sicherheit realisiert ist. Das erkennen wir unmittelbar in der Schreibweise

$$p(x_1, x_2)\,dx_1\,dx_2 = [p(x_1|x_2)\,dx_1]\,[p_2(x_2)\,dx_2]. \tag{13.8}$$

Falls

$$p(x_1|x_2) = p_1(x_1) \tag{13.9}$$

erfüllt ist, heißen die Variablen x_1, x_2 naheliegenderweise *statistisch unabhängig*. Wenn das der Fall ist, dann gilt auch $p(x_2|x_1) = p_2(x_2)$, denn

$$p(x_2|x_1) = \frac{p(x_1, x_2)}{p_1(x_1)} = \frac{p(x_1|x_2)\,p_2(x_2)}{p_1(x_1)} = \frac{p_1(x_1)\,p_2(x_2)}{p_1(x_1)} = p_2(x_2). \tag{13.10}$$

Aus dieser Rechnung folgt für statistisch unabhängige x_1, x_2 auch

$$p(x_1, x_2) = p_1(x_1)\,p_2(x_2). \tag{13.11}$$

13.1.2 Erwartungswerte

Wenn die Dichte $p(x)$ einer Variablen bekannt ist, lassen sich aus ihr die Erwartungswerte sämtlicher Funktionen $\phi(x)$ bilden:

$$\langle \phi(x) \rangle = \int dx\,\phi(x)\,p(x). \tag{13.12}$$

Diese Definition von Erwartungswerten haben wir früher bereits mehrfach benutzt. Die Erwartungswerte von Potenzen x^n der Variablen x lauten entsprechend

$$\langle x^n \rangle = \int dx\,x^n\,p(x) \tag{13.13}$$

und heißen *Momente n-ter Ordnung* der Variablen x. Als *Fluktuationen* bezeichnet man allgemein Abweichungen vom Erwartungswert, für die Variable x selbst lauten

13.2. MAXWELLSCHE GESCHWINDIGKEITSVERTEILUNG

sie $\delta x = x - \langle x \rangle$. Der Erwartungswert von Fluktuationen verschwindet definitionsgemäß: $\langle \delta x \rangle = 0$. Weil man dennoch ein Maß für die Fluktuationen haben möchte, berechnet man das von uns früher bereits mehrfach benutzte *Schwankungsquadrat*

$$\langle (\delta x)^2 \rangle = \langle (x - \langle x \rangle)^2 \rangle = \langle x^2 \rangle - \langle x \rangle^2 \qquad (13.14)$$

und nimmt $\sqrt{\langle (\delta x)^2 \rangle}$ als Maß für die Fluktuationen. Wenn zwei Variablen x_1, x_2 statistisch unabhängig sind, dann verschwinden die *Korrelationen* zwischen ihren Fluktuationen, d.h., es ist dann

$$\langle \delta x_1 \, \delta x_2 \rangle = 0, \qquad (13.15)$$

denn

$$\begin{aligned}
\langle \delta x_1 \, \delta x_2 \rangle &= \int dx_1 \int dx_2 \, \delta x_1 \, \delta x_2 \, p(x_1, x_2) \\
&= \int dx_1 \, \delta x_1 \, p_1(x_1) \int dx_2 \, \delta x_2 \, p_2(x_2) \\
&= \langle \delta x_1 \rangle \langle \delta x_2 \rangle = 0.
\end{aligned} \qquad (13.16)$$

13.2 Die Maxwellsche Geschwindigkeitsverteilung und barometrische Formel

In diesem Abschnitt wird es um Konsequenzen aus der klassischen, kanonischen Phasenraumdichte

$$\rho(q,p) = \frac{1}{Z} \exp(-\beta H(q,p)), \qquad \beta = \frac{1}{T} \qquad (13.17)$$

für N-Teilchensysteme gehen, die durch eine Hamilton–Funktion mit der Struktur

$$H(q,p) = \sum_{i=1}^{N} \frac{1}{2m} \boldsymbol{p}_i^2 + W(\boldsymbol{r}_1, \boldsymbol{r}_2, \ldots, \boldsymbol{r}_N) \qquad (13.18)$$

definiert sind. Hier sind $\boldsymbol{p}_i$ und $\boldsymbol{r}_i$ Ort und Impuls des Teilchens i, und $W(\boldsymbol{r}_1, \boldsymbol{r}_2, \ldots, \boldsymbol{r}_N)$ ist die potentielle Energie im System, die im Allgemeinen sowohl

Wechselwirkungen zwischen den Teilchen als auch die Energie in äußeren Feldern enthalten wird. (Im Fall äußerer Magnetfelder müssten wir allerdings den kinetischen Impuls $\boldsymbol{p}_i$ durch den kanonischen Impuls $\boldsymbol{p}_i + e\,\boldsymbol{A}(\boldsymbol{r}_i)$ ersetzen. Hierauf werden wir in einem späteren Abschnitt eingehen.)

13.2.1 Maxwellsche Geschwindigkeitsverteilung

Die Phasenraumdichte $\rho(q,p)$ ist eine Verbunddichte oder kombinierte Dichte im Sinne des vorhergehenden Abschnitts, die allerdings jetzt $6N$ Variablen besitzt, denn

$$(q,p) \cong (\boldsymbol{r}_1,\ldots,\boldsymbol{r}_N,\boldsymbol{p}_1,\ldots,\boldsymbol{p}_N),$$

und jedes $\boldsymbol{r}_i$ und $\boldsymbol{p}_i$ besitzt drei Komponenten. Unsere erste Fragestellung betrifft die Wahrscheinlichkeitsdichte ausschließlich im Impuls-Unterraum des Phasenraums. Wir fragen also nach der marginalen Dichte $\rho(p)$ der Impulse, die wir nach den Überlegungen des vorhergehenden Abschnitts durch Integration über sämtliche Orte $\boldsymbol{r}_1,\ldots,\boldsymbol{r}_N$ des Systems erhalten:

$$\begin{aligned}\rho(p) &\sim \int d^3r_1 \ldots \int d^3r_N \exp\left(-\beta\, H(q,p)\right) \\ &\sim \int d^3r_1 \ldots \int d^3r_N \exp\left(-\beta \sum_{i=1}^{N} \frac{1}{2m}\boldsymbol{p}_i^2 - \beta\, W(\boldsymbol{r}_1,\boldsymbol{r}_2,\ldots,\boldsymbol{r}_N)\right) \\ &\sim \exp\left(-\beta \sum_{i=1}^{N} \frac{1}{2m}\boldsymbol{p}_i^2\right) \int d^3r_1 \ldots \int d^3r_N \exp\left(-\beta\, W(\boldsymbol{r}_1,\boldsymbol{r}_2,\ldots,\boldsymbol{r}_N)\right) \\ &\sim \exp\left(-\beta \sum_{i=1}^{N} \frac{1}{2m}\boldsymbol{p}_i^2\right). \end{aligned} \quad (13.19)$$

Den noch fehlenden Proportionalitätsfaktor bestimmen wir später durch die Forderung, dass auch $\rho(p)$ normiert sein soll. Zunächst erkennen wir, dass die marginale Wahrscheinlichkeitsdichte $\rho(p)$ für die Impulse in ein Produkt aus N Faktoren zerfällt:

$$\rho(p) = \prod_{i=1}^{N} \rho_e(\boldsymbol{p}_i), \qquad \rho_e(\boldsymbol{p}) \sim \exp\left(-\frac{\beta}{2m}\boldsymbol{p}^2\right). \qquad (13.20)$$

13.2. MAXWELLSCHE GESCHWINDIGKEITSVERTEILUNG

Das bedeutet, wiederum nach den Überlegungen des vorhergehenden Abschnitts, dass die Impulse der Teilchen offenbar statistisch unabhängig sind. Da für die Dichte $\rho_e(\boldsymbol{p})$ der Impulse eines Teilchens auch

$$\rho_e(\boldsymbol{p}) = \chi(p_x)\,\chi(p_y)\,\chi(p_z), \qquad \chi(p) \sim \exp\left(-\frac{\beta}{2\,m}p^2\right) \qquad (13.21)$$

gilt, wo p_x, p_y, p_z die x, y, z-Komponenten des 1-Teilchen-Impulses $\boldsymbol{p}$ sind, sind auch die Impulse in den Koordinatenrichtungen statistisch unabhängig. Offensichtlich sind $\rho(p)$ und $\rho_e(\boldsymbol{p})$ normiert, wenn $\chi(p)$ wie

$$\int_{-\infty}^{+\infty} dp\,\chi(p) = 1 \qquad (13.22)$$

normiert ist. Das ist der Fall für

$$\chi(p) = \sqrt{\frac{\beta}{2\,\pi\,m}}\,\exp\left(-\frac{\beta}{2\,m}p^2\right). \qquad (13.23)$$

Daraus ergibt sich für die Wahrscheinlichkeitsdichte des Impulses $\boldsymbol{p}$ eines Teilchens (mit $\beta = 1/T$)

$$\rho_e(\boldsymbol{p}) = (2\,\pi\,m\,T)^{-3/2}\,\exp\left(-\frac{\boldsymbol{p}^2}{2\,m\,T}\right). \qquad (13.24)$$

Mit $\boldsymbol{p} = m\,\boldsymbol{v}$ lässt sich daraus auch die Dichte $\rho_{e,v}(\boldsymbol{v}) \sim \rho_e(\boldsymbol{p})$ für die Geschwindigkeit $\boldsymbol{v}$ eines Teilchens bestimmen. Allerdings muss $\rho_{e,v}(\boldsymbol{v})$ konsequenterweise jetzt so normiert werden, dass

$$\int d^3v\,\rho_{e,v}(\boldsymbol{v}) = 1. \qquad (13.25)$$

Das führt nach einer einfachen Rechnung auf die sogenannte *Maxwellsche Geschwindigkeitsverteilung*

$$\rho_{e,v}(\boldsymbol{v}) = \left(\frac{m}{2\,\pi\,T}\right)^{3/2}\,\exp\left(-\frac{m\,\boldsymbol{v}^2}{2\,T}\right). \qquad (13.26)$$

Auch hier handelt es sich im mathematisch strengen Sprachgebrauch nicht um eine "Verteilung", sondern um eine Dichte.

13.2.2 Barometrische Formel

Wenn die potentielle Energie W Wechselwirkungen zwischen den Teilchen beschreibt,

$$W(r_1, r_2, \ldots, r_N) = \sum_{i,j=1}^{N} W(r_i - r_j), \qquad (13.27)$$

hat die marginale Ortsdichte die Struktur

$$\rho(q) \sim \exp\left(-\beta \sum_{i,j=1}^{N} W(r_i - r_j)\right) \qquad (13.28)$$

und faktorisiert nicht in ein Produkt von 1-Teilchen-Funktionen. Das war zu erwarten, weil eine Wechselwirkung zwischen den Teilchen deren Ortsvariablen statistisch voneinander abhängig macht. Wenn jedoch die potentielle Energie die Bewegung von nicht wechselwirkenden Teilchen in einem äußeren Potential $\Phi(r)$ beschreibt,

$$W(r_1, r_2, \ldots, r_N) = \sum_{i=1}^{N} \Phi(r_i), \qquad (13.29)$$

faktorisiert die marginale Ortsdichte:

$$\rho(q) = \prod_{i=1}^{N} \rho_e(r_i), \qquad \rho_e(r) \sim \exp(-\beta\,\Phi(r)). \qquad (13.30)$$

Wenn das äußere Potential $\Phi(r)$ das (als konstant angenommene) Gravitationspotential ist, also $\Phi(r) = mgz$, worin die z-Koordinate senkrecht zur Erdoberfläche nach oben gezählt werden soll, dann lautet die 1-Teilchen-Ortsdichte (mit $\beta = 1/T$)

$$\rho_e(r) \sim \exp\left(-\frac{m\,g\,z}{T}\right). \qquad (13.31)$$

Die Ortsdichte ist zugleich die Teilchendichte $c = c(r)$, die hier also vom Ort r bzw. von der Höhe z abhängt:

$$c(z) = c(0) \exp\left(-\frac{m\,g\,z}{T}\right), \tag{13.32}$$

worin $c(0)$ die Dichte bei der Höhe $z = 0$ ist. Dieses ist die sogenannte *barometrische Formel*. Wir weisen nochmals darauf hin, dass sie nur für Teilchen ohne gegenseitige Wechselwirkung gilt, d.h., nur für ideale Gase, deren statistische Theorie der Gegenstand des nächsten Kapitels ist.

13.3 Der Gleichverteilungssatz

13.3.1 Formulierung des Gleichverteilungssatzes

Der Gleichverteilungssatz ist ein sehr häufig verwendeter Satz aus der klassischen Phasenraum-Statistik. Er erlaubt es, in vielen Situationen die mittlere Energie von Freiheitsgraden zu bestimmen, ohne jeweils die entsprechende statistische Theorie im einzelnen entwickeln zu müssen. Wir betrachten ein allgemeines System mit f Freiheitsgraden, dessen mikroskpische Dynamik im $2f$-dimensionalen Phasenraum $(q, p) \cong (q_1, \ldots, q_f, p_1, \ldots, p_f)$ durch eine Hamilton-Funktion $H(q, p)$ beschrieben sei. Zur statistischen Beschreibung wählen wir das kanonische Ensemble. Es sei (ξ_i, ξ_j) ein beliebiges Paar aus den $2f$ kanonischen Variablen. Damit bilden wir den Ausdruck

$$\left\langle \xi_i \frac{\partial H}{\partial \xi_j} \right\rangle = \frac{1}{Z} \int d\Gamma\, \xi_i \frac{\partial H}{\partial \xi_j} e^{-\beta H}, \tag{13.33}$$

$\beta = 1/T$. Nun gilt die Identität

$$\frac{\partial H}{\partial \xi_j} e^{-\beta H} = -\frac{1}{\beta} \frac{\partial}{\partial \xi_j} e^{-\beta H}. \tag{13.34}$$

Wir setzen (13.34) in (13.33) ein:

$$\left\langle \xi_i \frac{\partial H}{\partial \xi_j} \right\rangle = -\frac{1}{\beta Z} \int d\Gamma\, \xi_i \frac{\partial}{\partial \xi_j} e^{-\beta H}. \tag{13.35}$$

In dem Integral auf der rechten Seite wollen wir eine partielle Integration ausführen. Dazu benutzen wir gemäß der Produktregel der Differentiation

$$\frac{\partial}{\partial \xi_j}\left(\xi_i \, e^{-\beta H}\right) = \frac{\partial \xi_i}{\partial \xi_j} e^{-\beta H} + \xi_i \frac{\partial}{\partial \xi_j} e^{-\beta H}. \tag{13.36}$$

Wenn wir diese Beziehung über den gesamten Phasenraum integrieren, erhalten wir auf der linken Seite

$$\int d\Gamma \, \frac{\partial}{\partial \xi_j}\left(\xi_i \, e^{-\beta H}\right) = 0, \tag{13.37}$$

und zwar unter Verwendung eines verallgemeinerten Gaußschen Satzes im Phasenraum. Das Integral in (13.37) liefert nämlich einen Randwert des Integranden in ξ_j-Richtung. Falls ξ_j ein Impuls ist, ist der Randwert bei $\xi_j = \pm\infty$ zu nehmen. Dort verschwindet aber $\exp(-\beta H)$. Falls ξ_j ein Ort ist, ist der Randwert am Volumenrand zu nehmen. Dort tritt eine unendlich hohe potentielle Energie auf, die das System am Verlassen des Volumens hindert. Alternativ können wir uns das System aber auch durch räumlich periodische Randbedingungen beschrieben denken, so dass sich die beiden Randterme gegenseitig aufheben.

Wir setzen nun die über den Phasenraum integrierte Version von (13.36) unter Beachtung von (13.37) und $\partial \xi_i/\partial \xi_j = \delta_{ij}$ in (13.35) ein und erhalten

$$\left\langle \xi_i \frac{\partial H}{\partial \xi_j} \right\rangle = \frac{\delta_{ij}}{\beta Z} \int d\Gamma \, e^{-\beta H} = \delta_{ij} T. \tag{13.38}$$

Dieses ist die allgemeine Form des Gleichverteilungssatzes, die wir durch einige Anwendungen erläutern wollen.

13.3.2 Anwendungen des Gleichverteilungssatzes

Wir beginnen mit einem N-Teilchensystem von punktförmigen Teilchen (ohne interne Freiheitsgrade) mit einer Hamilton–Funktion

$$H = \sum_{i=1}^{N} \frac{1}{2m} \boldsymbol{p}_i^2 + W(\boldsymbol{r}_1, \boldsymbol{r}_2, \ldots, \boldsymbol{r}_N),$$

vgl. (13.18), und wählen $\xi_i = \xi_j = p_{i\alpha} = \alpha$-Komponente des Impulses des i-ten Teilchens, $\alpha = x, y, z$. Dann ist

13.3. DER GLEICHVERTEILUNGSSATZ

$$\frac{\partial H}{\partial p_{i\alpha}} = \frac{1}{m} p_{i\alpha},$$

$$\left\langle p_{i\alpha} \frac{\partial H}{\partial p_{i\alpha}} \right\rangle = \frac{1}{m} \langle p_{i\alpha}^2 \rangle = T,$$

$$\left\langle \frac{1}{2m} p_{i\alpha}^2 \right\rangle = \frac{1}{2} T. \tag{13.39}$$

Jeder Translationsfreiheitsgrad (pro Teilchen und pro Koordinatenrichtung) trägt die mittlere kinetische Energie $T/2$. Wenn es sich um ein System freier punktförmiger Teilchen handelt, also $W(r_1, r_2, \ldots, r_N) = 0$, besteht die gesamte Energie ausschließlich aus kinetischer Energie, und für ihren Erwartungswert ergibt sich durch Summation über die $f = 3N$ Freiheitsgrade

$$U = \langle H \rangle = \frac{3}{2} NT. \tag{13.40}$$

Unser zweites Anwendungsbeispiel ist ein System aus 2-atomigen Molekülen. Zu den Translationsfreiheitsgraden kommen hier die internen Freiheitsgrade der Rotation um zwei unabhängige Achsen senkrecht zur Molekülachse hinzu. Von den ebenfalls möglichen Schwingungen der beiden Atome gegeneinander sehen wir zunächst ab. Die Hamilton-Funktion dieses Systems lautet

$$H = \sum_{i=1}^{N} \frac{1}{2m} \boldsymbol{p}_i^2 + \sum_{i=1}^{N} \frac{1}{2\Theta} \left(L_{ix}^2 + L_{iy}^2 \right) + W(r_1, r_2, \ldots, r_N). \tag{13.41}$$

Hier sind L_{ix} und L_{iy} die x- bzw. y-Komponenten des Drehimpulses $\boldsymbol{L}_i$ des i-ten Teilchens, wobei wir das für jedes Teilchen jeweils körperfeste Koordinatensystem so gewählt haben, dass seine z-Achse parallel zur Molekülachse liegt. Das Trägheitsmoment Θ ist gegeben durch $\Theta = m r_0^2$, worin m = reduzierte Masse und r_0 = Atomabstand. Mit der Wahl $\xi_i = \xi_j = L_{i\alpha}$, $\alpha = x, y$, erhalten wir mit derselben Rechnung wie oben bei (13.39)

$$\left\langle \frac{1}{2\Theta} L_{i\alpha}^2 \right\rangle = \frac{1}{2} T, \qquad \alpha = x, y. \tag{13.42}$$

Handelt es sich um freie 2-atomige Moleküle mit $W(r_1, r_2, \ldots, r_N) = 0$, dann lautet der Erwartungswert der Gesamtenergie jetzt

$$U = \langle H \rangle = \frac{3}{2} NT + \frac{2}{2} NT = \frac{5}{2} NT. \tag{13.43}$$

13. ALLGEMEINE AUSSAGEN DER STATISTISCHEN THEORIE

Wenn das System aus beliebigen ausgedehnten Teilchen besteht, z.B. aus mehr als zwei Atomen, sind die Rotationen der Teilchen im Allgemeinen durch drei verschiedene Trägheitsmomente Θ_α, $\alpha = x, y, z$, zu beschreiben. Die Hamilton–Funktion lautet dann

$$H = \sum_{i=1}^{N} \frac{1}{2m} p_i^2 + \sum_{i=1}^{N} \sum_{\alpha=x,y,z} \frac{1}{2\Theta_\alpha} L_{i\alpha}^2 + W(r_1, r_2, \ldots, r_N) \qquad (13.44)$$

und (13.42) gilt für $\alpha = x, y, z$. Für freie Teilchen lautet der Erwartungswert der Gesamtenergie in diesem Fall statt (13.43)

$$U = \langle H \rangle = \frac{3}{2} NT + \frac{3}{2} NT = 3NT. \qquad (13.45)$$

Schließlich betrachten wir noch ein System aus einer Anzahl f von harmonischen Oszillatoren mit der Hamilton–Funktion

$$H = \sum_{i=1}^{f} \left(\frac{1}{2m_i} p_i^2 + \frac{m_i \omega_i^2}{2} q_i^2 \right). \qquad (13.46)$$

Die Aussage (13.39) über den Erwartungswert $T/2$ für die kinetische Energie jedes der Freiheitsgrade $i = 1, 2, \ldots, f$ bleibt bestehen. Zusätzlich gewinnen wir mit $\xi_i = \xi_j = q_i$ eine Aussage über die potentielle Energie, nämlich

$$\langle \frac{m_i \omega_i^2}{2} q_i^2 \rangle = \frac{1}{2} T, \qquad i = 1, 2, \ldots, f. \qquad (13.47)$$

Für den Erwartungswert der Gesamtenergie des Systems finden wir also

$$U = \langle H \rangle = fT. \qquad (13.48)$$

Dieses Ergebnis, angewendet auf die $f = 3N$ Schwingungsfreiheitsgrade in einem N-Teilchen-Festkörper in harmonischer Näherung, heißt die *Dulong–Petitsche Regel*. Wir werden in einem späteren Abschnitt über Phononen darauf zurückkommen und zeigen, dass diese Regel der klassische Grenzfall einer quantenstatistischen Theorie harmonischer Oszillatoren darstellt.

Wir kommen noch einmal auf den obigen Fall des 2–atomigen Moleküls zurück. Wenn wir jetzt auch die Schwingungen der beiden Atome gegeneinander einschließen, dann müssen wir offensichtlich pro Teilchen $T/2$ für die kinetische Energie der Schwingung und gemäß (13.47) nochmals $T/2$ für ihre potentielle Energie zum Erwartungswert der Gesamtenergie hinzufügen und erhalten dann $U = 7\,T/2$ anstelle von $5\,T/2$ in (13.43). Das Ergebnis dieser Überlegung wird sich zwar als korrekt herausstellen, doch liefert sie kein Kriterium dafür, ob oder wann die Freiheitsgrade der Schwingung zu berücksichtigen sind. Dieselbe Unsicherheit besteht übrigens auch bei der Frage, ob oder wann die Freiheitsgrade der Rotation neben jenen der Translation zu berücksichtigen sind. Wir werden im folgenden Kapitel auf diese Fragen zurückkommen, wenn wir eine konsequente Theorie freier, d.h., nicht wechselwirkender Teilchen mit den internen Freiheitsgraden von Rotation und Schwingung entwickeln werden.

13.4 Der Virialsatz

Der Virialsatz macht eine Aussage über klassische N–Teilchen–Systeme, die durch eine Hamilton–Funktion vom Typ

$$H = \sum_{i=1}^{N} \frac{1}{2\,m}\,\boldsymbol{p}_i^2 + \frac{1}{2}\sum_{i,j=1}^{N} W(r_{ij}) \qquad (13.49)$$

dargestellt werden. Die Teilchen sollen also paarweise untereinander wechselwirken können, und diese Wechselwirkung soll durch ein Wechselwirkungspotential $W(r_{ij})$ beschrieben werden können, das nur vom Abstand $r_{ij} = |\boldsymbol{r}_i - \boldsymbol{r}_j|$ der Teilchen abhängt. Der Faktor $1/2$ vor der (i,j)-Summe berücksichtigt, dass in der Summe jedes Teilchenpaar (i,j) doppelt gezählt wird.

Bereits im Rahmen der klassischen Mechanik wird eine Version des Virialsatzes hergeleitet, die von der folgenden Identität für die kinetische Energie E_{kin} ausgeht:

$$\begin{aligned} E_{kin} &= \sum_{i=1}^{N} \frac{1}{2\,m}\,\boldsymbol{p}_i^2 = \frac{1}{2}\sum_{i=1}^{N} \boldsymbol{p}_i \frac{d\boldsymbol{r}_i}{dt} = \\ &= \frac{d}{dt}\left(\frac{1}{2}\sum_{i=1}^{N} \boldsymbol{p}_i\,\boldsymbol{r}_i\right) - \frac{1}{2}\sum_{i=1}^{N} \boldsymbol{r}_i \frac{d\boldsymbol{p}_i}{dt}. \end{aligned} \qquad (13.50)$$

Wir bilden nun das zeitliche Mittel dieser Identität, wie wir es bereits im Abschnitt 11.1 beschrieben haben, nämlich durch Integration über die Zeit von $t = 0$ bis $t = \tau$, Division durch τ und den Limes $\tau \to \infty$:

$$\overline{E}_{kin} = \lim_{\tau \to \infty} \frac{1}{2\tau} \sum_{i=1}^{N} (\boldsymbol{p}_i(\tau)\boldsymbol{r}_i(\tau) - \boldsymbol{p}_i(0)\boldsymbol{r}_i(0)) - \frac{1}{2} \sum_{i=1}^{N} \overline{\boldsymbol{r}_i \frac{d\boldsymbol{p}_i}{dt}} \qquad (13.51)$$

Wir nehmen an, dass die Trajektorien $\boldsymbol{r}_i(t), \boldsymbol{p}_i(t)$ beschränkt sind. Dann verschwindet der erste Term auf der rechten Seite von (13.51) und wir erhalten

$$\overline{E}_{kin} = -\frac{1}{2} \sum_{i=1}^{N} \overline{\boldsymbol{r}_i \frac{d\boldsymbol{p}_i}{dt}}. \qquad (13.52)$$

Dieses ist der Virialsatz in der Zeitmittel–Version. Den Ausdruck auf der rechten Seite von (13.52) nennt man auch das *Virial* des Systems. Dieses Virial lässt sich durch die potentielle Energie der Wechselwirkung ausdrücken, wenn das Wechselwirkungspotential $V(r)$ *homogen* ist, d.h., wenn es eine Beziehung

$$W(\lambda r) = \lambda^k W(r) \qquad (13.53)$$

für beliebige λ erfüllt, worin k der Grad der Homogenität ist. Beispiele für homogene Potentiale sind:

$$\text{harmonischer Oszillator:} \qquad W(r) \sim r^2, \qquad k = 2,$$
$$\text{Gravitation, Coulomb–Wechselwirkung:} \qquad W(r) \sim \frac{1}{r}, \qquad k = -1.$$

Wir differenzieren (13.53) nach λ und setzen anschließend $\lambda = 1$:

$$r W'(r) = k W(r), \qquad (13.54)$$

worin $W'(r)$ die Ableitung nach r bedeutet. Dieses ist der *Eulersche Satz* für homogene Funktionen, hier in der Version für eine Variable r. Unter Benutzung des Eulerschen Satzes können wir das Virial auf der rechten Seite von (13.52) weiter umformen. Dazu stellen wir $d\boldsymbol{p}_i/dt$ durch die Bewegungsgleichung dar:

$$\frac{d\boldsymbol{p}_i}{dt} = -\frac{\partial}{\partial \boldsymbol{r}_i} \frac{1}{2} \sum_{j,k} W(r_{jk}) = -\sum_j W'(r_{ij}) \frac{\boldsymbol{r}_i - \boldsymbol{r}_j}{r_{ij}}. \qquad (13.55)$$

13.4. DER VIRIALSATZ

Einsetzen und Symmetrisieren in i, j führt unter Benutzung des Eulerschen Satzes (13.54) auf

$$\sum_{i=1}^{N} r_i \frac{dp_i}{dt} = -\sum_{i,j} W'(r_{ij}) \frac{r_i(r_i - r_j)}{r_{ij}} =$$
$$= -\frac{1}{2} \sum_{i,j} r_{ij} W'(r_{ij}) = -\frac{k}{2} \sum_{i,j} W(r_{ij}) = -k\, E_{pot}. \quad (13.56)$$

Damit lässt sich der Virialsatz (13.52) in die Form

$$\overline{E}_{kin} = \frac{k}{2} \overline{E}_{pot} \quad (13.57)$$

bringen.

Die statistische Version des Virialsatzes erhalten wir aus dem Gleichverteilungssatz (13.38) aus dem vorhergehenden Abschnitt durch die Setzung $\xi_i = \xi_j = x_{i\alpha} = \alpha$-Komponente des Ortsvektors r_i des i-ten Teilchens:

$$\left\langle x_{i\alpha} \frac{\partial H}{\partial x_{i\alpha}} \right\rangle = T. \quad (13.58)$$

Aufgrund der kanonischen Bewegungsgleichungen ist $\partial H/\partial x_{i\alpha} = -dp_{i\alpha}/dt$. Damit und durch Summation über $\alpha = x, y, z$ und $i = 1, 2, \ldots, N$ erhalten wir aus (13.58)

$$\sum_{i=1}^{N} \left\langle r_i \frac{dp_i}{dt} \right\rangle = -3NT = -2\langle E_{kin} \rangle, \quad (13.59)$$

vgl. (13.39) und (13.40). Dieses ist die statistische Version des Virialsatzes. Sie stimmt formal mit der Zeitmittel-Version (13.52) überein, wenn wir den zeitlichen Mittelwert $\overline{\Phi}$ einer Variablen Φ durch ihren Ensemblemittel $\langle \Phi \rangle$ ersetzen. Die Version (13.57) für homogene Wechselwirkungspotentiale $W(r)$ erhalten wir im Fall des Ensemblemittels aus (13.59) durch dieselbe Umformung wie in (13.55) und (13.56):

$$\langle E_{kin} \rangle = \frac{k}{2} \langle E_{pot} \rangle \quad (13.60)$$

13.5 Die Einsteinsche Schwankungsformel

Ziel dieses Abschnitts und der folgenden Abschnitte dieses Kapitels ist es, Wahrscheinlichkeitsdichten für Fluktuationen thermodynamischer Variablen von ihren Gleichgewichtswerten zu bestimmen. Wir betrachten ein isoliertes System und eine zunächst extensive Variable x in dem System, typischerweise die Energie, das Volumen oder eine Teilchenzahl in einem Teilsystem des Gesamtsystems. Für die Variable x schließen wir Energie, Volumen und Teilchenzahl des Gesamtsystems aus, weil diese durch die Isolationsbedingung festgelegte Werte besitzen. Im klassischen mikrodynamischen Bild stellen wir uns die Variable x als durch eine Phasenraumfunktion $x(q,p)$ definiert vor. Wir fragen jetzt nach der Wahrscheinlichkeit $p(x)\,dx$ dafür, dass $x(q,p)$ Werte im Intervall $x, x+dx$ annimmt:

$$p(x)\,dx = W\{x \leq x(q,p) \leq x+dx\}, \tag{13.61}$$

vgl. (13.1). Wir können diese Definition auf den quantenstatistischen Fall erweitern, indem wir $p(x)\,dx$ als Wahrscheinlichkeit dafür interpretieren, dass eine x–Messung als Ergebnis Eigenwerte des Operators im Intervall $x, x+dx$ liefert. Hierbei ist allerdings zu beachten, dass die zu diskutierenden thermischen Fluktuationen von x groß gegenüber den Quantenfluktuationen sein müssen. Das bedeutet, dass die x–Messung über ein hinreichend langes Zeitintervall erfolgen muss und die Temperatur des Systems nicht extrem niedrig sein darf.

Aufgrund der Überlegungen im Kapitel 11 ist die gesuchte Wahrscheinlichkeitsdichte $p(x)$ im mikrodynamischen Bild gegeben durch das Verhältnis der Anzahl $W(x)$ von Mikrozuständen, die das Bedingungsargument in (13.61) bzw. seine quantenstatistische Version erfüllen, zur Gesamtzahl W von Mikrozuständen des Systems, die die vorgegebenen Werte von U, V, N besitzen. Für die Wahrscheinlichkeitsdichte $p(x)$ bedeutet das

$$p(x) = \frac{W(x)}{W} \sim W(x) = \exp S(x). \tag{13.62}$$

Hier ist $S(x)$ die Entropie des Systems unter der Nebenbedingung des festgelegten Wertes für die Variable x. Mit dieser Begriffsbildung greifen wir auf den Abschnitt 2.4 zurück: dort hatten wir einem partiellen Gleichgewicht eine Entropie zugeordnet. Im Fall dieses Abschnitts ist das partielle Gleichgewicht durch die Festlegung des Wertes der Variablen x definiert, und $S(x)$ ist seine Entropie im Sinne des Abschnitts 2.4. Wenn wir den Wert von x freigeben, wird sich spontan ein vollständiges Gleichgewicht einstellen, in dem x einen Gleichgewichtswert $\langle x \rangle$ annimmt. Ohne Beschränkung der Allgemeinheit nehmen wir an, dass $\langle x \rangle = 0$, anderenfalls führen wir

13.5. DIE EINSTEINSCHE SCHWANKUNGSFORMEL

$x - \langle x \rangle$ als neue Variable x ein. Damit können wir die Fluktuationen um das Gleichgewicht in der Form $\delta x = x$ schreiben.

Wir entwickeln nun die Entropie $S(x)$ nach den Fluktuationen $\delta x = x$ um das Gleichgewicht bei $x = 0$:

$$S(x) = S(0) + \delta S + \frac{1}{2}\delta^2 S + \ldots \qquad (13.63)$$

mit

$$\delta S = \left(\frac{\partial S(x)}{\partial x}\right)_{x=0} x, \qquad (13.64)$$

$$\delta^2 S = \left(\frac{\partial^2 S(x)}{\partial x^2}\right)_{x=0} x^2. \qquad (13.65)$$

Da für $x = 0$ ein vollständiges stabiles thermodynamisches Gleichgewicht vorliegen soll, muss $S(x)$ dort ein Maximum besitzen. Das bedeutet, dass

$$\left(\frac{\partial S(x)}{\partial x}\right)_{x=0} = 0, \qquad g := -\left(\frac{\partial^2 S(x)}{\partial x^2}\right)_{x=0} > 0. \qquad (13.66)$$

Wir schreiben

$$p(x) \sim \exp\left(-\frac{g}{2}x^2 + \ldots\right) \qquad (13.67)$$

und brechen die Entwicklung nach dem quadratischen Term in x ab, was wir später noch zu begründen haben. Den in (13.67) noch fehlenden Proportionalitätsfaktor bestimmen wir durch die Normierungsbedingung

$$\int_{-\infty}^{+\infty} dx\, p(x) = 1. \qquad (13.68)$$

Die Integrationsgrenzen $\pm\infty$ erscheinen angesichts der Tatsache, dass wir die Entwicklung von $S(x)$ nach dem quadratischen Term abgebrochen haben, zunächst problematisch. Wir werden aber unten zeigen, dass die Ausweitung der Integration auf

$-\infty < x < +\infty$ einen Beitrag liefert, der im thermodynamischen Limes verschwindet. Die Rechnung zur Normierung ergibt mit der Substitution $\xi = \sqrt{g/2}\,x$

$$\int_{-\infty}^{+\infty} dx\, \exp\left(-\frac{g}{2}x^2\right) = \sqrt{\frac{2}{g}} \int_{-\infty}^{+\infty} d\xi\, e^{-\xi^2} = \sqrt{\frac{2\pi}{g}},$$

so dass die normierte Dichte

$$p(x) = \sqrt{\frac{g}{2\pi}}\, \exp\left(-\frac{g}{2}x^2\right) \tag{13.69}$$

lautet. Dieses ist die *Einsteinsche Schwankungsformel*, und eine Variable x mit der Wahrscheinlichkeitsdichte wie in (13.69) heißt *Gauß-verteilt*. Wir bestimmen die Bedeutung des Parameters g durch Berechnung des Schwankungsquadrats $\langle(\delta x)^2\rangle = \langle x^2 \rangle$. Durch eine partielle Integration erhalten wir

$$\begin{aligned}
\langle x^2 \rangle &= \sqrt{\frac{g}{2\pi}} \int_{-\infty}^{+\infty} dx\, x^2 \exp\left(-\frac{g}{2}x^2\right) \\
&= \frac{2}{g\sqrt{\pi}} \int_{-\infty}^{+\infty} d\xi\, \xi^2\, e^{-\xi^2} \\
&= -\frac{1}{g\sqrt{\pi}} \int_{-\infty}^{+\infty} d\xi\, \xi\, \frac{d}{d\xi} e^{-\xi^2} \\
&= \frac{1}{g\sqrt{\pi}} \int_{-\infty}^{+\infty} d\xi\, e^{-\xi^2} = \frac{1}{g},
\end{aligned} \tag{13.70}$$

Da die Entropie S und voraussetzungsgemäß auch die Variable x extensiv sind, folgt aus (13.66), dass g von der Ordnung $1/N$ und folglich auch $\langle x^2 \rangle$ von der Ordnung N ist, worin N die Teilchenzahl ist. Das bedeutet, dass die Fluktuationen x selbst von der Ordnung

$$\sqrt{\langle x^2 \rangle} \sim N^{1/2} \tag{13.71}$$

sind. Diese Aussage war uns bereits in einer speziellen Form im Abschnitt 12.2 begegnet, nämlich für die Fluktuationen der Energie im kanonischen Ensemble und für diejenigen der Teilchenzahl im großkanonischen Ensemble.

Mit (13.71) ist die Ausweitung der Integrationsgrenzen auf $\pm\infty$ gerechtfertigt, weil die Exponentialfunktion $\exp(-g x^2/2)$ nur für x-Werte von der Ordnung $\sqrt{N}$ wesentlich von Null verschiedene Beiträge zum Integral liefert. Da x als extensive Variable von der Ordnung N ist, zeigt sich die Dichte $p(x)$ auf der x-Skala als eine

13.5. DIE EINSTEINSCHE SCHWANKUNGSFORMEL

bei $x = 0$ sehr scharf lokalisierte Funktion. Mit dem thermodynamischen Limes $N \to \infty$ wird diese relative Lokalisierung immer schärfer, und die von außerhalb der Lokalisierung hinzukommenden Beiträge werden immer kleiner. Mit einem ähnlichen Argument lässt sich nun auch das Abbrechen der Entwicklung von $S(x)$ nach dem quadratischen Term in (13.64) begründen. Für die Ordnung des n-ten Terms in der Entwicklung (13.63) finden wir

$$\left(\frac{\partial^n S}{\partial x^n}\right)_{x=0} x^n \sim \frac{1}{N^{n-1}} N^{n/2} = N^{1-n/2}, \tag{13.72}$$

was für $n > 2$ im thermodynamischen Limes $N \to \infty$ verschwindet.

Wie zu Beginn dieses Abschnitts erwähnt, wird die Einsteinsche Schwankungsformel typischerweise auf die Fluktuationen $\delta x = x$ in einem Teilsystem eines insgesamt isolierten Systems angewendet. Dann kann man die Entropie $S(x)$ bzw. ihre Fluktuation $\delta^2 S$ direkt auf das Teilsystem beziehen, d.h., die Fluktuationen werden ausschließlich durch Eigenschaften des offenen Teilsystems bestimmt. Das gilt sogar dann, wenn die Fluktuationen durch Austausch einer erhaltenen Größe zwischen dem Teilsystem und dem Restsystem zustande kommen, z.B. bei der Energie oder bei Teilchenzahlen. In diesem Fall schreiben wir für die gesamte Entropie

$$S_g = S(x) + S'(x'), \tag{13.73}$$

worin $S'(x')$ die Entropie des Restsystems, also des Gesamtsystems ohne das betrachtete Teilsystem als Funktion der zu x entsprechenden Variablen x' im Restsystem ist. Für die Fluktuationen folgt daraus

$$\begin{aligned}\delta^2 S_g &= \left(\frac{\partial^2 S(x)}{\partial x^2}\right)_{x=0} (\delta x)^2 + \left(\frac{\partial^2 S'(x')}{\partial x'^2}\right)_{x'=0} (\delta x')^2 \\ &= \left[\left(\frac{\partial^2 S(x)}{\partial x^2}\right)_{x=0} + \left(\frac{\partial^2 S'(x')}{\partial x'^2}\right)_{x'=0}\right] (\delta x)^2,\end{aligned} \tag{13.74}$$

weil $\delta x' = -\delta x$. Da x bzw. x' extensive Variablen sein sollten, sind die 2. Ableitungen $\partial^2 S/\partial x^2$ bzw. $\partial^2 S'/\partial x'^2$ von der Ordnung der reziproken Teilchenzahlen $1/N$ bzw. $1/N'$. Jetzt führen wir den thermodynamischen Limes $N' \to \infty$ bei endlicher Teilchenzahl N des betrachteten Teilsystems aus. Dann erkennen wir aus (13.74), dass sich die Entropie-Fluktuationen $\delta^2 S_g$ des Gesamtsystems auf diejenigen des Teilsystems reduzieren.

Wir haben hier gezeigt, dass Fluktuationen extensiver Variablen um das thermodynamische Gleichgewicht Gauß–verteilt sind. Die wesentlichen Voraussetzungen für diesen Nachweis waren die Extensivität der Variablen und der thermodynamische Limes $N \to \infty$. Unser Ergebnis ist ein Spezialfall des *zentralen Grenzwertsatzes*. Dieser besagt allgemein, dass Variablen, die als Summen einer Anzahl N statistisch unabhängiger Variablen darstellbar sind, im Limes $N \to \infty$ Gauß–verteilt sind. In unserem Fall ersetzt die Eigenschaft der Extensivität der Variablen im thermodynamischen Limes die Voraussetzung, dass sie als Summe einer beliebig großen Anzahl von Sub–Variablen darstellbar ist, z.B., als Summe über Teilsysteme, deren Anzahl im thermodynamischen Limes gegen ∞ geht und die, wenn sie jeweils makroskopisch sind, auch statistisch unabhängig sind.

Die Voraussetzungen für den zentralen Grenzwertsatz können bei seiner Anwendung auf endliche Systeme in der Umgebung kritischer Punkte an Grenzen stoßen. Dort nämlich divergieren die Korrelationslängen, wie wir im Abschnitt 9.4 gezeigt haben. Divergierende Korrelationslängen jedoch bedeuten, dass die Teilsysteme auch dann nicht mehr statistisch unabhängig sind, wenn sie makroskopisch sind.

13.6 Multivariante Gauß–verteilte Dichte

Die Überlegungen des vorhergehenden Abschnitts können wir in naheliegender Weise auf den Fall erweitern, dass wir in einem isolierten System nach der Verbundwahrscheinlichkeit

$$p(x_1, x_2, \ldots) dx_1 \, dx_2 \ldots = $$
$$= W\{x_1 \leq x_1(q,p) \leq x_1 + dx_1, x_2 \leq x_2(q,p) \leq x_2 + dx_2, \ldots\} \quad (13.75)$$

für einen Satz von Phasenraumfunktionen $x_\nu(q,p), \nu = 1, 2, \ldots$ fragen, entsprechend im quantenstatistischen Fall, in dem die x_ν durch Operatoren darzustellen sind und das kombinierte Bedingungsargument durch Eigenwerte der Operatoren als Ergebnisse einer gleichzeitigen Messung der x_ν. Wenn die x_ν nicht paarweise kommutieren, tritt die quantentheoretische Unschärfe als Begrenzung der Schärfe der Wahrscheinlichkeitsaussage hinzu. Analog zum vorhergehenden Abschnitt erhalten wir für die kombinierte Dichte die Aussage

$$p(x_1, x_2, \ldots) \sim W(x_1, x_2, \ldots) = \exp S(x_1, x_2, \ldots). \quad (13.76)$$

$S(x_1, x_2, \ldots)$ ist als Entropie eines Systems in einem partiellen Gleichgewicht zu interpretieren, das durch die Festlegung der Werte mehrerer Variablen $x_1, x_2, \ldots$

13.6. MULTIVARIANTE GAUSS-VERTEILTE DICHTE

charakterisiert ist. Wiederum nehmen wir an, dass im vollständigen Gleichgewicht $\langle x_\nu \rangle = 0$ für alle $\nu = 1, 2, \ldots$ ist, und entwickeln die Entropie $S(x_1, x_2, \ldots)$ nach den Fluktuationen $\delta x_\nu = x_\nu$ um das Gleichgewicht:

$$S(x_1, x_2, \ldots) = S(0) + \delta S + \frac{1}{2} \delta^2 S + \ldots, \tag{13.77}$$

$$\delta S = \sum_\nu \left(\frac{\partial S(x)}{\partial x_\nu} \right)_{x=0} x_\nu, \tag{13.78}$$

$$\delta^2 S = \sum_{\mu,\nu} \left(\frac{\partial^2 S(x)}{\partial x_\mu \partial x_\nu} \right)_{x=0} x_\mu x_\nu. \tag{13.79}$$

Gelegentlich werden wir die $x_1, x_2, \ldots$ mit dem Symbol x abkürzen. $x = 0$ bedeutet dann, dass $x_\nu = 0$ für alle $\nu = 1, 2, \ldots$. Da bei $x = 0$ ein vollständiges und stabiles Gleichgewicht vorliegen soll, muss $S(x)$ dort ein Maximum besitzen, d.h., es muss $\delta S = 0$ und $\delta^2 S < 0$ für alle x_ν sein. Aus der ersten Bedingung folgt

$$\left(\frac{\partial S(x)}{\partial x_\nu} \right)_{x=0} = 0, \quad \nu = 1, 2, \ldots, \tag{13.80}$$

und aus der zweiten Bedingung folgt, dass die quadratische Form $\delta^2 S$ *negativ definit* ist. Mit derselben Begründung wie im vorhergehenden Abschnitt brechen wir die Entwicklung von $S(x)$ in (13.77) nach dem quadratischen Term ab und schreiben

$$p(x) \sim \exp\left(-\frac{1}{2} \sum_{\mu,\nu} g_{\mu\nu} x_\mu x_\nu \right), \quad g_{\mu\nu} = -\left(\frac{\partial^2 S(x)}{\partial x_\mu \partial x_\nu} \right)_{x=0}. \tag{13.81}$$

Wegen $\delta^2 S < 0$ muss $g_{\mu\nu}$ eine positiv definite Matrix sein.

13.6.1 Die Normierung

Zunächst müssen wir die Normierung klären. Wir haben das Integral

$$\int dx \, \exp\left(-\frac{1}{2} \sum_{\mu,\nu} g_{\mu\nu} x_\mu x_\nu \right) \tag{13.82}$$

zu berechnen, worin

$$\int dx = \int_{-\infty}^{+\infty} dx_1 \int_{-\infty}^{+\infty} dx_2 \ldots$$

bedeutet. Wir verwenden die Matrizenschreibweise

$$\sum_{\mu,\nu} g_{\mu\nu}\, x_\mu\, x_\nu \equiv x^T\, g\, x.$$

x ist der Spaltenvektor der x_ν und x^T der zu x transponierte Zeilenvektor, g ist die Matrix der $g_{\mu\nu}$. Es sei U eine *orthogonale Matrix*: $U U^T = U^T U = 1$. Damit transformieren wir

$$x = U y, \qquad y^T = x^T U^T, \qquad x^T g x = y^T \left(U^T g U\right) y, \tag{13.83}$$

worin y und y^T transformierte Spalten– bzw. Zeilenvektoren sind. Aus (13.81) erkennen wir, dass $g_{\mu\nu}$ symmetrisch ist, also $g_{\mu\nu} = g_{\nu\mu}$ bzw. $g = g^T$. Dann gibt es eine orthogonale Matrix U, so dass $U^T g U$ Diagonalgestalt hat, also

$$y^T \left(U^T g U\right) y = \sum_\nu \gamma_\nu\, y_\nu^2. \tag{13.84}$$

γ_ν sind die Eigenwerte der Matrix g. Diese müssen positiv sein, $\gamma_\nu > 0$, weil g positiv definit sein sollte. Wir substituieren im Integral in (13.82) die Variable x durch die Transformation $x = U y$. Dabei ist

$$dx = dx_1\, dx_2 \ldots = \frac{\partial(x_1, x_2, \ldots)}{\partial(y_1, y_2, \ldots)}\, dy_1\, dy_2 \ldots = \det(U)\, dy_1\, dy_2 \ldots \tag{13.85}$$

$\det(U)$ ist die Determinante der Transformationsmatrix U. Aus $U U^T = 1$ und $\det(U^T) = \det(U)$ folgt

$$\det(U U^T) = (\det(U))^2 = 1$$

und somit $\det(U) = \pm 1$. Durch Spiegelung einer einzelnen y_ν-Achse können wir immer $\det(U) = 1$ erreichen. Die Substitution ergibt also

13.6. MULTIVARIANTE GAUSS-VERTEILTE DICHTE

$$\int dx \, \exp\left(-\frac{1}{2}\sum_{\mu,\nu} g_{\mu\nu} x_\mu x_\nu\right) = \int dx \, \exp\left(-\frac{1}{2} x^T g \, x\right)$$

$$= \int dy_1 \int dy_2 \ldots \exp\left(-\frac{1}{2}\sum_\nu \gamma_\nu y_\nu^2\right)$$

$$= \prod_\nu \int_{-\infty}^{+\infty} dy_\nu \, \exp\left(-\frac{1}{2}\gamma_\nu y_\nu^2\right) \quad (13.86)$$

$$= \prod_\nu \sqrt{\frac{2\pi}{\gamma_\nu}} = \frac{(2\pi)^{n/2}}{\sqrt{\det(g)}}, \quad (13.87)$$

worin wir Gebrauch gemacht haben von

$$\det(g) = \det(U^T g \, U) = \prod_\nu \gamma_\nu$$

und n die Anzahl der Variablen $x_1, x_2, \ldots$ bzw. $y_1, y_2, \ldots$ ist. Die normierte Wahrscheinlichkeitsdichte $p(x)$ lautet also

$$p(x) = \sqrt{\frac{\det(g)}{(2\pi)^n}} \, \exp\left(-\frac{1}{2}\sum_{\mu,\nu} g_{\mu\nu} x_\mu x_\nu\right). \quad (13.88)$$

13.6.2 Die Bedeutung der Matrix g

Im Fall nur einer Variablen x im vorhergehenden Abschnitt war der Parameter g durch das Schwankungsquadrat von x bestimmt: $\langle x^2 \rangle = 1/g$, vgl. (13.70). Im Fall mehrerer Variablen wird aus dem Schwankungsquadrat eine Matrix: $\langle x_\mu x_\nu \rangle$. Im Analogieschluss vermuten wir, dass nunmehr $\langle x_\mu x_\nu \rangle = (g^{-1})_{\mu\nu}$, wo g^{-1} die zu g inverse Matrix ist. Um das zu beweisen, bilden wir die zu den x_ν konjugierten Variablen

$$X_\mu := -\frac{\partial S}{\partial x_\mu} = \sum_\nu g_{\mu\nu} x_\nu, \quad (13.89)$$

worin wir nochmals die Symmetrie $g_{\mu\nu} = g_{\nu\mu}$ benutzt haben. Die physikalische Bedeutung der X_μ werden wir sogleich kennenlernen. Wir berechnen jetzt

$$\langle x_\nu X_\mu \rangle = \sqrt{\frac{\det(g)}{(2\pi)^n}} \int dx\, x_\nu X_\mu \exp\left(-\frac{1}{2}\sum_{\mu',\nu'} g_{\mu'\nu'} x_{\mu'} x_{\nu'}\right)$$

$$= \sqrt{\frac{\det(g)}{(2\pi)^n}} \int dx\, x_\nu \left(-\frac{\partial}{\partial x_\mu}\right) \exp\left(-\frac{1}{2}\sum_{\mu',\nu'} g_{\mu'\nu'} x_{\mu'} x_{\nu'}\right)$$

$$= \sqrt{\frac{\det(g)}{(2\pi)^n}} \int dx \left(\frac{\partial x_\nu}{\partial x_\mu}\right) \exp\left(-\frac{1}{2}\sum_{\mu',\nu'} g_{\mu'\nu'} x_{\mu'} x_{\nu'}\right) = \delta_{\mu\nu}. \quad (13.90)$$

Im letzten Schritt haben wir eine partielle Integration ausgeführt. In diese Relation setzen wir nun die Definition der X_μ aus (13.89) (mit ν' statt ν als Summationsindex) ein:

$$\langle x_\nu \sum_{\nu'} g_{\mu\nu'} x_{\nu'}\rangle = \delta_{\mu\nu}$$

bzw.

$$\sum_{\nu'} g_{\mu\nu'} \langle x_\nu x_{\nu'}\rangle = \delta_{\mu\nu}, \quad (13.91)$$

womit der erwartete Zusammenhang gezeigt ist.

13.6.3 Die konjugierten Variablen

Wir kommen nun auf die physikalische Bedeutung der konjugierten Variablen X_ν zurück. Wir setzen deren Definition (13.89) in den Ausdruck (13.79) für die zweite Variation $\delta^2 S$ der Entropie ein:

$$\delta^2 S = \sum_{\mu,\nu} \left(\frac{\partial^2 S(x)}{\partial x_\mu \partial x_\nu}\right)_{x=0} x_\mu x_\nu \quad (13.92)$$

$$= -\sum_{\mu,\nu} g_{\mu\nu} x_\mu x_\nu = -\sum_\mu X_\mu x_\mu. \quad (13.93)$$

Diese Darstellung von $\delta^2 S$ vergleichen wir mit dem Ausdruck für $\delta^2 S$ aus dem Abschnitt 5.2 im Zusammenhang mit der Untersuchung der Stabilität des Gleichgewichts:

$$\delta^2 S = \delta\left(\frac{1}{T}\right)\delta U + \delta\left(\frac{p}{T}\right)\delta V - \delta\left(\frac{\mu}{T}\right)\delta N. \tag{13.94}$$

Die x_ν sollten verabredungsgemäß Fluktuationen *extensiver* Variablen sein. Wir identifizieren sie also mit den $\delta U, \delta V, \delta N$. Folglich sind die X_μ die Fluktuationen der *intensiven* Variablen $-\delta(1/T), -\delta(p/T), \delta(\mu/T)$. Die frühere Stabilitätsbedingung $\delta^2 S < 0$ überträgt sich hier auf die positive Definitheit der quadratischen Form im Argument der Exponentialfunktion in $p(x)$ in (13.88), die wiederum bedeutet, dass Fluktuationen um so unwahrscheinlicher sind je größer sie werden. Makroskopische Stabilität und die Stabilität von Fluktuationen in der mikroskopischen Theorie haben also denselben Grund.

13.7 Korrelationsfunktionen und die Onsagerschen Reziprozitätsrelationen

Die Überlegungen in den beiden vorhergehenden Abschnitten zu den Eigenschaften der Fluktuationen x_μ in thermodynamischen Systemen können wir unter Verwendung einfacher physikalischer Argumente noch weiterführen, um daraus sehr weitgehende Folgerungen zu ziehen, z.B. über die sogenannten phänomenologischen Koeffizienten zwischen Flüssen und thermodynamischen Kräften, die wir bereits aus dem Kapitel 3 über irreversible Thermodynamik kennen.

13.7.1 Zeitliches Verhalten der Fluktuationen

Wie wir in den beiden vorhergehenden Abschnitten angenommen hatten, soll das thermodynamische System ein stabiles Gleichgewicht bzw. ein Maximum seiner Entropie für verschwindende Werte der Fluktuationen x von extensiven Variablen besitzen. Es können deshalb keine makroskopischen Abweichungen von $x = 0$ von der Ordnung $\sim N$ auftreten, wohl aber Abweichungen von der Ordnung $\sim N^{1/2}$. Die letztere Aussage hatten wir aus der Diskussion der Gauß-Verteilung der Fluktuationen x im Abschnitt 13.5 gewonnen. Im mikroskopischen Bild entstehen solche mikroskopischen Fluktuationen $x \sim N^{1/2}$ dadurch, dass der Mikrozustand des Systems auch in einem makroskopischen Gleichgewicht sich zeitlich dauernd ändert, und zwar in der Menge derjenigen Mikrozustände, die den betreffenden Makrozustand repräsentieren. In dieser Menge haben jedoch die Mikrozustände mit $x = 0$ das überwiegende Gewicht, d.h., das System besitzt eine Tendenz, auftretende Fluktuationen auf den Wert $x = 0$ zurückzuführen. Wir beschreiben dieses Geschehen durch eine *stochastische Differentialgleichung*

13. ALLGEMEINE AUSSAGEN DER STATISTISCHEN THEORIE

$$\frac{dx}{dt} = -k\,x + R(t). \tag{13.95}$$

Hier beschreibt der Term $-k\,x$ mit $k > 0$ die beschriebene Tendenz des Systems, Fluktuationen auf den Wert $x = 0$ zurückzuführen, während $R(t)$ eine *Zufallskraft* ist, die das Entstehen von Fluktuationen durch die mikroskopische Systembewegung darstellen soll. Im Ensemblemittel muss die Zufallskraft $R(t)$ verschwinden, $\langle R(t) \rangle = 0$. Dann folgt nämlich aus (13.95)

$$\frac{d\langle x \rangle}{dt} = -k\,\langle x \rangle, \qquad \langle x \rangle(t) = \langle x \rangle(0)\,e^{-kt} \to 0, \tag{13.96}$$

d.h., im Ensemblemittel bzw. makroskopisch verschwinden die Fluktuationen. Wir werden die Lösung in (13.96) im Folgenden in der Form

$$\langle x \rangle(t|x') = x'\,e^{-kt} \tag{13.97}$$

benutzen und als *bedingten Mittelwert* bezeichnen, d.h., als Mittelwert der Fluktuation zur Zeit t, wenn sie bei $t = 0$ den Wert x' besaß. Die bedingten Mittelwerte erfüllen also die Differentialgleichung

$$\frac{d}{dt}\langle x \rangle(t|x') = -k\,\langle x \rangle(t|x'). \tag{13.98}$$

Wir können diese Überlegungen sofort auf den Fall übertragen, dass multivariate Fluktuationen x_μ auftreten:

$$\begin{aligned}
\frac{dx_\mu}{dt} &= -\sum_\nu k_{\mu\nu}\,x_\nu + R_\mu(t), \\
\frac{d}{dt}\langle x_\mu \rangle(t|x') &= -\sum_\nu k_{\mu\nu}\,\langle x_\nu \rangle(t|x').
\end{aligned} \tag{13.99}$$

Wir müssen also erwarten, dass das mikrodynamische Verhalten der Fluktuationen x_ν gekoppelt ist, und zwar durch die Matrix $k_{\mu\nu}$. Diese muss die Eigenschaft besitzen, dass die Lösungen $\langle x_\mu \rangle(t|x')$ für $t \to \infty$ gegen Null relaxieren. $\langle x_\mu \rangle(t|x')$ ist eine abkürzende Schreibweise für einen Satz von Anfangsbedingungen $x' \cong (x'_1, x'_2, \ldots)$

13.7. KORRELATIONSFUNKTIONEN

bei $t = 0$. Zur Vereinfachung der Schreibweise verwenden wir auch die *Summationskonvention*, d.h., wir lassen die Summen über die Indizes $\mu, \nu, \ldots$ fort und vereinbaren, dass über doppelt auftretende Indizes in Produktausdrücken summiert werden soll:

$$\frac{d}{dt}\langle x_\mu\rangle(t|x') = -k_{\mu\nu}\langle x_\nu\rangle(t|x'). \tag{13.100}$$

Im Abschnitt 13.6 hatten wir die konjugierten Variablen X_μ eingeführt und diese als Fluktuationen von intensiven Variablen interpretiert. Der lineare Zusammenhang (13.89) zwischen den x_μ und den X_ν führt uns zu der Definition von bedingten Mittelwerten der konjugierten Variablen

$$\langle X_\mu\rangle(t|X') := g_{\mu\nu}\langle x_\nu\rangle(t|x'). \tag{13.101}$$

Da $g_{\mu\nu}$ eine symmetrische Matrix mit positiven Eigenwerten ist, existiert insbesondere ihre Inverse, und wir können (13.101) umkehren:

$$\langle x_\mu\rangle(t|x') := \left(g^{-1}\right)_{\mu\nu}\langle X_\nu\rangle(t|X'). \tag{13.102}$$

Wir setzen diese Umkehrung in die Differentialgleichung (13.100) ein und erhalten

$$\begin{aligned}\frac{d}{dt}\langle x_\mu\rangle(t|x') &= -k_{\mu\nu}\left(g^{-1}\right)_{\nu\kappa}\langle X_\kappa\rangle(t|X') = -L_{\mu\kappa}\langle X_\kappa\rangle(t|X'), \\ L_{\mu\kappa} &:= k_{\mu\nu}\left(g^{-1}\right)_{\nu\kappa}.\end{aligned} \tag{13.103}$$

Für das Beispiel $x \cong \delta U$, $X \cong -\delta(1/T)$, vgl. Abschnitt 13.6, lautet diese Beziehung

$$\frac{d}{dt}\langle \delta U\rangle(t|\ldots) = L\left\langle\delta\left(\frac{1}{T}\right)\right\rangle(t|\ldots). \tag{13.104}$$

Wir erkennen darin einen linearen Zusammenhang zwischen einer zeitlichen Änderung der Fluktuation der inneren Energie und einer Fluktuation der inversen Temperatur. Dieser Zusammenhang ist von demselben Typ wie die linearen phänomenologischen Relationen

$$J_U = L\Delta\frac{1}{T} \qquad \text{bzw.} \qquad \boldsymbol{J}_U = L\boldsymbol{\nabla}\frac{1}{T}$$

in den Abschnitten 3.2 bzw. 3.9.1. Wir haben hier also eine weitere Begründung für die im Kapitel 3 als Ansätze gemachten linearen Relationen zwischen Flüssen und thermodynamischen Kräften und zugleich mit (13.103) auch eine Darstellung der linearen Koeffizienten $L_{\mu\nu}$ durch mikroskopische Eigenschaften des Systems gefunden.

13.7.2 Korrelationsfunktionen

Das Schwankungsquadrat

$$\langle x^2 \rangle = \int dx\, x^2\, p(x) \tag{13.105}$$

einer Fluktuation x, vgl. Abschnitt 13.5, können wir uns auch als $\langle x^2(t)\rangle$ vorstellen, worin $x(t)$ eine Lösung der Differentialgleichung (13.95) sein soll. Es ist $\langle x^2(t)\rangle = \langle x^2\rangle$, weil das Ensemblemittel einen zeitunabhängigen Makrozustand, nämlich das Gleichgewicht beschreibt. äquivalent können wir feststellen, dass $p(x,t) = p(x)$: die Wahrscheinlichkeit für Fluktuationen ist zeitunabhängig.

Dagegen ist die sogenannte *Korrelationsfunktion* $\langle x(t)\,x(0)\rangle$ von t abhängig. Unter Verwendung der Grundbegriffe im Abschnitt 13.1 ist sie zu definieren als

$$\begin{aligned}\langle x(t)\,x(0)\rangle &= \int dx \int dx'\, x\,x'\, p(x,t;x',0) \\ &= \int dx \int dx'\, x\,x'\, p(x,t|x',0)\,p(x',0).\end{aligned} \tag{13.106}$$

$p(x,t;x',0)\,dx\,dx'$ ist die Verbundwahrscheinlichkeit, dass die Fluktuation zur Zeit t im Intervall $(x, x+dx)$ *und* zur Zeit $t=0$ im Intervall $(x', x'+dx')$ liegt, während $p(x,t|x',0)\,dx$ die bedingte Wahrscheinlichkeit ist, dass die Fluktuation zur Zeit t im Intervall $(x, x+dx)$ liegt, *wenn* sie zur Zeit $t=0$ den Wert x' besaß. $p(x',0)\,dx'$ ist die Wahrscheinlichkeit für das Bedingungsargument, und natürlich ist wiederum $p(x',0) = p(x)$.

Offensichtlich können wir auch die bedingten Mittelwerte aus dem vorhergehenden Unterabschnitt durch die bedingten Wahrscheinlichkeitsdichten $p(x,t|x',0)$ ausdrücken:

13.7. KORRELATIONSFUNKTIONEN

$$\langle x \rangle(t|x') = \int dx \, x \, p(x,t|x',0). \tag{13.107}$$

Damit können wir die Definition der Korrelationsfunktion in (13.106) auch in der Form

$$\langle x(t) \, x(0) \rangle = \int dx' \, \langle x \rangle(t|x') \, x' \, p(x') \tag{13.108}$$

schreiben. Daraus folgt sofort, dass die Korrelationsfunktion dieselbe Differentialgleichung (13.98) erfüllt wie die bedingten Mittelwerte:

$$\frac{d}{dt} \langle x(t) \, x(0) \rangle = -k \, \langle x(t) \, x(0) \rangle. \tag{13.109}$$

Weil nun $\langle x^2(0) \rangle = \langle x^2 \rangle$, lautet die Lösung von (13.109)

$$\langle x(t) \, x(0) \rangle = \langle x^2 \rangle \, e^{-kt}. \tag{13.110}$$

Für $t \to \infty$ relaxiert die Korrelationsfunktion gegen Null. Der Grund dafür ist, dass $p(x,t|x',0)$ für $t \to \infty$ unabhängig vom Bedingungsargument $(x',0)$ wird, bzw. für $t \to \infty$ werden die Werte x zur Zeit t und x' zur Zeit $t=0$ statistisch unabhängig.

Die Übertragung auf den multivariaten Fall ist offensichtlich:

$$\begin{aligned} \langle x_\mu(t) \, x_\nu(0) \rangle &= \int dx \int dx' \, x_\mu \, x'_\nu \, p(x,t;x',0) \\ &= \int dx' \, \langle x_\mu \rangle(t|x') \, x'_\nu \, p(x'), \\ \frac{d}{dt} \langle x_\mu(t) \, x_\nu(0) \rangle &= -k_{\mu\kappa} \, \langle x_\kappa(t) \, x_\nu(0) \rangle. \end{aligned} \tag{13.111}$$

Hier ist x ein Abkürzung für $(x_1, x_2, \ldots)$ und $dx = dx_1 \, dx_2 \ldots$, entsprechend für x' und dx'.

13.7.3 Symmetrien der Korrelationsfunktion und Onsagersche Reziprozitätrelationen

Es gilt

$$\langle x_\mu(t+\tau)\, x_\nu(\tau)\rangle = \langle x_\mu(t)\, x_\nu(0)\rangle. \tag{13.112}$$

Der Grund dafür ist derselbe wie für $\langle x^2(t)\rangle = \langle x^2\rangle$. Eine andere Ausdrucksweise lautet $p(x, t + \tau|x', \tau) = p(x, t|x', 0)$: da das Verhalten des Systems im Ensemblemittel bzw. makroskopisch zeitunabhängig ist, kann die bedingte Wahrscheinlichkeitsdichte nur von der Zeitdifferenz ihrer Argumente abhängen. Man nennt diese Eigenschaft auch die zeitliche Translationsinvarianz. Die Zeitverschiebung τ in (13.112) ist beliebig. Wählen wir einmal $\tau = 0$ und zum anderen $\tau = -t$, so erhalten wir

$$\langle x_\mu(t)\, x_\nu(0)\rangle = \langle x_\mu(0)\, x_\nu(-t)\rangle. \tag{13.113}$$

Jetzt bringen wir als ein weiteres Argument die Zeitumkehrinvarianz der mikroskopischen Bewegungsgleichungen ins Spiel. Aus ihr folgt

$$\langle x_\mu(0)\, x_\nu(-t)\rangle = \langle x_\mu(0)\, x_\nu(t)\rangle, \tag{13.114}$$

insgesamt also

$$\langle x_\mu(t)\, x_\nu(0)\rangle = \langle x_\mu(0)\, x_\nu(t)\rangle. \tag{13.115}$$

Die Zeitumkehrinvarianz ist *nicht* etwa eine Eigenschaft der obigen Differentialgleichungen für die x_μ bzw. für die $\langle x_\mu\rangle(t|x')$. Diese sollten das statistische Verhalten der Fluktuationen beschreiben bzw. die Relaxation von Fluktuationen. Dieses ist gerade nicht zeitumkehr–invariant. Wir können diese Differentialgleichungen also nur für $t > 0$ anwenden. Die Zeitumkehr–Invarianz ist vielmehr eine Eigenschaft der exakten mikroskopischen Dynamik, also entweder der kanonischen Bewegungsgleichungen im klassischen Fall oder der Schrödinger–Gleichung im quantentheoretischen Fall.

Wenn wir nun in (13.115) nach der Zeit t differenzieren und die Differentialgleichung (13.111) verwenden, erhalten wir

$$-k_{\mu\kappa}\langle x_\kappa(t)\, x_\nu(0)\rangle = -k_{\nu\kappa}\langle x_\mu(0)\, x_\kappa(t)\rangle. \tag{13.116}$$

13.7. KORRELATIONSFUNKTIONEN

Jetzt setzen wir $t = 0$ und eliminieren auf beiden Seiten x_κ durch

$$x_\kappa = \left(g^{-1}\right)_{\kappa\lambda} X_\lambda,$$

vgl. (13.89) oder (13.102). Wir erhalten

$$k_{\mu\kappa} \left(g^{-1}\right)_{\kappa\lambda} \langle X_\lambda(0)\, x_\nu(0)\rangle = k_{\nu\kappa} \left(g^{-1}\right)_{\kappa\lambda} \langle x_\mu(0)\, X_\lambda(0)\rangle. \tag{13.117}$$

Da nur noch gleiche Zeiten auftreten, können wir wie oben die Zeitargumente ...(0) fortlassen. Nun haben wir im Abschnitt 13.6 in (13.90) gezeigt, dass $\langle x_\nu\, X_\mu\rangle = \delta_{\mu\nu}$. Damit wird aus (13.117)

$$k_{\mu\kappa} \left(g^{-1}\right)_{\kappa\nu} = k_{\nu\kappa} \left(g^{-1}\right)_{\kappa\mu} \quad \text{bzw.} \quad L_{\mu\nu} = L_{\nu\mu}, \tag{13.118}$$

vgl. die Definition (13.103) der linearen Koeffizienten. Die Matrix der linearen Koeffizienten, die die Flüsse mit den thermodynamischen Kräften verbinden, ist symmetrisch. Dieses ist die *Onsagersche Reziprozitätsrelation*. Bemerkenswert ist, dass diese Symmetrieaussage ausschließlich aus den Eigenschaften thermodynamischer Systeme im Gleichgewicht hergeleitet wurde, obwohl die Koeffizienten $L_{\mu\nu}$ Nicht–Gleichgewichtsphänomene, nämlich irreversible Phänomene beschreiben, vgl. Kapitel 3. Aus (13.118) folgt übrigens, dass auch die Koeffizienten $k_{\mu\nu}$ der Differentialgleichungen symmetrisch sind: $k_{\mu\nu} = k_{\nu\mu}$.

Wir müssen zu der obigen Herleitung der Onsagerschen Reziprozitätsrelation noch zwei ergänzende Bemerkungen machen:

1. Wenn sich bei der Zeitumkehr $t \to -t$ in (13.114) die Variablen x_μ *ungerade* verhalten, z.B. dann, wenn die x_μ Geschwindigkeiten sind, muss dort ein Minuszeichen hinzugefügt werden, entsprechend für x_ν. Die korrekte Form der Onsagerschen Reziprozitätsrelation lautet also $L_{\mu\nu} = \epsilon_\mu \epsilon_\nu L_{\nu\mu}$, wo ϵ_μ bzw. ϵ_ν das Zeitumkehrverhalten von x_μ bzw. x_ν beschreiben: $\epsilon_\mu = +1$ für *gerade*, $\epsilon_\mu = -1$ für *ungerade*.

2. Wenn sich das System in einem externen Magnetfeld $\boldsymbol{B}$ befindet, muss außerdem $\boldsymbol{B} \to -\boldsymbol{B}$ ausgeführt werden. Dasselbe gilt für eine Winkelgeschwindigkeit $\boldsymbol{\omega} \to -\boldsymbol{\omega}$, also bei Rotation des Systems.

14

Statistische Physik unabhängiger Teilchen

14

Statistische Physik unabhängiger Teilchen

Kapitel 14

Statistische Physik unabhängiger Teilchen

Dieses Kapitel stellt die statistische Entsprechung des Kapitels 7 in der phänomenologischen Theorie dar. Dort hatten wir allgemeine thermodynamische Aussagen über *ideale Systeme* gemacht. Das sind Systeme in hinreichend großer Verdünnung, deren thermodynamische Eigenschaften wir durch eine Entwicklung nach ihrer Dichte gefunden hatten, wobei jeweils immer nur der niedrigste, nicht verschwindende Term berücksichtigt wurde. Eines der Ergebnisse dort lautete, dass die innere Energie bei konstanter Temperatur (und konstanter Teilchenzahl) nicht vom Volumen abhängt: $(\partial U/\partial V)_T = 0$. Diese Aussage bedeutet, dass keine Beiträge von Wechselwirkungen zwischen den Teilchen des Systems zu seiner Energie und auch nicht zu seinen weiteren thermodynamischen Eigenschaften auftreten. Der Grund dafür ist gerade die Annahme einer hinreichend großen Verdünnung, durch die die mittleren Abstände zwischen den Teilchen so groß werden, dass die tatsächlich immer vorhandenen Wechselwirkungen dann keinen Einfluss mehr auf die Thermodynamik des Systems haben. Aus dieser Vorstellung entsteht das Modell der *unabhängigen Teilchen*. Bei seiner mikrodynamischen Formulierung lässt man jegliche Wechselwirkungen zwischen den Teilchen fort. Wir werden in diesem Kapitel die statistisch-physikalischen Methoden aus den Kapiteln 11 und 12 auf unabhängige Teilchen anwenden und dabei die Aussagen der phänomenologischen Theorie aus dem Kapitel 7 wiederfinden und teilweise sogar noch präzisieren können. Zugleich stellt dieses Kapitel die einfachste Anwendung dieser Methoden auf wirkliche, wenn auch idealisierte physikalische Systeme dar.

14.1 Unabhängige Freiheitsgrade

In den Kapiteln 11 und 12 haben wir gezeigt, dass sich aus der Zustandssumme eines Ensembles für ein thermodynamisches System sämtliche thermodynamischen Eigenschaften des Gleichgewichts herleiten lassen. Die kanonische Zustandssumme lautet

$$\text{klassisch:} \quad Z = \int d\Gamma \, \exp\left(-\beta H(q,p)\right), \tag{14.1}$$

$$\text{quantentheoretisch:} \quad Z = \text{Sp}\left(\exp\left(-\beta H\right)\right). \tag{14.2}$$

Die Berechnung der Zustandssumme ist im Allgemeinen ein *N-Teilchen Problem*, weil die Hamilton–Funktion $H(q,p)$ bzw. der Hamilton–Operator H die Mikrodynamik des Systems mit seinen N Teilchen beschreibt, die im Allgemeinen untereinander wechselwirken. Es gibt nur sehr wenige Beispiele, in denen sich dieses N–Teilchen–Problem exakt lösen lässt. Für unabhängige Teilchen dagegen lässt sich die Berechnung der N–Teilchen–Zustandssumme auf die einer *1–Teilchen-Zustandssumme* reduzieren. Der Grund dafür ist die Tatsache, dass sich H, Hamilton–Funktion oder –Operator, in Systemen unabhängiger Teilchen, in denen es keine Wechselwirkungen zwischen den Teilchen geben soll, als Summe von 1–Teilchen–Hamilton–Funktionen bzw. –Operatoren schreiben lässt:

$$\text{klassisch:} \quad H(q,p) = \sum_{i=1}^{N} H_1(q_i, p_i), \tag{14.3}$$

$$\text{quantentheoretisch:} \quad H = \sum_{i=1}^{N} H_{1,i}. \tag{14.4}$$

Hier ist $H_1(q_i, p_i)$ eine 1–Teilchen–Hamilton–Funktion, die nur die kanonischen Variablen q_i, p_i des Teilchens i enthält. Ebenso ist $H_{1,i}$ ein 1–Teilchen–Hamilton–Operator, der nur auf den Zustand des Teilchens i wirkt. Mit dieser Nomenklatur ist bereits jetzt abzusehen, dass wir auf Probleme mit der Ununterscheidbarkeit von Teilchen stoßen werden, auf die wir unten eingehen werden.

14.1.1 Die klassisch–statistische Version

Wir führen die Reduktion auf 1–Teilchen–Zustandssummen zunächst für den klassischen Fall durch. Mit N Teilchen besitzt das System $f = 3N$ Freiheitsgrade, und es ist

14.1. UNABHÄNGIGE FREIHEITSGRADE

$$d\Gamma = \prod_{i=1}^{N} \frac{1}{h^3} d^3q_i \, d^3p_i, \qquad (14.5)$$

worin $d^3q_i \, d^3p_i/h^3$ das Phasenraumelement für das Teilchen i ist (in Einheiten von h pro Freiheitsgrad). Damit können wir die Zustandssumme unter Verwendung von (14.3) in ein Produkt aufspalten:

$$\begin{aligned} Z &= \int d\Gamma \, \exp\left(-\beta \sum_{i=1}^{N} H_1(q_i, p_i)\right) \\ &= \prod_{i=1}^{N} \frac{1}{h^3} \int d^3q_i \int d^3p_i \, \exp\left(-\beta \, H_1(q_i, p_i)\right) = z^N, \qquad (14.6) \\ z &= \frac{1}{h^3} \int d^3q_i \int d^3p_i \, \exp\left(-\beta \, H_1(q_i, p_i)\right). \qquad (14.7) \end{aligned}$$

Dabei ist zu beachten, dass die sogenannte *1-Teilchen-Zustandssumme* z nicht mehr vom Teilchen-Index i abhängt, weil die $H_1(q_i, p_i)$ für alle Teilchen dieselbe Form haben und die Integration über den 1-Teilchen-Phasenraum Γ_i dann stets dasselbe Ergebnis liefert. Wir schreiben deshalb (14.7) vereinfacht in der Form

$$z = \frac{1}{h^3} \int d^3q \int d^3p \, \exp\left(-\beta \, H_1(q, p)\right), \qquad (14.8)$$

worin d^3q und d^3p jetzt jeweils 3-dimensionale Elemente im Orts- bzw. Impulsraum eines Teilchens sind.

In der obigen Rechnung haben wir die Teilchen des Systems implizit als *unterscheidbar* behandelt, weil wir die Phasenraum-Integration in ein Produkt unabhängiger Integrationen jeweils über die 1-Teilchen-Phasenräume aufgespalten haben. Tatsächlich jedoch müssen wir die Teilchen als physikalisch *ununterscheidbar* behandeln. Das bedeutet, dass eine Permutation der Teilchen untereinander zu keinem neuen Zustand führen darf. Diese Forderung lässt sich dadurch erfüllen, dass die Phasenraum-Integrationen auf einen Unterraum beschränkt werden, der nur solche Phasenraumpunkte (q, p) enthält, die nicht durch Teilchen-Permutationen auseinander hervorgehen. Bequemer ist es, dass man weiterhin in der obigen Weise über den gesamten Phasenraum integriert, das Ergebnis jedoch durch die Anzahl $N!$ von Permutation von N Teilchen dividiert. Wir haben dann das Ergebnis (14.6) durch

$$Z = \frac{1}{N!} z^N \qquad (14.9)$$

zu ersetzen. Die korrekte Erfüllung der Ununterscheidbarkeit von Teilchen betrifft natürlich nicht nur ideale Systeme von Teilchen ohne Wechselwirkung, sondern alle Teilchen-Systeme. Deshalb haben wir ganz allgemein (14.1) durch

$$Z = \frac{1}{N!} \int d\Gamma \, \exp\left(-\beta H(q,p)\right) \qquad (14.10)$$

zu ersetzen.

14.1.2 Die quantenstatistische Version

Dasselbe Problem wird uns in der analogen quantentheoretischen Rechnung begegnen. Zunächst stellen wir den N-Teilchenzustand $|s\rangle$ als Produkt von 1-Teilchenzuständen $|\nu_j\rangle$ dar:

$$|s\rangle = \prod_{j=1}^{N} |\nu_j\rangle. \qquad (14.11)$$

ν_j ist eine Quantenzahl des Teilchens j, und die N-Teilchen-Quantenzahl s symbolisiert jetzt den Satz $s \cong (\nu_1, \nu_2, \ldots, \nu_N)$. An dieser Stelle merken wir an, dass wir damit nicht nur die Teilchen als unterscheidbar behandeln, sondern zusätzlich annehmen, dass sie unabhängig voneinander 1-Teilchen-Zustände besetzen können. Wir werden später in der korrekten Formulierung der Quantenstatistik berücksichtigen, dass sich die N-Teilchenzustände unter einer Teilchen-Permutation entweder symmetrisch (Bosonen) oder antisymmetrisch (Fermionen) verhalten. Dieses Verhalten hat zur Folge, dass die Besetzung von 1-Teilchen-Zuständen nicht mehr unabhängig ist. Für hinreichend geringe Dichten können wir jedoch, wie wir noch zeigen werden, von dieser Folge absehen und weiter mit statistisch unabhängigen Teilchen rechnen. Die Ununterscheidbarkeit ist am Ende aber wieder auf dieselbe Weise zu korrigieren wie im klassischen Fall.

Wir wählen nun die 1-Teilchenzustände $|\nu_i\rangle$ als Eigenzustände zum 1-Teilchen-Hamilton-Operator $H_{1,i}$, so dass

$$H_{1,i}|\nu_i\rangle = \epsilon(\nu_i)\,|\nu_i\rangle. \qquad (14.12)$$

14.2. DIE KANONISCHE 1-TEILCHEN-ZUSTANDSSUMME   331

Dann ist

$$H\,|s\rangle = \sum_{i=1}^{N} H_{1,i} \prod_{j=1}^{N} |\nu_j\rangle = \sum_{i=1}^{N} \epsilon(\nu_i) \prod_{j=1}^{N} |\nu_j\rangle = E(s)\,|s\rangle, \qquad (14.13)$$

$$E(s) = \sum_{i=1}^{N} \epsilon(\nu_i). \qquad (14.14)$$

Daraus gewinnen wir für die kanonische Zustandssumme

$$\begin{aligned} Z &= \mathrm{Sp}\left(\mathrm{e}^{-\beta H}\right) = \sum_{s} \mathrm{e}^{-\beta E(s)} \\ &= \sum_{\nu_1} \cdots \sum_{\nu_N} \prod_{i=1}^{N} \mathrm{e}^{-\beta \epsilon(\nu_i)} = \prod_{i=1}^{N} \sum_{\nu_i} \mathrm{e}^{-\beta \epsilon(\nu_i)} = z^{N}, \qquad (14.15) \\ z &= \sum_{\nu_i} \mathrm{e}^{-\beta \epsilon(\nu_i)} = \sum_{\nu} \mathrm{e}^{-\beta \epsilon(\nu)}. \qquad (14.16) \end{aligned}$$

Auch die quantentheoretische 1–Teilchen–Zustandssumme z hängt nicht mehr vom Teilchen-Index i ab, weil für alle Teilchen dieselben Quantenzahlen $\nu_i = \nu$ durchlaufen werden und die 1–Teilchen–Energien $\epsilon(\nu_i) = \epsilon(\nu)$ für alle Teilchen dieselbe Funktion der 1–Teilchen–Quantenzahlen $\nu_i = \nu$ sind. Wie oben auch bereits angemerkt, müssen wir die Ununterscheidbarkeit durch einen Faktor $1/N!$ wie in (14.9) nachträglich berücksichtigen.

14.2 Die kanonische 1–Teilchen–Zustandssumme für freie Teilchen

Im vorhergehenden Abschnitt hatten wir die 1–Teilchen–Zustandssumme in der klassischen und der quantentheoretischen Version formuliert:

$$\text{klassisch:} \qquad z = \frac{1}{h^3} \int d^3q \int d^3p \, \exp\left(-\beta\,H_1(q,p)\right), \qquad (14.17)$$

$$\text{quantentheoretisch:} \qquad z = \sum_{\nu} \mathrm{e}^{-\beta \epsilon(\nu)}, \qquad (14.18)$$

vgl. (14.8) und (14.16). In diesem Abschnitt wollen wir uns speziell mit *freien Teilchen* befassen, d.h. mit Teilchen, die nicht nur unabhängig sind, sondern auch keinen

Einflüssen durch externe Kräfte unterliegen. Wir werden zeigen, dass die klassische und die quantentheoretische Formulierung der 1-Teilchen-Zustandssumme im Sinne eines bestimmten Grenzübergangs ineinander übergehen. Dabei werden wir auch eine Bestätigung dafür finden, dass das Plancksche Wirkungsquantum $h = 2\pi\hbar$ tatsächlich die Phasenraum-Einheit pro Freiheitsgrad ist.

14.2.1 Die quantenstatistische Rechnung

Die Teilchen, die wir in diesem Abschnitt betrachten, sollen punktförmige Teilchen sein, die lediglich durch ihre Masse m charakterisiert seien, also außer der Translation keine weiteren inneren Freiheitsgrade besitzen. Wir beginnen mit der quantenstatistischen Rechnung und wählen zunächst geeignete 1-Teilchen-Quantenzahlen ν. Das Gas freier Teilchen sei in ein Volumen V eingeschlossen, das wir uns hier als würfelförmig vorstellen: $V = L^3$, L ist die Kantenlänge des Würfels. Die folgenden Überlegungen lassen sich unmittelbar auch auf quaderförmige Volumina übertragen. Um die Energie-Eigenzustände und Eigenwerte aufzufinden, müssen wir die Schrödinger-Gleichung

$$-\frac{\hbar^2}{2m}\left(\frac{\partial^2}{\partial x_1^2} + \frac{\partial^2}{\partial x_2^2} + \frac{\partial^2}{\partial x_3^2}\right)\psi(\mathbf{r}) = \epsilon\,\psi(\mathbf{r}) \qquad (14.19)$$

lösen. Hier sind x_1, x_2, x_3 die Komponenten des Ortsvektors $\mathbf{r}$ des Teilchens. Die Würfelgeometrie legt den Separationsansatz

$$\psi(\mathbf{r}) = \psi_1(x_1)\,\psi_2(x_2)\,\psi_3(x_3) \qquad (14.20)$$

nahe, der auf

$$-\frac{\hbar^2}{2m}\frac{\partial^2}{\partial x_\alpha^2}\psi_\alpha(x_\alpha) = \epsilon_\alpha\,\psi_\alpha(x_\alpha), \qquad \alpha = 1,2,3, \qquad \epsilon = \epsilon_1 + \epsilon_2 + \epsilon_3 \qquad (14.21)$$

führt. Da die Wände des Volumens für die Teilchen undurchdringlich sein sollen, muss die Wellenfunktion an den Wänden verschwinden. Das führt auf die Randbedingung

$$\psi_\alpha(0) = \psi_\alpha(L) = 0, \qquad \alpha = 1,2,3. \qquad (14.22)$$

14.2. DIE KANONISCHE 1-TEILCHEN-ZUSTANDSSUMME

(Der Koordinaten-Ursprung liegt in einer der Würfelecken.) Die Differentialgleichungen (14.21) mit den obigen Randbedingungen wird gelöst durch

$$\psi_\alpha(x_\alpha) = A_\alpha \sin(k_\alpha x_\alpha), \qquad k_\alpha L = n_\alpha \pi, \qquad n_\alpha = 1, 2, \ldots. \tag{14.23}$$

Einsetzen führt auf die Energien

$$\begin{aligned}\epsilon_\alpha &= \frac{\hbar^2 k_\alpha^2}{2m} = \frac{\hbar^2 \pi^2}{2mL^2} n_\alpha^2, \\ \epsilon &= \frac{\hbar^2 \pi^2}{2mL^2}\left(n_1^2 + n_2^2 + n_3^2\right) := \epsilon(\nu).\end{aligned} \tag{14.24}$$

Die 1-Teilchen-Quantenzahl ν bezeichnet hier also den Satz der (k_1, k_2, k_3) oder der positiven, ganzen Zahlen (n_1, n_2, n_3). Damit erhalten wir für die kanonische 1-Teilchen-Zustandssumme

$$\begin{aligned}z &= \sum_{n_1=1}^\infty \sum_{n_2=1}^\infty \sum_{n_3=1}^\infty \exp\left[-\frac{\beta \hbar^2 \pi^2}{2mL^2}\left(n_1^2 + n_2^2 + n_3^2\right)\right] = z_e^3, \\ z_e &= \sum_{n=1}^\infty \exp\left[-\frac{\beta \hbar^2 \pi^2}{2mL^2} n^2\right].\end{aligned} \tag{14.25}$$

Den Faktor im Exponenten formen wir wie folgt um:

$$\frac{\beta \hbar^2 \pi^2}{2mL^2} = \frac{\pi}{4}\left(\frac{\lambda_B}{L}\right)^2, \qquad \lambda_B = \frac{h}{\sqrt{2\pi mT}}. \tag{14.26}$$

λ_B ist die sogenannte *de Broglie-Wellenlänge*. Sie stellt die quantentheoretische Ortsunschärfe eines Teilchens mit einer thermischen Energie $\sim T$ dar. Das erkennen wir, wenn wir in der Unschärferelation $\Delta q \, \Delta p \approx \hbar/2$ $\Delta q = \lambda_B$ und $\Delta p = \sqrt{2m\epsilon}$ mit $\epsilon \sim T$ einsetzen. Wir erhalten dann $\lambda \sim h/\sqrt{mT}$, also bis auf Zahlenfaktoren der Größenordnung 1 den obigen Ausdruck.

Wir bestimmen die Größenordnung von λ_B für die leichtesten Teilchen, die ein ideales Gas bilden können, nämlich H-Atome, für die $m \approx$ Protonenmasse$=1{,}67 \, 10^{-27}$ kg ist, und wählen als Temperatur auf der Kelvin-Skala 1 K, so dass $T = k_B (1\,\text{K})$. Das Ergebnis lautet $\lambda_B \approx 1{,}7 \, 10^{-9}$m. Die Systemlänge L soll jedoch makroskopisch sein, so dass für unser Beispiel $\lambda_B \ll L$. Dann lässt sich die m–Summe in (14.25) in sehr guter Näherung durch ein Integral ersetzen, weil die Sprünge des Summanden in (14.25) für $m = 0, 1, 2, \ldots$ sehr klein werden. Dieses Integral lässt sich elementar auswerten:

$$\begin{aligned}
z_e &= \int_0^\infty dn\, \exp\left[-\frac{\beta \hbar^2 \pi^2}{2\, m\, L^2} n^2\right] = \\
&= \frac{L}{\hbar \pi} \sqrt{2\, m\, T} \int_0^\infty d\xi\, e^{-\xi^2} = \frac{1}{h} L \sqrt{2 \pi m T}, \\
z &= z_e^3 = \frac{1}{h^3} V\, (2\pi m T)^{3/2}.
\end{aligned} \tag{14.27}$$

Wir merken an, dass der Limes $\lambda_B \to 0$ sich formal äquivalent auch mit $h \to 0$ bzw. $\hbar \to 0$ ausführen lässt, also mit der Standardprozedur für den übergang aus der Quantentheorie in die klassische Theorie. Wir werden später noch einige Male auf die de Broglie–Wellenlänge zurückkommen und schärfere Einschränkungen für sie finden.

14.2.2 Die klassisch–statistische Rechnung

Das Ergebnis in (14.27) vergleichen wir mit der klassischen kanonischen Zustandssume für ein freies Teilchen aus (14.17). Dort haben wir

$$H_1(q,p) = \frac{\boldsymbol{p}^2}{2\, m} = \frac{1}{2\, m}\left(p_1^2 + p_2^2 + p_3^2\right)$$

zu setzen. Dann erhalten wir

$$\begin{aligned}
z &= \frac{1}{h^3} \int d^3r\, d^3p\, \exp\left[-\frac{\beta}{2\, m}\left(p_1^2 + p_2^2 + p_3^2\right)\right] \\
&= \frac{V}{h^3} \left(\int_{-\infty}^{+\infty} dp\, \exp\left[-\frac{\beta}{2\, m} p^2\right]\right)^3 \\
&= \frac{1}{h^3} V\, (2\pi m T)^{3/2},
\end{aligned} \tag{14.28}$$

in übereinstimmung mit (14.27). Dadurch ist nun auch gezeigt, dass das Plancksche Wirkungsquantum h die Einheit pro Freiheitsgrad im Phasenraum darstellt. Dieser

14.3. THERMODYNAMIK DES EINATOMIGEN IDEALEN GASES

Schluss ist nicht auf freie Teilchen beschränkt, denn bei hinreichender Verdünnung geht jedes System schließlich in ein System freier Teilchen über, während die Einheit im Phasenraum natürlich nicht vom Verdünnungsgrad des Systems abhängen kann.

Die entscheidende Voraussetzung für unsere obige klassische Rechnung war, dass die de Broglie–Wellenlänge klein gegen die Systemabmessungen ist: $\lambda_B \ll L$. Je schwerer die Teilchen sind, desto besser ist diese Voraussetzung erfüllt, so dass unser obiges Beispiel für H–Atome eine untere Abschätzung darstellt. Erst für extrem tiefe Temperaturen wäre die Bedingung $\lambda_B \ll L$ verletzt, und wir müssten die 1–Teilchen–Zustandssummen z bzw. z_e in (14.25) quantentheoretisch korrekt als diskrete Summen ausführen. Die Erfahrung, dass die klassische Theorie für hinreichend hohe Temperaturen anwendbar ist, während für tiefe Temperaturen die Quantenstatistik herangezogen werden muss, wird uns im Folgenden noch häufiger begegnen. Allerdings werden wir dabei auch Situationen antreffen, in denen der Temperaturbereich, in dem quantenstatistisch gerechnet werden muss, erheblich höher liegt als in unserem obigen Beispiel. Je nachdem, wie groß die quantisierten Energien des Systems sind, kann der quantenstatistische Temperaturbereich sogar beliebig hoch sein.

Wir erinnern nochmals daran, dass selbst die quantenstatistische Formulierung dieses Abschnitts noch nicht korrekt ist, weil der statistische Symmetriecharakter der Teilchen, nämlich Symmetrie oder Antisymmetrie bei Teilchenvertauschung, nicht berücksichtigt wurde. Wir werden später erkennen, dass dadurch die Besetzung von 1–Teilchen–Quantenzuständen mit Teilchen nicht mehr unabhängig für jedes Teilchen erfolgt, wie wir es in diesem Abschnitt angenommen haben. Wir werden lernen, dass die Ergebnisse dieses Abschnitts, sei es in ihrer quantenstatistischen oder klassisch–statistischen Version, deshalb nicht nur für hinreichend hohe Temperaturen, sondern auch nur für hinreichend verdünnte Systeme zutreffen. Dabei wird uns nochmals die de Broglie–Wellenlänge als der entscheidende Systemparameter begegnen.

14.3 Thermodynamik des einatomigen idealen Gases

In diesem Abschnitt werden wir thermodynamische Folgerungen aus der klassischen Zustandssumme freier, punktförmiger Teilchen ziehen. Dazu bedienen wir uns der freien Energie $F = F(T, V, N)$, die nach Abschnitt 12.2 durch die kanonische Zustandssumme Z gemäß $F = -T \ln Z$ gegeben ist. Für freie Teilchen ist nach Abschnitt 14.1 $Z = z^N/N!$, und die 1–Teilchen–Zustandssumme z für punktförmige Teilchen entnehmen wir aus (14.27) bzw. (14.28) im vorhergehenden Abschnitt:

$$F = -T \ln \frac{z^N}{N!}, \qquad z = \frac{1}{h^3} V (2\pi m T)^{3/2}. \qquad (14.29)$$

Im thermodynamischen Limes $N \to \infty$ können wir für $\ln N!$ die Stirling-Formel verwenden,

$$\ln N! = N \ln N - N + \ldots.$$

Einsetzen in (14.29) führt auf

$$F = -NT \ln \frac{V (2\pi m T)^{3/2} \, e}{h^3 N}. \qquad (14.30)$$

(Hier ist e die Eulersche Zahl.) Wir vergleichen dieses Ergebnis mit der Thermodynamik des idealen Gases in der phänomenologischen Theorie im Abschnitt 7.2. Hierzu benutzen wir die Fundamentalrelation für die freie Energie,

$$dF = -S\,dT - p\,dV + \mu\,dN, \qquad (14.31)$$

und berechnen die partiellen Ableitungen von F nach T, V, N. Da wir in diesem Abschnitt ausschließlich diese Variablen benutzen werden, können wir die Nebenbedingungen über die bei den Ableitungen konstant zu haltenden Variablen fortlassen. Durch elementare Rechnungen erhalten wir:

$$S = -\frac{\partial F}{\partial T} = N \ln \frac{V (2\pi m T)^{3/2} e^{5/2}}{h^3 N}, \qquad (14.32)$$

$$p = -\frac{\partial F}{\partial V} = \frac{NT}{V}, \qquad (14.33)$$

$$\mu = -\frac{\partial F}{\partial N} = -T \ln \frac{V (2\pi m T)^{3/2}}{h^3 N}. \qquad (14.34)$$

(14.33) ist die Zustandsgleichung des idealen Gases, die uns aus dem Abschnitt 7.1 bekannt ist. Sie stellt sich hier in der statistischen Theorie als *universell* heraus, d.h., sie enthält keine individuelle Teilcheneigenschaft wie z.B. seine Masse. Diese Aussage hatten wir bereits im Abschnitt 7.1 vorweggenommen, haben sie aber jetzt begründet.

14.3. THERMODYNAMIK DES EINATOMIGEN IDEALEN GASES

Für die Entropie des idealen Gases hatten wir im Abschnitt 7.1 die Form

$$S(T, V, N) = N s\left(T, \frac{V}{N}\right), \quad s\left(T, \frac{V}{N}\right) = s_0(T) + \ln \frac{V}{N} \tag{14.35}$$

gefunden. Den Term $\ln(V/N)$ erkennen wir unmittelbar in (14.32) wieder, und für die Funktion $s_0(T)$ finden wir

$$s_0(T) = \frac{3}{2} \ln T + \ldots, \tag{14.36}$$

worin die weiteren Terme ... nicht mehr von T, V, N abhängen. Für das chemische Potential μ hatten wir im Abschnitt 7.2 die Form

$$\mu(T, V, N) = \mu_0(T) - T \ln \frac{V}{N}. \tag{14.37}$$

gefunden. Der Term $-T \ln(V/N)$ ist unmittelbar in (14.34) erkennbar, und für $\mu_0(T)$ entnehmen wir daraus durch Vergleich

$$\mu_0(T) = -T \ln \frac{(2 \pi m T)^{3/2}}{h^3}. \tag{14.38}$$

Schließlich können wir die innere Energie aus $U = F + TS$ oder einfacher aus

$$U = -\frac{\partial \ln Z}{\partial \beta} = -N \frac{\partial \ln z}{\partial \beta} = N T^2 \frac{\partial \ln z}{\partial T} \tag{14.39}$$

entnehmen, vgl. Abschnitt 12.2, und finden

$$U = \frac{3}{2} N T \tag{14.40}$$

in übereinstimmung mit dem Gleichverteilungssatz im Abschnitt 13.3. Daraus folgt weiter für die Wärmekapazitäten C_V und $C_p = C_V + N$, vgl. Abschnitt 7.2,

$$C_V = \frac{\partial U}{\partial T} = \frac{3}{2} N, \quad C_p = C_V + N = \frac{5}{2} N, \tag{14.41}$$

In der phänomenologischen Theorie des idealen Gases, vgl. Abschnitt 7.1, konnte $U = N u(T)$ noch eine beliebige, allerdings monoton wachsende Funktion $u(T)$ enthalten, während sich hier zwingend $u(T) = (3/2) T$ ergibt. Der Grund dafür ist, dass das Modell dieses Abschnitts, nämlich ein System freier, punktförmiger Teilchen, nur ein Spezialfall eines idealen Gases ist. In einem System freier Teilchen, die nicht punktförmig sind, sondern weitere innere Freiheitsgrade über die Translation hinaus besitzen, werden wir in einem späteren Abschnitt dieses Kapitels andere funktionale Formen von $u(T)$ finden. Die phänomenologische Theorie erweist sich einmal mehr als Rahmentheorie, die alle speziellen Ergebnisse aufgrund bestimmter statistisch physikalischer Modelle einschließen muss.

In der phänomenologischen Theorie des Abschnitts 7.2 hatten wir bei der Formulierung der adiabatischen Zustandsgleichung idealer Gase die Annahme gemacht, dass die Wärmekapazitäten konstant seien. Es war dann $\gamma = C_p/C_V$ der Exponent in der adiabatischen Zustandsgleichung $pV^\gamma =$ const. Wir erkennen nunmehr auch den Hintergrund dieser Annahme sowie ihre Grenzen.

Abschließend wollen wir noch auf die Bedeutung hinweisen, die die korrekte Berücksichtigung der *Ununterscheidbarkeit* der Teilchen für unsere obigen Ergebnisse hat. Hätten wir die Ununterscheidbarkeit der Teilchen übersehen, also $Z = z^N$ statt korrekterweise $Z = z^N/N!$ gesetzt, vgl. Abschnitt 14.1, dann hätten wir für die freie Energie F und die Entropie S anstelle von (14.30) und (14.32)

$$F' = -NT \ln \frac{V (2\pi m T)^{3/2}}{h^3}, \qquad S' = N \ln \frac{V (2\pi m T)^{3/2} e^{3/2}}{h^3} \qquad (14.42)$$

erhalten. Diese Ergebnisse verletzen das Skalierungsverhalten der extensiven Variablen, das

$$F(T, \lambda V, \lambda N) = \lambda F(T, V, N), \qquad S(T, \lambda V, \lambda N) = \lambda S(T, V, N) \qquad (14.43)$$

verlangt, bzw. mit $\lambda = 1/N$

$$F(T, V, N) = N F(T, V/N, 1), \qquad S(T, V, N) = N S(T, V/N, 1). \qquad (14.44)$$

Als weitere Folge würde beim Zusammenfügen zweier identischer Systeme jeweils mit den Werten T, V, N eine Entropiezunahme auftreten, denn mit S' aus (14.43) folgte

$$\Delta S' = S'(T, 2V, 2N) - 2 S'(T, V, N) = 2N \ln 2 > 0. \qquad (14.45)$$

14.4. 1-ATOM. IDEALES GAS IM GROSSKANONISCHEN ENSEMBLE

Diese Konsequenz, das sogenannte *Gibbssche Paradoxon*, war zu erwarten, denn wenn unterscheidbare Teilchen sich durchmischen, muss eine Mischungsentropie auftreten, vgl. auch Abschnitt 7.4.

14.4 Einatomiges ideales Gas im großkanonischen Ensemble

Auch im großkanonischen Ensemble können wir das Modell der freien Teilchen exakt auswerten. Natürlich erwarten wir wegen der Äquivalenz der Ensemble im thermodynamischen Limes dieselbe Thermodynamik. Wir gehen aus von der klassisch-statistischen Version der großkanonischen Zustandssumme aus dem Abschnitt 12.1,

$$Z_g = \sum_{N=0}^{\infty} \int d\Gamma_N \exp\left(-\frac{H_N(q,p) - \mu N}{T}\right), \tag{14.46}$$

die wir umformen zu

$$Z_g = \sum_{n=0}^{\infty} e^{-\gamma N} Z_N, \quad Z_N = \int d\Gamma_N \, e^{-\beta H_N(q,p)}, \tag{14.47}$$

worin $\beta = 1/T$, $\gamma = -\mu/T$ und Z_N die kanonische Zustandssumme für die Teilchenzahl N ist. (Zur Vermeidung von Verwechslungen bezeichnen wir die großkanonische Zustandssumme mit dem Index g.) Wir setzen $Z_N = z^N/N!$ für unabhängige Teilchen ein und erhalten weiter

$$Z_g = \sum_{N=0}^{\infty} \frac{1}{N!} \left(e^{-\gamma} z\right)^N = \exp\left(e^{-\gamma} z\right). \tag{14.48}$$

Mit

$$z = \frac{1}{h^3} V \left(2\pi m T\right)^{3/2} \tag{14.49}$$

aus dem Abschnitt 14.2 finden wir für das Potential Ψ des großkanonischen Ensembles

$$\Psi = -T \ln Z_g = -\frac{1}{h^3} V \left(2\pi m\right)^{3/2} T^{5/2} e^{\mu/T}. \tag{14.50}$$

Gemäß der Fundamentalrelation

$$d\Psi = -S\,dT - p\,dV - N\,d\mu$$

berechnen wir die Teilchenzahl N:

$$N = -\left(\frac{\partial \Psi}{\partial \mu}\right)_{T,V} = \frac{1}{h^3} V\,(2\pi m T)^{3/2}\,e^{\mu/T} = -\frac{\Psi}{T}. \qquad (14.51)$$

Da $\Psi = -pV$, vgl. Kapitel 4, folgt daraus bereits die Zustandsgleichung $pV = NT$ des idealen Gases. Die Umkehrung von (14.51) nach μ ergibt

$$\mu = -T \ln\left(\frac{1}{h^3} \frac{V}{N}\,(2\pi m T)^{3/2}\right) = \mu_0(T) - T \ln \frac{V}{N} \qquad (14.52)$$

mit

$$\mu_0(T) = -T \ln \frac{(2\pi m T)^{3/2}}{h^3} \qquad (14.53)$$

in übereinstimmung mit dem Ergebnis der kanonischen Theorie, vgl. (14.37) und (14.38). Auch die Berechnung der Entropie führt auf dasselbe Ergebnis wie in der kanonischen Theorie. Unter Verwendung von (14.51) und (14.52) erhalten wir

$$\begin{aligned} S &= -\left(\frac{\partial \Psi}{\partial T}\right)_{V,\mu} \\ &= \frac{5}{2}\frac{1}{h^3} V\,(2\pi m T)^{3/2}\,e^{\mu/T} - \frac{1}{h^3}\frac{\mu V}{T}\,(2\pi m T)^{3/2}\,e^{\mu/T} \\ &= \frac{5}{2} N - \frac{N\mu}{T} \\ &= \frac{5}{2} N + N \ln\left(\frac{1}{h^3}\frac{V}{N}\,(2\pi m T)^{3/2}\right) \\ &= N\left(s_0(T) + \ln\frac{V}{N}\right), \end{aligned} \qquad (14.54)$$

$$s_0(T) = \frac{3}{2} \ln T + \text{const},$$

vgl. (14.35) und (14.36) im vorhergehenden Abschnitt.

14.5 Thermodynamik eines zweiatomigen idealen Gases

Wir haben bisher nur ideale Systeme punktförmiger Teilchen beschrieben. Als "punktförmig" gelten Teilchen, die neben ihrer Translationsbewegung keine inneren Freiheitsgrade mehr besitzen. Ausgedehnte Teilchen wie z.B. Moleküle können außerdem rotieren und möglicherweise auch in ihren Teilen gegeneinander schwingen. In diesem Abschnitt wollen wir das einfachste Beispiel eines Systems ausgedehnter Teilchen statistisch beschreiben, nämlich ein System zweiatomiger Moleküle. Nach wie vor jedoch soll es sich dabei um ein ideales System handeln, d.h., das System soll hinreichend verdünnt sein, so dass wir von irgendwelchen Wechselwirkungen zwischen den Molekülen absehen können.

Wir denken uns das zweiatomige Molekül aus zwei Atomen zusammengesetzt, die mechanisch jeweils als punktförmig behandelt werden. Die 1–Teilchen–Hamilton–Funktion für das Molekül lautet

$$H_1 = \frac{p_1^2}{2\,m_1} + \frac{p_2^2}{2\,m_2} + V\left(|r_1 - r_2|\right). \tag{14.55}$$

p_1, p_2 und r_1, r_2 sind die Impulse und Orte der beiden Atome, m_1, m_2 ihre Massen. Wenn wir unser System quantentheoretisch beschreiben müssen, ersetzen wir Impulse und Orte durch ihre Operatoren, in der Ortsdarstellung $p \to -i\hbar\partial/\partial r$, und aus der Hamilton–Funktion H_1 wird der Hamilton–Operator H_1. Die Potentialfunktion $V(r)$ mit $r = |r_1 - r_2|$ soll die chemische Bindung der beiden Atome im Molekül beschreiben. Dazu stellen wir uns vor, dass $V(r)$ ein ausgeprägtes Minimum bei einer Ruhelage im Abstand r_0 der beiden Atome besitzt, um die die beiden Atome, wie oben bereits bemerkt, dann noch gegeneinander schwingen können. Dieser innere Schwingungsfreiheitsgrad wird uns später noch beschäftigen.

Die Hamilton–Funktion bzw. der Hamilton–Operator H in (14.55) enthält keine elektronischen Freiheitsgrade mehr und muss folglich eine Näherung darstellen. Diese sogenannte *Born-Oppenheimer*-Näherung beruht darauf, dass die Atomkerne sich sehr viel langsamer bewegen als die Elektronen, und zwar gerade im umgekehrten Verhältnis ihrer Massen. Man nimmt deshalb an, dass die Elektronen sich zu jeder Konfiguration der langsamen Kernbewegung immer schon in einem stationären Zustand befinden, der hier der elektronische Grundzustand sein soll. Die Elektronen folgen in diesem Bild der Kernbewegung instantan und adiabatisch, d.h., ohne selbst eine Anregung zu erfahren. Die einzige, allerdings entscheidende Einwirkung der Elektronen auf die Kernbewegung besteht darin, dass die Potentialfunktion $V(r)$, die die chemische Bindung beschreiben soll, ganz wesentlich von den Elektronen geprägt ist. Bei der kovalenten Bindung entsteht $V(r)$ durch überlappungen der elektronischen Wellenfunktionen, die an den Orten der Kerne zentriert sind.

Die Annahme, dass die Elektronen durch die thermische Bewegung des Moleküls nicht aus ihrem Grundzustand in höhere Zustände angeregt werden, setzt allerdings voraus, dass die Temperatur hinreichend klein im Vergleich zu einer elektronischen Anregung Δu_{el} ist: $T \ll \Delta u_{el}$. Elektronische Anregungen sind von der Größenordnung von 1 eV. Dem entspricht auf der Kelvin-Skala eine Temperatur T', die durch $k_B T' = 1$ eV bzw. $T' = 1$ eV$/k_B \approx 10^4$ K gegeben ist.

Durch eine Transformation auf Schwerpunkts- und Relativvariablen

$$\boldsymbol{R} = \frac{1}{M}\left(m_1\boldsymbol{r}_1 + m_2\boldsymbol{r}_2\right), \qquad \boldsymbol{P} = \frac{1}{M}\left(m_1\boldsymbol{p}_1 + m_2\boldsymbol{p}_2\right),$$
$$\boldsymbol{r} = \boldsymbol{r}_1 - \boldsymbol{r}_2, \qquad \boldsymbol{p} = \boldsymbol{p}_1 - \boldsymbol{p}_2 \qquad (14.56)$$

mit $M = m_1 + m_2$ separieren wir H_1 mit einer elementaren Umformung in einen translatorischen und einen internen Anteil:

$$\begin{aligned} H_1 &= H_{1,tr} + H_{1,int}, \\ H_{1,tr} &= \frac{1}{2M}\boldsymbol{P}^2, \\ H_{1,int} &= \frac{1}{2m}\boldsymbol{p}^2 + V(r), \end{aligned} \qquad (14.57)$$

worin m die reduzierte Masse $m = m_1 m_2/M$ ist. Wir wollen die Thermodynamik des zweiatomigen Moleküls für sämtliche Temperaturbereiche bestimmen und wählen deshalb die quantenstatistische Version. Wir haben also die 1-Teilchen-Schrödinger-Gleichung

$$(H_1 - \epsilon(\nu))\,\Psi(\boldsymbol{R},\boldsymbol{r}) = 0 \qquad (14.58)$$

zu lösen und daraus nach dem Muster der vorhergehenden Abschnitte die 1-Teilchen-Zustandssumme z sowie die gesamte Zustandssumme Z für wechselwirkungsfreie Moleküle zu bilden:

$$z = \sum_{\nu} e^{-\beta \epsilon(\nu)}, \qquad Z = \frac{z^N}{N!}. \qquad (14.59)$$

14.5. THERMODYNAMIK EINES ZWEIATOMIGEN IDEALEN GASES

Die ν sind geeignete 1-Teilchen-Quantenzahlen, die sich aus der Lösung von (14.58) ergeben. Dafür machen wir den aus der Quantentheorie bekannten Ansatz

$$\Psi(\boldsymbol{R},\boldsymbol{r}) = A \prod_{\alpha=1}^{3} \sin(k_\alpha x_\alpha) \frac{u(r)}{r} Y_{l,m}(\theta,\phi). \qquad (14.60)$$

Die Faktoren $\sin(k_\alpha x_\alpha)$ erfüllen den translatorischen Anteil der Schrödinger-Gleichung (14.58) mit den Eigenwerten $\epsilon_{tr} = \hbar^2 \boldsymbol{k}^2/(2m)$. Außerdem ist diese Eigenfunktion so gewählt, dass sie dieselben Randbedingungen erfüllt, die wir auch im Abschnitt 14.2 gewählt hatten, also Einschluss des Systems in ein Volumen $V = L^3$. Entsprechend sind die Komponenten k_α von $\boldsymbol{k}$ wie dort zu wählen. Wir erkennen, dass der translatorische Anteil auf das uns bekannte Verhalten eines 1-atomigen idealen Gases führt.

Der Faktor $(u(r)/r) Y_{l,m}(\theta,\phi)$ löst das Relativ-Problem, dargestellt in Kugelkoordinaten r,θ,ϕ für den Relativvektor $\boldsymbol{r}$. Die $Y_{l,m}(\theta,\phi)$, die sogenannten *Kugelflächenfunktionen*, sind die Eigenfunktionen zum Quadrat $\boldsymbol{L}^2$ und zu einer Komponente L_3 des Drehimpulses $\boldsymbol{L}$:

$$\begin{aligned} \boldsymbol{L}^2 Y_{l,m}(\theta,\phi) &= \hbar^2 l(l+1) Y_{l,m}(\theta,\phi), & l &= 0,1,2,\ldots, \\ L_3 Y_{l,m}(\theta,\phi) &= \hbar m Y_{l,m}(\theta,\phi), & m &= -l,-l+1,\ldots,l-1,l. \end{aligned}$$

Der Faktor A ist aus der Normierung zu bestimmen, die für das thermodynamische Problem aber unerheblich ist. Dieser Ansatz für $\Psi(\boldsymbol{R},\boldsymbol{r})$ führt schließlich auf die radiale Schrödinger-Gleichung für $u(r)$:

$$\left[-\frac{\hbar^2}{2m}\frac{d^2}{dr^2} + \frac{\hbar^2 l(l+1)}{2m r^2} + V(r)\right] u(r) = \epsilon_{int} u(r). \qquad (14.61)$$

Deren Eigenwerte ϵ_{int} hängen von einer Bahnquantenzahl $\kappa = 0,1,2,\ldots$ ab, außerdem natürlich parametrisch von der Drehimpulsquantenzahl l: $\epsilon_{int} = \epsilon(\kappa,l)$. Die gesamte 1-Teilchen-Energie lautet also

$$\epsilon(\nu) = \frac{\hbar^2 \boldsymbol{k}^2}{2m} + \epsilon(\kappa,l), \qquad \nu \cong \boldsymbol{k},\kappa,l,m. \qquad (14.62)$$

Die Quantenzahl m tritt nicht in der Energie auf, führt jedoch zu einer $(2l+1)$-fachen Entartung jedes Wertes von l. Die additive Struktur der 1-Teilchen-Energien in (14.62) führt zu folgenden Konsequenzen für die Zustandssummen und für die freie Energie:

$$\begin{aligned}
z &= z_{tr}\, z_{int}, \\
z_{tr} &= \sum_{\mathbf{k}} \exp\left(-\frac{\beta\hbar^2 k^2}{2m}\right) = \frac{1}{h^3} V\, (2\pi m T)^{3/2}, \\
z_{int} &= \sum_{\kappa,l,m} \exp\left(-\beta\, \epsilon(\kappa,l)\right), \\
Z &= \frac{1}{N!}\, (z_{tr}\, z_{int})^N, \\
F &= -T \ln Z = F_{tr} + F_{int}, \\
F_{tr} &= -T \ln \frac{z_{tr}^N}{N!}, \qquad F_{int} = -T \ln z_{int}^N.
\end{aligned} \qquad (14.63)$$

Hierin haben wir das Ergebnis für z_{tr} aus dem Abschnitt 14.2 übernommen. Durch die internen Freiheitsgrade des 2-atomigen Moleküls entsteht also ein additiver Zusatz F_{int} zur freien Energie F_{tr} des 1-atomigen idealen Gases. Um F_{int} bzw. z_{int} zu berechnen, führen wir in der radialen Schrödinger-Gleichung (14.61) zwei Näherungen aus:

$$V(r) \approx V_0 + \frac{m\omega^2}{2} (r - r_0)^2, \qquad (14.64)$$

$$\frac{\hbar^2 l(l+1)}{2m r^2} \approx \frac{\hbar^2 l(l+1)}{2m r_0^2}. \qquad (14.65)$$

Das Potential $V(r)$ sollte ja, wie wir zu Beginn dieses Abschnitts ausgeführt haben, eine bei einem Wert $r = r_0$ eine Ruhelage besitzen. In (14.64) entwickeln wir $V(r)$ in eine Taylor-Reihe um r_0 und brechen diese nach dem quadratischen Term ab. Aus der Relativbewegung in r entsteht dann ein harmonischer Oszillator mit einer Frequenz ω, die für das jeweilige Molekül typisch ist. Diese sogenannte *harmonische Näherung* ist dann gerechtfertigt, wenn die thermische Anregung nur die niedrigsten der Quantenzustände $\hbar\omega(\kappa + 1/2)$, $\kappa = 0, 1, 2, \ldots$, erreicht. In der Abbildung 14.1 ist ein typischer Verlauf für $V(r)$ gezeigt. Für sehr hohe thermische Anregungen kann die fluktuierende Variable r sehr große Werte annehmen, d.h., das Molekül kann dissoziieren. Mit der harmonischen Näherung ist unsere Theorie also auf den thermischen Stabilitätsbereich des Moleküls beschränkt.

Die zweite Näherung, also (14.65), nimmt an, dass die Fliehkraft, dargestellt durch ihr Potential $\hbar^2 l(l+1)/(2m r^2)$, keinen Einfluss auf die Ruhelage r_0 des Abstandes

14.5. THERMODYNAMIK EINES ZWEIATOMIGEN IDEALEN GASES   345

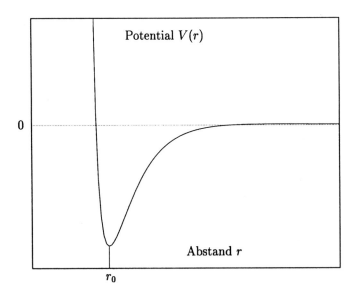

Abbildung 14.1: Typischer Verlauf des radialen Molekülpotentials $V(r)$.

zwischen den beiden Atomen hat. Tatsächlich jedoch erwarten wir, dass die Ruhelage mit zunehmendem Drehimpuls bzw. mit zunehmender Quantenzahl l zunimmt. Wir werden später zeigen, dass die Näherung (14.65) im Rahmen unserer Theorie dennoch gerechtfertigt ist. Wenn wir die beiden Näherungen (14.64) und (14.65) in die Schrödinger-Gleichung (14.61) einsetzen, erhalten wir (mit $V_0 = 0$ durch Wahl des Nullpunkts der Energie)

$$\left[-\frac{\hbar^2}{2m} \frac{d^2}{dr^2} + \frac{\hbar^2 l(l+1)}{2m r_0^2} + \frac{m\omega^2}{2}(r-r_0)^2 - \epsilon_{int} \right] u(r) = 0, \qquad (14.66)$$

deren Eigenwerte wir unmittelbar angeben können:

$$\begin{aligned} \epsilon_{int} &= \epsilon_r + \epsilon_s, \\ \epsilon_r &= \frac{\hbar^2 l(l+1)}{2m r_0^2}, \quad l = 0, 1, 2, \ldots, \\ \epsilon_s &= \hbar\omega\left(\kappa + \frac{1}{2}\right), \quad \kappa = 0, 1, 2, \ldots. \end{aligned} \qquad (14.67)$$

Die Indizes "r" und "s" stehen für Rotation bzw. Schwingung. Durch die Näherung (14.65) haben wir die Bewegungen der Rotation und der Schwingung offensichtlich entkoppelt. Die Folge davon ist, dass die 1–Teilchen–Zustandssumme z_{int} aus (14.63) nochmals zerfällt, nämlich in

$$\begin{aligned} z_{int} &= z_r\, z_s, \\ z_r &= \sum_{l,m} \exp\left(-\frac{\beta\hbar^2 l(l+1)}{2\,m\,r_0^2}\right), \\ z_s &= \sum_{\kappa} \exp\left(-\beta\hbar\omega\left(\kappa+\frac{1}{2}\right)\right). \end{aligned} \qquad (14.68)$$
$$(14.69)$$

Entsprechend zerfällt die freie Energie der internen molekularen Freiheitsgrade in zwei additive Beiträge:

$$F_{int} = F_r + F_s. \qquad (14.70)$$

14.5.1 Die Rotationsbeiträge

Die 1–Teilchen–Zustandssumme für die Rotationsfreiheitsgrade lautet gemäß (14.68)

$$\begin{aligned} z_r &= \sum_{l,m} \exp\left(-\frac{\beta\hbar^2 l(l+1)}{2\,m\,r_0^2}\right) \\ &= \sum_{l=0}^{\infty}(2l+1)\exp\left(-\frac{\beta\hbar^2 l(l+1)}{2\,m\,r_0^2}\right) \\ &= \sum_{l=0}^{\infty}(2l+1)\exp\left(-\frac{T_r}{T}l(l+1)\right). \end{aligned} \qquad (14.71)$$

$T_r = \hbar^2/(2\,m\,r_0^2)$ ist eine für das Molekül typische *Rotationstemperatur*, deren Bedeutung wir sogleich kennenlernen werden. Offensichtlich können wir unsere obigen Überlegungen verallgemeinern, indem wir $m\,r_0^2 =: \Theta =$ Trägheitsmoment des Moleküls senkrecht zu seiner Achse setzen und uns damit von der Vorstellung lösen, dass das Molekül aus zwei "punktförmigen" Atomen besteht. Da die Energie nicht von der Quantenzahl m abhängt, tritt diese nur mit ihrem Entartungsfaktor $2l+1$ in Erscheinung. Die l-Summe in (14.71) lässt sich nicht elementar auswerten. Wir geben zwei Näherungen an, nämlich für hohe und für tiefe Temperaturen.

14.5. THERMODYNAMIK EINES ZWEIATOMIGEN IDEALEN GASES

Für **hohe Temperaturen** im Sinne von $T \gg T_r$ können wir die l–Summe durch ein l–Integral ersetzen, da die Sprünge des Summanden wegen des Vorfaktors T_r/T im Exponenten dann sehr klein werden (vgl. das analoge Argument im Abschnitt 14.2). Wir substituieren

$$\xi = \frac{T_r}{T} l(l+1), \qquad d\xi = \frac{T_r}{T}(2l+1)\, dl$$

und finden

$$\lim_{T \to \infty} z_r = \int_0^\infty dl\,(2l+1)\, \exp\left(-\frac{T_r}{T} l(l+1)\right) = \frac{T}{T_r} \int_0^\infty d\xi\, e^{-\xi} = \frac{T}{T_r}. \qquad (14.72)$$

Daraus folgt für die Thermodynamik bei hohen Temperaturen $T \gg T_r$:

$$\begin{aligned}
F_r &= -T \ln z_r^N = -NT \ln \frac{T}{T_r}, \\
S_r &= -\left(\frac{\partial F_r}{\partial T}\right)_N = N \ln \frac{T}{T_r} + N, \\
U_r &= F_r + T S_r = NT, \\
C_r &= \left(\frac{\partial U_r}{\partial T}\right)_N = N.
\end{aligned} \qquad (14.73)$$

Dieses Ergebnis stimmt mit dem des Gleichverteilungssatzes aus dem Abschnitt 13.3 überein: dort hatten wir für die mittlere Rotationsenergie $\langle L^2/(2\Theta)\rangle = T/2$ pro Freiheitsgrad (pro Teilchen) gefunden, was für N zweiatomige Moleküle mit je zwei unabhängigen Rotationsfreiheitsgraden (senkrecht zur Molekülachse) insgesamt zu $U_r = NT$ bzw. $C_r = N$ führt. (Bei dem Rotationsanteil der Wärmekapazität brauchen wir nicht zwischen C_{Vr} und C_{pr} zu unterscheiden, weil hier weder V noch p als Variable auftritt.)

Für **tiefe Temperaturen** im Sinne von $T \ll T_r$ beachten wir, dass die Summanden in (14.71) mit wachsendem l sehr stark abnehmen. Es wird dann ausreichen, nur die Summanden für $l = 0$ und $l = 1$ zu berücksichtigen:

$$\lim_{T \to 0} z_r = 1 + 3 \exp\left(-\frac{2T_r}{T}\right),$$

Molekül	T_r (K)
H_2	85,4
HCl	15,2
N_2	2,9
O_2	2,1

Tabelle 14.1: Rotationstemperaturen in K für einige zweiatomige Gase

$$\begin{aligned}
F_r &= -NT \ln\left(1 + 3\exp\left(-\frac{2T_r}{T}\right)\right) \\
&\approx -3NT \exp\left(-\frac{2T_r}{T}\right), \\
S_r &= -\left(\frac{\partial F_r}{\partial T}\right)_N = 3N\left(1 + \frac{2T_r}{T}\right)\exp\left(-\frac{2T_r}{T}\right), \\
U_r &= F_r + TS_r = 6NT_r \exp\left(-\frac{2T_r}{T}\right), \\
C_r &= \left(\frac{\partial U_r}{\partial T}\right)_N = 12N\left(\frac{T_r}{T}\right)^2 \exp\left(-\frac{2T_r}{T}\right).
\end{aligned} \quad (14.74)$$

Bei der Berechnung von F_r haben wir davon Gebrauch gemacht, dass wegen $T \ll T_r$ auch $\exp(-2T_r/T) \ll 1$, so dass der Logarithmus nach diesem Term entwickelt werden kann. Für $T \to 0$ geht also auch die Wärmekapazität $C_r \to 0$, und zwar sogar stärker als jede T–Potenz. Man benutzt die Sprechweise, dass für $T \to 0$ die Rotationsfreiheitsgrade *ausfrieren*. Offensichtlich hat die Rotationstemperatur T_r die Bedeutung derjenigen Temperatur, unterhalb derer dieses geschieht, während oberhalb von T_r der klassische Gleichverteilungssatz anwendbar ist. Diese Interpretation wird qualitativ vom exakten Verlauf von $C_r(T)$ gestützt, den man durch eine numerische Auswertung der l–Summe berechnen kann und der in Abbildung 14.2 als Funktion von T/T_r gezeigt ist.

Die obigen Ergebnisse der Thermodynamik der Rotationsfreiheitsgrade zeigen einmal mehr, dass die klassische Statistik auf hinreichend hohe Temperaturen begrenzt ist und dass für tiefe Temperaturen die Quantenstatistik heranzuziehen ist. Was als "hohe" bzw. als "tiefe" Temperatur zu gelten hat, muss an dem jeweiligen System entschieden werden, und zwar durch einen Vergleich der Temperatur mit einer typischen quantisierten Energie des Systems. Im obigen Fall war T zu vergleichen mit $T_r = \hbar^2/(2\Theta)$, nämlich der Anregungsenergie des Drehimpulses $l = 1$ gegen $l = 0$. In der Tabelle 14.1 sind die Rotationstemperaturen für einige typische zweiatomige Moleküle angegeben. Erwartungsgemäß haben zweiatomige Moleküle, die ein H-Atom enthalten oder gar das H_2–Molekül selbst, einbesonders kleines Trägheitsmoment Θ und somit eine im Vergleich zu anderen Molekülen hohe Rotationstemperatur T_r.

14.5. THERMODYNAMIK EINES ZWEIATOMIGEN IDEALEN GASES

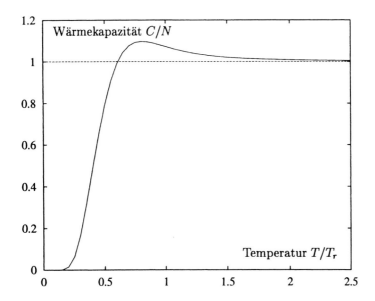

Abbildung 14.2: Wärmekapazität der Rotationsfreiheitsgrade eines zweiatomigen idealen Gases in Einheiten von N als Funktion von T/T_r.

14.5.2 Moleküle mit zwei gleichartigen Atomen

Die obigen Überlegungen zu den thermodynamischen Rotationsbeiträgen müssen abgeändert werden, wenn die beiden Atome gleichartig sind, z.B. im H_2. Eine Vertauschung der beiden Atome führt bereits im klassisch–statistischen Bild nicht zu einem neuen Bewegungszustand. Diese Symmetrie können wir dadurch berücksichtigen, dass die 1-Teilchen-Zustandssumme z_r aus dem vorhergehenden Unterabschnitt bei zwei gleichartigen Atomen durch 2 dividiert wird, also

$$z_{r=} = \frac{1}{2} z_r = \frac{T}{2T_r}. \tag{14.75}$$

Gegenüber (14.73) folgt daraus für $T \gg T_r$

$$F_r = -T \ln z_r^N = -NT \ln \frac{T}{2T_r},$$

$$S_r = -\left(\frac{\partial F_r}{\partial T}\right)_N = N \ln \frac{T}{2T_r} + N,$$

$$U_r = F_r + T S_r = N T,$$
$$C_r = \left(\frac{\partial U_r}{\partial T}\right)_N = N. \tag{14.76}$$

Innere Energie und Wärmekapazität bleiben also unverändert.

In der quantenstatistischen Version bei tiefen Temperaturen erfordert die Symmetrie bei zwei gleichartigen Atomen eine besondere Überlegung. Wir betrachten den in diesem Zusammenhang wichtigsten Fall des H_2. Gegenüber der Vertauschung der beiden Kerne, d.h., der beiden Protonen, muss der Molekülzustand ungerade sein. Bei parallelen Kernspins, also bei einer geraden Kernspin–Konfiguration, muss der räumliche Anteil der Wellenfunktion demnach ungerade sein. Das trifft jedoch nur auf die ungeraden Drehimpuls-Quantenzahlen $l = 1, 3, 5, \ldots$ zu. Der Zustand mit parallelen Kernspins, $I = 1$, besitzt die Vielfachheit $2I + 1 = 3$. Bei antiparallelen Kernspins, also bei einer ungeraden Kernspin–Konfiguration, muss dagegen der räumliche Anteil der Wellenfunktion gerade sein, also $l = 0, 2, 4, \ldots$. Die Vielfachheit antiparalleler Kernspins $I = 0$ beträgt $2I + 1 = 1$. Die elektronischen Zustände bleiben von dieser Symmetrieüberlegung unberührt. Der Zustand mit parallelen Kernspins, der sogenannte *Orthowasserstoff*, tritt also mit dem Gewicht 3/4, der Zustand mit antiparallelen Kernspins, der sogenannte *Parawasserstoff* tritt mit dem Gewicht 1/4 auf. Das führt zu dem folgenden Ausdruck für die 1–Teilchen–Zustandssumme:

$$\begin{aligned}
z_r &= \frac{3}{4} z_o + \frac{1}{2} z_p, \\
z_o &= \sum_{l=1,3,\ldots}^{\infty} (2l+1) \exp\left(-\frac{T_r}{T} l(l+1)\right), \\
z_p &= \sum_{l=0,2,\ldots}^{\infty} (2l+1) \exp\left(-\frac{T_r}{T} l(l+1)\right),
\end{aligned} \tag{14.77}$$

worin die Indizes o und p für Ortho– und Parawasserstoff stehen. Für hohe Temperaturen $T \gg T_r$ überführen wir die Summen mit der Substitution

$$\begin{aligned}
\text{o:} &\quad l = 2\lambda + 1, \quad \xi = \frac{T_r}{T} (2\lambda+1)(2\lambda+2), \\
\text{p:} &\quad l = 2\lambda, \quad \xi = \frac{T_r}{T} 2\lambda(2\lambda+1)
\end{aligned}$$

in λ–Integrale wie oben:

14.5. THERMODYNAMIK EINES ZWEIATOMIGEN IDEALEN GASES

$$z_o \to \int_0^\infty d\lambda\,(4\lambda+3)\exp\left(-\frac{T_r}{T}(2\lambda+1)(2\lambda+2)\right) =$$
$$= \frac{T}{2T_r}\int_0^\infty d\xi\, e^{-\xi} = \frac{T}{2T_r},$$
$$z_p \to \int_0^\infty d\lambda\,(4\lambda+1)\exp\left(-\frac{T_r}{T}2\lambda(2\lambda+1)\right) =$$
$$= \frac{T}{2T_r}\int_0^\infty d\xi\, e^{-\xi} = \frac{T}{2T_r},$$

womit

$$z_{r=} = \frac{3}{4}z_o + \frac{1}{2}z_p = \frac{T}{2T_r} \tag{14.78}$$

wird, gleichlautend mit der klassisch-statistischen Überlegung am Anfang.

Für tiefe Temperaturen $T \to 0$ gehen $z_o \to 0$ und $z_p \to 1$, also $z_{r=} \to 1/4$. Daraus folgt sofort $U_r \to 0$: es gibt keine Rotationsbeiträge mehr, das System verhält sich wie ein 1-atomiges Gas.

14.5.3 Die Schwingungsbeiträge

Die Schwingungsbeiträge des idealen zweiatomigen Gases lassen sich exakt berechnen. Wir greifen zurück auf die 1–Teilchen–Zustandssumme z_s der Schwingungsfreiheitsgrade in (14.69) und berechnen

$$\begin{aligned}
z_s &= \sum_\kappa \exp\left(-\beta\hbar\omega\left(\kappa+\frac{1}{2}\right)\right) \\
&= e^{-\beta\hbar\omega/2}\sum_{\kappa=0}^\infty \left(e^{-\beta\hbar\omega}\right)^\kappa = \frac{e^{-\beta\hbar\omega/2}}{1-e^{-\beta\hbar\omega}}, \\
F_s &= -T\ln z_s^N = \frac{1}{2}N\hbar\omega + NT\ln\left(1-e^{-\hbar\omega/T}\right), \\
S_s &= -\left(\frac{\partial F_s}{\partial T}\right)_N = -N\ln\left(1-e^{-\hbar\omega/T}\right) + N\frac{\hbar\omega/T}{e^{\hbar\omega/T}-1}, \\
U_s &= F_s + T S_s = \frac{1}{2}N\hbar\omega + N\frac{\hbar\omega}{e^{\hbar\omega/T}-1}, \\
C_s &= \left(\frac{\partial U_s}{\partial T}\right)_N = N\frac{(T_s/T)^2}{4\sinh^2(T_s/(2T))}.
\end{aligned} \tag{14.79}$$

Hier haben wir die zur Rotationstemperatur T_r analoge *Schwingungstemperatur* $T_s = \hbar \omega$ eingeführt. Für hohe Temperaturen $T \to \infty$ können wir den $\sinh(T_s/(2T))$ im Nenner des Ausdrucks für C_s entwickeln und erhalten $C_s \to N$, in übereinstimmung mit dem Gleichverteilungssatz im Abschnitt 13.3, wo wir nachgewiesen hatten, dass f harmonische Oszillatoren die mittlere Energie fT besitzen. In unserem Fall bedeutet das mit $f = N$ dann $U_s = NT$ und $C_s = N$. Die Abbildung 14.3 zeigt den Verlauf der Wärmekapazität C_s der Schwingungsfreiheitsgrade als Funktion von T/T_s. Daraus erkennen wir, dass die Schwingungsfreiheitsgrade unterhalb von T_s einfrieren, während oberhalb von T_s der klassische Gleichverteilungssatz anwendbar ist.

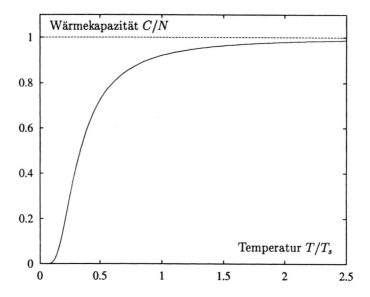

Abbildung 14.3: Wärmekapazität der Schwingungsfreiheitsgrade eines zweiatomigen idealen Gases in Einheiten von N als Funktion von T/T_s.

Schließlich zeigt die Tabelle 14.2 die Schwingungstemperaturen für dieselben Gase, für die wir die Rotationstemperaturen in der Tabelle 14.1 angegeben hatten. Die T_s-Werte liegen um zwei bis drei Größenordnungen über den T_r-Werten.

14.5.4 Entkopplung von Rotation und Schwingung

In der Näherung (14.65) hatten wir im Fliehkraftpotential die Variable r durch den Wert r_0 ersetzt, bei dem das Bindungspotential $V(r)$ ein Minimum besitzt, für den

14.5. THERMODYNAMIK EINES ZWEIATOMIGEN IDEALEN GASES

Molekül	T_s (K)
H_2	6340
HCl	4140
N_2	3380
O_2	2270

Tabelle 14.2: Schwingungstemperaturen in K für einige zweiatomige Gase

also $V'(r_0) = 0$. Um diesen Wert r_0 hatten wir $V(r)$ in (14.64) bis zur quadratischen Ordnung entwickelt und damit die innermolekularen Schwingungen genähert als harmonisch beschrieben. Eine konsequente harmonische Näherung müsste nicht $V(r)$ allein, sondern das *effektive* Potential

$$\tilde{V}(r) = V(r) + \frac{L^2}{2\,m\,r^2}, \qquad L^2 = \hbar^2\, l\,(l+1) \tag{14.80}$$

um sein Minimum bis zur quadratischen Ordnung entwickeln. Das Minimum des effektiven Potentials $\tilde{V}(r)$ liege bei r_l. Der Index l weist darauf hin, dass der Wert von r_l parametrisch von L^2 bzw. von der Quantenzahl l abhängen wird, was aus seiner Definition

$$V'(r_l) - \frac{L^2}{m\,r_l^3} = 0. \tag{14.81}$$

unmittelbar ersichtlich ist. Wir wollen nun zeigen, dass die durch den Term $L^2/(m\,r_l^3)$ bedingte Abweichung $\Delta r_l = r_l - r_0$ sehr klein ist. Dazu entwickeln wir $V'(r_l)$ nach Δr_l bis zur 1. Ordnung:

$$V'(r_l) = V'(r_0) + V''(r_0)\,\Delta r_l = m\,\omega^2\,\Delta r_l. \tag{14.82}$$

Hier haben wir die Definition $V'(r_0) = 0$ von r_0 und die Definition von ω in (14.64) benutzt. Wir setzen (14.82) in (14.81) ein. Im L^2-Term können wir jetzt r_l durch r_0 ersetzen, weil $\Delta r_l = O(L^2)$ und wir nur die niedrigste Ordnung berechnen wollen:

$$\Delta r_l = \frac{L^2}{m^2\,\omega^2\,r_0^3} \qquad \text{bzw.} \qquad \frac{\Delta r_l}{r_0} = \frac{L^2}{m^2\,\omega^2\,r_0^4}. \tag{14.83}$$

Wir schreiben den relativen Fehler $\Delta r_l/r_0$ in der Form

$$\frac{\Delta r_l}{r_0} = \frac{L^2}{m\,r_0^2}\,\frac{\hbar^2}{m\,r_0^2}\,\frac{1}{(\hbar\omega)^2} \qquad (14.84)$$

und setzen ein

$$\langle\frac{L^2}{2\,m\,r_0^2}\rangle \leq T, \qquad \frac{\hbar^2}{2\,m\,r_0^2} = T_r, \qquad \frac{1}{\hbar\omega} = \frac{1}{T_s},$$

um daraus den relativen Fehler durch

$$\frac{\Delta r_l}{r_0} \approx 4\,\frac{T\,T_r}{T_s^2} \qquad (14.85)$$

abzuschätzen. Die Entkopplung von Rotation und Schwingung ist also gerechtfertigt, wenn $T \ll T_s^2/(4\,T_r)$. Der Wert von $T_s^2/(4\,T_r)$ liegt in der Größenordnung von 10^5 bis 10^6 K, also in einem Temperaturbereich, in dem die Moleküle längst thermisch dissoziiert sind.

14.6 Moleküle mit mehr als zwei Atomen

Unter Benutzung der Ergebnisse der vorhergehenden Abschnitte dieses Kapitels diskutieren wir jetzt die thermodynamischen Eigenschaften von idealen Systemen, die eine Sorte von Molekülen mit einer beliebigen Anzahl $A \geq 3$ von Atomen enthalten. Ein einzelnes Molekül besitzt dann insgesamt $3A$ Freiheitsgrade, von denen je 3 auf Translation und Rotation entfallen. Die verbleibenden $S = 3A - 6$ Freiheitsgrade müssen also interne Schwingungsfreiheitsgrade sein. Falls es sich jedoch um ein langgestrecktes ("lineares") Molekül wie z.B. CO_2 handelt, gibt es nur zwei Rotationsfreiheitsgrade und folglich $S = 3A - 5$ Schwingungsfreiheitsgrade.

Die Translationsfreiheitsgrade führen zum thermodynamischen Verhalten idealer Systeme, wie wir es in den Abschnitten 14.3 bzw. 14.4 kennengelernt haben. Die verbleibenden Freiheitsgrade für Rotation und Schwingungen führen zu additiven Beiträgen zur freien Energie, Entropie, inneren Energie und Wärmekapazität. Wir entkoppeln Rotation und Schwingungen mit demselben Argument, das wir im Fall des zweiatomigen Gases im Abschnitt 14.5 verwendet haben.

14.6. MOLEKÜLE MIT MEHR ALS ZWEI ATOMEN

14.6.1 Die Rotationsbeiträge

Falls es sich um ein gestrecktes Molekül handelt, können wir die additiven Beiträge der Rotation direkt aus dem Abschnitt 14.5 entnehmen. Für den allgemeinen Fall beliebig strukturierter Moleküle berechnen wir jetzt die thermodynamischen Rotationsbeiträge. Wir beschränken uns dabei auf die klassische Version, weil die Rotationstemperaturen T_r mehratomiger Moleküle so tief liegen, dass der Temperaturbereich T, in dem das System überhaupt als ideal auftritt und nicht bereits kondensiert ist, weit oberhalb von T_r liegt, also $T \gg T_r$. Das bedeutet, dass die Rotationsfreiheitsgrade im idealen Gas mehratomiger Moleküle immer schon voll angeregt sind. Die Hamilton–Funktion der Rotationsfreiheitsgrade hat die Gestalt

$$H = \frac{L_x^2}{2\Theta_x} + \frac{L_y^2}{2\Theta_y} + \frac{L_z^2}{2\Theta_z}. \tag{14.86}$$

Die L_x, L_y, L_z sind die Drehimpulskomponenten in den Richtungen der drei körperfesten, d.h. hier "molekülfesten" Hauptträgheitsachsen, und $\Theta_x, \Theta_y, \Theta_z$ die zugehörigen Hauptträgheitsmomente, von denen aus Symmetriegründen zwei oder auch alle drei gleich sein können. Die 1–Teilchen–Zustandssumme lautet

$$z_r = \frac{1}{h^3} \int dL_x \int dL_y \int dL_z \int d\phi_x \int d\phi_y \int d\phi_z \times$$
$$\times \exp\left(-\frac{\beta L_x^2}{2\Theta_x} - \frac{\beta L_y^2}{2\Theta_y} - \frac{\beta L_z^2}{2\Theta_z}\right). \tag{14.87}$$

Die Drehwinkel ϕ_x, ϕ_y, ϕ_z können so gezählt werden, dass zwei von ihnen, z.B. ϕ_x, ϕ_y, die Lage der dritten Achse, z.B. der z–Achse angeben. Die Integration über diese beiden Winkel ergibt den vollen Raumwinkel, also 4π. Die verbleibende Winkelintegration, z.B. über ϕ_z, liefert nochmals 2π. Die gesamte Winkelintegration ergibt also $8\pi^2$. Hierbei wird allerdings vorausgesetzt, dass jede Orientierungsänderung des Moleküls tatsächlich zu einer Lage führt, die von der Ausgangslage unterschieden werden kann. Besitzt das Molekül jedoch Symmetrien, d.h., überführen gewisse Orientierungsänderungen das Molekül in sich selbst, dann muss das Ergebnis der Winkelintegration durch die Anzahl solcher Orientierungsänderungen dividiert werden, z.B. durch 2 bei einem gleichschenkligen Dreieck (wie bei H_2O) oder durch 3 bei einer dreizähligen Symmetrie (wie bei NH_3), vgl. auch den Unterabschnitt 14.5.2. Über die Drehimpulse L_x, L_y, L_z ist jeweils von $-\infty$ bis $+\infty$ zu integrieren. Das einzelne Integral ergibt wie üblich

$$\int_{-\infty}^{+\infty} dL_x \exp\left(-\frac{\beta L_x^2}{2\Theta_x}\right) = \sqrt{\frac{2\pi\Theta_x}{\beta}} = \sqrt{2\pi\Theta_x T},$$

entsprechend für y, z. Damit erhalten wir für z_r, die freie Energie F_r, die innere Energie U_r und die Wärmekapazität C_r

$$\begin{aligned}
z_r &= \frac{2\sqrt{2\pi}}{\hbar^3} T^{3/2} \left(\Theta_x \Theta_y \Theta_z\right)^{1/2}, \\
F_r &= -NT \ln z_r = -\frac{3}{2} NT \ln T - NT \ln \left(\sqrt{2\pi}\hbar^3 \left(\Theta_x \Theta_y \Theta_z\right)^{1/2}\right), \\
U_r &= NT^2 \frac{\partial \ln z_r}{\partial T} = \frac{3}{2} NT, \\
C_r &= \left(\frac{\partial U_r}{\partial T}\right)_N = \frac{3}{2} N,
\end{aligned} \qquad (14.88)$$

in übereinstimmung mit dem Gleichverteilungssatz, nach dem jedem Rotationsfreiheitsgrad im klassischen Grenzfall die mittlere Energie $T/2$ pro Teilchen zukommt.

14.6.2 Die Schwingungsbeiträge

Bei der Bestimmung der Schwingungsbeiträge zur Thermodynamik mehratomiger Moleküle müssen wir die quantenstatistische Darstellung verwenden, weil die Schwingungstemperaturen so hoch sein können, dass die Schwingungsfreiheitsgrade im Temperaturbereich des idealen Gases erst angeregt werden. Wir bereiten die quantentheoretische Darstellung durch Umformungen vor, die wir aus Gründen der einfacheren Schreibweise in der klassischen Darstellung durchführen. Wir denken uns die A Ortsvektoren $\boldsymbol{r}_a$, $a = 1, 2, \ldots, A$ der Atome durch die Schwerpunktskoordinate $\boldsymbol{R}$, durch Rotationswinkel ϕ_x, ϕ_y, ϕ_z sowie durch Relativkoordinaten $x_1, \ldots, x_S$ dargestellt. Die letzteren sollen so gewählt sein, dass die undeformierte Lage der Atome durch $x_s = 0$ für alle $s = 1, 2, \ldots, x_S$ gegeben ist. Da die Translation nicht an die Schwingungsbewegung koppelt und da wir oben auch schon begründet hatten, dass wir die Rotation von der Schwingung entkoppeln können, behandeln wir die Bewegung der x_s bei festgehaltenen Werten von $\boldsymbol{R}$ und ϕ_x, ϕ_y, ϕ_z. Auf diese Weise erhalten wir für die Geschwindigkeiten und die kinetische Energie

$$\boldsymbol{r}_a = \boldsymbol{r}_a(x_1, \ldots, x_S), \qquad \dot{\boldsymbol{r}}_a = \sum_s \frac{\partial \boldsymbol{r}_a}{\partial x_s} \dot{x}_s,$$

$$T = \sum_{a=1}^{A} \frac{1}{2} m_a \dot{\boldsymbol{r}}_a^2 = \frac{1}{2} \sum_{s,s'} M_{ss'} \dot{x}_s \dot{x}_{s'}, \qquad M_{ss'} = \sum_{a=1}^{A} \frac{\partial \boldsymbol{r}_a}{\partial x_s} \frac{\partial \boldsymbol{r}_a}{\partial x'_s}. \qquad (14.89)$$

14.6. MOLEKÜLE MIT MEHR ALS ZWEI ATOMEN

Offensichtlich ist $M_{ss'}$ symmetrisch: $M_{s's} = M_{ss'}$. Auch die potentielle Energie V stellen wir als Funktion der Relativkoordinaten x_s dar. Wir machen eine harmonische Näherung wie beim zeiatomigen Molekül, d.h., wir entwickeln V in eine Taylor–Reihe nach den x_s bis zur quadratischen Ordnung. Die linearen Terme verschwinden, weil $x_s = 0$ die Ruhelagen bedeuten sollten. Der konstante Term entfällt durch eine entsprechende Wahl des Nullpunkts der Energie. Insgesamt erhalten wir auf diese Weise die Lagrange–Funktion

$$L = \frac{1}{2} \sum_{ss'} \left(M_{ss'} \dot{x}_s \dot{x}_{s'} - V_{ss'} x_s x_{s'} \right), \tag{14.90}$$

worin auch $V_{ss'}$ symmetrisch ist: $V_{s's} = V_{ss'}$. Unter Verwendung der Symmetrien von $M_{ss'}$ und $V_{ss'}$ folgen aus (14.90) die Bewegungsgleichungen

$$\sum_{s'} \left(M_{ss'} \ddot{x}_{s'} + V_{ss'} x_{s'} \right) = 0, \quad s = 1, 2, \ldots, S. \tag{14.91}$$

Der Ansatz $x_s = a_s \, \mathrm{e}^{i\omega t}$ führt auf das lineare Gleichungssystem

$$\sum_{s'} \left(-M_{ss'} \omega^2 + V_{ss'} \right) a_{s'} = 0, \tag{14.92}$$

das nur für die Wurzeln ω^2 des charakteristischen Polynoms

$$\det \left(-M_{ss'} \omega^2 + V_{ss'} \right) = 0 \tag{14.93}$$

nichttriviale Lösungen für die a_s liefert. Das charakteristische Polynom besitzt insgesamt S reelle, positive Wurzeln bzw. *Eigenwerte* ω_σ^2, $\sigma = 1, 2, \ldots, S$. dass diese Eigenwerte reell und positiv sind, folgt daraus, dass anderenfalls die Lösungen $x_s = a_s \mathrm{e}^{i\omega t}$ für $t \to \infty$ entweder divergieren oder verschwinden würden, was der Energieerhaltung unseres Problems bzw. der angenommenen Stabilität widersprechen würde. Zu jedem Eigenwert ω_σ^2 gehört ein *Eigenvektor* mit den Komponenten $a_{s,\sigma}$, $s = 1, 2, \ldots, S$. Diese Eigenvektoren sind nur bis auf einen Faktor bestimmt, der von σ abhängen kann. Die allgemeine Lösung lautet demnach

$$x_s = \sum_\sigma a_{s,\sigma} \, \mathrm{e}^{i\omega_\sigma t}. \tag{14.94}$$

Mit jeder Frequenz ω_σ ist auch $-\omega_\sigma$ erlaubt. Wenn die zugehörigen Eigenvektoren $a_{s,\sigma}$ für $\pm \omega_\sigma$ gleich gewählt werden, ist die Lösung x_s in (14.94) reell, was aus physikalischen Gründen zu fordern ist. Statt die expliziten Lösung zu bestimmen, können wir zunächst auch nur den Ansatz

$$x_s = \sum_\sigma a_{s,\sigma} u_\sigma \qquad (14.95)$$

mit den aus (14.92) zu berechnenden Eigenvektoren $a_{s,\sigma}$ machen. Einsetzen in (14.91) führt auf

$$\sum_\sigma \left(\sum_{s'} M_{ss'} a_{s',\sigma} \ddot{u}_\sigma + \sum_{s'} V_{ss'} a_{s',\sigma} u_\sigma \right) = 0, \qquad (14.96)$$

was sich unter Verwendung von (14.92) auf

$$\sum_\sigma \left(\sum_{s'} M_{ss'} a_{s',\sigma} \right) \left(\ddot{u}_\sigma + \omega_\sigma^2 u_\sigma \right) = 0 \qquad (14.97)$$

zurückführen lässt. Da die $a_{s',\sigma}$ nur bis auf einen σ-abhängigen Faktor bestimmt sind, folgt sogar

$$\ddot{u}_\sigma + \omega_\sigma^2 u_\sigma = 0, \qquad \sigma = 1, 2, \ldots, S. \qquad (14.98)$$

Dieses sind S unabhängige harmonische Oszillatoren, die sogenannten *Eigenmoden* des Moleküls, die von einer Lagrange–Funktion L bzw. einer Hamilton–Funktion H

$$L = \frac{1}{2} \sum_\sigma \left(\dot{u}_\sigma^2 - \omega_\sigma^2 u_\sigma^2 \right), \qquad H = \frac{1}{2} \sum_\sigma \left(p_\sigma^2 + \omega_\sigma^2 u_\sigma^2 \right) \qquad (14.99)$$

mit $p_\sigma = \partial L / \partial \dot{u}_\sigma = \dot{u}_\sigma$ erzeugt werden. Deren Quantisierung von H führt in üblicher Weise auf die 1–Teilchen–Energien

$$\epsilon(\kappa_1, \ldots, \kappa_S) = \sum_\sigma \hbar \omega_\sigma \left(\kappa_\sigma + \frac{1}{2} \right), \qquad \kappa_\sigma = 0, 1, 2, \ldots. \qquad (14.100)$$

Da die 1–Teilchen–Energien additiv in den Eigenmoden $\sigma = 1, 2, \ldots, S$ sind, wird die gesamte 1–Teilchen–Zustandssumme ein Produkt von einzelnen Zustandssummen

14.6. MOLEKÜLE MIT MEHR ALS ZWEI ATOMEN

jeweils für die Eigenfrequenzen ω_σ, wie wir sie bereits bei den Schwingungsbeiträgen der zweiatomigen Moleküle berechnet hatten:

$$z_s = \sum_{\kappa_1,\ldots,\kappa_S} \exp\left[-\beta \sum_\sigma \hbar\omega_\sigma \left(\kappa_\sigma + \frac{1}{2}\right)\right] = \prod_\sigma \frac{e^{-\beta\hbar\omega_\sigma/2}}{1 - e^{-\beta\hbar\omega_\sigma}}. \qquad (14.101)$$

Entsprechend werden alle thermodynamischen Funktionen wie freie Energie, Entropie, innere Energie und Wärmekapazität Summen der Beiträge der einzelnen Eigenmoden, für die Wärmekapazität

$$C_s = N \sum_\sigma \frac{(\hbar\omega_\sigma/T)^2}{4\sinh^2 \hbar\omega_\sigma/(2T)}. \qquad (14.102)$$

Die Schwingungstemperaturen $T_\sigma = \hbar\omega_\sigma$ können für die einzelnen Schwingungsmoden σ recht unterschiedliche Werte haben. Wenn zwei der Größe nach aufeinanderfolgende Frequenzen ω_σ hinreichend weit getrennt sind, erwarten wir, dass die Wärmekapazität zwischen den entsprechenden Schwingungstemperaturen etwa konstant ist.

15

Magnetismus und Wechselwirkungen

Kapitel 15

Magnetismus und Wechselwirkungen

Im vorhergehenden Kapitel haben wir gezeigt, dass sich die Thermodynamik idealer Systeme im Gleichgewicht exakt aus der statistischen Formulierung herleiten lässt. Leider ist das aber im Allgemeinen auch nur für ideale Systeme möglich. Zu den idealen Systemen ist auch ein System nicht wechselwirkender magnetischer Momente in einem äußeren Feld zu rechnen, dessen phänomenologische Theorie wir im Abschnitt 9.1 entwickelt und als ein einfaches Modell für Paramagnetismus erkannt hatten. Wir beginnen dieses Kapitel mit der statistischen Theorie dieses Systems und schließen daran in Analogie zum Kapitel 9 eine statistische Theorie wechselwirkender magnetischer Momente, d.h. eines Ferromagneten an. Wir werden sehen, dass statistische Theorien wechselwirkender Freiheitsgrade im Allgemeinen nur in gewissen Näherungen durchführbar sind. Dieselbe Erfahrung werden wir im weiteren Verlauf dieses Kapitels mit der statistischen Theorie wechselwirkender Teilchen, d.h. mit der eines realen Gases machen.

15.1 Unabhängige magnetische Momente

Im Abschnitt 9.1 haben wir die Thermodynamik von Paramagneten, d.h. eines Systems nicht wechselwirkender magnetischer Momente sehr ausführlich entwickelt. Wir können uns deshalb hier darauf beschränken, die dort dargestellte Thermodynamik an die statistische Formulierung anzuschließen. Das soll durch Verwendung eines kanonischen Ensembles geschehen. Da die magnetischen Momente voraussetzungsgemäß nicht wechselwirken sollen, können wir die kanonische Zustandssumme Z mit demselben Argument wie im vorhergehenden Kapitel durch die 1-Momenten-Zustandssumme z darstellen: $Z = z^N$. Von dem Faktor $1/N!$, der im vorhergehenden

Kapitel die Ununterscheidbarkeit der Teilchen berücksichtigte, können wir hier absehen, denn entweder denken wir uns die Momente als ortsfest, so dass sie anhand ihrer Orte unterschieden werden können und kein Gibbssches Paradoxon auftreten kann, oder die Momente werden von den Teilchen eines Gases getragen, dessen Teilchenbewegung in einer translatorischen Zustandssumme unter Einschluss des Faktors $1/N!$ darzustellen ist. Im letzteren Fall sind die Zustandssummen für die Freiheitsgrade der Translation und der Magnetisierung ähnlich wie im vorhergehenden Kapitel zu multiplizieren. Zu den im Folgenden zu berechnenden extensiven thermodynamischen Funktionen des magnetischen Verhaltens treten dann diejenigen der Translation additiv hinzu.

15.1.1 Allgemeine Formulierung

Unser Ausgangspunkt ist die bereits im Abschnitt 9.1 verwendete Tatsache, dass ein magnetisches Moment m in einem äußeren Feld B_0 die Energie $E = -m\,B_0$ besitzt. Magnetische Momente elektrisch geladener Teilchen sind gemäß

$$m = g \frac{e}{2\,m_0} L \qquad (15.1)$$

mit dem Drehimpuls L des Teilchens verknüpft, worin e die Ladung des Teilchens ist, m_0 seine Masse und g sein sogenannter g-Faktor. Wir werden hier im wesentlichen magnetische Momente von Elektronen im Auge haben, so dass m_0 die Masse des Elektrons ist und e die Elementarladung. Aus (15.1) folgt, dass mit dem Drehimpuls L auch das magnetische Moment m ein quantentheoretischer Operator ist. Folglich ist $H_1 = -m\,B_0$ als 1-Teilchen–Hamilton–Operator zu interpretieren und die 1-Teilchen–Zustandssumme aus

$$z = \mathrm{Sp}\left(e^{-\beta H_1}\right) = \mathrm{Sp}\left[\exp\left(\beta\,m\,B_0\right)\right], \qquad \beta = 1/T \qquad (15.2)$$

zu berechnen. Wir stellen die Spur Sp als Summe der Eigenwerte des Operators $\exp(-\beta H_1)$ dar. Die Eigenwerte von $H_1 = -m\,B_0$ finden wir, indem wir aus der Quantentheorie des Drehimpulses die Aussage verwenden, dass eine beliebige Komponente L des Drehimpulses L, die wir in der Richtung des äußeren Feldes B_0 wählen, Eigenwerte $L = \hbar\mu$ mit $\mu = -l, -l+1, \ldots, l-1, l$ besitzt. Hier ist l die Drehimpulsquantenzahl, die die Quantisierung von $L^2 = \hbar^2 l(l+1)$ angibt. Für den *Spin* des Elektrons ist $l = 1/2$ und $g \approx 2$, für die Bahn des Elektrons in einem Atom $l = 0, 1, 2, \ldots$ und $g = 1$. Somit lauten die Eigenwerte von H_1

$$\epsilon_1 = \epsilon_0\,\mu, \qquad \epsilon_0 := g\frac{e\hbar B_0}{2\,m_0}, \qquad \mu = -l, -l+1, \ldots, l-1, l, \qquad (15.3)$$

15.1. UNABHÄNGIGE MAGNETISCHE MOMENTE

und die 1-Teilchen-Zustandssumme berechnet sich zu

$$
\begin{aligned}
z &= \sum_{\mu=-l}^{+l} \exp\left(\beta\,\epsilon_0\,\mu\right) \\
&= \exp\left(-\beta\,\epsilon_0\,l\right) \sum_{\nu=0}^{2l} \left(e^{\beta\,\epsilon_0}\right)^{\nu} \\
&= \exp\left(-\beta\,\epsilon_0\,l\right) \frac{\left(e^{\beta\,\epsilon_0}\right)^{2l+1}-1}{e^{\beta\,\epsilon_0}-1} \\
&= \frac{\sinh\left(\beta\,\epsilon_0\,(l+1/2)\right)}{\sinh\left(\beta\,\epsilon_0/2\right)}.
\end{aligned}
\tag{15.4}
$$

15.1.2 Anwendungen

Für kleine Werte von l ist es einfacher, nicht die formale Summation zu benutzen, sondern die Zustandssumme auszuschreiben. Für **Elektronenspins** mit $l = 1/2$ und $g = 2$ wird

$$
\begin{aligned}
m &= g\,\frac{e}{2\,m_0}\,\hbar\,l = \frac{e\,\hbar}{2\,m_0}, \\
\epsilon_0 &= g\,\frac{e\,\hbar\,B_0}{2\,m_0} = 2\,m\,B_0, \\
z &= e^{-\beta\,\epsilon_0/2} + e^{\beta\,\epsilon_0/2} = 2\,\cosh\frac{m\,B_0}{T} = 2\,\cosh\eta,
\end{aligned}
\tag{15.5}
$$

worin wir die bereits im Kapitel 9 eingeführte Variable $\eta := m\,B_0/T$ verwendet haben. Für **Elektronenbahnen** in einem Atom mit $l = 1$ und $g = 1$ wird

$$
\begin{aligned}
m &= g\,\frac{e}{2\,m_0}\,\hbar\,l = \frac{e\,\hbar}{2\,m_0}, \\
\epsilon_0 &= g\,\frac{e\,\hbar\,B_0}{2\,m_0} = m\,B_0, \\
z &= e^{-\beta\,\epsilon_0} + 1 + e^{\beta\,\epsilon_0} = 1 + 2\,\cosh\frac{m\,B_0}{T} = 1 + 2\,\cosh\eta.
\end{aligned}
\tag{15.6}
$$

Wir wollen schließlich noch den **klassischen Grenzfall** durch $\hbar \to 0$ ermitteln. Damit dabei der Drehimpuls-Betrag $L = \hbar\,l$ in B_0-Richtung und somit auch das klassische magnetische Moment (mit $g = 1$)

$$m = \frac{e}{2m_0} L \qquad (15.7)$$

endlich bleiben, muss gleichzeitig $l \to \infty$ streben, so dass $\hbar l = L =$ konstant. Das bedeutet, dass sich der Drehimpuls im Grenzfall relativ zum Feld B_0 kontinuierlich einstellen kann, wie es der klassischen Vorstellung entspricht. Wir schreiben

$$\epsilon_0 = \frac{e\hbar B_0}{2m_0} = \frac{eB_0}{2m_0}\frac{L}{l} = \frac{mB_0}{l} \qquad (15.8)$$

und führen die Zustandssumme durch Übergang auf die im Grenzfall kontinuierliche Variable $\xi = \mu/l$ als Integral aus:

$$\begin{aligned} z &= \sum_{\mu=-l}^{+l} \exp\left(\beta m B_0 \frac{\mu}{l}\right) \\ &\to \int_{-1}^{+1} d\xi \, \exp(\beta m B_0 \xi) = \frac{2\sinh(mB_0/T)}{mB_0/T} = \frac{2\sinh\eta}{\eta}. \end{aligned} \qquad (15.9)$$

In allen Fällen gewinnen wir die 1-Momenten-Zustandssumme $z(\eta)$ als Funktion der Variablen $\eta = mB_0/T$. Die daraus gebildete freie Energie $-NT \ln z(\eta)$ ist als $\tilde{F}(T, B_0)$ zu interpretieren, für die gemäß Kapitel 9 die Fundamentalrelation

$$d\tilde{F} = -S\,dT - VM\,dB_0 \qquad (15.10)$$

gilt. Im Abschnitt 9.1 haben wir auch gezeigt, dass sich die Magnetisierung M unabhängiger Momente als Funktion von η darstellen lässt,

$$M = \frac{Nm}{V} \Lambda(\eta). \qquad (15.11)$$

und dass die freie Energie $\tilde{F}$ mit der Funktion $\Lambda(\eta)$ verknüpft ist:

$$\begin{aligned} \tilde{F}(T, \eta) &= \tilde{F}_0(T) - NT\Phi(\eta), \qquad &(15.12)\\ \Phi(\eta) &= \int_0^\eta d\eta_1 \, \Lambda(\eta_1) \quad \text{bzw.} \quad \Lambda(\eta) = \frac{d\Phi(\eta)}{d\eta}. \qquad &(15.13) \end{aligned}$$

15.2. DAS ISING–MODELL

$\Phi(\eta)$ ist also so zu bestimmen, dass $\Phi(0) = 0$. Wir vergleichen mit unseren obigen statistischen Ergebnissen und finden für **Elektronenspins**

$$\begin{aligned} \tilde{F} &= -NT \ln(2\cosh\eta), \\ \tilde{F}_0(T) &= -NT \ln 2, \\ \Phi(\eta) &= \ln \cosh\eta, \\ \Lambda(\eta) &= \tanh\eta, \end{aligned} \qquad (15.14)$$

für **Elektronenbahnen** mit $l = 1$

$$\begin{aligned} \tilde{F} &= -NT \ln(1 + 2\cosh\eta), \\ \tilde{F}_0(T) &= -NT \ln 3, \\ \Phi(\eta) &= \ln \frac{1 + \cosh\eta}{3}, \\ \Lambda(\eta) &= \frac{2\sinh\eta}{1 + 2\cosh\eta}, \end{aligned} \qquad (15.15)$$

und im klassischen Grenzfall

$$\begin{aligned} \tilde{F} &= -NT \ln \frac{2\sinh\eta}{\eta}, \\ \tilde{F}_0(T) &= -NT \ln 2, \\ \Phi(\eta) &= \ln \frac{\sinh\eta}{\eta}, \\ \Lambda(\eta) &= \coth\eta - \frac{1}{\eta}. \end{aligned} \qquad (15.16)$$

Damit haben wir die statistischen Grundlagen der phänomenologischen Thermodynamik von Paramagneten im Abschnitt 9.1 nachgeliefert.

15.2 Das Ising–Modell

15.2.1 Formulierung und die Molekularfeld–Näherung

Im Abschnitt 9.2 hatten wir uns bereits ein anschauliches Bild von einem *Ferromagneten* gemacht: die einzelnen magnetischen Momente sollten sich nicht mehr wie in einem paramagnetischen System unabhängig voneinander in ihrer Richtung einstellen können, sondern gegenseitig aufeinander in der Weise einwirken, dass eine Tendenz zu einer Parallelstellung der Momente entsteht. Das einfachste Modell, das diese Vorstellung auf einer mikroskopischen Ebene beschreibt, ist das *Ising-Modell*, dargestellt durch seinen Hamilton–Operator

$$H = -\sum_{i,j} J_{ij}\, s_i\, s_j - m\, B_0 \sum_i s_i. \tag{15.17}$$

Jedem der N magnetischen Momente des Systems, abgezählt durch den Index $i = 1, 2, \ldots, N$, wird eine Variable s_i zugeordnet, die die Werte $s_i = \pm 1$ annehmen kann und die die Einstellung des Moments Nr. i *in* ($s_i = +1$) oder *gegen* ($s_i = -1$) die Richtung eines äußeren Feldes mit der Flussdichte B_0 angibt. Diese Beschreibung ist also einem System elektronischer Spins angepasst, deren jeder zwei Einstellmöglichkeiten besitzt und das magnetische Moment $m = e\hbar/(2\,m_0)$ trägt. Der zweite Term in (15.17) ist die vom Paramagneten her bekannte Energie des Systems der Momente in einem äußeren Feld mit der Flussdichte B_0.

Der erste Term in (15.17) soll nun die Wechselwirkung zwischen den Momenten beschreiben. J_{ij} ist eine Energie, das sogenannte *Austauschintegral*. Wenn $J_{ij} > 0$ für alle Paare (i,j), dann wird eine Parallelstellung $s_i = s_j$ bzw. $s_i s_j = +1$ energetisch "begünstigt", indem dieser Zustand energetisch tiefer liegt als derjenige mit $s_i \neq s_j$ bzw. $s_i s_j = -1$ und somit thermisch leichter anregbar ist. Die mikroskopische Theorie des Austauschintegrals ist Gegenstand der Quantentheorie. Sie hängt von dem jeweiligen Material ab, denn das Austauschintegral kann über indirekte Kopplungen zwischen den Atomen zustandekommen, in denen ein elektronischer Spin lokalisiert ist. Ein allgemeines Ergebnis dieser Theorie ist, dass die Austauschintegrale J_{ij} nur für solche Paare (i,j) von Momenten von Null verschieden sind, die nicht zu weit voneinander entfernt sind, z.B. für nächste Nachbarn oder übernächste Nachbarn. Außerdem ist natürlich $J_{ij} = J_{ji}$, weil Wechselwirkungen zwischen denselben Freiheitsgraden wie immer in der Physik symmetrisch sind. Hinzu kommt die Bedingung $J_{ii} = 0$: ein Moment soll in diesem Modell nicht mit sich selbst wechselwirken können.

Die Theorie des Austauschintegrals kann unter bestimmten materialabhängigen Bedingungen auch $J_{ij} < 0$ liefern. In diesem Fall werden entgegengesetzte Momente energetisch begünstigt. Man spricht dann von *Antiferromagnetismus*. Es können im selben System auch Austauschintegrale mit verschiedenen Vorzeichen vorkommen, z.B. $J_{ij} < 0$ für nächste Nachbarn und $J_{ij} > 0$ für übernächste Nachbarn. Wir wollen uns im Folgenden aber auf den Fall $J_{ij} > 0$, also Ferromagnetismus, beschränken.

Das durch den Hamilton–Operator H in (15.17) begründete statistische Problem

$$Z = \mathrm{Sp}\left(e^{-\beta H}\right) \tag{15.18}$$

15.2. DAS ISING-MODELL

ist nur in zwei Situationen exakt lösbar, nämlich zum einen in einer Anordnung der Momente in einem eindimensionalen Gitter, vgl. den folgenden Abschnitt, und zum anderen in einer Anordnung in einem zweidimensionalen Gitter ohne äußeres Feld, also mit $B_0 = 0$[1]. Wir werden deshalb hier die einfachste Näherung vorstellen, die man überhaupt in Systemen mit wechselwirkenden Freiheitsgraden verwendet und die wir bereits in den Kapiteln 8 und 9 qualitativ beschrieben haben, nämlich die *Molekularfeld-Näherung* (englisch: mean-field-approximation). Eine systematische Formulierung dieser Näherung gewinnt man, indem man das Produkt $s_i s_j$ im Hamilton-Operator H in (15.17) in die Form

$$s_i s_j = \delta s_i \delta s_j + \langle s_i \rangle s_j + \langle s_j \rangle s_i - \langle s_i \rangle \langle s_j \rangle \tag{15.19}$$

bringt, worin $\delta s_i := s_i - \langle s_i \rangle$ und $\langle \ldots \rangle$ die thermodynamischen Erwartungswerte sind, die wir noch zu berechnen haben. Die Molekularfeld-Näherung besteht nun darin, den Produktterm 2. Ordnung in den Fluktuationen, also $\delta s_i \delta s_j$ in (15.19) zu vernachlässigen. Einsetzen dieser Näherung ergibt dann aus (15.17) den Molekularfeld-Hamilton-Operator

$$\begin{aligned} H &= -\sum_{i,j} J_{ij} \left(\langle s_i \rangle s_j + \langle s_j \rangle s_i \right) - m B_0 \sum_i s_i + E_0, \\ E_0 &= \sum_{i,j} J_{ij} \langle s_i \rangle \langle s_j \rangle. \end{aligned} \tag{15.20}$$

Der Term E_0 wird im Allgemeinen temperatur- und feldabhängig sein; wir können ihn also nicht durch Wahl des Energienullpunkts eliminieren. Allerdings spielt E_0 für die jetzt herzuleitenden magnetischen Eigenschaften keine Rolle und wird darum fortgelassen. Wegen $J_{ij} = J_{ji}$ können wir die beiden Summanden in der (i, j)-Summe durch Vertauschung der Indizes i, j mit dem Feld-Term zusammenfassen:

$$H = -\sum_i \left(2 \sum_j J_{ij} \langle s_j \rangle + m B_0 \right) s_i. \tag{15.21}$$

In einem räumlich homogenen System wird der Erwartungswert $\langle s_j \rangle$ für alle Momente derselbe sein, also $\langle s_j \rangle = \langle s \rangle$, so dass

$$H = -\sum_i \left(2 J \langle s \rangle + m B_0 \right) s_i, \qquad J := \sum_j J_{ij}. \tag{15.22}$$

---
[1] L. Onsager, 1944

Ebenfalls aus Gründen der räumlichen Homogenität hängt auch die j-Summe über die J_{ij} nicht mehr vom Index i ab. J hat die Bedeutung der Summe aller Wechselwirkungsenergien, unter denen ein beliebig herausgegriffenes Moment in seiner Umgebung steht.

15.2.2 Thermodynamik in der Molekularfeld–Näherung

Der Molekularfeld–Hamilton–Operator H in (15.22) hat formal dieselbe Struktur wie der Hamilton–Operator des paramagnetischen Systems unabhängiger Momente im vorhergehenden Abschnitt. Wir können seine statistische Auswertung wie dort vornehmen. Weil H in (15.22) eine Summe über 1-Momenten–Terme ist, stellt sich die gesamte Zustandssumme Z als Produkt über 1-Momenten–Zustandssummen z dar, die wir elementar berechnen können:

$$\begin{aligned} Z &= \mathrm{Sp}\left(e^{-\beta H}\right) = z^N, \\ z &= \mathrm{Sp}\left\{\exp\left[\beta\left(2J\langle s\rangle + m B_0\right)s\right]\right\} \\ &= \exp\left[\beta\left(2J\langle s\rangle + m B_0\right)\right] + \exp\left[-\beta\left(2J\langle s\rangle + m B_0\right)\right] \\ &= 2\cosh\left[\beta\left(2J\langle s\rangle + m B_0\right)\right]. \end{aligned} \qquad (15.23)$$

Analog können wir auch den Mittelwert $\langle s\rangle$ bestimmen:

$$\begin{aligned} \langle s\rangle &= \frac{1}{z}\mathrm{Sp}\left\{s\exp\left[\beta\left(2J\langle s\rangle + m B_0\right)s\right]\right\} \\ &= \frac{1}{z}\left\{\exp\left[\beta\left(2J\langle s\rangle + m B_0\right)\right] - \exp\left[-\beta\left(2J\langle s\rangle + m B_0\right)\right]\right\} \\ &= \tanh\left[\beta\left(2J\langle s\rangle + m B_0\right)\right]. \end{aligned} \qquad (15.24)$$

Diese Gleichung ist eine implizite Relation zur Berechnung von $\langle s\rangle$; sie schließt die Theorie in der Gestalt einer *Selbstkonsistenzbedingung* ab. Der in der Molekularfeld–Näherung ad hoc eingeführte Mittelwert $\langle s\rangle$ muss mit seiner korrekten Definition im Einklang stehen. Wir formen diese Selbstkonsistenzbedingung so um, dass wir in ihr eine Beziehung aus der phänomenologischen Theorie des Abschnitts 9.2 wiedererkennen. Dazu führen wir den Mittelwert der Magnetisierung,

$$M = \frac{Nm}{V}\langle s\rangle, \qquad (15.25)$$

15.3. DAS 1-DIMENSIONALE ISING-MODELL

in (15.24) ein und finden

$$M = \frac{Nm}{V} \Lambda\left(\frac{m(B_0 + \lambda\mu_0 M)}{T}\right), \quad (15.26)$$

$$\Lambda(\eta) = \tanh\eta, \quad (15.27)$$

$$\lambda = \frac{V}{N}\frac{2J}{\mu_0 m^2}. \quad (15.28)$$

Damit haben wir aufgrund unserer statistischen Theorie der Molekularfeld-Näherung jenen Stand erreicht, auf dem wir unsere phänomenologische Theorie des Ferromagnetismus, nämlich die Weißsche Theorie im Abschnitt 9.2 durch physikalisch anschauliche Argumente aufgebaut hatten. Die Beziehung (15.28) gibt uns einen expliziten Ausdruck für die im Abschnitt 9.2 anschaulich begründete Austauschkonstante λ, insbesondere $\lambda \sim J$: die Austauschkonstante ist proportional zur Wechselwirkungsenergie zwischen den Momenten.

15.3 Das 1-dimensionale Ising-Modell

Wie bereits erwähnt, lassen sich das Ising-Modell oder auch andere Modelle für Wechselwirkungen zwischen Freiheitsgraden in thermodynamischen Systemen im Allgemeinen nicht exakt lösen, d.h., die Zustandssumme lässt sich nicht exakt auswerten. Aus diesem Grund haben wir im vorhergehenden Abschnitt die Molekularfeld-Theorie des Ising-Modells als Näherung vorgestellt. Exakte Lösungen gibt es jedoch für das Ising-Modell in einer Dimension ($d = 1$), also für die Ising-Kette, und in zwei Dimension ($d = 2$) für verschwindendes Feld $B_0 = 0$. Die letztere Lösung für $d = 2$ ist sehr aufwendig und würde den Rahmen dieses Textes sprengen. Wir werden in diesem Abschnitt aber die Lösung für $d = 1$ angeben und dabei zugleich Grenzen der Näherung der Molekularfeld-Theorie kennenlernen.

Wir wollen voraussetzen, dass in der zu betrachtenden Ising-Kette nur Wechselwirkungen J_{ij} zwischen unmittelbar benachbarten Spins s_i und s_j bestehen. Dann lautet der Hamilton-Operator

$$H = -J \sum_i s_i s_{i+1} - m B_0 \sum_i s_i. \quad (15.29)$$

Die Spins s_1 und s_N an den Enden einer Kette mit N Spins haben nur einseitige Wechselwirkungen nach innen. Um diese "Endeffekte" (bei $d = 2$ "Randeffekte", bei

$d = 3$ "Oberflächeneffekte") zu vermeiden, vereinbaren wir *zyklische Randbedingungen*: $s_{i\pm N} \equiv s_i$: die Spins formen eine in sich geschlossene Kette ohne Enden, und jeder Spin erfährt dieselbe Wechselwirkung. Die Wahl der Randbedingungen, also ob offen oder zyklisch, kann im thermodynamischen Limes $N \to \infty$ keinen Einfluss auf die Ergebnisse haben. Damit können wir (15.29) präzisieren zu

$$H = -J \sum_{i=1}^{N} s_i s_{i+1} - m B_0 \sum_{i=1}^{N} s_i. \tag{15.30}$$

Zu berechnen ist nun die Zustandssumme

$$Z = \mathrm{Sp}\left(e^{-\beta H}\right) = \sum_{s_1} \cdots \sum_{s_N} \exp\left(a \sum_{i=1}^{N} s_i s_{i+1} + \eta \sum_{i=1}^{N} s_i\right) \tag{15.31}$$

mit $a := \beta J = J/T$, $\eta := \beta m B_0 = m B_0/T$. Jede der s_i-Summen läuft über die Werte $s_i = \pm 1$.

15.3.1 Die Transfermatrix

Zur weiteren Lösung des Problems bedienen wir uns der sogenannten *Transfermatrix*. Wie man sehr leicht erkennt, lässt sich die Zustandssumme umschreiben in

$$\begin{aligned} Z &= \sum_{s_1} \cdots \sum_{s_N} T(s_1, s_2)\, T(s_2, s_3) \ldots T(s_N, s_1), \\ T(s_i, s_{i+1}) &:= \exp\left[a\, s_i\, s_{i+1} + \frac{b}{2}\,(s_i + s_{i+1})\right]. \end{aligned} \tag{15.32}$$

Die $T(s_i, s_{i+1})$ kann man als Matrix-Elemente $\langle s_i | T | s_{i+1}\rangle$ der Transfermatrix

$$T = \begin{pmatrix} e^{a+b} & e^{-a} \\ e^{-a} & e^{a-b} \end{pmatrix} \tag{15.33}$$

auffassen, wenn man für die $|s_i\rangle$ und $\langle s_i |$ die Spinoren

15.3. DAS 1-DIMENSIONALE ISING-MODELL

$$s_i = +1 : \quad |+1\rangle = \begin{pmatrix} 1 \\ 0 \end{pmatrix}, \quad \langle +1| = (1,0),$$

$$s_i = -1 : \quad |+1\rangle = \begin{pmatrix} 0 \\ 1 \end{pmatrix}, \quad \langle -1| = (0,1). \tag{15.34}$$

setzt. $T(s_i, s_{i+1}) = \langle s_i|T|s_{i+1}\rangle$ lässt sich durch Ausführung der Matrizenmultiplikationen unmittelbar bestätigen. Damit erhalten wir für die Zustandssumme weiter

$$Z = \sum_{s_1} \ldots \sum_{s_N} \langle s_1|T|s_2\rangle \langle s_2|T|s_3\rangle \ldots \langle s_N|T|s_1\rangle = \mathrm{Sp}\left(T^N\right), \tag{15.35}$$

worin wir die Vollständigkeit der Spinor-Zustände

$$\sum_s |s\rangle \langle s| = \begin{pmatrix} 1 & 0 \\ 0 & 1 \end{pmatrix}$$

benutzt haben. Es ist nun

$$Z = \mathrm{Sp}\left(T^N\right) = t_1^N + t_2^N, \tag{15.36}$$

wenn t_1 und t_2 die beiden Eigenwerte der Matrix T sind. Diese berechnen wir aus

$$\begin{aligned} \det(T - t\,\mathbf{1}) &= \begin{vmatrix} e^{a+\eta} - t & e^{-a} \\ e^{-a} & e^{a-\eta} - t \end{vmatrix} = \\ &= t^2 - 2\,t\,e^a \cosh\eta + 2\sinh(2\,a) = 0 \end{aligned}$$

mit den Lösungen

$$t_{1,2} = e^a \cosh\eta \pm \sqrt{e^{2a}\cosh^2\eta - 2\sinh^2(2a)}. \tag{15.37}$$

Für den thermodynamischen Limes wird

$$Z = t_1^N + t_2^N = t_1^N \left[1 + \left(\frac{t_2}{t_1}\right)^N\right] \xrightarrow{N\to\infty} t_1^N, \tag{15.38}$$

worin $t_1 > t_2$, d.h., t_1 ist die Lösung (15.37) mit dem positiven Vorzeichen.

15.3.2 Magnetisierung

Aus dem obigen Ergebnis gewinnen wir für die freie Energie $\tilde{F}(T, B_0)$ den Ausdruck

$$\tilde{F} = -\frac{1}{\beta} \ln Z = -\frac{N}{\beta} \ln \left(e^a \cosh \eta + \sqrt{e^{2a} \cosh^2 \eta - 2 \sinh^2 (2a)} \right), \qquad (15.39)$$

und daraus weiter für die Magnetisierung M nach einigen elementaren Umformungen

$$M = -\frac{1}{V} \frac{\partial \tilde{F}}{\partial B_0} = -\frac{1}{V} \frac{\partial \tilde{F}}{\partial \eta} \frac{\partial \eta}{\partial B_0} = -\frac{\beta m}{V} \frac{\partial \tilde{F}}{\partial \eta} = \qquad (15.40)$$

$$= \frac{N m}{V} \frac{\sinh \eta}{\sqrt{\cosh^2 \eta - 1 + e^{-4 J/T}}}, \qquad (15.41)$$

vgl. auch Abschnitt 15.1. Die Magnetisierung M ist also eine für alle Temperaturen T *stetige* Funktion des Feldes B_0, d.h., es findet *kein* Phasenübergang statt. Die 1–dimensionale Ising–Kette ist für alle Temperaturen ein Paramagnet. Die Abbildung 15.1 zeigt für Paramagneten typische Verläufe der skalierten Magnetisierung $M V/(N m)$ als Funktion des skalierten Feldes $m B_0/J$ mit $\tau = T/J$ als Kurvenparameter. Für $B_0 \to \pm\infty$ tritt Sättigung $M \to \pm N m/V$ ein.

Dieses Ergebnis steht im Widerspruch zu dem der Molekularfeld–Näherung im vorhergehenden Abschnitt, die unabhängig von der Dimensionszahl d einen Phasenübergang vorhersagte, d.h., für $d = 1$ trifft die Molekurfeld–Theorie nicht zu. Indem die Molekularfeld–Theorie den Einfluss der benachbarten Spins durch ein mittleres Feld annähert, hat sie die Tendenz, diesen Einfluss zu überschätzen. Aus physikalisch einleuchtenden Gründen ist eine solche Näherung nur dann gerechtfertigt, wenn es zu jedem Spin hinreichend viele Nachbarspins gibt. Diese Bedingung ist für nur zwei Nachbarspins bei $d = 1$ offensichtlich nicht erfüllt. Die exakte Lösung für $d = 2$ (mit 4 Nachbarspins) sagt dagegen einen Phasenübergang voraus, allerdings mit erheblichen quantitativen Abweichungen von den Ergebnissen der Molekularfeld–Theorie. Je höher die Dimensionszahl d ist, desto größer ist die Anzahl von Nachbarspins und deshalb um so höher auch die Erwartung, dass die Molekularfeld–Theorie brauchbare Ergebnisse liefert. Bei der Dimensionszahl $d = 4$ wird die Molekularfeld–Theorie tatsächlich für viele Modelle exakt. Umgekehrt lässt sich sehr allgemein zeigen, dass für $d = 1$ kein Phasenübergang auftritt.

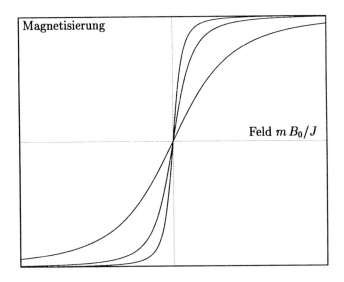

Abbildung 15.1: Skalierte Magnetisierung $MV/(Nm)$ im 1–dimensionalen Ising–Modell als Funktion des skalierten Feldes mB_0/J für $\tau = T/J = 0,8,\ 1,0,\ 1,5$.

15.4 Van der Waals–Modell: Molekularfeld–Theorie

Molekularfeld–Näherungen von Systemen mit wechselwirkenden Freiheitsgraden stellen die Auswirkung der Wechselwirkungen auf einen einzelnen Freiheitsgrad durch ein mittleres Feld dar, das von den anderen Freiheitsgraden erzeugt wird. Im vorhergehenden Abschnitt wurde die Auswirkung der Wechselwirkungen zwischen magnetischen Momenten auf ein einzelnes Moment durch ein effektives Feld dargestellt, das proportional zur Magnetisierung des Systems ist. Auf diese Weise ergab sich die phänomenologische Weißsche Theorie des Ferromagnetismus. Wie wir bereits im Kapitel 8 angemerkt hatten, beruht auch das van der Waals–Modell für reale Gase auf einer Molekularfeld–Näherung, und zwar für die Wechselwirkungen zwischen den Molekülen des Gases. Diese Wechselwirkungen haben einen abstoßenden und einen anziehenden Teil, wie wir ebenfalls schon im Kapitel 8 ausgeführt hatten. Der abstoßende Teil bewirkt, dass zwei Moleküle einander nicht durchdringen können, der anziehende Teil kommt zwischen neutralen Molekülen, die kein festes Dipolmoment tragen, dadurch zustande, dass Quantenfluktuationen zu transienten Dipolmomenten führen, die sich gegenseitig anziehen. In der Quantentheorie wird störungstheoretisch gezeigt, dass der anziehende Teil, die sogenannte van der

Waals-Wechselwirkung, einem Abstandsgesetz $\sim 1/r^6$ folgt. Beide Teile, abstoßender und anziehender zusammen, werden oft durch das *Lennard–Jones–Modell* für das Wechselwirkungspotential $W(r)$ zwischen je zwei Molekülen beschrieben:

$$W(r) = W_0 \left[\left(\frac{r^*}{r}\right)^{12} - \left(\frac{r^*}{r}\right)^6 \right]. \tag{15.42}$$

Hier wird also der abstoßende Teil der Wechselwirkung durch ein Potential $\sim 1/r^{12}$ modelliert. Der Parameter r^* beschreibt die Reichweite der Wechselwirkung, der Parameter W_0 ihre Stärke. Die Abbildung 15.2 zeigt den Verlauf des Lennard–Jones–Potentials. An der Stelle $r = r^*$ wird $W(r) = 0$. Für $r < r^*$ steigt das Potential sehr stark an. Dieser Teil des Potentials beschreibt die Undurchdringlichkeit von Molekülen, die einen endlichen Radius r_0 besitzen. Als minimalen Abstand zwischen zwei Molekülen erwarten wir deshalb den Wert $2\,r_0$. Wir setzen also $r^* \approx 2\,r_0$ und haben diesen Wert in die Abbildung 15.2 eingetragen.

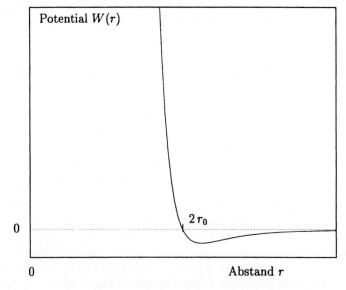

Abbildung 15.2: Verlauf des Lennard–Jones–Potentials.

Oft macht man die Annahme, dass die gesamte potentielle Energie des Systems aufgrund der Wechselwirkungen zwischen den Teilchen die Summe über alle Paarwechselwirkungen $W(|\boldsymbol{r}_i - \boldsymbol{r}_j|)$ ist. Dann lautet die Hamilton-Funktion

15.4. VAN DER WAALS-MODELL: MOLEKULARFELD-THEORIE

$$H = \sum_i \frac{\mathbf{p}_i^2}{2m} + \frac{1}{2} \sum_{i,j} W(|\mathbf{r}_i - \mathbf{r}_j|). \tag{15.43}$$

Der Faktor 1/2 vor der potentiellen Energie berücksichtigt, dass in der (i,j)-Summe alle Paare (i,j) zweimal gezählt werden. Aus dieser Hamilton-Funktion resultiert das statistische Problem, die Zustandssumme

$$Z = \frac{1}{N!\,h^{3N}} \int d^3p_1 \ldots \int d^3p_N \int d^3r_1 \ldots \int d^3r_N$$
$$\exp\left(-\beta \sum_i \frac{\mathbf{p}_i^2}{2m} - \frac{\beta}{2} \sum_{i,j} W(|\mathbf{r}_i - \mathbf{r}_j|)\right) \tag{15.44}$$

zu berechnen. dass wir hier die klassische Version der statistischen Theorie verwenden, hat seinen Grund darin, dass die physikalischen Phänomene, die durch Wechselwirkungen zwischen Molekülen verursacht werden wie z.B. die Kondensation eines Gases zu einer Flüssigkeit, sich in einem Temperaturbereich abspielen, in dem Quanteneffekte noch keine Rolle spielen. Wir weisen aber darauf hin, dass die Annahme, die Wechselwirkungen zwischen den Molekülen durch paarweise Potentiale $W(|\mathbf{r}_i - \mathbf{r}_j|)$ beschreiben zu können, zwar für eine Vielzahl von physikalischen Systemen sinnvoll, aber keineswegs zwingend ist. Wir kommen darauf im folgenden Abschnitt zurück.

Die Berechnung der Zustandssumme Z in (15.44) ist für kein physikalisch sinnvolles Modell mit abstoßender *und* anziehender Wechselwirkung exakt lösbar. Es gibt Näherungsrechnungen, z.B. Entwicklungen nach der Dichte, von denen wir eine Version im folgenden Abschnitt kennenlernen werden. Hier wollen wir das Problem durch eine Molekularfeld-Näherung angehen, d.h., wir wollen die Wechselwirkungen zwischen den Molekülen durch eine Potentialfunktion $\Phi(\mathbf{r})$ beschreiben, unter deren Einfluss sich jedes der Moleküle einzeln bewegt. Mit diesem Ansatz reduzieren wir das N-Teilchen-Problem wieder auf ein effektives 1-Teilchen-Problem

$$Z = \frac{z^N}{N!}, \quad z = \frac{1}{h^3} \int d^3p \int d^3r \, \exp\left(-\beta \frac{\mathbf{p}^2}{2m} - \beta \Phi(\mathbf{r})\right). \tag{15.45}$$

Die p-Integration ergibt dasselbe Ergebnis wie im Fall des idealen Gases, so dass

$$z = \frac{1}{h^3} (2\pi m T)^{3/2} \int d^3r \, \exp(-\beta \Phi(\mathbf{r})). \tag{15.46}$$

Das Molekularfeld–Potential $\Phi(\mathbf{r})$ soll zunächst die gegenseitige Durchdringung der Moleküle ausschließen, d.h., es soll $\Phi(\mathbf{r}) \to +\infty$ gehen, wenn die Abstandsvariable $r = |\mathbf{r}|$ den doppelten Radius des Moleküls unterschreitet. Dadurch reduziert sich für jedes Teilchen das Volumen V auf $V - V_0$, worin $V_0 = Nb$ und b das Eigenvolumen eines Moleküls ist. Die Anziehung zwischen den Molekülen soll durch ein räumlich konstantes, negatives Potential proportional zur Dichte N/V der Moleküle beschrieben werden, insgesamt also

$$\Phi(\mathbf{r}) = \begin{cases} \infty & \mathbf{r} \in V_0 < V, \\ -a\,N/V & \text{sonst}, \end{cases} \qquad (15.47)$$

worin a eine positive Konstante ist. Damit wird

$$z = \frac{1}{h^3}\,(2\pi m T)^{3/2}\,(V - Nb)\,\exp\left(\frac{aN}{TV}\right).$$

Daraus folgt für die freie Energie (unter Verwendung der Stirling–Formel für $\ln N!$)

$$\begin{aligned} F &= -T \ln Z = -T \ln \frac{z^N}{N!} = \\ &= -NT \ln \frac{(V - Nb)\,(2\pi m T)^{3/2}\,e}{h^3\,N} - \frac{a N^2}{V} \end{aligned} \qquad (15.48)$$

und daraus weiter für den Druck

$$p = -\frac{\partial F}{\partial V} = \frac{NT}{V - Nb} - a\,\frac{N^2}{V^2} = \frac{T}{v - b} - \frac{a}{v^2}, \qquad (15.49)$$

bzw.

$$\left(p + \frac{a}{v^2}\right)(v - b) = T, \qquad v = V/N, \qquad (15.50)$$

also das van der Waals–Modell. Für die innere Energie berechnen wir

$$U = -\frac{\partial}{\partial \beta} \ln Z = -N \frac{\partial}{\partial \beta} \ln z = \frac{3}{2} NT - a\,\frac{N^2}{V} \qquad (15.51)$$

mit einer konstanten Wärmekapazität

$$C_V = \left(\frac{\partial U}{\partial T}\right)_{V,N} = \frac{3}{2} N. \qquad (15.52)$$

15.5 Die Virialentwicklung

Bereits im Abschnitt 7.1 haben wir die Erwartung formuliert, dass sich der Druck als Funktion von Temperatur T und Dichte $c = N/V$, $p = p(T, c)$, in eine Potenzreihe nach der Dichte entwickeln lassen sollte. Diese Entwicklung, die sogenannte *Virialentwicklung*, hatten wir dort in der Form

$$p = cT \left(1 + B_2(T)\, c + B_3(T)\, c^2 + \ldots\right) \qquad (15.53)$$

geschrieben. In diesem Abschnitt wollen wir die Virialentwicklung mit der mikroskopischen Theorie thermodynamischer Systeme verknüpfen und insbesondere die *Virialkoeffizienten* $B_\nu(T)$ durch mikrodynamische Parameter eines Systems ausdrücken. Dabei muss sich natürlich auch herausstellen, wie die $B_\nu(T)$ von der Temperatur abhängen.

Unser Ausgangspunkt ist die klassische großkanonische Zustandssumme

$$Z = \sum_{N=0}^{\infty} e^{-\gamma N} \frac{1}{N!} \int d\Gamma_N \, e^{-\beta H_N(q,p)}, \qquad (15.54)$$

die wir im Abschnitt 12.1.3 formuliert hatten. Es ist $\beta = 1/T$, $\gamma = -\mu/T$ und $d\Gamma_N$ das Phasenraumelement des N–Teilchen–Phasenraums, $H_N(q,p)$ die Hamilton-Funktion des N–Teilchen–Systems. In idealen Systemen, in denen keine Wechselwirkungen zwischen den Teilchen berücksichtigt werden, gilt das ideale Gasgesetz $p = NT/V = cT$. Die Virialentwicklung mit nicht-verschwindenden Virialkoeffizienten drückt also gerade solche thermodynamischen Eigenschaften aus, die mit Abweichungen vom idealen Verhalten, d.h., mit Wechselwirkungen zwischen den Teilchen zusammenhängen. Wir werden deshalb in $H_N(q,p)$ solche Wechselwirkungen einschließen. Insbesondere werden wir die Frage stellen, ob wir aus der Virialentwicklung eine Begründung für das van der Waals–Modell gewinnen können, dessen Molekularfeld–Theorie wir im vorhergehenden Abschnitt formuliert hatten.

15.5.1 Die Entwicklung

Für die niedrigsten Fälle $N = 1, 2, 3$ lauten die $H_N(q,p)$

$$H_0 = 0,$$

$$H_1 = \frac{\boldsymbol{p}^2}{2m},$$
$$H_2 = \frac{\boldsymbol{p}_1^2}{2m} + \frac{\boldsymbol{p}_2^2}{2m} + W_{12},$$
$$H_3 = \frac{\boldsymbol{p}_1^2}{2m} + \frac{\boldsymbol{p}_2^2}{2m} + \frac{\boldsymbol{p}_3^2}{2m} + W_{123}. \tag{15.55}$$

W_{12} stellt die Wechselwirkung zwischen zwei Teilchen 1 und 2 dar. Wir werden annehmen, dass diese durch eine Potentialfunktion $W_{12} = W(r_{12})$ ausgedrückt werden kann, die nur vom Abstand $r_{12} = |\boldsymbol{r}_1 - \boldsymbol{r}_2|$ der beiden Teilchen abhängt. Entsprechend ist W_{123} die Wechselwirkung zwischen drei Teilchen 1,2 und 3. Sie wird eine Funktion der paarweisen Abstände r_{12}, r_{23}, r_{31} sein, aber nicht notwendig gleich der Summe $W_{12} + W_{13} + W_{31}$; allerdings wird diese Summe Teil von W_{123} sein.

Die Impuls–Integrationen lassen sich in der Zustandssumme Z in (15.54) offensichtlich immer ausführen. Unter Verwendung von

$$\int d\Gamma_1 \exp\left(-\frac{\beta \boldsymbol{p}^2}{2m}\right) = \frac{1}{h^3} \int d^3p \, \exp\left(-\frac{\beta \boldsymbol{p}^2}{2m}\right) = \frac{1}{h^3} \left(\frac{2\pi m}{\beta}\right)^{3/2}$$

sowie der Abkürzung

$$\zeta := \frac{1}{h^3} \left(\frac{2\pi m}{\beta}\right)^{3/2} e^{-\gamma} = \frac{(2\pi m T)^{3/2}}{h^3} e^{\mu/T} \tag{15.56}$$

können wir die Zustandssumme schreiben als

$$Z = 1 + \zeta V + \frac{\zeta^2}{2!} \int d^3r_1 \int d^3r_2 \, e^{-\beta W_{12}} +$$
$$+ \frac{\zeta^3}{3!} \int d^3r_1 \int d^3r_2 \int d^3r_3 \, e^{-\beta W_{123}} + \ldots \tag{15.57}$$

Da die Wechselwirkungspotentiale $W_{12}, W_{123}, \ldots$ nur von den Relativkoordinaten der beteiligten Teilchen abhängen sollen, lässt sich immer eine der räumlichen Integrationen, z.B. über die Lage des Teilchens 1, mit dem Ergebnis V ausführen. Wir schreiben

15.5. DIE VIRIALENTWICKLUNG

$$Z = 1 + \zeta V + \frac{\zeta^2 V}{2!} \int d^3 r_2 \, e^{-\beta W_{12}} +$$
$$+ \frac{\zeta^3 V}{3!} \int d^3 r_2 \int d^3 r_3 \, e^{-\beta W_{123}} + \ldots \qquad (15.58)$$

Zur weiteren thermodynamischen Auswertung unserer Entwicklung benötigen wir das Potential $\Psi = -pV = -T \ln Z$ des großkanonischen Ensembles, also den Logarithmus von Z. Wir wollen deshalb die Entwicklung von Z nach ζ umformen in eine Entwicklung von $\ln Z$ nach ζ, allgemein

$$\ln \left(1 + \sum_{\nu}^{\infty} \frac{a_\nu}{\nu!} \zeta^\nu \right) = \sum_{\nu}^{\infty} \frac{b_\nu}{\nu!} \zeta^\nu. \qquad (15.59)$$

Das Problem besteht nun darin, die Koeffizienten b_ν aus den uns bekannten Koeffizienten a_ν zu berechnen. Diese in der Statistischen Physik häufig vorkommende Problematik nennt man eine *Kumulanten-Entwicklung*. Die a_ν sind aus (15.58) abzulesen. Im Anhang 15.5.3 zeigen wir, dass

$$\begin{aligned}
b_1 &= a_1 = V, & (15.60) \\
b_2 &= a_2 - a_1^2 = V \int d^3 r_2 \, e^{-\beta W_{12}} - V^2 = V \int d^3 r_2 \left(e^{-\beta W_{12}} - 1 \right), & (15.61) \\
b_3 &= a_3 - 3 a_1 a_2 + 2 a_1^3 \\
&= V \int d^3 r_2 \int d^3 r_3 \, e^{-\beta W_{123}} - 3 V^2 \int d^3 r_2 \int d^3 r_3 \, e^{-\beta W_{123}} + 2 V^3 \\
&= V \int d^3 r_2 \int d^3 r_3 \left(e^{-\beta W_{123}} - e^{-\beta W_{12}} - e^{-\beta W_{23}} - e^{-\beta W_{31}} + 2 \right). & (15.62)
\end{aligned}$$

Diese Ausdrücke haben eine anschauliche physikalische Bedeutung. So verschwindet das im Koeffizienten b_2 enthaltene Integral immer dann, wenn $W_{12} = 0$, d.h., wenn die beiden Teilchen 1 und 2 so weit voneinander entfernt sind, dass sie nicht mehr miteinander wechselwirken. Ebenso verschwindet das im Koeffizienten b_3 enthaltene Integral, wenn auch nur eines der drei Teilchen 1,2 und 3, z.B. das Teilchen 3, von den beiden anderen weit entfernt ist. Dann nämlich wird $W_{123} \to W_{12}$, $W_{13} \to 0$ und $W_{31} \to 0$, so dass der Integrand verschwindet. Allgemein kann man zeigen, dass die Kumulanten b_ν ein Maß für die *Korrelationen* zwischen den beteiligten Teilchen sind, in unserem Fall ein Maß dafür, dass sämtliche beteiligten ν Teilchen einander so nahe sind, dass sie zu ν-t, d.h., als ν-Teilchen-Cluster miteinander wechselwirken.

Wir haben nunmehr also eine ζ-Entwicklung des Potentials

$$\Psi = -T \ln Z = -TV \left[\zeta + \frac{b_2}{2!} \zeta^2 + \frac{b_3}{3!} \zeta^3 + \ldots \right] = -TV \sum_{\nu=1}^{\infty} \frac{b_\nu}{\nu!} \zeta^\nu \quad (15.63)$$

und wegen $\Psi = -pV$ damit auch des Drucks

$$p = T \left[\zeta + \frac{b_2}{2!} \zeta^2 + \frac{b_3}{3!} \zeta^3 + \ldots \right] = T \sum_{\nu=1}^{\infty} \frac{b_\nu}{\nu!} \zeta^\nu. \quad (15.64)$$

Schließlich können wir auch die Teilchenzahl durch eine ζ-Entwicklung darstellen. Es ist

$$N = -\frac{\partial \Psi}{\partial \mu} = -\frac{\partial \zeta}{\partial \mu} \frac{\partial \Psi}{\partial \zeta},$$
$$\zeta = z\,e^{\mu/T}, \; \succ \; \frac{\partial \zeta}{\partial \mu} = \frac{\zeta}{T}.$$

Daraus folgt mit (15.63)

$$N = V \left[\zeta + b_2 \zeta^2 + \frac{b_3}{2!} \zeta^3 + \ldots \right] = V \sum_{\nu=1}^{\infty} \frac{b_\nu}{(\nu-1)!} \zeta^\nu. \quad (15.65)$$

(15.64) und (15.65) sind parametrische Darstellungen der Form $p = p(T, V, \zeta)$ und $N = N(T, V, \zeta)$. Dahinter stehen die für das großkanonische Ensemble typischen Darstellungen $p = p(T, V, \mu)$ und $N = N(T, V, \mu)$, weil ζ gemäß (15.56) wiederum eine Funktion von T und μ ist. Um die Virialentwicklung nach ζ auszuwerten, muss ζ durch Umkehrung von $N = N(T, V, \mu)$ als Funktion von T, V, N ausgedrückt und in $p = p(T, V, \mu)$ eingesetzt werden, um daraus die Zustandsgleichung $p = p(T, V, N)$ zu gewinnen. Ganz analog lässt sich auch die freie Energie aus $F = \Psi + N\mu$ berechnen.

Wir können die Entwicklung (15.65) auch als eine Entwicklung der Dichte $c = N/V$ nach ζ lesen. Nur in niedrigster Näherung ist $c = \zeta$. Das bedeutet, dass die ζ-Entwicklung noch keine Entwicklung nach der Dichte c ist, wie wir es eigentlich beabsichtigt hatten. Erst durch die oben geschilderte Elimination von ζ wird die ζ-Entwicklung zu einer c-Entwicklung, wie wir im folgenden Unterabschnitt erkennen werden.

15.5.2 Auswertung der Virialentwicklung und das van der Waals–Modell

In niedrigster Näherung in ζ, d.h., in 1. Ordnung in ζ lesen wir aus (15.64) und (15.65) ab, dass

$$p = T\zeta, \qquad N = V\zeta, \tag{15.66}$$

woraus durch Elimination von ζ die Zustandsgleichung $pV = NT$ des idealen Gases folgt. Wir erkennen erwartungsgemäß, dass in sie noch keine Einflüsse der Wechselwirkung zwischen den Teilchen eingehen.

In der nächst höheren Ordnung, also unter Einschluss von Termen $\sim \zeta^2$ erhalten wir aus (15.64) und (15.65)

$$\frac{p}{T} = \zeta + \frac{b_2}{2}\zeta^2, \qquad c = \frac{N}{V} = \zeta + b_2\zeta^2. \tag{15.67}$$

Da in niedrigster Näherung $\zeta = N/V = c$, setzen wir $\zeta = c + \Delta$ und beschränken uns auf Ordnungen $\Delta \sim \zeta^2$ bzw. $\Delta \sim c^2$. Einsetzen in $c = \ldots$ in (15.67) ergibt $\Delta = -b_2\zeta^2 = -b_2 c^2 + \ldots$ und weiter durch Einsetzen in $p = \ldots$ in (15.67)

$$\begin{aligned}
\frac{p}{T} &= c - b_2 c^2 + \frac{b_2}{2}\left(c - b_2 c^2\right)^2 + \ldots \\
&= c - \frac{b_2}{2} c^2 + \ldots, \\
p &= cT\left[1 - \frac{b_2}{2} c + \ldots\right].
\end{aligned} \tag{15.68}$$

Wir vergleichen mit (15.53) und sehen, dass wir den Virialkoeffizienten $B_2(T)$ gefunden haben, nämlich

$$B_2(T) = -\frac{b_2}{2} = \frac{1}{2}\int d^3r \left(1 - e^{-\beta W(r)}\right), \tag{15.69}$$

vgl. (15.61). Hier haben wir $W_{12} = W(r)$ geschrieben; $W(r)$ ist das Wechselwirkungspotential zwischen zwei Teilchen im Abstand r. Die Integration erfolgt über die Abstandsvariable und kann unter Verwendung von Kugelkoordinaten in der Form

$$B_2(T) = 4\pi \int_0^\infty dr\, r^2 \left(1 - e^{-\beta W(r)}\right), \qquad \beta = 1/T \qquad (15.70)$$

geschrieben werden.

Wir wollen das Integral in (15.70) näherungsweise auswerten und greifen dazu auf die Modellierung des Wechselwirkungspotentials $W(r)$ durch das Lennard–Jones–Potential in der Abbildung 15.2 zurück. Wir teilen das r-Integral in die beiden Bereiche $0 \leq r \leq 2r_0$ und $r \geq 2r_0$ auf. Im Bereich $0 \leq r \leq 2r_0$ wird $W(r)$ sehr groß. Wir nehmen an, dass dort $\beta W(r) = W(r)/T \gg 1$, so dass wir $\exp(-\beta W(r)) \approx 0$ setzen können. Umgekehrt nehmen wir für den Bereich $r \geq 2r_0$ an, dass $\beta W(r) = W(r)/T \ll 1$, so dass wir dort

$$1 - e^{-\beta W(r)} \approx \beta W(r) = \frac{W(r)}{T}$$

setzen können. Insgesamt erhalten wir damit

$$B_2(T) \approx 2\pi \int_0^{2r_0} dr\, r^2 + 2\pi\beta \int_{2r_0}^\infty dr\, r^2 W(r) = b - \frac{a}{T}, \qquad (15.71)$$

$$b := \frac{16\pi r_0^3}{3}, \qquad a = -2\pi \int_{2r_0}^\infty dr\, r^2 W(r) > 0. \qquad (15.72)$$

Es ist $a > 0$, weil $W(r) < 0$ in $r \geq 2r_0$. Wir setzen diese Näherung in den Ausdruck (15.68) für den Druck ein und erhalten

$$\begin{aligned} p &= cT\,(1 + B_2(T)c + \ldots) = \frac{NT}{V}\left[1 + \left(b - \frac{a}{T}\right)\frac{N}{V} + \ldots\right] = \\ &= \frac{T}{v} + \frac{bT}{v^2} - \frac{a}{v^2} + \ldots \end{aligned} \qquad (15.73)$$

mit $v = V/N =$ Volumen pro Teilchen. Wir vergleichen mit dem van der Waals–Modell. Wenn wir dieses nach $b/v \sim c$ entwickeln, erhalten wir

$$\begin{aligned} p &= \frac{T}{v-b} - \frac{a}{v^2} = \frac{T}{v}\frac{1}{1 - b/v} - \frac{a}{v^2} = \\ &= \frac{T}{v} + \frac{bT}{v^2} + \ldots - \frac{a}{v^2}. \end{aligned} \qquad (15.74)$$

15.5. DIE VIRIALENTWICKLUNG

Die Virialentwicklung stimmt mit dem van der Waals-Modell bis zur Ordnung $\sim 1/v^2$ bzw. $\sim c^2$ überein. Es ist natürlich nicht möglich, den Term $T/(v-b)$ im van der Waals-Modell durch eine Virialentwicklung nach der Dichte c bzw. nach $1/v$ herzuleiten. Wir können aber die Parameter a und b im van der Waals-Modell jetzt mit mikrodynamischen Eigenschaften des Systems verbinden: a ist ganz offensichtlich ein Maß für den anziehenden Teil des Wechselwirkungspotentials im Bereich $r \geq 2r_0$, und b ist ein Ausschließungsvolumen der Größe einer Kugel mit dem doppelten Teilchenradius. Damit haben wir den Anschluss an unsere Überlegungen im Rahmen der phänomenologischen Theorie im Kapitel 8 erreicht.

15.5.3 Anhang: Kumulanten-Entwicklung für die niedrigsten Terme

Die Koeffizienten b_ν in (15.59) sind allgemein zu berechnen aus

$$b_\nu = \left[\frac{\partial^\nu}{\partial \zeta^\nu} \ln(1+a(\zeta))\right]_{\zeta=0},$$

$$a(\zeta) = \sum_\nu^\infty \frac{a_\nu}{\nu!} \zeta^\nu,$$

$$a_\nu = \left[a^{(\nu)}(\zeta)\right]_{\zeta=0}. \tag{15.75}$$

($a^{(\nu)}(\zeta)$ bezeichnet die ν-te Ableitung nach ζ.) Es ist $a(0) = 0$. Wir berechnen

$$\frac{\partial}{\partial \zeta} \ln(1+a(\zeta)) = \frac{a'(\zeta)}{1+a(\zeta)},$$

$$\succ \quad b_1 = a_1, \tag{15.76}$$

$$\frac{\partial^2}{\partial \zeta^2} \ln(1+a(\zeta)) = \frac{a''(\zeta)}{1+a(\zeta)} - \left(\frac{a'(\zeta)}{1+a(\zeta)}\right)^2,$$

$$\succ \quad b_2 = a_2 - a_1^2, \tag{15.77}$$

$$\frac{\partial^3}{\partial \zeta^3} \ln(1+a(\zeta)) = \frac{a^{(3)}(\zeta)}{1+a(\zeta)} - 3\frac{a''(\zeta)\,a'(\zeta)}{[1+a(\zeta)]^2} + 2\left(\frac{a'(\zeta)}{1+a(\zeta)}\right)^3,$$

$$\succ \quad b_3 = a_3 - 3\,a_1\,a_2 + 2\,a_1^3. \tag{15.78}$$

Indem wir nun aus (15.58)

$$a_1 = V,$$
$$a_2 = \int d^3r_2\, e^{-\beta W_{12}},$$
$$a_3 = \int d^3r_2 \int d^3r_3\, e^{-\beta W_{123}}$$

einsetzen, finden wir

$$b_1 = V,$$
$$b_2 = V \int d^3r_2\, e^{-\beta W_{12}} - V^2 = V \int d^3r_2 \left(e^{-\beta W_{12}} - 1\right),$$
$$b_3 = V \int d^3r_2 \int d^3r_3\, e^{-\beta W_{123}} - 3V^2 \int d^3r_2 \int d^3r_3\, e^{-\beta W_{123}} + 2V^3$$
$$= V \int d^3r_2 \int d^3r_3 \left(e^{-\beta W_{123}} - e^{-\beta W_{12}} - e^{-\beta W_{23}} - e^{-\beta W_{31}} + 2\right). \quad (15.79)$$

16

Quantenstatistik: Fermionen und Bosonen

Kapitel 16

Quantenstatistik: Fermionen und Bosonen

16.1 Besetzungszahlen

16.1.1 Die kanonische Zustandssumme

Die quantenstatistische Version der kanonischen Zustandssumme unabhängiger, d.h. nicht wechselwirkender Teilchen hatten wir im Abschnitt 14.1 zunächst ohne Berücksichtigung der Ununterscheidbarkeit der Teilchen als

$$Z = \operatorname{Sp}\left(e^{-\beta H}\right) = \sum_s e^{-\beta E(s)} = z^N, \qquad z = \sum_\nu e^{-\beta \epsilon(\nu)} \qquad (16.1)$$

formuliert. Die Quantenzahlen ν bezeichnen 1–Teilchen–Eigenzustände zur Energie mit dem Energie–Eigenwert $\epsilon(\nu)$, und die Quantenzahlen s die entsprechenden N–Teilchen–Eigenzustände $s \cong (\nu_1, \ldots, \nu_N)$ mit dem Energie–Eigenwert

$$E(s) = \sum_{i=1}^N \epsilon(\nu_i). \qquad (16.2)$$

Die Ununterscheidbarkeit der Teilchen hatten wir durch die Hinzufügung eines Faktors $1/N!$ zu Z berücksichtigt. Dieser Faktor reduziert alle Kombinationen $(\nu_1, \ldots, \nu_N)$, die durch Permutationen der Teilchen auseinander hervorgehen, auf einen einzigen Zustand. Damit erhielten die thermodynamischen Potentiale die korrekte Skalierung in Bezug auf die extensiven Variablen $U, V, N, \ldots$, und das Gibbssche Paradoxon wurde vermieden.

Eine alternative Darstellung der Zustandssumme Z bedient sich der *Besetzungszahlen* n_ν, die angeben, wie viele Teilchen in einem N–Teilchenzustand $s \cong (\nu_1, \ldots, \nu_N)$ sich jeweils im 1–Teilchenzustand ν befinden. Die N–Teilchen–Energie und die gesamte Teilchenzahl N lassen sich mit den Besetzungszahlen als

$$E(s) = \sum_\nu n_\nu \, \epsilon(\nu), \qquad N = \sum_\nu n_\nu \qquad (16.3)$$

schreiben und somit die kanonische Zustandssumme Z auch als

$$Z = \sum_s \exp\left(-\beta \sum_\nu n_\nu \, \epsilon(\nu)\right). \qquad (16.4)$$

Es stellt sich die Frage, ob sich auch der N–Teilchenzustand s durch die Besetzungszahlen charakterisieren lässt, also $s \cong \{n_\nu\}$, ausführlich $s \cong (n_1, n_2, \ldots)$. Das ist natürlich möglich, jedoch muss man nun die Vielfachheit eines Besetzungszahlzustands $\{n_\nu\}$ beachten. Wenn die einzelnen Teilchen unabhängig voneinander die 1–Teilchenzustände ν besetzen können, erhält ein durch die $\{n_\nu\}$ charakterisierter N–Teilchenzustand die Vielfachheit

$$\frac{N!}{\prod_\nu n_\nu!}, \qquad (16.5)$$

nämlich die Anzahl von Permutationen der Teilchen dividiert durch die Anzahlen der Permutationen von Teilchen in gleichen Zuständen, also die Anzahl von Permutationen, bei denen Teilchen die Zustände wechseln. Die Berücksichtigung der Ununterscheidbarkeit der Teilchen durch den Faktor $1/N!$ führt dann zur "Vielfachheit"

$$G(\{n_\nu\}) = \frac{1}{\prod_\nu n_\nu!}. \qquad (16.6)$$

und zur Zustandssumme

$$Z = \sum_{\{n_\nu\}}{}^{(N)} \frac{1}{\prod_\nu n_\nu!} \exp\left(-\beta \sum_\nu n_\nu \, \epsilon(\nu)\right), \qquad (16.7)$$

16.1. BESETZUNGSZAHLEN

worin (N) im im oberen Index die Nebenbedingung

$$\sum_\nu n_\nu = N \tag{16.8}$$

bedeutet. Diese Überlegungen und vor allem eine "Vielfachheit" $G(\{n_\nu\}) \leq 1$ eines Besetzungszahlzustands $\{n_\nu\}$ weisen darauf hin, dass unsere bisherige Berücksichtigung der Ununterscheidbarkeit quantenstatistisch noch nicht befriedigend sein kann. Dennoch führt die Verwendung von Besetzungszahlen n_ν auch im Rahmen der bisherigen Theorie zu sinnvollen Ergebnissen. So z.B. können wir die Mittelwerte $\langle n_\nu \rangle$ von Besetzungszahlen wie folgt berechnen:

$$\begin{aligned}\langle n_\nu \rangle &= \frac{1}{Z} \sum_{\{n_{\nu'}\}}{}^{(N)} \frac{n_\nu}{\prod_{\nu'} n_{\nu'}!} \exp\left(-\beta \sum_{\nu'} n_{\nu'}\, \epsilon(\nu')\right) \\ &= -\frac{1}{\beta Z} \frac{\partial Z}{\partial \epsilon(\nu)} = -\frac{1}{\beta} \frac{\partial \ln Z}{\partial \epsilon(\nu)}.\end{aligned} \tag{16.9}$$

$\partial/\partial\epsilon(\nu)$ bedeutet die formale Ableitung nach der 1-Teilchen-Energie $\epsilon(\nu)$. Setzen wir nun $Z = z^N$ oder $Z = z^N/N!$ mit z aus (16.1) in (16.9) ein, so erhalten wir

$$\begin{aligned}\langle n_\nu \rangle &= -\frac{N}{\beta} \frac{\partial}{\partial \epsilon(\nu)} \ln\left(\sum_{\nu'} e^{-\beta \epsilon(\nu')}\right) = \frac{N}{z} e^{-\beta \epsilon(\nu)}, \\ \frac{\langle n_\nu \rangle}{N} &= \frac{e^{-\beta \epsilon(\nu)}}{\sum_{\nu'} e^{-\beta \epsilon(\nu')}},\end{aligned} \tag{16.10}$$

die sogenannte *Boltzmann-Verteilung*.

16.1.2 Die großkanonische Zustandssumme

Auch die großkanonische Zustandssumme Z_g lässt sich unter Verwendung der Besetzungszahlen formulieren. Ausgehend von der Formulierung von Z_g im Abschnitt 12.1 erhalten wir mit denselben Schreibweisen und Definitionen wie oben

$$Z_g = \sum_{N=0}^{\infty} e^{-\gamma N} Z_N$$

$$= \sum_{N=0}^{\infty} e^{-\gamma N} \sum_{s}{}^{(N)} e^{-\beta E_N(s)}$$

$$= \sum_{N=0}^{\infty} e^{-\gamma N} \sum_{\{n_\nu\}}{}^{(N)} \frac{1}{\prod_\nu n_\nu!} \exp\left(-\beta \sum_\nu n_\nu \epsilon(\nu)\right),$$

worin der Index N in $E_N(s)$ daran erinnern soll, dass es sich um eine N–Teilchen–Energie handelt. In der letzten Zeile können wir die beiden Summen über N und über die $\{n_\nu\}$ mit der Nebenbedingung (16.8) offenbar zu einer Summe über alle Besetzungszahlkombinationen $\{n_\nu\}$ ohne Nebenbedingung zusammenfassen:

$$Z_g = \sum_{\{n_\nu\}} \frac{1}{\prod_\nu n_\nu!} \exp\left(-\beta \sum_\nu n_\nu \epsilon(\nu) - \gamma \sum_\nu n_\nu\right). \tag{16.11}$$

Hieraus lesen wir in Analogie zu (16.9) ab, dass

$$\langle n_\nu \rangle = -\frac{1}{\beta Z_g} \frac{\partial Z_g}{\partial \epsilon(\nu)} = -\frac{1}{\beta} \frac{\partial \ln Z_g}{\partial \epsilon(\nu)}. \tag{16.12}$$

Setzen wir nun für die großkanonische Zustandssumme Z_g nicht wechselwirkender Teilchen den im Abschnitt 14.4 hergeleiteten Ausdruck

$$Z_g = \exp\left(e^{-\gamma} z\right) = \exp\left(\sum_\nu e^{\beta(\mu-\epsilon(\nu))}\right) \tag{16.13}$$

(mit $\gamma = -\beta \mu$) in (16.12) ein, so erhalten wir

$$\langle n_\nu \rangle = -\frac{1}{\beta} \frac{\partial}{\partial \epsilon(\nu)} \sum_{\nu'} e^{\beta(\mu-\epsilon(\nu'))} = e^{\beta(\mu-\epsilon(\nu))}. \tag{16.14}$$

Diese Aussage über die $\langle n_\nu \rangle$ heißt auch *Maxwell–Boltzmann–Verteilung*. Sie ist nun in der Tat äquivalent zur Boltzmann–Verteilung (16.10), denn im großkanonischen Ensemble berechnet sich der Mittelwert $\langle N \rangle$ der Teilchenzahl aus dem Potential $\Psi = -N \ln Z_g$ wie folgt:

$$\langle N \rangle = -\frac{\partial \Psi}{\partial \mu} = T\frac{\partial \ln Z_g}{\partial \mu} = T\frac{\partial}{\partial \mu}\sum_\nu e^{\beta(\mu-\epsilon(\nu))} = \sum_\nu e^{\beta(\mu-\epsilon(\nu))},$$

eingesetzt in (16.14)

$$\frac{\langle n_\nu \rangle}{\langle N \rangle} = \frac{e^{-\beta\epsilon(\nu)}}{\sum_{\nu'} e^{-\beta\epsilon(\nu')}}. \qquad (16.15)$$

16.2 Ununterscheidbarkeit in der Quantentheorie

16.2.1 Die Symmetrie der Wellenfunktion

Die Ununterscheidbarkeit gleicher Teilchen, z.B. von Elektronen, Photonen, Protonen, He-Atomen, formulieren wir unter Verwendung des *Vertauschungsoperators* P_{ij}, der in einer Wellenfunktion den vollständigen Satz der Koordinaten oder Quantenzahlen von zwei Teilchen an den Positionen i und j austauscht:

$$P_{ij}\Psi(\nu_1,\ldots,\overset{i}{\nu_i},\ldots,\overset{j}{\nu_j},\ldots) = \Psi(\nu_1,\ldots,\overset{i}{\nu_j},\ldots,\overset{j}{\nu_i},\ldots). \qquad (16.16)$$

Die Forderung, dass Teilchen gleicher Art ununterscheidbar seien, führt nun zu der Konsequenz, dass die physikalische Situation, die von der Wellenfunktion $P_{ij}\Psi$ beschrieben wird, dieselbe ist wie diejenige, die von der ursprünglichen Wellenfunktion Ψ beschrieben wird. Das bedeutet, dass die Betragsquadrate von $P_{ij}\Psi$ und Ψ übereinstimmen müssen, bzw. dass

$$P_{ij}\Psi = e^{i\chi}\Psi, \qquad \chi = \text{reell}. \qquad (16.17)$$

Andererseits führt die zweimalige Anwendung von P_{ij} wieder auf die Ausgangssituation zurück: $P_{ij}^2 \Psi = \Psi$, so dass $e^{i\chi} = \pm 1$:

$$P_{ij}\Psi = \pm\Psi. \qquad (16.18)$$

Wellenfunktionen von Systemen ununterscheidbarer Teilchen sind gegen Teilchenvertauschung entweder symmetrisch oder antisymmetrisch. Dieser Symmetriecharakter kann sich während der weiteren zeitlichen Entwicklung des Systems auch nicht ändern. Um das einzusehen, verwenden wir eine weitere Konsequenz aus der Ununterscheidbarkeit, nämlich dass die Hamilton–Operatoren von Systemen ununterscheidbarer Teilchen mit P_{ij} kommutieren:

$$[H, P_{ij}] = 0. \tag{16.19}$$

Wäre das nicht der Fall, dann hätte der Hamilton–Operator mit vertauschten Positionen von Teilchen eine andere Wirkung auf eine Wellenfunktion als vor der Vertauschung, im offensichtlichen Widerspruch zur Annahme der Ununterscheidbarkeit. Die zeitliche Entwicklung des Zustands eines Systems schreiben wir durch eine formale Integration der Schrödinger–Gleichung als

$$\Psi(t) = \exp\left(-i\frac{Ht}{\hbar}\right)\Psi(0). \tag{16.20}$$

Zusammen mit (16.19) folgt daraus

$$P_{ij}\Psi(t) = P_{ij}\exp\left(-i\frac{Ht}{\hbar}\right)\Psi(0) = \exp\left(-i\frac{Ht}{\hbar}\right)P_{ij}\Psi(0), \tag{16.21}$$

d.h., der Symmetriecharakter $P_{ij}\Psi = \pm\Psi$ bleibt für alle Zeiten erhalten.

Teilchen mit symmetrischen Wellenfunktionen heißen *Bosonen*, solche mit antisymmetrischen Wellenfunktionen *Fermionen*. In der relativistischen Quantentheorie wird gezeigt, dass Bosonen ganzzahlige Spins besitzen, $S = 0, \hbar, 2\hbar, \ldots$, Fermionen dagegen halbzahlige Spins $\hbar/2, 3\hbar/2, \ldots$. Die wichtigsten Beispiele für die Thermodynamik sind bei den Bosonen die Photonen, Phononen und He–Atome, bei den Fermionen die Elektronen, Protonen und Neutronen.

Eine sehr direkte Konsequenz der Ununterscheidbarkeit bei Fermionen ist das *Pauli–Prinzip*. Nehmen wir an, in einer Wellenfunktion $\Psi(\ldots, \nu_i, \ldots, \nu_j, \ldots)$ sei $\nu_i = \nu_j$ für $i \neq j$. Einerseits wechselt Ψ bei Anwendung des Vertauschungsoperators P_{ij} wegen der Antisymmetrie sein Vorzeichen, andererseits jedoch ändert sich dabei wegen $\nu_i = \nu_j$ gar nichts, so dass

$$\begin{aligned}\Psi(\ldots, \nu_i, \ldots, \nu_i, \ldots) &= -\Psi(\ldots, \nu_i, \ldots, \nu_i, \ldots), \\ \text{also}\quad \Psi(\ldots, \nu_i, \ldots, \nu_i, \ldots) &= 0. \end{aligned} \tag{16.22}$$

Wenn wir die ν_i als Quantenzahlen zur Charakterisierung eines 1–Teilchen–Zustands interpretieren und beachten, dass $|\Psi(\nu_1, \nu_2, \ldots)|^2$ die Wahrscheinlichkeitsdichte für das Auftreten der Quantenzahlen $\nu_1, \nu_2, \ldots$ ist, dann besagt (16.22), dass ein 1–Teilchen–Zustand ν_i bei Fermionen höchstens von einem Teilchen besetzt sein kann. Das ist die übliche Ausdrucksweise des Pauli–Prinzips.

16.2.2 Die 2. Quantisierung

Eine besonders kompakte Formulierung erfährt die Ununterscheidbarkeit von Teilchen mit ihren quantentheoretischen Konsequenzen durch die *2. Quantisierung*. Diese verwendet die sogenannten *Erzeugungs- und Vernichtungs-Operatoren* a_ν^+ bzw. a_ν für ein Teilchen mit der Quantenzahl ν, z.B. Impuls und Spin eines Teilchens. In der Quantentheorie wird gezeigt, dass sich der Hamilton–Operator H eines Systems unabhängiger, d.h. nicht wechselwirkender, ununterscheidbarer Teilchen mit den a_ν^+ und a_ν schreiben lässt als

$$H = \sum_\nu \epsilon(\nu)\, a_\nu^+ \, a_\nu, \qquad (16.23)$$

worin die a_ν^+ und a_ν für **Bosonen** die **Kommutator–Regeln**

$$[a_\nu, a_{\nu'}] = 0, \qquad \left[a_\nu^+, a_{\nu'}^+\right] = 0, \qquad \left[a_\nu, a_{\nu'}^+\right] = \delta_{\nu\nu'} \qquad (16.24)$$

und für **Fermionen** die **Anti–Kommutator–Regeln**

$$[a_\nu, a_{\nu'}]_+ = 0, \qquad \left[a_\nu^+, a_{\nu'}^+\right]_+ = 0, \qquad \left[a_\nu, a_{\nu'}^+\right]_+ = \delta_{\nu\nu'} \qquad (16.25)$$

erfüllen und $\epsilon(\nu)$ die 1–Teilchen–Energie zur Quantenzahl ν ist. Ausführlich geschrieben lauten die Anti–Kommutatoren

$$[a_\nu, a_{\nu'}]_+ = a_\nu a_{\nu'} + a_{\nu'} a_\nu = 0, \qquad \left[a_\nu^+, a_{\nu'}^+\right]_+ = a_\nu^+ a_{\nu'}^+ + a_{\nu'}^+ a_\nu^+ = 0,$$

so dass die Vertauschung von je zwei Vernichtungs– oder Erzeugungsoperatoren zu einem Vorzeichenwechsel führt.

Mit den Erzeugungsoperatoren a_ν^+ bildet man nun die sogenannten *Besetzungszahl-Zustände* $|n_1, n_2, \ldots\rangle$. Für beide Fälle, Bosonen und Fermionen, lauten diese

$$|n_1, n_2, \ldots\rangle = \prod_\nu (n_\nu)^{-1/2} \left(a_\nu^+\right)^{n_\nu} |0\rangle. \qquad (16.26)$$

Die n_ν sind - zunächst, s.u. - beliebige, nicht-negative ganze Zahlen, die sogenannten *Besetzungszahlen*. $|n_1, n_2, \ldots\rangle$ in (16.26) ist ein Zustand, in dem jeweils n_ν Teilchen den 1-Teilchen-Zustand mit der 1-Teilchen-Quantenzahl ν besetzen. Dieser Zustand wird aus dem *Vakuum-Zustand* $|0\rangle$ gebildet, in dem kein Teilchen vorhanden ist. Der Faktor $(n_\nu)^{-1/2}$ sorgt für die Normierung, d.h.

$$\langle n_1, n_2, \ldots | n_1, n_2, \ldots \rangle = 1.$$

Die obigen Aussagen weist man nach, indem man die Wirkung von a_ν bzw. a_ν^+ auf einen Besetzungszahl-Zustand aus (16.26) durch eine einfache Umformung berechnet, die in der Quantentheorie gezeigt wird. Für **Bosonen** erhält man

$$\begin{aligned} a_\nu |n_1, \ldots, n_\nu, \ldots \rangle &= \sqrt{n_\nu} \, |n_1, \ldots, n_\nu - 1, \ldots \rangle, \\ a_\nu^+ |n_1, \ldots, n_\nu, \ldots \rangle &= \sqrt{n_\nu + 1} \, |n_1, \ldots, n_\nu + 1, \ldots \rangle, \end{aligned} \qquad (16.27)$$

und aus beiden zusammen folgt

$$a_\nu^+ a_\nu |n_1, \ldots, n_\nu, \ldots \rangle = n_\nu |n_1, \ldots, n_\nu, \ldots \rangle. \qquad (16.28)$$

$a_\nu^+ a_\nu$ heißt deshalb *Besetzungszahl-Operator*. Nun ist klar, dass Besetzungszahl-Zustände Eigenzustände zum Hamilton-Operator H unabhängiger Teilchen in (16.23) sind:

$$\begin{aligned} H |n_1, \ldots, n_\nu, \ldots \rangle &= \sum_\nu \epsilon(\nu) \, a_\nu^+ a_\nu |n_1, \ldots, n_\nu, \ldots \rangle = E |n_1, \ldots, n_\nu, \ldots \rangle, \\ E &= \sum_\nu n_\nu \, \epsilon(\nu). \end{aligned} \qquad (16.29)$$

Die gesamte Teilchenzahl N wird offensichtlich durch den Operator

$$N = \sum_\nu a_\nu^+ a_\nu \qquad (16.30)$$

dargestellt.

Bei den **Fermionen** müssen wir zunächst beachten, dass infolge der Anti-Kommutator-Regeln (16.25) für $\nu = \nu'$ folgt, dass

16.3. BOSE–EINSTEIN– UND FERMI–DIRAC–STATISTIK

$$\left[a_\nu^+, a_\nu^+\right]_+ = 2\, a_\nu^+ a_\nu^+ = 0,$$

also $a_\nu^+ a_\nu^+ = 0$, desgleichen $a_\nu\, a_\nu = 0$. Dieser Schluss lässt sich offensichtlich verallgemeinern zu

$$(a_\nu)^{n_\nu} = 0, \qquad \left(a_\nu^+\right)^{n_\nu} = 0 \qquad \text{für} \qquad n_\nu > 1. \tag{16.31}$$

Dieses ist nochmals das Pauli–Prinzip, ausgedrückt durch Erzeugungs- und Vernichtungsoperatoren: in einem 1–Teilchen–Zustand lassen sich niemals mehr als ein Fermion erzeugen, also auch nicht vernichten. Das vereinfacht die Darstellung der Besetzungszahl–Zustände in (16.26) zu

$$|n_1, n_2, \ldots\rangle = \prod_\nu \left(a_\nu^+\right)^{n_\nu} |0\rangle, \qquad n_\nu = 0 \quad \text{oder} \quad 1. \tag{16.32}$$

Da die Vertauschung von zwei Erzeugungs-Operatoren a_ν^+ zu einem Vorzeichenwechsel führt, ist das Vorzeichen des Zustands $|n_1, n_2, \ldots\rangle$ jetzt von der Reihenfolge der Teilchen-Erzeugungen abhängig. Die Wirkung des Besetzungszahl-Operators $a_\nu^+ a_\nu$ auf einen Besetzungszahl-Zustand $|n_1, n_2, \ldots\rangle$, der jetzt nur noch die Zahlen 0 oder 1 enthält, bleibt aber formal dieselbe wie im Fall der Bosonen in (16.28), ebenso bleiben die Beziehungen (16.29) für den Hamilton-Operator H und (16.30) für den Teilchenzahl-Operator N gültig.

Wir erkennen, dass die 2. Quantisierung tatsächlich eine sehr kompakte Schreibweise der Ununterscheidbarkeit liefert, weil Symmetrie oder Antisymmetrie und damit auch das Pauli-Prinzip, allein schon durch die Kommutator- bzw. Anti-Kommutator-Regeln garantiert werden und man nur diese bei allen Umformungen korrekt anwenden muss. Insbesondere entfällt die Notwendigkeit, Teilchen oder Positionen ihrer Argumente in Wellenfunktionen wie in (16.16) abzuzählen oder zu markieren.

16.3 Bose–Einstein– und Fermi–Dirac–Statistik

Die Überlegungen im vorhergehenden Abschnitt haben gezeigt, dass sich eine korrekte statistische Theorie ununterscheidbarer Teilchen auf die Besetzungszahl-Zustände stützen muss: ein quantentheoretisch unterscheidbarer Mikrozustand, in der Sprache der Statistik *ein Fall*, ist definiert durch einen Besetzungszahl-Zustand $|n_1, n_2, \ldots\rangle$.

Nur verschiedene Besetzungszahlen stellen auch verschiedene Mikrozustände bzw. statistisch verschiedene Fälle dar. Auf der Basis dieser Zählung von Zuständen wollen wir nun die Zustandssummen für unabhängige Teilchen, Bosonen und Fermionen, berechnen. Die gesamte Energie des Systems lautet

$$E(s) = \sum_\nu n_\nu \, \epsilon(\nu), \qquad (16.33)$$

vgl. (16.3). Um bei den Summationen über die Besetzungszahlen n_ν nicht die Nebenbedingung konstanter Teilchenzahl,

$$\sum_\nu n_\nu = N, \qquad (16.34)$$

beachten zu müssen, wählen wir die großkanonische Zustandssumme

$$\begin{aligned}
Z_g &= \mathrm{Sp}\left(e^{-\beta H - \gamma N}\right) \\
&= \sum_{n_1}\sum_{n_2}\ldots \exp\left[-\sum_\nu n_\nu \left(\beta\epsilon(\nu) + \gamma\right)\right] \\
&= \sum_{n_1}\sum_{n_2}\ldots \prod_\nu \exp\left[-n_\nu\left(\beta\epsilon(\nu)+\gamma\right)\right] \\
&= \prod_\nu \sum_{n_\nu} \left[\exp\left(-\beta\epsilon(\nu)-\gamma\right)\right]^{n_\nu}.
\end{aligned} \qquad (16.35)$$

Bei der Ausführung der n_ν-Summe ist nun zwischen Bosonen und Fermionen zu unterscheiden. Für **Bosonen** sind alle Besetzungszahlen $n_\nu = 0, 1, 2, \ldots$ zugelassen, so dass

$$\begin{aligned}
Z_g &= \prod_\nu \sum_{n_\nu=0}^{\infty} \left[\exp\left(-\beta\epsilon(\nu)-\gamma\right)\right]^{n_\nu} \\
&= \prod_\nu \left[1 - \exp\left(-\beta\epsilon(\nu)-\gamma\right)\right]^{-1} \\
&= \prod_\nu \left[1 - \exp\left(-\beta\left(\epsilon(\nu)-\mu\right)\right)\right]^{-1}.
\end{aligned} \qquad (16.36)$$

Die n_ν-Summe konvergiert nur dann, wenn

16.3. BOSE-EINSTEIN- UND FERMI-DIRAC-STATISTIK

$$\exp\left(-\beta\epsilon(\nu) - \gamma\right) < 1 \quad \text{bzw.} \quad \epsilon(\nu) > -\frac{\gamma}{\beta} = \mu. \tag{16.37}$$

Wir berechnen die mittlere Besetzungszahl $\langle n_\nu \rangle$ in analoger Weise wie im Abschnitt 16.1 und unter Verwendung des Ergebnisses für Z_g aus (16.36):

$$\begin{aligned}
\langle n_\nu \rangle &= \frac{1}{Z_g} \operatorname{Sp}\left(n_\nu\, e^{-\beta H - \gamma N}\right) \\
&= -\frac{1}{\beta} \frac{\partial \ln Z_g}{\partial \epsilon(\nu)} \\
&= -\frac{1}{\beta} \frac{\partial}{\partial \epsilon(\nu)} \ln \prod_{\nu'} \left[1 - \exp\left(-\beta\left(\epsilon(\nu') - \mu\right)\right)\right]^{-1} \\
&= \frac{1}{\beta} \frac{\partial}{\partial \epsilon(\nu)} \sum_{\nu'} \ln\left[1 - \exp\left(-\beta\left(\epsilon(\nu') - \mu\right)\right)\right] \\
&= \frac{\exp\left(-\beta\left(\epsilon(\nu) - \mu\right)\right)}{1 - \exp\left(-\beta\left(\epsilon(\nu) - \mu\right)\right)} \\
&= \frac{1}{\exp\left(\beta\left(\epsilon(\nu) - \mu\right)\right) - 1}.
\end{aligned} \tag{16.38}$$

Die Zustandssumme Z_g in (16.36) charakterisiert die sogenannte *Bose-Einstein-Statistik*, und $\langle n_\nu \rangle$ in (16.38) heißt auch *Bose-Einstein-Verteilungsfunktion*.

Für **Fermionen** sind in der n_ν-Summe in (16.35) nur die Werte $n_\nu = 0$ und $n_\nu = 1$ zugelassen, so dass

$$\begin{aligned}
Z_g &= \prod_\nu \sum_{n_\nu=0}^{1} \left[\exp\left(-\beta\epsilon(\nu) - \gamma\right)\right]^{n_\nu} \\
&= \prod_\nu \left[1 + \exp\left(-\beta\epsilon(\nu) - \gamma\right)\right] \\
&= \prod_\nu \left[1 + \exp\left(-\beta\left(\epsilon(\nu) - \mu\right)\right)\right].
\end{aligned} \tag{16.39}$$

Die zu (16.38) analoge Berechnung der mittleren Besetzungszahl $\langle n_\nu \rangle$ führt nun auf

$$\langle n_\nu \rangle = \frac{1}{\exp\left(\beta\left(\epsilon(\nu) - \mu\right)\right) + 1}. \tag{16.40}$$

Die Zustandssumme Z_g in (16.39) charakterisiert die sogenannte *Fermi–Dirac-Statistik*, und $\langle n_\nu \rangle$ in (16.40) heißt auch *Fermi–Dirac-Verteilungsfunktion*.

Die Verteilungsfunktionen der Bose–Einstein– und Fermi–Dirac–Statistik und sogar noch die der Maxwell–Boltzmann-Statistik in (16.14) lassen sich formal zusammenfassen zu

$$\langle n_\nu \rangle = \frac{1}{\exp\left(\beta\left(\epsilon(\nu) - \mu\right)\right) - \eta}, \qquad \eta = \begin{cases} +1 & \text{Bose–Einstein} \\ 0 & \text{Maxwell–Boltzmann} \\ -1 & \text{Fermi–Dirac} \end{cases} \qquad (16.41)$$

Die Abbildung 16.1 zeigt die drei Verteilungen im Vergleich als Funktionen von $x = \beta(\epsilon - \mu)$. Für $\epsilon \gg \mu$ nähern sich die drei Verteilungsfunktionen exponentiell aneinander an.

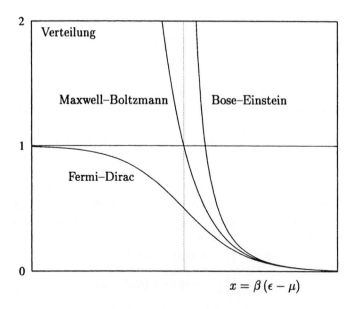

Abbildung 16.1: Vergleich der Bose–Einstein–,Fermi–Dirac und Maxwell–Boltzmann–Verteilungen als Funktion von $x = \beta(\epsilon - \mu)$.

Das zur großkanonischen Zustandssumme Z_g gehörende Potential $\Psi = -T \ln Z_g = -\ln Z_g / \beta$ lässt sich ebenfalls für alle drei Statistiken zusammenfassen zu

16.4. FREIE BOSONEN UND FERMIONEN

$$\Psi = \frac{1}{\beta \eta} \sum_\nu \ln\left[1 - \eta \exp\left(-\beta\left(\epsilon(\nu) - \mu\right)\right)\right] \qquad \eta = \begin{cases} +1 & \text{Bose–Einstein} \\ 0 & \text{Maxwell–Boltzmann} \\ -1 & \text{Fermi–Dirac} \end{cases}$$
(16.42)

Für die Bose–Einstein- und Fermi–Dirac-Verteilungen lässt sich dieses Ergebnis direkt aus denen für Z_g in (16.36) und (16.39) ablesen. Für den Fall der Maxwell–Boltzmann-Statistik ist (16.42) im Sinne eines Grenzübergangs $\eta \to 0$ gemeint. Mit einer linearen Entwicklung des Logarithmus $\ln(1 + \xi) = \xi + \ldots$ erhalten wir nämlich

$$\eta \to 0: \qquad \Psi \to -\frac{1}{\beta} \sum_\nu \exp\left(-\beta\left(\epsilon(\nu) - \mu\right)\right)$$

in Übereinstimmung mit $\Psi = -T \ln Z_g = -\ln Z_g / \beta$, wenn wir Z_g aus (16.13) einsetzen.

16.4 Freie Bosonen und Fermionen

Die im vorhergehenden Abschnitt hergeleiteten Ausdrücke für das Potential Ψ und weitere thermodynamische Funktionen lassen sich für freie Teilchen in besonders einfacher Weise formulieren. Systeme freier Teilchen stellen zugleich den häufigsten Anwendungsfall für die Bose–Einstein- bzw. Fermi–Dirac-Statistik dar. Die Energie freier Teilchen besteht ausschließlich aus kinetischer Energie, d.h., freie Teilchen wechselwirken nicht untereinander, sind also unabhängig, und stehen auch nicht unter der Einwirkung äußerer Potentiale. Wir wollen auch annehmen, dass die Teilchen keine inneren Freiheitsgrade besitzen oder diese zumindest nicht angeregt sind. Die Spinfreiheitsgrade der Teilchen werden in der folgenden Formulierung allerdings exakt berücksichtigt.

Die 1-Teilchen-Zustände ν von freien Teilchen können wir durch ebene Wellen

$$\psi_\nu(\boldsymbol{r}) \sim \exp\left(\frac{i}{\hbar} \boldsymbol{p}\boldsymbol{r}\right) = \prod_{\alpha=1}^{3} \exp\left(\frac{i}{\hbar} p_\alpha x_\alpha\right) \qquad (16.43)$$

beschreiben, also $\nu \cong \boldsymbol{p}$, zu denen allerdings noch der Spinzustand hinzukommt. Da die kinetische Energie aber nicht vom Spin abhängt, also spin-entartet ist, brauchen wir im Folgenden nur auf die korrekte Zählung der Spin-Zustände zu achten.

Auch die Normierung der 1–Teilchen–Wellenfunktion wird im folgenden keine Rolle spielen. Wie im Abschnitt 14.2 denken wir uns die Teilchen in einem würfelförmigen Volumen $V = L^3$, worin L die Kantenlänge des Würfels ist. Im Unterschied zu Abschnitt 14.2 werden wir hier *zyklische* Randbedingungen verwenden:

$$\exp\left(\frac{i}{\hbar}p_\alpha(x_\alpha + L)\right) = \exp\left(\frac{i}{\hbar}p_\alpha x_\alpha\right), \qquad \alpha = 1, 2, 3,$$

$$p_\alpha = \frac{2\pi\hbar}{L} m_\alpha, \qquad m_\alpha = 0, \pm 1, \pm 2, \ldots. \qquad (16.44)$$

Bezüglich der Abzählung der Zustände sind die zyklischen Randbedingungen mit den im Abschnitt 14.2 verwendeten Randbedingungen, dass die Wellenfunktion am Rand des Volumens V verschwinden sollte, äquivalent. Sie besitzen aber den physikalischen Vorteil, dass ihre zugehörigen Wellenfunktionen (16.43) im thermodynamischen Limes $V \to \infty$ zu Eigenfunktionen des Impulses p eines Teilchens werden. Aus (16.44) ist abzulesen, dass zu jedem Zustand, d.h., zu dem Tripel (m_1, m_2, m_3) ein Impulsraum–Volumen

$$\Delta^3 p = \frac{(2\pi\hbar)^3}{L^3} = \frac{h^3}{V} \qquad (16.45)$$

gehört. Im thermodynamischen Limes $V \to \infty$ geht $\Delta^3 p \to 0$. Das bedeutet, dass die 1–Teilchen–Summen über die 1–Teilchen–Quantenzahlen ν, die hier zunächst als p–Summen zu schreiben sind, zu Integralen über den Impuls p werden:

$$\sum_\nu \ldots \cong \sum_p \ldots \to \frac{1}{\Delta^3 p} \int d^3 p \ldots = \frac{V}{h^3} \int d^3 p \ldots. \qquad (16.46)$$

Die 1–Teilchen–Energie $\epsilon(\nu)$ ist bei freien Teilchen die kinetische Energie: $\epsilon(\nu) \cong p^2/(2m)$. Wenn die zu beschreibenden Teilchen einen Spin $\hbar S$ besitzen, sind die durch den Impuls p charakterisierten 1–Teilchen–Zustände jeweils noch $(2S+1)$-fach entartet. Somit können wir das großkanonische Potential Ψ aus (16.42) umschreiben in

$$\Psi = \frac{(2S+1)V}{\eta \beta h^3} \int d^3 p \ln\left[1 - \eta\sigma \exp\left(-\frac{\beta p^2}{2m}\right)\right], \qquad (16.47)$$

worin

16.4. FREIE BOSONEN UND FERMIONEN

$$\sigma := e^{\beta \mu} \tag{16.48}$$

die sogenannte *Fugazität* ist. Da der Integrand in (16.47) nur von $\mathbf{p}^2$ bzw. von $p = |\mathbf{p}|$ abhängt, können wir im p-Integral

$$\int d^3 p \ldots = 4\pi \int_0^\infty dp\, p^2 \ldots$$

substituieren und erhalten

$$\Psi = \frac{4\pi (2S+1) V}{\eta \beta h^3} \int_0^\infty dp\, p^2 \ln\left[1 - \eta \sigma \exp\left(-\frac{\beta p^2}{2m}\right)\right]. \tag{16.49}$$

Mit einer partiellen Integration formen wir um:

$$\int_0^\infty dp\, p^2 \ln\left[1 - \eta \sigma \exp\left(-\frac{\beta p^2}{2m}\right)\right] = \underbrace{\left[\frac{p^3}{3} \ln\left(1 - \eta \sigma \exp\left(-\frac{\beta p^2}{2m}\right)\right)\right]_0^\infty}_{=0}$$
$$- \int_0^\infty dp\, \frac{p^3}{3} \frac{d}{dp} \ln\left[1 - \eta \sigma \exp\left(-\frac{\beta p^2}{2m}\right)\right].$$

Die Ableitung d/dp ergibt

$$\frac{d}{dp} \ln[\ldots] = \frac{\eta \sigma (\beta p/m) \exp(-\beta p^2/(2m))}{1 - \eta \sigma \exp(-\beta p^2/(2m))}$$
$$= \frac{\eta (\beta p/m)}{\exp(\beta (p^2/(2m) - \mu)) - \eta},$$

worin wir die Definition (16.48) für die Fugazität σ verwendet haben. Einsetzen in (16.49) ergibt schließlich

$$\Psi = -\frac{2}{3} \frac{4\pi (2S+1) V}{h^3} \int_0^\infty dp\, p^2 \frac{p^2/(2m)}{\exp(\beta (p^2/(2m) - \mu)) - \eta}. \tag{16.50}$$

In völlig analoger Weise können wir auch die innere Energie U als mittlere Energie des Systems bestimmen:

$$\begin{aligned} U &= \sum_\nu \langle n_\nu \rangle \, \epsilon(\nu) \\ &= \sum_\nu \frac{\epsilon(\nu)}{\exp(\beta\,(\epsilon(\nu) - \mu)) - \eta} \\ &= \frac{4\pi\,(2S+1)\,V}{h^3} \int_0^\infty dp\, p^2 \, \frac{p^2/(2m)}{\exp(\beta\,(p^2/(2m) - \mu)) - \eta}. \end{aligned} \qquad (16.51)$$

Wir vergleichen (16.50) und (16.51). Da $\Psi = -pV$, folgt für alle drei Statistiken die Beziehung

$$pV = \frac{2}{3} U. \qquad (16.52)$$

Wir erinnern daran, dass wir in diesem Abschnitt nur Teilchen ohne innere Freiheitsgrade betrachtet haben. Auch die Beziehung (16.52) ist damit auf diesen Fall beschränkt. Für das klassische ideale Gas ohne innere Freiheitsgrade war $U = (3/2)\,NT$. Einsetzen in (16.52) liefert uns die Zustandsgleichung idealer Gase.

17

Anwendungen der Quantenstatistik

Kapitel 17

Anwendungen der Quantenstatistik

17.1 Die Bose–Einstein–Kondensation

Wie wir im Abschnitt 16.2 ausgeführt haben, kann in einem Bosonen–System ein 1–Teilchen–Zustand von beliebig vielen Teilchen besetzt werden. Wir erwarten deshalb, dass mit abnehmender Temperatur der energetisch tiefste Zustand immer stärker besetzt wird und dass im Grenzfall $T \to 0$ sich schließlich sogar sämtliche Teilchen in diesem Zustand befinden. Wir werden in diesem Abschnitt erkennen, dass dieser Vorgang mit $T \to 0$ nicht "glatt", sondern ähnlich einem Phasenübergang in einem gewissen Sinn unstetig verläuft. Man spricht deshalb auch von der *Bose-Einstein-Kondensation*.

Die betrachteten Bosonen seien freie Teilchen im Sinne des vorhergehenden Abschnitts. Für sie lautet die Bose–Einstein–Verteilungsfunktion aus dem Abschnitt 16.3 ausgedrückt durch die Teilchen–Impulse $\boldsymbol{p}$

$$\langle n_{\boldsymbol{p}} \rangle = \left[\frac{1}{\sigma} \exp\left(\frac{\beta p^2}{2m} \right) - 1 \right]^{-1} \qquad (17.1)$$

mit der Fugazität $\sigma = e^{\beta \mu}$. Damit überhaupt die großkanonische bosonische Zustandssumme existiert, musste das chemische Potential μ kleiner sein als die tiefste 1–Teilchen–Energie, vgl. Abschnitt 16.3. Für freie Teilchen hat die tiefste 1–Teilchen–Energie $\epsilon(\boldsymbol{p}) = p^2/(2m)$ bei $\boldsymbol{p} = 0$ den Wert $\epsilon(0) = 0$, so dass μ negativ sein muss: $\mu < 0$. Daraus folgt für die Fugazität, dass $0 < \sigma < 1$.

Die mittlere Teilchenzahl $\langle N \rangle$ des Systems lautet

$$\langle N \rangle = \sum_{\boldsymbol{p}} \langle n_{\boldsymbol{p}} \rangle = \sum_{\boldsymbol{p}} \left[\frac{1}{\sigma} \exp\left(\frac{\beta p^2}{2m}\right) - 1 \right]^{-1}. \qquad (17.2)$$

Vor der $\boldsymbol{p}$-Summe kann noch ein Faktor $2S+1$ für die Spin-Entartung der Teilchen auftreten. Wir berücksichtigen diesen Entartungsfaktor nicht, d.h., wir setzen $S=0$. Falls $S>0$, können wir das immer durch eine andere Zählung der Teilchenzahl berücksichtigen.

Da uns die Fluktuationen der Teilchenzahl nicht interessieren werden, schreiben wir im Folgenden N statt $\langle N \rangle$. Die $\boldsymbol{p}$-Summe erstreckt sich über die diskreten Impulswerte wie im Abschnitt 16.4 eingeführt. Ihre Ersetzung durch ein $\boldsymbol{p}$-Integral im thermodynamischen Limes $V \to 0$ nach dem Muster des vorhergehenden Abschnitts setzt voraus, dass der Summand $\langle n_{\boldsymbol{p}} \rangle$ eine hinreichend "glatte" Funktion von $\boldsymbol{p}$ ist. Wie wir soeben überlegt haben, ist das jedoch für den energetisch tiefsten 1-Teilchen-Zustand bei $\boldsymbol{p}=0$ nicht notwendig der Fall, weil dieser für hinreichend tiefe Temperaturen von einer sehr großen Zahl von Teilchen und im Grenzfall $T \to 0$ sogar von sämtlichen Teilchen besetzt sein kann. Aus diesem Grund ziehen wir den Summanden für $\boldsymbol{p}=0$,

$$\langle n_0 \rangle = \left[\frac{1}{\sigma} - 1 \right]^{-1} = \frac{\sigma}{1-\sigma}, \qquad (17.3)$$

aus der $\boldsymbol{p}$-Summe in (17.2) heraus und ersetzen die verbleibende $\boldsymbol{p}$-Summe mit $\boldsymbol{p} \neq 0$ durch ein $\boldsymbol{p}$-Integral:

$$\begin{aligned} N &= \langle n_0 \rangle + \sum_{\boldsymbol{p} \neq 0} \langle n_{\boldsymbol{p}} \rangle \\ &= \frac{\sigma}{1-\sigma} + \frac{4\pi V}{h^3} \int_0^\infty dp\, p^2 \left[\frac{1}{\sigma} \exp\left(\beta p^2/(2m)\right) - 1 \right]^{-1}. \end{aligned} \qquad (17.4)$$

Dass wir das verbleibende $\boldsymbol{p}$-Integral dennoch bei $p=0$ beginnen lassen, obwohl der Summand $\boldsymbol{p}=0$ aus der Summe herausgezogen wurde, führt zu keinem Fehler, weil der Integrand für $\sigma < 1$ bei $p=0$ verschwindet.

In (17.3) steht nun eine definitionsgemäß intensive Dichte $\langle n_0 \rangle = \sigma/(1-\sigma)$ neben extensiven Variablen N und V. Das kann nur dann konsequent sein, wenn $\langle n_0 \rangle$ selbst extensiv wird, d.h., wenn die Besetzung des energetisch tiefsten Zustands $\boldsymbol{p}=0$

17.1. DIE BOSE–EINSTEIN–KONDENSATION

makroskopisch wird. Aus (17.3) entnehmen wir, dass $\langle n_0 \rangle$ für $\sigma \to 1$ divergiert und deshalb von makroskopischer Größenordnung werden kann. Da außerdem $0 < \sigma < 1$ gilt, ist dieser Grenzübergang als $\sigma \to 1 - 0$ zu lesen. Wir werden zu untersuchen haben, ob $\sigma \to 1 - 0$ bei hinreichend tiefen Temperaturen eintritt. Zunächst formen wir das Integral in (17.4) mit der Substitution

$$y = \frac{\beta p^2}{2m}, \qquad p\,dp = \frac{m}{\beta}\,dy$$

um in

$$N = \frac{\sigma}{1-\sigma} + \frac{2}{\sqrt{\pi}} \frac{V}{\lambda_B^3} \int_0^\infty dy \frac{y^{1/2}}{\sigma^{-1} e^y - 1}, \qquad (17.5)$$

worin

$$\lambda_B = h\sqrt{\frac{\beta}{2\pi m}} = \frac{h}{\sqrt{2\pi m T}} \qquad (17.6)$$

die *de Broglie-Wellenlänge* der Teilchen ist, die wir ja bereits aus dem Abschnitt 14.2 kennen.

Eine völlig analoge Umformung führt uns vom großkanonischen thermodynamischen Potential

$$\Psi = \frac{1}{\beta} \sum_{\boldsymbol{p}} \ln\left[1 - \sigma \exp\left(-\frac{\beta p^2}{2m}\right)\right], \qquad (17.7)$$

vgl. Abschnitt 16.3, auf

$$\Psi = \frac{1}{\beta} \ln(1-\sigma) + \frac{4\pi V}{h^3 \beta} \int_0^\infty dp\, p^2 \ln\left[1 - \sigma \exp\left(-\frac{\beta p^2}{2m}\right)\right]. \qquad (17.8)$$

Die weitere Umformung dieses Ausdrucks folgt jener, die wir mit einer partiellen Integration im Abschnitt 16.4 durchgeführt haben. Das Ergebnis lautet mit derselben Substitution wie oben

$$\Psi = \frac{1}{\beta}\ln(1-\sigma) - \frac{2}{3}\frac{4\pi V}{h^3}\int_0^\infty dp\, p^2 \frac{p^2/(2m)}{\sigma^{-1}\exp(\beta p^2/(2m))-1}$$
$$= \frac{1}{\beta}\ln(1-\sigma) - \frac{4}{3\sqrt{\pi}}\frac{V}{\beta\lambda_B^3}\int_0^\infty dy\, \frac{y^{3/2}}{\sigma^{-1}e^y-1}. \qquad (17.9)$$

Die beiden in (17.5) und (17.9) auftretenden Integrale formen wir durch eine Reihen-Entwicklung nach σ im Integranden wie folgt um:

$$\begin{aligned}
\int_0^\infty dy\, \frac{y^\alpha}{\sigma^{-1}e^y-1} &= \int_0^\infty dy\, \sigma y^\alpha e^{-y}\frac{1}{1-\sigma e^{-y}}\\
&= \int_0^\infty dy\, \sigma y^\alpha e^{-y}\sum_{k=0}^\infty \sigma^k e^{-ky}\\
&= \sum_{k=1}^\infty \sigma^k \int_0^\infty dy\, y^\alpha e^{-ky}\\
&= \sum_{k=1}^\infty \frac{\sigma^k}{k^{\alpha+1}}\int_0^\infty d\eta\, \eta^\alpha e^{-\eta}\\
&= \Gamma(\alpha+1)\, g_{\alpha+1}(\sigma), \qquad (17.10)
\end{aligned}$$

worin

$$g_\alpha(\sigma) := \sum_{k=1}^\infty \frac{\sigma^k}{k^\alpha} \qquad (17.11)$$

und $\Gamma(\alpha)$ die Gamma–Funktion ist. Die hier verwendete Reihen-Entwicklung konvergiert, weil $0 < \sigma < 1$ und $y \geq 0$, so dass $\sigma\exp(-y) < 1$. Zur Auswertung von (17.5) und (17.9) benötigen wir die folgenden speziellen Werte der Gamma-Funktion:

$$\Gamma\left(\frac{1}{2}\right)=\sqrt{\pi},\quad \Gamma\left(\frac{3}{2}\right)=\frac{1}{2}\Gamma\left(\frac{1}{2}\right)=\frac{\sqrt{\pi}}{2},\quad \Gamma\left(\frac{5}{2}\right)=\frac{3}{2}\Gamma\left(\frac{3}{2}\right)=\frac{3\sqrt{\pi}}{4},$$

und erhalten durch Einsetzen unter Verwendung von $\Psi = -pV$, $\beta = 1/T$ und $v = V/N$

$$\frac{N}{V} = \frac{1}{v} = \frac{1}{V}\frac{\sigma}{1-\sigma} + \frac{1}{\lambda_B^3}g_{3/2}(\sigma), \qquad (17.12)$$

$$\frac{pv}{T} = -\frac{1}{N}\ln(1-\sigma) + \frac{v}{\lambda_B^3}g_{5/2}(\sigma). \qquad (17.13)$$

17.1. DIE BOSE–EINSTEIN–KONDENSATION

17.1.1 Kondensat

Zunächst diskutieren wir die Relation (17.12), aus der im thermodynamischen Limes $N \to \infty$ bzw. $V \to \infty$ zu einem gegebenen und endlichen Wert der Dichte N/V und der de Broglie-Wellenlänge λ_B, d.h., gemäß (17.6) der Temperatur T, der Wert der Fugazität σ bestimmt werden soll. Die in (17.11) definierte Funktion $g_{3/2}(\sigma)$ besitzt bei $\sigma = 0$ den Wert $g_{3/2}(0) = 0$ und bei $\sigma = 1$ den Wert

$$g_{3/2}(1) = \sum_{k=1}^{\infty} \frac{1}{k^{3/2}} = \zeta\left(\frac{3}{2}\right) = 2,612\ldots.$$

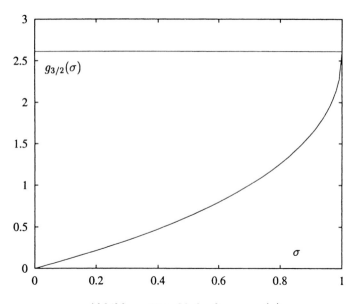

Abbildung 17.1: Verlauf von $g_{3/2}(\sigma)$.

$\zeta(\ldots)$ ist die *Riemannsche Zeta-Funktion*. Der Verlauf von $g_{3/2}(\sigma)$ im Intervall $0 \leq \sigma \leq 1$ ist in der Abbildung 17.1 gezeigt.

Zur Auswertung von (17.12) müssen wir zwei Fälle unterscheiden, die wir mit (N) und (K) bezeichnen und die als Abkürzungen für "Normalzustand" und "Kondensat" stehen, s.u.

(N) Normalzustand

Wenn $0 < \sigma < 1$, also noch nicht $\sigma \to 1 - 0$, dann wird mit der Definition (17.3) für $\langle n_0 \rangle$

$$\frac{\langle n_0 \rangle}{N} = \frac{\sigma}{N(1-\sigma)} \xrightarrow{V \to \infty} 0, \tag{17.14}$$

d.h., im thermodynamischen Limes verschwindet der Bruchteil der Teilchen im Grundzustand. Dieses Ergebnis rechtfertigt die Bezeichnung "Normalzustand".

(17.12) reduziert sich auf

$$\lambda_B^3 \frac{N}{V} = g_{3/2}(\sigma). \tag{17.15}$$

Wie aus der Abbildung 17.1 ersichtlich ist, besitzt diese Gleichung immer dann eine Lösung in $0 < \sigma < 1$, wenn

$$\lambda_B^3 \frac{N}{V} < g_{3/2}(1) = \zeta(3/2).$$

(K) Kondensat

Wenn

$$\lambda_B^3 \frac{N}{V} > g_{3/2}(1) = \zeta(3/2),$$

besitzt (17.15) offensichtlich keine Lösung mehr, jedoch besitzt (17.12) dann noch eine Lösung, wenn bei $V \to \infty$ der Ausdruck $V(1-\sigma)$ endlich bleibt, d.h., wenn

$$V \to \infty: \qquad \sigma = 1 - O\left(\frac{1}{V}\right). \tag{17.16}$$

Jetzt gewinnen wir aus (17.12) nach Multiplikation mit v

$$\frac{\langle n_0 \rangle}{N} = \frac{\sigma}{N(1-\sigma)} = 1 - \frac{v}{\lambda_B^3} g_{3/2}(1). \tag{17.17}$$

Der Ausdruck auf der rechten Seite ist im Bereich (K) immer endlich und positiv: ein endlicher Bruchteil der Teilchen befindet sich im Grundzustand. Dieses Ergebnis rechtfertigt die Bezeichnung "Kondensat".

17.1. DIE BOSE–EINSTEIN-KONDENSATION

Die Grenze zwischen N und K, $\lambda_B^3 N/V = g_{3/2}(1) = \zeta(3/2)$, teilt die $v - T$-Ebene in zwei Bereiche. Unter Verwendung der Definition (17.6) für die de Broglie-Wellenlänge lautet die Grenzlinie in den Variablen v und T:

$$v\, T^{3/2} = \frac{h^3}{(2\pi m)^{3/2}\, \zeta(3/2)}. \tag{17.18}$$

Für vorgegebenes $v = V/N$ definiert sie eine *kritische Temperatur*

$$T_c = \frac{h^2}{2\pi m\, (\zeta(3/2)\, v)^{2/3}}, \tag{17.19}$$

unterhalb derer ein Kondensat auftritt, für vorgegebene Temperatur T definiert sie einen kritischen Wert des Volumens pro Teilchen

$$v_c = \frac{h^3}{\zeta(3/2)\, (2\pi m T)^{3/2}}, \tag{17.20}$$

unterhalb dessen ein Kondensat auftritt. Wenn wir diese Definitionen für T_c und v_c in den Ausdruck (17.17) für den Bruchteil $\langle n_0 \rangle / N$ der Teilchen im Grundzustand einsetzen, erhalten wir das folgende kritische Verhalten:

$$\begin{aligned}\frac{\langle n_0 \rangle}{N} &= 1 - \left(\frac{T}{T_c}\right)^{3/2} & v = \text{const}, \\ &= 1 - \frac{v}{v_c} & T = \text{const}.\end{aligned} \tag{17.21}$$

Die Abbildung 17.2 zeigt den Verlauf von $\langle n_0 \rangle / N$ als Funktion der Temperatur. Wir vergleichen diese Ergebnisse mit den Überlegungen zu den kontinuierlichen Phasenübergängen in den Kapiteln 8 und 9 und erkennen, dass wir $\langle n_0 \rangle / N$ als Ordnungsparameter der Bose–Einstein-Kondensation interpretieren müssen. Allerdings hatte das kritische Verhalten des Ordnungsparameters in den Kapiteln 8 und 9 die Form

$$x \sim \left(1 - \frac{T}{T_c}\right)^\beta \tag{17.22}$$

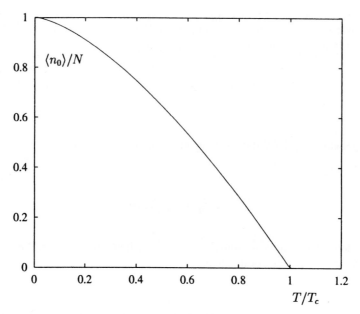

Abbildung 17.2: Ordnungsparameter $\langle n_0\rangle/N$ als Funktion der Temperatur

mit $\beta = 1/2$ für die Molekularfeld–Theorien. Hier springt die Ableitung des Ordnungsparameters x nach der Temperatur vom Wert $-\infty$ bei $T = T_c - 0$ auf den Wert 0 bei $T = T_c + 0$. In der Bose–Einstein-Kondensation verhält sich die Ableitung von $\langle n_0\rangle/N$ nach der Temperatur ebenfalls unstetig. Sie springt jedoch von einem endlichen Wert $-(3/2)\,T_c^{-1}$ bei $T_c - 0$ auf den Wert 0 bei $T_c + 0$. Wenn wir das Verhalten des Ordnungsparameters $\langle n_0\rangle/N$ der Bose–Einstein-Kondensation in die Form (17.22) bringen wollen, müssen wir nach $(T - T_c)/T_c$ entwickeln. In niedrigster nicht-trivialer Ordnung erhalten wir

$$\begin{aligned}
1 - \left(\frac{T}{T_c}\right)^{3/2} &= 1 - \left(1 + \frac{T - T_c}{T_c}\right)^{3/2} \\
&= 1 - \left(1 + \frac{3}{2}\frac{T - T_c}{T_c} + \ldots\right) \\
&= \frac{3}{2}\left(1 - \frac{T}{T_c}\right) + \ldots,
\end{aligned}$$

also den kritischen Exponenten $\beta = 1$.

17.1.2 Zustandsgleichung

Die Zustandsgleichung, d.h., die Relation zwischen $p, v = V/N$ und T, ist aus der Kombination der beiden Gleichungen (17.12) und (17.13) zu bestimmen, indem die Fugazität σ aus ihnen eliminiert wird. Zunächst diskutieren wir das Verhalten des Ausdrucks $-\ln(1-\sigma)/N$ in (17.13):

(N) **Normalzustand**
Im Normalzustand hatte die Gleichung (17.15) immer eine Lösung σ im Intervall $0 < \sigma < 1$, so dass

$$\frac{1}{N}\ln(1-\sigma) \xrightarrow{N\to\infty} 0. \tag{17.23}$$

Einsetzen in (17.13) mit λ_B aus (17.6) liefert

$$p = \left(\frac{2\pi m}{h^2}\right)^{3/2} T^{5/2} g_{5/2}(\sigma). \tag{17.24}$$

σ ist zu gegebenen Werten von T und $v = V/N$ aus (17.15) zu bestimmen.

(K) **Kondensat**
Im Kondensat verhält sich $\sigma = 1 - O(1/V)$ bzw. $\sigma = 1 - O(1/N)$, vgl. (17.16), so dass

$$\frac{1}{N}\ln(1-\sigma) = \frac{1}{N}\ln O\left(\frac{1}{N}\right) = -\frac{\ln O(N)}{N} \xrightarrow{N\to\infty} 0. \tag{17.25}$$

Einsetzen in (17.13) liefert jetzt

$$p = \left(\frac{2\pi m}{h^2}\right)^{3/2} T^{5/2} g_{5/2}(1). \tag{17.26}$$

Im Fall des Kondensats hängt p also nicht mehr von $v = V/N$ ab: $(\partial p/\partial v)_T = 0$, die Kompressibilität ist ∞-groß.

Die Abbildung 17.3 zeigt drei aus (17.24) und (17.26) berechnete Isothermen in der $p-v$-Ebene zusammen mit der Grenzkurve, die dort die Bereiche N und K trennt. Letztere erhalten wir, indem wir T aus (17.18) eliminieren und in (17.26) einsetzen:

$$p\,v^{5/3} = \frac{h^2}{2\pi m} \underbrace{\frac{g_{5/2}(1)}{[g_{3/2}(1)]^{5/3}}}_{=0{,}2707\ldots}. \tag{17.27}$$

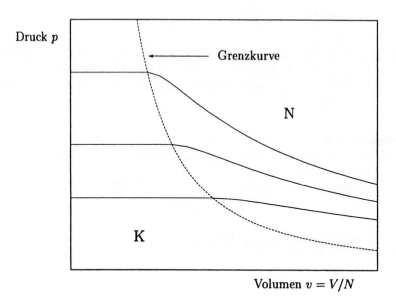

Abbildung 17.3: Isotherme eines Systems von Bosonen mit Kondensation unterhalb der Grenzkurve (gestrichelt).

17.1.3 Wärmekapazität

Wie wir im Abschnitt 16.4 gezeigt haben, gilt für sämtliche Statistiken freier Teilchen $pV = (2/3)U$, so dass wir die innere Energie eines Bosonen–Systems aus (17.24) und (17.26) entnehmen können:

$$U = \frac{3}{2}pV = \frac{3}{2}N \left(\frac{2\pi m}{h^2}\right)^{3/2} v T^{5/2} \begin{cases} g_{5/2}(\sigma) & \text{(N)} \\ g_{5/2}(1) & \text{(K)} \end{cases} \qquad (17.28)$$

Außer im Term $T^{5/2}$ tritt im Normalzustand (N) auch in $g_{5/2}(\sigma)$ eine T-Abhängigkeit auf, weil σ aus der T-abhängigen Beziehung (17.15) zu bestimmen ist, deren ausführliche Version

$$\left(\frac{h^2}{2\pi m}\right)^{3/2} \frac{1}{T^{3/2}v} = g_{3/2}(\sigma) \qquad (17.29)$$

lautet. Wir führen deshalb die Rechnung im Fall (N) durch, weil sich der Fall (K) direkt daraus ablesen lässt. Aus (17.28) folgt im Fall (N)

17.1. DIE BOSE–EINSTEIN-KONDENSATION

$$C_V = \left(\frac{\partial U}{\partial T}\right)_{V,N} = \frac{15}{4} N \left(\frac{2\pi m}{h^2}\right)^{3/2} v\, T^{3/2} g_{5/2}(\sigma)$$

$$+ \frac{3}{2} N \left(\frac{2\pi m}{h^2}\right)^{3/2} v\, T^{5/2} g'_{5/2}(\sigma) \left(\frac{\partial \sigma}{\partial T}\right)_v. \quad (17.30)$$

Hier bezeichnet $g'_{5/2}(\sigma)$ die Ableitung nach σ. Außerdem differenzieren wir (17.29) bei $v =$ konstant nach T:

$$-\frac{3}{2} \left(\frac{h^2}{2\pi m}\right)^{3/2} \frac{1}{T^{5/2} v} = g'_{3/2}(\sigma) \left(\frac{\partial \sigma}{\partial T}\right)_v. \quad (17.31)$$

Für die Ableitungen $g'_\alpha(\sigma)$ erhalten wir aus der Definition (17.11) von $g_\alpha(\sigma)$

$$g'_\alpha(\sigma) = \frac{d}{d\sigma} \sum_{k=1}^{\infty} \frac{\sigma^k}{k^\alpha} = \sum_{k=1}^{\infty} \frac{\sigma^{k-1}}{k^{\alpha-1}} =$$

$$= \frac{1}{\sigma} \sum_{k=1}^{\infty} \frac{\sigma^k}{k^{\alpha-1}} = \frac{1}{\sigma} g_{\alpha-1}(\sigma). \quad (17.32)$$

Aus (17.30) und (17.31) eliminieren wir $(\partial \sigma/\partial T)_v$ und erhalten unter Benutzung der Umformung (17.32) für den Normalzustand (N)

$$\text{(N):} \quad C_V = N \left[\frac{15}{4} \left(\frac{2\pi m}{h^2}\right)^{3/2} v\, T^{3/2} g_{5/2}(\sigma) - \frac{9}{4} \frac{g_{3/2}(\sigma)}{g_{1/2}(\sigma)}\right], \quad (17.33)$$

während für das Kondensat (K) der zweite Term in [...] nicht auftritt:

$$\text{(K):} \quad C_V = N \frac{15}{4} \left(\frac{2\pi m}{h^2}\right)^{3/2} v\, T^{3/2} g_{5/2}(1). \quad (17.34)$$

Im Bereich des Kondensats (K) verhält sich die Wärmekapazität wie $C_V \sim T^{3/2}$. Für hinreichend hohe Temperaturen erwarten wir, dass die Wärmekapazität dort in den klassischen Wert $3N/2$ für ein einatomiges Gas übergeht. Um diese Erwartung zu überprüfen, entnehmen wir zunächst aus (17.29), dass die Grenzübergänge $T \to \infty$ und $\sigma \to 0$ einander entsprechen. Aus der Definition (17.11) für $g_\alpha(\sigma)$ entnehmen wir, dass für $\sigma \to 0$ unabhängig von α $g_\alpha(\sigma) \to \sigma$ gilt. Wenn wir nun (17.29) in den Ausdruck (17.33) für C_V im Fall (N) einsetzen, erhalten wir

$$C_V = N \left[\frac{15}{4} \frac{g_{5/2}(\sigma)}{g_{3/2}(\sigma)} - \frac{9}{4} \frac{g_{3/2}(\sigma)}{g_{1/2}(\sigma)} \right] \tag{17.35}$$

und daraus für $\sigma \to 0$

$$C_V = N \left[\frac{15}{4} - \frac{9}{4} \right] = \frac{3}{2} N \tag{17.36}$$

wie erwartet. Die Abbildung 17.4 zeigt den gesamten Verlauf der Wärmekapazität. Bei der kritischen Temperatur $T = T_c$ zeigt sie qualitativ ein für Phasenübergänge 2. Ordnung typisches Verhalten, das sich hier als Unstetigkeit von $(\partial C_V/\partial T)_v$ äußert.

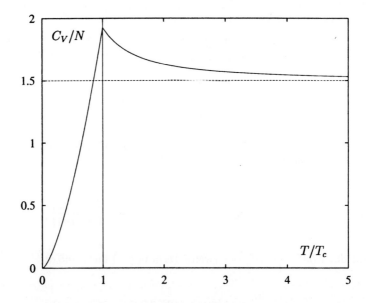

Abbildung 17.4: Wärmekapazität C_V/N als Funktion der Temperatur.

17.2 Thermodynamik des Photonen–Gases

17.2.1 Schwingungsmoden im elektromagnetischen Feld

Photonen sind quantisierte Schwingungsmoden in elektrodynamischen Feldern. Wir betrachten hier ausschließlich freie Photonen, d.h., es sollen keine geladene Teilchen wie z.B. Elektronen vorhanden sein, mit denen die Photonen wechselwirken könnten. Klassisch wird diese Situation durch die Maxwellschen Gleichungen ohne Ladungs- und Stromdichten beschrieben. Diese wiederum lassen sich, wie in der Elektrodynamik gezeigt wird, auf die homogenen Wellengleichungen

$$\Box u(\boldsymbol{r},t) = 0, \qquad \Box = \Delta - \frac{1}{c^2}\frac{\partial^2}{\partial t^2}, \qquad \Delta = \frac{\partial^2}{\partial \boldsymbol{r}^2}, \qquad (17.37)$$

zurückführen, worin $u(\boldsymbol{r},t)$ irgendeine Komponente des elektrischen Feldes $\boldsymbol{E}$ oder der magnetischen Flussdichte $\boldsymbol{B}$ als Funktion von Ort und Zeit darstellt und c die Lichtgeschwindigkeit ist. Wir suchen Lösungen der Wellengleichung (17.37) in einem würfelförmigen Volumen $V = L^3$ mit der Kantenlänge L und verwenden als Lösungsansatz

$$u(\boldsymbol{r},t) = u_{\boldsymbol{k}}(t)\exp(i\,\boldsymbol{k}\boldsymbol{r}), \qquad (17.38)$$

was, eingesetzt in die Wellengleichung (17.37), auf die klassische Bewegungsgleichung eines harmonischen Oszillators

$$\frac{\partial^2}{\partial t^2} u_{\boldsymbol{k}}(t) + \omega^2(\boldsymbol{k})\, u_{\boldsymbol{k}}(t) = 0 \qquad (17.39)$$

mit der Frequenz $\omega^2(\boldsymbol{k}) = c^2\,|\boldsymbol{k}|^2 = c^2 k^2$ führt. Die Werte, die die Wellenzahlvektoren $\boldsymbol{k}$ annehmen können, hängen von den Randbedingungen ab, deren Erfüllung wir von $u(\boldsymbol{r},t)$ im Volumen V fordern. Wir schließen uns den Überlegungen des Abschnitts 16.4 an und wählen *zyklische Randbedingungen*. Dann können wir aus dem Abschnitt 16.4 übernehmen, dass die Komponenten k_α von $\boldsymbol{k}$ für $\alpha = 1,2,3$ als

$$k_\alpha = \frac{2\pi}{L} m_\alpha, \qquad m_\alpha = 0, \pm 1, \pm 2, \ldots \qquad (17.40)$$

zu wählen sind. Im Abschnitt 16.4 hatten wir die Impuls-Schreibweise $\boldsymbol{p} = \hbar \boldsymbol{k}$ verwendet; auch im Fall des elektromagnetischen Feldes gibt diese Relation den

Zusammenhang zwischen Impuls p des Photons und Wellenzahl k der klassischen Welle. Die allgemeine Lösung der Wellengleichung (17.37) ist die Überlagerung von Lösungen mit dem Ansatz (17.38):

$$u(r,t) = \sum_k u_k(t) \exp[i\,kr] = \sum_k u_k \exp(i\,(kr - \omega(k)\,t)), \qquad (17.41)$$

worin wir im zweiten Schritt die Lösungen der gewöhnlichen Differential–Gleichung (17.39) für $u_k(t)$ eingesetzt haben. Die Form (17.41) besagt, dass wir das freie elektromagnetische Feld als eine Überlagerung von harmonischen Oszillatoren interpretieren können. Wenn wir nun zu einer quantentheoretischen Beschreibung übergehen, haben wir den einzelnen Oszillatoren die Energie

$$E(k) = \hbar\,\omega(k)\left(n_k + \frac{1}{2}\right), \qquad n_k = 0,1,2,\ldots \qquad (17.42)$$

zuzuordnen. Wir interpretieren diese Zuordnung in der Weise, dass eine Anzahl n_k von *Photonen* jeweils mit der Energie $\epsilon(k) = \hbar\,\omega(k)$ den Zustand mit der Wellenzahl k besetzen, die gemäß $p = \hbar\,k$ zugleich den Impuls des Photons bestimmt, wie wir das oben bereits erwartet hatten. Damit lautet die Energie eines Photons auch

$$\epsilon(k) = \hbar\,\omega(k) = c\,\hbar\,k = c\,p. \qquad (17.43)$$

Wenn wir diese Beziehung mit der allgemeinen relativistischen Beziehung

$$\epsilon = \sqrt{m^2\,c^4 + c^2\,p^2} \qquad (17.44)$$

zwischen Energie ϵ und Impuls p eines Teilchens vergleichen, kommen wir zu dem Schluss, dass Photonen masselose Teilchen sind, präziser ausgedrückt, dass ihre Ruhmasse m verschwindet: $m = 0$. Man nennt die Photonen deshalb auch *ultrarelativistisch*, während sich der nicht–relativistische Grenzfall $\epsilon = mc^2 + p^2/(2m)$ aus (17.44) durch Entwicklung nach $p/(mc)$ ergibt. Da weiterhin jeder Zustand k bzw. $p = \hbar\,k$ durch eine beliebig große Anzahl n_k von Photonen besetzbar ist, schließen wir weiter, dass Photonen *Bosonen* sind.

Die Charakterisierung eines Photons durch seinen Impuls $p = \hbar\,k$ ist noch nicht vollständig. Die klassisch beschriebene elektromagnetische Welle besitzt außer ihrer Wellenzahl k noch eine *Polarisation*, die wir uns als zirkulare Polarisation ausgedrückt denken und die zwei mögliche Einstellungen annehmen kann, nämlich links

17.2. THERMODYNAMIK DES PHOTONEN-GASES

oder rechts bezüglich der Ausbreitungsrichtung k. Auf das Photon als Teilchen übertragen drücken wir zirkulare Polarisation als Drall oder *Helizität* des Photons aus. Im Sinne der Quantentheorie ist die Helizität als Spin des Photons zu deuten. Der Spin des Photons hätte dann zwei Einstellmöglichkeiten relativ zur Ausbreitungsrichtung $p = \hbar k$, und dieser Befund würde nun für einen Spin $\hbar/2$ sprechen, also für ein Fermion und somit zu einem Widerspruch zu unserem obigen Schluss, dass Photonen Bosonen seien. Dieser Widerspruch wird durch die Quantenfeldtheorie eliminiert: Teilchen mit verschwindender Ruhmasse besitzen nur Spineinstellungen in oder gegen die Ausbreitungsrichtung. Es bleibt also dabei, dass Photonen Bosonen sind. Ihnen ist ein Spin $\hbar$ im Sinne der Helizität zuzuordnen. Von den drei möglichen Einstellrichtungen eines Spins $\hbar$ fällt eine aus, weil Photonen keine Ruhmasse besitzen. Die beiden verbleibenden Spineinstellungen werden durch eine Quantenzahl $s = \pm 1$ beschrieben, die der Wellenzahl k bzw. dem Impuls p hinzuzufügen ist. Die Energie $\hbar \omega(k)$ ist allerdings unabhängig von s, d.h., spin-entartet.

Wenn wir jetzt noch in (17.42) auf die Deutung von n_k als Besetzungszahl des Zustands k bzw. k, s zurückkommen und die Besetzungszahl in der zweiten Quantisierung durch Erzeugungs- und Vernichtungsoperatoren für Photonen darstellen, vgl. Abschnitt 16.2, dann kommen wir für das gesamte Feld, d.h. für alle Wellenzahlen k von (17.42) zum Hamilton-Operator

$$H = \sum_{k,s} \hbar \omega(k) \left(a^+_{k,s} a_{k,s} + \frac{1}{2} \right). \tag{17.45}$$

Die Erzeugungs- und Vernichtungsoperatoren erfüllen die Kommutator-Beziehungen

$$\left[a_{k,s}, a^+_{k',s'} \right] = \delta_{k,k'} \delta_{s,s'},$$
$$\left[a_{k,s}, a_{k',s'} \right] = 0, \quad \left[a^+_{k,s} a^+_{k',s'} \right] = 0. \tag{17.46}$$

Problematisch in (17.45) ist die Ruhenergie

$$H_0 = \frac{1}{2} \sum_{k,s} \hbar \omega(k),$$

weil sie wegen der unbegrenzt möglichen Anzahl von k-Werten gemäß (17.40) divergiert. Korrekterweise muss man so vorgehen, die k-Summation zunächst künstlich durch eine sogenannte *cut–off–Wellenzahl* zu begrenzen, dann von allen Energie–Ausdrücken die dadurch endlich gewordene Ruhenergie zu subtrahieren und schließlich die cut–off–Wellenzahl gegen ∞ gehen zu lassen. Eine Feldtheorie, in der dieses Programm durchführbar ist, nennt man *renormierbar*. Die Quantentheorie des elektromagnetischen Feldes, die sogenannte *Quantenelektrodynamik*, erweist sich nun tatsächlich als renormierbar. Wir werden deshalb in den folgenden thermodynamischen Ausdrücken die Ruhenergie fortlassen.

17.2.2 Thermodynamik der Photonen

Wir beginnen mit der Berechnung der mittleren Besetzungszahl für den Zustand k, s, die gemäß Abschnitt 16.3 für Photonen gegeben ist durch

$$\langle n_{k,s}\rangle = \langle a^+_{k,s} a_{k,s}\rangle = \frac{1}{\exp\left(\beta\left(\hbar c k - \mu\right)\right) - 1}. \tag{17.47}$$

Wir kommen nun zu einer weiteren Besonderheit des Photonen–Gases. Wegen der verschwindenden Ruhmasse findet bei der Erzeugung und Vernichtung von Photonen kein Umsatz an Ruhenergie statt. Photonen können bei beliebigen Temperaturen ohne jede energetische Schwelle thermisch erzeugt und vernichtet werden. Die mittlere Teilchenzahl N der Photonen stellt sich als Funktion der Temperatur selbst ein und kann nicht durch Randbedingungen unabhängig kontrolliert werden, z.B. durch entsprechend impermeable Wände wie bei Teilchen mit endlicher Ruhmasse. Die in einem System von Photonen vorhandenen Wände emittieren und absorbieren ständig Photonen. Das bedeutet, dass der Term $\mu \, dN$ in den Fundamental–Relationen für die innere Energie U, die freie Energie F oder die freie Enthalpie G nicht auftritt, obwohl $dN \neq 0$. Daraus folgt offensichtlich, dass das chemische Potential von Photonen verschwindet: $\mu = 0$. Zum gleichen Schluss kommt man, wenn man die Teilchenzahl N aufgrund der obigen Überlegungen als innere Variable x betrachtet, bezüglich derer z.B. bei gegebenen Werten von T und V das zugehörige Potential, die freie Energie F, minimal sein muss, also

$$\mu = \left(\frac{\partial F}{\partial N}\right)_{T,V} = 0. \tag{17.48}$$

Somit lautet die mittlere Besetzungszahl aus (17.47)

$$\langle n_{k,s}\rangle = \langle a^+_{k,s} a_{k,s}\rangle = \frac{1}{\exp\left(\beta \hbar c k\right) - 1}. \tag{17.49}$$

17.2. THERMODYNAMIK DES PHOTONEN-GASES

Daraus berechnen wir die innere Energie als

$$U = \sum_{k,s} \frac{\hbar c k}{\exp(\beta \hbar c k) - 1}. \tag{17.50}$$

Nach dem Muster im Abschnitt 16.4 formen wir die k-Summe in ein Integral um. Aus (17.40) entnehmen wir, dass das k-Raum-Volumen pro Zustand $\Delta^3 k = (2\pi/L)^3 = 8\pi^3/V$ beträgt. Unter Berücksichtigung des Spin-Entartungsfaktors 2 erhalten wir also aus (17.50)

$$\begin{aligned} U &= \frac{2V}{8\pi^3} \int d^3k \frac{\hbar c k}{\exp(\beta \hbar c k) - 1} \\ &= \frac{V \hbar c}{\pi^2} \int_0^\infty dk \frac{k^3}{\exp(\beta \hbar c k) - 1} \\ &= \frac{V \hbar}{\pi^2 c^3} \int_0^\infty d\omega \frac{\omega^3}{\exp(\beta \hbar \omega) - 1} \\ &= V \int_0^\infty d\omega \, u(\omega, T), \end{aligned} \tag{17.51}$$

worin $u(\omega, T)$, die *spektrale Energiedichte* (Energie pro Frequenz ω und pro Volumen V), durch

$$u(\omega, T) = \frac{\hbar}{\pi^2 c^3} \frac{\omega^3}{\exp(\beta \hbar \omega) - 1} \tag{17.52}$$

definiert ist. Die spektrale Energiedichte des thermischen elektromagnetischen Feldes hat eine wichtige Rolle bei der Entdeckung des Wirkungsquantum durch Max Planck (1900) gespielt. (17.52) wird darum auch *Plancksches Strahlungsgesetz* genannt. Die Abbildung 17.5 zeigt den Verlauf von $u(\omega, T)$ für drei verschiedene Temperaturen.

Die gesamte Energie berechnen wir aus (17.51) durch Substitution von $\xi = \beta \hbar \omega$:

$$U = \frac{V}{\pi^2 c^3 \hbar^3 \beta^4} \underbrace{\int_0^\infty d\xi \frac{\xi^3}{e^\xi - 1}}_{=\pi^4/15} = V \frac{\pi^2}{15} \frac{T^4}{(\hbar c)^3}. \tag{17.53}$$

Diese Beziehung wird auch *Stefan-Boltzmann-Gesetz* genannt. Aus $U \sim T^4$ folgt, dass die Wärmekapazität des thermischen elektromagnetischen Feldes sich proportional zu T^3 verhält.

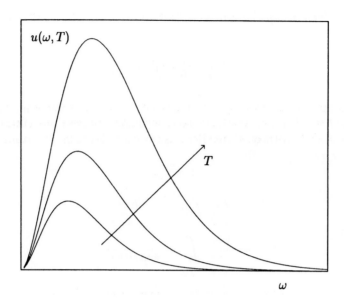

Abbildung 17.5: Spektrale Energiedichte des thermischen elektromagnetischen Feldes bei drei verschiedenen Temperaturen (zunehmend in Pfeilrichtung)

Um auch die Zustandsgleichung des thermischen elektromagnetischen Feldes zu bestimmen, berechnen wir auch das thermodynamische Potential Ψ, das für Bosonen allgemein im Abschnitt 16.3 definiert worden war. Die folgende Umrechnung benutzt eine partielle Integration analog der im Abschnitt 16.4:

$$\begin{aligned}
\Psi &= \frac{1}{\beta} \sum_{k,s} \ln\left[1 - \exp(-\beta \hbar c k)\right] \\
&= \frac{V}{\pi^2 \beta} \int_0^\infty dk\, k^2 \ln\left[1 - \exp(-\beta \hbar c k)\right] \\
&= \frac{V}{\pi^2 c^3 \beta} \int_0^\infty d\omega\, \omega^2 \ln\left[1 - \exp(-\beta \hbar \omega)\right] \\
&= \frac{V}{\pi^2 c^3 \beta} \underbrace{\left[\frac{\omega^3}{3} \ln\left[1 - \exp(-\beta \hbar \omega)\right]\right]_0^\infty}_{=0} - \\
&\quad -\frac{1}{3}\frac{V \hbar}{\pi^2 c^3} \int_0^\infty d\omega \frac{\omega^3}{\exp(\beta \hbar \omega) - 1} \\
&= -\frac{1}{3} U,
\end{aligned} \qquad (17.54)$$

vgl. (17.51). Da $\Psi = -pV$, ergibt sich für das ultrarelativistische Photonengas

$$pV = \frac{1}{3}U \qquad (17.55)$$

anstelle von $pV = 2U/3$ für nicht-relativistische Teilchen mit einer kinetischen Energie $\epsilon = p^2/(2m)$ im Abschnitt 16.4. Insbesondere folgt aus (17.54) für den *Strahlungsdruck* des Photonengases

$$p = \frac{1}{3}\frac{U}{V} = \frac{\pi^2}{45}\frac{T^4}{(\hbar c)^3}, \qquad (17.56)$$

vgl. (17.53).

17.3 Debyesche Theorie der Phononen

17.3.1 Schwingungsmoden des Schalls

In kontinuierlichen materiellen Systemen treten *Schallschwingungen* auf, die weitgehend ähnliche Eigenschaften besitzen wie die Schwingungen des elektromagnetischen Feldes. Auch die Schallschwingungen werden durch eine Wellengleichung vom gleichen Typ (17.37) wie die elektromagnetischen Schwingungen beschrieben:

$$\left(\Delta - \frac{1}{c^2}\frac{\partial^2}{\partial t^2}\right) u(\mathbf{r}, t) = 0. \qquad (17.57)$$

Die Funktion $u(\mathbf{r}, t)$ beschreibt bei Schallschwingungen entweder Auslenkungen von materiellen Bereichen aus ihren Ruhelagen oder auch Auslenkungen des Drucks aus seinem Gleichgewichtswert. Es gibt jedoch einige Unterschiede zwischen den Schallschwingungen und den elektromagnetischen Schwingungen, die wir beachten müssen, bevor wir die Theorie des vorhergehenden Abschnitts auf die Schallschwingungen übertragen können.

1. Die Ausbreitungsgeschwindigkeit c der Schallwellen ist die *Schallgeschwindigkeit*, die an die Stelle der Lichtgeschwindigkeit bei elektromagnetischen Wellen tritt. Die Schallgeschwindigkeit hat in verschiedenen Materialien sehr unterschiedliche Werte.

2. Schallwellen können im Gegensatz zu den elektromagnetischen Schwingungen nicht beliebig große Werte der Wellenzahl $k = |\mathbf{k}|$ bzw. beliebige kleine Wellenlängen $\lambda = 2\pi/k$ haben. Eine Wellenlänge, die kleiner als der Abstand von zwei Atomen oder Molekülen im Material ist, wäre physikalisch irreal, weil Auslenkungen aus Ruhelagen materiell definiert sein müssen und zwischen den Atomen oder Molekülen keine Beschreibung eines materiellen Zustands mehr möglich ist. Die "körnige" Struktur von Materialien führt also zu einer endlichen Anzahl von möglichen unabhängigen Schallschwingungen. Diese Zahl lässt sich durch die Auszählung von Freiheitsgraden bestimmen: wenn jedes der N Atome oder Moleküle des Materials 3 unabhängige Bewegungsrichtungen besitzt, dann kann es offenbar auch nicht mehr als $3N$ unabhängige Schallschwingungen geben.

3. Im vorhergehenden Abschnitt haben wir gezeigt, dass aus einer Wellengleichung vom Typ (17.37) bzw. (17.57) eine *Dispersionsrelation*, d.h. eine Beziehung zwischen Frequenz und Wellenzahlvektor vom Typ $\omega = c|\mathbf{k}|$ folgt. Für Wellenlängen λ der Größenordnung des Abstands a zwischen den Atomen oder den Molekülen des Materials, $\lambda \approx a$ bzw. für $ka \approx 2\pi$ ist nun die Kontinuumsbeschreibung durch eine Wellengleichung (17.57) nicht mehr korrekt. Hier muss man die Schwingungen der Atome bzw. Moleküle durch detaillierte Bewegungsgleichungen beschreiben, die zu anderen Dispersionsrelationen führen, z.B. in einer linearen Kette zu

$$\omega = \omega(\mathbf{k}) = \omega_0 \sin\frac{|\mathbf{k}\,a|}{2}.$$

In jedem Fall ist für lange Wellen bzw. für kleine $|\mathbf{k}|$ die Funktion $\omega(\mathbf{k})$ linear, $\omega(\mathbf{k}) \approx c|\mathbf{k}|$, weil in diesem Grenzfall die Kontinuumsbeschreibung durch die Wellengleichung (17.57) zutrifft. Wir werden bei den Berechnungen der thermodynamischen Eigenschaften der Schallschwingungen in diesem Abschnitt allerdings bei der Kontinuumsbeschreibung mit der Dispersion $\omega(\mathbf{k}) = c|\mathbf{k}|$ bleiben.

4. Auch bei den Schallschwingungen gibt es Polarisationen. Die Auslenkungen aus den Ruhelagen können in die drei Raumrichtungen erfolgen. In festen Körpern gibt es für alle Auslenkungen auch rücktreibende Kräfte, also tatsächlich drei Schwingungsrichtungen pro Atom. Darauf beruhte ja auch die Abzählung der Freiheitsgrade unter Punkt 2. Im Bild einer Schallwelle, die durch Wellenzahl $\mathbf{k}$ und Frequenz $\omega(\mathbf{k})$ beschrieben wird, gibt es entsprechend drei Polarisationen, nämlich eine longitudinale in $\mathbf{k}$-Richtung und zwei transversale senkrecht zur $\mathbf{k}$-Richtung. Wir sehen hier von der Möglichkeit ab, dass die Schallgeschwindigkeiten für die longitudinalen und transversalen Polarisationen verschieden sein können. Wir werden also für Schallwellen einen Entartungsfaktor 3 anstelle eines Faktors 2 für elektromagnetische Wellen zu berücksichtigen haben.

17.3. DEBYESCHE THEORIE DER PHONONEN

Eine besondere Situation besteht bei Schallwellen in Flüssigkeiten und Gasen. Hier gibt es keine Scherkräfte, also keine Rückstellkräfte für transversale Polarisationen. Es treten als Wellen nur longitudinale Polarisationen auf.

5. Schallschwingungen mit einer Dispersion $\omega(\boldsymbol{k}) \approx c|\boldsymbol{k}|$ für $k \to 0$ heißen wegen ihrer Beziehung zur Wellengleichung (17.57) *akustisch*. In kristallinen Festkörpern, deren Einheitszelle aus mehreren Atomen besteht, können auch solche Schwingungen auftreten, bei denen die Atome der Einheitszelle für kleine Wellenzahlvektoren $\boldsymbol{k}$ gegeneinander schwingen. Solche Schwingungen heißen *polar* oder auch *optisch*. Sie haben eine höhere Frequenz als die akustischen Schwingungen, und insbesondere ist für sie $\omega(0) > 0$. Wir werden im Folgenden ausschließlich akustische Schwingungen mit einer linearen Dispersion $\omega(\boldsymbol{k}) = c|\boldsymbol{k}|$ betrachten.

Wie wir soeben begründet haben, gibt es wegen der begrenzten Anzahl $3N$ von Schallwellen in einem festen Körper eine minimale Wellenlänge bzw. eine maximale Wellenzahl, die wir mit k_D abkürzen. Wir berechnen sie aus der Bedingung

$$\sum_{k,s} \Theta(k_D - k) = 3N. \tag{17.58}$$

$\Theta(\xi)$ ist die Heavysidesche Thetafunktion mit $\Theta(\xi) = 1$ für $\xi > 0$ und $\Theta(\xi) = 0$ für $\xi < 0$. Wie üblich formen wir die linke Seite von (17.58) in ein Integral um und erhalten

$$\sum_{k,s} \Theta(k_D - k) = \frac{3V}{8\pi^3} \int_0^{k_D} dk\, 4\pi k^2 = \frac{V}{2\pi^2} k_D^3, \tag{17.59}$$

woraus zusammen mit (17.58)

$$k_D = \left(6\pi^2 \frac{N}{V}\right)^{1/3}, \qquad \omega_D := c k_D = c\left(6\pi^2 \frac{N}{V}\right)^{1/3} \tag{17.60}$$

folgt. k_D und ω_D heißen nach dem Urheber der folgenden Theorie *Debyesche Wellenlänge* bzw. *Debye-Frequenz*.

Wie das Feld der elektromagnetischen Schwingungen lässt sich auch das Schallfeld quantisieren. Die entsprechenden Überlegungen dazu folgen jenen für die Photonen im vorhergehenden Abschnitt. Die quantisierten Schallwellen, die von Operatoren $a_{k,s}^+$ und $a_{k,s}$ erzeugt bzw. vernichtet werden, nennt man in Analogie *Phononen*. Es sind wie die Photonen Bosonen, weil jeder Wellenzahlvektor k bzw. jeder Impuls $p = \hbar k$ mit einer beliebig hohen Besetzung auftreten kann. Anders als bei den Photonen treten bei Phononen zumindest in festen Körpern auch sämtliche drei Polarisationen auf. Aus dem gleichen Grund wie bei den Photonen hat auch das chemische Potential der Phononen den Wert $\mu = 0$, weil die mittlere Zahl der Phononen $\langle a_{k,s}^+ a_{k,s}\rangle$ sich mit der Temperatur einstellt und keine unabhängige thermodynamische Variable ist.

17.3.2 Thermodynamik der Phononen

Die innere Energie der Phononen lautet für die Dispersion $\omega(k) = c|k|$

$$\begin{aligned}U &= \sum_{k,s}\Theta(k_D-k)\frac{\hbar\omega(k)}{\exp(\beta\hbar\omega(k))-1}\\ &= \frac{3V}{2\pi^2}\int_0^{k_D}dk\,k^2\frac{\hbar c k}{\exp(\beta\hbar c k)-1}\\ &= \frac{3V}{2\pi^2 c^3}\int_0^{\omega_D}d\omega\,\omega^2\frac{\hbar\omega}{\exp(\beta\hbar\omega)-1}.\end{aligned} \quad (17.61)$$

Gemäß (17.60) ersetzen wir V durch N und k_D,

$$\frac{3V}{2\pi^2} = \frac{9N}{k_D^3} = \frac{9Nc^3}{\omega_D^3},$$

und substituieren $\xi = \beta\hbar\omega$ als Integrationsvariable:

$$U = \frac{9N}{\beta^4(\hbar\omega_D)^3}\int_0^{\beta\hbar\omega_D}d\xi\frac{\xi^3}{e^\xi-1} = 3NTD\left(\frac{\Theta}{T}\right), \quad (17.62)$$

worin

$$D(x) := \frac{3}{x^3}\int_0^x d\xi\frac{\xi^3}{e^\xi-1} \quad (17.63)$$

und $\Theta = \hbar\omega_D$ die sogenannte Debye-Temperatur ist, die auf der Kelvin-Skala durch $\Theta' = \hbar\omega_D/k_B$ zu definieren wäre, k_B =Boltzmann-Konstante. Für $T \ll \Theta$ bzw. $x = \Theta/T \to \infty$ wird

$$D(x) \xrightarrow{x\to\infty} \frac{3}{x^3}\int_0^\infty d\xi\frac{\xi^3}{e^\xi-1} = \frac{3}{x^3}\frac{\pi^4}{15}, \quad (17.64)$$

vgl. auch (17.53). Für $T \gg \Theta$ bzw. $x \to 0$ wird

17.4. DAS ENTARTETE FERMI-GAS

$$\frac{\xi^3}{e^\xi - 1} = \xi^2 + O\left(\xi^3\right),$$
$$D(x) = 1 + O(x). \tag{17.65}$$

Einsetzen von (17.64) und (17.65) in (17.62) ergibt für die innere Energie U und die Wärmekapazität das Verhalten

$$U \to \begin{cases} \frac{3\pi^4}{5} N \frac{T^4}{\Theta^3} \sim T^4 & T \ll \Theta \\ 3NT \sim T & T \gg \Theta, \end{cases} \tag{17.66}$$

$$C = \left(\frac{\partial U}{\partial T}\right)_{V,N} \to \begin{cases} \frac{12\pi^4}{5} N \left(\frac{T}{\Theta}\right)^3 \sim T^3 & T \ll \Theta \\ 3N = \text{const} & T \gg \Theta. \end{cases} \tag{17.67}$$

Für tiefe Temperaturen $T \ll \Theta$ sind nur niedrige Frequenzen und damit auch nur kleine Wellenzahlvektoren bzw. lange Wellen angeregt, so dass sich die Abschneidung bei k_D nicht auswirkt. Aus diesem Grund verhalten sich die Phononen dann qualitativ ähnlich wie Photonen, nämlich $U \sim T^4$ und $C \sim T^3$. Für hohe Temperaturen $T \gg \Theta$ wirkt sich die Abschneidung bei k_D sehr deutlich aus. Das Ergebnis $U = 3NT$, die sogenannte *Dulong–Petitsche Regel*, stimmt dort mit dem klassischen Ergebnis aus dem Gleichverteilungssatz überein, vgl. Abschnitt 13.3: in einem System von $f = 3N$ harmonischen Oszillatoren tragen kinetische und potentielle Energie jedes Oszillators je die mittlere Energie $T/2$ bei. Die Debye-Temperatur Θ grenzt den Bereich, in dem die klassische Theorie gilt, nach unten ab; in $T < \Theta$ muss quantenstatistisch korrekt gerechnet werden. Das zeigt sich auch in der Darstellung der Wärmekapazität als Funktion der Temperatur in der Abbildung 17.6: in $T < \Theta$ weicht C merklich vom Dulong-Petitschen Wert $C = 3N$ ab. Die Debye-Temperatur $\Theta = \hbar \omega_D \sim c$ ist proportional zur Schallgeschwindigkeit c und damit eine für das jeweilige Material typische Temperatur.

Das klassische thermische Verhalten von Phononen, also die Dulong–Petitsche Regel, steht im Widerspruch zum 3. Hauptsatz der Thermodynamik, nach dem $C \to 0$ für $T \to 0$ zu fordern ist. Erst die quantenstatistisch korrekte Theorie erfüllt den 3. Hauptsatz.

17.4 Das entartete Fermi–Gas

Die Quantenstatistik von Fermionen-Systemen wird entscheidend durch das Pauli-Prinzip geprägt, vgl. Abschnitt 16.2: ein 1-Teilchen-Zustand kann höchstens von

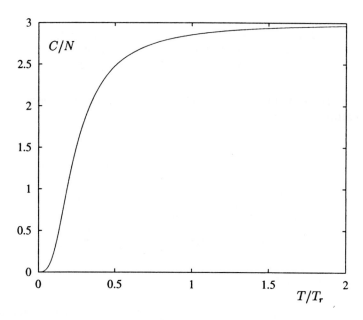

Abbildung 17.6: Wärmekapazität C/N in der Debyeschen Theorie der Phononen als Funktion der Temperatur.

einem Fermion besetzt werden. Eine äquivalente Formulierung besagt, dass zwei Fermionen niemals in allen ihren Quantenzahlen übereinstimmen können. Aufgrund des Pauli–Prinzips erwarten wir, dass die Fermionen bei $T \to 0$ die energetisch tiefsten Zustände bis zu einer maximalen Energie ϵ_F auffüllen werden. Diese maximal besetzte Energie ϵ_F heißt *Fermi–Energie*. Für freie Teilchen, deren Zustände durch eine Wellenzahl $\boldsymbol{k}$ bzw. den Impuls $\boldsymbol{p} = \hbar\,\boldsymbol{k}$ charakterisiert werden und deren Energie $\epsilon = \boldsymbol{p}^2/(2\,m)$ bzw. $\epsilon = \hbar^2\,\boldsymbol{k}^2/(2\,m)$ lautet, bildet sich im Impulsraum durch die Auffüllung der energetisch tiefsten Zustände eine Kugel, die sogenannte *Fermi–Kugel*, mit einem Radius $p_F = \hbar\,k_F$, der mit der Fermi–Energie durch $\epsilon_F = p_F^2/(2\,m)$ verknüpft ist. p_F bzw. k_F heißen *Fermi–Impuls* bzw. *Fermi–Wellenzahl*. Für Fermionen mit einem Spin $\hbar/2$, z.B. Elektronen, kann jeder durch einen Impuls $\boldsymbol{p}$ charakterisierte 1–Teilchen–Zustand mit zwei Teilchen mit entgegengesetzten Spins besetzt werden. Hier tritt also ein Spin–Entartungsfaktor $2\,S + 1 = 2$ auf.

Für endliche Temperaturen T erwarten wir, dass die Fermi–Kugel an ihrer Oberfläche "aufweicht", d.h., dass Teilchen dort die energetisch tiefst möglichen 1–Teilchen–Zustände durch thermische Anregungen verlassen. Folglich wird auch die innere Energie U des Systems mit T ansteigen. Wir erwarten, dass dieser Anstieg stärker als $\sim T$ ist, damit der 3. Hauptsatz erfüllt wird.

Wir wollen diese qualitativen Schlüsse aus dem Pauli–Prinzip in einer quantensta-

17.4. DAS ENTARTETE FERMI-GAS

tistisch korrekten Theorie bestätigen. Wir beginnen mit der Formulierung der Bestimmungsgleichungen für die Teilchenzahl N und die innere Energie U des Systems im großkanonischen Ensemble. Wir können dabei direkt auf die Formulierungen und Umformungen aus den Abschnitten 16.3 und 16.4 zurückgreifen:

$$\begin{align}
N &= \sum_{\mathbf{p},s} \frac{1}{\exp\left(\beta\left(p^2/(2\,m) - \mu\right)\right) + 1} \\
&= \frac{4\pi\,(2\,S+1)\,V}{h^3} \int_0^\infty dp\, p^2\, \frac{1}{\exp\left(\beta\left(p^2/(2\,m) - \mu\right)\right) + 1}, \tag{17.68} \\
U &= \sum_{\mathbf{p},s} \frac{p^2/(2\,m)}{\exp\left(\beta\left(p^2/(2\,m) - \mu\right)\right) + 1} \\
&= \frac{4\pi\,(2\,S+1)\,V}{h^3} \int_0^\infty dp\, p^2\, \frac{p^2/(2\,m)}{\exp\left(\beta\left(p^2/(2\,m) - \mu\right)\right) + 1}. \tag{17.69}
\end{align}$$

Wir merken hier bereits an, dass die Fermi-Verteilungsfunktion für $T \to 0$ bzw. $\beta \to \infty$ gegen die Θ-Funktion strebt:

$$\frac{1}{\exp\left(\beta\left(\epsilon - \mu\right)\right) + 1} \xrightarrow{\beta \to \infty} \Theta(\mu - \epsilon).$$

Dieses Verhalten wird zu der oben erwarteten Auffüllung zu einer Fermi-Kugel bei $T \to 0$ führen. Offensichtlich erhält das chemische Potential μ bei $T \to 0$ die Bedeutung der Fermi-Energie ϵ_F.

17.4.1 Rechnungen: Elimination von μ

Unser Ziel ist es, aus den Integralen in (17.68) und (17.69) das chemische Potential μ zu eliminieren und eine Darstellung $U = U(T, N, V)$ zu gewinnen. Dazu substituieren wir

$$\xi = \beta\left(\frac{p^2}{2\,m} - \mu\right), \qquad p = \sqrt{2\,m\,T\,(\xi + a)}, \qquad a := \beta\mu = \mu/T.$$

$a = \mu/T$ ist der Logarithmus der Fugazität $\sigma = \exp(\mu/T)$, vgl. Abschnitt 16.4. Mit dieser Substitution (und $h = 2\pi\hbar$) erhalten wir

$$N = \frac{(2S+1)V}{4\pi^2} \left(\frac{2m}{\hbar^2}\right)^{3/2} T^{3/2} \int_{-a}^{\infty} d\xi \, \frac{(\xi+a)^{1/2}}{e^\xi + 1}, \qquad (17.70)$$

$$U = \frac{(2S+1)V}{4\pi^2} \left(\frac{2m}{\hbar^2}\right)^{3/2} T^{5/2} \int_{-a}^{\infty} d\xi \, \frac{(\xi+a)^{3/2}}{e^\xi + 1}. \qquad (17.71)$$

In beiden Ausdrücken tritt ein Integral

$$I_\alpha(a) = \int_{-a}^{\infty} d\xi \, \frac{(\xi+a)^\alpha}{e^\xi + 1} \qquad (17.72)$$

auf, das wir wie folgt durch eine partielle Integration umformen:

$$\begin{aligned}
I_\alpha(a) &= \frac{1}{\alpha+1} \int_{-a}^{\infty} d\xi \left(\frac{d}{d\xi}(\xi+a)^{\alpha+1}\right) \frac{1}{e^\xi + 1} \\
&= \frac{1}{\alpha+1} \underbrace{\left[\frac{(\xi+a)^{\alpha+1}}{e^\xi+1}\right]_{-a}^{\infty}}_{=0} - \frac{1}{\alpha+1} \int_{-a}^{\infty} d\xi \, (\xi+a)^{\alpha+1} \frac{d}{d\xi} \frac{1}{e^\xi+1} \\
&= \frac{1}{\alpha+1} \int_{-a}^{\infty} d\xi \, (\xi+a)^{\alpha+1} \frac{e^\xi}{(e^\xi+1)^2} \\
&= \frac{1}{\alpha+1} \int_{-\infty}^{\infty} d\xi \, (\xi+a)^{\alpha+1} \frac{e^\xi}{(e^\xi+1)^2} + O\left(e^{-a}\right). \qquad (17.73)
\end{aligned}$$

Im letzten Schritt haben wir davon Gebrauch gemacht, dass der Integrand für $\xi \to -\infty$ bis auf Potenzen wie $\exp(-|\xi|)$ abfällt und folglich die Erweiterung der Integration von $-a \leq \xi < \infty$ auf $-\infty < \xi < +\infty$ einen Fehler der Größenordnung $\exp(-a)$ ausmacht. Unsere weitere Rechnung wird bei Vernachlässigung dieses Fehlers auf $a \gg 1$ bzw. auf $\mu \gg T$ beschränkt sein, was für tiefe Temperaturen zu $\epsilon_F \gg T$ wird. Dieses Kriterium bedeutet anschaulich, dass die Fermi–Kugel nur wenig "aufgeweicht" ist, und wird Kriterium für *Entartung* genannt. Im Sinne dieses Kriteriums setzen wir unsere Rechnung fort, indem wir den Term $(\xi+a)^{\alpha+1}$ im Integranden in (17.73) nach $1/a$ entwickeln:

$$(\xi+a)^{\alpha+1} = a^{\alpha+1} \left(1 + \frac{\xi}{a}\right)^{\alpha+1} = a^{\alpha+1} \sum_{\nu=0}^{\infty} \binom{\alpha+1}{\nu} \left(\frac{\xi}{a}\right)^\nu. \qquad (17.74)$$

Diese Entwicklung eingesetzt in den Ausdruck (17.73) für $I_\alpha(a)$ führt zu

17.4. DAS ENTARTETE FERMI-GAS

$$I_\alpha(a) = \frac{1}{\alpha+1} \sum_{\nu=0}^{\infty} \binom{\alpha+1}{\nu} a^{\alpha+1-\nu} \int_{-\infty}^{+\infty} d\xi\, \xi^\nu \frac{e^\xi}{(e^\xi+1)^2} + O\left(e^{-a}\right). \quad (17.75)$$

Die Funktion

$$\frac{e^\xi}{(e^\xi+1)^2} = \frac{1}{4\cosh^2(\xi/2)}$$

im Integranden in (17.75) ist gerade gegen $\xi \to -\xi$, so dass in der ν-Entwicklung sämtliche ungeraden Terme herausfallen. Wir werten die Terme $\nu = 0$ und $\nu = 2$ aus:

$\nu = 0:$
$$\binom{\alpha+1}{0} = 1$$

$$\int_{-\infty}^{+\infty} d\xi \frac{e^\xi}{(e^\xi+1)^2} = -\int_{-\infty}^{+\infty} d\xi \frac{d}{d\xi} \frac{1}{e^\xi+1} = -\left[\frac{1}{e^\xi+1}\right]_{-\infty}^{+\infty} = 1, \quad (17.76)$$

$\nu = 2:$
$$\binom{\alpha+1}{2} = \frac{1}{2}(\alpha+1)\alpha$$

$$\int_{-\infty}^{+\infty} d\xi\, \xi^2 \frac{e^\xi}{(e^\xi+1)^2} = 2\int_{0}^{+\infty} d\xi\, \xi^2 \frac{e^\xi}{(e^\xi+1)^2} = -2\int_{0}^{+\infty} d\xi\, \xi^2 \frac{d}{d\xi} \frac{1}{e^\xi+1} =$$

$$= -2\underbrace{\left[\frac{\xi^2}{e^\xi+1}\right]_0^\infty}_{=0} + 4\underbrace{\int_0^\infty d\xi \frac{\xi}{e^\xi+1}}_{=\pi^2/12} = \frac{\pi^2}{3}. \quad (17.77)$$

In der Umformung für $\nu = 2$ haben wir nochmals eine partielle Integration durchgeführt. Die Reihenentwicklung (17.75) für $I_\alpha(a)$ lautet also mit ihren beiden ersten nichtverschwindenden Termen

$$I_\alpha(a) = \frac{1}{\alpha+1} a^{\alpha+1} + \frac{\pi^2}{6} \alpha\, a^{\alpha-1} + O\left(a^{\alpha-3}\right). \quad (17.78)$$

Die Fehlerordnung $O(\exp(-a))$ aus (17.75) schreiben wir nicht mehr mit, weil diese bei $a = \mu/T \gg 1$ kleiner ist als die Ordnung der Potenz $O(a^{\alpha-3})$. Wir setzen dieses Ergebnis für $I_\alpha(a)$ zunächst in den Ausdruck (17.70) für N ein und finden mit $a = \mu/T$

$$\begin{aligned}
N &= \frac{(2S+1)V}{4\pi^2} \left(\frac{2m}{\hbar^2}\right)^{3/2} T^{3/2} I_{1/2}(a) \\
&= \frac{(2S+1)V}{4\pi^2} \left(\frac{2m}{\hbar^2}\right)^{3/2} T^{3/2} \left[\frac{2}{3}\left(\frac{\mu}{T}\right)^{3/2} + \frac{\pi^2}{12}\left(\frac{\mu}{T}\right)^{-1/2} + O\left(\left(\frac{\mu}{T}\right)^{-5/2}\right)\right] \\
&= \frac{2}{3}\frac{(2S+1)V}{4\pi^2} \left(\frac{2m}{\hbar^2}\right)^{3/2} \mu^{3/2} \left[1 + \frac{\pi^2}{8}\left(\frac{T}{\mu}\right)^2 + O\left(\left(\frac{T}{\mu}\right)^4\right)\right]. \quad (17.79)
\end{aligned}$$

Für $T = 0$ wird wie oben begründet $\mu(0) = \epsilon_F$, und aus (17.79) folgt

$$N = \frac{2}{3} \frac{(2S+1)V}{4\pi^2} \left(\frac{2m}{\hbar^2}\right)^{3/2} \epsilon_F^{3/2}, \qquad (17.80)$$

also der Zusammenhang zwischen der Teilchenzahl N und der Fermi-Energie ϵ_F. Die Umkehrung nach ϵ_F ergibt

$$\epsilon_F = \frac{\hbar^2}{2m} \left[\frac{6\pi^2}{2S+1} \frac{N}{V}\right]^{2/3}. \qquad (17.81)$$

woraus wir auch unmittelbar die Fermi-Wellenzahl

$$k_F = \left[\frac{6\pi^2}{2S+1} \frac{N}{V}\right]^{1/3} \qquad (17.82)$$

bzw. den Fermi-Impuls $p_F = \hbar k_F$ ablesen können.

Die Elimination von N aus (17.79) und (17.80) führt auf

$$\epsilon_F^{3/2} = \mu^{3/2} \left[1 + \frac{\pi^2}{8} \left(\frac{T}{\mu}\right)^2 + O\left(\left(\frac{T}{\mu}\right)^4\right)\right]. \qquad (17.83)$$

Daraus bestimmen wir das chemische Potential μ durch eine nochmalige Reihenentwicklung nach $(T/\mu)^2$ nach dem Schema:

$$\left[1 + c\left(\frac{T}{\mu}\right)^2 + O\left(\left(\frac{T}{\mu}\right)^4\right)\right]^\kappa = 1 + \kappa c \left(\frac{T}{\mu}\right)^2 + O\left(\left(\frac{T}{\mu}\right)^4\right).$$

Angewendet auf (17.83) erhalten wir

$$\begin{aligned}\mu &= \epsilon_F \left[1 + \frac{\pi^2}{8}\left(\frac{T}{\mu}\right)^2 + O\left(\left(\frac{T}{\mu}\right)^4\right)\right]^{-2/3} \\ &= \epsilon_F \left[1 - \frac{\pi^2}{12}\left(\frac{T}{\mu}\right)^2 + O\left(\left(\frac{T}{\mu}\right)^4\right)\right] \\ &= \epsilon_F \left[1 - \frac{\pi^2}{12}\left(\frac{T}{\epsilon_F}\right)^2 + O\left(\left(\frac{T}{\epsilon_F}\right)^4\right)\right]. \end{aligned} \qquad (17.84)$$

17.4. DAS ENTARTETE FERMI-GAS

Im letzten Schritt haben wir in den Termen $\sim T^2$ und $\sim T^4$ das chemische Potential μ durch ϵ_F ersetzt, indem wir (17.84) iteriert haben. Dadurch entsteht ein Fehler, der wiederum höchstens von der Ordnung $(T/\epsilon_F)^4$ ist.

In einem zweiten Schritt formen wir nun völlig analog den Ausdruck (17.71) für die innere Energie U um, indem wir auch dort aus der Darstellung $U = U(T,V,\mu)$ das chemische Potential μ durch ϵ_F eliminieren. Zunächst erhalten wir mit denselben Umformungen wie oben

$$\begin{aligned} U &= \frac{(2S+1)V}{4\pi^2}\left(\frac{2m}{\hbar^2}\right)^{3/2} T^{5/2} I_{3/2}(a) \\ &= \frac{(2S+1)V}{4\pi^2}\left(\frac{2m}{\hbar^2}\right)^{3/2} T^{5/2} \left[\frac{2}{5}\left(\frac{\mu}{T}\right)^{5/2} + \frac{\pi^2}{4}\left(\frac{\mu}{T}\right)^{1/2} + O\left(\left(\frac{\mu}{T}\right)^{-3/2}\right)\right] \\ &= \frac{2}{5}\frac{(2S+1)V}{4\pi^2}\left(\frac{2m}{\hbar^2}\right)^{3/2} \mu^{5/2} \left[1 + \frac{5\pi^2}{8}\left(\frac{T}{\mu}\right)^2 + O\left(\left(\frac{T}{\mu}\right)^4\right)\right] \\ &= \frac{2}{5}\frac{(2S+1)V}{4\pi^2}\left(\frac{2m}{\hbar^2}\right)^{3/2} \mu^{5/2} \left[1 + \frac{5\pi^2}{8}\left(\frac{T}{\epsilon_F}\right)^2 + O\left(\left(\frac{T}{\epsilon_F}\right)^4\right)\right]. \end{aligned} \quad (17.85)$$

$\mu^{5/2}$ auf der rechten Seite berechnen wir unter Benutzung von (17.84):

$$\begin{aligned} \mu^{5/2} &= \epsilon_F^{5/2} \left[1 - \frac{\pi^2}{12}\left(\frac{T}{\epsilon_F}\right)^2 + O\left(\left(\frac{T}{\epsilon_F}\right)^4\right)\right]^{5/2} \\ &= \epsilon_F^{5/2} \left[1 - \frac{5\pi^2}{24}\left(\frac{T}{\epsilon_F}\right)^2 + O\left(\left(\frac{T}{\epsilon_F}\right)^4\right)\right]. \end{aligned} \quad (17.86)$$

Wenn wir diese Umrechnung in (17.85) einsetzen, müssen wir dort zwei Entwicklungen nach $(T/\epsilon_F)^2$ multiplizieren,

$$\left[1 - \frac{5\pi^2}{24}\left(\frac{T}{\epsilon_F}\right)^2 + O\left(\left(\frac{T}{\epsilon_F}\right)^4\right)\right]\left[1 + \frac{5\pi^2}{8}\left(\frac{T}{\epsilon_F}\right)^2 + O\left(\left(\frac{T}{\epsilon_F}\right)^4\right)\right] =$$
$$= 1 + \frac{5\pi^2}{12}\left(\frac{T}{\epsilon_F}\right)^2 + O\left(\left(\frac{T}{\epsilon_F}\right)^4\right),$$

und erhalten

$$U = \frac{2}{5}\frac{(2S+1)V}{4\pi^2}\left(\frac{2m}{\hbar^2}\right)^{3/2} \epsilon_F^{5/2} \left[1 + \frac{5\pi^2}{12}\left(\frac{T}{\epsilon_F}\right)^2 + O\left(\left(\frac{T}{\epsilon_F}\right)^4\right)\right]. \quad (17.87)$$

Schließlich setzen wir unter Benutzung von (17.80)

$$\frac{2}{5}\frac{(2S+1)V}{4\pi^2}\left(\frac{2m}{\hbar^2}\right)^{3/2}\epsilon_F^{5/2} = \frac{3}{5}N\epsilon_F$$

und erhalten als Endergebnis für $U = U(T, V, N)$

$$U = \frac{3}{5}N\epsilon_F\left[1 + \frac{5\pi^2}{12}\left(\frac{T}{\epsilon_F}\right)^2 + O\left(\left(\frac{T}{\epsilon_F}\right)^4\right)\right]. \tag{17.88}$$

Wir erinnern daran, dass die Abhängigkeit von der Dichte N/V in ϵ_F steckt, vgl. (17.81).

17.4.2 Diskussion der Ergebnisse

Es gibt eine quasi-klassische Überlegung, die zum gleichen Ergebnis führt. Die Verteilungsfunktion für freie Fermionen,

$$\langle n(\epsilon)\rangle = \frac{1}{e^\xi + 1}, \qquad \xi = \beta(\epsilon - \mu), \qquad \epsilon = \frac{p^2}{2m}, \tag{17.89}$$

nimmt der Größenordnung nach in einem Intervall $-1 \leq \xi \leq +1$ Werte an, die zwischen 0 und 1 liegen. Die darunter liegenden Zustände sind nahezu voll besetzt und somit durch das Pauli-Prinzip blockiert, die darüber liegenden Zustände unbesetzt. Diesem Intervall entspricht auf der Energieskala der Bereich $-T \leq \epsilon - \epsilon_F \leq T$, den man auch *Aufweichungsbereich* oder *Anregungsbereich* des Fermionensystems nennt. Dabei haben wir $\mu \approx \epsilon_F$ für nicht zu hohe Temperaturen gesetzt. Aus dieser Überlegung schließen wir, dass nur ein Bruchteil $2T/\epsilon_F$ aller N Teilchen Beiträge zur inneren Energie U liefern kann. Wir geben nun jedem dieser Teilchen nach dem klassischen Gleichverteilungssatz, vgl. Abschnitt 13.3, für freie Teilchen die mittlere thermische Energie $3T/2$ und erhalten damit außer einer Grundzustandsenergie U_0

$$U = U_0 + N\frac{2T}{\epsilon_F}\frac{3T}{2} = U_0 + 3N\frac{T^2}{\epsilon_F}. \tag{17.90}$$

Wir vergleichen mit dem exakten Ergebnis aus (17.88),

17.4. DAS ENTARTETE FERMI-GAS

$$U = U_0 + \frac{\pi^2}{4} N \frac{T^2}{\epsilon_F},$$

und stellen fest, dass die quasi-klassische Approximation (17.90) einen Faktor 3 anstelle des exakten Ergebnisses $\pi^2/4 = 2,467$ liefert. Auch die Größenordnung der Grundzustandsenergie lässt sich bestimmen: da die Fermi-Energie ϵ_F der einzige Energieparameter des Systems ist und die Grundzustandsenergie U_0 außerdem extensiv sein muss, kann sie nur die Form $U_0 \sim N \epsilon_F$ besitzen. Die Zustandsgleichung des entarteten Fermionen-Gases

ermitteln wir aus der allgemeinen Beziehung $pV = 2U/3$, die wir im Abschnitt 16.4 für freie Teilchen gezeigt hatten. Aus ihr folgt

$$\begin{aligned} p &= \frac{2}{5} \frac{N}{V} \epsilon_F \left[1 + \frac{5\pi^2}{12} \left(\frac{T}{\epsilon_F}\right)^2 + O\left(\left(\frac{T}{\epsilon_F}\right)^4\right) \right] \\ &= \frac{2}{5} \left[\frac{6\pi^2}{2S+1}\right]^{2/3} \frac{\hbar^2}{2m} \left(\frac{N}{V}\right)^{5/3} \left[1 + \frac{5\pi^2}{12} \left(\frac{T}{\epsilon_F}\right)^2 + O\left(\left(\frac{T}{\epsilon_F}\right)^4\right) \right] \end{aligned} \quad (17.91)$$

unter Verwendung des Ausdrucks (17.81) für ϵ_F. Wir vergleichen mit dem Druck eines idealen Gases $p_G = NT/V$: dieses hätte bei der Temperatur $T = \epsilon_F$ denselben Druck wie ein Fermionen-Gas bei $T = 0$. Die Fermi-Energie ϵ_F von Elektronen in Metallen hat typischerweise einen Wert der Größenordnung $\epsilon_F \approx 1\mathrm{eV}$. Dem entspricht auf der Kelvin-Skala eine Temperatur $T' = 1\,\mathrm{eV}/k_B \approx 10^4$ Kelvin.

Der Druck eines Fermionen-Gases beruht auf dem Pauli-Prinzip, das die Besetzung desselben Zustands mit mehr als einem Teilchen verbietet, also auch das Vorhandensein von zwei Teilchen am selben Ort. Dadurch kommt es zu einer effektiven Abstoßung der Teilchen im Raum. Diese ist, wie (17.91) zeigt, umgekehrt proportional zur Masse m der Teilchen: je leichter die Teilchen eines Fermionen-Gases sind, desto größer ist ihr Druck. Den größten Druck würden also Neutrinos erzeugen, allerdings ist deren Wechselwirkung mit anderer Materie infolge ihrer elektrischen Neutralität unter thermischen Bedingungen sehr gering. Den nächst höheren Druck besitzt ein Elektronengas, gegenüber dem ein Gas aus Protonen oder aus Neutronen einen um $\approx 1/2000$ geringeren Druck besitzt. Das spielt eine sehr große Rolle in der Stern-Entwicklung (Supernova-Explosion). Sterne mit hinreichend großer Masse entwickeln unter der Wirkung ihrer Gravitation in ihrem Inneren so hohe Drucke, dass dort ein Plasma aus Elektronen und ionisierten Kernen bzw. Protonen entsteht. Der Gegendruck gegen die Gravitation wird dann überwiegend von den Teilchen mit der kleinsten Masse, also von den Elektronen geliefert. Bei weiter zunehmendem Gravitationsdruck kann nun das System ausweichen, indem es im umgekehrten β-Zerfall aus je einem Elektron und einem Proton ein Neutron erzeugt und dabei seinen Gegendruck auf 1/2000 erniedrigt. Es entsteht ein Neutronenstern.

Die Sprechweise vom "entarteten" Fermi-Gas bedeutet, dass sich der überwiegende Teil der Teilchen in einer thermisch nur wenig aufgeweichten Fermi-Kugel befindet, was durch die Voraussetzung $T \ll \epsilon_F$ garantiert ist. Wenn wir in diese Ungleichung den Ausdruck (17.81) (mit $S = 1/2$) für ϵ_F einsetzen, können wir diese mit einer elementaren Rechnung umformen zu

$$\ell := v^{1/3} \ll \frac{3^{1/3}\pi^{1/6}}{2}\lambda_B, \qquad \lambda_B = \frac{h}{\sqrt{2\pi mT}}. \qquad (17.92)$$

Da $v = V/N$ das mittlere Volumen pro Teilchen ist, hat ℓ die Bedeutung des mittleren Abstands zwischen den Teilchen. λ_B ist wiederum die de Broglie-Wellenlänge, die wir ja schon aus dem Abschnitt 14.2 kennen. Wir erinnern daran, dass die de Broglie-Wellenlänge λ_B die quantentheoretische Unschärfe eines Teilchens mit einer thermischen Energie $\sim T$ ist. Eine alternative Ausdrucksweise geht von der Vorstellung aus, dass jedes klassische Teilchen im quantentheoretischen Bild durch ein Wellenpaket zu beschreiben ist. Die de Broglie-Wellenlänge λ_B ist dann die Ausdehnung eines Wellenpakets für ein thermisch angeregtes Teilchen. Das Fermi-Gas ist nun entartet, wenn die Teilchen einander näher sind als ihre Ausdehnung als Wellenpakete mit einer thermischen Energie $\sim T$. ($3^{1/3}\pi^{1/6}/2 \approx 0,87$). Zugleich beschreibt $\ell \ll \lambda_B$ den Bereich, in dem der Fermionen-Charakter der Teilchen-Statistik ausschlaggebend ist. Umgekehrt können wir die klassische Statistik anwenden, wenn die quantentheoretische Ausdehnung der Teilchen klein im Vergleich zu ihrem mittleren Abstand ist, wenn also $\ell \gg \lambda_B$ bzw. $T \gg \epsilon_F$.

Eine völlig analoge Situation hatten wir bereits bei der Bose-Einstein-Kondensation angetroffen. Diese tritt auf, wenn das mittlere Volumen pro Teilchen $v = V/N$ kleiner als ein kritischer Wert v_c ist, der durch (17.20) gegeben war. $v < v_c$ bzw. $v \ll v_c$ lässt sich unter Verwendung von v_c aus (17.20) umformen zu

$$\ell = v^{1/3} \ll \frac{1}{[\zeta(3/2)]^{1/3}}\lambda_B, \qquad (17.93)$$

($[\zeta(3/2)]^{-1/3} \approx 0,73$).

18

Die kinetische Theorie

Kapitel 18

Die kinetische Theorie

Bereits mehrfach haben wir irreversible Prozesse thermodynamischer Systeme beschrieben und diskutiert, z.B. im Kapitel 2 den Übergang von einem partiellen Gleichgewicht in ein vollständiges Gleichgewicht. Im Kapitel 3 haben wir irreversible Prozesse phänomenologisch durch die Formulierung verallgemeinerter thermodynamischer Kräfte und Flüsse beschrieben. Diese Beschreibung schloss auch stationäre irreversible Situationen ein, die z.B. durch konstant gehaltene thermodynamische Kräfte entstehen können. Wir haben dort auch den physikalisch plausiblen phänomenologischen Ansatz gemacht, dass die irreversiblen Flüsse lineare Funktionen der thermodynamischen Kräfte sind:

$$J_\mu = L_{\mu\nu} X_\nu.$$

(Hier und im Folgenden soll wieder die Summationskonvention vereinbart sein: über doppelt auftretende Indizes in einem Produktausdruck soll summiert werden.) Im Abschnitt 13.7 schließlich konnten wir unter Verwendung statistisch–physikalischer Aussagen über das Gleichgewicht zeigen, dass die sogenannten phänomenologischen Koeffizienten $L_{\mu\nu}$ symmetrisch sind: $L_{\mu\nu} = L_{\nu\mu}$.

In diesem Kapitel wollen wir nun eine zwar sehr einfache, aber doch systematische statistische Theorie irreversibler Prozesse entwickeln, die sich als ein mikroskopischer Unterbau der phänomenologischen Theorie des Kapitels 3 erweisen wird. Diese sogenannte *kinetische Theorie* steht also zur phänomenologischen irreversiblen Thermodynamik in derselben Relation wie die bisher entwickelte statistische Theorie des Gleichgewichts zur phänomenologischen Theorie des Gleichgewichts.

18.1 Die Verteilungsfunktion

Das wichtigste Werkzeug der kinetischen Theorie ist die *Verteilungsfunktion* $f(\mathbf{r},\mathbf{p},t)$, genauer die *1-Teilchen-Verteilungsfunktion*. Sie ist dadurch definiert, dass $f(\mathbf{r},\mathbf{p},t)d^3r\,d^3p$ die Anzahl von Teilchen sein soll, die sich zur Zeit t im Volumenelement d^3r am Ort $\mathbf{r}$ aufhalten und Impulse im Element d^3r beim Impulsvektor $\mathbf{p}$ besitzen. Aus dieser Definition folgt die Normierung

$$\int d^3r \int d^3p\, f(\mathbf{r},\mathbf{p},t) = N, \tag{18.1}$$

worin N die Gesamtzahl der Teilchen ist. Die Verwendung einer Funktion, in der gleichzeitig der Impuls $\mathbf{p}$ und der Ort $\mathbf{r}$ eines Teilchens auftreten, weist bereits darauf hin, dass die kinetische Theorie notwendigerweise eine klassische Theorie ist. Sie ist damit beschränkt auf jenen Bereich von Temperaturen und Dichten der Teilchen, in dem Quanteneffekte keine wesentliche Rolle spielen. Wir kommen auf diesen Punkt unten auch nochmals zurück.

Wenn wir es mit einem räumlich homogenen System zu tun haben, in dem sich die Teilchen mit derselben Wahrscheinlichkeit an allen Orten $\mathbf{r}$ aufhalten, dann hängt $f(\mathbf{r},\mathbf{p},t)$ nicht von $\mathbf{r}$ ab, also $f(\mathbf{r},\mathbf{p},t) =: f(\mathbf{p},t)$, und die Volumenintegration in (18.1) ergibt das Gesamtvolumen V, so dass

$$\int d^3p\, f(\mathbf{p},t) = \frac{N}{V} = c. \tag{18.2}$$

Es ist offensichtlich, dass die 1-Teilchen-Verteilungsfunktion $f(\mathbf{r},\mathbf{p},t)$ mit der Ensembledichte bzw. Phasenraumdichte $\rho(q,p,t)$ des Gesamtsystems aus dem Kapitel 11 zusammenhängen muss. Letztere war dadurch definiert, dass $\rho(q,p,t)\,d\Gamma$ die Wahrscheinlichkeit ist, die Koordinaten $q \cong (q_1,q_2,\ldots,q_f)$ und die Impulse $p \cong (p_1,p_2,\ldots,p_f)$ des Gesamtsystems zur Zeit t im Phasenraumelement $d\Gamma = dq\,dp = \prod_i dq_i\,dp_i$ zu finden[1]. Für ein N-Teilchensystem ist die Zahl der Freiheitsgrade $f = 3N$. Nach den Überlegungen zu den marginalen Dichten im Abschnitt 13.1 ist also

$$f(\mathbf{r}_1,\mathbf{p}_1,t) = N\int d^3r_2 \int d^3p_2 \ldots \int d^3r_N \int d^3p_N\, \rho(\mathbf{r}_1,\ldots\mathbf{r}_N,\mathbf{p}_1,\ldots\mathbf{p}_N,t). \tag{18.3}$$

---
[1]In diesem Kapitel wird die Phasenraumeinheit h pro Freiheitsgrad keine Rolle spielen, so dass wir sie fortlassen können

18.1. DIE VERTEILUNGSFUNKTION

Da die Ensembledichte $\rho(q,p,t)$ definitionsgemäß auf den Wert 1 normiert war, sorgt der Faktor N in (18.3) gerade für die Normierung von $f(r,p,t)$ gemäß (18.1).

Im Abschnitt 13.2 haben wir bereits einige marginale Wahrscheinlichkeitsdichten nach dem Muster von (18.3) für das thermodynamische Gleichgewicht gebildet. Von daher ist uns die 1-Teilchen-Verteilungsfunktion $f_0(p)$ für die Impulse im Gleichgewicht bekannt, die Maxwell-Boltzmann-Verteilung. In der Normierung dieses Abschnitts lautet sie

$$f_0(\boldsymbol{p}) = c\,(2\pi m T)^{-3/2} \exp\left(-\frac{\boldsymbol{p}^2}{2mT}\right). \tag{18.4}$$

Wenn die Teilchen unabhängig sind, d.h., nicht miteinander wechselwirken, jedoch jedes von ihnen unter der Einwirkung eines äußeren Potentials $\Phi(\boldsymbol{r})$ steht, dann können wir (18.4) nach den Überlegungen im Kapitel 13 zur 1-Teilchen-Verteilungsfunktion im Gleichgewicht

$$f_0(\boldsymbol{r},\boldsymbol{p}) \sim \exp\left(-\frac{\boldsymbol{p}^2}{2mT} - \frac{\Phi(\boldsymbol{r})}{T}\right) \tag{18.5}$$

erweitern. Allerdings wird uns im weiteren Verlauf dieses Kapitels gerade der Fall von wechselwirkenden Teilchen in besonderer Weise interessieren.

Aus $f_0(\boldsymbol{p})$ in (18.4) können wir bereits eine sehr einfache Folgerung gewinnen. Wir wollen den Druck berechnen, den die Teilchen auf eine Wand ausüben. Wir betrachten ein Flächenstück F der Wand mit der Normalrichtung $\boldsymbol{e}_z$. Dieses Flächenstück F wird innerhalb des Zeitintervalls dt von allen Teilchen mit der Geschwindigkeit $v_z = p_z/m \geq 0$ erreicht, die sich in einer Schicht der Dicke $v_z\,dt$ vor F befinden, also von $f_0(\boldsymbol{p})\,F\,(p_z/m)\,dt\,d^3p$ Teilchen mit einem Impuls $\boldsymbol{p}$. Jedes dieser Teilchen soll beim Aufprall auf die Wand elastisch reflektiert werden. Es überträgt dabei einen Impuls $2p_z$ auf die Wand. Den gesamten Impulsübertrag auf die Fläche F innerhalb von dt erhalten wir durch Integration über alle Impulse $\boldsymbol{p}$, also

$$dP_z = \int_{p_z \geq 0} d^3p\, f_0(\boldsymbol{p})\,F\,dt\,2p_z\,\frac{p_z}{m}.$$

dP_z/dt ist die auf F ausgeübte Kraft und $p = dP_z/(F\,dt)$ der Druck auf die Wand:

$$p = \frac{2}{m}\int_{p_z \geq 0} d^3p\,p_z^2\,f_0(\boldsymbol{p})$$

$$= \frac{2c}{m} (2\pi mT)^{-3/2} \int_{p_z \geq 0} d^3p\, p_z^2 \exp\left(-\frac{\boldsymbol{p}^2}{2mT}\right)$$

$$= \frac{c}{3m} (2\pi mT)^{-3/2} \int d^3p\, \boldsymbol{p}^2 \exp\left(-\frac{\boldsymbol{p}^2}{2mT}\right),$$

worin wir ausgenutzt haben, dass der Integrand gerade in p_z ist und dass das Integral mit p_z^2 aus Symmetriegründen gerade 1/3 des entsprechenden Integrals mit $\boldsymbol{p}^2 = p^2$ statt p_z^2 ist. Wir berechnen das verbleibende Integral durch Einführung von Polarkoordinaten, also $d^3p = 4\pi p^2\, dp$, und durch Substitution von $\xi = p/\sqrt{2mT}$:

$$p = \frac{4\pi c}{3m} (2\pi mT)^{-3/2} \int_0^\infty dp\, p^4 \exp\left(-\frac{p^2}{2mT}\right)$$

$$= \frac{8c}{3\sqrt{\pi}} T \int_0^\infty d\xi\, \xi^4 e^{-\xi^2} = cT. \tag{18.6}$$

Das ξ-Integral haben wir durch partielle Integration elementar ausgewertet:

$$\int_0^\infty d\xi\, \xi^4 e^{-\xi^2} = -\frac{1}{2} \int_0^\infty d\xi\, \xi^3 \frac{d}{d\xi} e^{-\xi^2} = \frac{3}{2} \int_0^\infty d\xi\, \xi^2 e^{-\xi^2} =$$

$$= \ldots = \frac{3}{4} \int_0^\infty d\xi\, e^{-\xi^2} = \frac{3\sqrt{\pi}}{8}. \tag{18.7}$$

Wir erhalten $p = cT = NT/V$, also die Zustandsgleichung des idealen Gases. Das ist nicht verwunderlich, denn unsere obige Überlegung setzte voraus, dass sich die Teilchen unabhängig voneinander und unbeeinflusst von äußeren Kräfte auf die Wand hinbewegen und dort reflektiert werden.

Die Verwendung einer Verteilungsfunktion $f(\boldsymbol{r}, \boldsymbol{p}, t)$, in der der Ort $\boldsymbol{r}$ und der Impuls $\boldsymbol{p}$ eines Teilchens als gleichzeitig scharf definierbare Variablen auftreten, weist die kinetische Theorie als eine klassische Theorie aus. Sie unterliegt damit den uns bekannten Beschränkungen für die Anwendung der klassischen Statistik, wie wir sie soeben am Ende des vorhergehenden Kapitels 17 formuliert hatten: die Ausdehnung des Wellenpakets eines Teilchens mit einer thermischen Energie $\sim T$, also die de Broglie-Wellenlänge λ_B, muss klein sein im Vergleich zum mittleren Abstand $\ell = v^{1/3}$ der Teilchen:

$$\lambda_B = \frac{h}{\sqrt{2\pi mT}} \ll \ell = v^{1/3} = \left(\frac{V}{N}\right)^{1/3}. \tag{18.8}$$

18.2 Bewegungsgleichungen

Ziel dieses Abschnitts soll es sein, eine dynamische Gleichung für die 1-Teilchen-Verteilungsfunktion $f(\mathbf{r}, \mathbf{p}, t)$ herzuleiten, aus der diese sich möglicherweise berechnen lässt. Da die 1-Teilchen-Verteilungsfunktion gemäß (18.3) durch Integration aus der Ensembledichte ρ entsteht und wir für die letztere eine Bewegungsgleichung aus dem Kapitel 11 kennen, nämlich den Liouvilleschen Satz, erscheint die genannte Zielsetzung als ein prinzipiell lösbares Problem. Wir schreiben den Liouvilleschen Satz aus dem Kapitel 11,

$$\frac{\partial \rho}{\partial t} + \{\rho, H\} = \frac{\partial \rho}{\partial t} + \frac{\partial \rho}{\partial q}\frac{\partial H}{\partial p} - \frac{\partial \rho}{\partial p}\frac{\partial H}{\partial q} = 0 \tag{18.9}$$

in der Form

$$\frac{\partial \rho}{\partial t} + \sum_{i=1}^{N} \left(\frac{\partial \rho}{\partial \mathbf{r}_i}\frac{\partial H}{\partial \mathbf{p}_i} - \frac{\partial \rho}{\partial \mathbf{p}_i}\frac{\partial H}{\partial \mathbf{r}_i} \right) = 0. \tag{18.10}$$

Hier bedeutet $\partial/\partial \mathbf{r}_i$ den Gradienten nach $\mathbf{r}_i$, entsprechend $\partial/\partial \mathbf{p}_i$. Die Hamilton-Funktion H soll die Teilchen des Systems unter der Einwirkung einer äußeren Kraft mit einem Potential $\Phi(\mathbf{r})$ sowie der gegenseitigen Wechselwirkung zwischen je zwei Teilchen im Abstand r mit einem Potential $W(r)$ beschreiben:

$$H = \sum_{i=1}^{N} \frac{\mathbf{p}_i^2}{2m} + \sum_{i=1}^{N} \Phi(\mathbf{r}_i) + \frac{1}{2} \sum_{i \neq j}^{N} W(|\mathbf{r}_i - \mathbf{r}_j|). \tag{18.11}$$

Hieraus folgen

$$\frac{\partial H}{\partial \mathbf{p}_i} = \frac{\mathbf{p}_i}{m}, \qquad \frac{\partial H}{\partial \mathbf{r}_i} = -\mathbf{F}_i - \sum_{j=1}^{N} \mathbf{F}_{ij},$$

$$\mathbf{F}_i = -\frac{\partial}{\partial \mathbf{r}_i} \Phi(\mathbf{r}_i), \qquad \mathbf{F}_{ij} = -\frac{\partial}{\partial \mathbf{r}_i} W(|\mathbf{r}_i - \mathbf{r}_j|). \tag{18.12}$$

Offensichtlich gilt $\mathbf{F}_{ij} = -\mathbf{F}_{ji}$, also Newtons 3. Prinzip actio=reactio. Wir setzen in (18.10) ein und bilden die 1-Teilchen-Verteilungsfunktion durch Integration über $\mathbf{r}_2, \mathbf{p}_2, \ldots, \mathbf{r}_N, \mathbf{p}_N$ und Multiplikation mit N, vgl. (18.3). Zur Abkürzung der Integration über die 1-Teilchen-Phasenräume verwenden wir die Schreibweise

$$\int d^3r_i \int d^3p_i \ldots = \int d\gamma_i \ldots$$

Damit erhalten wir

$$\frac{\partial}{\partial t} f(\boldsymbol{r}_1, \boldsymbol{p}_1, t) + N \int d\gamma_2 \ldots \int d\gamma_N \sum_{i=1}^{N} \left(\frac{\boldsymbol{p}_i}{m} \frac{\partial}{\partial \boldsymbol{r}_i} + \boldsymbol{F}_i \frac{\partial}{\partial \boldsymbol{p}_i} \right) \rho$$

$$+ N \int d\gamma_2 \ldots \int d\gamma_N \sum_{i \neq j}^{N} \boldsymbol{F}_{ij} \frac{\partial \rho}{\partial \boldsymbol{p}_i} = 0. \tag{18.13}$$

Nun ist für $i \neq 1$

$$\int d\gamma_2 \ldots \int d\gamma_N \frac{\boldsymbol{p}_i}{m} \frac{\partial \rho}{\partial \boldsymbol{r}_i} = 0, \qquad \int d\gamma_2 \ldots \int d\gamma_N \boldsymbol{F}_i \frac{\partial \rho}{\partial \boldsymbol{p}_i} = 0, \tag{18.14}$$

denn unter Verwendung des Gaußschen Integralsatzes, vgl. Abschnitt 11.2, wird z.B.

$$\int d\gamma_2 \frac{\boldsymbol{p}_2}{m} \frac{\partial \rho}{\partial \boldsymbol{r}_2} = \int d^3p_2 \frac{\boldsymbol{p}_2}{m} \int_\infty d\boldsymbol{A}_2 \, \rho = 0.$$

Hier ist $d\boldsymbol{A}_2$ das Flächenelement der im ∞–fernen liegenden Einhüllenden des Raumes $\boldsymbol{r}_2$, auf der die Ensembledichte ρ verschwindet. Den Wechselwirkungsterm in (18.13) symmetrisieren wir unter Verwendung von $\boldsymbol{F}_{ij} = -\boldsymbol{F}_{ji}$ wie folgt:

$$N \int d\gamma_2 \ldots \int d\gamma_N \sum_{i \neq j}^{N} \boldsymbol{F}_{ij} \frac{\partial \rho}{\partial \boldsymbol{p}_i} = \frac{N}{2} \int d\gamma_2 \ldots \int d\gamma_N \sum_{i \neq j}^{N} \boldsymbol{F}_{ij} \left(\frac{\partial \rho}{\partial \boldsymbol{p}_i} - \frac{\partial \rho}{\partial \boldsymbol{p}_j} \right). \tag{18.15}$$

Aus demselben Grund wie soeben treten wiederum nur Beiträge für $i = 1$ oder $j = 1$ auf, nicht jedoch für $i = j = 1$:

$$N \int d\gamma_2 \ldots \int d\gamma_N \sum_{i \neq j}^{N} \boldsymbol{F}_{ij} \frac{\partial \rho}{\partial \boldsymbol{p}_i} = \frac{N}{2} \int d\gamma_2 \ldots \int d\gamma_N \left(\sum_{j \neq 1}^{N} \boldsymbol{F}_{1j} - \sum_{i \neq 1}^{N} \boldsymbol{F}_{i1} \right) \frac{\partial \rho}{\partial \boldsymbol{p}_1}. \tag{18.16}$$

18.2. BEWEGUNGSGLEICHUNGEN

Die Summen über $j \neq 1$ und $i \neq 1$ ergeben aus Symmetriegründen jeweils $N-1$ identische Ergebnisse, z.B. für $i = j = 2$:

$$N \int d\gamma_2 \ldots \int d\gamma_N \sum_{\substack{i \neq j}}^{N} F_{ij} \frac{\partial}{\partial \boldsymbol{p}_i} \rho =$$

$$= \frac{N(N-1)}{2} \int d\gamma_2 \ldots \int d\gamma_N \, (\boldsymbol{F}_{12} - \boldsymbol{F}_{21}) \frac{\partial \rho}{\partial \boldsymbol{p}_1}$$

$$= N(N-1) \int d\gamma_2 \ldots \int d\gamma_N \, \boldsymbol{F}_{12} \frac{\partial \rho}{\partial \boldsymbol{p}_1}, \qquad (18.17)$$

worin wir im letzten Schritt die Symmetrisierung wieder rückgängig gemacht haben. Einsetzen von (18.14) und (18.17) in (18.13) führt auf

$$\left(\frac{\partial}{\partial t} + \frac{\boldsymbol{p}_1}{m} \frac{\partial}{\partial \boldsymbol{r}_1} + \boldsymbol{F}_1 \frac{\partial}{\partial \boldsymbol{p}_1} \right) f(\boldsymbol{r}_1, \boldsymbol{p}_1, t) =$$

$$= -N(N-1) \int d\gamma_2 \ldots \int d\gamma_N \, \boldsymbol{F}_{12} \frac{\partial \rho}{\partial \boldsymbol{p}_1}. \qquad (18.18)$$

Es liegt nun nahe, analog zu (18.3) eine *2-Teilchen-Verteilungsfunktion* durch

$$f(\boldsymbol{r}_1, \boldsymbol{p}_1; \boldsymbol{r}_2, \boldsymbol{p}_2, t) := N(N-1) \int d\gamma_3 \ldots \int d\gamma_N \, \rho(\boldsymbol{r}_1, \ldots, \boldsymbol{r}_N, \boldsymbol{p}_1, \ldots, \boldsymbol{p}_N, t). \qquad (18.19)$$

zu definieren. Der Faktor N in der Definition (18.3) zählte die Möglichkeiten, ein Paar $\boldsymbol{r}, \boldsymbol{p}$ aus N Paaren auszuwählen. Der Faktor $N(N-1)$ zählt die Möglichkeiten, nach N Möglichkeiten der Auswahl eines Paares $\boldsymbol{r}, \boldsymbol{p}$ ein weiteres auszuwählen. Mit dieser Definition lässt sich die Bewegungsgleichung (18.18) in der Form

$$\left(\frac{\partial}{\partial t} + \frac{\boldsymbol{p}_1}{m} \frac{\partial}{\partial \boldsymbol{r}_1} + \boldsymbol{F}_1 \frac{\partial}{\partial \boldsymbol{p}_1} \right) f(\boldsymbol{r}_1, \boldsymbol{p}_1, t) =$$

$$- \int d^3 r_2 \int d^3 p_2 \, \boldsymbol{F}_{12} \frac{\partial}{\partial \boldsymbol{p}_1} f(\boldsymbol{r}_1, \boldsymbol{p}_1; \boldsymbol{r}_2, \boldsymbol{p}_2, t) \qquad (18.20)$$

schreiben. Die 1–Teilchen–Verteilungsfunktion koppelt an die 2–Teilchen–Verteilungsfunktion. Das war zu erwarten, weil durch die Wechselwirkungen zwischen den

Teilchen, hier ausgedrückt durch die Wechselwirkungskraft $\boldsymbol{F}_{12}$ zwischen zwei Teilchen, immer ein zweites Teilchen den Bewegungsablauf eines Teilchens beeinflusst. Das ursprüngliche Ziel, die 1-Teilchen-Verteilungsfunktion aus der Bewegungsgleichung zu berechnen, ist also nicht erreichbar. Wenn wir nun konsequent fortfahren und nach dem obigen Muster die Bewegungsgleichung für die 2-Teilchen-Verteilungsfunktion formulieren, wird diese an eine 3-Teilchen-Verteilungsfunktion koppeln usw. Wir erhalten also eine *Hierarchie*[2] von Bewegungsgleichungen, die erst mit der höchsten, nämlich der N-Teilchen-Verteilungsfunktion bzw. äquivalent mit der vollen Ensembledichte ρ endet.

Aus der Hierarchie der Bewegungsgleichungen lassen sich nur durch Näherungen Schlüsse über die Verteilungsfunktionen gewinnen, z.B. dadurch, dass auf einer bestimmten Stufe der Hierarchie Vernachlässigungen oder Entkopplungen gemacht werden. Die einfachste Entkopplung könnte man bereits in der Bewegungsgleichung (18.20) für die 1-Teilchen-Verteilungsfunktion versuchen. Da die Verteilungsfunktionen proportional den entsprechenden marginalen Wahrscheinlichkeitsdichten sind, würde eine Näherung

$$f(\boldsymbol{r}_1, \boldsymbol{p}_1; \boldsymbol{r}_2, \boldsymbol{p}_2, t) \approx f(\boldsymbol{r}_1, \boldsymbol{p}_1, t)\, f(\boldsymbol{r}_2, \boldsymbol{p}_2, t) \qquad (18.21)$$

bedeuten, dass zwei Teilchen als statistisch unabhängig angenommen würden, vgl. Abschnitt 13.1[3]. Damit würde der 2-Teilchen-Term auf der rechten Seite die Form

$$-\int d^3 r_2 \int d^3 p_2\, \boldsymbol{F}_{12}\, \frac{\partial}{\partial \boldsymbol{p}_1}\, f(\boldsymbol{r}_1, \boldsymbol{p}_1; \boldsymbol{r}_2, \boldsymbol{p}_2, t) \approx$$
$$\approx -\langle \boldsymbol{F}_{1W}\rangle(\boldsymbol{r}_1, t)\, \frac{\partial}{\partial \boldsymbol{p}_1}\, f(\boldsymbol{r}_1, \boldsymbol{p}_1, t)$$

annehmen, worin

$$\langle \boldsymbol{F}_{1W}\rangle(\boldsymbol{r}_1, t) = \int d^3 r_2 \int d^3 p_2\, \boldsymbol{F}_{12}\, f(\boldsymbol{r}_2, \boldsymbol{p}_2, t)$$

die mittlere Wechselwirkungskraft auf das Teilchen 1 ist. Diese könnten wir mit der Kraft $\boldsymbol{F}_1$ auf der linken Seite von (18.20) zusammenfassen. Diese Näherung ist offensichtlich vom Typ der Molekularfeld-Näherung. Sie wäre für die Zielsetzung dieses

---

[2]Die sogenannte BBGKY-Hierarchie benannt nach Bogoliubov, Born, Green, Kirkwood und Yvon

[3]Damit die Näherung (18.21) konsistent ist mit den Beziehungen (18.3) und (18.19), müsste auf der rechten Seite ein Faktor $(N-1)/N$ auftreten, der jedoch im thermodynamischen Limes den Wert 1 annimmt.

18.3. RELAXATIONSZEITNÄHERUNG, STOSSZEIT, FREIE WEGLÄNGE 449

Abschnitts zu grob und würde uns nicht zu den erwünschten Ergebnissen führen, wie wir im Folgenden erkennen werden. Man kann nun tatsächlich eine geeignetere Näherung durch eine Entkopplung auf einer höheren Stufe der Hierarchie gewinnen, doch würde dieser Weg den Rahmen dieses Textes sprengen. Statt dessen werden wir im Folgenden physikalisch plausible Näherungen suchen, die uns zu den erwünschten Aussagen führen werden.

18.3 Die Relaxationszeitnäherung, Stoßzeit und freie Weglänge

Wir interpretieren die physikalische Bedeutung des 2-Teilchen-Terms auf der rechten Seite der Bewegungsgleichung (18.20) durch die mikrodynamische Vorstellung von *Stößen* zwischen jeweils zwei Teilchen und bringen das durch die Schreibweise

$$\left(\frac{\partial}{\partial t} + \frac{\boldsymbol{p}_1}{m}\frac{\partial}{\partial \boldsymbol{r}_1} + \boldsymbol{F}_1 \frac{\partial}{\partial \boldsymbol{p}_1}\right) f(\boldsymbol{r}_1, \boldsymbol{p}_1, t) = \left(\frac{\partial f(\boldsymbol{r}_1, \boldsymbol{p}_1, t)}{\partial t}\right)_{St}, \qquad (18.22)$$

der sogenannten *Boltzmann-Gleichung*, zum Ausdruck. Zunächst einmal ist dadurch lediglich eine formale Umschreibung des 2-Teilchen-Terms auf der rechten Seite der Bewegungsgleichung (18.20) erfolgt. Auf der Vorstellung von Stößen zwischen den Teilchen aufbauend wollen wir nun Näherungen für $(\partial f / \partial t)_{St}$ entwickeln. Diese Vorstellung soll die Voraussetzung einschließen, dass das betrachtete thermodynamische System hinreichend verdünnt ist, so dass sich die Teilchen zeitlich überwiegend wie unabhängige, also nicht-wechselwirkende Teilchen bewegen und durch 2-Teilchen-Stöße nur von Zeit zu Zeit in neue Bahnen geraten. Wir führen den Begriff der *Stoßzeit* τ ein. Dieses soll die mittlere Zeit zwischen zwei Stößen eines Teilchens sein. Unsere grundlegende Annahme ist, dass die Stoßzeit groß gegenüber der *Dauer* eines Stoßes ist. Die Dauer eines Stoßes ist diejenige mittlere Zeit, während derer sich zwei Teilchen so weit annähern, dass ihre gegenseitige Wechselwirkung $W(r)$ den Bewegungsablauf wesentlich beeinflusst.

Mit der Voraussetzung hinreichend verdünnter Systeme wird eine zweite Annahme gerechtfertigt, die wir bisher ohne Diskussion gemacht haben: gemäß der Hamilton-Funktion in (18.11) sollte die Wechselwirkung zwischen den Teilchen als Summe über Wechselwirkungen von je zwei Teilchen darstellbar sein. Bei höheren Dichten können auch Wechselwirkungen zwischen drei und mehr Teilchen vom Typ $W_{123}, W_{1234}, \ldots$ auftreten, vgl. Abschnitt 15.5. Aber selbst dann, wenn nur Wechselwirkungen W_{12} zwischen je zwei Teilchen auftreten, kommt es zu Korrelationen zwischen drei und mehr Teilchen, die in der Hierarchie der Bewegungsgleichungen durch 3-Teilchen-Verteilungsfunktionen usw. dargestellt werden. Auch solche Korrelationen zwischen mehr als zwei Teilchen sollen in den folgenden Überlegungen unberücksichtigt bleiben.

Stöße zwischen Teilchen spielen die entscheidende Rolle bei der Einstellung eines thermodynamischen Gleichgewichts, und zwar sogar in idealen Systemen, in denen die Teilchen als unabhängig, also als wechselwirkungsfrei angenommen werden. Die rigorose Konsequenz dieser Annahme würde in hinreichend großen Systemen, also im thermodynamischen Limes bedeuten, dass die Teilchen sich für beliebig lange Zeiten ungestört auf ihren ursprünglichen Bahnen bewegten. Eine bestimmte Anfangspräparation des Systems könnte niemals in ein thermodynamisches Gleichgewicht gelangen, in dem die Geschwindigkeiten der Teilchen der Maxwell–Boltzmann-Verteilung genügten. Die Einstellung einer solchen Verteilung verlangt offensichtlich, dass die Teilchen untereinander Impuls und Energie austauschen. Das ist jedoch nur bei Anwesenheit von Wechselwirkungen zwischen ihnen möglich. Natürlich tragen auch *Wände*, die nicht ideal reflektieren, zur Einstellung des thermodynamischen Gleichgewichts bei, doch ist deren Einfluss im thermodynamischen Limes beliebig klein.

In idealen Systemen ist die Annahme hinreichend, dass das thermodynamische Gleichgewicht lediglich *existiert*, während wir für die Zielsetzung dieses Kapitels auch den Einfluss der Wechselwirkung auf die Dynamik der Teilchen benötigen. Indem wir nun an der Vorstellung der Rolle der Stöße, beschrieben durch $(\partial f/\partial t)_{St}$ auf der rechten Seite der Boltzmann–Gleichung (18.22), bei der Einstellung des thermodynamischen Gleichgewichts festhalten, formulieren wir die folgende *Relaxationszeitnäherung* für $(\partial f/\partial t)_{St}$:

$$\left(\frac{\partial f(\boldsymbol{r}_1,\boldsymbol{p}_1,t)}{\partial t}\right)_{St} \approx -\frac{f(\boldsymbol{r}_1,\boldsymbol{p}_1,t) - f_0(\boldsymbol{r}_1,\boldsymbol{p}_1)}{\tau}, \qquad (18.23)$$

worin τ die sogenannte *Relaxationszeit* und $f_0(\boldsymbol{r}_1,\boldsymbol{p}_1)$ die entsprechende 1-Teilchen-Verteilungsfunktion des Systems im thermodynamischen Gleichgewicht ist. Die Bewegungsgleichung (18.20) lautet damit

$$\left(\frac{\partial}{\partial t} + \frac{\boldsymbol{p}_1}{m}\frac{\partial}{\partial \boldsymbol{r}_1} + \boldsymbol{F}_1\frac{\partial}{\partial \boldsymbol{p}_1}\right) f(\boldsymbol{r}_1,\boldsymbol{p}_1,t) = -\frac{f(\boldsymbol{r}_1,\boldsymbol{p}_1,t) - f_0(\boldsymbol{r}_1,\boldsymbol{p}_1)}{\tau}. \qquad (18.24)$$

Die physikalische Bedeutung der Relaxationszeitnäherung erkennen wir, wenn wir diese Gleichung für verschwindende äußere Kraft $\boldsymbol{F}_1 = 0$ lösen. Da für $f = f_0$ die rechte Seite, also auch die linke Seite verschwindet, setzen wir $g := f - f_0$ und erhalten

18.3. RELAXATIONSZEITNÄHERUNG, STOSSZEIT, FREIE WEGLÄNGE

$$\left(\frac{\partial}{\partial t} + \frac{\boldsymbol{p}_1}{m}\frac{\partial}{\partial \boldsymbol{r}_1}\right) g(\boldsymbol{r}_1, \boldsymbol{p}_1, t) = -\frac{g(\boldsymbol{r}_1, \boldsymbol{p}_1, t)}{\tau}. \tag{18.25}$$

Wie sich leicht bestätigen lässt, lautet die allgemeine Lösung dieser Gleichung

$$g(\boldsymbol{r}_1, \boldsymbol{p}_1, t) = h\left(\boldsymbol{r}_1 - \frac{\boldsymbol{p}_1}{m} t, \boldsymbol{p}_1\right) e^{-t/\tau},$$

worin $h(\boldsymbol{r}_1, \boldsymbol{p}_1)$ eine beliebige Funktion von $\boldsymbol{r}_1$ und $\boldsymbol{p}_1$ ist, die wir auch durch die Anfangsverteilung $g(\boldsymbol{r}_1, \boldsymbol{p}_1, 0)$ zur Zeit $t = 0$ ausdrücken können:

$$g(\boldsymbol{r}_1, \boldsymbol{p}_1, t) = g\left(\boldsymbol{r}_1 - \frac{\boldsymbol{p}_1}{m} t, \boldsymbol{p}_1, 0\right) e^{-t/\tau}. \tag{18.26}$$

Die Relaxationszeitnäherung beschreibt also, dass sich eine beliebige Anfangsverteilung zeitlich exponentiell in die Gleichgewichtsverteilung $f = f_0$ bzw. $g = 0$ entwickelt, wenn keine äußeren Kräfte auftreten. Die Zeitskala τ, auf der diese Relaxation erfolgt, identifizieren wir nun der Größenordnung nach mit der oben eingeführten Stoßzeit, weil ja in unserer physikalischen Anschauung die Häufigkeit der Stöße die Geschwindigkeit der Annäherung an das thermodynamische Gleichgewicht bestimmt.

Wir merken außerdem an, dass die Relaxationszeit im Allgemeinen vom Impuls $\boldsymbol{p}_1$ in $(\partial f(\boldsymbol{r}_1, \boldsymbol{p}_1, t)/\partial t)_{St}$ abhängen wird, bei Voraussetzung isotroper Verhältnisse im System jedoch nur von $p_1 = |\boldsymbol{p}_1|$, also $\tau = \tau(p_1)$. Natürlich würde τ auch vom Ort $\boldsymbol{r}_1$ abhängen, wenn das System räumlich inhomogen ist.

Ein weiterer charakteristischer mikroskopischer Parameter in der Vorstellung der Stöße zwischen Teilchen ist die *mittlere freie Weglänge* ℓ. Sie ist definiert durch $\ell = \bar{v}\tau$, worin $\bar{v}$ die mittlere Geschwindigkeit der Teilchen ist. Die freie Weglänge ℓ ist also die Strecke, die ein Teilchen im Mittel zwischen zwei Stößen zurücklegt. Für die mittlere Geschwindigkeit wird oft die *häufigste* Geschwindigkeit gesetzt. Diese berechnen wir aus der Maxwell-Boltzmann-Verteilung für $v = |\boldsymbol{v}|$:

$$f_0(v) \sim v^2 \exp\left(-\frac{m v^2}{2T}\right).$$

Der Faktor v^2 folgt aus $d^3 v = 4\pi v^2 dv$ beim Übergang zu Kugelkoordinaten. Die obige Funktion $f_0(v)$ besitzt ein Maximum bei $\bar{v} = \sqrt{2T/m}$, so dass

$$\ell = \sqrt{\frac{2T}{m}}\,\tau. \tag{18.27}$$

Ebensogut hätten wir $\bar{v}$ aber auch aus der mittleren Energie $\langle E \rangle = 3T/2$ bestimmen können,

$$\bar{v} = \frac{\langle p \rangle}{m} = \frac{\sqrt{2m\langle E \rangle}}{m} = \sqrt{\frac{3T}{m}},$$

und hätten einen quantitativ etwas anderen Zusammenhang zwischen ℓ und τ erhalten. Das weist darauf hin, dass wir die Parameter τ und ℓ tatsächlich nur im Sinn von Größenordnungen interpretieren dürfen.

18.4 Transporttheorie

Die sehr grobe Relaxationszeitnäherung (18.24) der Boltzmann–Gleichung führt bereits zu einer sehr einfachen Version einer Transporttheorie. Es sei $\chi(\boldsymbol{r},\boldsymbol{p},t)$ eine physikalische Eigenschaft pro Teilchen, die durch die thermische Teilchenbewegung im Nichtgleichgewicht transportiert wird. Dann ist offenbar

$$\boldsymbol{J}_\chi(\boldsymbol{r},t) = \int d^3p\, \frac{\boldsymbol{p}}{m}\, \chi(\boldsymbol{r},\boldsymbol{p},t)\, f(\boldsymbol{r},\boldsymbol{p},t) \tag{18.28}$$

die mittlere Flussdichte, also die in $\boldsymbol{J}$-Richtung pro Fläche und pro Zeit transportierte Menge von χ am Ort $\boldsymbol{r}$ zur Zeit t. Zum Verständnis von (18.28) sei auf die völlig analoge Konstruktion zur Herleitung des Druckes im Abschnitt 18.1 verwiesen. Dort wurde Impuls transportiert, hier die Größe χ.

18.4.1 Elektrische Leitung

Die Teilchen des Systems sollen eine elektrische Ladung e pro Teilchen tragen. Transportiert wird auch elektrische Ladung, also $\chi = e$. Die elektrische Stromdichte lautet also gemäß (18.28)

$$\boldsymbol{J}_e(\boldsymbol{r},t) = \int d^3p\, \frac{\boldsymbol{p}}{m}\, e\, f(\boldsymbol{r},\boldsymbol{p},t). \tag{18.29}$$

18.4. TRANSPORTTHEORIE

Die 1–Teilchen–Verteilungsfunktion $f(\mathbf{r},\mathbf{p},t)$ berechnen wir aus der Relaxationszeitnäherung (18.24) der Boltzmann–Gleichung. Die äußere Kraft auf das Teilchen ist $\mathbf{F} = e\mathbf{E}$, worin $\mathbf{E}$ ein angelegtes elektrisches Feld ist. Wenn dieses homogen ist, erwarten wir, dass $f(\mathbf{r},\mathbf{p},t)$ auch nicht vom Ort $\mathbf{r}$ abhängt. Außerdem sind wir nur am stationären Zustand interessiert, für den $\partial f/\partial t = 0$. Die Boltzmann–Gleichung lautet in unserem Fall also

$$e\mathbf{E}\frac{\partial f}{\partial \mathbf{p}} = -\frac{f-f_0}{\tau}. \qquad (18.30)$$

Wir setzen wieder $g = f - f_0$. Wir wollen nun g in niedrigster Näherung im angelegten elektrischen Feld $\mathbf{E}$ bestimmen. Da auf der linken Seite von (18.30) bereits $\mathbf{E}$ als Faktor steht, können wir dort in niedrigster Näherung f durch f_0 ersetzen,

$$e\mathbf{E}\frac{\partial f_0}{\partial \mathbf{p}} = -\frac{g}{\tau}, \qquad (18.31)$$

woraus

$$g(\mathbf{p}) = -e\tau \mathbf{E}\frac{\partial}{\partial \mathbf{p}} f_0(\mathbf{p}) \qquad (18.32)$$

folgt. Dieses Ergebnis setzen wir in (18.29) für die elektrische Stromdichte ein. Dabei wollen wir zunächst annehmen, dass die Relaxationszeit τ nicht vom Impulsbetrag $p = |\mathbf{p}|$ abhängt. (Den Fall $\tau = \tau(p)$ werden wir unten diskutieren.) Da im Gleichgewicht für $\mathbf{E} = 0$ kein Strom fließt, erhalten damit

$$\mathbf{J}_e = \frac{e}{m}\int d^3p\,\mathbf{p}\,g(\mathbf{p}) = -\frac{e^2\tau}{m}\int d^3p\,\mathbf{p}\left(\mathbf{E}\frac{\partial}{\partial \mathbf{p}}f_0(\mathbf{p})\right). \qquad (18.33)$$

Die weitere Rechnung führen wir in Komponentenschreibweise unter Verwendung der Summationskonvention jetzt für die kartesischen Indizes $\alpha, \beta, \ldots$ durch. Mit einer partiellen Integration wird

$$\begin{aligned} J_{e\alpha} &= -\frac{e^2\tau}{m}\int d^3p\, p_\alpha\, E_\beta\,\frac{\partial f_0(\mathbf{p})}{\partial p_\beta} \\ &= \frac{e^2\tau}{m}\int d^3p\,\frac{\partial p_\alpha}{\partial p_\beta}\,f_0(\mathbf{p})\,E_\beta \\ &= \frac{e^2\tau}{m}\int d^3p\,f_0(\mathbf{p})\,E_\alpha = \frac{e^2 c\tau}{m}E_\alpha, \end{aligned} \qquad (18.34)$$

vgl. (18.2), worin $c = N/V$ wieder die Dichte ist, hier die Dichte der Ladungsträger. Unsere sehr einfache Transporttheorie führt also auf eine spezifische elektrische Leitfähigkeit

$$\sigma = \frac{e^2 c \tau}{m}. \tag{18.35}$$

Diese ist *diagonal*, d.h., die Stromdichte $\boldsymbol{J_e}$ ist parallel zum elektrischen Feld $\boldsymbol{E}$, was in einem isotropen thermodynamischen System natürlich zu erwarten war. Außerdem ist $\sigma \sim \tau$: die Leitfähigkeit verhält sich proportional zu der Zeit zwischen zwei Stößen, während derer das elektrische Feld die Teilchen ungestört beschleunigen kann. Die spezifische elektrische Leitfähigkeit σ ist ein phänomenologischer Koeffizient im Sinne des Kapitel 3.

Die letztere Diskussion zeigt auch bereits die Grenzen unserer Theorie auf. In der Relaxationszeitnäherung wird der Beschleunigungsvorgang durch das elektrische Feld abgebrochen, sobald ein Stoß erfolgt. Dadurch wird die Rolle der Stöße überbewichtet. Wenn nämlich etwa ein Stoß die Bewegungsrichtung des Teilchens nur wenig aus der Feldrichtung ablenkt, dann bleibt zumindest ein Teil des Impulses aus der Beschleunigung durch das Feld vor dem Stoß auch nach dem Stoß erhalten. Hinzu kommt, dass Teilchen durch Stöße auch in die Feldrichtung hineingestreut werden können. Beide Korrekturen liefern positive Beiträge zur Leitfähigkeit σ.

18.4.2 Impulsabhängige Relaxationszeit

Wenn die Relaxationszeit vom Impuls $\boldsymbol{p}$ abhängt, in isotropen Systemen vom Impulsbetrag $p = |\boldsymbol{p}|$, also $\tau = \tau(p)$, dann schreiben wir statt (18.34)

$$J_{e\alpha} = \sigma_{\alpha\beta} E_\beta, \qquad \sigma_{\alpha\beta} = -\frac{e^2}{m} \int d^3p \, p_\alpha \, \tau(p) \frac{\partial f_0(\boldsymbol{p})}{\partial p_\beta}. \tag{18.36}$$

Mit

$$f_0(\boldsymbol{p}) = f_0(p) \sim \exp\left(-\frac{\boldsymbol{p}^2}{2mT}\right),$$

$$\frac{\partial f_0(\boldsymbol{p})}{\partial p_\beta} = \frac{\partial f_0(p)}{\partial p_\beta} = -\frac{p_\beta}{mT} f_0(p)$$

18.4. TRANSPORTTHEORIE

erhalten wir weiter

$$\sigma_{\alpha\beta} = \frac{e^2}{m^2 T} \int d^3p\, p_\alpha\, p_\beta\, \tau(p)\, f_0(p). \tag{18.37}$$

Für $\alpha \neq \beta$ verschwindet das Integral, weil der Integrand dann jeweils in p_α und p_β ungerade ist. Für $\alpha = \beta$, z.B. $\alpha = \beta = 1$ wird

$$\sigma_{11} = \frac{e^2}{m^2 T} \int d^3p\, p_1^2\, \tau(p)\, f_0(p) = \frac{e^2}{3\, m^2 T} \int d^3p\, p^2\, \tau(p)\, f_0(p), \tag{18.38}$$

weil $p^2 = p_1^2 + p_2^2 + p_3^2$ und das Integral mit dem ansonst rotationsinvarianten Integranden $\tau(p)\, f_0(p)$ nicht von der Koordinatenrichtung in p_1^2 abhängen kann. Also gilt allgemein

$$\sigma_{\alpha\beta} = \delta_{\alpha\beta}\, \sigma, \qquad \sigma = \frac{e^2}{3\, m^2 T} \int d^3p\, p^2\, \tau(p)\, f_0(p). \tag{18.39}$$

Das Integral können wir auch durch den Mittelwert $\langle p^2\, \tau(p) \rangle$ ausdrücken:

$$\langle p^2\, \tau(p) \rangle = \frac{\int d^3p\, p^2\, \tau(p)\, f_0(p)}{\int d^3p\, f_0(p)} = \frac{1}{c} \int d^3p\, p^2\, \tau(p)\, f_0(p).$$

Außerdem verwenden wir $\langle p^2/(2\, m) \rangle = 3\, T/2$ bzw. $\langle p^2 \rangle = 3\, m\, T$. Damit können wir (18.40) umschreiben in

$$\sigma = \frac{e^2\, c\, \tau^*}{m}, \qquad \tau^* = \frac{\langle p^2\, \tau(p) \rangle}{\langle p^2 \rangle}. \tag{18.40}$$

Die spezifische elektrische Leitfähigkeit σ hat dieselbe Form wie in dem Ergebnis (18.35) für konstante Relaxationszeit τ, allerdings mit einem speziell gemittelten τ^*.

18.4.3 Zähigkeit

Das Phänomen der Zähigkeit bzw. Viskosität hatten wir bereits im Abschnitt 3.8.2 in unsere Überlegungen eingeführt. Darunter sollte der Transport von Impuls zwischen

Bereichen einer Flüssigkeit mit einer unterschiedlichen makroskopischen Geschwindigkeit $\boldsymbol{u}$ verstanden werden. Das makroskopische Strömungsfeld $\boldsymbol{u}$ überlagert sich der thermischen Geschwindigkeit zur Gesamtgeschwindigkeit $\boldsymbol{v}$. Für deren Mittelwert erhalten wir nun aber einen nichtverschwindenden Wert $\langle \boldsymbol{v} \rangle = \boldsymbol{u}$.

Ein räumlich homogenes makroskopisches Geschwindigkeitsfeld $\boldsymbol{u}$ würde an dem thermodynamischen Zustand nichts ändern, weil es durch eine Galilei-Transformation eliminiert werden könnte. Wir setzen deshalb voraus, dass das Geschwindigkeitsfeld tatsächlich ortsabhängig ist, $\boldsymbol{u} = \boldsymbol{u}(\boldsymbol{r})$, also einen nichtverschwindenden Gradienten besitzt. Das ist für einen speziellen Fall in der Abbildung 18.1 dargestellt: das Geschwindigkeitsfeld hat dort die x-Richtung, $\boldsymbol{u} = u_x \boldsymbol{e}_x$, jedoch soll u_x von z abhängen: $u_x = u_x(z)$. Eine solche Situation entsteht z.B. bei der Strömung durch ein Rohr: am Rand haften die Teilchen an der Rohrwand und haben dort keine makroskopische Geschwindigkeit, in der Mitte des Rohres ist dagegen die makroskopische Geschwindigkeit der Teilchen maximal.

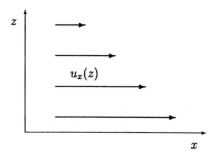

Abbildung 18.1: Geschwindigkeitsfeld u_x in x-Richtung mit einem Gradienten in z-Richtung.

Wir erwarten in der Situation der Abbildung 18.1, dass Impuls gegen die Richtung des u_x-Gradienten transportiert wird, also in positiver z-Richtung. Die transportierte Eigenschaft pro Teilchen ist die x-Komponente des thermischen Teilchenimpulses $m(v_x - u_x)$, nicht etwa $m v_x$, weil u_x bzw. $m u_x$ als von außen vorgegeben zu betrachten ist. Sie wird jedoch in z-Richtung mit der Geschwindigkeit $v_z - u_z = v_z$ transportiert, weil $u_z = 0$. Die entsprechende Stromdichte lautet also

$$J_{p,xz} = m \int d^3v \, (v_x - u_x) \, v_z \, f(\boldsymbol{r}, \boldsymbol{v}, t). \qquad (18.41)$$

Wir benutzen für die folgenden Überlegungen als Variable die Geschwindigkeit statt

18.4. TRANSPORTTHEORIE

des Impulses, weil sich das als bequemer herausstellen wird. (Der Index p steht für Impulsfluss.)

In der Boltzmann-Gleichung (18.24) für die Verteilungsfunktion tritt auf der linken Seite jetzt keine äußere Kraft $\boldsymbol{F}$ auf, dafür jedoch eine Ortsabhängigkeit $\partial f/\partial \boldsymbol{r} \neq 0$, bzw. hier $\partial f/\partial z \neq 0$. Wenn wir uns wieder auf den stationären Zustand beschränken, $\partial f/\partial t = 0$, haben wir also

$$\frac{p_z}{m}\frac{\partial f}{\partial z} = -\frac{g}{\tau} \tag{18.42}$$

mit $g = f - f_0$ zu lösen. Wir beschränken uns auch wieder auf die lineare Näherung im Gradienten $\partial/\partial z$, so dass wir auf der linken Seite f durch f_0 ersetzen können. In f_0 müssen wir jedoch berücksichtigen, dass nicht die gesamte Geschwindigkeit $\boldsymbol{v}$, sondern nur die Differenz $\delta\boldsymbol{v} = \boldsymbol{v} - \boldsymbol{u} =: \boldsymbol{U}$ der Maxwell-Boltzmann-Verteilung genügt, in unserem Fall also

$$f_0 \sim \exp\left(-\frac{m}{2T}\boldsymbol{U}^2\right) = \exp\left[-\frac{m}{2T}\left((v_x - u_x)^2 + v_y^2 + v_z^2\right)\right]. \tag{18.43}$$

Damit wird

$$\frac{\partial f_0}{\partial z} = -\frac{\partial f_0}{\partial U_x}\frac{\partial u_x}{\partial z} = \frac{mU_x}{T}f_0\frac{\partial u_x}{\partial z}, \tag{18.44}$$

eingesetzt in (18.42)

$$g = -\frac{m\tau}{T}U_x U_z f_0 \frac{\partial u_x}{\partial z}, \tag{18.45}$$

weil $v_z = U_z$. Wir setzen dieses Ergebnis in (18.41) ein und erhalten für die Impulsstromdichte (für eine konstante Relaxationszeit τ)

$$\begin{aligned}J_{p,xz} &= m\int d^3U\, U_x U_z \left(f_0 - \frac{m\tau}{T}U_x U_z f_0\right)\frac{\partial u_x}{\partial z} \\ &= -\frac{m^2\tau}{T}\int d^3U\, U_x^2 U_z^2 f_0 \frac{\partial u_x}{\partial z} = -\eta\frac{\partial u_x}{\partial z}.\end{aligned} \tag{18.46}$$

Die Integration von $U_x U_z$ über f_0 liefert keinen Beitrag, weil f_0 sowohl in U_x als auch in U_z gerade ist. Wie zu Beginn erwartet, erhalten wir also einen Impulsfluss gegen die Richtung des Geschwindigkeitsgradienten $\partial u_x/\partial z$, und zwar wegen der linearen Näherung auch proportional zu dem Gradienten. Der Koeffizient

$$\eta = \frac{m^2 \tau}{T} \int d^3U \, U_x^2 \, U_z^2 \, f_0 \qquad (18.47)$$

ist wie die spezifische elektrische Leitfähigkeit σ ein phänomenologischer Koeffizient im Sinne des Kapitels 3 und heißt *Zähigkeitskoeffizient*, wie bereits im Abschnitt 3.8.2 eingeführt. Seine explizite Berechnung gelingt am einfachsten, wenn wir gemäß (18.44) $(m U_x/T) f_0 = -\partial f_0/\partial U_x$ einsetzen und partiell integrieren:

$$\begin{aligned} \eta &= -m\tau \int d^3U \, U_x \, U_z^2 \, \frac{\partial f_0}{\partial U_x} \\ &= m\tau \int d^3U \, U_z^2 \, f_0 \\ &= 2\tau c \left\langle \frac{m}{2} U_z^2 \right\rangle = \tau c T. \end{aligned} \qquad (18.48)$$

In dieser Rechnung haben wir den Gleichverteilungssatz $\langle (m/2) U_z^2 \rangle = T/2$ benutzt und beachtet, dass $f_0 = f_0(\boldsymbol{U})$ wie $f_0(\boldsymbol{p})$ in (18.2) auf die Dichte $c = N/V$ normiert ist. Aus denselben Gründen wie $\sigma \sim \tau$ ist auch $\eta \sim \tau$. In beiden Ergebnissen (18.35) für σ und (18.48) für η können wir keine Aussagen über die Temperaturabhängigkeit machen, weil die durch ein reines Plausibilitätsargument eingeführte Stoßzeit noch von der Temperatur abhängen kann. Für das Verhältnis η/σ erhalten wir

$$\frac{\eta}{\sigma} = \frac{m}{e^2} T. \qquad (18.49)$$

18.5 Stoßintegral

Wie wir bereits bemerkt hatten, ist die Relaxationszeitnäherung (18.24) der Boltzmann–Gleichung (18.22) eine sehr grobe Näherung. In diesem Abschnitt wollen wir einen Ausdruck für die durch Stöße zwischen den Teilchen bedingte zeitliche Änderung $(\partial f/\partial t)_{St}$ der 1-Teilchen-Verteilungsfunktion aus der mikrodynamischen Beschreibung von Stößen entwickeln, der gegenüber der Relaxationszeitnäherung eine erheblich verbesserte Theorie darstellt, allerdings auch nicht exakt sein kann, weil eine exakte Theorie, wie wir im Abschnitt 18.2 gesehen haben, unvermeidlich auf die Hierarchie von Bewegungsgleichungen führt.

18.5.1 Beschreibung von Stößen

Wir beginnen mit der Feststellung, dass für einen Stoß Impulserhaltung gilt:

$$\boldsymbol{p}_1 + \boldsymbol{p}_2 = \boldsymbol{p}'_1 + \boldsymbol{p}'_2. \qquad (18.50)$$

Hier bezeichnen $\boldsymbol{p}_1, \boldsymbol{p}_2$ bzw. $\boldsymbol{p}'_1, \boldsymbol{p}'_2$ die Impulse der beiden stoßenden Teilchen 1 und 2 vor bzw. nach dem Stoß. Wir nehmen weiter an, dass die Teilchen keine inneren Anregungszustände besitzen, so dass der Stoß auch elastisch ist. Dann gilt außerdem Energieerhaltung:

$$\frac{\boldsymbol{p}_1^2}{2m} + \frac{\boldsymbol{p}_2^2}{2m} = \frac{\boldsymbol{p}_1'^2}{2m} + \frac{\boldsymbol{p}_2'^2}{2m}. \qquad (18.51)$$

Wir beschreiben das Stoßgeschehen in Schwerpunkts- und Relativkoordinaten:

$$\boldsymbol{R} := \frac{1}{M}(m_1 \boldsymbol{r}_1 + m_2 \boldsymbol{r}_2), \qquad \boldsymbol{r} := \boldsymbol{r}_1 - \boldsymbol{r}_2,$$

$$\boldsymbol{P} := \boldsymbol{p}_1 + \boldsymbol{p}_2, \qquad \boldsymbol{p} := \frac{1}{M}(m_2 \boldsymbol{p}_1 - m_1 \boldsymbol{p}_2) = \mu(\boldsymbol{v}_1 - \boldsymbol{v}_2),$$

$$E = \frac{\boldsymbol{p}_1^2}{2m_1} + \frac{\boldsymbol{p}_2^2}{2m_2} = \frac{\boldsymbol{P}^2}{2M} + \frac{\boldsymbol{p}^2}{2\mu}, \qquad (18.52)$$

worin $M = m_1 + m_2$ die Gesamtmasse und $\mu = m_1 m_2 / M$ die reduzierte Masse ist. Für gleiche Massen $m_1 = m_2 = m$ wird $M = 2m$ und $\mu = m/2$. Die Beziehungen (18.52) gelten gleichlautend für die gestrichenen Größen nach dem Stoß. Impuls- und Energieerhaltung drücken sich nun durch $\boldsymbol{P} = \boldsymbol{P}'$ und $E = E'$ aus, bzw. letztere durch

$$\frac{\boldsymbol{P}^2}{4m} + \frac{\boldsymbol{p}^2}{m} = \frac{\boldsymbol{P}'^2}{4m} + \frac{\boldsymbol{p}'^2}{m}. \qquad (18.53)$$

Mit $\boldsymbol{P} = \boldsymbol{P}'$ folgt daraus $\boldsymbol{p}^2 = \boldsymbol{p}'^2$ oder auch $|\boldsymbol{p}| = |\boldsymbol{p}'|$. Das gesamte Stoßgeschehen besteht also in einer Richtungsänderung des Relativimpulses $\boldsymbol{p} \to \boldsymbol{p}'$ bei ungeändertem Betrag. Diese Richtungsänderung wollen wir im Folgenden durch die sphärischen Winkel θ und ϕ (Winkel in Kugelkoordinaten) relativ zur Richtung von $\boldsymbol{p}$ vor dem Stoß beschreiben. Das Stoßgeschehen kann nicht vom Gesamtimpuls $\boldsymbol{P}$ abhängen, weil dieser durch eine Galilei-Transformation eliminiert werden könnte.

Es sei nun I der Fluss, d.h., die Anzahl von Teilchen die sich pro Fläche und pro Zeit mit dem Relativimpuls $\boldsymbol{p}$ aufeinander zubewegen. Wir können die Auswirkung der Stöße auf den Teilchenfluss auf verschiedene Weisen beschreiben. Wir definieren $Q(\boldsymbol{p}_1, \boldsymbol{p}_2 \to \boldsymbol{p}'_1, \boldsymbol{p}'_2)$ dadurch, dass $I\,Q(\boldsymbol{p}_1, \boldsymbol{p}_2 \to \boldsymbol{p}'_1, \boldsymbol{p}'_2)\,d^3p'_1\,d^3p'_2$ der Fluss derjenigen Teilchen sein soll, die sich mit den Impulsen $\boldsymbol{p}_1$ und $\boldsymbol{p}_2$ aufeinander zubewegen und nach dem Stoß Impulse $\boldsymbol{p}'_1$ und $\boldsymbol{p}'_2$ in den Impulsraumelementen $d^3p'_1$ bzw. $d^3p'_2$ besitzen. Wie wir soeben begründet haben, ist $Q(\boldsymbol{p}_1, \boldsymbol{p}_2 \to \boldsymbol{p}'_1, \boldsymbol{p}'_2) = 0$, wenn nicht $\boldsymbol{P} = \boldsymbol{P}'$ und $E = E'$. Wir könnten also auch

$$Q(\boldsymbol{p}_1, \boldsymbol{p}_2 \to \boldsymbol{p}'_1, \boldsymbol{p}'_2) = \delta^{(3)}\,(\boldsymbol{P} - \boldsymbol{P}')\,\delta(p - p')\,\tilde{Q}(p, \theta, \phi), \qquad (18.54)$$

schreiben, worin $\delta^{(3)}(\ldots)$ die 3–dimensionale Diracsche δ–Funktion für vektorielle Argumente ist und $p = |\boldsymbol{p}|$, analog p'. Wir werden im Folgenden aber vorwiegend bei der Schreibweise auf der linken Seite von (18.54) bleiben.

$Q(\boldsymbol{p}_1, \boldsymbol{p}_2 \to \boldsymbol{p}'_1, \boldsymbol{p}'_2)$ besitzt Symmetrie–Eigenschaften, die wir in den folgenden Überlegungen benötigen werden. Da die mikroskopische Dynamik invariant gegen Zeitumkehr, d.h., gegen Bewegungsumkehr ist, gilt mit unserer obigen Definition für $Q(\boldsymbol{p}_1, \boldsymbol{p}_2 \to \boldsymbol{p}'_1, \boldsymbol{p}'_2)$, dass

$$Q(\boldsymbol{p}_1, \boldsymbol{p}_2 \to \boldsymbol{p}'_1, \boldsymbol{p}'_2)\,d^3p'_1\,d^3p'_2 = Q(-\boldsymbol{p}'_1, -\boldsymbol{p}'_2 \to -\boldsymbol{p}_1, -\boldsymbol{p}_2)\,d^3p_1\,d^3p_2. \qquad (18.55)$$

Nun gilt $d^3p_1\,d^3p_2 = d^3p'_1\,d^3p'_2$, denn die Funktionaldeterminante der Transformation (18.52) (in der Version mit $m_1 = m_2$),

$$\boldsymbol{P} = \boldsymbol{p}_1 + \boldsymbol{p}_2, \qquad \boldsymbol{p} = \frac{1}{2}\,(\boldsymbol{p}_1 - \boldsymbol{p}_2)$$

hat, wie man sofort bestätigt, den Wert 1. Da diese Transformation gleichlautend auch für die gestrichenen Größen gilt, ist die obige Behauptung bewiesen. Also folgt aus (18.55)

$$Q(\boldsymbol{p}_1, \boldsymbol{p}_2 \to \boldsymbol{p}'_1, \boldsymbol{p}'_2) = Q(-\boldsymbol{p}'_1, -\boldsymbol{p}'_2 \to -\boldsymbol{p}_1, -\boldsymbol{p}_2). \qquad (18.56)$$

Aus der Invarianz der mikroskopischen Dynamik gegen Raumspiegelung $\boldsymbol{r} \to -\boldsymbol{r}$ folgt weiter, dass

$$Q(-\boldsymbol{p}_1, -\boldsymbol{p}_2 \to -\boldsymbol{p}'_1, -\boldsymbol{p}'_2) = Q(\boldsymbol{p}_1, \boldsymbol{p}_2 \to \boldsymbol{p}'_1, \boldsymbol{p}'_2). \qquad (18.57)$$

18.5. STOSSINTEGRAL

Wir können (18.56) und (18.57) zusammenfassen zu

$$Q(\boldsymbol{p}_1, \boldsymbol{p}_2 \to \boldsymbol{p}'_1, \boldsymbol{p}'_2) = Q(\boldsymbol{p}'_1, \boldsymbol{p}'_2 \to \boldsymbol{p}_1, \boldsymbol{p}_2). \tag{18.58}$$

Der Stoß $\boldsymbol{p}_1, \boldsymbol{p}_2 \to \boldsymbol{p}'_1, \boldsymbol{p}'_2$ und der dazu *inverse* Stoß $\boldsymbol{p}'_1, \boldsymbol{p}'_2 \to \boldsymbol{p}_1, \boldsymbol{p}_2$ haben dieselben Streueigenschaften.

18.5.2 Der Stoßterm

Wir wollen eine Bilanz für die zeitliche, durch Stöße bedingte Änderung der Anzahl $f(\boldsymbol{r}_1, \boldsymbol{p}_1, t)\, d^3 r_1\, d^3 p_1$ der Teilchen im 1-Teilchen-Phasenraumelement $d^3 r_1\, d^3 p_1$ aufstellen. Wir beginnen mit dem Verlust solcher Teilchen durch Stöße an anderen, mit dem Index 2 gekennzeichneten Teilchen im Zeitintervall dt. Dieser Verlust setzt sich aus den folgenden Faktoren zusammen:

1. Fluss der Teilchen 1, die sich mit der Relativgeschwindigkeit $|\boldsymbol{v}_1 - \boldsymbol{v}_2|$ auf die streuenden Teilchen 2 zubewegen:

$$|\boldsymbol{v}_1 - \boldsymbol{v}_2|\, f(\boldsymbol{r}_1, \boldsymbol{p}_1, t)\, d^3 p_1.$$

2. Anteil der Teilchen 1, die in dem obigen Fluss während der Zeit dt Streuprozessen $\boldsymbol{p}_1, \boldsymbol{p}_2 \to \boldsymbol{p}'_1, \boldsymbol{p}'_2$ in die Impulsraumelemente $d^3 p'_1\, d^3 p'_2$ unterliegen:

$$Q(\boldsymbol{p}_1, \boldsymbol{p}_2 \to \boldsymbol{p}'_1, \boldsymbol{p}'_2)\, d^3 p'_1\, d^3 p'_2\, dt.$$

3. Da der unter 2. genannte Anteil nur pro streuendem Teilchen 2 gezählt ist, muss noch mit der Anzahl von streuenden Teilchen 2 im Volumenelement $d^3 r_1$ und mit Impulsen $d^3 p_2$ (vor dem Stoß), also mit

$$f(\boldsymbol{r}_1, \boldsymbol{p}_2, t)\, d^3 r_1\, d^3 p_2$$

   multipliziert werden. Hier ist tatsächlich dasselbe Volumenelement $d^3 r_1$ wie bei den einfallenden Teilchen 1 zu wählen, weil diese nur von denjenigen Teilchen 2 gestreut werden können, die sich in demselben Volumenelement $d^3 r_1$ befinden.

In diesen Faktoren treten die Impulsraumelemente $d^3 p_2$, $d^3 p'_1$, $d^3 p'_2$ auf. Da aber ausschließlich der Verlust der Teilchen 1 aus $d^3 r_1$ und $d^3 p_1$ berechnet werden soll, und zwar für alle erlaubten $\boldsymbol{p}_2, \boldsymbol{p}'_1, \boldsymbol{p}'_2$, ist über diese Impulse noch zu integrieren. Auf diese Weise erhalten wir

$$\left(\frac{\partial}{\partial t}\right)_{St-} f(\boldsymbol{r}_1, \boldsymbol{p}_1, t)\, d^3r_1\, d^3p_1\, dt =$$
$$= -\int d^3p_2 \int d^3p'_1 \int d^3p'_2 |\boldsymbol{v}_1 - \boldsymbol{v}_2| Q(\boldsymbol{p}_1, \boldsymbol{p}_2 \to \boldsymbol{p}'_1, \boldsymbol{p}'_2) \times$$
$$\times f(\boldsymbol{r}_1, \boldsymbol{p}_1, t)\, f(\boldsymbol{r}_1, \boldsymbol{p}_2, t)\, d^3r_1\, d^3p_1\, dt$$

bzw.

$$\left(\frac{\partial}{\partial t}\right)_{St-} f(\boldsymbol{r}_1, \boldsymbol{p}_1, t) =$$
$$= -\int d^3p_2 \int d^3p'_1 \int d^3p'_2 |\boldsymbol{v}_1 - \boldsymbol{v}_2| Q(\boldsymbol{p}_1, \boldsymbol{p}_2 \to \boldsymbol{p}'_1, \boldsymbol{p}'_2) \times$$
$$\times f(\boldsymbol{r}_1, \boldsymbol{p}_1, t)\, f(\boldsymbol{r}_1, \boldsymbol{p}_2, t). \tag{18.59}$$

Hierin bedeutet $(\partial f/\partial t)_{St-}$ den *Verlust* von Teilchen aus $f(\boldsymbol{r}_1, \boldsymbol{p}_1, t)$ durch Stöße. Ganz analog tritt durch Stöße $\boldsymbol{p}'_1, \boldsymbol{p}'_2 \to \boldsymbol{p}_1, \boldsymbol{p}_2$ ein *Gewinn* von Teilchen in $f(\boldsymbol{r}_1, \boldsymbol{p}_1, t)$ auf. Um den entsprechenden Ausdruck $(\partial f/\partial t)_{St+}$ zu erhalten, müssen wir also auf der rechten Seite von (18.59) die Rollen der ungestrichenen $\boldsymbol{p}_1, \boldsymbol{p}_2$ mit denen der gestrichenen $\boldsymbol{p}'_1, \boldsymbol{p}'_2$ vertauschen:

$$\left(\frac{\partial}{\partial t}\right)_{St+} f(\boldsymbol{r}_1, \boldsymbol{p}_1, t) =$$
$$= +\int d^3p_2 \int d^3p'_1 \int d^3p'_2 |\boldsymbol{v}_1 - \boldsymbol{v}_2| Q(\boldsymbol{p}'_1, \boldsymbol{p}'_2 \to \boldsymbol{p}_1, \boldsymbol{p}_2) \times$$
$$\times f(\boldsymbol{r}_1, \boldsymbol{p}'_1, t)\, f(\boldsymbol{r}_1, \boldsymbol{p}'_2, t). \tag{18.60}$$

Wegen $|\boldsymbol{p}_1 - \boldsymbol{p}_2| = |\boldsymbol{p}'_1 - \boldsymbol{p}'_2|$ bleibt $|\boldsymbol{v}_1 - \boldsymbol{v}_2|$ ungeändert. Jetzt benutzen wir die Symmetrie–Eigenschaft (18.58) für den inversen Stoß und fassen die beiden Beiträge (18.59) und (18.60) zum vollständigen Stoßterm zusammen:

$$\left(\frac{\partial}{\partial t}\right)_{St} f(\boldsymbol{r}_1, \boldsymbol{p}_1, t) =$$
$$= \int d^3p_2 \int d^3p'_1 \int d^3p'_2 |\boldsymbol{v}_1 - \boldsymbol{v}_2| Q(\boldsymbol{p}_1, \boldsymbol{p}_2 \to \boldsymbol{p}'_1, \boldsymbol{p}'_2) \times$$
$$\times [f(\boldsymbol{r}_1, \boldsymbol{p}'_1, t)\, f(\boldsymbol{r}_1, \boldsymbol{p}'_2, t) - f(\boldsymbol{r}_1, \boldsymbol{p}_1, t)\, f(\boldsymbol{r}_1, \boldsymbol{p}_2, t)] \tag{18.61}$$

18.5. STOSSINTEGRAL

Einsetzen in die Boltzmann–Gleichung (18.22) ergibt

$$\left(\frac{\partial}{\partial t} + \frac{p_1}{m}\frac{\partial}{\partial r_1} + F_1\frac{\partial}{\partial p_1}\right) f(r_1, p_1, t) =$$
$$= \int d^3p_2 \int d^3p'_1 \int d^3p'_2 |v_1 - v_2| Q(p_1, p_2 \to p'_1, p'_2) \times$$
$$\times [f(r_1, p'_1, t) f(r_1, p'_2, t) - f(r_1, p_1, t) f(r_1, p_2, t)], \quad (18.62)$$

auch als Boltzmann–Gleichung im engeren Sinn bezeichnet.

18.5.3 Die Voraussetzung des "molekularen Chaos"

Das Produkt der 1-Teilchen-Verteilungsfunktionen $f(r_1, p_1, t) f(r_1, p_2, t)$ im Verlust-Term des Stoßintegrals in (18.62) kam dadurch zustande, dass der Verlust von Teilchen mit Orten r_1 in d^3r_1 und Impulsen p_1 in d^3p_1 sowohl proportional zur Anzahl solcher Teilchen wie auch proportional zur Anzahl von streuenden Teilchen am gleichen Ort r_1 in d^3r_1, jedoch mit Impulsen p_2 in d^3p_2 ist. Selbstverständlich sind die Anzahlen dieser Teilchen, zumal an demselben Ort r_1 in d^3r_1, nicht unabhängig voneinander, d.h., miteinander korreliert. Das bedeutet, dass wir korrekterweise die 2-Teilchen-Verteilungsfunktion $f(r_1, p_1, r_1, p_2, t)$ statt des Produktes der beiden 1-Teilchen-Verteilungsfunktionen hätten verwenden müssen. Die analoge Feststellung trifft natürlich auf den Gewinn-Term zu. Die korrekte Form von $(\partial f/\partial t)_{St}$ lautet also statt (18.61)

$$\left(\frac{\partial}{\partial t}\right)_{St} f(r_1, p_1, t) =$$
$$= \int d^3p_2 \int d^3p'_1 \int d^3p'_2 |v_1 - v_2| Q(p_1, p_2 \to p'_1, p'_2) \times$$
$$\times [f(r_1, p'_1, r_1, p'_2, t) - f(r_1, p_1, r_1, p_2, t)]. \quad (18.63)$$

Damit ist die Boltzmann–Gleichung (18.22) jedoch keine geschlossene Gleichung mehr für die 1-Teilchen-Verteilungsfunktion $f(r_1, p_1, t)$, sondern von der Struktur her vergleichbar mit der exakten Bewegungsgleichung (18.20), in der ebenfalls die 1-Teilchen-Verteilungsfunktion an eine 2-Teilchen-Verteilungsfunktion koppelt. Die Zielsetzung dieses Abschnitts war es aber gerade, eine geschlossene Gleichung für $f(r_1, p_1, t)$ zu gewinnen, die allerdings über die sehr grobe Relaxationszeitnäherung hinausgehen sollte. Die Näherung

$$f(\boldsymbol{r}_1,\boldsymbol{p}_1,\boldsymbol{r}_1,\boldsymbol{p}_2,t) \approx f(\boldsymbol{r}_1,\boldsymbol{p}_1,t)\, f(\boldsymbol{r}_1,\boldsymbol{p}_2,t), \tag{18.64}$$

entsprechend für $f(\boldsymbol{r}_1,\boldsymbol{p}_1',\boldsymbol{r}_1,\boldsymbol{p}_2',t)$, erweist sich also als unverzichtbar, um diese Zielsetzung zu erreichen. Sie besagt, dass gestreute und streuende Teilchen am gleichen Ort $\boldsymbol{r}_1$ in $d^3 r_1$ als unkorreliert angenommen werden sollen. Formal ist diese Näherung identisch mit (18.21), die uns zu der Molekularfeld-Beschreibung führte und für die Zielsetzung dieses Kapitels unbrauchbar war. Allerdings wird die Näherung (18.64) in einem Ausdruck durchgeführt, der bereits eine dynamische Beschreibung der Stoßvorgänge darstellt. Sie geht deshalb in ihren Konsequenzen über die Molekularfeld-Näherung (18.21) in (18.20) hinaus. In diesem Zusammenhang wird (18.64) auch als die Voraussetzung des *molekularen Chaos* bezeichnet: im Ablauf des Stoßvorgangs, der überhaupt schon eine Wechselwirkung zwischen einzelnen Teilchen voraussetzt, sollen sich die beteiligten Teilchen unkorreliert bzw. "chaotisch" verhalten[4].

18.6 Das Boltzmannsche H–Theorem

Gegenstand dieses Abschnitts ist das thermodynamische Gleichgewicht als Lösung der Boltzmann-Gleichung. Damit das durch eine Boltzmann-Gleichung beschriebene thermodynamische System überhaupt ein thermodynamisches Gleichgewicht erreichen kann, dürfen im Allgemeinen keine äußeren Kräfte auftreten. Wir setzen also in (18.62) $\boldsymbol{F}_1 = 0$. Es dürfen in dem System außerdem auch keine Gradienten auftreten, z.B. von außen aufgeprägte Gradienten der Temperatur oder der Dichte. Wir können dann annehmen, dass die 1-Teilchen-Verteilungsfunktion auch nicht mehr vom Ort abhängt, d.h., die Form $f = f(\boldsymbol{p},t)$ besitzt. Sie muss also die Boltzmann-Gleichung

$$\frac{\partial f(\boldsymbol{p},t)}{\partial t} = \int d^3 p_2 \int d^3 p_1' \int d^3 p_2' |\boldsymbol{v}_1-\boldsymbol{v}_2| Q(\boldsymbol{p}_1,\boldsymbol{p}_2 \to \boldsymbol{p}_1',\boldsymbol{p}_2')\, [f_1' f_2' - f_1 f_2] \tag{18.65}$$

erfüllen, worin wir die Abkürzungen $f_1 = f(\boldsymbol{p}_1,t)$, $f_1' = f(\boldsymbol{p}_1',t)$ und entsprechend für f_2, f_2' verwendet haben.

Die 1-Teilchen-Verteilungsfunktion des thermodynamischen Gleichgewichts muss nun eine Lösung von (18.65) für $\partial f/\partial t = 0$ sein; wir bezeichnen sie mit $f_{01} = f_0(\boldsymbol{p}_1)$, entsprechend auch f_{02} usw., so dass

---

[4] "Chaotisch" ist hier nicht zu verwechseln mit dem Begriff des Chaos in der Nichtlinearen Dynamik. Diese Bemerkung schließt nicht aus, dass molekulares Chaos durch deterministische chaotische Eigenschaften nichtlinearer Systeme verursacht sein könnte.

18.6. DAS BOLTZMANNSCHE H-THEOREM

$$\int d^3p_2 \int d^3p'_1 \int d^3p'_2 |v_1 - v_2| Q(\mathbf{p}_1, \mathbf{p}_2 \to \mathbf{p}'_1, \mathbf{p}'_2) [f'_{01} f'_{02} - f_{01} f_{02}] = 0 \quad (18.66)$$

erfüllt sein muss. Wir wollen nun zeigen, dass die Lösung $f_0(\mathbf{p})$ von (18.66) notwendigerweise die Bedingung

$$f'_{01} f'_{02} - f_{01} f_{02} = 0 \quad \text{bzw.} \quad f_0(\mathbf{p}'_1) f_0(\mathbf{p}'_2) = f_0(\mathbf{p}_1) f_0(\mathbf{p}_2) \quad (18.67)$$

erfüllen muss. Aus (18.66) folgt lediglich, dass diese Bedingung hinreichend ist. Wir führen den Nachweis für die obige Behauptung durch Einführung des Boltzmannschen H-Funktionals

$$H(t) := \int d^3p_1 \, f(\mathbf{p}_1, t) \ln f(\mathbf{p}_1, t). \quad (18.68)$$

Wir berechnen dH/dt, indem wir die Botzmann-Gleichung (18.65) benutzen:

$$\begin{aligned}
\frac{dH(t)}{dt} &= \int d^3p_1 \frac{\partial f(\mathbf{p}_1, t)}{\partial t} \left(\ln f(\mathbf{p}_1, t) + 1 \right) \\
&= \int d^3p_1 \int d^3p_2 \int d^3p'_1 \int d^3p'_2 |v_1 - v_2| Q(\mathbf{p}_1, \mathbf{p}_2 \to \mathbf{p}'_1, \mathbf{p}'_2) \times \\
&\quad \times [f'_1 f'_2 - f_1 f_2] [\ln f_1 + 1].
\end{aligned} \quad (18.69)$$

Da in (18.69) über alle Impulse $\mathbf{p}_1, \mathbf{p}_2, \mathbf{p}'_1, \mathbf{p}'_2$ integriert wird, können wir den Integranden bezüglich der Indizes 1 und 2 symmetrisieren. Dabei ändert sich $Q(\mathbf{p}_1, \mathbf{p}_2 \to \mathbf{p}'_1, \mathbf{p}'_2)$ nicht, und die Kombination $f'_1 f'_2 - f_1 f_2$ ist bereits symmetrisch bezüglich $1 \leftrightarrow 2$. Wir erhalten also

$$\begin{aligned}
\frac{dH(t)}{dt} &= \frac{1}{2} \int d^3p_1 \int d^3p_2 \int d^3p'_1 \int d^3p'_2 |v_1 - v_2| Q(\mathbf{p}_1, \mathbf{p}_2 \to \mathbf{p}'_1, \mathbf{p}'_2) \times \\
&\quad \times [f'_1 f'_2 - f_1 f_2] [\ln (f_1 f_2) + 2].
\end{aligned} \quad (18.70)$$

Wir führen eine weitere Symmetrisierung durch, und zwar bezüglich der Vertauschung der *Paare* $\mathbf{p}_1, \mathbf{p}_2$ und $\mathbf{p}'_1, \mathbf{p}'_2$. Wenn wir diese Vertauschung im Integral in (18.70) ausführen, geht der Stoß $\mathbf{p}_1, \mathbf{p}_2 \to \mathbf{p}'_1, \mathbf{p}'_2$ in den inversen Stoß über und gemäß (18.58) ändert sich $Q(\mathbf{p}_1, \mathbf{p}_2 \to \mathbf{p}'_1, \mathbf{p}'_2)$ dabei nicht. Dagegen ändert die Kombination $f'_1 f'_2 - f_1 f_2$ ihr Vorzeichen. Wir erhalten also aus (18.70)

$$\frac{dH(t)}{dt} = -\frac{1}{2} \int d^3p_1 \int d^3p_2 \int d^3p'_1 \int d^3p'_2 |v_1 - v_2| Q(\boldsymbol{p}_1, \boldsymbol{p}_2 \to \boldsymbol{p}'_1, \boldsymbol{p}'_2) \times$$
$$\times [f'_1 f'_2 - f_1 f_2] [\ln(f'_1 f'_2) + 2]. \tag{18.71}$$

Durch Addition von (18.70) und (18.71) erhalten wir die erwünschte Symmetrisierung gegen $\boldsymbol{p}_1, \boldsymbol{p}_2 \leftrightarrow \boldsymbol{p}'_1, \boldsymbol{p}'_2$:

$$\frac{dH(t)}{dt} = \frac{1}{4} \int d^3p_1 \int d^3p_2 \int d^3p'_1 \int d^3p'_2 |v_1 - v_2| Q(\boldsymbol{p}_1, \boldsymbol{p}_2 \to \boldsymbol{p}'_1, \boldsymbol{p}'_2) \times$$
$$\times [f'_1 f'_2 - f_1 f_2] [\ln(f_1 f_2) - \ln(f'_1 f'_2)]. \tag{18.72}$$

Die Kombination der Verteilungsfunktionen f_1, f_2, f'_1, f'_2 im Integranden ist vom Typ $F(a,b) = (a-b)(\ln b - \ln a)$. Wie man sofort bestätigt, ist $F(a,b) \leq 0$, und $F(a,b) = 0$ genau dann, wenn $a = b$. Da

$$|v_1 - v_2| Q(\boldsymbol{p}_1, \boldsymbol{p}_2 \to \boldsymbol{p}'_1, \boldsymbol{p}'_2) > 0$$

für alle Stöße, die die Erhaltung von Impuls und Energie erfüllen, vgl. Abschnitt 18.5.1, folgt also, dass $dH(t)/dt \leq 0$, und $dH(t)/dt = 0$ genau dann, wenn (18.67) erfüllt ist. Da jedoch im Gleichgewicht nicht nur $\partial f/\partial t = 0$, sondern als Folge dessen auch $dH(t)/dt = 0$ ist, stellt (18.67) wie behauptet eine notwendige Bedingung für das Gleichgewicht dar.

Wir schreiben (18.67) in der Form

$$\ln f_0(\boldsymbol{p}'_1) + \ln f_0(\boldsymbol{p}'_2) = \ln f_0(\boldsymbol{p}_1) + \ln f_0(\boldsymbol{p}_2) \tag{18.73}$$

und schließen daraus, dass $\ln f_0(\boldsymbol{p})$ eine Erhaltungsgröße bezüglich des Stoßes zwischen zwei Teilchen ist. Aus unseren Überlegungen im Abschnitt 18.5.1 wissen wir, dass dafür nur der Impuls $\boldsymbol{p}$ und die Energie $\boldsymbol{p}^2/(2m)$ in Betracht kommen. Da $\ln f_0(\boldsymbol{p})$ ein Skalar ist, muss es also eine skalare Kombination aus $\boldsymbol{p}$ und $\boldsymbol{p}^2/(2m)$ sein,

$$\ln f_0(\boldsymbol{p}) = -\boldsymbol{\alpha} \cdot \boldsymbol{p} - \beta \frac{\boldsymbol{p}^2}{2m} + \text{const},$$

18.6. DAS BOLTZMANNSCHE H-THEOREM

die wir immer auch in die Form

$$\ln f_0(\boldsymbol{p}) = -\beta \frac{(\boldsymbol{p}-\boldsymbol{p}_1)^2}{2m} + \text{const} \quad \text{bzw.} \quad f_0(\boldsymbol{p}) \sim \exp\left[-\beta \frac{(\boldsymbol{p}-\boldsymbol{p}_1)^2}{2m}\right] \quad (18.74)$$

bringen können. Den für alle Teilchen konstanten Impuls $\boldsymbol{p}_1$ können wir durch eine Galilei-Transformation eliminieren. Damit $f_0(\boldsymbol{p})$ in (18.74) normierbar ist, muss $\beta > 0$ sein. dass $\beta = 1/T$ müssen wir nun allerdings aus unseren früheren statistischen Überlegungen, z.B. aus dem Gleichverteilungssatz schließen, weil die Temperatur nicht direkt, sondern höchstens als Mittelwert $\langle \boldsymbol{p}^2/(2m) \rangle$ der Energie in der kinetischen Theorie auftritt. Damit erhalten wir dann aber wie erwartet die Maxwell-Boltzmann-Verteilung für die 1-Teilchen-Verteilungsfunktion $f_0(\boldsymbol{p})$ im Gleichgewicht.

Die Form des Boltzmannschen H-Funktionals in (18.68) erinnert an die statistische Definition der Entropie im Kapitel 12. In der klassischen Version lautet sie, erweitert auf eine zeitabhängige Phasenraumdichte $\rho(q,p,t)$

$$S = -\int d\Gamma \, \rho(q,p,t) \ln \rho(q,p,t). \quad (18.75)$$

Bis auf das Vorzeichen unterscheidet sich $H(t)$ von der Entropie dadurch, dass es nur die 1-Teilchen-Verteilungsfunktion $f(\boldsymbol{p}_1,t)$ statt der vollen Phasenraumdichte $\rho(q,p,t)$ des N-Teilchen-Systems enthält. Die Möglichkeit dieser Reduktion ergibt sich daraus, dass wir im Stoßintegral die dort eigentlich auftretende 2-Teilchen-Verteilungsfunktion unter der Voraussetzung des molekularen Chaos durch das Produkt von zwei 1-Teilchen-Verteilungsfunktionen angenähert haben, vgl. die Diskussion im Abschnitt 18.5.3. Im Rahmen dieser Näherung können wir jedoch das Boltzmannsche H-Theorem $dH/dt \geq 0$ als mit dem 2. Hauptsatz $dS/dt \geq 0$ äquivalent betrachten. dass hier der 2. Hauptsatz in der Version für isolierte Systeme auftritt, liegt daran, dass wir nur die durch Stöße bedingte Entropieänderung ohne Berücksichtigung der Randbedingungen des Systems betrachten.

Ohne die Annahme des molekularen Chaos hätten wir unseren obigen Nachweis des Boltzmannschen H-Theorems nicht führen können. Statt dessen wären wir wiederum auf die Hierarchie der Bewegungsgleichungen gestoßen, die sich erst mit der vollen Phasenraumdichte $\rho(q,p,t)$ schließt. Deren Bewegungsgleichung ist aber die Liouville-Gleichung, die zeitlich reversibel ist und schon darum keine Zunahme der Entropie erklären kann.

18.7 Bilanzgleichungen

In diesem Abschnitt werden wir eine weitere Verbindung zwischen der kinetischen Theorie dieses Kapitels und der phänomenologischen Theorie des Kapitels 3 kennenlernen. Dort hatten wir Bilanzgleichungen für makroskopische Variablen thermodynamischer Systeme formuliert, nämlich für die Gesamtmasse, die Komponentenmasse, den Impuls, die innere Energie und die Entropie. Diese Bilanzgleichungen müssen, mit Ausnahme der Entropie, eine mikrodynamische Basis haben, d.h., durch die Bildung von Mittelwerten aus mikroskopischen Bewegungsgleichungen folgen. Das ist die Zielsetzung dieses Abschnitts. Als mikrodynamische Formulierung wählen wir die kinetische Theorie in der Gestalt der Boltzmann–Gleichung. Die Entropie entzieht sich einem solchen Verfahren, weil sie eine ausschließlich makroskopisch definierte Variable ohne eine mikrodynamische Entsprechung ist.

Die Bilanz der Komponentenmassen liefert nur dann eine von der Bilanz der Gesamtmasse unabhängige Aussage, wenn im System chemische Reaktionen auftreten. In unserer Darstellung der kinetischen Theorie hatten wir aber nur elastische Stöße zwischen den Teilchen eingeschlossen. Wir können also von dieser Version der kinetischen Theorie keine Aussage über das makroskopische Verhalten aufgrund chemischer Reaktionen erwarten und werden deshalb die Bilanz der Komponentenmasse hier nicht diskutieren.

18.7.1 Explizite Bilanzgleichungen

Es sei $\chi(\boldsymbol{r},\boldsymbol{p})$ eine Eigenschaft eines einzelnen Teilchens am Ort $\boldsymbol{r}$ und mit dem Impuls $\boldsymbol{p}$. Den Mittelwert von $\chi(\boldsymbol{r},\boldsymbol{p})$ am Ort $\boldsymbol{r}$ gewinnen wir, indem wir mit der 1-Teilchen–Verteilungsfunktion $f(\boldsymbol{r},\boldsymbol{p},t)$ durch Integration über den Impuls $\boldsymbol{p}$ mitteln:

$$\langle \chi(\boldsymbol{r},\boldsymbol{p}) \rangle := \frac{\int d^3 p\, \chi(\boldsymbol{r},\boldsymbol{p})\, f(\boldsymbol{r},\boldsymbol{p},t)}{\int d^3 p\, f(\boldsymbol{r},\boldsymbol{p},t)} = \frac{1}{c} \int d^3 p\, \chi(\boldsymbol{r},\boldsymbol{p})\, f(\boldsymbol{r},\boldsymbol{p},t) \qquad (18.76)$$

ist also der auf ein Teilchen bezogene mittlere Wert von $\chi(\boldsymbol{r},\boldsymbol{p})$ bzw.

$$\rho_\chi(\boldsymbol{r},t) = \int d^3 p\, \chi(\boldsymbol{r},\boldsymbol{p})\, f(\boldsymbol{r},\boldsymbol{p},t) = c\, \langle \chi(\boldsymbol{r},\boldsymbol{p}) \rangle \qquad (18.77)$$

die mittlere Volumendichte von $\chi(\boldsymbol{r},\boldsymbol{p})$ am Ort $\boldsymbol{r}$ und zur Zeit t.

Um die oben genannten Bilanzen zu gewinnen, werden wir für $\chi(\boldsymbol{r},\boldsymbol{p})$ die Masse, den Impuls und die Energie eines Teilchens setzen, die Zeitableitungen von $\rho_\chi(\boldsymbol{r},t)$ nach dem Schema

18.7. BILANZGLEICHUNGEN

$$\frac{\partial}{\partial t}\rho_\chi(\mathbf{r},t) = \int d^3p\, \chi(\mathbf{r},\mathbf{p}) \frac{\partial}{\partial t} f(\mathbf{r},\mathbf{p},t) \tag{18.78}$$

bilden und für $\partial f(\mathbf{r},\mathbf{p},t)/\partial t$ die Boltzmann–Gleichung (18.62) verwenden.

Für die Variablen Masse, Impuls und Energie gilt nun, dass sie bei einem Stoß zwischen den Teilchen erhalten bleiben. Wenn wir also einen Stoß $\mathbf{p}_1, \mathbf{p}_2 \to \mathbf{p}'_1, \mathbf{p}'_2$ am Ort $\mathbf{r}$ betrachten, so gilt

$$\chi(\mathbf{r},\mathbf{p}_1) + \chi(\mathbf{r},\mathbf{p}_2) = \chi(\mathbf{r},\mathbf{p}'_1) + \chi(\mathbf{r},\mathbf{p}'_2). \tag{18.79}$$

Für den Impuls und die Energie eines Teilchens hatten wir diese Eigenschaft im Abschnitt 18.5.1 explizit formuliert, für die Masse ist sie offensichtlich, weil bei einem elastischen Stoß sogar die Massen der Teilchen jeweils unverändert bleiben. Das bedeutet, dass der Stoßterm $(\partial f(\mathbf{r},\mathbf{p},t)/\partial t)_{St}$ keinen Beitrag zu $\partial \rho_\chi/\partial t$ liefert, bzw. dass

$$\int d^3p\, \chi(\mathbf{r},\mathbf{p}) \left(\frac{\partial}{\partial t}\right)_{St} f(\mathbf{r},\mathbf{p},t) = 0. \tag{18.80}$$

Den formalen Nachweis dieser unmittelbar einleuchtenden Aussage werden wir im Anhang zu diesem Abschnitt führen. Wenn wir also die Boltzmann–Gleichung in der allgemeinen Form (18.22),

$$\left(\frac{\partial}{\partial t} + \frac{\mathbf{p}}{m}\frac{\partial}{\partial \mathbf{r}} + \mathbf{F}\frac{\partial}{\partial \mathbf{p}}\right) f(\mathbf{r},\mathbf{p},t) = \left(\frac{\partial f(\mathbf{r},\mathbf{p},t)}{\partial t}\right)_{St},$$

mit $\chi(\mathbf{r},\mathbf{p})$ multiplizieren und über $\mathbf{p}$ integrieren, so erhalten wir

$$\int d^3p\, \chi(\mathbf{r},\mathbf{p}) \left(\frac{\partial}{\partial t} + \frac{\mathbf{p}}{m}\frac{\partial}{\partial \mathbf{r}} + \mathbf{F}\frac{\partial}{\partial \mathbf{p}}\right) f(\mathbf{r},\mathbf{p},t) = 0, \tag{18.81}$$

und daraus weiter mit (18.78) die gewünschte Aussage

$$\frac{\partial}{\partial t}\rho_\chi(\mathbf{r},t) + \int d^3p\, \chi(\mathbf{r},\mathbf{p}) \left(\frac{\mathbf{p}}{m}\frac{\partial}{\partial \mathbf{r}} + \mathbf{F}\frac{\partial}{\partial \mathbf{p}}\right) f(\mathbf{r},\mathbf{p},t) = 0. \tag{18.82}$$

Wir schreiben $\boldsymbol{p}/m = \boldsymbol{v}$ =Geschwindigkeit. Unter Verwendung der Produktregel für $\partial/\partial \boldsymbol{r} = \boldsymbol{\nabla}$,

$$\boldsymbol{\nabla}(\chi \boldsymbol{v} f) = \chi \boldsymbol{v} \boldsymbol{\nabla} f + (\boldsymbol{\nabla}\chi)\boldsymbol{v} f,$$

weil $\boldsymbol{r}$ und $\boldsymbol{v}$ unabhängige Variablen sind, also $\boldsymbol{\nabla}\boldsymbol{v} = \partial \boldsymbol{v}/\partial \boldsymbol{r} = 0$, wird

$$\int d^3p\, \chi \boldsymbol{v} \boldsymbol{\nabla} f = \boldsymbol{\nabla} \boldsymbol{j}_\chi - \int d^3p\, (\boldsymbol{\nabla}\chi)\boldsymbol{v} f \tag{18.83}$$

mit

$$\boldsymbol{j}_\chi = \int d^3p\, \chi \boldsymbol{v} f = c \langle \chi \boldsymbol{v} \rangle, \tag{18.84}$$

vgl. die Definition des Mittelwertes $\langle \ldots \rangle$ in (18.76). Zur Vereinfachung der Schreibweise führen wir die Argumente von f und χ nicht mehr mit. Weiter formen wir durch partielle Integration den anderen Beitrag im Integral in (18.82) wie folgt um:

$$\int d^3p\, \chi \boldsymbol{F} \frac{\partial f}{\partial \boldsymbol{p}} = -\int d^3p\, \frac{\partial (\chi \boldsymbol{F})}{\partial \boldsymbol{p}} f. \tag{18.85}$$

Dabei haben wir vorausgesetzt, dass $\chi \boldsymbol{F} f$ für $|\boldsymbol{p}| \to \infty$ verschwindet. Wir wollen nun annehmen, dass die angelegte äußere Kraft $\boldsymbol{F}$ nicht vom Impuls $\boldsymbol{p}$ bzw. von der Geschwindigkeit $\boldsymbol{v}$ abhängt, womit hier geladene Teilchen in einem äußeren Magnetfeld ausgeschlossen werden. Dann wird

$$\frac{\partial (\chi \boldsymbol{F})}{\partial \boldsymbol{p}} = \frac{\partial \chi}{\partial \boldsymbol{p}} \boldsymbol{F}.$$

Wir setzen diese Umformungen in (18.82) ein und erhalten

$$\frac{\partial \rho_\chi}{\partial t} + \boldsymbol{\nabla} \boldsymbol{j}_\chi = \int d^3p \left(\frac{\partial \chi}{\partial \boldsymbol{r}} \boldsymbol{v} + \frac{\partial \chi}{\partial \boldsymbol{p}} \boldsymbol{F} \right), \tag{18.86}$$

also die Form einer expliziten Bilanzgleichung für die räumliche Dichte $\rho_\chi(\boldsymbol{r}, t)$. Die allgemeine Form einer expliziten Bilanzgleichung hatten wir aufgrund von phänomenologischen Überlegungen im Abschnitt 3.6.1 gefunden. Tatsächlich erkennen wir in

18.7. BILANZGLEICHUNGEN

der Definition (18.84), dass $\boldsymbol{j}_\chi(\boldsymbol{r},t)$ die Bedeutung einer Flussdichte der Eigenschaft χ besitzt. Der Transport von χ erfolgt im mikroskopischen Bild durch die Teilchenbewegungen mit der Geschwindigkeit $\boldsymbol{v} = \boldsymbol{p}/m$, über die mit der 1–Teilchen–Funktion $f(\boldsymbol{r},\boldsymbol{p},t)$ gemittelt wird. Die Terme auf der rechten Seite von (18.86) haben die Bedeutung einer räumlichen Dichte $\pi_\chi = \pi_\chi(\boldsymbol{r},t)$ für die Erzeugung bzw. Vernichtung der Eigenschaft χ:

$$\pi_\chi = \int d^3p \left(\frac{\partial \chi}{\partial \boldsymbol{r}} \boldsymbol{v} + \frac{\partial \chi}{\partial \boldsymbol{p}} \boldsymbol{F} \right) = c \left\langle \frac{\partial \chi}{\partial \boldsymbol{r}} \boldsymbol{v} + \frac{\partial \chi}{\partial \boldsymbol{p}} \boldsymbol{F} \right\rangle. \tag{18.87}$$

18.7.2 Bilanz der Gesamtmasse und substantielle Bilanzgleichungen

Wir wenden (18.86) auf die Masse an, indem wir $\chi = m =$ Masse eines Teilchens setzen. Dann wird $\rho_\chi = cm =: \rho$ die räumliche Dichte der Masse, und

$$\boldsymbol{j}_\chi = \int d^3 p \, m \boldsymbol{v} f = cm \langle \boldsymbol{v} \rangle = \rho \boldsymbol{u}, \qquad \boldsymbol{u} := \langle \boldsymbol{v} \rangle = \frac{1}{c} \int d^3 p \, \boldsymbol{v} f. \tag{18.88}$$

Hier ist $\boldsymbol{u} = \boldsymbol{u}(\boldsymbol{r},t)$ die mittlere Geschwindigkeit am Ort $\boldsymbol{r}$ und zur Zeit t. Sie ist offensichtlich als makroskopisches Geschwindigkeitsfeld aufzufassen. Wenn kein solches makroskopisches Geschwindigkeitsfeld vorhanden ist, verschwindet das $\boldsymbol{p}$–Mittel über die mikroskopischen Geschwindigkeiten $\boldsymbol{v} = \boldsymbol{p}/m$.

Für $\chi = m$ ist ferner $\partial \chi / \partial \boldsymbol{r} = 0$ und $\partial \chi / \partial \boldsymbol{p} = 0$, so dass die rechte Seite von (18.86) verschwindet. Wir erhalten damit

$$\frac{\partial}{\partial t} \rho(\boldsymbol{r},t) + \boldsymbol{\nabla} \left(\rho(\boldsymbol{r},t) \boldsymbol{u}(\boldsymbol{r},t) \right) = 0, \tag{18.89}$$

also die uns aus dem Abschnitt 3.6.2 bekannte Kontinuitätsgleichung bzw. den Erhaltungssatz für die Gesamtmasse.

Im Abschnitt 3.6.2 im Kapitel 3 hatten wir auch gezeigt, dass zu der expliziten Version (18.86) einer Bilanzgleichung die substantielle Version

$$\rho \frac{d\sigma_\chi}{dt} + \boldsymbol{\nabla} \boldsymbol{J}_\chi = \pi_\chi \tag{18.90}$$

gehört, worin $\sigma_\chi = \rho_\chi/\rho$ die auf die Masse bezogene Dichte der Eigenschaft χ ist, $\boldsymbol{J}_\chi = \boldsymbol{j}_\chi - \rho_\chi \boldsymbol{u}$ und

$$\frac{d}{dt} = \frac{\partial}{\partial t} + \boldsymbol{\nabla}\,\boldsymbol{u} = \frac{\partial}{\partial t} + u_\beta \frac{\partial}{\partial x_\beta}$$

die von einem mit $\boldsymbol{u}$ mitbewegt gedachten Beobachter gemessene Zeitableitung ist. (Es wurde die Summationskonvention, hier für β verwendet.) Wenn wir die obigen Ausdrücke für ρ_χ und $\boldsymbol{j}_\chi$ einsetzen, erhalten wir

$$\sigma_\chi = \frac{1}{m}\langle\chi\rangle, \qquad \boldsymbol{J}_\chi = c\langle\chi\boldsymbol{v}\rangle - c\langle\chi\rangle\,\boldsymbol{u} = c\langle\chi(\boldsymbol{v}-\boldsymbol{u})\rangle = c\langle\chi\,\delta\boldsymbol{v}\rangle. \qquad (18.91)$$

$\delta\boldsymbol{v} = \boldsymbol{v} - \boldsymbol{u}$ bezeichnet die mikroskopischen Fluktuationen der Geschwindigkeit. Die Dichte π_χ für die Erzeugung und Vernichtung von χ ist für die beiden Versionen dieselbe.

18.7.3 Bilanz des Impulses

Wir erhalten die Bilanz des Impulses, wenn wir für χ den Teilchenimpuls $\boldsymbol{p} = m\boldsymbol{v}$ bzw. seine α–Komponente einsetzen, also $\chi = m\,v_\alpha$. Dann wird

$$\rho_{p,\alpha} = \rho\,u_\alpha, \qquad \sigma_{p,\alpha} = u_\alpha,$$
$$\boldsymbol{j}_{p,\alpha} = \rho\,\langle v_\alpha \boldsymbol{v}\rangle, \qquad \boldsymbol{J}_{p,\alpha} = \rho\,(\langle v_\alpha \boldsymbol{v}\rangle - u_\alpha \boldsymbol{u}).$$

$\boldsymbol{\nabla}\boldsymbol{J}_{p,\alpha}$ drücken wir unter Verwendung der Summationskonvention aus:

$$\boldsymbol{\nabla}\boldsymbol{J}_{p,\alpha} = \frac{\partial J_{p,\alpha\beta}}{\partial x_\beta}, \qquad J_{p,\alpha\beta} = \rho\,(\langle v_\alpha v_\beta\rangle - u_\alpha u_\beta). \qquad (18.92)$$

Wenn wir die Schreibweise der Fluktuationen, $\delta v_\alpha = v_\alpha - u_\alpha$, in die Definition von $J_{p,\alpha\beta}$ einsetzen und $\langle\delta v_\alpha\rangle = 0$ beachten, erhalten wir auch

$$J_{p,\alpha\beta} = \rho\,\langle\delta v_\alpha\,\delta v_\beta\rangle. \qquad (18.93)$$

18.7. BILANZGLEICHUNGEN

Wir müssen jetzt noch die Terme in $\pi_\chi \cong \pi_{p,\alpha}$ auswerten. Es ist

$$\frac{\partial \chi}{\partial \boldsymbol{r}} \boldsymbol{v} \cong \frac{\partial (m v_\alpha)}{\partial x_\beta} v_\beta = 0,$$

weil v_α und x_β unabhängige Variablen sind, und

$$\frac{\partial \chi}{\partial \boldsymbol{p}} \boldsymbol{F} = \frac{\partial v_\alpha}{\partial v_\beta} F_\beta = F_\alpha,$$

weil $\partial v_\alpha / \partial v_\beta = \delta_{\alpha\beta}$.

Damit wird

$$\pi_\chi \cong \pi_{p,\alpha} = c F_\alpha = \rho f_\alpha,$$

worin wir die Kraft pro Masse $\boldsymbol{f} = \boldsymbol{F}/m$ verwendet haben. Insgesamt lautet die substantielle Bilanzgleichung für die α-Komponente des Impulses demnach

$$\rho \frac{du_\alpha}{dt} + \frac{\partial J_{p,\alpha\beta}}{\partial x_\beta} = \rho f_\alpha. \tag{18.94}$$

Sie stimmt tatsächlich mit derjenigen aus der phänomenologischen Theorie im Abschnitt 3.8 überein, wenn wir den dort eingeführten Spannungstensor $P_{\alpha\beta}$ mit $J_{p,\alpha\beta}$ aus (18.93) identifizieren, also

$$J_{p,\alpha\beta} = P_{\alpha\beta} = \rho \langle \delta v_\alpha \, \delta v_\beta \rangle. \tag{18.95}$$

In isotropen, d.h. richtungsunabhängigen Flüssigkeiten wird dieser aus Symmetriegründen diagonal sein. Außerdem ist dann $\langle (\delta v_1)^2 \rangle = \langle (\delta v_2)^2 \rangle = \langle (\delta v_3)^2 \rangle$, insgesamt also

$$P_{\alpha\beta} = \frac{\rho}{3} \delta_{\alpha\beta} \langle (\delta \boldsymbol{v})^2 \rangle.$$

Diese Struktur hat, wie wir aus dem Abschnitt 3.8.1 wissen, der Tensor $P_{\alpha\beta}$ in idealen Flüssigkeiten, in denen keine Zähigkeit aufttritt, nämlich $P_{\alpha\beta} = p \delta_{\alpha\beta}$, worin p der Druck ist. Durch Vergleich finden wir damit

$$p = \frac{\rho}{3} \langle (\delta \boldsymbol{v})^2 \rangle. \tag{18.96}$$

Wenn wir nun noch gemäß dem Gleichverteilungssatz

$$\frac{m}{2} \langle (\delta \boldsymbol{v})^2 \rangle = \frac{3}{2} T$$

einsetzen, reduziert sich (18.96) auf die Zustandsgleichung $p = (\rho/m) T = cT$ idealer Systeme.

Die obige Isotropie-Annahme schließt von vornherein das Phänomen der Zähigkeit aus, weil dieses nur beim Vorhandensein eines Gradienten eines makroskopischen Geschwindigkeitsfeldes zustande kommt, durch den in dem System sogar zwei Richtungen ausgezeichnet werden.

18.7.4 Bilanz der inneren Energie

Nach dem gleichen Schema wie für den Impuls finden wir jetzt zunächst die Bilanz der kinetischen Energie. Wir wählen

$$\chi = \frac{m}{2} (\boldsymbol{v} - \boldsymbol{u})^2 = \frac{m}{2} (\delta \boldsymbol{v})^2. \tag{18.97}$$

Die betrachtete Teilcheneigenschaft ist also die kinetische Energie nur der Fluktuationen, nicht jedoch die des makroskopischen Geschwindigkeitsfeldes, weil letztere eine mechanische Energieform darstellt, die nicht Bestandteil der inneren Energie ist. Damit erhalten wir

$$\begin{aligned} \rho_E &= \frac{\rho}{2} \langle (\boldsymbol{v} - \boldsymbol{u})^2 \rangle, \qquad \sigma_E = \frac{1}{2} \langle (\boldsymbol{v} - \boldsymbol{u})^2 \rangle, \\ \boldsymbol{j}_E &= \frac{\rho}{2} \langle (\boldsymbol{v} - \boldsymbol{u})^2 \boldsymbol{v} \rangle, \\ \boldsymbol{J}_E &= \frac{\rho}{2} \langle (\boldsymbol{v} - \boldsymbol{u})^2 \boldsymbol{v} \rangle - \frac{\rho}{2} \langle (\boldsymbol{v} - \boldsymbol{u})^2 \rangle \boldsymbol{u} \\ &= \frac{\rho}{2} \langle (\boldsymbol{v} - \boldsymbol{u})^2 (\boldsymbol{v} - \boldsymbol{u}) \rangle = \frac{\rho}{2} \langle (\delta \boldsymbol{v})^2 \delta \boldsymbol{v} \rangle. \end{aligned}$$

Die Berechnung der Beiträge zur Dichte π_U der Erzeugung und Vernichtung kinetischer Energie ergibt:

18.7. BILANZGLEICHUNGEN

$$\frac{\partial \chi}{\partial \boldsymbol{r}} \boldsymbol{v} \cong v_\beta \frac{\partial}{\partial x_\beta} \frac{m}{2} (\boldsymbol{v} - \boldsymbol{u})^2 = \frac{m}{2} v_\beta \frac{\partial}{\partial x_\beta} (u_\alpha - v_\alpha)^2 =$$
$$= -m(u_\alpha - v_\alpha) v_\beta \frac{\partial u_\alpha}{\partial x_\beta},$$
$$\frac{\partial \chi}{\partial \boldsymbol{p}} \boldsymbol{F} \cong f_\beta \frac{\partial}{\partial v_\beta} \frac{m}{2} (u_\alpha - v_\alpha)^2 = m f_\alpha (u_\alpha - v_\alpha).$$

Der Term $\sim f_\alpha$ gibt bei der Mittelung keinen Beitrag, weil $\langle \delta v_\alpha \rangle = 0$. Wir erhalten also hier

$$c \left\langle \frac{\partial \chi}{\partial \boldsymbol{r}} \boldsymbol{v} + \frac{\partial \chi}{\partial \boldsymbol{p}} \boldsymbol{F} \right\rangle \cong -\rho \left\langle (v_\alpha - u_\alpha) v_\beta \right\rangle \frac{\partial u_\alpha}{\partial x_\beta} = \pi_E.$$

Da nun wegen $\langle \delta v_\beta \rangle = 0$

$$\rho \langle (v_\alpha - u_\alpha) v_\beta \rangle = \rho \langle \delta v_\alpha \, \delta v_\beta \rangle = P_{\alpha\beta},$$

vgl. (18.95), wird

$$\pi_E = -P_{\alpha\beta} \frac{\partial u_\alpha}{\partial x_\beta} = -\frac{1}{2} P_{\alpha\beta} \left(\frac{\partial u_\alpha}{\partial x_\beta} + \frac{\partial u_\beta}{\partial x_\alpha} \right).$$

Im letzten Schritt haben wir davon Gebrauch gemacht, dass $P_{\alpha\beta} = P_{\beta\alpha}$. Wenn es sich um eine ideale Flüssigkeit mit $P_{\alpha\beta} = \delta_{\alpha\beta} p$ handelt, wird

$$\pi_E = -\frac{p}{2} \delta_{\alpha\beta} \left(\frac{\partial u_\alpha}{\partial x_\beta} + \frac{\partial u_\beta}{\partial x_\alpha} \right) = -p \frac{\partial u_\alpha}{\partial x_\alpha} = -p \boldsymbol{\nabla} \boldsymbol{u}.$$

Für diesen letzteren Fall lautet die Bilanzgleichung für die kinetische Energie also

$$\rho \frac{d\sigma_E}{dt} + \boldsymbol{\nabla} \boldsymbol{J}_E = -p \boldsymbol{\nabla} \boldsymbol{u}. \tag{18.98}$$

Tatsächlich hatte die im Kapitel 3, Abschnitt 3.9.1 hergeleitete Bilanz für die innere Energie U genau diese Form. Allerdings haben wir hier in diesem Abschnitt nur die kinetische Energie E der Teilchen bilanziert. Zur inneren Energie U könnten aber noch Beiträge von den Wechselwirkungen zwischen den Teilchen hinzukommen. dass das hier nicht der Fall ist, also $E = U$ gilt, liegt daran, dass die Wechselwirkungen zwischen den Teilchen in der kinetischen Theorie ausschließlich zu Stößen führen sollten und dass die Teilchen sich im übrigen wie freie Teilchen in einem idealen System bewegen sollten. Also ist es konsequent, in der kinetischen Theorie $E = U$ zu setzen und (18.98) als Bilanzgleichung der inneren Energie zu betrachten.

18.7.5 Anhang: Verschwinden des Stoßbeitrags

Wir wollen nun auch formal nachweisen, dass der Beitrag (18.80) der Stöße zur zeitlichen Änderung von $\chi(\boldsymbol{r},\boldsymbol{p})$ verschwindet, wenn $\chi(\boldsymbol{r},\boldsymbol{p})$ den Erhaltungssatz (18.79) erfüllt. Wir können diesen Nachweis sogar unter Verzicht auf die Annahme des molekularen Chaos führen. Wir setzen also den Ausdruck (18.63) für $(\partial f/\partial t)_{St}$ in (18.80) ein und erhalten (mit $\boldsymbol{p}_1$ statt $\boldsymbol{p}$ als Integrationsvariable)

$$\left(\frac{\partial \chi}{\partial t}\right)_{St} = \int d^3p_1 \int d^3p_2 \int d^3p'_1 \int d^3p'_2 |\boldsymbol{v}_1 - \boldsymbol{v}_2| Q(\boldsymbol{p}_1, \boldsymbol{p}_2 \to \boldsymbol{p}'_1, \boldsymbol{p}'_2) \times$$
$$\times \chi(\boldsymbol{r},\boldsymbol{p}_1) [f(\boldsymbol{r},\boldsymbol{p}'_1,\boldsymbol{r},\boldsymbol{p}'_2,t) - f(\boldsymbol{r},\boldsymbol{p}_1,\boldsymbol{r},\boldsymbol{p}_2,t)]. \qquad (18.99)$$

Wir führen jetzt insgesamt drei verschiedene Transformationen der Integrationsvariablen $\boldsymbol{p}_1, \boldsymbol{p}_2, \boldsymbol{p}'_1, \boldsymbol{p}'_2$, durch. In der folgenden Tabelle sind die Transformationen angegeben sowie Vorzeichenänderungen von Teilen des Integranden unter der jeweiligen Transformation:

Transformation	$Q(\boldsymbol{p}_1, \boldsymbol{p}_2 \to \boldsymbol{p}'_1, \boldsymbol{p}'_2)$	$f(\boldsymbol{r},\boldsymbol{p}'_1,\boldsymbol{r},\boldsymbol{p}'_2,t) - f(\boldsymbol{r},\boldsymbol{p}_1,\boldsymbol{r},\boldsymbol{p}_2,t)$
$\boldsymbol{p}_1 \rightleftharpoons \boldsymbol{p}_2$	$+1$	$+1$
$\boldsymbol{p}_1 \rightleftharpoons \boldsymbol{p}'_1,\ \boldsymbol{p}_2 \rightleftharpoons \boldsymbol{p}'_2$	$+1$	-1
$\boldsymbol{p}_1 \rightleftharpoons \boldsymbol{p}'_2,\ \boldsymbol{p}_2 \rightleftharpoons \boldsymbol{p}'_1$	$+1$	-1

Hierbei haben wir von (18.58) Gebrauch gemacht, also von der Invarianz von $Q(\boldsymbol{p}_1, \boldsymbol{p}_2 \to \boldsymbol{p}'_1, \boldsymbol{p}'_2)$ beim Übergang zum inversen Stoß, sowie von

$$f(\boldsymbol{r},\boldsymbol{p}_2,\boldsymbol{r},\boldsymbol{p}_1,t) = f(\boldsymbol{r},\boldsymbol{p}_1,\boldsymbol{r},\boldsymbol{p}_2,t),$$

d.h., davon, dass die 2-Teilchen-Verteilungsfunktion nicht von der Reihenfolge der Teilchen-Indizierung abhängt. Wir addieren die rechte Seite von (18.99) und die der drei Versionen, die wir durch die obigen Transformationen erhalten haben, natürlich unter Berücksichtigung von Vorzeichenwechseln im Integranden. Auf diese Weise erhalten wir

$$\left(\frac{\partial \chi}{\partial t}\right)_{St} = \frac{1}{4} \int d^3p_1 \int d^3p_2 \int d^3p'_1 \int d^3p'_2 |\boldsymbol{v}_1 - \boldsymbol{v}_2| Q(\boldsymbol{p}_1, \boldsymbol{p}_2 \to \boldsymbol{p}'_1, \boldsymbol{p}'_2) \times$$
$$\times [\chi(\boldsymbol{r},\boldsymbol{p}_1) + \chi(\boldsymbol{r},\boldsymbol{p}_2) - \chi(\boldsymbol{r},\boldsymbol{p}'_1) - \chi(\boldsymbol{r},\boldsymbol{p}'_2)] \times$$
$$\times [f(\boldsymbol{r},\boldsymbol{p}'_1,\boldsymbol{r},\boldsymbol{p}'_2,t) - f(\boldsymbol{r},\boldsymbol{p}_1,\boldsymbol{r},\boldsymbol{p}_2,t)]. \qquad (18.100)$$

Jetzt erkennen wir, dass der Integrand auf der rechten Seite infolge der Erhaltungseigenschaft (18.79) verschwindet. Damit ist der formale Nachweis von $(\partial \chi/\partial t)_{St} = 0$ geführt.

Anhang

Anhang

Anhang A

A.1 Übungsaufgaben

Aufgabe 1.1
Gegeben sei der Differentialausdruck

$$df = a(x,y)\,dx + b(x,y)\,dy.$$

a) Finden Sie eine notwendige und hinreichende Bedingung dafür, dass df vollständig ist, d.h., dass es eine Zustandsfunktion $f(x,y)$ gibt, die

$$\frac{\partial f(x,y)}{\partial x} = a(x,y), \qquad \frac{\partial f(x,y)}{\partial y} = b(x,y)$$

erfüllt.

b) Es sei $\Phi(x,y) = C =$ const eine Lösung der Differentialgleichung $a(x,y)\,dx + b(x,y)\,dy = 0$. Zeigen Sie, dass dann

$$\frac{\partial \Phi(x,y)/\partial x}{a(x,y)} = \frac{\partial \Phi(x,y)/\partial y}{b(x,y)}$$

und dass

$$\mu(x,y) := \frac{\partial \Phi(x,y)/\partial x}{a(x,y)} = \frac{\partial \Phi(x,y)/\partial y}{b(x,y)},$$

ein sogenannter *integrierender Faktor* ist, d.h., dass das Produkt $\mu(x,y)\,df$ ein vollständiges Differential ist.

c) Bestimmen Sie die integrierenden Faktoren für

$$\begin{aligned} df &= \alpha\,y\,dx - \beta\,x\,dy, \qquad \alpha, \beta = \text{const}, \\ df &= y^3\,dx + (2\,x\,y^2 + 1)\,dy. \end{aligned}$$

Aufgabe 1.2

Ein thermodynamisches System tausche mit seiner Umgebung mechanische Arbeit $\delta W_{mech} = -p\,\delta V$ und Wärme δQ aus. Der 1. Hauptsatz kann dann in der Form

$$\delta Q = \delta U + p\,\delta V$$

geschrieben werden.

- a) Zeigen Sie, dass die Forderung der Vollständigkeit von δQ auf eine physikalisch nicht sinnvolle Konsequenz führt.

- b) Nehmen Sie an, dass $p = f(U/V)$, und zeigen Sie, wie dann der integrierende Faktor $\mu(U, V)$ für δQ bestimmt werden kann.

- c) Führen Sie b) für $f(y) = \alpha y$ durch und bestimmen Sie die Zustandsfunktion $\sigma(U, V)$ aus $\delta\sigma = \mu(U, V)\,\delta Q$.

Aufgabe 1.3

Ein thermodynamisches System befinde sich in einem Zustand 0, charakterisiert durch die Werte V_0 für das Volumen und p_0 für den Druck. Von diesem Zustand ausgehend wird es zwei verschiedenen Prozessen unterworfen, nämlich

(A) Zuerst Zufuhr von Wärme $\Delta Q > 0$ bei konstantem Volumen und dann eine adiabatische Kompression um das Volumen $\Delta V < 0$,

(B) zuerst eine adiabatische Kompression um das Volumen $\Delta V < 0$ und dann Zufuhr von Wärme $\Delta Q > 0$ bei konstantem Volumen.

In welchem der Endzustände der beiden Prozesse besitzt das System die höhere innere Energie? Machen Sie dabei die Annahme, dass sich der Druck des Systems erhöht, wenn ihm bei konstantem Volumen Wärme zugeführt wird.

Aufgabe 1.4

Ein thermodynamisches System tausche mit seiner Umgebung mechanische Arbeit $\delta W_{mech} = -p\,\delta V$ und Wärme δQ aus. Der 1. Hauptsatz kann dann in der Form

$$\delta Q = \delta U + p\,\delta V$$

geschrieben werden.

- a) Zeigen Sie, dass die Forderung der Vollständigkeit von δQ auf eine physikalisch nicht sinnvolle Konsequenz führt.

b) Nehmen Sie an, dass $p = f(U/V)$, und zeigen Sie, wie dann der integrierende Faktor $\mu(U, V)$ für δQ bestimmt werden kann.

c) Führen Sie b) für $f(y) = \alpha y$ durch und bestimmen Sie die Zustandsfunktion $\sigma(U, V)$ aus $\delta\sigma = \mu(U, V)\,\delta Q$.

Aufgabe 1.5

Bestimmen Sie die adiabatische Zustandsgleichung, d.h., den Zusammenhang der thermodynamischen Variablen eines Systems für die folgenden Prozesse:

a) Das System tausche mechanische Energie $\delta W_{mech} = -p\,\delta V$ mit seiner Umgebung aus, sein Druck p sei proportional zu U/V.

b) Das System tausche elektrische Polarisationsenergie $\delta W_{el} = V\,\boldsymbol{E}\,\delta\boldsymbol{P}$ mit seiner Umgebung aus, sein Volumen sei konstant und die Polarisation $\boldsymbol{P}$ sei proportional zum Feld $\boldsymbol{E}$ mit einer von U unabhängigen Proportionalitätskonstanten.

Aufgabe 2.1

N unabhängige Teilchen bewegen sich frei in einem Volumen V. Bestimmen Sie die Wahrscheinlichkeit p_n, dass sich n der N Teilchen in einem Teilvolumen $V_1 \leq V$ befinden. Berechnen Sie den Mittelwert und das Schwankungsquadrat von n. Entwickeln Sie p_n durch Einführung der kontinuierlichen relativen Abweichung vom Mittelwert $\langle n \rangle$ nach dem Muster aus dem Abschnitt 2.2 und zeigen Sie, dass sich wieder eine Gaußverteilung ergibt.

Aufgabe 2.2

Entwerfen Sie einen Algorithmus, der in dem System von N unabhängigen Spins mit den Spinwerten $s = \uparrow$ und $s = \downarrow$ die Simulation der folgenden Vorgänge ausführt:

a) Relaxation eines vollständig geordneten Zustands in das Gleichgewicht,

b) Bestimmung der Zeit Δt_N, nach der ein ungeordneter Zustand spontan in einen vollständig geordneten Zustand übergeht, in Abhängigkeit von der Systemgröße N.

Zu den Ergebnissen der beiden Problemstellungen lassen sich Abschätzungen der zu erwartenden Mittelwerte angeben.

Aufgabe 2.3

Erfüllen die im folgenden angegebenen thermodynamischen Relationen zwischen innerer Energie U und Entropie S die Forderungen

A: Skalenverhalten bei Ver-λ-fachung des Systems,

B: nicht-negative Temperatur $T \geq 0$,

C: 3. Hauptsatz: $S \to 0$ für $T \to 0$?

a) $\quad S = a \left(\dfrac{NU}{V}\right)^{1/3}$,

b) $\quad S = a \dfrac{V^3}{NU}$,

c) $\quad S = a \left(N^2 V U^2\right)^{1/5}$,

d) $\quad S = a N \ln\left(b \dfrac{UV}{N^2}\right)$,

e) $\quad U = a V N \left(1 + b \dfrac{S}{N}\right) \exp\left(-b \dfrac{S}{N}\right)$,

f) $\quad U = a \dfrac{N^{5/3}}{V^{2/3}} + b \dfrac{S^2}{V^{2/3} N^{1/3}}$.

Falls alle drei Bedingungen A,B,C zutreffen, bestimmen Sie $U(T,V,N), S(T,V,N)$ und $p(T,V,N)$. (a, b seien positive Konstanten.)

Aufgabe 2.4

Die Funktion $U(S,V,N)$ habe die Form (a, b seien positive Konstanten.)

$$U = a N^{\alpha_1} V^{\alpha_2} + b N^{\beta_1} V^{\beta_2} S^{\nu}.$$

a) Welche Aussagen lassen sich über die Exponenten $\alpha_1, \alpha_2, \beta_1, \beta_2, \nu$ machen?

b) Welche weitergehenden Folgerungen kann man ziehen, wenn pV proportional zu U sein soll?

Aufgabe 2.5

Zeigen Sie: wenn $pV = \alpha U$, dann lässt sich $U(S,V,N)$ in der Form

$$u = \frac{U}{N} = c^\alpha \phi(s)$$

A.1 ÜBUNGSAUFGABEN

darstellen, worin $c = N/V$ und $s = S/N$ ist. Die Funktion $\phi(s)$ besitzt eine nichtnegative Ableitung $\phi'(s) \geq 0$, und es gilt $\phi'(s) \to 0$ für $s \to 0$. Wenn man zusätzlich annimmt, dass die Entropie eine monoton wachsende Funktion der Temperatur ist, gilt sogar $\phi''(s) > 0$.

Aufgabe 3.1

Ein isoliertes Gesamtsystem bestehe aus zwei Teilsystemen, die untereinander ausschließlich Wärme austauschen können, dabei aber jeweils für sich im Gleichgewicht bleiben. Die pro Zeit ausgetauschte Wärme sei proportional zur Temperaturdifferenz der beiden Systeme.

a) Wie verläuft der Austauschprozess als Funktion der Zeit, wenn die inneren Energien der beiden Systeme jeweils proportional zu ihren Temperaturen sind?

b) Die inneren Energien der beiden Teilsysteme seien beliebige Funktionen ihrer Temperaturen. Welche Bedingung müssen diese Funktionen erfüllen, damit das Gesamtsystem ein stabiles Gleichgewicht erreichen kann?

Aufgabe 3.2

Die Entropieproduktion beim Auftreten von n verallgemeinerten thermodynamischen Kräften $X_1, X_2, \ldots, X_n$ und den zugehörigen Flüssen $J_1, J_2, \ldots, J_n$ lautet

$$\dot{S}_{irr} = \sum_{i=1}^{n} X_i J_i.$$

Zwischen den X_i und J_i sollen lineare phänomenologische Relationen

$$J_i = \sum_{j=1}^{n} L_{ij} X_j$$

bestehen. Die Werte der Kräfte X_i seien zeitlich konstant vorgegeben, und es habe sich ein stationärer Zustand mit zeitlich konstanten J_i eingestellt. Nun werden die Werte der Kräfte $X_{p+1}, \ldots, X_n$ freigegeben. Zeigen Sie:

a) Es stellt sich ein neuer stationärer Zustand ein, der durch $J_i = 0$ für $i = p+1, \ldots, n$ charakterisiert ist. (Setzen Sie voraus, dass sich überhaupt ein stationärer Zustand einstellt).

b) Dieser neue stationäre Zustand besitzt eine minimale Entropieproduktion bezüglich der freien $X_{p+1}, \ldots, X_n$. (Benutzen Sie die sogenannten Onsagerschen Symmetrie-Relationen $L_{ij} = L_{ji}$, die im Kapitel 13 bewiesen werden).

Aufgabe 3.3

Berechnen Sie den zeitlichen Verlauf der Konzentrationen der chemischen Komponenten A und B in der Reaktion

$$A + B \longrightarrow 0.$$

Darin soll $\longrightarrow 0$ bedeuten, dass das Produkt der Reaktion im System nicht mehr auftritt, bzw. eliminiert wird oder "inert" ist. Für die Reaktionsgeschwindigkeit soll der Stoßzahlansatz gemacht werden.

Aufgabe 3.4

Die eindimensionale Temperaturleitungsgleichung

$$\frac{\partial T(x,t)}{\partial t} = \kappa \frac{\partial^2 T(x,t)}{\partial x^2}$$

mit dem Temperaturleitwert κ besitzt auch Lösungen vom Typ

$$T(x,t) = A\,e^{-qx} \cos(qx - \omega t).$$

Diese Lösung eignet sich zur Beantwortung der Frage, wie sich ein zeitlich periodischer Temperaturverlauf bei $x = 0$ zu Werten $x > 0$ fortsetzt. Ermitteln Sie damit die Bodentiefe in Irkutsk (Sibirien), unterhalb derer "ewiger Frost" zu erwarten ist, wenn sich die Temperatur an der Oberfläche im Jahresverlauf periodisch zwischen -23 Grad C und +17 Grad C bewegt. (Für den Erdboden ist $\kappa \approx 0,08$ m^2/d.)

Aufgabe 3.5

a) Lösen Sie die homogene Diffusionsgleichung (oder Wärmeleitungsgleichung)

$$\left(\frac{\partial}{\partial t} - D\Delta\right) G(\boldsymbol{r},t) = 0$$

für die Anfangsverteilung $G(\boldsymbol{r},0) = \delta(\boldsymbol{r})$ (Delta-Funktion im Raum) unter Verwendung einer Fourier-Darstellung im Ort

$$G(\boldsymbol{r},t) = \int d^3k\, \tilde{G}(\boldsymbol{k},t) \exp\left(i\,\boldsymbol{k}\boldsymbol{r}\right).$$

b) Zeigen Sie, dass die Lösung $G(\boldsymbol{r},t)$ aus dem Teil a) auch eine partielle Lösung der inhomogenen Diffusionsgleichung

$$\left(\frac{\partial}{\partial t} - D\Delta\right) G(\boldsymbol{r},t) = \delta(\boldsymbol{r})\,\delta(t),$$

ist, und zwar für eine Quelle, die sich in Raum und Zeit δ–förmig verhält. Setzen Sie hierzu eine Lösung der inhomogenen Gleichung in Form einer Fourier-Darstellung in Raum und Zeit an,

$$G(\boldsymbol{r},t) = \int d^3k \int_{-\infty}^{+\infty} d\omega\, \tilde{G}(\boldsymbol{k},\omega) \exp\left(i\,\boldsymbol{k}\boldsymbol{r} - i\omega t\right),$$

und werten Sie das dort auftretende ω–Integral unter Benutzung des Residuensatzes aus.

c) Zeigen Sie, dass die Lösung $G(\boldsymbol{r},t)$ aus a) und b), die sogenannte *Greensche Funktion* der Diffusionsgleichung, folgende Probleme zu lösen erlaubt:

(1) Wenn für die homogene Diffusionsgleichung eine beliebige Anfangsverteilung $c(\boldsymbol{r},0)$ vorgegeben ist, dann entwickelt sich diese zeitlich gemäß

$$c(\boldsymbol{r},t) = \int d^3r'\, G(\boldsymbol{r}-\boldsymbol{r}',t)\, c(\boldsymbol{r}',0)$$

für $t > 0$ weiter.

(2) Wenn die inhomogene Diffusionsgleichung für eine beliebige Quelle (oder Senke) $q(\boldsymbol{r},t)$ gelöst werden soll, dann ist

$$c(\boldsymbol{r},t) = \int d^3r' \int_{-\infty}^{t} dt'\, G(\boldsymbol{r}-\boldsymbol{r}',t-t')\, q(\boldsymbol{r}',t')$$

eine partielle Lösung dieses Problems.

Aufgabe 4.1

Kann die Kombination TS als ein physikalisch sinnvolles thermodynamisches Potential auftreten?

Aufgabe 4.2

Ein Gas sei beschrieben durch $pV = \alpha U$ und $U = N u(T)$. Berechnen Sie

a) die Funktion $u(T)$ und den Druck $p = p(T, V, N)$,

b) die Entropie $S = S(T, V, N)$ und

c) die freie Energie $F = F(T, V, N)$.

Aufgabe 4.3

Die innere Energie pro Teilchen eines thermodynamischen Systems habe die Form

$$u = u_0(T) + u_1(v)$$

mit $v = V/N$.

a) Machen Sie Aussagen über den Druck $p = p(T, V, N)$ und die Entropie $S = S(T, V, N)$ als Funktion von T, V, N.

b) Werten Sie diese Aussagen aus für $u_1(v) = -a/v$, worin a eine positive Konstante ist.

Aufgabe 4.4

Das *Photonengas* (elektromagnetische Schwingungen im thermodynamischen Gleichgewicht) wird durch folgende Relationen beschrieben:

$$\mu = 0, \qquad pV = \frac{1}{3}U.$$

a) Interpretieren Sie die Aussage, dass das chemische Potential verschwindet, $\mu = 0$, und ziehen Sie daraus qualitative Konsequenzen.

b) Bestimmen Sie die freie Energie $F = F(T, V, N)$, den Druck $p = p(T, V, N)$, die innere Energie $U = U(T, V, N)$ und die Entropie $S = S(T, V, N)$ jeweils als Funktionen von T, V, N.

c) Führen Sie die Legendre-Transformationen zur inneren Energie $U = U(S, V, N)$ und zur Enthalpie $H = H(S, p, N)$ durch.

Aufgabe 4.5

Für das sogenannte *entartete Fermi-Gas* (vgl. Kapitel 17) lautet die innere Energie $U = U(S, V, N)$ als Funktion von S, V, N

$$U = a \frac{N^{5/3}}{V^{2/3}} + b \frac{S^2}{V^{2/3} N^{1/3}},$$

worin a, b positive Konstanten sind. Führen Sie die Legendre-Transformation zur freien Energie $F = F(T, V, N)$ durch und bestimmen Sie den Druck $p = p(T, V, N)$.

Aufgabe 5.1

Zeigen Sie: eine Isotherme und eine Adiabate eines Systems können sich in der p-V-Ebene höchstens einmal schneiden.

Aufgabe 5.2

Stellen Sie die Bedingung für die gekoppelte thermische und mechanische Stabilität in den Variabeln T und p dar.

Aufgabe 5.3

Zeigen Sie, dass

$$\left(\frac{\partial \mu}{\partial N}\right)_{T,V} > \left(\frac{\partial \mu}{\partial N}\right)_{T,p}$$

(für eine einzige Teilchenzahlvariable N).

Aufgabe 5.4

Zeigen Sie die folgenden Relationen:

a)
$$\left(\frac{\partial H}{\partial p}\right)_{T,N} = V(1 - \alpha T),$$

b)
$$\left(\frac{\partial U}{\partial T}\right)_{p,N} = C_p - \alpha p V,$$

c)
$$\left(\frac{\partial U}{\partial p}\right)_{T,N} = \kappa_T p V - \alpha T V,$$

d)
$$\left(\frac{\partial H}{\partial T}\right)_{V,N} = C_V + \frac{\alpha V}{\kappa_T},$$

e)
$$\left(\frac{\partial H}{\partial V}\right)_{T,N} = \frac{\alpha T - 1}{\kappa_T}.$$

Aufgabe 5.5

Untersuchen Sie, ob in Analogie zu $C_p > C_V$ für magnetische Systeme $C_H > C_M$ gilt, wobei C_H, C_M die Wärmekapazitäten für konstantes Feld $H = B_0/\mu_0$ bzw. für konstante Magnetisierung M sind.

Aufgabe 6.1

Im Carnot-Zyklus im Abschnitt 6.3 hatten wir den Schritt $A \to B$ als isotherme *Expansion* ($S(B) > S(A)$, T =const) und den Schritt $B \to C$ als adiabatische *Expansion* ($T(C) < T(B)$, S =const) beschrieben. Unter welcher Bedingung handelt es sich dabei tatsächlich um Expansionen und nicht etwa um Kompressionen? Die Fragestellung überträgt sich entsprechend auf die Schritte $C \to D$ und $D \to A$.

Aufgabe 6.2

a) Zwei Wärmekraftmaschinen, die jeweils bei konstanter Temperatur Wärme aufnehmen und abgeben, werden "hintereinander geschaltet": die obere Maschine nimmt die Wärme $Q_3 > 0$ bei der Temperatur T_3 auf und gibt $-Q_2 < 0$ bei $T_2 < T_3$ ab, die untere Maschine nimmt $Q_2 > 0$ bei T_2 auf und gibt $Q_1 < 0$ bei $T_1 < T_2$ ab. Zeigen Sie, dass für den Wirkungsgrad η des Gesamtprozesses

$$1 - \eta_{31} = (1 - \eta_{32})(1 - \eta_{21})$$

gilt, wobei η_{32} und η_{21} die Wirkungsgrade der beiden einzelnen Maschinen sind.

b) Wenn der reale Wirkungsgrad η einer Wärmekraftmaschine tatsächlich immer gleich einem festen Bruchteil α des idealen Wirkungsgrades $\eta^{(0)}$, also $\eta = \alpha \eta^{(0)}$ wäre, $0 \leq \alpha \leq 1$, dann wäre es immer günstiger, einen Prozess zwischen zwei Temperaturen $T_1 < T_3$ durch eine Hintereinanderschaltung zweier Prozesse zwischen $T_1 < T_2$ und $T_2 < T_3$ aufzuteilen. Führen Sie den Nachweis unter Benutzung des Ergebnisses des Teils a) der Aufgabe. Offenbar ist dieser Schluss für immer kleiner werdende Temperaturdifferenzen nicht mehr realistisch. In welcher Weise sollte die obige Annahme $\eta = \alpha \eta^{(0)}$ dann abgeändert werden?

Aufgabe 6.3

Es sei C' ein Carnot-Zyklus, der die Wärme $Q_2' > 0$ bei T_2' aufnimmt und $Q_1' < 0$ bei $T_1' < T_2'$ abgibt, entsprechend C'' ein zweiter Carnot-Zyklus mit $Q_2'' > 0$ bei T_2'' und $Q_1'' < 0$ bei $T_1'' < T_2''$. Die beiden Zyklen werden "parallel geschaltet": die Wärmemengen Q_2', Q_1', Q_2'', Q_1'' werden unabhängig ausgetauscht, aber die abgegebenen Arbeiten A' und A'' der beiden Zyklen werden miteinander verrechnet, d.h., Arbeit, die C' bei Expansion abgibt, kann C'' für Kompression aufnehmen und umgekehrt. Die verbleibende Netto-Arbeit wird nach außen abgegeben. Zeigen Sie, dass der durch

$$\eta := \frac{A' + A''}{Q_2' + Q_2''}$$

zu definierende Wirkungsgrad des Gesamtprozesses zwischen den beiden Wirkungsgraden η' und η'' der beiden einzelnen Carnot-Zyklen C' und C'' liegt.

Aufgabe 6.4

Eine beliebige Wärmekraftmaschine erreiche in einer Periode die maximale Temperatur T_2 und die minimale Temperatur T_1. Zeigen Sie unter Verwendung des Ergebnisses der Aufgabe 6.3, dass ihr Wirkungsgrad η nicht größer als $1 - T_1/T_2$ ist.

Aufgabe 6.5

Kann man eine thermodynamische Temperaturskala auch auf die Messung der Wärmezufuhr δQ stützen, die man dem System bei einer Volumenänderung δV zuführen muss, damit seine Temperatur konstant bleibt?

Aufgabe 7.1

Die thermischen Eigenschaften eines Systems seien charakterisiert durch seine Temperatur T und einen weiteren intensiven Energie–Parameter ϵ. Außerdem sei wie beim idealen Gas $(\partial U/\partial V)_{T,N} = 0$.

a) Welche Schlüsse können Sie aus diesen Angaben für die innere Energie U und den Druck p jeweils als Funktionen von T, V, N ziehen?

b) Nehmen Sie außerdem an, dass es auch den Energie–Parameter ϵ nicht gibt, d.h., dass der Wert von ϵ beliebig sei. Wie verhalten sich dann U und p als Funktionen von T, V, N?

Hinweis: Verwenden Sie, dass alle Beziehungen das korrekte Verhalten in Bezug auf die physikalischen Dimensionen und auf extensive und intensive Variablen besitzen müssen.

Aufgabe 7.2
Berechnen Sie die Zunahme der Entropie im Drosselversuch von Gay–Lussac für ein ideales Gas und deuten Sie das Ergebnis im Sinne der Interpretation der Entropie im Kapitel 2.

Aufgabe 7.3
Ein Gas sei durch die Zustandsgleichung

$$p(v-b) = T$$

beschrieben. Hier ist $b > 0$ als Eigenvolumen eines Teilchens zu interpretieren, um das das Volumen pro Teilchen v zu reduzieren ist (vgl. auch Kapitel 8). Man spricht auch vom Modell des *Gases harter Kugeln*. Welche thermodynamischen Aussagen sind über dieses Modell möglich?

Aufgabe 7.4
Leiten Sie die adiabatische Zustandsgleichung für ein ideales Gas (für $C_p/C_V = \gamma =$const) aus dem Ausdruck für $s(T,p)$ im Abschnitt 7.2 ab.

Aufgabe 7.5
Lassen sich auch für die freie Energie und für die freie Enthalpie Potenzreihen-Entwicklungen nach der Dichte c angeben?

Aufgabe 8.1
Zeigen Sie, dass das sogenannte *Dietrici–Modell*

$$p = \frac{T}{v-b} \exp\left(-\frac{a}{Tv}\right)$$

Kondensation in einem realen Gas beschreiben kann. (a und b seien positive Konstanten). Bestimmen Sie die auf den kritischen Punkt skalierte Zustandsgleichung wie im Abschnitt 8.4 und den Realgasfaktor des Modells.

Aufgabe 8.2

a) Bestimmen Sie die folgenden thermodynamischen Funktionen des van der Waals–Modells: innere Energie U, Entropie S, freie Energie F, isotherme Kompressibilität κ_T, Ausdehnungskoeffizient α, Wärmekapazitäten C_V und C_p, und zwar jeweils als Funktionen von T, V, N. Ist das System mechanisch stabil? Gilt $\alpha > 0$? Beachten Sie die Modifikation der formalen van der Waals-Isotherme durch die Maxwell–Konstruktion!

A.1 ÜBUNGSAUFGABEN

b) Zeigen Sie, dass einige thermodynamische Funktionen am kritischen Punkt singulär werden. Untersuchen Sie die Art der Singularität durch Entwicklung nach den relativen Variablen

$$\tau := \frac{T - T_c}{T_c}, \quad \omega := \frac{v - v_c}{v_c}$$

Aufgabe 8.3

Das Modell eines realen Gases sei durch folgende Forderungen beschrieben:

1. Es soll ein Eigenvolumen b pro Teilchen enthalten.

2. Es soll eine anziehende Wechselwirkung zwischen den Teilchen durch einen Term $(\partial u/\partial v)_T \neq 0$ enthalten.

3. Sowohl für $T \to \infty$ bei $v =$ const als auch für $v \to \infty$ bei $T =$ const soll das Modell in ein ideales Gas übergehen.

4. Die Wärmekapazität C_V soll dieselbe sein wie im Grenzfall des idealen Gases gemäß Bedingung 3.

Welche Aussagen kann man über die Zustandsgleichung $p = p(T, v)$ machen? Kann das Modell immer Kondensation beschreiben? Passt das van der Waals–Modell in diese Bedingungen?

Aufgabe 8.4

a) Geben Sie einen Algorithmus zur (numerischen) Berechnung der Grenzen des Koexistenzgebietes und des Dampfdrucks als Funktion der Temperatur im van der Waals–Modell an.

b) überprüfen Sie numerisch, ob der aus der Maxwell-Konstruktion im van der Waals–Modell ermittelte Dampfdruck die Clausius-Clapeyron-Gleichung erfüllt.

c) Vergleichen Sie die Entwicklung des Ordnungsparameters in der Nähe des kritischen Punktes aus dem Abschnitt 8.5 mit dem Verhalten, wie es numerisch ("exakt") aus der van der Waals–Zustandsgleichung folgt.

Aufgabe 9.1

Formal mögliche Verläufe für die Funktion $\Lambda(\eta)$, die die Magnetisierung $M = (Nm/V)\,\Lambda(\eta)$ als Funktion von $\eta = m\,B_0/T$ beschreiben, sind auch

$$\text{Modell A:}\quad \Lambda(\eta) = \frac{2}{\pi}\arctan\eta, \qquad \text{Modell B:}\quad \Lambda(\eta) = \frac{\eta}{\sqrt{1+\eta^2}}.$$

Bestimmen Sie die Entropie, die freie Energie und die innere Energie für die Modelle A und B.

Aufgabe 9.2

Zeigen Sie: wenn die Magnetisierung $M(T, B_0)$ nur vom Verhältnis B_0/T abhängt, wie das im Abschnitt 9.1 für paramagnetische Systeme in der Form

$$M = \frac{Nm}{V}\,\Lambda\!\left(\frac{m\,B_0}{T}\right)$$

allgemein angenommen worden war, dann gilt für die innere Energie U

$$\left(\frac{\partial U}{\partial M}\right)_T = 0,$$

d.h., $U = U(T, M)$ ist unabhängig von der Magnetisierung M.

Aufgabe 9.3

übernehmen Sie die Modelle der kontinuierlich beweglichen klassischen magnetischen Momente (Modell K), der quantisierten Elektronenspins (Modell E) sowie

$$\text{Modell A:}\quad \Lambda(\eta) = \frac{2}{\pi}\arctan\eta, \qquad \text{Modell B:}\quad \Lambda(\eta) = \frac{\eta}{\sqrt{1+\eta^2}}.$$

in die Weißsche Theorie des Ferromagnetismus und stellen Sie die Magnetisierung als Funktion des äußeren Feldes dar. Vergleichen Sie die vier Modelle in einer Grafik.

Aufgabe 9.4

Erweitern Sie die Entwicklung der freien Enthalpie G (für ein räumlich homogenes System) in der Landau - Theorie um einen Term $\sim x^3$ und zeigen Sie, dass in Abhängigkeit vom Koeffizienten dieses Terms ein diskontinuierlicher Phasenübergang auftreten kann. Untersuchen Sie den Fall, dass kein äußeres Feld auftritt ($y = 0$).

A.1 ÜBUNGSAUFGABEN

Aufgabe 10.1

Wenn der Grundzustand eines thermodynamischen Systems von den energetisch nächst höheren Zuständen durch eine Energie $\epsilon > 0$ getrennt ist, hat die innere Energie für $T \to 0$ die Form

$$U(T) = N \epsilon \exp\left(-\frac{\epsilon}{T}\right).$$

Außer der Temperatur T und der Teilchenzahl $N =$const sollen keine weiteren Variabeln auftreten. Zeigen Sie, dass die Wärmekapazität $C \to 0$ und die Entropie $S \to 0$ für $T \to 0$ erfüllen, d.h., dass das System den 3. Hauptsatz erfüllt.

Aufgabe 10.2

Untersuchen Sie die adiabatische Entmagnetisierung in einem Ferromagneten oberhalb seiner kritischen Temperatur. Benutzen Sie dazu das Curie–Weiß–Gesetz aus dem Abschnitt 9.2. Welche Unterschiede bestehen zur adiabatischen Entmagnetisierung in einem reinen Paramagneten?

Aufgabe 10.3

Untersuchen Sie den Bereich der (p,v)–Ebene, in dem für das van der Waals–Gas $D = (\partial T/\partial p)_H > 0$ und vergleichen Sie diesen Bereich mit der Lage des kritischen Punktes und des Koexistenzgebietes.

Aufgabe 10.4

Ein thermodynamisches System bestehe aus einer Anzahl N von unabhängigen, also nicht–wechselwirkenden Atomen, die sich je in einem Grundzustand mit der Energie 0 und in einem angeregten Zustand mit der Energie $\epsilon > 0$ befinden können.

- a) Zeigen Sie, dass mit $U \to 0$ auch $T \to 0$ geht und dass das System den 3. Hauptsatz erfüllt.
- b) Drücken Sie die Energie, die Entropie und die freie Energie als Funktionen von T und N aus.

Hinweis: verwenden Sie für die Entropie den Ausdruck für das Modellsystem von Spins im Kapitel 2.

Aufgabe 11.1

Erfüllt die zeitlich gemittelte Dichte von Trajektorien

$$\overline{\rho}(q,p) = \lim_{\tau \to \infty} \frac{1}{\tau} \int_0^\tau dt\, \delta(q - q(t))\, \delta(p - p(t))$$

aus dem Abschnitt 11.1 die Stationaritätsbedingung $\{\overline{\rho}, H\} = 0$?

Aufgabe 11.2

Formulieren Sie die mikrokanonische Zustandssumme für N harmonische Oszillatoren gleicher Frequenz ω und berechnen Sie daraus die innere Energie als Funktion der Temperatur.

Aufgabe 11.3

Formulieren Sie die mikrokanonische Zustandssumme für freie Teilchen (wechselwirkungsfrei und ohne innere Freiheitsgrade) in einem Volumen V und gewinnen Sie daraus thermodynamische Aussagen über das System. Hinweis: diskutieren Sie nur die $U-$ und $V-$Abhängigkeit der mikrokanonischen Zustandssumme $W(U, V, N)$.

Aufgabe 11.4

Unter welcher Bedingung ist der Dichte-Operator

$$\rho(t) = \sum_s |s(t)\rangle\, p(s)\, \langle s(t)|$$

ein sogenannter *Projektor*, für den $\rho^2(t) = \rho(t)$ gilt? Zeigen Sie auch, dass allgemein $\mathrm{Sp}(\rho^2(t)) \leq 1$ gilt und dass $\mathrm{Sp}(\rho^2(t)) = 1$ genau dann, wenn $\rho^2(t) = \rho(t)$.

Aufgabe 11.5

Auch im quantentheoretischen Fall kann man einen zeitgemittelten Dichte-Operator durch

$$\overline{\rho}_\tau = \frac{1}{\tau} \int_0^\tau dt\, |\Psi(t)\rangle\langle\Psi(t)|, \qquad \overline{\rho} := \lim_{\tau \to \infty} \overline{\rho}_\tau.$$

definieren. Zeigen Sie, dass $\overline{\rho}$ hermitesch ist, die Spur $\mathrm{Sp}(\overline{\rho}) = 1$ besitzt und $[\overline{\rho}, H] = 0$ erfüllt.

Aufgabe 12.1

Die innere Energie eines thermodynamischen Systems sei eine lineare Funktion der Temperatur mit $U(T = 0) = 0$. Wie lautet seine Zustandsdichte $D(U)$?

Aufgabe 12.2

Die Zustandsdichte $D(U)$ eines thermodynamischen Systems soll für $U < 0$ verschwinden und für $U \geq 0$ bei $U = 0$ in eine Potenzreihe entwickelbar sein. Wie verhalten sich innere Energie und Entropie für $T \to 0$? Ist der 3. Hauptsatz erfüllt?

Aufgabe 12.5

Führen Sie die Ensemblekonstruktion für ein System durch, das im thermischen und mechanischen Kontakt mit einem Umgebungssystem steht.

Aufgabe 12.4

Sind die Fluktuationen von Energie und Teilchenzahl im großkanonischen Ensemble *unkorreliert*, d.h., gilt $\langle \delta H\, \delta N \rangle = 0$?

Aufgabe 12.5

Begründen Sie anhand der kanonischen Zustandssumme, warum in einem thermodynamischen System *vor* Ausführung des thermodynamischen Limes kein Phasenübergang mit einer endlichen kritischen Temperatur $T_c > 0$ auftreten kann.

Aufgabe 13.1

Welche Aussage macht der Gleichverteilungssatz für ein System aus N freien relativistischen Teilchen?

Aufgabe 13.2

Die Variable x sei *Gauß-verteilt*, d.h., ihre Wahrscheinlichkeitsdichte laute

$$p(x) = \sqrt{\frac{g}{2\pi}} \exp\left(-\frac{g}{2} x^2\right),$$

vgl. Abschnitt 13.5. Zeigen Sie, dass sich sämtliche Momente $\langle x^n \rangle$ auf die Kenntnis des Schwankungsquadrats von x reduzieren lassen.

Aufgabe 13.3

Geben Sie einen (asymptotischen) Ausdruck für die Wahrscheinlichkeit dafür an, dass die Temperatur in einem idealen Gas, das sich in einem Thermostaten befindet, mindestens um einen Bruchteil b von der mittleren Temperatur abweicht.

Aufgabe 13.4

Es sei $\Phi(q,p)$ eine Phasenraumfunktion eines Systems, das durch die Hamilton-Funktion $H(q,p)$ beschrieben sei. Wenn die Trajektorien $(q(t),p(t))$ beschränkt sind, verschwindet offensichtlich das Zeitmittel $\overline{d\Phi/dt}$ der totalen Zeitableitung von Φ, vgl. Abschnitt 13.4. Zeigen Sie, dass auch das Ensemblemittel $\langle d\Phi/dt \rangle$ verschwindet.

Aufgabe 13.5

Zeigen Sie: wenn die Fluktuationen x_1 und x_2 statistisch unabhängig sind, dann verschwindet der lineare Koeffizient $L_{12} = L_{21} = 0$.

Aufgabe 14.1

Berechnen Sie die freie Energie, die innere Energie und den Druck jeweils als Funktion von T, V, N für ein ultrarelativistisches Gas freier Teilchen, d.h. für Teilchen mit der kinetischen Energie $c|\boldsymbol{p}|$ (pro Teilchen).

Aufgabe 14.2

Bestimmen Sie die innere Energie eines Systems klassischer 3-dimensionaler anharmonischer Oszillatoren, deren potentielle Energie durch $V(\boldsymbol{r}) = kr^\alpha$ gegeben ist ($k > 0, \alpha > 0, r = |\boldsymbol{r}|$).

Aufgabe 14.3
Ein thermodynamisches System klassischer, unabhängiger (d.h., nicht wechselwirkender) Massenpunkte steht unter dem Einfluss einer dem Betrage nach konstanten, anziehenden Zentralkraft. Berechnen Sie die mittlere Ausdehnung des Systems sowie deren relative Fluktuationen.

Aufgabe 14.4
Wann gilt in einem thermodynamischen System klassischer unabhängiger (d.h., nicht wechselwirkender) Teilchen die Zustandsgleichung des idealen Gases $pV = NT$? Gilt diese auch in einem relativistischen Gas mit der kinetischen Energie $H = \sqrt{m^2 c^4 + c^2 p^2}$?

Aufgabe 14.5
Es sei
$$X = \sum_{i=1}^{N} x(q_i, p_i) \quad \text{bzw.} \quad X = \sum_{i=1}^{N} x_i$$
eine Variable, die sich additiv aus 1-Teilchen-Beiträgen zusammensetzt. Darin ist $x(q_i, p_i)$ eine Phasenraumfunktion im 1-Teilchen-Phasenraum bzw. x_i ein Operator im 1-Teilchen-Hilbertraum. Zeigen Sie: für ein System unabhängiger (nicht wechselwirkender) Teilchen lässt sich der Erwartungswert der Variablen X pro Teilchen darstellen als

$$\frac{1}{N}\langle X \rangle = \frac{1}{z h^3} \int d^3q \int d^3p\, x(q,p) \exp(-\beta H_1(q,p)),$$

worin über den 1-Teilchen-Phasenraum integriert wird, $H_1(q,p)$ der 1-Teilchen-Hamilton-Operator und z die 1-Teilchen-Zustandssumme

$$z = \frac{1}{h^3 z} \int d^3q \int d^3p \exp(-\beta H_1(q,p))$$

sind, bzw. quantentheoretisch

$$\frac{1}{N}\langle X \rangle = \frac{1}{z} \mathrm{Sp}_1\left(x\, e^{-\beta H_1}\right),$$
$$z = \mathrm{Sp}_1\left(e^{-\beta H_1}\right),$$

worin Sp_1 die Spur im 1-Teilchen-Hilbertraum, H_1 der 1-Teilchen-Hamilton-Operator und z die 1-Teilchen-Zustandssumme sind.

Aufgabe 15.1

Bestimmen Sie die thermodynamischen Eigenschaften eines Paramagneten, der aus elektronischen Bahnmomenten mit der Drehimpulsquantenzahl l besteht. Zeigen Sie, dass sich in der Magnetisierung durch $l \to \infty$ bei m=konstant der klassischen Grenzfall ergibt. Erstellen Sie eine Grafik für die Magnetisierung als Funktion von $\eta = m B_0/T$ für $l = 1, 2, 3, 4$ und $l \to \infty$. Wodurch ist die Steigung dieser Kurven im Punkt $\eta = 0$ bestimmt?

Aufgabe 15.2

Berechnen Sie für ein System von Elektronenspins ($l = 1/2$) die Entropie als Funktion der Energie und stellen Sie diese Funktion grafisch dar. Interpretieren Sie ihren Verlauf durch eine Diskussion der thermodynamischen Eigenschaften.

Aufgabe 15.3

Das Ising–Modell lässt noch zahlreiche andere Deutungen als die Beschreibung von ferromagnetischem Verhalten zu, z.B. Kondensation von Teilchen aus der Gasphase auf eine Fläche. Die Fläche wird durch Kondensationsplätze $i = 1, 2, \ldots, A$ beschrieben, und $s_i = +1$ bedeutet, dass der Platz i von einem Teilchen besetzt ist, entsprechend $s_i = -1$, dass er leer ist. $J_{ij} > 0$ bedeutet in diesem Bild, dass die Besetzung von zwei Plätzen i und j zu einer Absenkung der Energie führt, d.h., zu einer Bindungsenergie, insbesondere dann, wenn i und j benachbart sind.

Formulieren Sie das Ising–Modell für die hier vorgestellte alternative Interpretation, indem Sie die eigentlich kanonische Zustandssumme als eine großkanonische Zustandssumme interpretieren. Welcher Variablen entspricht jetzt die Magnetisierung M der magnetischen Interpretation? Welche Bedeutung erhält das Feld B_0? Formulieren Sie die Selbstkonsistenzbedingung der Molekularfeld–Näherung für die alternative Interpretation. Nehmen Sie dabei an, dass die Gasphase, aus der die Teilchen auskondensieren, ein ideales Gas ist.

Aufgabe 15.4

Lassen sich auch andere Modelle für reale Gase als das van der Waals–Modell als Ergebnis einer Molekularfeld–Theorie interpretieren, z.B. das Dietrici-Modell

$$p = \frac{T}{v-b} \exp\left(-\frac{a}{Tv}\right) \quad ?$$

Aufgabe 16.1

Es sei

$$H = \sum_\nu \epsilon(\nu)\, a_\nu^+ \, a_\nu$$

der Hamilton–Operator eines Systems von unabhängigen Fermionen oder Bosonen.

Zeigen Sie, dass in beiden Fällen

$$e^{-\beta H} a_\nu = e^{\beta \epsilon(\nu)} a_\nu e^{-\beta H}$$

gilt, und benutzen Sie diese Relation und die Invarianz der Spur gegen zyklische Vertauschung der Operatoren in

$$\langle a_\nu^+ a_\nu \rangle = \frac{1}{Z} \operatorname{Sp} \left\{ e^{-\beta(H-\mu N)} a_\nu^+ a_\nu \right\},$$

um daraus die Bose–Einstein– bzw. Fermi–Dirac-Verteilungsfunktionen herzuleiten.

Aufgabe 16.2

Es sei H ein beliebiger Hamilton–Operator eines Vielteilchen–Systems, z.B. in 2. Quantisierung gegeben. (Die Teilchen sind nicht notwendig unabhängig). H vertausche jedoch mit dem Teilchenzahl-Operator N : $[H, N] = 0$. Zeigen Sie, dass dann ein Erwartungswert

$$\langle \ldots a \ldots a^+ \ldots \rangle$$

eines Produkts von Erzeugungs– und Vernichtungsoperatoren a, a^+ nur dann nicht verschwindet, wenn die Anzahl z von Vernichtungsoperatoren gleich der Anzahl z^+ von Erzeugungsoperatoren ist.

Hinweis: Benutzen Sie die Relationen

$$a_\nu N = (N+1) a_\nu, \qquad a_\nu^+ N = (N-1) a_\nu^+$$

für Bosonen und Fermionen (Beweis?), worin ν eine beliebige 1–Teilchen–Quantenzahl ist, sowie die Invarianz der Spur gegen zyklische Vertauschung.

Aufgabe 16.3

Zeigen Sie nach dem Muster des Abschnitts 16.4, dass für ultrarelativistische Teilchen

$$pV = \frac{1}{3} U$$

gilt.

Aufgabe 16.4

Berechnen Sie $\langle n_\nu n_{\nu'} \rangle$ für unabhängige Bosonen und Fermionen und diskutieren Sie das Ergebnis für $\nu \neq \nu'$ und $\nu = \nu'$.

Aufgabe 17.1

Wie ist das Analogon zur de Broglie-Wellenlänge λ für Photonen zu definieren und in welcher Relation steht dieses λ zu $v^{1/3}$?

Hinweis: Berechnen Sie N analog wie U im Abschnitt 17.2.2 und bilden Sie daraus $v = V/N$.

Aufgabe 17.2

Ein thermodynamisches System bestehe aus N (ortsfesten) Atomen, deren jedes sich entweder in einem Grundzustand mit der Energie $\epsilon = 0$ oder in einem angeregten Zustand mit einer Energie $\epsilon > 0$ befinden kann. Zeigen Sie, dass die mittlere Anzahl n der angeregten Atome durch

$$\langle n \rangle = \frac{N}{e^{\beta \epsilon} + 1}$$

gegeben ist. Kann man dieses Ergebnis als eine Fermi–Verteilung interpretieren?

Aufgabe 17.3

Berechnen Sie die Entropie $S = S(T, V, N)$ als Funktion von T, V, N für

(a) kondensierte Bosonen,

(b) Photonen,

(c) entartete Fermionen.

Aufgabe 17.4

Kann ein Bose–Einstein–Kondensat auch in $d = 1$ und $d = 2$ Dimensionen auftreten? Formulieren Sie die Bedingung für das Auftreten des Kondensats aus dem Abschnitt 17.1 allgemein für die Dimensionszahl d.

Aufgabe 18.1

Berechnen Sie den mittleren Betrag der Geschwindigkeitsdifferenz zweier Teilchen und vergleichen Sie das Ergebnis mit dem mittleren Betrag der Geschwindigkeit eines einzelnen Teilchens. (Die Teilchen sollen als unabhängig angenommen werden.)

Aufgabe 18.2

Es sei $\chi(\boldsymbol{p})$ eine $\boldsymbol{p}$–abhängige Teilcheneigenschaft. Geben Sie unter Verwendung der Relaxationszeitnäherung der Boltzmann–Gleichung Ausdrücke für die linearen phänomenologischen Koeffizienten an, die die (stationäre) Flussdichte $\boldsymbol{J}_\chi$ von $\chi(\boldsymbol{p})$ mit den Gradienten $\partial T/\partial \boldsymbol{r}$, $\partial c/\partial \boldsymbol{r}$ und mit der äußeren Kraft $\boldsymbol{F}$ verknüpfen. Gibt es allgemeine Relationen zwischen den linearen Koeffizienten? Welche Vereinfachung ergibt sich, wenn $\chi(\boldsymbol{p})$ nur von $|\boldsymbol{p}| = p$ abhängt? (Im thermodynamischen Gleichgewicht soll $\boldsymbol{J}_\chi = 0$ sein, und die Relaxationszeit soll konstant, also unabhängig vom Impuls sein.)

Aufgabe 18.3

Zeigen Sie, dass die Relaxationszeitnäherung der Transporttheorie für die elektrische Leitung bei konstanter, d.h., von $\boldsymbol{p}$ unabhängiger Relaxationszeit, ausschließlich lineare Terme $\boldsymbol{J}_e \sim \boldsymbol{E}$ liefert, d.h., dass die Entwicklung von $\boldsymbol{J}_e$ nach $\boldsymbol{E}$ nach dem linearen Term abbricht. Gilt der Schluss auch dann noch, wenn z.B. $\tau = \tau(p)$?

Aufgabe 18.4

Das Funktional

$$L(t) = \int d^3p_1 \, f(\boldsymbol{p}_1, t) \ln \frac{f(\boldsymbol{p}_1, t)}{f_0(\boldsymbol{p})}$$

lässt sich als *mittlerer Informationsabstand* der 1–Teilchen–Verteilungsfunktion $f(\boldsymbol{p}_1, t)$ von der des Gleichgewichts $f_0(\boldsymbol{p})$ interpretieren, wobei das Mittel mit der Nicht–Gleichgewichts–Verteilung $f(\boldsymbol{p}_1, t)$ gebildet wird. Diese Interpretation lässt sich auf die Überlegungen im Abschnitt 12.3 stützen.

Zeigen Sie, dass für $L(t)$ dieselben Folgerungen zutreffen wie für das Boltzmannsche H-Funktional im Abschnitt 18.6, d.h., dass der Informationsabstand zwischen $f(\boldsymbol{p}_1, t)$ und $f_0(\boldsymbol{p})$ stets abnimmt. (Wie im Abschnitt 18.6 sollen keine äußeren Kräfte und keine von außen angelegten Gradienten auftreten.)

A.2 Lösungen der Übungsaufgaben

Lösung Aufgabe 1.1

a) Wenn eine Funktion $f(x,y)$ mit

$$\frac{\partial f(x,y)}{\partial x} = a(x,y), \qquad \frac{\partial f(x,y)}{\partial y} = b(x,y)$$

existiert und wir annehmen, dass $f(x,y)$ zweimal nach x und y differenzierbar ist, hängen die gemischten zweiten Ableitungen nicht von der Reihenfolge der Differentiation ab:

$$\frac{\partial}{\partial y}\frac{\partial f(x,y)}{\partial x} = \frac{\partial}{\partial x}\frac{\partial f(x,y)}{\partial y}.$$

Daraus folgt sofort als notwendige Bedingung

$$\frac{\partial a(x,y)}{\partial y} = \frac{\partial b(x,y)}{\partial x}.$$

Diese Bedingung ist auch hinreichend, denn das Linien–Integral

$$f(x,y) = \int_{(x_0,y_0)}^{(x,y)} [dx'\, a(x',y') + dy'\, b(x',y')]$$

in der (x,y)-Ebene ist nach dem Stokesschen Integralsatz genau dann unabhängig vom Weg, wenn die Rotation des zweidimensionalen Feldes

$$\boldsymbol{F}(x,y) := a(x,y)\, \boldsymbol{e}_x + b(x,y)\, \boldsymbol{e}_y$$

verschwindet, also

$$\nabla \times \boldsymbol{F}(x,y) = \left(\frac{\partial b(x,y)}{\partial x} - \frac{\partial a(x,y)}{\partial y}\right) \boldsymbol{e}_z = 0.$$

b) $a(x,y)\, dx + b(x,y)\, dy = 0$ ist eine gewöhnliche Differentialgleichung, wie man in der Schreibweise

$$\frac{dy}{dx} = -\frac{a(x,y)}{b(x,y)}$$

sofort erkennt. Deren Lösung lässt sich immer in der Form $\Phi(x,y) = C = $const schreiben. Längs der Lösung gilt

$$\frac{\partial \Phi(x,y)}{\partial x} dx + \frac{\partial \Phi(x,y)}{\partial y} dy = 0.$$

Diese Gleichung bildet zusammen mit $a(x,y)\,dx + b(x,y)\,dy = 0$ ein lineares Gleichungssystem für dx und dy, das nur dann nicht-triviale Lösungen besitzt, wenn seine Determinante verschwindet:

$$\frac{\partial \Phi(x,y)}{\partial x}\,b(x,y) - \frac{\partial \Phi(x,y)}{\partial y}\,a(x,y) = 0$$

bzw.

$$\frac{\partial \Phi(x,y)/\partial x}{a(x,y)} = \frac{\partial \Phi(x,y)/\partial y}{b(x,y)} =: \mu(x,y).$$

Dann gilt auch

$$\frac{\partial \Phi(x,y)}{\partial x} = a(x,y)\,\mu(x,y), \qquad \frac{\partial \Phi(x,y)}{\partial y} = b(x,y)\,\mu(x,y),$$

so dass für beliebige x, y

$$\mu(x,y)\,[a(x,y)\,dx + b(x,y)\,dy] = \frac{\partial \Phi(x,y)}{\partial x}\,dx + \frac{\partial \Phi(x,y)}{\partial y}\,dy = d\Phi$$

ein vollständiges Differential ist.

c) In vielen Fällen lässt sich der integrierende Faktor direkt erkennen, z.B. in $df = \alpha\,y\,dx - \beta\,x\,y$:

$$d\Phi = \frac{1}{x\,y}\,df = \alpha\,\frac{dx}{x} - \beta\,\frac{dy}{y}, \qquad \Phi = \alpha\,\ln x - \beta\,\ln y + \text{const.}$$

und in $df = y^3\,dx + (2\,x\,y^2 + 1)\,dy$:

$$d\Phi = \frac{1}{y}\,df = y^2\,dx + \left(2\,x\,y + \frac{1}{y}\right)\,dy, \qquad \Phi = x\,y^2 + \ln y + \text{const.}$$

Lösung Aufgabe 1.2

a) Die Forderung der Vollständigkeit von $\delta Q = \delta U + p\,\delta V$ führt auf

$$\left(\frac{\partial p}{\partial U}\right)_V = 0.$$

(Der Index V zeigt an, dass bei der Ableitung nach U das Volumen V konstant zu halten ist.) Der Druck des Systems soll bei gegebenem Volumen also unabhängig von der inneren Energie U sein. Diese Konsequenz widerspricht der physikalischen Anschauung: je höher die innere Energie des Systems ist, desto höher erwarten wir seinen Druck. Der Druck kommt dadurch zustande, dass die Teilchen beim Aufprall auf die Systemwände Impuls mit den Wänden austauschen. Bei höherer innerer Energie besitzen die Teilchen höhere Impulse und erzeugen damit auch einen höheren Druck.

A.2 LÖSUNGEN DER AUFGABEN

b) Wir führen eine Variabeln-Transformation von (U,V) nach $(y = U/V, V)$ durch und erhalten mit $p = f(y)$ nach einer elementaren Rechnung den 1. Hauptsatz in der Form

$$\delta Q = V\,\delta y + [y + f(y)]\,dV.$$

Hier erkennen wir ohne weitere Rechnung den integrierenden Faktor:

$$\mu(y, V) = \frac{1}{V\,[y + f(y)]},$$

so dass

$$\delta\sigma = \frac{\delta Q}{V\,[y + f(y)]} = \frac{\delta y}{y + f(y)} + \frac{\delta V}{V}.$$

Hieraus kann σ bei gegebenem $f(y)$ durch eine elementare Integration zunächst als Funktion von y, V und dann durch Einsetzen von $y = U/V$ auch als Funktion von U, V bestimmt werden.

c) Für $p = f(U/V) = \alpha U/V$ wird

$$\delta Q = \delta U + \alpha \frac{U}{V}\,dV$$

$$\delta\sigma = \frac{\delta Q}{U} = \frac{\delta U}{U} + \alpha \frac{\delta V}{V},$$

$$\sigma = \ln U + \alpha \ln V + \text{const}.$$

Die Funktion σ werden wir später im wesentlichen (bis auf Faktoren) als *Entropie* kennenlernen.

Lösung Aufgabe 1.3

Da in beiden Prozessen (A) und (B) dieselbe Wärmemenge $\Delta Q > 0$ zugeführt wird, unterscheiden sich die inneren Energien in den Endzuständen von (A) und (B) nur um die Kompressions-Arbeiten

$$U(A) - U(B) = -\int_{V_0}^{V_1} dV\,[p_A(V) - p_B(V)],$$

worin $p_A(V)$ den Druckverlauf im Prozess (A) (nach Zufuhr von $\Delta Q > 0$) und $p_B(V)$ den Druckverlauf im Prozess (B) (vor Zufuhr von $\Delta Q > 0$) beschreibt und $V_1 = V_0 + \Delta V$. Nun ist nach Voraussetzung $p_A(V_0) > p_B(V_0)$. Dann gilt aber auch $p_A(V) > p_B(V)$ für $V \geq V_0$, also während der beiden Prozesse (A) und (B). Wenn das nämlich nicht der Fall wäre, müssten sich die beiden Kurven $p_A(V)$ und $p_B(V)$ bei einem Volumen $V^* < V_0$ schneiden. Das ist aber aus physikalischen Gründen auszuschließen, weil das adiabatische Verhalten des Systems in dem Zustand, der durch das Volumen V^* und den Druck $p^* = p_A(V^*) = p_B(V^*)$ charakterisiert ist, nicht eindeutig wäre.

Lösung Aufgabe 1.4

a) Die Forderung der Vollständigkeit von $\delta Q = \delta U + p\,\delta V$ führt auf

$$\left(\frac{\partial p}{\partial U}\right)_V = 0.$$

(Der Index V zeigt an, dass bei der Ableitung nach U das Volumen V konstant zu halten ist.) Der Druck des Systems soll bei gegebenem Volumen also unabhängig von der inneren Energie U sein. Diese Konsequenz widerspricht der physikalischen Anschauung: je höher die innere Energie des Systems ist, desto höher erwarten wir seinen Druck. Der Druck kommt dadurch zustande, dass die Teilchen beim Aufprall auf die Systemwände Impuls mit den Wänden austauschen. Bei höherer innerer Energie besitzen die Teilchen höhere Impulse und erzeugen damit auch einen höheren Druck.

b) Wir führen eine Variabeln–Transformation von (U, V) nach $(y = U/V, V)$ durch und erhalten mit $p = f(y)$ nach einer elementaren Rechnung den 1. Hauptsatz in der Form

$$\delta Q = V\,\delta y + [y + f(y)]\,dV.$$

Hier erkennen wir ohne weitere Rechnung den integrierenden Faktor:

$$\mu(y, V) = \frac{1}{V\,[y + f(y)]},$$

so dass

$$\delta\sigma = \frac{\delta Q}{V\,[y + f(y)]} = \frac{\delta y}{y + f(y)} + \frac{\delta V}{V}.$$

Hieraus kann σ bei gegebenem $f(y)$ durch eine elementare Integration zunächst als Funktion von y, V und dann durch Einsetzen von $y = U/V$ auch als Funktion von U, V bestimmt werden.

c) Für $p = f(U/V) = \alpha U/V$ wird

$$\begin{aligned}
\delta Q &= \delta U + \alpha \frac{U}{V}\,dV \\
\delta\sigma &= \frac{\delta Q}{U} = \frac{\delta U}{U} + \alpha \frac{\delta V}{V}, \\
\sigma &= \ln U + \alpha \ln V + \text{const.}
\end{aligned}$$

Die Funktion σ werden wir später im wesentlichen (bis auf Faktoren) als *Entropie* kennenlernen.

Lösung Aufgabe 1.5

a) Für einen adiabatischen Prozess $\delta Q = 0$ lautet der 1. Hauptsatz $\delta U + p\,\delta V = 0$. Wir setzen $p = \alpha U/V$ und erhalten

$$\delta U + \alpha \frac{U}{V} \delta V = 0.$$

Hier ist $1/U$ ein integrierender Faktor. Die Integration liefert

$$\frac{\delta U}{U} + \alpha \frac{\delta V}{V} = 0,$$
$$\ln(U V^\alpha) = \text{const},$$
$$U V^\alpha = \text{const}.$$

b) Hier lautet der 1. Hauptsatz für einen adiabatischen Prozess $\delta U = V\,\boldsymbol{E}\,\delta\boldsymbol{P}$. Wir setzen $\boldsymbol{P} = \chi\,\boldsymbol{E}$ und integrieren

$$\delta U = \frac{V}{\chi} \boldsymbol{P}\,\delta\boldsymbol{P},$$
$$U = \frac{V}{2\chi} \boldsymbol{P}^2 + \text{const} = \frac{V}{2} \boldsymbol{E}\,\boldsymbol{P} + \text{const}.$$

Lösung Aufgabe 2.1

Die Wahrscheinlichkeit, ein einzelnes Teilchen im Teilvolumen V_1 zu finden, beträgt $p = V_1/V$. Die Wahrscheinlichkeit, n bestimmte Teilchen in V_1 und die übrigen $N-n$ Teilchen im Restvolumen $V - V_1$ zu finden, beträgt wegen der Unabhängigkeit der Teilchen $p^n\, q^{N-n}$, worin $q = 1-p$ die Wahrscheinlichkeit ist, ein einzelnes Teilchen im Restvolumen $V - V_1$ zu finden. Die Wahrscheinlichkeit p_n, irgendwelche n Teilchen in V_1 und die restlichen in $V - V_1$ zu finden, ergibt sich daraus durch Multiplikation mit der Anzahl von Möglichkeiten, n Auswahlen aus N Objekten zu treffen, also

$$p_n = \binom{N}{n} p^n\, q^{N-n}.$$

Unter Anwendung von

$$(1+z)^N = \sum_{n=0}^{N} \binom{N}{n} z^n$$

bzw. der daraus durch Ableitung nach z folgenden Beziehungen

$$\sum_{n=0}^{N} n \binom{N}{n} z^n = N z (1+z)^{N-1}$$
$$\sum_{n=0}^{N} n(n-1) \binom{N}{n} z^n = N(N-1) z^2 (1+z)^{N-2}$$

berechnen wir (mit $z = p/q$)

$$\langle n \rangle = \sum_{n=0}^{N} n \binom{N}{n} p^n q^{N-n}$$
$$= q^N \sum_{n=0}^{N} n \binom{N}{n} \left(\frac{p}{q}\right)^n = Np$$

und analog
$$\langle n(n-1) \rangle = N(N-1)p^2,$$

so dass
$$\langle (\delta n)^2 \rangle = \langle n^2 \rangle - \langle n \rangle^2 = \langle n(n-1) \rangle + \langle n \rangle - \langle n \rangle^2 = Npq.$$

Wir berechnen $\ln p_n$ unter Verwendung der Stirling-Formel und erhalten bis auf Terme, die nicht von n abhängen

$$\ln p_n = -n \ln n - (N-n) \ln(N-n) + n \ln p + (N-n) \ln q + \ldots$$

Als relative Abweichung führen wir

$$\xi := \frac{n - \langle n \rangle}{N} = \frac{n - Np}{N}$$

ein, so dass
$$n = N(p + \xi), \qquad N - n = N(q - \xi).$$

Einsetzen in die obige Entwicklung von $\ln p_n$ führt auf

$$\ln p_n = -N \left[(p + \xi) \ln\left(1 + \frac{\xi}{p}\right) + (q - \xi) \ln\left(1 - \frac{\xi}{q}\right) \right] + \ldots$$

Unter der Annahme, dass die relativen Abweichungen sehr klein sind, $\xi \ll 1$, entwickeln wir die Logarithmen wie folgt:

$$\ln\left(1 + \frac{\xi}{p}\right) = \frac{\xi}{p} - \frac{1}{2}\left(\frac{\xi}{p}\right)^2 + \ldots,$$
$$\ln\left(1 - \frac{\xi}{q}\right) = -\frac{\xi}{q} - \frac{1}{2}\left(\frac{\xi}{q}\right)^2 + \ldots$$

Einsetzen in $\ln p_n$ führt auf

$$\ln p_n \to \ln p(\xi) = -\frac{N\xi^2}{2pq} + \ldots,$$

woraus mit der korrekten Normierung schließlich

$$p(\xi) = \sqrt{\frac{N}{2\pi pq}} \exp\left(-\frac{N\xi^2}{2pq}\right).$$

folgt. Im symmetrischen Fall $p = q = 1/2$ erhalten wir daraus das Ergebnis aus dem Abschnitt 2.2.

Lösung Aufgabe 2.2

Wir definieren einen Vektor $(s_1, s_2, \ldots, s_N)$, in dem s_ν die Einstellung des Spins $\nu = 1, 2, \ldots, N$ beschreibt, und zwar $s_\nu = +1$ für die Einstellung $\uparrow$ und $s_\nu = -1$ für $\downarrow$. Mit der Variablen n bezeichnen wir die jeweilige Anzahl von Werten $s_\nu = +1$. Der Algorithmus lautet

(1) Präparation einer Anfangskonfiguration $(s_1, s_2, \ldots, s_N)$ in Abhängigkeit von der Problemstellung a) oder b) (s.u.) und Berechnung des zugehörigen Wertes von n.

(2) Auswahl eines zufälligen Wertes ν aus $\nu = 1, 2, \ldots, N$.

(3) $s_\nu \to -s_\nu$ und $n \to n + s_\nu$.

(4) Zurück zu Schritt (2), es sei denn, dass ein von der Problemstellung a) oder b) abhängiges Abbruchkriterium für den Lauf erfüllt ist.

Die beiden Problemstellungen werden wie folgt behandelt:

a) Als Anfangskonfiguration wird die vollständige Ordnung $s_\nu = +1$ für alle $\nu = 1, 2, \ldots, N$ mit $n = N$ gewählt. Es werden die Werte von n als Funktion der Anzahl der Schritte verfolgt und grafisch aufgetragen. Der Lauf wird beendet, wenn die n–Werte um den Gleichgewichtswert $n = \langle n \rangle = N/2$ nach dem grafischen Eindruck symmetrisch fluktuieren. Für die grafische Auftragung eignet sich die relative Abweichungsvariable $\xi = (n - N/2)/N$ noch besser.

Eine Aussage über den Mittelwert der relaxierenden Anzahl $n(t)$ gewinnen wir durch den folgenden Ansatz:

$$n(t+1) - n(t) = \frac{N - n(t)}{N} - \frac{n(t)}{N} = -\frac{2}{N}\left(n(t) - \frac{N}{2}\right).$$

Die Änderung von $n(t)$ im Schritt $t \to t+1$ ist gleich der Differenz der Anteile von Spins $s = \downarrow$ und $s = \uparrow$. Wir rechnen um auf $\xi(t) = (n(t) - N/2)/N$:

$$\xi(t+1) - \xi(t) = -\frac{2}{N}\xi(t) \quad \text{bzw.} \quad \xi(t+1) = \left(1 - \frac{2}{N}\right)\xi(t).$$

Das ist eine Rekursionsformel für $\xi(t)$ mit der Lösung

$$\xi(t) = \left(1 - \frac{2}{N}\right)^t \xi(0),$$

worin für unsere Problemstellung hier $\xi(0) = 1/2$ zu setzen ist. Wir formen um:

$$\left(1 - \frac{2}{N}\right)^t = \exp\left[t \ln\left(1 - \frac{2}{N}\right)\right] \approx \exp\left(-\frac{2t}{N}\right).$$

Wir haben den Logarithmus für $2/N \ll 1$ linear entwickelt. Für den Mittelwert von $\xi(t)$ erwarten wir also näherungsweise eine exponentielle Relaxation

$$\xi(t) = \xi(0) \exp\left(-\frac{2t}{N}\right).$$

Die Abbildung 1 zeigt den Verlauf einer Simulation (Punkte) im Vergleich zum erwarteten Mittelwert (durchgezogen) für eine Anzahl von $N = 100$ Spins. Die Fluktuationen sind für $N = 100$ noch sehr groß, nämlich von der relativen Größenordnung $N^{-1/2} \cong 10 \%$.

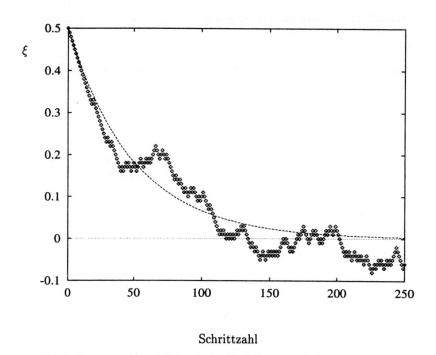

Abbildung 1: Relaxation eines Spin-Systems ins Gleichgewicht: Simulationsdaten (Rauten) im Vergleich zum Mittelwertverhalten (durchgezogen)

b) Als Anfangskonfiguration wird (bei geradem Wert von N) der Hälfte der s_ν der Wert $s_\nu = +1$, der anderen Hälfte der Wert $s_\nu = -1$ gegeben, wobei natürlich gleichgültig ist, welche s_ν jeweils die Werte $+1$ oder -1 besitzen. Der Lauf wird abgebrochen, wenn vollständige Ordnung $s_\nu = +1$ *oder* $s_\nu = -1$ für alle $\nu = 1, 2, \ldots, N$ erreicht ist. Als Δt_N wird die Anzahl von Schritten ermittelt, die dafür notwendig ist. Für jeden Wert von N muss das hinreichend oft wiederholt werden, um einen möglichst zuverlässigen Mittelwert für Δt_N zu erhalten.

Den zu erwartenden Mittelwert von Δt_N bestimmen wir aus der Überlegung, dass zur Erreichung des vollständig geordneten Zustands im Mittel eine Anzahl von der Größenordnung der Gesamtzahl aller 2^N Konfigurationen durchlaufen werden muss:

$$\Delta t_N \sim 2^N,$$
$$\ln \Delta t_N = N \ln 2 + \text{const.}$$

Die für jeden Wert von N über möglichst viele Simulationsläufe gemittelten Werte von Δt_N werden halblogarithmisch als Funktion von N aufgetragen. Wir erwarten dann eine Gerade mit der Steigung $\ln 2$.

Lösung Aufgabe 2.3

a) $\quad S = a \left(\dfrac{NU}{V}\right)^{1/3},$

A: $\quad S(\lambda U, \lambda V, \lambda N) = \lambda^{1/3} S(U, V, N), \qquad$ nein

B: $\quad 1/T = \partial S/\partial U = \dfrac{a}{3} \left(\dfrac{N}{V}\right)^{1/3} U^{-2/3} \geq 0, \qquad$ ja

C: $\quad T = \dfrac{3}{a} \left(\dfrac{N}{V}\right)^{-1/3} U^{2/3}, \qquad T \to 0 : \quad U \to 0, \quad S \to 0, \qquad$ ja

b) $\quad S = a \dfrac{V^3}{UN},$

A: $\quad S(\lambda U, \lambda V, \lambda N) = \lambda S(U, V, N), \qquad$ ja

B: $\quad 1/T = \partial S/\partial U = -a \dfrac{V^3}{U^2 N} \leq 0, \qquad$ nein

C: $\quad T = -\dfrac{1}{a} \dfrac{U^2 N}{V^3}, \qquad T \to 0, \quad U \to 0, \quad S \to \infty, \qquad$ nein

c) $\quad S = a \left(N^2 V U^2\right)^{1/5},$

A: $\quad S(\lambda U, \lambda V, \lambda N) = \lambda S(U, V, N), \qquad$ ja

B: $\quad 1/T = \partial S/\partial U = \dfrac{2a}{5} \left(\dfrac{V N^2}{U^3}\right)^{1/5} \geq 0, \qquad$ ja

C $\quad T = \dfrac{5}{2a} \left(\dfrac{U^3}{V N^2}\right)^{1/5}, \qquad T \to 0, \quad U \to 0, \quad S \to 0, \qquad$ ja

d) $\quad S = aN \ln\left(b \dfrac{UV}{N^2}\right),$

A: $\quad S(\lambda U, \lambda V, \lambda N) = \lambda S(U, V, N), \qquad$ ja

B: $\quad 1/T = \partial S/\partial U = \dfrac{aN}{U} \geq 0, \qquad$ ja

C: $T = \dfrac{U}{aN}$, $\quad T \to 0$, $\quad U \to 0$, $\quad S \to -\infty$, $\qquad$ nein

e) $\quad U = aVN\left(1 + b\dfrac{S}{N}\right)\exp\left(-b\dfrac{S}{N}\right),$

A: $S(\lambda U, \lambda V, \lambda N) = \lambda^2 S(U, V, N),\qquad$ nein

B: $T = \partial U/\partial S = -ab^2 \dfrac{VS}{N}\exp\left(-b\dfrac{S}{N}\right) \le 0, \qquad$ nein

C: $S \to 0$, $\quad T \to 0, \qquad$ ja

f) $\quad U = a\dfrac{N^{5/3}}{V^{2/3}} + b\dfrac{S^2}{V^{2/3} N^{1/3}}.$

A: $S(\lambda U, \lambda V, \lambda N) = \lambda S(U, V, N), \qquad$ ja

B: $T = \partial U/\partial S = 2b\dfrac{S}{V^{2/3} N^{1/3}} \ge 0, \qquad$ ja

C: $T \to 0$, $\quad S \to 0, \qquad$ ja

Im Fall c) ist

$$U = \left(\dfrac{2a}{5}\right)^{5/3} \left(VN^2\right)^{1/3} T^{5/3},$$

$$S = \left(\dfrac{2}{5}\right)^{2/3} a^{5/3} \left(VN^2\right)^{1/3} T^{2/3},$$

$$p = -\left(\dfrac{\partial U}{\partial V}\right)_{S,N} = \dfrac{1}{2} a^{-5/2} \dfrac{S^{5/2}}{V^{3/2} N}$$

$$= \dfrac{1}{2}\left(\dfrac{2a}{5}\right)^{5/3}\left(\dfrac{N}{V}\right)^{2/3} T^{5/3},$$

und analog im Fall f)

$$U = a\dfrac{N^{5/3}}{V^{2/3}} + \dfrac{1}{4b} V^{2/3} N^{1/3} T^2,$$

$$S = \dfrac{1}{2b} V^{2/3} N^{1/3} T,$$

$$p = \dfrac{2a}{3}\left(\dfrac{N}{V}\right)^{5/3} + \dfrac{1}{6b}\left(\dfrac{N}{V}\right)^{1/3} T^2.$$

Lösung Aufgabe 2.4

a) Aus Gründen der korrekten Skalierung der extensiven Variablen, d.h., des korrekten Verhaltens bei einer Ver-λ-fachung des Systems muss $\alpha_1 + \alpha_2 = 1$ und $\beta_1 + \beta_2 + \nu = 1$ sein. Wir wählen $\alpha := \alpha_1 - 1 = -\alpha_2$ und $\beta := \beta_1 - 1 + \nu = -\beta_2$ und stellen die Funktion $U = U(S, V, N)$ zwecks Vereinfachung der Schreibweise durch die Energie und die Entropie pro Teilchen $u = U/N$ bzw. $s = S/N$

A.2 LÖSUNGEN DER AUFGABEN

sowie durch die Teilchendichte $c = N/V$ (bzw. das Volumen pro Teilchen $v = V/N = 1/c$) dar:

$$u = a c^\alpha + b c^\beta s^\nu,$$

Wir berechnen die Temperatur

$$T = \left(\frac{\partial U}{\partial S}\right)_{V,N} = \left(\frac{\partial u}{\partial s}\right)_c = \nu b c^\beta s^{\nu-1}.$$

Damit die Temperatur T nicht-negativ ist, muss $\nu > 0$ sein. Damit der 3. Hauptsatz erfüllt ist, also $s \to 0$ für $T \to 0$, muss sogar $\nu > 1$ sein. Wir berechnen den Druck

$$p = -\left(\frac{\partial U}{\partial V}\right)_{S,N} = -N \left(\frac{\partial c}{\partial V}\right)_N \left(\frac{\partial u}{\partial c}\right)_s = c^2 \left(\frac{\partial u}{\partial c}\right)_s =$$
$$= \alpha a c^{\alpha+1} + \beta b c^{\beta+1} s^\nu.$$

Auch der Druck darf nicht negativ werden, weil sonst das System zusammenfallen würde. Aus $p > 0$ folgt $\alpha > 0$ und $\beta > 0$.

b) Aus dem obigen Ausdruck für p folgt (mit $vc = 1$)

$$pv = \alpha a c^\alpha + \beta b c^\beta s^\nu.$$

Wir vergleichen mit u und finden, dass $pv \sim u$ für beliebige Werte von s genau dann, wenn $\alpha = \beta$. Dann ist

$$u = c^\alpha (a + b s^\nu), \qquad pv = \alpha u.$$

Lösung Aufgabe 2.5

Wir stellen den Druck p durch $p = -\partial U/\partial V$ bei $S, N = $const dar,

$$-V \left(\frac{\partial U}{\partial V}\right)_{S,N} = \alpha U,$$

und lösen diese Differentialgleichung für $S, N = $const:

$$\frac{dU}{U} = -\alpha \frac{dV}{V},$$
$$\ln U = -\alpha \ln V + \ln f(S, N),$$
$$U = f(S, N) V^{-\alpha}.$$

Hier ist $f(S, N)$ eine beliebige Funktion von S, N. Die Skalierungsbedingung $U(\lambda S, \lambda V, \lambda N) = \lambda U(S, V, N)$ führt auf

$$f(\lambda S, \lambda N) = \lambda^{\alpha+1} f(S, N).$$

Wir setzen
$$f(S, N) = N^{\alpha+1} \phi(S, N)$$
an und finden $\phi(\lambda S, \lambda N) = \phi(S, N)$, d.h., dass $\phi(S, N)$ nur von $S/N = s$ abhängt:

$$u = \frac{U}{N} = c^\alpha \phi(s).$$

Wir berechnen die Temperatur:

$$T = \left(\frac{\partial U}{\partial S}\right)_{V,N} = \left(\frac{\partial u}{\partial s}\right)_c = c^\alpha \phi'(s).$$

Damit $T \geq 0$, muss $\phi'(s) \geq 0$ sein. Der 3. Hauptsatz, $s \to 0$ für $T \to 0$, ist erfüllt, wenn $\phi'(s) \to 0$ für $s \to 0$. Wir bilden die Ableitung von T nach s bei konstantem c:

$$\left(\frac{\partial T}{\partial s}\right)_c = c^\alpha \phi''(s).$$

Wenn s eine monoton wachsende Funktion von T sein soll, muss $\phi''(s) > 0$ sein.

Lösung Aufgabe 3.1

Die inneren Energien der beiden Teilsysteme 1 und 2 als Funktion ihrer Temperaturen seien $U_1(T_1)$ und $U_2(T_2)$. Wenn die pro Zeit ausgetauschte Wärme proportional zur Temperaturdifferenz der beiden Systeme ist, gilt

$$\frac{dU_1(T_1)}{dt} = \alpha (T_2 - T_1), \qquad \frac{dU_2(T_2)}{dt} = -\alpha (T_2 - T_1).$$

$U_1(T_1) + U_2(T_2) =: U_0 =$ const, da das Gesamtsystem isoliert sein sollte. Weil Wärme von der höheren zur tieferen Temperatur fließt, ist $\alpha > 0$.

a) Wenn die innere Energie proportional zur Temperatur ist, schreiben wir $U_1(T_1) = C_1 T_1$ und $U_2(T_2) = C_2 T_2$. Die C_1 und C_2 heißen die *Wärmekapazitäten* der beiden Systeme. Damit lauten die beiden Differentialgleichungen

$$C_1 \frac{dT_1}{dt} = \alpha (T_2 - T_1), \qquad C_2 \frac{dT_2}{dt} = -\alpha (T_2 - T_1).$$

Wir dividieren durch C_1 bzw. C_2 und bilden die Differenz der beiden Gleichungen. Dann erhalten wir für $\Delta T := T_2 - T_1$

$$\frac{d\Delta T}{dt} = -\lambda \Delta T$$

mit
$$\lambda = \alpha \left(\frac{1}{C_1} + \frac{1}{C_2}\right).$$

A.2 LÖSUNGEN DER AUFGABEN

Für $\lambda > 0$ ergibt sich daraus ein exponentielles Abklingen der Temperaturdifferenz

$$\Delta T(t) = \Delta T(0)\, e^{-\lambda t}.$$

Hieraus und aus $C_1 T_1 + C_2 T_2 = U_0$ = const können wir das Zeitverhalten von T_1 und T_2 bestimmen:

$$T_1(t) = \frac{U_0}{C_1 + C_2} - \frac{C_2}{C_1 + C_2}\Delta T(0)\, e^{-\lambda t},$$
$$T_2(t) = \frac{U_0}{C_1 + C_2} + \frac{C_1}{C_1 + C_2}\Delta T(0)\, e^{-\lambda t}.$$

b) Wenn nur $U_1(T_1)$ und $U_2(T_2)$ gegeben sind, schreiben wir

$$\frac{dU_1(T_1)}{dt} = C_1(T_1)\frac{dT_1}{dt} = \alpha\, (T_2 - T_1),$$
$$\frac{dU_2(T_2)}{dt} = C_2(T_2)\frac{dT_2}{dt} = -\alpha\, (T_2 - T_1),$$

mit den nunmehr temperaturabhängigen Wärmekapazitäten $C_1(T_1) := dU_1(T_1)/dT_1$ und $C_2(T_2) := dU_2(T_2)/dT_2$. Es wird offensichtlich ein stabiles Gleichgewicht erreicht, falls die Änderung von T_1 immer das gleiche Vorzeichen wie $T_2 - T_1$ und die Änderung von T_2 immer das entgegengesetzte Vorzeichen von $T_2 - T_1$ besitzen. Das ist wegen $\alpha > 0$ (s.o.) genau dann der Fall, wenn die Funktionen $C_1(T_1)$ und $C_2(T_2)$ die Bedingungen $C_1(T_1) > 0$ und $C_2(T_2) > 0$ erfüllen, d.h., wenn die Wärmekapazitäten (als Funktionen der Temperatur) positiv sind.

Lösung Aufgabe 3.2

a) Für den neuen stationären Zustand muss $J_i = 0$ für $i = p+1, \ldots, n$ gelten, weil $J_i \neq 0$ schließlich zu beliebig großen Kräften X_i führen würde, im Widerspruch zur Annahme der Stationarität.

b) Wir setzen die linearen phänomenologischen Relationen in den Term für die Entropieproduktion ein,

$$\dot{S}_{irr} = \sum_{i,j=1}^{n} L_{ij} X_i X_j,$$

und bilden die Ableitung nach X_k mit $k = p+1, \ldots, n$. Unter Verwendung von $L_{ij} = L_{ji}$ erhalten wir:

$$\frac{\partial \dot{S}_{irr}}{\partial X_k} = \sum_{j=1}^{n} L_{kj} X_j + \sum_{i=1}^{n} L_{ik} X_i$$

$$= \sum_{j=1}^{n} L_{kj} X_j + \sum_{j=1}^{n} L_{jk} X_j$$
$$= 2 \sum_{j=1}^{n} L_{kj} X_j = 2 J_k,$$

so dass $J_k = 0$ für $k = p+1, \ldots, n$ ein Extremum für $\dot{S}_{irr}$ bedeutet. Dieses Extremum muss ein Minimum sein, weil $\dot{S}_{irr}$, ausgedrückt in den Kräften X_i, eine quadratische Form ist, die wegen des 2. Hauptsatzes positiv definit ist.

Lösung Aufgabe 3.3

Mit dem Stoßzahlansatz gilt für die zeitlichen Änderungen der Konzentrationen a bzw. b von A bzw. B

$$\frac{da}{dt} = -\kappa a b, \qquad \frac{db}{dt} = -\kappa a b.$$

Durch eine geeignete Skalierung der Zeitachse können wir zur Vereinfachung der Schreibweise $\kappa = 1$ wählen. Aus den beiden Gleichungen folgt

$$\frac{d(b-a)}{dt} = 0, \qquad b(t) - a(t) = c = \text{const.}$$

Ohne Beschränkung der Allgemeinheit sei $c \geq 0$, anderenfalls vertauschen wir A und B. Wir setzen $b = a + c$ in die Differentialgleichung für da/dt ein:

$$\frac{da}{dt} = -a(c+a).$$

Durch Trennung der Variabeln und anschließende Integration mit einer Partialbruchzerlegung erhalten wir für $c > 0$

$$dt = -\frac{da}{a(a+c)},$$
$$t = -\int_{a_0}^{a} \frac{da'}{a'(a'+c)} = -\frac{1}{c} \int_{a_0}^{a} \frac{da'}{a'} + \frac{1}{c} \int_{a_0}^{a} \frac{da'}{a'+c}$$
$$= -\frac{1}{c} \ln\left(\frac{a}{a+c} \frac{a_0+c}{a_0}\right).$$

Hier ist a_0 der Anfangswert $a_0 = a(0)$. Den Fall $c = 0$ werden wir unten gesondert zu behandeln haben. Wir lösen nach $a = a(t)$ auf und erhalten

$$a(t) = \frac{a_0 c e^{-ct}}{c + a_0 (1 - e^{-ct})}$$

und $b(t) = a(t) + c$. Für $t \to \infty$ relaxiert $a(t)$ exponentiell gegen den asymptotischen Wert $a(\infty) = 0$, entsprechend $b(t)$ gegen c. Ein völlig anderes Verhalten zeigt der

A.2 LÖSUNGEN DER AUFGABEN   517

Fall $c = 0$. Hier lautet die Differentialgleichung und ihre Lösung

$$dt = -\frac{da}{a^2},$$
$$t = \frac{1}{a} - \frac{1}{a_0},$$
$$a(t) = \frac{1}{t + 1/a_0}.$$

$a(t)$ relaxiert für $t \to \infty$ "algebraisch", nämlich $a(t) \sim 1/t$, gegen den asymptotischen Wert 0. Das Ergebnis für $c > 0$ können wir durch eine Potenzreihenentwicklung nach c und anschließenden Grenzübergang $c \to 0$ in das für $c = 0$ überführen:

Zähler: $\quad e^{-ct} \to 1,$

Nenner: $\quad 1 - e^{-ct} \to ct.$

Allerdings ist das nur für einen jeweils endlichem Wert der Zeit t möglich. Für $t \to \infty$ bleibt es bei dem Unterschied zwischen exponentieller und algebraischer Relaxation. Diese Unstetigkeit bei $c = 0$ löst sich auf, wenn man zu dem zeitlichen Verhalten der Reaktion ein räumliches Verhalten, z.B. durch Diffusion, hinzunimmt.

Lösung Aufgabe 3.4

Mit der angegebenen Lösung ist

$$\frac{\partial T(x,t)}{\partial t} = \omega A e^{-qx} \sin(qx - \omega t),$$
$$\frac{\partial^2 T(x,t)}{\partial x^2} = 2q^2 A e^{-qx} \sin(qx - \omega t).$$

Als Lösungsbedingung ist $\omega = 2q^2 \kappa$ zu erfüllen. Zu jeder Lösung der Temperaturleitungsgleichung kann man immer eine konstante Temperatur T_0 addieren. Den periodischen Temperaturverlauf bei $x = 0$ beschreiben wir deshalb durch

$$T(0,t) = T_0 + A \cos(\omega t)$$

mit $T_0 + A = 17$ Grad C und $T_0 - A = -23$ Grad C, woraus $T_0 = -3$ Grad C und $A = 20$ Grad C folgen. Außerdem ist $\omega = 2\pi/T$ mit $T = 365$ d. In einer Tiefe $x = x_0$ unterhalb von $x = 0$ beträgt die maximale Temperatur

$$T_{max} = T_0 + A e^{-q x_0}.$$

Wenn T_{max} vorgegeben wird, hier also $T_{max} = 0$ Grad C, lässt sich daraus das zugehörige x_0 berechnen. Mit $\omega = 2q^2 \kappa$ bzw. $q = \sqrt{\omega/(2\kappa)}$ erhalten wir

$$x_0 = \sqrt{\frac{2\kappa}{\omega}} \ln \frac{A}{T_{max} - T_0}.$$

Einsetzen der angegebenen Werte führt auf $x_0 = 5,78$ m.

Lösung Aufgabe 3.5

a) Einsetzen des vorgeschlagenen Ansatzes in die Diffusionsgleichung führt auf

$$\left(\frac{\partial}{\partial t} + D k^2\right) \tilde{G}(k, t) = 0, \qquad \tilde{G}(k, t) = \tilde{G}(k, 0) \exp\left(-D k^2 t\right),$$

so dass

$$G(r, t) = \int d^3k\, \tilde{G}(k, 0) \exp\left(i k r - D k^2 t\right).$$

Die Anfangsverteilung $G(r, 0) = \delta(r)$ wird offensichtlich durch die Wahl $\tilde{G}(k, 0) = 1/(2\pi)^3$ erfüllt. Zur Integration von

$$G(r, t) = \frac{1}{(2\pi)^3} \int d^3k\, \exp\left(i k r - D k^2 t\right)$$

führen wir Kugelkoordinaten mit $d^3k = k^2\, dk\, \sin\theta\, d\theta\, d\phi$ ein, worin θ der Winkel zwischen k und r ist, also $k r = k r \cos\theta$. Die ϕ-Integration ergibt den Faktor 2π. Die θ-Integration ergibt

$$\int_0^\pi d\theta\, \sin\theta\, e^{i k r \cos\theta} = \int_{-1}^{+1} d\xi\, e^{i k r \xi} = \frac{2}{k r} \sin(k r),$$

und somit

$$G(r, t) = \frac{1}{2\pi^2 r} \int_0^\infty dk\, k\, \sin(k r)\, e^{-D k^2 t}.$$

Dieses Integral lässt sich bereits in einer Integraltabelle ablesen oder z.B. von MAPLE berechnen. Man kann auch zunächst noch eine partielle Integration ausführen, um

$$G(r, t) = \frac{1}{4\pi^2 D t} \int_0^\infty dk\, \cos(k r)\, e^{-D k^2 t}$$

zu erhalten. In jedem Fall lautet das Ergebnis

$$G(r, t) = (4\pi D t)^{-3/2} \exp\left(-\frac{r^2}{4 D t}\right).$$

Unsere Rechnung beschränkt das Ergebnis offensichtlich zunächst auf $t > 0$. Die Funktion $G(r, t)$ erfüllt die Normierungsbedingung

$$\int d^3r\, G(r, t) = 1.$$

Außerdem verschwindet $G(r, t)$ für endliche $|r|$ bei $t \to 0$, d.h., $G(r, t) \to \delta(r)$ für $t \to 0$. In diesem Verhalten erkennen wir die Erfüllung der Anfangsverteilung wieder.

A.2 LÖSUNGEN DER AUFGABEN

b) Einsetzen des hier vorgeschlagenen Ansatzes führt wegen

$$\delta(\boldsymbol{r})\,\delta(t) = \frac{1}{(2\pi)^4}\int d^3k \int_{-\infty}^{+\infty} d\omega\,\exp(i\,\boldsymbol{k}\,\boldsymbol{r} - i\,\omega\,t)$$

auf

$$\tilde{G}(\boldsymbol{k},\omega) = \frac{1}{(2\pi)^4}\frac{1}{-i\omega + Dk^2},$$

$$G(\boldsymbol{r},t) = \frac{1}{(2\pi)^4}\int d^3k\,\exp(i\,\boldsymbol{k}\,\boldsymbol{r})\int_{-\infty}^{+\infty} d\omega\,\frac{e^{-i\omega t}}{-i\omega + Dk^2}.$$

Den Integrationsweg der ω-Integration wollen wir durch den ∞-fernen Halbkreis in der komplexen ω-Ebene schließen. Der Integrand besitzt einen Pol bei $\omega = -i\,D\,k^2$. Unter Beachtung von

$$-i\,\omega\,t = -i\,\mathrm{Re}(\omega)\,t + \mathrm{Im}(\omega)\,t$$

müssen wir für $t < 0$ den Halbkreis in der oberen ω-Ebene wählen, damit das Integral konvergiert. Weil dort keine Singularität des Integranden liegt, ist das Ergebnis 0. Hierdurch wird die Irreversibilität des Vorgangs zum Ausdruck gebracht. Für $t > 0$ müssen wir den Halbkreis in der unteren ω-Ebene wählen. Unter Beachtung des negativen Umlaufsinns liefert der Residuensatz für den Pol bei $\omega = -i\,D\,k^2$ dann

$$\int_{-\infty}^{+\infty} d\omega\,\frac{e^{-i\omega t}}{-i\omega + Dk^2} = i\int_{-\infty}^{+\infty} d\omega\,\frac{e^{-i\omega t}}{\omega + i\,D\,k^2} = 2\pi\,e^{-Dk^2 t}.$$

Einsetzen in den obigen Ausdruck für $G(\boldsymbol{r},t)$ führt wiederum auf die Rechnung unter a), also zu demselben Ergebnis.

c) Wegen der räumlichen Translationsinvarianz erfüllt mit $G(\boldsymbol{r},t)$ auch $G(\boldsymbol{r}-\boldsymbol{r}',t)$ für $t > 0$ die homogene Diffusionsgleichung. Damit ist klar, dass auch die "Linearkombination"

$$c(\boldsymbol{r},t) = \int d^3r'\,G(\boldsymbol{r}-\boldsymbol{r}',t)\,c(\boldsymbol{r}',0)$$

die homogene Gleichung für $t > 0$ erfüllt. Da $G(\boldsymbol{r},t) \to \delta(\boldsymbol{r})$ für $t \to 0$, vgl. a), wird auch die Anfangsverteilung korrekt erfasst. Damit ist der Unterpunkt (1) gezeigt. Den Unterpunkt (2) zeigen wir, indem wir den Operator $\partial/\partial t - D\Delta$ auf

$$c(\boldsymbol{r},t) = \int d^3r'\int_{-\infty}^{t} dt'\,G(\boldsymbol{r}-\boldsymbol{r}',t-t')\,q(\boldsymbol{r}',t')$$

anwenden und beachten, dass $G(\boldsymbol{r}-\boldsymbol{r}',t-t')$ für beliebige $t-t'$ die inhomogene Diffusionsgleichung mit dem Quellterm $\delta(\boldsymbol{r}-\boldsymbol{r}')\,\delta(t-t')$ erfüllt. Die Integrationen über $\boldsymbol{r}'$ und t' führen damit auf $q(\boldsymbol{r},t)$ als Quellterm.

Lösung Aufgabe 4.1

Aus $TS - pV + \mu N = U$, vgl. Kapitel 2, folgt für TS die Darstellung

$$\Phi := TS = U + pV - N\mu = H - N\mu.$$

Das Potential $\Phi := TS$ ergibt sich also durch eine Legendre-Transformation, die von der Enthalpie $H = H(S, p, N)$ ausgeht und dort die Variable N durch μ eliminiert:

$$\mu = \left(\frac{\partial H}{\partial N}\right)_{S,p}, \qquad H - N\mu =: \Phi = \Phi(S, p, \mu).$$

Die Fundamentalrelation für Φ ergibt sich zu

$$d\Phi = dH - \mu\, dN - N\, d\mu = T\, dS + V\, dp - N\, d\mu.$$

Rein mathematisch ist diese Legendre-Transformation korrekt, physikalisch ist das Potential $\Phi = \Phi(S, p, \mu)$ jedoch nicht sinnvoll, denn für eine "Stat-Situation" widersprechen sich S =const und μ =const: die zweite Bedingung impliziert Teilchenaustausch mit dem Stat-System, was mit dem adiabatischen Abschluss durch S =const unvereinbar ist. Dagegen sind S =const und p =const miteinander vereinbar, weil mechanische Arbeit adiabatisch mit der Umgebung ausgetauscht werden kann, d.h., die Enthalpie $H = H(S, p, N)$ ist ein physikalisch sinnvolles Potential.

Lösung Aufgabe 4.2

a) Aus

$$T\left(\frac{\partial p}{\partial T}\right)_{V,N} - p = T^2 \left(\frac{\partial}{\partial T}\right)_{V,N} \frac{p}{T} = \left(\frac{\partial U}{\partial V}\right)_{T,N} = 0$$

folgt

$$\frac{p}{T} = f(V, N)$$

mit einer zunächst unbekannten Funktion $f(V, N)$. Da auf der linken Seite eine intensive Variable p/T steht, darf auch die rechte Seite nur von intensiven Variablen abhängen, in unserem Fall also nur von $v = V/N$. Wir schreiben deshalb $p/T = f(v)$. Wir setzen dieses Ergebnis in $pv = \alpha u(T)$ ein und finden

$$pv = T f(v)\, v = \alpha u(T)$$
$$v f(v) = \alpha \frac{u(T)}{T}.$$

In der zweiten Zeile hängt die linke Seite nur von v, die rechte Seite nur von T ab. Da T und v unabhängige Variablen sind, müssen beide Seiten den Wert einer Konstanten haben, die wir k nennen. Daraus folgt

$$p = \frac{kT}{v}, \qquad u(T) = \frac{kT}{\alpha}.$$

A.2 LÖSUNGEN DER AUFGABEN

b) Zur Berechnung der Entropie setzen wir in die Maxwell–Relation

$$\left(\frac{\partial S}{\partial V}\right)_{T,N} = \left(\frac{\partial p}{\partial T}\right)_{V,N}$$

das Ergebnis für p aus dem Teil a) ein und schreiben auf der linken Seite $S = Ns$ und $V = Nv$. Da bei der partiellen Ableitung nach V die Teilchenzahl N konstant gehalten wird, folgt insgesamt

$$\left(\frac{\partial s}{\partial v}\right)_T = \frac{k}{v}.$$

Auf der linken Seite erübrigt sich N =const als Nebenbedingung der Ableitung, weil N nur mehr in der Kombination $v = V/N$ auftritt. Wir integrieren nach v und finden

$$s = s_0(T) + k \ln v, \qquad S = Ns = N\left(s_0(T) + k \ln \frac{V}{N}\right).$$

Die zunächst noch beliebige Funktion $s_0(T)$ können wir mit $u(T)$ verknüpfen. Aus

$$T\left(\frac{\partial S}{\partial T}\right)_{V,N} = \left(\frac{\partial U}{\partial T}\right)_{V,N} \qquad \text{bzw.} \qquad T\left(\frac{\partial s}{\partial T}\right)_v = \left(\frac{\partial u}{\partial T}\right)_v$$

folgt hier

$$T s_0'(T) = u'(T),$$

mit $u(T) = (k/\alpha)T$ also

$$s_0'(T) = \frac{k}{\alpha T}, \qquad s_0(T) = s_0 + \frac{k}{\alpha} \ln T.$$

c) Einsetzen der obigen Ergebnisse in $F = U - TS = N(u - Ts)$ führt auf

$$F = -N\left(Ts_0 + \frac{kT}{\alpha}\ln\frac{T}{e} + kT \ln\frac{V}{N}\right).$$

Es handelt sich (mit $\alpha = 2/3$) um das "ideale Gas" mit konstanter Wärmekapazität, vgl. Kapitel 7.

Lösung Aufgabe 4.3

a) Wir benutzen

$$T\left(\frac{\partial p}{\partial T}\right)_{V,N} - p = T^2 \left(\frac{\partial}{\partial T}\right)_{V,N} \frac{p}{T} = \left(\frac{\partial U}{\partial V}\right)_{T,N}.$$

Da die Ableitung auf der rechten Seite bei N =const auszuführen ist, wird

$$\left(\frac{\partial U}{\partial V}\right)_{T,N} = \left(\frac{\partial u}{\partial v}\right)_T = u'_1(v).$$

($u'_1(v)$ ist Ableitung nach v.) Einsetzen und Integration nach v liefert:

$$T^2 \left(\frac{\partial}{\partial T}\right)_{V,N} \frac{p}{T} = u'_1(v),$$

$$\left(\frac{\partial}{\partial T}\right)_{V,N} \frac{p}{T} = \frac{u'_1(v)}{T^2},$$

$$\frac{p}{T} = -\frac{u'_1(v)}{T} + f(v),$$

$$p = -u'_1(v) + T f(v)$$

mit einer hier beliebigen Funktion $f(v)$. Die Entropie bestimmen wir aus der Maxwell-Relation

$$\left(\frac{\partial S}{\partial V}\right)_{T,N} = \left(\frac{\partial p}{\partial T}\right)_v.$$

Für N =const wird

$$\left(\frac{\partial S}{\partial V}\right)_{T,N} = \left(\frac{\partial s}{\partial v}\right)_T,$$

worin $s = S/N$. Außerdem setzen wir für den Druck p das Ergebnis der obigen Rechnung ein,

$$\left(\frac{\partial s}{\partial v}\right)_T = f(v).$$

und derhalten durch Integration nach v:

$$s = s(T, v) = s_0(T) + \int_{v_0}^{v} dv' \, f(v')$$

mit einer hier beliebigen Funktion $s_0(T)$ und $S(T, V, N) = N s(T, v)$.

b) Für $u_1(v) = -a/v$ folgt für den Druck

$$p = -\frac{a}{v^2} + T f(v).$$

Diese Form der Zustandsgleichung von $p(T, v)$ besitzt das *van der Waals-Modell* eines realen Gases (vgl. Kapitel 8), für das $f(v) = 1/(v-b)$ mit b =const ist.

Lösung Aufgabe 4.4

a) Da
$$\mu = \left(\frac{\partial F}{\partial N}\right)_{T,V} \quad \text{oder} \quad \mu = \left(\frac{\partial U}{\partial N}\right)_{S,V},$$
bedeutet $\mu = 0$, dass es keine Energie kostet, die Teilchenzahl im System zu verändern. Dem entspricht übrigens, dass die Photonen keine Ruhmasse m_0 besitzen. Die Ruheenergie $m_0 c^2$ von massiven Teilchen ($c =$Lichtgeschwindigkeit) ist Bestandteil des chemischen Potentials μ. Wir erwarten deshalb, dass die Anzahl von Photonen in einem thermodynamischen System fluktuiert. Die Teilchenzahl N ist keine extern kontrollierbare Makrovariable, und die thermodynamischen Funktionen können deshalb nicht von N abhängen.

b) Da für die freie Energie einerseits $G = N\mu$ und andererseits $G = F + pV$ gilt, folgt aus $\mu = 0$, dass $F(T, V, N) = -p(T, V, N) V$. Da
$$\mu = \left(\frac{\partial F}{\partial N}\right)_{T,V} = -\left(\frac{\partial p}{\partial N}\right)_{T,V} V = 0,$$
hängt der Druck p nicht von N ab: $p = p(T, V)$. Da außerdem der Druck eine intensive Variable ist, kann er auch nur von intensiven Variablen abhängen, also $p = p(T)$. Damit gewinnen wir
$$F = -p(T) V, \qquad U = 3 p(T) V, \qquad S = \frac{U - F}{T} = 4 \frac{p(T)}{T} V.$$
Zur Berechnung der T-Abhängigkeit des Drucks $p = p(T)$ benutzen wir
$$T \left(\frac{\partial S}{\partial T}\right)_{V,N} = \left(\frac{\partial U}{\partial T}\right)_{V,N}.$$
In diese Relation setzen wir die aus den obigen Darstellungen von U und S folgenden Beziehungen
$$T \left(\frac{\partial S}{\partial T}\right)_{V,N} = 4 \left(p'(T) - \frac{p(T)}{T}\right) V, \qquad \left(\frac{\partial U}{\partial T}\right)_{V,N} = 3 p'(T) V$$
ein und erhalten eine Differentialgleichung für $p(T)$:
$$p'(T) = 4 \frac{p(T)}{T},$$
($p'(T)$ bedeutet die Ableitung nach T), aus der durch elementare Integration $p(T) \sim T^4$ folgt. Wir schreiben $p(T) = a T^4$ mit $a =$const und erhalten
$$F = -a V T^4, \qquad U = 3 a V T^4, \qquad S = 4 a V T^3.$$
Die Kombination $\sigma = 3 a c / 4$ heißt *Stefan-Boltzmann-Konstante*.

c) Wir lösen das obige Ergebnis für $S = S(T, V)$ nach der Temperatur T auf,

$$T = (4a)^{-1/3} \left(\frac{S}{V}\right)^{1/3},$$

und erhalten durch Einsetzen in $U = U(T, V)$ die gewünschte Darstellung

$$U(S, V) = \frac{3}{4} (4a)^{-1/3} \frac{S^{4/3}}{V^{1/3}}.$$

Zur Legendre-Transformation auf die Enthalpie müssen wir zunächst das Volumen V durch den Druck p eliminieren. Es ist

$$p = -\left(\frac{\partial U}{\partial V}\right)_S = \frac{1}{4} (4a)^{-1/3} \left(\frac{S}{V}\right)^{4/3},$$

woraus durch Umkehrung

$$V = \frac{1}{4} a^{-1/4} \frac{S}{p^{3/4}}$$

folgt. Einsetzen in $H = U + pV$ führt nach einer elementaren Rechnung auf

$$H(S, p) = a^{-1/4} S p^{1/4}.$$

Wie erwartet hängen sämtliche Funktionen nicht von der Teilchenzahl N ab.

Lösung Aufgabe 4.5

Wir bestimmen zunächst die Temperatur durch

$$T = \left(\frac{\partial U}{\partial S}\right)_{V,N} = 2b \frac{S}{V^{2/3} N^{1/3}}$$

und gewinnen daraus durch Umkehrung

$$S = S(T, V, N) = \frac{1}{2b} T V^{2/3} N^{1/3}.$$

Einsetzen in $U(S, V, N)$ ergibt

$$U = U(T, V, N) = a \frac{N^{5/3}}{V^{2/3}} + \frac{1}{4b} T^2 V^{2/3} N^{1/3}.$$

Aus diesen Ergebnissen finden wir für die freie Energie $F = U - TS$

$$F = F(T, V, N) = a \frac{N^{5/3}}{V^{2/3}} - \frac{1}{4b} T^2 V^{2/3} N^{1/3}$$

und für den Druck

$$p = -\left(\frac{\partial F}{\partial V}\right)_{T,N} = \frac{2}{3} a \left(\frac{N}{V}\right)^{5/3} + \frac{1}{6b} T^2 \left(\frac{N}{V}\right)^{1/3}.$$

Durch Vergleich mit dem Ergebnis für U finden wir, dass $pV = 2U/3$.

Lösung Aufgabe 5.1

Gäbe es zwei Schnittpunkte, dann müssten die Steigungen von Isotherme (T =const) und Adiabate (S =const) an dem einen Schnittpunkt

$$\left(\frac{\partial p}{\partial V}\right)_T > \left(\frac{\partial p}{\partial V}\right)_S$$

und am anderen Schnittpunkt

$$\left(\frac{\partial p}{\partial V}\right)_T < \left(\frac{\partial p}{\partial V}\right)_S$$

erfüllen. Das ist aber nicht möglich, weil stets

$$\kappa_T = \frac{1}{V}\left(\frac{\partial p}{\partial V}\right)_T > \kappa_S = \frac{1}{V}\left(\frac{\partial p}{\partial V}\right)_S,$$

vgl. Abschnitt 5.4. Mit demselben Argument sind natürlich auch mehr als zwei Schnittpunkte ausgeschlossen.

Lösung Aufgabe 5.2

Der einfachste Weg zur Lösung dieser Aufgabe besteht darin, von dem Ergebnis

$$\delta^2 S = -\frac{C_V}{T^2}(\delta T)^2 - \frac{1}{TV\kappa_T}(\delta V)^2$$

im Abschnitt 5.3 auszugehen und auf die Variabeln T,p statt T,V umzurechnen. Wenn wir im folgenden T,p (außer N =konstant) als unabhängige Variabeln definieren, ist

$$\delta V = \frac{\partial V}{\partial T}\delta T + \frac{\partial V}{\partial p}\delta p = V(\alpha\,\delta T - \kappa_T\,\delta p),$$

vgl. Abschnitt 5.4. Einsetzen in den Ausdruck für $\delta^2 S$ ergibt

$$\delta^2 S = -\frac{C_V}{T^2}(\delta T)^2 - \frac{V\kappa_T}{T}\left(\delta p - \frac{\alpha}{\kappa_T}\delta T\right)^2 < 0.$$

Darin ist V als $V = V(T,p)$ zu interpretieren, evtl. auch in C_V, falls dieses von V abhängt. Wir erkennen aus diesem Ergebnis, dass $\delta^2 S$ zwar wieder eine negativ definite quadratische Form in δT und δp ist, die jedoch in diesen Variabeln nicht diagonal ist. Dagegen ist $\delta^2 S$ in den Variabeln δT und δV diagonal. Dasselbe Ergebnis erhalten wir, wenn wir

$$\delta^2 S = \delta\left(\frac{1}{T}\right)\delta U + \delta\left(\frac{p}{T}\right)\delta V$$

direkt in die Variabeln T,p entwickeln, allerdings erst nach einer längeren Rechnung als oben.

Lösung Aufgabe 5.3

Wir gehen aus von
$$\mu(T, V, N) = \mu(T, V(T, p, N), N)$$
und bilden
$$\left(\frac{\partial \mu}{\partial N}\right)_{T,p} = \left(\frac{\partial \mu}{\partial N}\right)_{T,V} + \left(\frac{\partial \mu}{\partial V}\right)_{T,N} \left(\frac{\partial V}{\partial N}\right)_{T,p}.$$

Aus der Fundamentalrelation für die freie Energie,
$$dF = -S\, dT - p\, dV + \mu\, dN,$$
folgt als eine Maxwell-Relation
$$\left(\frac{\partial \mu}{\partial V}\right)_{T,N} = -\left(\frac{\partial p}{\partial N}\right)_{T,V}.$$

Einsetzen in die obige Relation führt auf
$$\left(\frac{\partial \mu}{\partial N}\right)_{T,V} - \left(\frac{\partial \mu}{\partial N}\right)_{T,p} = \left(\frac{\partial p}{\partial N}\right)_{T,V} \left(\frac{\partial V}{\partial N}\right)_{T,p}.$$

Das vollständige Differential der Zustandsfunktion $p = p(T, V, N)$,
$$dp = \left(\frac{\partial p}{\partial T}\right)_{V,N} dT + \left(\frac{\partial p}{\partial V}\right)_{T,N} dV + \left(\frac{\partial p}{\partial N}\right)_{T,V} dN$$
liefert mit $p =$ konstant und $T =$ konstant
$$\left(\frac{\partial V}{\partial N}\right)_{p,T} = -\frac{(\partial p/\partial N)_{T,V}}{(\partial p/\partial V)_{T,N}},$$
so dass
$$\left(\frac{\partial \mu}{\partial N}\right)_{T,V} - \left(\frac{\partial \mu}{\partial N}\right)_{T,p} = V \kappa_T^2 \left(\frac{\partial p}{\partial N}\right)_{T,V}^2 > 0.$$

Es ist also "schwerer", einem System unter konstantem Volumen Teilchen hinzuzufügen als unter konstantem Druck. Im ersten Fall ist beim Hinzufügen von Teilchen auch Kompressionsarbeit am System zu leisten, im zweiten Fall kann das System unter konstantem Druck durch Ausdehnung mechanisch ausweichen.

Lösung Aufgabe 5.4

a) Für $N =$ const wird
$$\begin{aligned} dH &= T\, dS + V\, dp \\ &= T\left(\frac{\partial S}{\partial T}\right)_{p,N} dT + \left[T\left(\frac{\partial S}{\partial p}\right)_{T,N} + V\right] dp. \end{aligned}$$

A.2 LÖSUNGEN DER AUFGABEN

Daraus folgt

$$\begin{aligned}\left(\frac{\partial H}{\partial p}\right)_{T,N} &= T\left(\frac{\partial S}{\partial p}\right)_{T,N} + V \\ &= -T\left(\frac{\partial V}{\partial T}\right)_{p,N} + V = V(1-\alpha T),\end{aligned}$$

worin wir von einer Maxwell-Relation aus der Fundementalrelation der freien Enthalpie und von der Definition des Ausdehnungskoeffizienten α Gebrauch gemacht haben.

b)

$$\left(\frac{\partial U}{\partial T}\right)_{p,N} = \left(\frac{\partial H}{\partial T}\right)_{p,N} - p\left(\frac{\partial V}{\partial T}\right)_{p,N} = C_p - \alpha p V.$$

c)

$$\begin{aligned}\left(\frac{\partial U}{\partial p}\right)_{T,N} &= \left(\frac{\partial H}{\partial p}\right)_{T,N} - \left(\frac{\partial}{\partial p}\right)_{T,N}(pV) \\ &= V(1-\alpha T) - V - p\left(\frac{\partial V}{\partial p}\right)_{T,N} \\ &= \kappa_T p V - \alpha T V,\end{aligned}$$

worin wir das Ergebnis aus dem Teil a) der Aufgabe und die Definition der isothermen Kompressibilität κ_T benutzt haben.

d)

$$\left(\frac{\partial H}{\partial T}\right)_{V,N} = \left(\frac{\partial U}{\partial T}\right)_{V,N} + V\left(\frac{\partial p}{\partial T}\right)_{V,N} = C_V + \frac{\alpha V}{\kappa_T}$$

unter Verwendung von

$$\left(\frac{\partial p}{\partial T}\right)_{V,N} = \frac{\alpha}{\kappa_T}$$

aus dem Abschnitt 5.4.

e)

$$\begin{aligned}\left(\frac{\partial H}{\partial V}\right)_{T,N} &= \left(\frac{\partial U}{\partial V}\right)_{T,N} + \left(\frac{\partial}{\partial V}\right)_{T,N}(pV) \\ &= T\left(\frac{\partial p}{\partial T}\right)_{V,N} - p + p + V\left(\frac{\partial p}{\partial V}\right)_{T,N} \\ &= \frac{\alpha T - 1}{\kappa_T}\end{aligned}$$

unter Verwendung von

$$\left(\frac{\partial U}{\partial V}\right)_{T,N} = T\left(\frac{\partial p}{\partial T}\right)_{V,N} - p$$

aus dem Abschnitt 4.4.

Lösung Aufgabe 5.5

Die Wärmekapazitäten C_H und C_M sind zu definieren durch

$$C_H = T\left(\frac{\partial S}{\partial T}\right)_H, \qquad C_M = T\left(\frac{\partial S}{\partial T}\right)_M,$$

so dass

$$C_H - C_M = T\left[\left(\frac{\partial S}{\partial T}\right)_H - \left(\frac{\partial S}{\partial T}\right)_M\right].$$

Wir denken uns $M = M(T,H)$ in $S = S(T,M)$ substituiert und berechnen

$$\left(\frac{\partial S}{\partial T}\right)_H = \left(\frac{\partial S}{\partial T}\right)_M + \left(\frac{\partial S}{\partial M}\right)_T\left(\frac{\partial M}{\partial T}\right)_H.$$

Aus der Fundamentalrelation für die freie Energie $F = F(T,M)$,

$$dF = -S\,dT + V\,\mu_0\,H\,dM,$$

entnehmen wir die Maxwell-Relation

$$\left(\frac{\partial S}{\partial M}\right)_T = -V\mu_0\left(\frac{\partial H}{\partial T}\right)_M.$$

Außerdem gilt für den Zusammenhang $M = M(T,H)$ nach einem Hilfssatz aus dem Abschnitt 4.4

$$\left(\frac{\partial H}{\partial T}\right)_M\left(\frac{\partial T}{\partial M}\right)_H\left(\frac{\partial M}{\partial H}\right)_T = -1,$$

also

$$\left(\frac{\partial H}{\partial T}\right)_M = -\frac{(\partial M/\partial T)_H}{(\partial M/\partial H)_T} = -\frac{1}{\chi_M}\left(\frac{\partial M}{\partial T}\right)_H.$$

$\chi_M = (\partial M/\partial H)_T$ ist die magnetische Suszeptibilität. Einsetzen der obigen Umformungen in den Ausdruck für $C_H - C_M$ führt auf

$$C_H - C_M = TV\frac{\mu_0}{\chi_M}\left[\left(\frac{\partial M}{\partial T}\right)_H\right]^2.$$

Es gilt also $C_H > C_M$ genau dann, wenn $\chi_M > 0$, d.h. für alle magnetischen Systeme, die nicht diamagnetisch sind.

A.2 LÖSUNGEN DER AUFGABEN

Lösung Aufgabe 6.1

Für den Schritt $A \to B$ lautet die Frage, unter welcher Bedingung $(\partial S/\partial V)_T > 0$. Unter Verwendung der Maxwell-Relation

$$\left(\frac{\partial S}{\partial V}\right)_T = \left(\frac{\partial p}{\partial T}\right)_V,$$

die aus der Fundamentalrelation $dF = -S\,dT - p\,dV$ (bei $N =$const) für die freie Energie F folgt, und der Relation

$$\left(\frac{\partial p}{\partial T}\right)_V = \frac{\alpha}{\kappa_T},$$

vgl. Abschnitt 5.4, wird

$$\left(\frac{\partial S}{\partial V}\right)_T = \frac{\alpha}{\kappa_T}.$$

Der Schritt $A \to B$ ist genau dann eine isotherme *Expansion*, wenn der Ausdehnungskoeffizient α positiv ist, $\alpha > 0$, und das System mechanisch stabil ist, $\kappa_T > 0$.

Für den Schritt $B \to C$ lautet die Frage, unter welcher Bedingung $(\partial V/\partial T)_S < 0$. Es ist (wieder für $N =$const)

$$dS = \left(\frac{\partial S}{\partial T}\right)_V dT + \left(\frac{\partial S}{\partial V}\right)_T dV,$$

so dass

$$\left(\frac{\partial V}{\partial T}\right)_S = -\frac{(\partial S/\partial T)_V}{(\partial S/\partial V)_T} = -\frac{C_V \kappa_T}{\alpha T},$$

worin wir im zweiten Schritt die Definition

$$C_V = T \left(\frac{\partial S}{\partial T}\right)_V$$

für die Wärmekapazität C_V und das Ergebnis der obigen überlegungen zum Schritt $A \to B$ benutzt haben. Der Schritt $B \to C$ ist genau dann eine adiabatische *Expansion*, wenn wiederum der Ausdehnungskoeffizient α positiv ist, $\alpha > 0$, und das System sowohl thermisch als auch mechanisch stabil ist, $C_V > 0$ und $\kappa_T > 0$.

Lösung Aufgabe 6.2

a) Für die abgegebenen Arbeiten A_{32}, A_{21} der beiden einzelnen Maschinen gilt

$$A_{32} = Q_3 - Q_2 = \eta_{32} Q_3, \qquad A_{21} = Q_2 - |Q_1| = \eta_{21} Q_2,$$

so dass
$$\frac{Q_2}{Q_3} = 1 - \eta_{32}, \qquad \frac{|Q_1|}{Q_2} = 1 - \eta_{21}.$$

Der Wirkungsgrad des Gesamtprozesses ist zu definieren als

$$\begin{aligned}\eta_{31} &:= \frac{A_{32} + A_{21}}{Q_3} = \frac{Q_3 - |Q_1|}{Q_3} \\ &= 1 - \frac{|Q_1|}{Q_2}\frac{Q_2}{Q_3} = 1 - (1 - \eta_{32})(1 - \eta_{21}),\end{aligned}$$

womit die Behauptung gezeigt ist. Wenn beide Maschinen entropisch verlustfrei laufen, ist $\eta_{32} = 1 - T_2/T_3$ und $\eta_{21} = 1 - T_1/T_2$. Dann folgt für den Wirkungsgrad des Gesamtprozesses $\eta = 1 - T_1/T_3$.

b) Mit der Annahme $\eta = \alpha \eta^{(0)}$ lautet der Wirkungsgrad des direkten Prozesses zwischen $T_1 < T_3$
$$\eta_{31}^{(d)} = \alpha\,(1 - T_1/T_3),$$

und der Wirkungsgrad des durch Hintereinanderschaltung kombinierten Prozesses $T_1 < T_2$ und $T_2 < T_3$ unter Verwendung des Ergebnisses des Teils a) dieser Aufgabe

$$\eta_{31}^{(k)} = 1 - (1 - \alpha\,(1 - T_1/T_2))(1 - \alpha\,(1 - T_2/T_3)).$$

Wir bilden die Differenz $\delta\eta := \eta_{31}^{(k)} - \eta_{31}^{(d)}$ und verwenden als Abkürzung $x = T_1/T_2$, $y = T_2/T_3$, so dass $x\,y = T_1/T_3$:

$$\begin{aligned}\delta\eta &= 1 - (1 - \alpha\,(1 - x))(1 - \alpha\,(1 - y)) - \alpha\,(1 - x\,y) \\ &= \alpha\,(1 - \alpha)\,(1 - x - y + x\,y) \\ &= \alpha\,(1 - \alpha)\,(1 - x)\,(1 - y).\end{aligned}$$

Dieser Ausdruck ist positiv, wenn $0 < \alpha < 1$, also die Werte $\alpha = 0$ (überhaupt kein Wirkungsgrad) und $\alpha = 1$ (idealer Wirkungsgrad) ausgeschlossen sind und die Temperaturdifferenzen endlich sind, so dass $0 < x < 1$, $0 < y < 1$. Die Annahme $\eta = \alpha\eta^{(0)}$ ist für immer kleiner werdende Temperaturdifferenzen unrealistisch, weil der entropische Verlust eines realen Prozesses bei verschwindender Temperaturdifferenz nicht etwa selbst verschwindet, sondern schließlich einen konstanten Wert erreichen wird.

Lösung Aufgabe 6.3
Für C' ist
$$\eta' = \frac{Q_2' - |Q_1'|}{Q_2'}, \qquad \text{also} \qquad \frac{|Q_1'|}{Q_2'} = 1 - \eta',$$

A.2 LÖSUNGEN DER AUFGABEN

entsprechend für C''. Damit folgt für den Wirkungsgrad des Gesamtprozesses

$$\begin{aligned} \eta &= \frac{A' + A''}{Q'_2 + Q''_2} = 1 - \frac{|Q'_1| + |Q''_1|}{Q'_2 + Q''_2} \\ &= 1 - \frac{(1 - \eta')\, Q'_2 + (1 - \eta'')\, Q''_2}{Q'_2 + Q''_2}. \end{aligned}$$

Es sei $\eta' \geq \eta''$. Weil $1 - \eta', 1 - \eta'', Q'_2, Q''_2$ positive Größen sind, ist

$$1 - \eta' \leq \frac{(1 - \eta')\, Q'_2 + (1 - \eta'')\, Q''_2}{Q'_2 + Q''_2} \leq 1 - \eta'',$$

und das Gleicheitszeichen gilt nur dann, wenn $\eta' = \eta''$. Daraus folgt sofort

$$\eta'' = \mathrm{Min}(\eta', \eta'') \leq \eta \leq \mathrm{Max}(\eta', \eta'') = \eta'.$$

Lösung Aufgabe 6.4

Jede periodisch arbeitende Maschine lässt sich durch eine geschlossene Kurve im

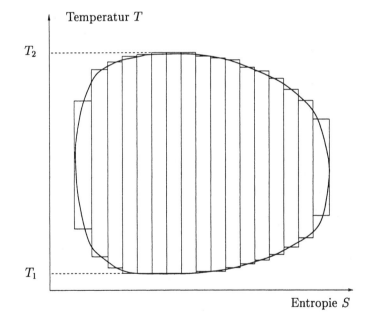

Abbildung 2: Approximation eines beliebigen Prozesses in der $T - S$-Ebene durch parallel geschaltete Carnot-Zyklen

$T - S$-Diagramm darstellen. Dieser Zyklus wird durch Parallelen zur T-Achse in

Carnot-Teilzyklen aufgeteilt, vgl. Abbildung 2. Bei hinreichend feiner Aufteilung repräsentieren die parallel geschalteten, d.h. mechanisch verkoppelten, aber thermisch unabhängigen Carnot-Teilzyklen den Original-Prozess mit beliebiger Genauigkeit. Nach dem Ergebnis der Aufgabe 6.3 ist der Wirkungsgrad η des Gesamtprozesses nicht größer als der maximale Wirkungsgrad η_{max} der Carnot-Teilzyklen, und dieser ist höchstens gleich seinem Idealwert (ohne entropische Verluste) $1-T_1^*/T_2^*$. Da nach Voraussetzung $T_2^* \leq T_2$ und $T_1^* \geq T_1$, gilt insgesamt

$$\eta \leq \eta_{max} \leq 1 - \frac{T_1^*}{T_2^*} \leq 1 - \frac{T_1}{T_2}.$$

Lösung Aufgabe 6.5

Es ist analog zum Abschnitt 6.5

$$\left(\frac{\delta Q}{\delta V}\right)_\tau = T \left(\frac{\partial S}{\partial V}\right)_T = T \left(\frac{\partial p}{\partial T}\right)_V = T \left(\frac{\partial p}{\partial \tau}\right)_V \frac{d\tau}{dT},$$

worin wir eine Maxwell-Relation aus der Fundamentalrelation für die freie Energie verwendet haben. Wir erhalten also

$$\frac{dT}{T\,d\tau} = \frac{d}{d\tau} \ln T(\tau) = \frac{(\partial p/\partial \tau)_V}{(\delta Q/\delta V)_\tau}.$$

Zu messen ist außer $(\delta Q/\delta V)_\tau$ die Druckänderung $(\partial p/\partial \tau)_V$ pro änderung der empirischen Temperatur τ bei festem Volumen.

Lösung Aufgabe 7.1

a) In dem System gibt es drei Variablen bzw. Kombinationen mit der Dimension der Energie, nämlich T, ϵ, pV und U. Das korrekte Verhalten in Bezug auf die physikalischen Dimensionen und auf extensive und intensive Variablen führt auf den Ansatz

$$U = N\epsilon f\left(\frac{T}{\epsilon}, \frac{pV}{N\epsilon}\right)$$

mit einer zunächst beliebigen Funktion $f(x,y)$. Hierin ist außerdem die Zustands-Gleichung $p = p(T,V,N)$ einzusetzen, damit $U = U(T,V,N)$. Wegen der Voraussetzung $(\partial U/\partial V)_{T,N} = 0$ reduziert sich dieser Ansatz auf

$$U = N\epsilon f\left(\frac{T}{\epsilon}\right).$$

Mit denselben Argumenten lautet der Ansatz für pV

$$pV = N\epsilon g\left(\frac{T}{\epsilon}, \frac{U}{N\epsilon}\right).$$

A.2 LÖSUNGEN DER AUFGABEN

Da $U/(N\epsilon)$ aber nur von T/ϵ abhängt, reduziert sich dieser Ansatz auf
$$pV = N\epsilon g\left(\frac{T}{\epsilon}\right).$$
Nun folgt aus
$$\left(\frac{\partial U}{\partial V}\right)_{T,N} = T\left(\frac{\partial p}{\partial T}\right)_{V,N} - p = 0,$$
dass für V, N =const
$$\frac{dp}{p} = \frac{dT}{T}, \quad \Longrightarrow \quad p \sim T.$$
In $pV = N\epsilon g(T/\epsilon)$ muss also $g(T/\epsilon) = kT/\epsilon$ mit einer Proportionalitäts-Konstanten k sein, d.h.
$$pV = kNT.$$

b) Wenn $U = N\epsilon f(T/\epsilon)$ nicht von ϵ abhängt, schließen wir
$$\frac{\partial U}{\partial \epsilon} = N f\left(\frac{T}{\epsilon}\right) - \frac{NT}{\epsilon} f'\left(\frac{T}{\epsilon}\right) = 0$$
bzw. mit $x := T/\epsilon$
$$f(x) - x f'(x) = 0 \quad \Longrightarrow \quad f(x) = \alpha x,$$
worin $f'(x)$ die Ableitung von $f(x)$ nach x bedeutet und α eine weitere Proportionalitäts-Konstante ist. Damit erhalten wir
$$U = \alpha NT.$$

Es ergibt sich also das ideale Gas, wobei nur noch die Konstanten k und α offen bleiben.

Lösung Aufgabe 7.2

Da beim Drosselversuch $A \to B$ von Gay-Lussac bei einem idealen Gas die Temperatur und natürlich auch die Teilchenzahlen konstant bleiben, also $T_A = T_B =: T$ und $N_A = N_B =: N$, gilt für die Zunahme der Entropie
$$\begin{aligned}\Delta S &= S(T_B, V_B, N_B) - S(T_A, V_A, N_A) \\ &= N\left[s(T, V_B/N) - s(T, V_A/N)\right] \\ &= N \ln(V_B/V_A) = \ln(V_B/V_A)^N.\end{aligned}$$

Im Kapitel 2 war die Entropie als Logarithmus der Anzahl der Mikrozustände eines Systems eingeführt worden. Folglich ist $(V_B/V_A)^N$ das Verhältnis der Mikrozustände des idealen Gases in den Zuständen B und A. Dem entspricht die Vorstellung, dass für ein einzelnes Teilchen die Anzahl der Mikrozustände proportional dem Volumen ist, das dem Teilchen für seine Bewegungen zur Verfügung steht, und für ein Gas unabhängiger, d.h., nicht-wechselwirkender Teilchen in einem idealen Gas sich die Anzahlen von Mikrozuständen multiplizieren.

Lösung Aufgabe 7.3
Aus
$$p = \frac{T}{v-b} = \frac{cT}{1-bc}$$
folgt zunächst
$$T\left(\frac{\partial p}{\partial T}\right)_c - p = 0,$$
so dass
$$\left(\frac{\partial U}{\partial V}\right)_{T,N} = -c^2\left(\frac{\partial u}{\partial c}\right)_T = 0, \qquad U(T,V,N) = N\,u(T).$$

Die Potenzreihen-Entwicklung von p nach c ergibt
$$p = \frac{cT}{1-bc} = cT\sum_{\nu=0}^{\infty}(bc)^\nu = T\sum_{\nu=1}^{\infty} b^{\nu-1} c^\nu,$$

also in der Schreibweise des Abschnitts 7.2 $b_\nu(T) = b^{\nu-1}T$. Für die isotherme Kompressibilität finden wir
$$\kappa_T = -\frac{1}{v}\left(\frac{\partial v}{\partial p}\right)_T = \frac{(v-b)^2}{Tv} = \frac{T}{p(bp+T)},$$

und für den Ausdehnungskoeffizienten
$$\alpha = \frac{1}{v}\left(\frac{\partial v}{\partial T}\right)_p = \frac{1}{pv} = \frac{v-b}{Tv} = \frac{1}{bp+T}.$$

Durch Einsetzen folgt daraus weiter
$$\frac{C_p - C_V}{N} = \frac{\alpha^2 T v}{\kappa_T} = 1.$$

Wenn wir auch hier wieder $C_p/C_V = \gamma$ =const, d.h. konstante Wärmekapazitäten annehmen, finden wir für die adiabatische Zustandsgleichung ganz analog zum Fall des idealen Gases mit $b = 0$
$$p\,(v-b)^\gamma = \text{const}.$$

Auch alle übrigen thermodynamischen Beziehungen folgen aus denen des idealen Gases im Abschnitt 7.2, wenn wir dort jeweils v durch $v - b$ ersetzen.

Lösung Aufgabe 7.4
Für $C_p/C_V = \gamma$ =const folgt, wie im Abschnitt 7.2 gezeigt, für ein ideales Gas $C_V = N/(\gamma - 1)$ und $C_p = N\gamma/(\gamma - 1)$. Die Entropie pro Teilchen für ein ideales Gas lautet gemäß Abschnitt 7.2
$$s(T,v) = s_0(T) + \ln v,$$

A.2 LÖSUNGEN DER AUFGABEN

worin $s_0'(T) = C_V/(NT)$, also

$$s_0'(T) = \frac{1}{(\gamma-1)T}$$

und nach Integration

$$s_0(T) = \frac{1}{\gamma-1} \ln T + s_0.$$

Einsetzen in $s(T,v)$ führt auf

$$s(T,v) = s_0 + \frac{1}{\gamma-1} \ln T + \ln v.$$

Die adiabatische Zustandsgleichung ist durch $s = $ const definiert, also

$$\frac{1}{\gamma-1} \ln T + \ln v = \text{const},$$

$$T v^{\gamma-1} = \text{const}.$$

Das ist die adiabatische Zustandsgleichung für die Variablen T, v. Die anderen Formen folgen daraus durch Elimination von T oder v mit der Zustandsgleichung $pv = T$.

Lösung Aufgabe 7.5

Wir schreiben die freie Energie in der Form $F(T,V,N) = N f(T,c)$. Dann muss mit $c = N/V$ bei $N = $ const

$$-\left(\frac{\partial F}{\partial V}\right)_{T,N} = c^2 \left(\frac{\partial f(T,c)}{\partial c}\right)_T = p(T,c)$$

sein. Einsetzen der Potenzreihe für p aus dem Abschnitt 7.1 (mit $b_0(T) = 0$) führt auf

$$\left(\frac{\partial f(T,c)}{\partial c}\right)_T = \frac{b_1(T)}{c} + \sum_{\nu=2}^{\infty} b_\nu(T) c^{\nu-2},$$

und weiter durch Integration nach c auf

$$f(T,c) = b_1(T) \ln c + f_0(T) + \sum_{\nu=2}^{\infty} \frac{b_\nu(T)}{\nu-1} c^{\nu-1}$$

$$= b_1(T) \ln c + \sum_{\nu=0}^{\infty} f_\nu(T) c^\nu,$$

worin

$$f_\nu(T) = \frac{b_{\nu+1}}{\nu}, \quad \nu \geq 1.$$

$f_0(T)$ bleibt unbestimmt. Für $f(T,c)$ existiert also keine Potenzreihe in c, weil sich $f(T,c)$ für $c \to 0$ logarithmisch singulär verhält. Das war nach den Ergebnissen im Abschnitt 7.2 natürlich zu erwarten. Für das chemische Potential erhalten wir daraus

$$\begin{aligned}\mu(T,c) &= f(T,c) + pv = f(T,c) + p/c \\ &= b_1(T) \ln c + \sum_{\nu=0}^{\infty} [f_\nu(T) + b_{\nu+1}(T)] \, c^\nu \\ &= b_1(T) \ln c + f_0(T) + b_1(T) + \sum_{\nu=1}^{\infty} \frac{\nu+1}{\nu} b_{\nu+1}(T) \, c^\nu.\end{aligned}$$

Wenn wir außerdem noch voraussetzen, dass die innere Energie pro Teilchen $u(T,c)$ in eine Potenzreihe nach c entwickelbar ist, folgt auch wieder $b_1(T) = T$ wie im Abschnitt 7.1.

Lösung Aufgabe 8.1

Der kritische Punkt v_c, p_c, T_c ist bestimmt durch $p_c = p(v_c, T_c)$ und

$$\left(\frac{\partial p}{\partial v}\right)_c = 0, \qquad \left(\frac{\partial^2 p}{\partial v^2}\right)_c = 0.$$

Der Index c bedeutet, dass $v = v_c$ und $T = T_c$ zu setzen ist. Wir berechnen

$$\left(\frac{\partial p}{\partial v}\right)_{T_c} = \left[-\frac{T}{(v-b)^2} + \frac{a}{v^2\,(v-b)}\right] \exp\left(-\frac{a}{Tv}\right),$$

$$\left(\frac{\partial^2 p}{\partial v^2}\right)_{T_c} = \left[\frac{2T}{(v-b)^3} - \frac{a\,(4v-2b)}{v^3\,(v-b)^2} + \frac{a^2}{Tv^4\,(v-b)}\right] \exp\left(-\frac{a}{Tv}\right).$$

Aus $(\partial p/\partial v)_T = 0$ eliminieren wir zunächst

$$T_c = a\,\frac{v_c - b}{v_c^2},$$

eingesetzt in $(\partial^2 p/\partial v^2)_T = 0$ führt auf

$$v_c = 2b,$$

so dass

$$T_c = \frac{a}{4b}.$$

Einsetzen von v_c und T_c in die Dietrici–Zustandsgleichung liefert

$$p_c = \frac{a}{4b^2\,e^2}.$$

Mit $x := v/v_c$, $y := p/p_c$ und $t := T/T_c$ finden wir die skalierte Zustandsgleichung

$$y = \frac{t}{2x-1} \exp\left[-2\left(\frac{1}{tx} - 1\right)\right].$$

A.2 LÖSUNGEN DER AUFGABEN 537

Zum vollständigen Nachweis, dass das Dietrici-Modell Kondensation beschreibt, gehört noch der Nachweis, dass der Druck p als Funktion des Volumens v in $T < T_c$ zwei Extrema besitzt, bzw., dass $(\partial p/\partial v)_T$ zwei (reelle, positive) Nullstellen in $T < T_c$ besitzt. $(\partial p/\partial v)_T = 0$ führt auf eine quadratische Gleichung mit den Lösungen

$$v = \frac{a}{2T} \pm \sqrt{\left(\frac{a}{2T}\right)^2 - \frac{ab}{T}},$$

die genau dann reell und positiv sind, wenn

$$T < \frac{a}{4b} = T_c.$$

Der Realgasfaktor des Modells lautet

$$\frac{T_c}{p_c v_c} = \frac{e^2}{2} = 3,69\ldots,$$

liegt also sehr viel näher an den experimentellen Werten als der des van der Waals-Modells.

Lösung Aufgabe 8.2

a) Wir berechnen U, S, F als Werte pro Teilchen: $u = U/N$, $s = S/N$, $f = F/N$. Wir beginnen mit $(\partial u/\partial v)_T$. Durch Einsetzen der van der Waals-Zustandsgleichung

$$p = \frac{T}{v-b} - \frac{a}{v^2}$$

erhalten wir

$$\left(\frac{\partial u}{\partial v}\right)_T = T\left(\frac{\partial p}{\partial T}\right)_v - p = \frac{a}{v^2},$$

so dass durch Integration nach v

$$u(T, v) = u_0(T) - \frac{a}{v}.$$

Aus der Fundamentalrelation $df = -s\,dT - p\,dv$ für die freie Energie pro Teilchen folgt als Maxwell-Relation

$$\left(\frac{\partial s}{\partial v}\right)_T = \left(\frac{\partial p}{\partial T}\right)_v = \frac{1}{v-b},$$

worin wir im letzten Schritt wieder die van der Waals-Zustandsgleichung verwendet haben. Daraus folgt durch Integration nach v

$$s(T, v) = s_0(T) + \ln(v-b).$$

Wegen $(\partial u/\partial T)_v = T\,(\partial s/\partial T)_v$ hängt $s_0(T)$ mit $u_0(T)$ durch $s_0'(T) = u_0'(T)/T$ zusammen (u_0' bedeutet die Ableitung nach T). Daraus ergibt sich für die freie Energie $f = u - T s$, dass

$$f(T,v) = f_0(T) - T \ln(v-b) - \frac{a}{v}, \qquad f_0(T) = u_0(T) - T\,s_0(T).$$

Aus der van der Waals–Zustandsgleichung folgt weiter

$$\left(\frac{\partial p}{\partial v}\right)_T = -\frac{T}{(v-b)^2} + \frac{2a}{v^3},$$

also für die isotherme Kompressibilität

$$\kappa_T = -\frac{1}{v}\left(\frac{\partial v}{\partial p}\right)_T = \frac{(v-b)^2}{Tv}\left[1 - \frac{2a(v-b)^2}{Tv^3}\right]^{-1}.$$

Die Modifikation der formalen van der Waals-Isotherme erfolgt so, dass die Bereiche mit $(\partial p/\partial v)_T > 0$ nicht auftreten. Allerdings ist im Kondensationsbereich $(\partial p/\partial v)_T = 0$, also $\kappa_T = \infty$, d.h., dort ist das System mechanisch instabil. Diese Diskussion schließt den kritischen Punkt nicht ein, vgl. dazu Teil b). Für den Ausdehnungskoeffizienten α erhalten wir aus

$$\alpha = \kappa_T \left(\frac{\partial p}{\partial T}\right)_v = \frac{\kappa_T}{v-b},$$

vgl. Abschnitt 5.4, dass

$$\alpha = \frac{v-b}{Tv}\left[1 - \frac{2a(v-b)^2}{Tv^3}\right]^{-1}.$$

Da $v > b$, verhält sich α in gleicher Weise wie κ_T. Für C_p erhalten wir durch Einsetzen der obigen Ergebnisse

$$\begin{aligned}\frac{C_p}{N} &= \frac{C_V}{N} + \frac{\alpha^2 Tv}{\kappa_T}\\ &= u_0'(T) + \left[1 - \frac{2a(v-b)^2}{Tv^3}\right]^{-1}.\end{aligned}$$

b) Wenn wir die kritischen Werte des van der Waals–Modells $v_c = 3b$ und $T_c = 8a/(27b)$ aus dem Abschnitt 8.4 einsetzen, wird

$$\left[1 - \frac{2a(v-b)^2}{Tv^3}\right]^{-1} = \infty,$$

d.h., κ_T, α und C_p werden dort singulär. Aus diesem Grund entwickeln wir durch Verwendung der relativen Variablen

$$\tau := \frac{T - T_c}{T_c}, \qquad \omega := \frac{v - v_c}{v_c}$$

A.2 LÖSUNGEN DER AUFGABEN

um den kritischen Punkt. Durch Einsetzen und elementare Umrechnungen erhalten wir zunächst

$$\frac{2a(v-b)^2}{Tv^3} = \frac{(1+3\omega/2)^2}{(1+\tau)(1+\omega)^3}.$$

Wir diskutieren die Annäherung an den kritischen Punkt $\omega = 0$, $\tau = 0$ auf zwei Wegen, nämlich

(1) $v = v_c$ bzw. $\omega = 0$ mit $\tau \to 0$. Dann wird durch Entwicklung nach τ

$$\left[1 - \frac{2a(v-b)^2}{Tv^3}\right]^{-1} \to \tau^{-1} = \left(\frac{T - T_c}{T_c}\right)^{-1}.$$

(2) $T = T_c$ bzw. $\tau = 0$ mit $\omega \to 0$. Die Entwicklung nach ω ist etwas aufwendiger. In niedrigster nichtverschwindender Ordnung in ω ist zunächst

$$\frac{(1+3\omega/2)^2}{(1+\omega)^3} = 1 - \frac{3}{4}\omega^2 + \ldots,$$

also

$$\left[1 - \frac{2a(v-b)^2}{Tv^3}\right]^{-1} \to \frac{4}{3}\omega^{-2} = \left(\frac{v - v_c}{v_c}\right)^{-2}.$$

Natürlich kann man auch jede andere Kombination von $\tau \to 0$ und $\omega \to 0$ wählen. Auf diese Weise ist das singuläre Verhalten von thermodynamischen Funktionen im Rahmen des van der Waals–Modells bestimmt.

Lösung Aufgabe 8.3

Es sei $u_0(T)$ die innere Energie pro Teilchen des idealen Gases gemäß der Bedingung 3. Diese ist zur inneren Energie $u(T, v)$ des Modells zu ergänzen durch

$$u(T, v) = u_0(T) + u_1(T, v).$$

Da die Wärmekapazität dieselbe sein soll, folgt:

$$\left(\frac{\partial u}{\partial T}\right)_v = \frac{du_0(T)}{dT}, \quad \succ \quad \left(\frac{\partial u_1}{\partial T}\right)_v = 0, \quad u_1(T, v) = u_1(v).$$

Um die Zustandsgleichung $p = p(T, v)$ zu bestimmen, ist

$$T\left(\frac{\partial p}{\partial T}\right)_v - p = u_1(v)$$

zu lösen. Für $v =$const wird daraus die gewöhnliche inhomoge, lineare Differentialgleichung

$$\frac{dp}{dT} - \frac{p}{T} = \frac{u_1(v)}{T}.$$

Wie man sofort erkennt, ist $p = -u_1(v)$ eine partikuläre Lösung und $p_0 = AT$ eine homogene Lösung, wobei A nicht von T, möglicherweise aber von v abhängt, weil v =const sein sollte. Die allgemeine Lösung lautet also

$$p(T, v) = AT - u_1(v).$$

Wir wählen nun $A = 1/(v-b)$. Dann ist das Eigenvolumen b pro Teilchen berücksichtigt, und das Modell erfüllt die Grenzbedingung 3., falls

$$\lim_{v \to \infty} v\, u_1(v) = 0,$$

d.h., $u_1(v)$ muss mit $v \to \infty$ stärker $\to 0$ gehen, als von der Ordnung $1/v$. Es muss $u_1(v) > 0$ sein, damit das Modell eine anziehende Wechselwirkung zwischen den Teilchen beschreibt. Für zunehmendes Volumen v muss der Einfluss der Wechselwirkung monoton abnehmen, woraus folgt, dass $u'_1(v) < 0$. ($u'_1(v)$ bedeutet die Ableitung nach v.)

Hinreichend für die Beschreibung von Kondensation ist, dass $(\partial p/\partial v)_T$ zwei Nullstellen besitzt. Es ist

$$\left(\frac{\partial p}{\partial v}\right)_T = -\frac{T}{(v-b)^2} - u'_1(v).$$

Für hinreichend kleines T kann man immer erreichen, dass es einen v-Bereich gibt, in dem $(\partial p/\partial v)_T$ positiv wird, weil $-u'_1(v) > 0$. Für $v \to b$ (aber $v > b$) wird $(\partial p/\partial v)_T < 0$, ebenso für $v \to \infty$, weil $-u'_1(v)$ stärker abnimmt als $T/(v-b)^2$. Also gibt es immer zwei Nullstellen von $(\partial p/\partial v)_T$.

Das van der Waals-Modell mit $u_1(v) = a/v^2$ (mit $a > 0$) ist die einfachste Version eines solchen Modells, die man sich zudem noch aus einer Virialentwicklung nach $c = 1/v$ entstanden denken kann.

Lösung Aufgabe 8.4

a) Wir benutzen die kritisch skalierte Form der van der Waals-Zustandsgleichung. Aufgrund der Maxwell-Konstruktion sind der Dampfdruck $y_D = p_D/p_c$ und die Grenzen des Koexistenzgebiets zu einer Temperatur $t = T/T_c$ bestimmt durch

$$\int_{x_1}^{x_3} dx \left(\frac{8t}{3x-1} - \frac{3}{x^2}\right) = y_D(x_3 - x_1),$$

worin x_1 und x_3 die kleinste und die größte der drei Lösungen von

$$\frac{8t}{3x-1} - \frac{3}{x^2} = y_D$$

sind. Die Integration lässt sich elementar durchführen und führt auf die Bedingung

$$I(x_1, x_3) := \frac{8t}{3(x_3 - x_1)} \ln \frac{3x_3 - 1}{3x_1 - 1} - \frac{3}{x_1 x_3} = y_D.$$

Die Bestimmung von x_1, x_3 und y_D ist also ein implizites Problem, das durch eine geeignete Iteration zu lösen ist. Das dabei auftretende Problem der Berechnung von x_1, x_2, x_3 als Lösung der Zustandsgleichung zu einem vorgegebenen Druck y_D führt auf die Lösung der kubischen Gleichung

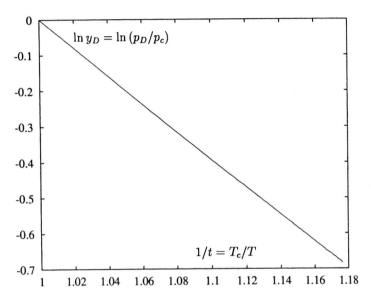

Abbildung 3: Logarithmische Auftragung des Dampfdrucks $y_D = p_D/p_c$ als Funktion der inversen Temperatur $1/t = T_c/T$ zur überprüfung der Clausius–Clapeyron–Gleichung.

$$P_3(x) := A x^3 + B x^2 + C x + D = 0$$

mit
$$A = 3 y_D, \ B = -y_D - 8 t, \ C = 9, \ D = -3.$$

Die Lösung der kubischen Gleichung $P_3(x) = 0$ kann man vermeiden, indem man die Iteration mit einer vorzugebenen Nullstelle x_1 beginnt und dazu aus der Zustandsgleichung den Druck y_D bestimmt. Wenn nämlich bereits eine Nullstelle des Polynoms 3. Ordnung $P_3(x)$ bekannt ist, lassen sich die beiden übrigen aus einer nur noch quadratischen Gleichung bestimmen. Dazu subtrahieren wir $P_3(x_1) = 0$ von $P_3(x) = 0$ und dividieren durch $x - x_1$. Diese Umformung führt auf

$$P_2(x) = x^2 + P x + Q = 0, \qquad P = x_1 + \frac{B}{A}, \ Q = x_1 \left(x_1 + \frac{B}{A} \right) + \frac{C}{A}$$

Der Algorithmus lautet dann:

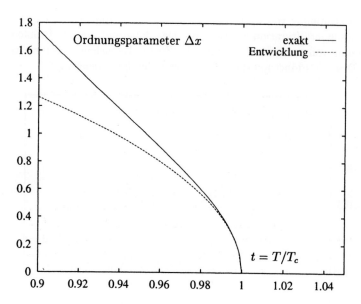

Abbildung 4: Numerische Auswertung des Ordnungsparameters aus der van der Waals–Zustandsgleichung (durchgezogen) im Vergleich zur Entwicklung um den kritischen Punkt.

- (a) Eingabe von $t = T/T_c$,
- (b) Eingabe eines Wertes x_1, Berechnung des zugehörigen y_D aus der Zustandsgleichung,
- (c) Berechnung von x_2, x_3 aus der quadratischen Gleichung $P_2(x) = 0$, Kontrolle, ob $x_1 < x_2 < x_3$,
- (d) Kontrolle, ob $I(x_1, x_3) = y_D$ und Korrektur von x_1 nach oben, falls $I(x_1, x_3) < y_D$ und umgekehrt. Zurück zum Schritt b), bis eine hinreichende Genauigkeit erreicht ist.

Im letzten Schritt wird man zwei x_1-Werte suchen, für die $I(x_1, x_3) < y_D$ bzw. $I(x_1, x_3) > y_D$, und dann eine Intervallschachtelung durchführen. Die Grenzen des Koexistenzgebietes lassen sich grafisch in der x–y-Ebene darstellen, indem man dort y_D zum einen als Funktion von x_1 und zum anderen von x_3 aufträgt.

b) Die approximativ integrierte Clausius–Clapeyron–Gleichung im Abschnitt 8.3 ergab

$$\ln \frac{p_D}{p_0} = -\frac{\ell}{T},$$

A.2 LÖSUNGEN DER AUFGABEN 543

was sich auch durch
$$\ln y_D = -\frac{\ell}{T} + \text{const}$$
mit $y_D = p_D/p_c$ ausdrücken lässt. Wenn wir die im Teil a) ermittelten Werte von y_D in der Form $\ln y_D$ als Funktion von $1/t = T_c/T$ auftragen, sollten wir eine Gerade finden, wenn die Vorhersage der integrierten Clausius–Clapeyron-Gleichung zutrifft. Die Abbildung 3 bestätigt diese Vorhersage.

c) Das Ergebnis der Entwicklung des Ordnungsparameters Δx in der Nähe des kritischen Punktes aus dem Abschnitt 8.5 lautete
$$\Delta x = 4\sqrt{1-t}, \qquad t = T/T_c.$$
Numerisch kann der Ordnungsparameter aus der van der Waals-Zustandsgleichung als $\Delta x = x_3 - x_1$ ausgewertet werden, worin x_3 und x_1 die Koexistenzgrenzen zu einer gegebenen reduzierten Temperatur t sind. Letztere können wir durch den Algorithmus im Teil a) bestimmen. Die Abbildung 4 zeigt das Ergebnis des Vergleichs. Der Vergleich zeigt, dass die Entwicklung in der Nähe des kritischen Punktes höchstens bis $t \approx 0,99$ herunterreicht.

Lösung Aufgabe 9.1

Zu gegebenem $\Lambda(\eta)$ bestimmen wir die Funktionen $\Phi(\eta)$ und $\sigma(\eta)$ und können mit $\eta = m B_0/T$ (vgl. Abschnitt 9.1.) damit darstellen
$$S = S_0 + N\sigma(\eta), \qquad F = F_0 - NT\Phi(\eta), \qquad U = U_0 - NT\eta\Lambda(\eta)$$

(A)
$$\begin{aligned}
\Lambda(\eta) &= \frac{2}{\pi} \arctan \eta, \\
\Phi(\eta) &= \int_0^\eta d\eta'\, \Lambda(\eta') = \frac{2}{\pi} \int_0^\eta d\eta'\, \arctan \eta' \\
&= \frac{2\eta}{\pi} \arctan \eta - \frac{1}{\pi} \ln(1+\eta^2), \\
\sigma(\eta) &= -\eta \Lambda(\eta) + \Phi(\eta) = -\frac{1}{\pi} \ln(1+\eta^2).
\end{aligned}$$

(B)
$$\begin{aligned}
\Lambda(\eta) &= \frac{\eta}{\sqrt{1+\eta^2}}, \\
\Phi(\eta) &= \int_0^\eta d\eta'\, \Lambda(\eta') = \int_0^\eta d\eta'\, \frac{\eta'}{\sqrt{1+\eta'^2}} \\
&= \sqrt{1+\eta^2} - 1, \\
\sigma(\eta) &= -\eta \Lambda(\eta) + \Phi(\eta) = \frac{1}{\sqrt{1+\eta^2}} - 1.
\end{aligned}$$

In beiden Modellen ist $\sigma(\eta) \leq 0$ sehr klar erkennbar.

Lösung Aufgabe 9.2

Ausgangspunkt unserer Umrechnungen ist die Fundamentalrelation für die innere Energie U aus dem Abschnitt 4.5:

$$\begin{aligned} dU &= T\,dS + V\,B_0\,dM \\ &= T\left(\frac{\partial S}{\partial T}\right)_M dT + \left[V\,B_0 + T\left(\frac{\partial S}{\partial M}\right)_T\right] dM, \end{aligned}$$

so dass

$$\left(\frac{\partial U}{\partial M}\right)_T = V\,B_0 + T\left(\frac{\partial S}{\partial M}\right)_T.$$

Aus der Fundamentalrelation $dF = -S\,dT + V\,B_0\,dM$ der freien Energie $F = F(T,M)$, vgl. ebenfalls Abschnitt 4.5, folgt als Maxwell–Relation

$$\left(\frac{\partial S}{\partial M}\right)_T = -V\left(\frac{\partial B_0}{\partial T}\right)_M,$$

so dass

$$\left(\frac{\partial U}{\partial M}\right)_T = V\left[B_0 - T\left(\frac{\partial B_0}{\partial T}\right)_M\right].$$

Wenn M eine Funktion von B_0/T ist, $M = f(B_0/T)$, dann folgt daraus durch Umkehrung $B_0 = T\,g(M)$. Hier sind $f(\ldots)$ und $g(\ldots)$ Funktionen, deren Form wir gar nicht benötigen, denn aus $B_0 = T\,g(M)$ folgt

$$T\left(\frac{\partial B_0}{\partial T}\right)_M = T\,g(M) = B_0$$

und somit $(\partial U/\partial M)_T = 0$.

Lösung Aufgabe 9.3

Die skalierte Magnetisierung x als Funktion des skalierten äußeren Feldes y ist gemäß Abschnitt 9.2 zu berechnen aus

$$x = \Lambda\left(\frac{x+y}{\alpha t}\right)$$

α ist darin der Koeffizient des linearen Terms einer Entwicklung für kleine η in $\Lambda(\eta) = \alpha\,\eta + \ldots$. Seine Werte sind

E: $\alpha = 1$, K: $\alpha = 1/3$, A: $\alpha = 2/\pi$, B: $\alpha = 1$.

Es ist nicht möglich, formal x als Funktion von y zu eliminieren, weil diese für $t < 1$ mehrdeutig ist. Möglicherweise lässt sich aber y als Funktion von x durch eine

A.2 LÖSUNGEN DER AUFGABEN

elementare Umformung darstellen, nämlich für die Modelle E, A und B:

$$\text{Modell E:} \quad y = \frac{t}{2} \ln \frac{1+x}{1-x} - x,$$

$$\text{Modell A:} \quad y = \frac{2t}{\pi} \tan\left(\frac{\pi x}{2}\right) - x,$$

$$\text{Modell B:} \quad y = \frac{tx}{\sqrt{1-x^2}} - x,$$

jedoch nicht explizit für das Modell K. Allerdings ist eine solche Darstellung für die numerische Auswertung zwecks grafischer Darstellung nicht erforderlich. Ein allgemein verwendbarer Algorithmus startet mit der Eingabe von $\eta = (x+y)/(\alpha t)$, berechnet im zweiten Schritt $x = \Lambda(\eta)$ und daraus im dritten Schritt $y = \alpha t \eta - x$. Die Abbildung 5 zeigt den Vergleich der auf diese Weise numerisch ausgewerteten Modelle K, E, A und B.

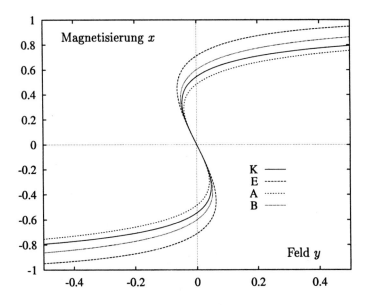

Abbildung 5: Skalierte Magnetisierung x als Funktion des skalierten Feldes y für die Modelle K, E, A und B.

Lösung Aufgabe 9.4

Wir schreiben die freie Enthalpie in der skalierten Form

$$G = \frac{t-1}{2} x^2 + r x^3 + \frac{1}{4} x^4.$$

Aus $\delta G = 0$ folgt (außer der Lösung $x = 0$)

$$(t-1)\,x + 3\,r\,x^2 + x^3 = 0, \qquad x_{1,2} = -\frac{3\,r}{2} \mp \sqrt{\left(\frac{3\,r}{2}\right)^2 - t + 1}.$$

Die Zählung von $x_{1,2}$ sei $x_1 < x_2$. Extrema existieren also, wenn

$$\left(\frac{3\,r}{2}\right)^2 \geq t - 1,$$

insbesondere für $t < 1$ oder $T < T_c$. Wir untersuchen die lokale Stabilität der Extrema durch Berechnung von $\partial^2 G/\partial x^2$. Das Ergebnis der Rechnung lautet

$$\left(\frac{\partial^2 G}{\partial x^2}\right)_{x_{1,2}} = 2\left[\left(\frac{3r}{2}\right)^2 - t + 1\right] \pm 3\,r\sqrt{\left(\frac{3r}{2}\right)^2 - t + 1}.$$

Die lokale Stabilitätsbedingung $\partial^2 G/\partial x^2 > 0$ führt nach einer kurzen Rechnung auf $t < 1$: nur im unterkritischen Bereich sind beide Werte $x_{1,2}$ jeweils lokal stabil. Dabei gibt es aber keine Beschränkung für r. Für die Lösung $x = 0$ wird $\partial^2 G/\partial x^2 = t - 1$: diese Lösung ist nur in $t > 1$ stabil. Schließlich untersuchen wir die globale, relative Stabilität zwischen x_1 und x_2 durch Vergleich von $G_1 = G(x_1)$ und $G_2 = G(x_2)$. Sei $\Delta G := G_2 - G_1$:

$$\begin{aligned}
\Delta G &= \frac{t-1}{2}\left(x_2^2 - x_1^2\right) + r\left(x_2^3 - x_1^3\right) + \frac{1}{4}\left(x_2^4 - x_1^4\right) \\
&= \Big[\frac{t-1}{2}\left(x_1 + x_2\right) + r\left(x_2^2 + x_2 x_1 + x_1^2\right) + \\
&\qquad + \frac{1}{4}\left(x_2^2 + x_1^2\right)(x_2 + x_1)\Big](x_2 - x_1) \\
&= 2r\left[\left(\frac{3r}{2}\right)^2 - t + 1\right]^{3/2}.
\end{aligned}$$

In $t < 1$ ist hier die Klammer $[\ldots]$ reell und positiv. ΔG ändert mit r sein Vorzeichen: bei $r > 0$ ist $\Delta G > 0$, d.h., x_1 global stabiler als x_2 und umgekehrt, wenn $r < 0$. Der Phasenübergang findet (abgesehen von möglichen Hysterese-Vorgängen) bei $r = 0$ statt. Der Sprung des Ordnungsparameters ist dort

$$\Delta x = (x_2 - x_1)_{r=0} = 2\sqrt{1-t}.$$

Lösung Aufgabe 10.1

Die Wärmekapazität C lässt sich gemäß Abschnitt 5.4 berechnen durch

$$C(T) = \frac{\partial U}{\partial T} = \frac{N\epsilon^2}{T^2}\exp\left(-\frac{\epsilon}{T}\right).$$

Der Limes $T \to 0$ ist (mit $\epsilon > 0$) äquivalent zu $\xi := \epsilon/T \to \infty$, so dass

$$C(T) = N\xi^2 e^{-\xi} \xrightarrow{\xi \to \infty} 0.$$

A.2 LÖSUNGEN DER AUFGABEN

Die Wärmekapazität erfüllt also den dritten Hauptsatz. Die Entropie berechnen wir aus

$$C(T) = T \frac{\partial S(T)}{\partial T}$$

zu

$$S(T) = \int_0^T dT' \frac{C(T')}{T'} = N\epsilon^2 \int_0^T \frac{dT'}{T'^3} \exp\left(-\frac{\epsilon}{T'}\right).$$

Eine formal mögliche additive Integrationskonstante haben wir zu Null gesetzt, weil anderenfalls der dritte Hauptsatz keinesfalls erfüllbar wäre. Durch Substitution von $\xi' = \epsilon/T'$ wird das Integral elementar lösbar. Nach einer partiellen Integration lautet das Ergebnis

$$S(T) = N\left(1 + \frac{\epsilon}{T}\right)\exp\left(-\frac{\epsilon}{T}\right).$$

Unter Verwendung derselben überlegung wie oben bei der Wärmekapazität geht $S(T) \to 0$ für $T \to 0$: auch die Entropie erfüllt den dritten Hauptsatz.

Lösung Aufgabe 10.2

Ausgangspunkt ist das Curie-Weiß-Gesetz aus dem Abschnitt 9.2,

$$M = \frac{Nm^2}{V}\frac{\alpha B_0}{T - T_c}, \qquad T > T_c.$$

Wenn wir diese Relation in der Form schreiben, die wir in der Theorie des Paramagneten benutzt haben, nämlich

$$M = \frac{Nm}{V}\Lambda(\eta), \qquad \Lambda(\eta) = \alpha\eta, \qquad \eta = \frac{mB_0}{T - T_c},$$

dann können wir die im Abschnitt 9.1 dargestellte Berechnung der Entropie für $\Lambda(\eta) = \alpha\eta$ übernehmen. Die einzige änderung betrifft die Variable η, die beim Paramagneten mit $T_c = 0$ definiert war. Dieser Unterschied ändert jedoch an dem Ergebnis formal nichts, wie sich leicht bestätigen lässt. Für die Entropie des Ferromagneten erhalten wir also

$$S(T, B_0) = S_0(T) - \frac{N\alpha}{2}\left(\frac{mB_0}{T - T_c}\right)^2, \qquad T > T_c$$

Für den adiabatischen Entmagnetisierungsschritt $B \to C$ von der Temperatur $T_B = T_A$ zur Temperatur T_C erhalten wir daraus analog zum Abschnitt 10.3.3

$$S_0(T_C) = S_0(T_A) - \frac{\alpha N}{2}\left(\frac{mB_0}{T_A - T_c}\right)^2, \qquad T_A > T_c,$$

oder mit der Modellannahme $S_0(T) = \Sigma_0 T$

$$T_C = T_A - \frac{\alpha N}{2\Sigma_0}\left(\frac{mB_0}{T_A - T_c}\right)^2, \qquad T_A > T_c.$$

Dieses Ergebnis zeigt zunächst, dass dieser Kühlungsprozess auf den überkritischen Bereich $T > T_c$ beschränkt ist. Im unterkritischen Bereich $T < T_c$ stellt sich eine spontane Magnetisierung ein und verhindert die adiabatische Entmagnetisierung. Für Substanzen, deren Magnetismus von elektronischen Freiheitsgraden getragen wird, endet die Kühlung durch adiabatische Entmagnetisierung aus diesem Grund bei einigen $10^{-3} K$. Wenn man noch weiter abkühlen will, benutzt man den Kernmagnetismus, dessen magnetische Momente zwar um einige 10^{-3} kleiner sind als die der Elektronen, die jedoch wegen $T_c \sim m^2$, vgl. Abschnitt 9.2, eine um fast 10^{-6} niedrigere kritische Temperatur T_c besitzen.

Für $T \to T_c + 0$ steigt der Kühleffekt in unserem Ergebnis $\sim 1/(T - T_c)^2$ an. Das mikroskopische Bild dafür ist, dass in in der Nähe von T_c ein sehr großer Anteil der inneren Energie als Wechselwirkungsenergie zwischen den magnetischen Dipolen gespeichert ist, die unter der Einwirkung des Feldes $B_0 \neq 0$ bereits einen sehr hohen Ordnungsgrad besitzen. Bei adiabatischer Entmagnetisierung $B_0 \to 0$ muss diese Wechselwirkungsenergie auf Kosten thermischer Energie aufgebracht werden, um vollständige magnetische Unordnung wieder herzustellen. Allerdings wird die Dynamik der magnetischen Dipole bei $T \to T_c + 0$ sehr langsam, sogenanntes *critical slowing down*.

Lösung Aufgabe 10.3

Wir stützen uns auf das Ergebnis

$$D = \left(\frac{\partial T}{\partial p}\right)_H = \frac{N}{C_p} \frac{2a/v - 3ab/v^2 - bp}{p - a/v^2 + 2ab/v^3}.$$

aus dem Abschnitt 10.3.1 und transformieren mit

$$v = v_c\, x = 3\, b\, x, \qquad p = p_c\, y = \frac{a}{27\, b^2}\, y,$$

vgl. Abschnitt 8.4, in die kritisch skalierten Variabeln (y, x) anstelle von (p, v). Das Ergebnis der Transformation lässt sich schreiben in der Form

$$D = \frac{N\, b}{C_p} \frac{f(x) - y}{y - g(x)}$$

mit

$$f(x) = \frac{18}{x} - \frac{9}{x^2}, \qquad g(x) = \frac{3}{x^2} - \frac{2}{x^3}.$$

Es ist nun

$$f(x) - g(x) = \frac{18}{x} - \frac{12}{x^2} + \frac{2}{x^3} = \frac{2\,(3\,x - 1)^2}{x^3} \geq 0,$$

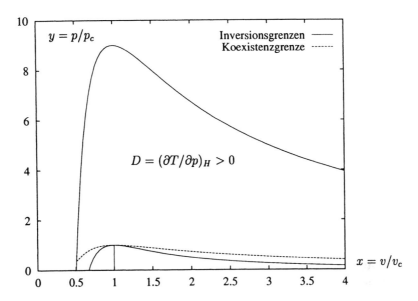

Abbildung 6: Bereiche der Joule-Thomson-Kühlung und Koexistenzbereich im van der Waals-Modell.

so dass die Bedingung für $D = (\partial T/\partial p)_H > 0$ nur in $g(x) < y < f(x)$ erfüllbar ist. Man bestätigt leicht, dass $f(x)$ eine Nullstelle bei $x = 1/2$ und ein Maximum bei $x = 1$ mit dem Wert $f(1) = 9$ besitzt und $g(x)$ eine Nullstelle bei $x = 2/3$ und ein Maximum bei $x = 1$ mit dem Wert $g(1) = 1$ besitzt. Das bedeutet, dass die Funktionen $y = f(x)$ und $y = g(x)$ ein einfach zusammenhängendes Gebiet im positiven Quadranten der (y,x)-Ebene begrenzen, dessen unterer Rand durch den kritischen Punkt $(1,1)$ geht. Die Abbildung 6 zeigt die numerische Auswertung. Dort erkennt man auch, dass der Bereich $D = (\partial T/\partial p)_H > 0$ in den Koexistenzbereich hineinragt. Der experimentelle Ablauf des Joule-Thomson-Prozesses bedingt aber, außerhalb des Koexistenzbereichs zu bleiben, damit keine Kondensation des Arbeitsmittels eintritt.

Lösung Aufgabe 10.4

Es sei n die Anzahl von Atomen im angeregten Zustand. Dann gilt für die Energie $U = n\epsilon$ bzw. $n = U/\epsilon$. Die Entropie übernehmen wir aus dem Modellsystem im Kapitel 2:

$$\begin{aligned} S &= \ln W = \ln \binom{N}{n} = \ln \frac{N!}{n!\,(N-n)!} \\ &= \ln N! - \ln n! - \ln(N-n)! \\ &= N \ln N - n \ln n - (N-n)\ln(N-n) \end{aligned}$$

$$= N \ln N - \frac{U}{\epsilon} \ln \frac{U}{\epsilon} - \left(N - \frac{U}{\epsilon}\right) \ln \left(N - \frac{U}{\epsilon}\right).$$

In dieser Umformung haben wir die Stirling-Formel benutzt und $n = U/\epsilon$ substituiert.

a) Zunächst erkennen wir, dass $S \to 0$ für $U \to 0$. In einem zweiten Schritt bestimmen wir die Temperatur. Durch Differentiation von S nach U finden wir

$$\frac{1}{T} = \frac{\partial S}{\partial U} = \frac{1}{\epsilon} \ln \frac{N - U/\epsilon}{U/\epsilon}.$$

Hieraus entnehmen wir, dass $1/T \to \infty$ bzw. $T \to 0$ für $U \to 0$. Durch Kombination dieser Aussage mit $S \to 0$ für $U \to 0$ folgt auch, dass der 3. Hauptsatz erfüllt ist.

b) Wir lösen das obige Ergebnis, das $1/T$ durch U/ϵ ausdrückt, nach U auf und erhalten

$$U = \frac{N\epsilon}{e^{\epsilon/T} + 1}.$$

Einsetzen in das Ergebnis der Berechnung der Entropie S, ausgedrückt durch U/ϵ, liefert nach einigen elementaren Umformungen

$$S = N \ln \left(1 + e^{-\epsilon/T}\right) + \frac{1}{T} \frac{N\epsilon}{e^{\epsilon/T} + 1}.$$

Hieraus berechnen wir

$$F = U - TS = -NT \ln \left(1 + e^{-\epsilon/T}\right).$$

Lösung Aufgabe 11.1

Die Schwierigkeit der Fragestellung liegt in der Handhabung von $\tau \to \infty$ zusammen mit der Singularität, die in den δ-Funktionen steckt. Wir stellen zunächst die δ-Funktionen durch einen geeigneten Grenzübergang dar,

$$\delta(\xi) = \lim_{\sigma \to 0} D_\sigma(\xi), \quad \text{z.B.} \quad D_\sigma(\xi) = \frac{1}{\sqrt{2\pi}\sigma} \exp\left(-\frac{\xi^2}{2\sigma^2}\right)$$

und definieren

$$\overline{\rho}_{\tau,\sigma} = \frac{1}{\tau} \int_0^\tau dt \, D_\sigma(q - q(t)) \, D_\sigma(p - p(t)).$$

Wir setzen voraus, dass allgemein wie im obigen Beispiel $D_\sigma(-\xi) = D_\sigma(\xi)$ gilt, und führen die folgende Umformung durch:

$$\frac{d}{dt} \left[D_\sigma(q - q(t)) \, D_\sigma(p - p(t))\right] =$$

A.2 LÖSUNGEN DER AUFGABEN

$$
\begin{aligned}
&= -D'_\sigma(q-q(t))\,\dot{q}(t)\,D_\sigma(p-p(t)) - D_\sigma(q-q(t))\,D'_\sigma(p-p(t))\,\dot{p}(t) \\
&= -\frac{\partial}{\partial q}\left[D_\sigma(q-q(t))\,D_\sigma(p-p(t))\right]\frac{\partial H}{\partial p} \\
&\quad +\frac{\partial}{\partial p}\left[D_\sigma(q-q(t))\,D_\sigma(p-p(t))\right]\frac{\partial H}{\partial q} \\
&= -\left\{D_\sigma(q-q(t))\,D_\sigma(p-p(t)),H\right\}.
\end{aligned}
$$

($D'_\sigma(\xi)$ bedeutet die Ableitung nach dem Argument ξ.) Im nächsten Schritt integrieren wir über t von $t = 0$ bis $t = \tau$ und dividieren durch τ:

$$\frac{1}{\tau}\left[D_\sigma(q-q(\tau))\,D_\sigma(p-p(\tau)) - D_\sigma(q-q(0))\,D_\sigma(p-p(0))\right] = -\left\{\overline{\rho}_{\tau,\sigma},H\right\}.$$

Jetzt führen wir zunächst $\tau \to \infty$ aus: da die $D_\sigma(\ldots)$ überall endlich sind, verschwindet die linke Seite. Anschließend führen wir $\sigma \to 0$ aus. Das Resultat lautet

$$\left\{\lim_{\sigma\to 0}\lim_{\tau\to\infty}\overline{\rho}_{\tau,\sigma},H\right\} = 0.$$

Lösung Aufgabe 11.2

Das System besitzt $f = N$ Freiheitsgrade, im thermodynamischen Limes geht $N \to \infty$. Gemäß Abschnitt 11.3 lautet die mikrokanonische Zustandssumme

$$
\begin{aligned}
W &= \Delta U \int d\Gamma\,\delta(H(q,p)-U) \\
&= \frac{\Delta U}{h^N}\prod_{i=1}^{N}\int dq_i\int dp_i\,\delta\left(\sum_{j=1}^{N}\left(\frac{p_j^2}{2m}+\frac{m\omega^2}{2}q_j^2\right)-U\right).
\end{aligned}
$$

Wir substituieren

$$q_i = \sqrt{\frac{2U}{m\omega^2}}\,\xi_i,\qquad p_i = \sqrt{2mU}\,\eta_i$$

und erhalten

$$W = \Delta U\left(\frac{2U}{h\omega}\right)^N\prod_{i=1}^{N}\int d\xi_i\int d\eta_i\,\delta\left(U\sum_{j=1}^{N}(\eta_j^2+\xi_j^2)-U\right)$$

Nun gilt $\delta(k\zeta) = \delta(\zeta)/k$, wie man sofort durch Integration über die Variable ζ bestätigt. Außerdem wählen wir $\Delta U = U$: für ΔU konnte ja sogar eine extensive Energie gewählt werden. Damit erhalten wir

$$
\begin{aligned}
W &= \left(\frac{2U}{h\omega}\right)^N\prod_{i=1}^{N}\int d\xi_i\int d\eta_i\,\delta\left(\sum_{j=1}^{N}(\eta_j^2+\xi_j^2)-1\right), \\
S &= \ln W = N\ln U + \ldots,
\end{aligned}
$$

worin die weiteren Terme nicht mehr von U abhängen.

$$\frac{1}{T} = \frac{\partial S}{\partial U} = \frac{N}{U},\qquad U = NT.$$

Lösung Aufgabe 11.3

Das System hat $f = 3N$ Freiheitsgrade, worin N =Teilchenzahl. Die mikrokanonische Zustandssumme lautet hier

$$W(U,V,N) = \frac{\Delta U}{h^{3N}} \prod_{i=1}^{3N} \int dq_i \int dp_i \, \delta\left(\sum_{j=1}^{3N} \frac{p_j^2}{2m} - U\right).$$

Die $3N$ Integrationen über die q_i ergeben hier insgesamt V^N. In den Integralen über die p_i substituieren wir

$$p_i = \sqrt{2mU}\,\eta_i$$

und erhalten mit der Wahl $\Delta U = U$ (vgl. Aufgabe 2)

$$\begin{aligned} W(U,V,N) &= \frac{\Delta U}{h^{3N}} (2mU)^{3N/2} V^N \prod_{i=1}^{3N} \int d\eta_i \, \delta\left(U\sum_{j=1}^{3N} \eta_j^2 - U\right) \\ &= \left(\frac{2mU}{h^2}\right)^{3N/2} V^N \prod_{i=1}^{3N} \int d\eta_i \, \delta\left(\sum_{j=1}^{3N} \eta_j^2 - 1\right), \\ S(U,V,N) &= \frac{3N}{2} \ln U + N \ln V + \ldots, \end{aligned}$$

worin die weiteren Terme ... jedenfalls nicht mehr von U und V abhängen. Daraus folgt für die Thermodynamik

$$\frac{1}{T} = \left(\frac{\partial S}{\partial U}\right)_{V,N} = \frac{3N}{2}\frac{1}{U}, \qquad U = \frac{3}{2}NT,$$

$$\frac{p}{T} = \left(\frac{\partial S}{\partial V}\right)_{U,N} = \frac{N}{V}, \qquad pV = NT.$$

Wir erhalten also das ideale Gas, vgl. Abschnitt 7.2, und zwar mit einer konstanten Wärmekapazität

$$C_V = \left(\frac{\partial U}{\partial T}\right)_{V,N} = \frac{3}{2}N.$$

Alle weiteren thermodynamischen Eigenschaften folgen aus den obigen Ergebnissen weiter wie im Abschnitt 7.2.

Lösung Aufgabe 11.4

Wir berechnen $\rho^2(t)$:

$$\begin{aligned} \rho^2(t) &= \sum_{s,s'} |s(t)\rangle p(s) \langle s(t)|s'(t)\rangle p(s') \langle s'(t)| \\ &= \sum_s |s(t)\rangle p^2(s) \langle s(t)|, \end{aligned}$$

A.2 LÖSUNGEN DER AUFGABEN

wobei wir vorausgesetzt haben, dass die $|s(t)\rangle$ ortho-normiert sind. Wenn $\rho^2(t)$ identisch mit

$$\rho(t) = \sum_s |s(t)\rangle\, p(s)\, \langle s(t)|$$

sein soll, muss für ein vollständiges System $|s(t)\rangle$ die Bedingung $p^2(s) = p(s)$ erfüllt sein, woraus entweder $p(s) = 0$ oder $p(s) = 1$ folgt. Da die $p(s)$ außerdem aber $p(s) \geq 0$ erfüllen und normiert sind, folgt weiter, dass für genau ein $s = s_0$ $p(s_0) = 1$ und alle anderen $p(s) = 0$, d.h. $p(s) = \delta_{ss_0}$. Der Dichte-Operator lautet dann

$$\rho(t) = |s_0(t)\rangle\langle s_0(t)|$$

und beschreibt eine reine Gesamtheit. Aus der obigen Umformung folgt auch bereits, dass

$$\mathrm{Sp}\left(\rho^2(t)\right) = \sum_s p^2(s) \leq \sum_s p(s) = 1.$$

In der Ungleichung gilt das <-Zeichen, wenn wenigstens für ein s $0 < p(s) < 1$, also keine reine Gesamtheit vorliegt.

Lösung Aufgabe 11.5

Die Hermitizität ist direkt aus der Definition von $\bar{\rho}$ ablesbar. Die Spur von $\bar{\rho}_\tau$ ist

$$\begin{aligned}\mathrm{Sp}(\bar{\rho}_\tau) &= \frac{1}{\tau}\int_0^\tau dt \sum_s \langle s|\Psi(t)\rangle\langle\Psi(t)|s\rangle \\ &= \frac{1}{\tau}\int_0^\tau dt\, \langle\Psi(t)|\Psi(t)\rangle = 1\end{aligned}$$

unter den Annahmen, dass $|\Psi(t)\rangle$ normiert ist und die $|s\rangle$ vollständig sind. Daraus folgt durch den Grenzübergang $\tau \to \infty$ auch $\mathrm{Sp}(\bar{\rho}) = 1$. Da $|\Psi(t)\rangle$ die Schrödinger-Gleichung erfüllt, ist

$$\begin{aligned}i\hbar\frac{\partial}{\partial t}\left(|\Psi(t)\rangle\langle\Psi(t)|\right) &= H|\Psi(t)\rangle\langle\Psi(t)| - |\Psi(t)\rangle\langle\Psi(t)|H \\ &= -[|\Psi(t)\rangle\langle\Psi(t)|, H].\end{aligned}$$

Durch Integration über t von $t = 0$ bis $t = \tau$ und Division durch τ erhalten wir daraus

$$\frac{i\hbar}{\tau}\left(|\Psi(\tau)\rangle\langle\Psi(\tau)| - |\Psi(0)\rangle\langle\Psi(0)|\right) = -[\bar{\rho}_\tau, H].$$

Hieraus folgt die Behauptung durch $\tau \to \infty$, wenn der Ausdruck in $(\ldots)$ auf der linken Seite in geeigneter Weise für $\tau \to \infty$ beschränkt ist, z.B. dadurch, dass die Matrix-Elemente

$$\langle s|\Psi(t)\rangle\langle\Psi(t)|s'\rangle$$

für alle s, s' beschränkt sind.

Lösung Aufgabe 12.1

Es ist $U = CT = C/\beta$ mit $C > 0$ aus Gründen der thermischen Stabilität. Damit wird

$$U = -\frac{\partial}{\partial \beta} \ln Z = \frac{C}{\beta}.$$

Die Integration dieser Beziehung ergibt

$$\ln Z = -C \ln \beta + \text{const}, \quad Z = A\beta^{-C}$$

mit A =const. Wenn wir die Zustandssumme Z nun durch die Zustandsdichte $D(U)$ darstellen, erhalten wir

$$\int_0^\infty dU\, D(U)\, e^{-\beta U} = A\beta^{-C}.$$

Auf der linken Seite steht die sogenannte *Laplace-Transformation* der Zustandsdichte $D(U)$. Wir suchen also diejenige Funktion $D(U)$, deren Laplace-Transformierte sich $\sim \beta^{-C}$ verhält. Die Lösung dieses Problems lautet

$$D(U) = \frac{A}{\Gamma(C)} U^{C-1},$$

worin $\Gamma(z)$ die *Gamma-Funktion*

$$\Gamma(z) := \int_0^\infty d\xi\, \xi^{z-1}\, e^{-\xi}$$

ist. Wir bestätigen diese Lösung sofort durch Einsetzen.

Ein heuristischer Weg zu der obigen Lösung geht über die Umformung

$$A = \int_0^\infty dU\, \beta^C\, D(U)\, e^{-\beta U} = \int_0^\infty d\xi\, \beta^{C-1}\, D(\xi/\beta)\, e^{-\xi}$$

mit der Substitution $\xi = \beta U$ im zweiten Schritt. Dieser Ausdruck soll für beliebige β unabhängig von β sein. Das ist im allgemeinen nur möglich, wenn sich im Integranden des ξ-Integrals β^{C-1} herauskürzt, d.h., wenn

$$D(\xi/\beta) \sim (\xi/\beta)^{C-1},$$

bzw. $D(U) \sim U^{C-1}$. Die noch fehlende Proportionalitätskonstante ermitteln wir durch Einsetzen wie oben. Die Zustandsdichte $D(U)$ muss also eine Potenzfunktion in U sein.

A.2 LÖSUNGEN DER AUFGABEN   555

Lösung Aufgabe 12.2

Die Potenzreihenentwicklung von $D(U)$ beginne mit dem Term $n-$ter Ordnung:

$$D(U) = D_n U^n + \ldots$$

Wir werten die folgenden $U-$Integrale asymptotisch für $\beta \to \infty$ bzw. $T \to 0$ aus, wobei wir $\xi := \beta U$ substituieren:

$$\begin{aligned} Z &= \int_0^\infty dU\, D(U)\, e^{-\beta U} = \beta^{-1} \int_0^\infty d\xi\, D(\xi/\beta)\, e^{-\xi} \\ &\to D_n \beta^{-n-1} \int_0^\infty d\xi\, \xi^n\, e^{-\xi} = D_n\, n!\, \beta^{-n-1} = D_n\, n!\, T^{n+1}, \\ U &= -\frac{\partial \ln Z}{\partial \beta} \to (n+1) \frac{\partial \ln \beta}{\partial \beta} = \frac{n+1}{\beta} = (n+1)\, T \end{aligned}$$

Daraus folgen für die freie Energie F und die Entropie S:

$$\begin{aligned} F &= -T \ln Z \to -T \ln\left(D_n\, n!\, T^{n+1}\right), \\ S &= \frac{U-F}{T} \to n+1 + \ln\left(D_n\, n!\, T^{n+1}\right) = (n+1) \ln T + \ldots, \end{aligned}$$

wobei die Terme in ... unabhängig von T sind. Der 3. Hauptsatz ist also nicht erfüllt. Dieser Schluss gilt sogar dann noch, wenn n eine gebrochene Potenz mit $n+1 > 0$ wäre.

Lösung Aufgabe 12.3

Wir denken uns das System in bewegliche diathermische Wände eingeschlossen, die jedoch für Teilchen undurchlässig sind. In den folgenden Rechnungen ist also stets $N =$konstant. Wir beschränken uns hier auf die Angabe der Ergebnisse, die wir nach den überlegungen zur Konstruktion allgemeiner Ensemble im Abschnitt 12.3 gewinnen. Das Ensemble ist definiert durch

$$\rho = \frac{1}{Z} e^{-\beta H - \zeta V}, \qquad Z = \text{Sp}\left(e^{-\beta H - \zeta V}\right).$$

Die Zustandssumme hängt außerdem parametrisch von der Teilchenzahl N ab. Weiter ist nach dem Muster im Abschnitt 12.3:

$$\begin{aligned} U &= \frac{1}{Z} \text{Sp}\left(H\, e^{-\beta H - \zeta V}\right) = -\frac{\partial \ln Z}{\partial \beta}, \\ \langle V \rangle &= \frac{1}{Z} \text{Sp}\left(V\, e^{-\beta H - \zeta V}\right) = -\frac{\partial \ln Z}{\partial \zeta}, \\ S &= -\text{Sp}\left(\rho \ln \rho\right) = \beta U + \zeta \langle V \rangle + \ln Z. \end{aligned}$$

Die letzte Zeile für die Entropie stellen wir um zu

$$U - \frac{1}{\beta} S + \frac{\zeta}{\beta} \langle V \rangle = -\frac{1}{\beta} \ln Z.$$

Wir setzen $\beta = 1/T$ und $\zeta/\beta = p$ =Druck und finden die freie Enthalpie

$$G = U - TS + p\langle V \rangle = -T \ln Z.$$

Diese Setzung muss konsistent sein mit der Fundamentalrelation

$$dG = -S\,dT + \langle V \rangle\,dp + \mu\,dN.$$

Zur Berechnung von $\partial G/\partial T$ und $\partial G/\partial p$ transformieren wir $\beta = 1/T$ und $\zeta = p/T$,

$$\frac{\partial}{\partial T} = -\frac{1}{T^2}\frac{\partial}{\partial \beta} - \frac{p}{T^2}\frac{\partial}{\partial \zeta},$$
$$\frac{\partial}{\partial p} = \frac{1}{T}\frac{\partial}{\partial \zeta}.$$

Die Durchführung der Rechnung bestätigt die aus der Fundamentalrelation folgenden Beziehungen

$$\left(\frac{\partial G}{\partial T}\right)_{p,N} = -S, \qquad \left(\frac{\partial G}{\partial p}\right)_{T,N} = \langle V \rangle.$$

Schließlich berechnen wir noch die Fluktuationen des Volumens. Nach dem Schema im Abschnitt 12.2 finden wir

$$\langle (\delta V)^2 \rangle = -\frac{\partial \langle V \rangle}{\partial \zeta}.$$

Mit $\zeta = p/T$ folgt daraus bei T =konstant (Schreibweise V statt $\langle V \rangle$)

$$\langle (\delta V)^2 \rangle = -T\left(\frac{\partial V}{\partial p}\right)_{T,N} = -\frac{TV}{V(\partial p/\partial V)_{T,N}} = \frac{TV}{\kappa_T},$$

worin κ_T die isotherme Kompressibilität ist, vgl. Abschnitt 5.4. Hieraus folgt für die relativen Fluktuationen des Volumens wiederum das Verhalten $O(N^{-1/2})$.

Lösung Aufgabe 12.4

Aus

$$\langle N \rangle = \frac{1}{Z}\,\mathrm{Sp}\left(N\,e^{-\beta H - \gamma N}\right)$$

folgt durch Ableitung nach β bei γ =const

$$\left(\frac{\partial \langle N \rangle}{\partial \beta}\right)_\gamma = -\frac{1}{Z}\,\mathrm{Sp}\left(H\,N\,e^{-\beta H - \gamma N}\right) = -\langle HN \rangle =$$
$$= -\langle (\delta H + \langle H \rangle)(\delta N + \langle N \rangle)\rangle = -\langle \delta H\,\delta N \rangle,$$

weil $\langle \delta H \rangle = 0$ und $\langle \delta N \rangle = 0$. Außerdem ist im großkanonischen Ensemble stets V =konstant zu beachten. Um die linke Seite thermodynamisch zu interpretieren,

A.2 LÖSUNGEN DER AUFGABEN

rechnen wir von den Variabeln β, V, γ auf $T = 1/\beta, V, \mu = -\gamma/\beta$ um. Nach dem Muster in der Aufgabe 12.3 wird dabei

$$\left(\frac{\partial}{\partial \beta}\right)_\gamma = \left(\frac{\partial T}{\partial \beta}\right)_\gamma \left(\frac{\partial}{\partial T}\right)_\mu + \left(\frac{\partial \mu}{\partial \beta}\right)_\gamma \left(\frac{\partial}{\partial \mu}\right)_T = -\frac{1}{\beta^2}\left(\frac{\partial}{\partial T}\right)_\mu + \frac{\gamma}{\beta^2}\left(\frac{\partial}{\partial \mu}\right)_T$$

$$= -T^2 \left(\frac{\partial}{\partial T}\right)_\mu - \mu T \left(\frac{\partial}{\partial \mu}\right)_T.$$

Wir setzen ein, fügen bei den Ableitungen nach T und μ den Index V für V =konstant hinzu und finden

$$\langle \delta H \, \delta N \rangle = T^2 \left(\frac{\partial \langle N \rangle}{\partial T}\right)_{\mu, V} + \mu T \left(\frac{\partial \langle N \rangle}{\partial \mu}\right)_{T, V}.$$

Die rechte Seite enthält Ausdrücke aus der phänomenologischen Theorie, für die wir im folgenden N statt $\langle N \rangle$ schreiben können. Zur weiteren Interpretation der rechten Seite gehen wir von den Variabeln T, V, μ zu T, V, N über. Zunächst ist

$$\left(\frac{\partial N}{\partial \mu}\right)_{T, V} = \left(\frac{\partial \mu}{\partial N}\right)_{T, V}^{-1}.$$

Außerdem folgt aus

$$d\mu = \left(\frac{\partial \mu}{\partial T}\right)_{V, N} dT + \left(\frac{\partial \mu}{\partial V}\right)_{T, N} dV + \left(\frac{\partial \mu}{\partial N}\right)_{T, V} dN$$

für μ =konstant und V =konstant, also $d\mu = 0$ und $dV = 0$

$$\left(\frac{\partial N}{\partial T}\right)_{\mu, V} = -\frac{(\partial \mu / \partial T)_{V, N}}{(\partial \mu / \partial N)_{T, V}}.$$

Einsetzen führt auf

$$\langle \delta H \, \delta N \rangle = T \frac{\mu - T (\partial \mu / \partial T)_{V, N}}{(\partial \mu / \partial N)_{T, V}}.$$

Dieser Ausdruck verschwindet genau dann, wenn μ eine lineare Funktion der Temperatur T wäre, was im allgemeinen nicht der Fall ist, z.B. auch nicht in einem idealen Gas, vgl. Abschnitt 7.2. Folglich sind die Fluktuationen von Energie und Teilchenzahl im großkanonischen Ensemble im allgemeinen korreliert.

Lösung Aufgabe 12.5

Die kanonische Zustandssumme

$$Z = \text{Sp}\left(e^{-\beta H}\right)$$

ist im Intervall $0 \leq \beta < \infty$ bzw. in $0 < T < \infty$ eine analytische Funktion von β bzw. $T = 1/\beta$. Folglich kann auch die freie Energie $F = -T \ln Z$ als Funktion der Temperatur keine Unstetigkeit zeigen, wie sie typisch und notwendig für einen Phasenübergang wäre. Dieser Schluss ist *nach* Ausführung des thermodynamischen Limes, d.h. in

$$Z = \lim_{N \to \infty} \mathrm{Sp}\left(e^{-\beta H_N}\right)$$

nicht mehr möglich. (Der Index N in H_N weist darauf hin, dass der Hamilton-Operator für feste Teilchenzahl N definiert sein soll).

Lösung Aufgabe 13.1

Die Hamilton-Funktion für ein System aus N freien relativistischen Teilchen lautet

$$H = \sum_{i=1}^{N} \sqrt{m^2 c^4 + c^2 \boldsymbol{p}_i^2}.$$

Daraus folgt durch Ableitung nach $p_{i\alpha}$, der α–Komponente des Impulses $\boldsymbol{p}_i$ des i – ten Teilchens:

$$\frac{\partial H}{\partial p_{i\alpha}} = \frac{c^2 p_{i\alpha}}{\sqrt{m^2 c^4 + c^2 \boldsymbol{p}_i^2}}$$

und somit nach dem Gleichverteilungssatz

$$\langle p_{i\alpha} \frac{\partial H}{\partial p_{i\alpha}} \rangle = \langle \frac{c^2 p_{i\alpha}^2}{\sqrt{m^2 c^4 + c^2 \boldsymbol{p}_i^2}} \rangle = T.$$

Wir summieren über $\alpha = x, y, z$ und finden

$$\langle \frac{c^2 \boldsymbol{p}_i^2}{\sqrt{m^2 c^4 + c^2 \boldsymbol{p}_i^2}} \rangle = 3T.$$

Im nicht-relativistischen Grenzfall $|\boldsymbol{p}_i| \ll mc$ bzw. $c^2 |\boldsymbol{p}_i|^2 \ll m^2 c^4$ wird daraus

$$\frac{1}{m} \langle \boldsymbol{p}_i^2 \rangle = 3T$$

in übereinstimmung mit der nicht-relativistischen Rechnung im Abschnitt 13.3. Im sogenannten *ultrarelativistischen* Grenzfall $|\boldsymbol{p}_i| \gg mc$ folgt

$$c \langle |\boldsymbol{p}_i| \rangle = 3T.$$

Andererseits lautet die Hamilton-Funktion in diesem Grenzfall

$$H = \sum_{i=1}^{N} \sqrt{m^2 c^4 + c^2 \boldsymbol{p}_i^2} \to \sum_{i=1}^{N} c |\boldsymbol{p}_i|,$$

so dass also

$$\langle U \rangle = \langle H \rangle = 3NT$$

anstelle des nicht-relativistischen Resultats $3NT/2$, vgl. Abschnitt 13.3.

Lösung Aufgabe 13.2

Wir berechnen
$$\langle x^n \rangle = \sqrt{\frac{g}{2\pi}} \int_{-\infty}^{+\infty} dx \, x^n \exp\left(-\frac{x^2}{2\sigma^2}\right).$$

Da $p(x)$ gerade ist, $p(-x) = p(x)$, verschwinden sämtliche ungeraden Momente. Wir setzen deshalb $n = 2k$ mit $k = 0, 1, \ldots$ und finden durch Substitution von $x = \sqrt{2/g}\,\xi$ und unter Beachtung, dass der Integrand gerade ist:

$$\langle x^{2k} \rangle = \frac{1}{\sqrt{\pi}} \frac{2^{k+1}}{g^k} I_{2k}, \qquad I_{2k} = \int_0^\infty d\xi \, \xi^{2k} e^{-\xi^2}.$$

Es ist $I_0 = \sqrt{\pi}/2$. Für $k \geq 1$ berechnen wir die Integrale I_{2k} durch Rekursion:

$$\begin{aligned} I_{2k} &= -\frac{1}{2} \int_0^\infty d\xi \, \xi^{2k-1} \frac{d}{d\xi} e^{-\xi^2} \\ &= -\frac{1}{2} \left[\xi^{2k-1} e^{-\xi^2}\right]_0^\infty + \frac{2k-1}{2} \int_0^\infty d\xi \, \xi^{2k-2} e^{-\xi^2} \\ &= \frac{2k-1}{2} I_{2k-2}. \end{aligned}$$

Durch Wiederholung und Anschluss an den Wert von I_0 erhalten wir

$$I_{2k} = \sqrt{\pi}\, \frac{(2k-1)!!}{2^{k+1}}, \qquad k \geq 1$$

mit $(2k-1)!! = 1 \cdot 3 \cdots (2k-1)$. Damit wird

$$\langle x^{2k} \rangle = \frac{(2k-1)!!}{g^k} = (2k-1)!! \, \langle x^2 \rangle^k.$$

Lösung Aufgabe 13.3

Gefragt ist nach einer thermischen Fluktuation, deren Entropiefluktuation zweiter Ordnung

$$\delta^2 S = \delta\left(\frac{1}{T}\right) \delta U = -\frac{C_V}{T^2} (\delta T)^2$$

lautet. Für ein ideales Gas ist $C_V = 3N/2$. Gemäß Abschnitt 13.5 lautet die normierte Wahrscheinlichkeitsdichte für die Temperaturfluktuation δT dann

$$p(\delta T) = \sqrt{\frac{3N}{4\pi T^2}} \exp\left(-\frac{3N}{4T^2} (\delta T)^2\right)$$

und die gesuchte Wahrscheinlichkeit

$$\begin{aligned} W_b &= 2\sqrt{\frac{3N}{4\pi T^2}} \int_{bT}^\infty d(\delta T) \exp\left(-\frac{3N}{4T^2} (\delta T)^2\right) \\ &= \frac{2}{\sqrt{\pi}} \int_{\xi_b}^\infty d\xi \, e^{-\xi^2} = \operatorname{erfc}(\xi_b), \end{aligned}$$

worin der Faktor 2 berücksichtigt, dass das Vorzeichen der Fluktuation beliebig sein kann,

$$\xi_b = \sqrt{\frac{3N}{4}}\,b$$

und erfc(ξ) eine der üblichen Versionen der *Fehlerfunktionen* ist. Wenn $\sqrt{N}\,b \gg 1$, können wir für erfc(ξ_b) die asymptotische Entwicklung

$$\text{erfc}(\xi_b) \to \frac{1}{\sqrt{\pi}}\frac{e^{-\xi_b^2}}{\xi_b}$$

für $\xi_b \to \infty$ verwenden und erhalten für die gesuchte Wahrscheinlichkeit

$$W_b = \frac{2}{\sqrt{3\pi N}\,b}\,\exp\left(-\frac{3N}{4}b^2\right).$$

Höchstens für Bruchteile der Ordnung $b = O(N^{-1/2})$ erhält man endlich große Wahrscheinlichkeiten W_b.

Lösung Aufgabe 13.4

Wir drücken $d\Phi/dt$ durch die Poisson-Klammer aus:

$$\begin{aligned}\frac{d\Phi(q,p)}{dt} &= \sum_{i=1}^{f}\left(\frac{\partial \Phi}{\partial q_i}\frac{dq_i}{dt} + \frac{\partial \Phi}{\partial p_i}\frac{dp_i}{dt}\right) \\ &= \sum_{i=1}^{f}\left(\frac{\partial \Phi}{\partial q_i}\frac{\partial H}{\partial p_i} - \frac{\partial \Phi}{\partial p_i}\frac{\partial H}{\partial q_i}\right) = \{\Phi, H\}.\end{aligned}$$

Nach dem Muster im Abschnitt 13.3 berechnen wir

$$\begin{aligned}\langle \frac{\partial \Phi}{\partial q_i}\frac{\partial H}{\partial p_i}\rangle &= \frac{1}{Z}\int d\Gamma\,\frac{\partial \Phi}{\partial q_i}\frac{\partial H}{\partial p_i}e^{-\beta H} \\ &= -\frac{1}{\beta Z}\int d\Gamma\,\frac{\partial \Phi}{\partial q_i}\frac{\partial}{\partial p_i}e^{-\beta H} \\ &= \frac{1}{\beta Z}\int d\Gamma\,\frac{\partial^2 \Phi}{\partial q_i\,\partial p_i}e^{-\beta H}.\end{aligned}$$

Eine völlig analoge Rechnung führt auf

$$\langle \frac{\partial \Phi}{\partial p_i}\frac{\partial H}{\partial q_i}\rangle = \frac{1}{\beta Z}\int d\Gamma\,\frac{\partial^2 \Phi}{\partial q_i\,\partial p_i}e^{-\beta H}.$$

Durch Bildung der Differenz folgt die Behauptung

$$\langle \frac{d\Phi(q,p)}{dt}\rangle = \langle\{\Phi, H\}\rangle = 0.$$

A.2 LÖSUNGEN DER AUFGABEN

Lösung Aufgabe 13.5

Wir diskutieren die Korrelationsfunktion $\langle x_1(t)\,x_2(0)\rangle$ und begründen, dass sie für statistisch unabhängige x_1 und x_2 verschwindet. Durch Bildung der marginalen Wahrscheinlichkeitsdichten und unter Verwendung der statistischen Unabhängigkeit von x_1 und x_2 auch zu verschiedenen Zeiten, nämlich $p(x_1,t;x_2',0) = p(x_1)\,p(x_2')$, finden wir

$$\langle x_1(t)\,x_2(0)\rangle = \int dx_1 \int dx_2'\, x_1\, x_2'\, p(x_1,t;x_2',0)$$
$$= \int dx_1\, x_1\, p(x_1) \int dx_2'\, x_2'\, p(x_2') = 0.$$

Daraus folgt, dass in der Differentialgleichung für $\langle x_1(t)\,x_2(0)\rangle$,

$$\frac{d}{dt}\langle x_1(t)\,x_2(0)\rangle = -k_{11}\langle x_1(t)\,x_2(0)\rangle - k_{12}\langle x_2(t)\,x_2(0)\rangle$$

$k_{12} = 0$ sein muss, weil anderenfalls $\langle x_1(t)\,x_2(0)\rangle$ wegen $\langle x_2(t)\,x_2(0)\rangle \neq 0$ Werte $\neq 0$ annehmen würde. Außerdem muss

$$p(x_1,x_2) = \sqrt{\frac{\det(g)}{(2\pi)^2}}\exp\left(-\frac{g_{11}}{2}x_1^2 - g_{12}x_1x_2 - \frac{g_{22}}{2}x_2^2\right)$$

in ein Produkt von zwei Gauß–Dichten zerfallen, also $p(x_1,x_2) = p(x_1)\,p(x_2)$, was nur bei $g_{12} = 0$ möglich ist. Dann ist aber auch $(g^{-1})_{12} = 0$. Daraus folgt

$$L_{12} = k_{11}\left(g^{-1}\right)_{12} + k_{12}\left(g^{-1}\right)_{22} = 0.$$

Lösung Aufgabe 14.1

Die 1-Teilchen-Zustandssumme lautet

$$z = \frac{1}{h^3}\int d^3r \int d^3p\, \exp(-\beta c |\boldsymbol{p}|)$$
$$= \frac{4\pi V}{h^3}\int_0^\infty dp\, p^2\, \exp(-\beta c p).$$

Mit der Substitution $\xi = \beta c p$ folgt daraus weiter

$$z = \frac{4\pi V}{(hc\beta)^3}\int_0^\infty d\xi\, \xi^2\, e^{-\xi} = \frac{8\pi V}{(hc\beta)^3} = \frac{V}{\pi^2(\hbar c\beta)^3}.$$

Somit erhalten wir für die freie Energie F und für die innere Energie U (zusammen mit der Stirling-Formel für $\ln N!$)

$$F = -T\ln\frac{z^N}{N!} = -NT\ln\frac{ez}{N} = -NT\ln\left[\frac{e}{\pi^2}\frac{V}{N}\left(\frac{T}{\hbar c}\right)^3\right],$$

$$U = -\frac{\partial}{\partial\beta}\ln\frac{z^N}{N!} = -N\frac{\partial}{\partial\beta}\ln\beta^{-3} = 3NT,$$

Für den Druck erhalten wir aus F

$$p = -\frac{\partial F}{\partial V} = \frac{NT}{V},$$

also denselben Ausdruck wie für das nicht-relativistische Gas.

Lösung Aufgabe 14.2

Zu berechnen ist die 1-Teilchen-Zustandssumme

$$z = \frac{1}{h^3} \int d^3p \int d^3r \, \exp\left(-\frac{\beta \boldsymbol{p}^2}{2m} - \beta k r^\alpha\right).$$

Das Ergebnis der Impulsintegration können wir aus dem Abschnitt 14.2 entnehmen. Im Raumintegral führen wir Polarkoordinaten ein und erhalten so

$$z = \frac{1}{h^3} \left(\frac{2\pi m}{\beta}\right)^{3/2} 4\pi \int_0^\infty dr \, r^2 e^{-\beta k r^\alpha}.$$

Im r-Integral substituieren wir $\xi = \beta k r^\alpha$, so dass

$$\int_0^\infty dr \, r^2 e^{-\beta k r^\alpha} = \frac{1}{\alpha} (\beta k)^{-3/\alpha} \int_0^\infty d\xi \, \xi^{3/\alpha - 1} e^{-\xi} = \frac{\Gamma(3/\alpha)}{\alpha} (\beta k)^{-3/\alpha},$$

worin $\Gamma(x)$ die Gamma-Funktion

$$\Gamma(x) = \int_0^\infty d\xi \, \xi^{x-1} e^{-\xi}$$

ist. Wir setzen in den obigen Ausdruck für z ein:

$$z = \frac{4}{\alpha} \pi^{5/2} \Gamma\left(\frac{3}{\alpha}\right) \frac{(2m)^{3/2}}{h^3 k^{3/\alpha}} \beta^{-3/2 - 3/\alpha}.$$

Daraus folgt für die innere Energie mit $Z = z^N/N!$

$$U = -\frac{\partial \ln Z}{\partial \beta} = -N \frac{\partial \ln z}{\partial \beta} = \left(\frac{3}{2} + \frac{3}{\alpha}\right) \frac{N}{\beta} = \left(\frac{3}{2} + \frac{3}{\alpha}\right) NT.$$

Wir finden also eine konstante Wärmekapazität C. Unser Ergebnis enthält den Fall des harmonischen Oszillators mit $\alpha = 2$ und $C = 3N$.

Lösung Aufgabe 14.3

Wir wählen das Kraftzentrum der Zentralkraft als Ursprung $\boldsymbol{r} = 0$ des Bezugssystems. Das Kraftfeld $\boldsymbol{F}(\boldsymbol{r})$ und dessen Potential $\Phi(r)$ lauten dann

$$\boldsymbol{F}(\boldsymbol{r}) = -a \frac{\boldsymbol{r}}{r}, \qquad \Phi(r) = a r,$$

A.2 LÖSUNGEN DER AUFGABEN

$a > 0$, $r = |\mathbf{r}|$. Der 1–Teilchen–Hamilton–Operator lautet

$$H_1 = \frac{\mathbf{p}^2}{2m} + ar.$$

Die Ausdehnung des Systems ist der mittlere Radius

$$r = \frac{1}{N} \sum_{i=1}^{N} |\mathbf{r}_i|$$

der Teilchen. Zur Berechnung des thermodynamischen Mittelwertes $\langle r \rangle$ können wir also das Ergebnis der Aufgabe 14.4 benutzen:

$$\langle r \rangle = \frac{1}{z h^3} \int d^3r \int d^3p \, r \, \exp\left(-\frac{\beta \mathbf{p}^2}{2m} - \beta a r\right).$$

Diesen Mittelwert können wir durch eine formale Ableitung nach dem Parameter a darstellen:

$$\begin{aligned}\langle r \rangle &= -\frac{1}{\beta z h^3} \frac{\partial}{\partial a} \int d^3r \int d^3p \, \exp\left(-\frac{\beta \mathbf{p}^2}{2m} - \beta a r\right) \\ &= -\frac{1}{\beta z} \frac{\partial z}{\partial a} = -\frac{1}{\beta} \frac{\partial \ln z}{\partial a}.\end{aligned}$$

Eine völlig analoge Überlegung liefert uns auch

$$\langle r^2 \rangle = \frac{1}{\beta^2 z} \frac{\partial^2 z}{\partial a^2}.$$

Wenn wir das obige Ergebnis für $\langle r \rangle$ nach a differenzieren, erhalten wir

$$\begin{aligned}\frac{\partial \langle r \rangle}{\partial a} &= -\frac{1}{\beta z} \frac{\partial^2 z}{\partial a^2} + \frac{1}{\beta z^2} \left(\frac{\partial z}{\partial a}\right)^2 \\ &= -\beta \left(\langle r^2 \rangle - \langle r \rangle^2\right) = -\beta \langle (\delta r)^2 \rangle.\end{aligned}$$

Um $\langle r \rangle$ zu berechnen, benötigen wir also nur den a–abhängigen Faktor der 1–Teilchen–Zustandssumme z. Aus dem Ergebnis $\langle r \rangle$ gewinnen wir durch Ableitung nach a das Schwankungsquadrat $\langle (\delta r)^2 \rangle$:

$$z \sim \int d^3r \, e^{-\beta a r} \sim \int_0^\infty dr \, r^2 e^{-\beta a r} = \frac{1}{(\beta a)^3} \int_0^\infty d\xi \, \xi^2 e^{-\xi} \sim a^{-3},$$

$$\langle r \rangle = -\frac{1}{\beta} \frac{\partial \ln z}{\partial a} = \frac{3}{\beta a} = \frac{3T}{a},$$

$$\langle (\delta r)^2 \rangle = -\frac{1}{\beta} \frac{\partial \langle r \rangle}{\partial a} = \frac{3}{(\beta a)^2} = \frac{3T^2}{a^2},$$

$$\frac{\sqrt{\langle (\delta r)^2 \rangle}}{\langle r \rangle} = \frac{1}{\sqrt{3}}.$$

Die relativen Fluktuationen der Ausdehnung sind also von der Ordnung 1.

Lösung Aufgabe 14.4

Es ist $p = -\partial F/\partial V$, worin F die freie Energie ist. Also soll

$$\frac{\partial F}{\partial V} = -\frac{NT}{V}$$

erfüllt sein. Wir integrieren diese Gleichung für $T, N =$ const:

$$dF = -NT\frac{dV}{V}, \qquad F = -NT \ln V + \text{const},$$

worin die additive Konstante nur noch von T, N abhängen kann. Andererseits ist die freie Energie in einem System unabhängiger Teilchen gegeben durch die 1–Teilchen–Zustandssumme z:

$$F = -T \ln \frac{z^N}{N!} = -NT \ln z + \text{const}.$$

Auch hier hängt die additive Konstante höchstens noch von T, N ab. Wir schließen deshalb, dass $z \sim V$ sein muss. Der allgemeine Ausdruck für z lautet

$$z = \frac{1}{h^3} \int d^3p \int d^3r \, \exp\left(-\frac{\beta p^2}{2m} - \beta \Phi(r)\right).$$

Hier ist $\Phi(r)$ ein mögliches externes Potential, dessen Auftreten die Unabhängigkeit der Teilchen nicht beeinflusst. Der räumliche Teil des Zustandsintegrals ist über das vorgegebene Volumen V zu erstrecken. Damit nun $z \sim V$, muss das Potential $\Phi(r)$ offenbar verschwinden (oder konstant sein, was physikalisch nichts ändert). Also erfüllen alle thermodynamischen Systeme klassischer *freier* Teilchen, d.h., Teilchen ohne gegenseitige und externe Wechselwirkungen, die Zustandsgleichung idealer Gase. Das trifft natürlich auch auf das relativistische Gas mit der kinetischen Energie $H = \sqrt{m^2 c^4 + c^2 p^2}$ zu.

Lösung Aufgabe 14.5

Für ein System unabhängiger Teilchen setzt sich auch die Hamilton-Funktion H additiv aus 1-Teilchen-Beiträgen zusammen,

$$H = \sum_{j=1} H_1(q_j, p_j),$$

so dass

$$\langle X \rangle = \frac{1}{Z} \int d\Gamma \sum_{i=1}^{N} x(q_i, p_i) \exp\left(-\beta \sum_{j=1}^{N} H_1(q_j, p_j)\right).$$

Weil dieser Erwartungswert als Verhältnis von Phasenraum-Integrationen dargestellt wird, können wir den Faktor $1/N!$ zur Korrektur der Ununterscheidbarkeit

A.2 LÖSUNGEN DER AUFGABEN

der Teilchen fortlassen. Wir führen die folgenden Umformungen durch:

$$\langle X \rangle = \frac{1}{Z} \sum_{i=1}^{N} \int d\Gamma \, x(q_i, p_i) \prod_{j=1}^{N} \exp(-\beta H_1(q_j, p_j))$$

$$= \frac{z^{N-1}}{Z} \sum_{i=1}^{N} \frac{1}{h^3} \int d^3q_i \int d^3p_i \, x(q_i, p_i) \exp(-\beta H_1(q_i, p_i))$$

$$= \frac{N}{z \, h^3} \int d^3q \int d^3p \, x(q, p) \exp(-\beta H_1(q, p)).$$

Darin haben wir benutzt, dass das 1-Teilchen-Integral über (q_i, p_i) nicht mehr vom Index i abhängt und dass $Z = z^N$. Aus der letzten Zeile folgt direkt die Behauptung.

Die entsprechende quantentheoretische Rechnung lautet:

$$H = \sum_{j=1}^{N} H_{1,j},$$

$$\langle X \rangle = \frac{1}{Z} \operatorname{Sp}\left(\sum_{i=1}^{N} x_i \exp\left(-\beta \sum_{j=1}^{N} H_{1,j}\right)\right)$$

$$= \frac{1}{Z} \sum_{i=1}^{N} \sum_{s} \langle s | x_i \prod_{j=1}^{N} e^{-\beta H_{1,j}} | s \rangle$$

$$= \frac{z^{N-1}}{Z} \sum_{i=1}^{N} \sum_{\nu_i} \langle \nu_i | x_i \, e^{-\beta H_{1,j}} | \nu_i \rangle$$

$$= \frac{N}{z} \operatorname{Sp}_1\left(x \, e^{-\beta H_1}\right).$$

Hier ist

$$|s\rangle = \prod_{i=1}^{N} |\nu_i\rangle$$

ein N-Teilchen-Zustand, der als Produkt von 1-Teilchen-Zuständen $|\nu_i\rangle$ dargestellt wird.

Lösung Aufgabe 15.1

Im Abschnitt 15.1 wurde für die 1-Moment-Zustandssumme für die Drehimpulsquantenzahl l

$$z = \frac{\sinh \beta \epsilon_0 \, (l + 1/2)}{\sinh \beta \epsilon_0 / 2}$$

gezeigt, worin hier

$$\epsilon_0 = g \frac{e \hbar B}{2 m_0} = \frac{e \hbar l}{2 m_0} \frac{B}{l} = \frac{m B_0}{l}.$$

Einsetzen in z mit $\eta : m B_0 / T$ ergibt

$$z(\eta) = \frac{\sinh \eta \, (1 + 1/(2l))}{\sinh \eta / (2l)}.$$

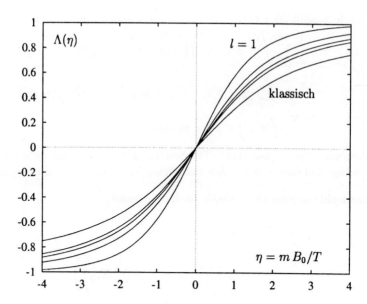

Abbildung 7: $\Lambda(\eta)$ für elektronische Bahnmomente mit $l = 1, 2, 3, 4$, für wachsendes l gegen den klassischen Grenzfall konvergierend.

Es ist $z(0) = 2l + 1$ und somit

$$\begin{aligned}
\tilde{F} &= \tilde{F}_0(T) - NT\,\Phi(\eta), \\
\tilde{F}_0(T) &= -NT \ln(2l+1), \\
\Phi(\eta) &= \ln \frac{\sinh \eta\,(1 + 1/(2l))}{(2l+1)\sinh \eta/(2l)}, \\
\Lambda(\eta) &= \frac{d\Phi(\eta)}{d\eta} = \left(1 + \frac{1}{2l}\right) \coth \eta \left(1 + \frac{1}{2l}\right) - \frac{1}{2l} \coth \frac{\eta}{2l}.
\end{aligned}$$

Für $l \to \infty$ (bei η =konstant) wird daraus

$$\lim_{l \to \infty} \Lambda(\eta) = \coth \eta - \frac{1}{\eta},$$

also der klassische Grenzfall. Die Abbildung 7 zeigt $\Lambda(\eta)$ als Funktion von η für $l = 1, 2, 3, 4$ sowie den klassischen Grenzfall.

Durch eine Entwicklung

$$\coth x = \frac{1}{x} + \frac{x}{3} + \ldots$$

finden wir mit einer elementaren Rechnung

$$\Lambda(\eta) = \frac{l+1}{3l} \eta + \ldots$$

A.2 LÖSUNGEN DER AUFGABEN 567

Die Steigung von $\Lambda(\eta)$ bei $\eta = 0$ nimmt also vom Wert 2/3 bei $l = 1$ mit zunehmendem l ab und erreicht den Wert 1/3 bei $l \to \infty$.

Lösung Aufgabe 15.2

Die 1-Teilchen- bzw. 1-Spin-Zustandssumme für Elektronenspins ($l = 1/2$) lautet gemäß Abschnitt 15.1 $z = \cosh \eta$ mit $\eta = m B_0/T = \beta m B_0$. Daraus berechnen wir zunächst die Energie $u = U/N$ pro Spin:

$$u = \frac{U}{N} = -\frac{\partial \ln z}{\partial \beta} = -m B_0 \tanh(\beta m B_0) = -m B_0 \tanh \eta.$$

Die freie Energie pro Spin lautet gemäß Abschnitt 15.1 $F/N = -T \ln(2 \cosh \eta)$. Für die Entropie pro Spin erhalten wir also

$$s = \frac{S}{N} = \frac{U/N - F/N}{T} = -\eta \tanh \eta + \ln(2 \cosh \eta).$$

Hierin eliminieren wir η durch

$$w := \frac{u}{m B_0} = \tanh \eta, \qquad \eta = -\text{Artanh}\, w.$$

w ist also die Energie pro Spin in Einheiten der magnetischen Energie $m B_0$. Bei der folgenden Umformung benutzen wir

$$\text{Artanh}\, w = \frac{1}{2} \ln \frac{1+w}{1-w}, \qquad \cosh \eta = \frac{1}{\sqrt{1 - \tanh^2 \eta}}.$$

Wir erhalten damit

$$\begin{aligned} s &= -w\, \text{Artanh}\, w + \ln \frac{2}{\sqrt{1-w^2}} \\ &= -\frac{1+w}{2} \ln \frac{1+w}{2} - \frac{1-w}{2} \ln \frac{1-w}{2}. \end{aligned}$$

Der Verlauf von s als Funktion von w in $-1 \leq w \leq +1$ ist in der Abbildung 8 gezeigt. Wir berechnen außerdem

$$\frac{\partial s}{\partial w} = -\frac{1}{2} \ln \frac{1+w}{1-w} = -\text{Artanh}\, w = \eta = \frac{m B_0}{T}.$$

Am Punkt $w = -1$, also bei der tiefstmöglichen Energie, ist $\partial s/\partial w = +\infty$ bzw. $T = 0$. Für zunehmendes w nimmt $\partial s/\partial w$ ab und erreicht $\partial s/\partial w = 0$ bzw. $T = +\infty$ bei $w = 0$. Tatsächlich ist $w = 0$ bzw. $u = 0$ die maximale Energiewert, der thermodynamisch für $T \to +\infty$ erreichbar ist, wie aus $w = -\tanh(m B_0/T)$ folgt. Wenn wir s als Funktion von w zu positiven Werten von w verfolgen, verlassen wir also den thermodynamischen Bereich. $w > 0$ ist offensichtlich nur dadurch realisierbar,

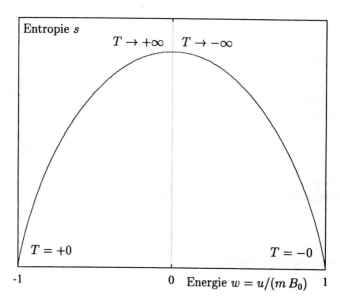

Abbildung 8: Entropie s als Funktion der Energie w in einem System von Elektronenspins in einem Magnetfeld B_0.

dass mehr Spins *gegen* die Richtung von B_0 als *in* Richtung von B_0 zeigen. Formal wird die Temperatur in $w > 0$ wegen $\partial s/\partial w < 0$ *negativ*. Die Entropie nimmt mit wachsendem w wieder ab und erreicht bei $w = 1$ wieder den Wert $s = 0$, weil nun sämtliche Spins in eine Richtung zeigen, nämlich gegen die B_0-Richtung.

Wir können unser Modell auch so deuten, dass Atome (oder Moleküle) zwei Zustände mit Energien $w = \mp 1$ bzw. $u = \mp \varepsilon$ besitzen. Thermodynamisch ändert sich durch diese Umdeutung nichts. Durch "optisches Pumpen" mit einer Frequenz $\omega = 2\varepsilon/\hbar$ kann man nun erreichen, dass der energetisch höhere Zustand stärker besetzt ist als der niedrigere. Formal entspricht dieser nicht-thermodynamische Zustand, auch Inversionszustand genannt, einer negativen Temperatur. Thermodynamisch, also durch Zufuhr von Wärme bzw. Erhöhung der Temperatur, lässt sich Inversion nicht erreichen.

Lösung Aufgabe 15.3

Wir führen eine *Besetzungszahl* $n_i := (1 + s_i)/2$ für den Platz i ein: $s_i = +1$ bedeutet $n_i = 1$ und $s_i = -1$ bedeutet $n_i = 0$. Es ist

$$\sum_{i=1}^{A} s_i = 2N - A, \qquad N := \sum_{i=1}^{A} n_i.$$

N ist die (fluktuierende) Anzahl von kondensierten Teilchen und entspricht offen-

A.2 LÖSUNGEN DER AUFGABEN

sichtlich der (ebenfalls fluktuierenden) Magnetisierung in der magnetischen Version. Den Hamilton–Operator des Ising–Modells schreiben wir nun in der Form

$$H = H_0 - 2m B_0 N + m B_0 A, \qquad H_0 = -\sum_{i,j=1}^{A} J_{ij} s_i s_j.$$

(Auch H_0 könnten wir auf die n_i umschreiben, doch benötigen wir das im folgenden nicht.) Die konstante Energieverschiebung $m B_0 A$ können wir bei den folgenden Umformungen fortlassen; sie würde sich in allen Erwartungswerten herauskürzen. Es liegt nun aber nahe, den Term $2 m B_0$ als *chemisches Potential* der Teilchen zu interpretieren. Damit können wir die Zustandssumme Z umformulieren zu

$$\begin{aligned} Z &= \text{Sp}\left[\exp\left(-\beta H_0 + \beta \mu N\right)\right] \\ &= \sum_{N=0}^{A} e^{\beta \mu N} z_N, \\ z_N &= \text{Sp}_N \left[\exp\left(-\beta H_0\right)\right] \\ &:= \sum_{s_1} \cdots \sum_{s_A} \delta\left(\sum_{i=1}^{A} n_i, N\right) \exp\left(\beta \sum_{i,j=1}^{A} J_{ij} s_i s_j\right). \end{aligned}$$

Hier bedeutet $\delta(J,K)$ das Kronecker-Symbol, also $\delta(J,K) = 1$, wenn $J = K$ und $\delta(J,K) = 0$ sonst. Wir haben also die eigentlich kanonische Zustandssumme des Ising–Modells umgedeutet in eine großkanonische Zustandssumme des Kondensations–Modells. dass die N-Summe nur bis $N = A$ reicht, ist nicht erheblich, zumal im thermodynamischen Limes $A \to \infty$. dass in der obigen Summe kein Faktor $1/N!$ auftritt, hängt damit zusammen, dass die Teilchen nach der Kondensation feste Orte haben, anhand derer sie unterscheidbar sind.

Die Selbstkonsistenzbedingung des Ising–Modells, die in der magnetischen Version

$$\langle s \rangle = \tanh\left(2\beta J \langle s \rangle + \beta m B_0\right)$$

lautete, wird mit $\langle n \rangle = \langle N \rangle / A = (1 + \langle s \rangle)/2$ und $2m B_0 \cong \mu$ zu

$$\begin{aligned} \langle n \rangle &= \frac{1}{2}\left[1 + \tanh\left(2\beta J (2 \langle n \rangle - 1) + \beta \mu / 2\right)\right] \\ &= \frac{1}{1 + \exp\left[-8\beta J \langle n \rangle + 4\beta J - \beta \mu\right]}. \end{aligned}$$

Das chemische Potential μ besitzt in der Gasphase und in dem Kondensat den gleichen Wert, weil die beiden Phasen im Gleichgewicht stehen. Wenn die Gasphase ein ideales Gas ist, gilt $\mu = \mu_0(T) + T \ln c$, worin c die Teilchenzahl pro Volumen in der Gasphase ist, vgl. Kapitel 7. Wir schreiben $\mu_0 = T \ln c_0$ und erhalten

$$\langle n \rangle = \frac{1}{1 + \dfrac{c_0}{c} \exp\left[-8\beta J \langle n \rangle + 4\beta J\right]}.$$

Aus dieser Bedingung können wir die mittlere Besetzung $\langle n \rangle$ als Funktion der Konzentration c in der Gasphase bestimmen.

Lösung Aufgabe 15.4

Wir folgen den überlegungen im Abschnitt 15.3 und setzen ein Molekularfeld

$$\Phi(\boldsymbol{r}) = \begin{cases} \infty & \boldsymbol{r} \in V_0 < V, \\ -\phi(T,v) & \text{sonst,} \end{cases}$$

an, $v = V/N = 1/c$. Das "Feld" $\phi(T,c)$ soll also nicht nur eine Funktion von $c = N/V$ wie im Fall des van der Waals–Modells sein, sondern auch von der Temperatur abhängen können. Tatsächlich ist $\phi(T,c)$ ja auch kein Feld bzw. kein Potential im üblichen Sinne, sondern kommt durch eine Mittelung zustande, in die die Temperatur im allgemeinen eingehen wird. Wie im Abschnitt 15.3 gewinnen wir daraus eine freie Energie

$$F = -NT \ln \frac{(V-Nb)\,(2\pi m T)^{3/2}\,\mathrm{e}}{h^3\,N} - N\,\phi(T,v)$$

und den Druck $p = -\partial F/\partial V$ bzw. durch Differentiation nach nach $v = V/N$ bei $N = $ konstant:

$$p = \frac{T}{v-b} + \frac{\partial}{\partial v}\phi(T,v).$$

Wir erwarten, dass $\partial\phi/\partial v < 0$, weil die Wechselwirkung zwischen den Teilchen mit zunehmendem Volumen v pro Teilchen für $v > b$ schwächer werden wird. Also kommt es außer bei $v \to b$ zu einer Druckreduktion. Damit das Dietrici–Modell Ergebnis der Molekularfeld-Theorie wird, muss

$$\frac{\partial}{\partial v}\phi(T,v) = \frac{T}{v-b}\left[\exp\left(-\frac{a}{Tv}\right) - 1\right]$$

erfüllt sein. Hieraus kann das anzusetzende Molekularfeld $\phi(T,v)$ durch Integration, wenn auch nicht elementar, berechnet werden:

$$\phi(T,v) = -\int_v^\infty dv'\,\frac{T}{v'-b}\left[\exp\left(-\frac{a}{Tv'}\right) - 1\right].$$

Eine Integrationskonstante für $v = \infty$ tritt nicht auf, weil es für eine Verdünnung $v \to \infty$ keine Abweichung vom idealen Verhalten geben soll.

Auch eine beliebige Virialentwicklung

$$p = T \sum_{\nu=1}^\infty \frac{B_\nu(T)}{v^\nu}, \qquad B_1(T) = 1,$$

A.2 LÖSUNGEN DER AUFGABEN

lässt sich als Ergebnis einer Molekularfeld–Theorie interpretieren. Als Molekularfeld wird man hier $\Phi(r) = -\phi(T, v)$ für alle r ansetzen. Die obige Rechnung ergibt jetzt

$$\frac{\partial}{\partial v}\phi(T,v) = \sum_{\nu=2}^{\infty} \frac{B_\nu(T)}{v^\nu},$$

$$\phi(T,v) = -\sum_{\nu=2}^{\infty} \frac{B_\nu(T)}{(\nu-1)\,v^{\nu-1}}.$$

Lösung Aufgabe 16.1

Zur Vereinfachung der Schreibweise führen wir formal einen "großkanonischen Hamilton–Operator"

$$H_g = H - \mu N = \sum_\nu \epsilon_g(\nu)\, a_\nu^+ a_\nu, \qquad \epsilon_g(\nu) = \epsilon(\nu) - \mu$$

ein, so dass

$$\langle a_\nu^+ a_\nu \rangle = \frac{1}{Z_g}\,\text{Sp}\left\{e^{-\beta H_g}\, a_\nu^+ a_\nu\right\},$$

$Z_g = \exp(-\beta H_g)$. Wir benutzen die Beziehung

$$a_\nu |n_1,\ldots,n_\nu,\ldots\rangle = \sqrt{n_\nu}\,|n_1,\ldots,n_\nu - 1,\ldots\rangle$$

aus dem Abschnitt 16.2, die formal für beide Statistiken zutrifft, und berechnen

$$\begin{aligned}
e^{-\beta H} a_\nu |n_1,\ldots,n_\nu,\ldots\rangle &= \sqrt{n_\nu}\,e^{-\beta H}|n_1,\ldots,n_\nu-1,\ldots\rangle \\
&= e^{-\beta E} e^{\beta \epsilon(\nu)}\sqrt{n_\nu}\,|n_1,\ldots,n_\nu-1,\ldots\rangle, \\
a_\nu\, e^{-\beta H}|n_1,\ldots,n_\nu,\ldots\rangle &= e^{-\beta E}\, a_\nu |n_1,\ldots,n_\nu,\ldots\rangle \\
&= e^{-\beta E}\sqrt{n_\nu}\,|n_1,\ldots,n_\nu-1,\ldots\rangle
\end{aligned}$$

mit

$$E = \sum_\nu n_\nu\, \epsilon(\nu).$$

Aus dem Vergleich dieser beiden Rechnungen und der Tatsache, dass die Besetzungszahlzustände $|n_1,\ldots,n_\nu,\ldots\rangle$ vollständig sind, gewinnen wir die erste Behauptung, die sich gleichlautend auf H_g bzw. $\epsilon_g(\nu)$ überträgt:

$$e^{-\beta H_g}\, a_\nu = e^{\beta \epsilon_g(\nu)}\, a_\nu\, e^{-\beta H_g}.$$

Mit diesem Ergebnis, der Kommutator– bzw. Anti-Kommutator-Regel

$$a_\nu^+ a_\nu = \eta\left(a_\nu a_\nu^+ - 1\right)$$

($\eta = +1$: Bosonen, $\eta = -1$: Fermionen) und der Invarianz der Spur gegen zyklische Vertauschung berechnen wir

$$\begin{aligned}
\text{Sp}\left\{e^{-\beta H_g}\,a_\nu^+ a_\nu\right\} &= \eta\,\text{Sp}\left\{e^{-\beta H_g}\,a_\nu a_\nu^+\right\} - \eta Z_g \\
&= \eta\, e^{\beta \epsilon_g(\nu)}\,\text{Sp}\left\{a_\nu\, e^{-\beta H_g}\,a_\nu^+\right\} - \eta Z_g \\
&= \eta\, e^{\beta \epsilon_g(\nu)}\,\text{Sp}\left\{e^{-\beta H_g}\,a_\nu^+ a_\nu\right\} - \eta Z_g.
\end{aligned}$$

Daraus eliminieren wir das erwartete Ergebnis

$$\langle a_\nu^+ a_\nu \rangle = \frac{1}{Z_g} \mathrm{Sp}\left\{ e^{-\beta H_g} a_\nu^+ a_\nu \right\} = \frac{1}{e^{\beta \epsilon_g(\nu)} - \eta} = \frac{1}{e^{\beta (\epsilon(\nu) - \mu)} - \eta}.$$

Lösung Aufgabe 16.2

Der Beweis der Relationen im Hinweis zu dieser Aufgabe lautet:

$$N = \sum_{\nu'} a_{\nu'}^+ a_{\nu'},$$

$$a_\nu N = \sum_{\nu'} a_\nu a_{\nu'}^+ a_{\nu'}$$

$$= \sum_{\nu'} (\pm a_{\nu'}^+ a_\nu + \delta_{\nu \nu'}) a_{\nu'}$$

$$= \pm \sum_{\nu'} a_{\nu'}^+ a_\nu a_{\nu'} + a_\nu$$

$$= \sum_{\nu'} a_{\nu'}^+ a_{\nu'} a_\nu + a_\nu = (N+1) a_\nu.$$

(Oberes Vorzeichen: Bosonen, unteres Vorzeichen: Fermionen.) Die andere Relation im Hinweis folgt daraus durch Übergang zum Adjungierten. Dieser Beweis lässt sich unmittelbar auf ein Produkt von Erzeugungs- und Vernichtungsoperatoren verallgemeinern:

$$\ldots a \ldots a^+ \ldots N = (N + z - z^+) \ldots a \ldots a^+ \ldots,$$

worin z und z^+ die in der Aufgabenstellung angegebene Bedeutung haben. Unter Verwendung dieses Ergebnisses und von $[H, N] = 0$ und der Invarianz der Spur unter zyklischer Vertauschung berechnen wir nun

$$\mathrm{Sp}\left\{ e^{-\beta H} N \ldots a \ldots a^+ \ldots \right\} = \mathrm{Sp}\left\{ N e^{-\beta H} \ldots a \ldots a^+ \ldots \right\}$$

$$= \mathrm{Sp}\left\{ e^{-\beta H} \ldots a \ldots a^+ \ldots N \right\}$$

$$= \mathrm{Sp}\left\{ e^{-\beta H} (N + z - z^+) \ldots a \ldots a^+ \ldots \right\}$$

und daraus

$$(z - z^+) \mathrm{Sp}\left\{ e^{-\beta H} \ldots a \ldots a^+ \ldots \right\} = 0,$$

woraus unmittelbar die in der Aufgabenstellung formulierte Aussage folgt. Der obige Nachweis lässt sich in gleicher Weise für das großkanonische Ensemble, d.h. für $H - \mu N$ statt H führen.

Lösung Aufgabe 16.3

Wir können die Rechnungen aus dem Abschnitt 16.4 übernehmen, müssen jedoch $\epsilon(p) = p^2/(2m)$ durch $\epsilon(p) = cp$ ersetzen. (c=Lichtgeschwindigkeit) Das großkanonische Potential Ψ lautet dann

$$\Psi = \frac{4\pi (2S+1) V}{\eta \beta h^3} \int_0^\infty dp\, p^2 \ln\left[1 - \eta \sigma \exp(-\beta c p)\right]$$

A.2 LÖSUNGEN DER AUFGABEN

mit der Fugazität $\sigma = \exp(\beta\mu)$. Durch eine partielle Integration erhalten wir weiter

$$\int_0^\infty dp\, p^2 \ln[1 - \eta\sigma \exp(-\beta cp)] = \underbrace{\left[\frac{p^3}{3}\ln(1 - \eta\sigma \exp(-\beta cp))\right]_0^\infty}_{=0}$$

$$- \int_0^\infty dp\, \frac{p^3}{3}\frac{d}{dp}\ln[1 - \eta\sigma \exp(-\beta cp)].$$

Die Ableitung d/dp ergibt

$$\frac{d}{dp}\ln[\ldots] = \frac{\eta\sigma\beta c \exp(-\beta cp)}{1 - \eta\sigma \exp(-\beta cp)} = \frac{\eta\beta c}{\exp(\beta(cp-\mu)) - \eta},$$

so dass

$$\Psi = -\frac{1}{3}\frac{4\pi(2S+1)V}{h^3}\int_0^\infty dp\, p^2 \frac{cp}{\exp(\beta(cp-\mu)) - \eta}.$$

Andererseits lautet die mittlere Energie

$$U = \frac{4\pi(2S+1)V}{h^3}\int_0^\infty dp\, p^2 \frac{cp}{\exp(\beta(cp-\mu)) - \eta}.$$

Der Vergleich von $\Psi = -pV$ und U liefert das Ergebnis

$$pV = \frac{1}{3}U.$$

Lösung Aufgabe 16.4

Wir wählen als abkürzende Schreibweise für das großkanonische Ensemble

$$H_g = \sum_\nu n_\nu \epsilon_g(\nu), \qquad \epsilon_g(\nu) = \epsilon(\nu) - \mu$$

Wir differenzieren die Darstellung

$$\langle n_\nu \rangle = \frac{1}{Z_g}\mathrm{Sp}\left(n_\nu e^{-\beta H_g}\right) = -\frac{1}{\beta Z_g}\frac{\partial Z_g}{\partial \epsilon_g(\nu)}$$

nochmals nach $\epsilon_g(\nu')$ und erhalten

$$\frac{\partial \langle n_\nu \rangle}{\partial \epsilon_g(\nu')} = -\frac{\beta}{Z_g}\mathrm{Sp}\left(n_\nu n_{\nu'} e^{-\beta H_g}\right) - \frac{1}{Z_g^2}\frac{\partial Z_g}{\partial \epsilon_g(\nu')}\mathrm{Sp}\left(n_\nu e^{-\beta H_g}\right)$$

$$= -\beta\left(\langle n_\nu n_{\nu'}\rangle - \langle n_\nu\rangle\langle n_{\nu'}\rangle\right),$$

$$\langle n_\nu n_{\nu'}\rangle = -\frac{1}{\beta}\frac{\partial \langle n_\nu\rangle}{\partial \epsilon_g(\nu')} + \langle n_\nu\rangle\langle n_{\nu'}\rangle.$$

Nun ist für $\nu \neq \nu'$ $\partial\langle n_\nu\rangle/\partial\epsilon_g(\nu') = 0$, so dass für Bosonen und Fermionen

$$\langle n_\nu n_{\nu'}\rangle = \langle n_\nu\rangle\langle n_{\nu'}\rangle, \qquad \nu \neq \nu',$$

d.h., die Besetzung verschiedener Zustände $\nu \neq \nu'$ ist für unabhängige Teilchen auch statistisch unabhängig.

Für $\nu = \nu'$ berechnen wir (mit $\eta = +1$ für Bosonen und $\eta = -1$ für Fermionen)

$$\langle n_\nu \rangle = \frac{1}{e^{\beta \epsilon_g(\nu)} - \eta},$$

$$\frac{\partial \langle n_\nu \rangle}{\partial \epsilon_g(\nu')} = \frac{e^{\beta \epsilon_g(\nu)}}{[e^{\beta \epsilon_g(\nu)} - \eta]^2} = \langle n_\nu \rangle \left(1 + \eta \langle n_\nu \rangle\right),$$

so dass für *Bosonen*

$$\langle n_\nu^2 \rangle = \langle n_\nu \rangle \left(1 + 2 \langle n_\nu \rangle\right) = \langle n_\nu \rangle \frac{e^{\beta \epsilon_g(\nu)} + 1}{e^{\beta \epsilon_g(\nu)} - 1} \geq \langle n_\nu \rangle.$$

In dieser Ungleichung kommt der "Bose–Charakter" der Teilchen zum Ausdruck: es werden Besetzungszahlen $n_\nu > 1$ bevorzugt, und zwar um so deutlicher, je tiefer die Temperatur $T = 1/\beta$ ist. Für *Fermionen* erhalten wir dagegen

$$\langle n_\nu^2 \rangle = \langle n_\nu \rangle.$$

In dieser Aussage kommt der "Fermi–Charakter" bzw. das Pauli-Prinzip der Teilchen zum Ausdruck: die Eigenwerte des Besetzungszahl-Operators n_ν sind 0 oder 1, bzw. es gilt bereits für den Operator $n_\nu^2 = n_\nu$.

Lösung Aufgabe 17.1

Aus der Unschärferelation $\lambda p = \hbar/2$ folgt mit $E = cp$ für die ultrarelativistischen Photonen und mit $E = T$

$$\lambda = \frac{\hbar}{2p} = \frac{\hbar c}{2E} = \frac{\hbar c}{2T},$$

bis auf Faktoren der Größenordnung 1, also z.B. auch $\lambda = hc/T$.

Die Berechnung von N nach dem Muster im Abschnitt 17.2.2 ergibt

$$\begin{aligned} N &= \sum_{k,s} \frac{1}{\exp(\beta \hbar c k) - 1} \\ &= \frac{2V}{8\pi^3} \int d^3k \, \frac{1}{\exp(\beta \hbar c k) - 1} \\ &= \frac{V}{\pi^2} \int_0^\infty dk \, \frac{k^2}{\exp(\beta \hbar c k) - 1} \\ &= \frac{V}{\pi^2 (\beta \hbar c)^3} \underbrace{\int_0^\infty d\xi \, \frac{\xi^2}{e^\xi - 1}}_{= \Gamma(3)\zeta(3)}. \end{aligned}$$

A.2 LÖSUNGEN DER AUFGABEN

$\Gamma(\ldots)$ und $\zeta(\ldots)$ sind die Γ- bzw. ζ-Funktionen. Aus der obigen Rechnung entnehmen wir

$$v = \frac{V}{N} = \frac{\pi^2}{\Gamma(3)\zeta(3)}(\beta\hbar c)^3,$$

$$v^{1/3} = \underbrace{2\left(\frac{\pi^2}{\Gamma(3)\zeta(3)}\right)^{1/3}}_{\approx 3{,}2}\frac{\hbar c}{2T}.$$

$v^{1/3}$ und $\lambda = \hbar c/(2T)$ stehen in einem festen Verhältnis zueinander und sind von gleicher Größenordnung. Es gibt demnach keinen klassischen Grenzfall $v^{1/3} \gg \lambda$. Das ist eine Konsequenz der Tatsache, dass die Zahl der Photonen bereits durch die Temperatur festgelegt ist und ihre Dichte keine unabhängige Variable ist.

Lösung Aufgabe 17.2

Die Energie des Systems ist $H = n\epsilon$, so dass

$$\langle n \rangle = \frac{1}{Z}\operatorname{Sp}\left(n e^{-\beta n \epsilon}\right) = -\frac{1}{\beta Z}\frac{\partial}{\partial \epsilon}\operatorname{Sp}\left(e^{-\beta n \epsilon}\right) =$$
$$= -\frac{1}{\beta Z}\frac{\partial Z}{\partial \epsilon} = -\frac{1}{\beta}\frac{\partial \ln Z}{\partial \epsilon}.$$

Andererseits gilt, weil die Atome unabhängig sind, dass

$$Z = z^N, \qquad z = 1 + e^{-\beta\epsilon}.$$

z ist die 1-Teilchen-Zustandssumme. Der Faktor $1/N!$ ist entbehrlich, weil die Atome ortsfest sind. Daraus folgt weiter

$$\langle n \rangle = -\frac{N}{\beta}\frac{\partial \ln z}{\partial \epsilon} = -\frac{N}{\beta}\frac{\partial}{\partial \epsilon}\ln\left(1 + e^{-\beta\epsilon}\right) = \frac{N e^{-\beta\epsilon}}{1 + e^{-\beta\epsilon}} = \frac{N}{e^{\beta\epsilon} + 1}.$$

Den Anregungszustand eines Atoms kann man nun formal als Besetzung mit einem "Anregungsfermion" beschreiben. Es handelt sich um ein Fermion, weil ein Atom sich nur im Grundzustand oder im angeregten Zustand befinden kann, also für das "Anregungsfermion" nur die "Besetzungszahlen" 0 oder 1 möglich sind. Das "Anregungsfermion" besitzt kein chemisches Potential, weil seine Teilchenzahl nicht erhalten ist bzw. seine Erzeugung keine Energie erfordert. Die Energie ϵ ist die Energie eines "Anregungsfermions" und nicht sein chemisches Potential. Folglich ist die Verteilung der "Anregungsfermionen" bzw. ihre Besetzungswahrscheinlichkeit gegeben durch

$$f(\epsilon) = \frac{1}{e^{\beta\epsilon} + 1},$$

und $f(\epsilon) = \langle n \rangle / N$.

Lösung Aufgabe 17.3

Für alle drei Fälle liegt uns aus dem Kapitel 17 jeweils die Funktion $U = U(T, V, N)$ vor, wobei für die Photonen die Teilchenzahl N nicht explizit als Variable auftritt, vgl. Abschnitt 17.2.2. Aus der thermodynamischen Relation

$$T \left(\frac{\partial S}{\partial T}\right)_{V,N} = \left(\frac{\partial U}{\partial T}\right)_{V,N},$$

gewinnen wir daraus durch Integration nach T auch $S = S(T, V, N)$. Bei der T-Integration könnte noch eine additive Integrationskonstante $K = K(V, N)$ auftreten. Deren Wert bestimmen wir aus dem 3. Hauptsatz $S \to 0$ für $T \to 0$.

(a) kondensierte Bosonen, vgl. Abschnitt 17.1.3:

$$C_V = \left(\frac{\partial U}{\partial T}\right)_{V,N} = \frac{15}{4} N \left(\frac{2\pi m}{\hbar^2}\right)^{3/2} v\, T^{3/2}\, g_{5/2}(1),$$

$$\left(\frac{\partial S}{\partial T}\right)_{V,N} = \frac{15}{4} N \left(\frac{2\pi m}{\hbar^2}\right)^{3/2} v\, T^{1/2}\, g_{5/2}(1),$$

$$S(T, V, N) = \frac{5}{2} N \left(\frac{2\pi m}{\hbar^2}\right)^{3/2} v\, T^{3/2}\, g_{5/2}(1) + \underbrace{K(V, N)}_{=0}.$$

(b) Photonen, vgl. Abschnitt 17.2.2:

$$U = \frac{\pi^2}{15} V \frac{T^4}{(\hbar c)^3},$$

$$\left(\frac{\partial U}{\partial T}\right)_V = \frac{4\pi^2}{15} V \frac{T^3}{(\hbar c)^3},$$

$$\left(\frac{\partial S}{\partial T}\right)_V = \frac{4\pi^2}{15} V \frac{T^2}{(\hbar c)^3},$$

$$S(T, V) = \frac{4\pi^2}{45} V \frac{T^3}{(\hbar c)^3} + \underbrace{K(V)}_{=0}.$$

(c) entartete Fermionen, vgl. Abschnitt 17.4.1:

$$U = \frac{3}{5} N \epsilon_F \left[1 + \frac{5\pi^2}{12} \left(\frac{T}{\epsilon_F}\right)^2 + \ldots\right],$$

$$\left(\frac{\partial U}{\partial T}\right)_{V,N} = \frac{\pi^2}{2} N \frac{T}{\epsilon_F} + \ldots,$$

$$\left(\frac{\partial S}{\partial T}\right)_{V,N} = \frac{\pi^2}{2} N \frac{1}{\epsilon_F} + \ldots,$$

$$S(T, V, N) = \frac{\pi^2}{2} N \frac{T}{\epsilon_F} + \ldots + \underbrace{K(V, N)}_{=0}.$$

A.2 LÖSUNGEN DER AUFGABEN 577

Die Terme in $+\ldots$ enthalten höhere T-Potenzen. Die Fermi-Energie ϵ_F hängt noch von der Dichte N/V ab.

Lösung Aufgabe 17.4

Wir betrachten das System in einem "Volumen" $V = L^d$ mit der Kantenlänge L. Die Umrechnung der $\boldsymbol{p}$-Summe in dem Ausdruck

$$N = \sum_{\boldsymbol{p}} \left[\frac{1}{\sigma} \exp\left(\frac{\beta p^2}{2m}\right) - 1 \right]^{-1}$$

für die Teilchenzahl in ein p-Integral lautet in den Dimensionen $d = 1, 2, 3$

$$d = 1 \qquad \sum_{\boldsymbol{p}} \ldots = \frac{L}{h} \int_{-\infty}^{+\infty} dp \ldots = 2\frac{L}{h} \int_0^\infty dp \ldots ,$$

$$d = 2 \qquad \sum_{\boldsymbol{p}} \ldots = \left(\frac{L}{h}\right)^2 \int d^2p \ldots = 2\pi \left(\frac{L}{h}\right)^2 \int_0^\infty dp\, p \ldots ,$$

$$d = 3 \qquad \sum_{\boldsymbol{p}} \ldots = \left(\frac{L}{h}\right)^3 \int d^3p \ldots = 4\pi \left(\frac{L}{h}\right)^3 \int_0^\infty dp\, p^2 \ldots ,$$

zusammengefasst zu

$$\sum_{\boldsymbol{p}} \ldots = C_d \left(\frac{L}{h}\right)^d \int_0^\infty dp\, p^{d-1} \ldots$$

mit

d:	1	2	3
C_d:	2	2π	4π

Wie im Abschnitt 17.1 trennen wir den Term $\boldsymbol{p} = 0$ von der Summe für N ab und formen die verbleibende Summe in ein Integral um:

$$N = \frac{\sigma}{1-\sigma} + C_d \left(\frac{L}{h}\right)^d \int_0^\infty dp\, p^{d-1} \left[\frac{1}{\sigma} \exp\left(\frac{\beta p^2}{2m}\right) - 1\right]^{-1}.$$

Mit der Substitution $y = \beta p^2/(2m)$ kommen wir zu

$$N = \frac{\sigma}{1-\sigma} + \frac{C_d}{2\pi^{d/2}} \left(\frac{L}{\lambda}\right)^d \int_0^\infty dy\, \frac{y^{d/2-1}}{\sigma^{-1} e^y - 1},$$

worin $\lambda = h/\sqrt{2\pi m T}$ wieder die de Broglie-Wellenlänge ist. Mit der im Abschnitt 17.1 gezeigten Umrechnung

$$\int_0^\infty dy\, \frac{y^\alpha}{\sigma^{-1} e^y - 1} = \Gamma(\alpha+1)\, g_{\alpha+1}(\sigma), \qquad g_\alpha(\sigma) = \sum_{k=1}^\infty \frac{\sigma^k}{k^\alpha}$$

erhalten wir nach Division durch L^d

$$\frac{N}{L^d} = \frac{1}{L^d} \frac{\sigma}{1-\sigma} + \frac{1}{\lambda^d} g_{d/2}(\sigma).$$

Hier haben wir außerdem benutzt, dass

$$\frac{C_d \Gamma(d/2)}{2\pi^{d/2}} = 1$$

für alle d, wie sich sofort bestätigen lässt. Im Bereich $0 < \sigma < 1$ wird im thermodynamischen Limes $L \to \infty$ bzw. $N \to \infty$

$$\frac{1}{L^d} \frac{\sigma}{1-\sigma} \to 0 \quad \text{bzw.} \quad \frac{\langle n_0 \rangle}{N} = \frac{1}{N} \frac{\sigma}{1-\sigma} \to 0,$$

so dass dort

$$\frac{N}{L^d} = \frac{1}{\lambda^d} g_{d/2}(\sigma)$$

zu lösen ist. Diese Gleichung hat in den Dimensionen $d = 1$ und $d = 2$ für alle "Dichten" N/L^d immer eine Lösung in $0 < \sigma < 1$, weil

$$g_{d/2}(\sigma) = \sum_{k=1}^{\infty} \frac{\sigma^k}{k^{d/2}} \xrightarrow{\sigma \to 1} \begin{cases} \infty & d = 1, 2 \\ g_{3/2}(1) = \zeta(3/2) & d = 3 \end{cases}$$

Für $d = 1$ und $d = 2$ bedarf es also überhaupt nicht des Kondensats. Wenn wir dieses mit $\sigma = 1 - O(L^d)$ für $L \to \infty$ erzwingen würden, kämen wir auf

$$\frac{\langle n_0 \rangle}{N} = \frac{1}{N} \frac{\sigma}{1-\sigma} = 1 - \frac{1}{\lambda^d} \frac{L^d}{N} g_{d/2}(1),$$

was wegen des oben dargestellten Verhaltens von $g_{d/2}(\sigma)$ für $d = 1$ und $d = 2$ keine sinnvolle Bedingung für das Kondensat darstellte. Die Bose–Einstein–Kondensation tritt also nur für $d > 2$ auf.

Lösung Aufgabe 18.1

Wir berechnen für unabhängige Teilchen

$$\begin{aligned}
\langle |v_1 - v_2| \rangle &= \frac{1}{m} \langle |p_1 - p_2| \rangle \\
&= \frac{1}{mc^2} \int d^3p_1 \int d^3p_2 \, |p_1 - p_2| \, f_0(p_1) \, f_0(p_2) \\
&= \frac{1}{m(2\pi mT)^3} \int d^3p_1 \int d^3p_2 \, |p_1 - p_2| \exp\left(-\frac{p_1^2 + p_2^2}{2mT}\right).
\end{aligned}$$

Zur weiteren Berechnung der Integrale führen wir den Gesamt- und Differenz-Impuls ein:

$$\begin{aligned}
P &= p_1 + p_2, & p_1 &= \frac{1}{2}(P + p), \\
p &= p_1 - p_2, & p_2 &= \frac{1}{2}(P - p), \\
p_1^2 + p_2^2 &= \frac{1}{2}P^2 + \frac{1}{2}p^2.
\end{aligned}$$

A.2 LÖSUNGEN DER AUFGABEN

Diese Transformation müssen wir auch bei der Umrechnung der Differentiale d^3p_1 und d^3p_2 beachten. Es ist $d^3p_1 = dp_{1x}\,dp_{1y}\,dp_{1z}$, entsprechend für d^3p_2, und es gilt

$$dp_{1x}dp_{2x} = \frac{\partial(p_{1x},p_{2x})}{\partial(P_x,p_x)}\,dP_x\,dp_x,$$

entsprechend für die Koordinaten y, z. Aus der obigen Transformation entnehmen wir

$$\frac{\partial(p_{1x},p_{2x})}{\partial(P_x,p_x)} = \begin{vmatrix} 1/2 & 1/2 \\ 1/2 & -1/2 \end{vmatrix} = -\frac{1}{2}$$

und gleichlautend für die Koordinaten y, z. (Das Minuszeichen kompensieren wir durch Beachtung der korrekten Integrationsrichtungen.) Somit wird

$$d^3p_1\,d^3p_2 = \frac{1}{8}d^3P\,d^3p,$$

also

$$\begin{aligned}
\langle |\boldsymbol{v}_1 - \boldsymbol{v}_2| \rangle &= \frac{1}{8m(2\pi mT)^3}\int d^3P\,\exp\left(-\frac{\boldsymbol{P}^2}{4mT}\right)\int d^3p\,|\boldsymbol{p}|\,\exp\left(-\frac{\boldsymbol{p}^2}{4mT}\right) \\
&= \frac{1}{4\pi m^4 T^3}\int_0^\infty dP\,P^2\,\exp\left(-\frac{P^2}{4mT}\right)\int_0^\infty dp\,p^3\,\exp\left(-\frac{p^2}{4mT}\right) \\
&= \frac{32}{\pi}\sqrt{\frac{T}{m}}\int_0^\infty d\xi\,\xi^2\,e^{-\xi^2}\int_0^\infty d\eta\,\eta^3\,e^{-\eta^2},
\end{aligned}$$

worin wir Polarkoordinaten für $\boldsymbol{P}$ und $\boldsymbol{p}$ und die Substitutionen $|\boldsymbol{P}| = P = 2\sqrt{mT}\,\xi$ und $|\boldsymbol{p}| = p = 2\sqrt{mT}\,\eta$ eingeführt haben. Die verbleibenden Integrale berechnen wir durch partielle Integrationen usw. zu

$$\int_0^\infty d\xi\,\xi^2\,e^{-\xi^2} = \sqrt{\pi}/4, \qquad \int_0^\infty d\eta\,\eta^3\,e^{-\eta^2} = 1/2,$$

so dass

$$\langle |\boldsymbol{v}_1 - \boldsymbol{v}_2| \rangle = \frac{4}{\sqrt{\pi}}\sqrt{\frac{T}{m}}.$$

Auf analoge Weise wird

$$\begin{aligned}
\langle v \rangle &= \langle |\boldsymbol{v}| \rangle = \\
&= \frac{1}{(2\pi mT)^{3/2}}\int d^3p\,\frac{|\boldsymbol{p}|}{m}\exp\left(-\frac{\boldsymbol{p}^2}{2mT}\right) \\
&= \sqrt{\frac{2}{\pi}}\frac{1}{m^{5/2}T^{3/2}}\int_0^\infty dp\,p^3\,\exp\left(-\frac{p^2}{2mT}\right) \\
&= 4\sqrt{\frac{2}{\pi}}\sqrt{\frac{T}{m}}\int_0^\infty d\xi\,\xi^3\,e^{-\xi^2} = 2\sqrt{\frac{2}{\pi}}\sqrt{\frac{T}{m}},
\end{aligned}$$

so dass
$$\frac{\langle |v_1 - v_2| \rangle}{\langle v \rangle} = \sqrt{2}.$$
Dieses Ergebnis entspricht der Rechnung
$$\langle (v_1 - v_2)^2 \rangle = 2 \langle v^2 \rangle,$$
weil $\langle v_1 v_2 \rangle = 0$ für unabhängige Teilchen, also
$$\frac{\langle (v_1 - v_2)^2 \rangle}{\langle v^2 \rangle} = 2.$$

Lösung Aufgabe 18.2

Die Flussdichte J_χ lautet
$$J_\chi = \int d^3p \, \frac{\boldsymbol{p}}{m} \chi(\boldsymbol{p}) \, f(\boldsymbol{r}, \boldsymbol{p}, t).$$
Da $J_\chi = 0$ im thermodynamischen Gleichgewicht, wird $f(\boldsymbol{r}, \boldsymbol{p}, t)$ durch $g(\boldsymbol{r}, \boldsymbol{p}, t) = f(\boldsymbol{r}, \boldsymbol{p}, t) - f_0(\boldsymbol{p})$ ersetzt. Im stationären Fall und in linearer Ordnung in $\partial T/\partial \boldsymbol{r}$, $\partial c/\partial \boldsymbol{r}$ und $\boldsymbol{F}$ ist $g(\boldsymbol{r}, \boldsymbol{p}, t) = g(\boldsymbol{r}, \boldsymbol{p})$ aus der Relaxationszeitnäherung der Boltzmann-Gleichung zu bestimmen:
$$\left(\frac{\boldsymbol{p}}{m} \frac{\partial}{\partial \boldsymbol{r}} + \boldsymbol{F} \frac{\partial}{\partial \boldsymbol{r}} \right) f_0(\boldsymbol{p}) = \frac{g(\boldsymbol{r}, \boldsymbol{p})}{\tau}.$$
Wir verwenden die die Umformungen
$$\frac{\partial f_0}{\partial \boldsymbol{p}} = -\frac{\boldsymbol{p}}{mT} f_0,$$
$$\frac{\partial f_0}{\partial \boldsymbol{r}} = \frac{\partial f_0}{\partial T} \frac{\partial T}{\partial \boldsymbol{r}} + \frac{\partial f_0}{\partial c} \frac{\partial c}{\partial \boldsymbol{r}},$$
$$\frac{\partial f_0}{\partial T} = \left(\frac{p^2}{2mT^2} - \frac{3}{2T} \right) f_0, \qquad \frac{\partial f_0}{\partial c} = \frac{f_0}{c},$$
die wir durch elementare Rechnungen bestätigen. ($p^2 \equiv \boldsymbol{p}^2$.) Einsetzen in den Ausdruck für die α-Komponente von $\boldsymbol{J}_\chi$ führt unter Verwendung der Summationskonvention zu einer linearen Relation
$$J_{\chi,\alpha} = L^{(1)}_{\alpha\beta} \frac{\partial T}{\partial x_\beta} + L^{(2)}_{\alpha\beta} \frac{\partial c}{\partial x_\beta} + L^{(3)}_{\alpha\beta} F_\beta.$$
Für die Koeffizienten $L^{(k)}_{\alpha\beta}$ erhalten wir
$$L^{(1)}_{\alpha\beta} = -\frac{\tau}{m^2} \int d^3 p \, p_\alpha p_\beta \left(\frac{p^2}{2mT^2} - \frac{3}{2T} \right) \chi f_0,$$
$$L^{(2)}_{\alpha\beta} = -\frac{\tau}{m^2 c} \int d^3 p \, p_\alpha p_\beta \, \chi f_0,$$
$$L^{(3)}_{\alpha\beta} = \frac{\tau}{m^2 T} \int d^3 p \, p_\alpha p_\beta \, \chi f_0.$$

A.2 LÖSUNGEN DER AUFGABEN

Aus diesen Darstellungen erkennen wir die allgemeine Relation

$$\frac{L^{(2)}_{\alpha\beta}}{L^{(3)}_{\alpha\beta}} = -\frac{T}{c}.$$

Wenn $\chi(\boldsymbol{p})$ nur von $|\boldsymbol{p}| = p$ abhängt, werden die Koeffizienten diagonal,

$$L^{(k)}_{\alpha\beta} = \delta_{\alpha\beta} L^{(k)}, \qquad k = 1, 2, 3,$$

und

$$L^{(1)} = -\frac{\tau}{3m^2} \int d^3p\, p^2 \left(\frac{p^2}{2mT^2} - \frac{3}{2T}\right) \chi f_0,$$

$$L^{(2)} = -\frac{\tau}{3m^2 c} \int d^3p\, p^2 \chi f_0,$$

$$L^{(3)} = \frac{\tau}{3m^2 T} \int d^3p\, p^2 \chi f_0.$$

Lösung Aufgabe 18.3

Wir denken uns $g = f - f_0$ nach $\boldsymbol{E}$ entwickelt,

$$g = g_1 + g_2 + \ldots,$$

so dass $g_\nu \sim |\boldsymbol{E}|^\nu$. Aus der Bewegungsgleichung im Abschnitt 16.4.1,

$$e\boldsymbol{E} \frac{\partial f}{\partial \boldsymbol{p}} = -\frac{f - f_0}{\tau},$$

folgt dann

$$e\boldsymbol{E} \frac{\partial g_{\nu-1}}{\partial \boldsymbol{p}} = -\frac{g_\nu}{\tau}$$

für $\nu = 1, 2, \ldots$, wobei wir formal $g_0 = f_0$ setzen. Im Abschnitt 16.4.1 haben wir berechnet, dass

$$g_1 = -e\tau \boldsymbol{E} \frac{\partial f_0}{\partial \boldsymbol{p}} = -e\tau E_\beta \frac{\partial f_0}{\partial p_\beta}.$$

Entsprechend wird

$$g_2 = -e\tau E_\gamma \frac{\partial g_1}{\partial p_\gamma} = e^2 \tau^2 E_\beta E_\gamma \frac{\partial^2 f_0}{\partial p_\beta \partial p_\gamma}.$$

Der Beitrag von g_2 zur Stromdichte lautet

$$J^{(2)}_{e\alpha} = \frac{e}{m} \int d^3p\, p_\alpha g_2(\boldsymbol{p})$$

$$= \frac{e^3 \tau^2}{m} \int d^3p\, p_\alpha \frac{\partial^2 f_0}{\partial p_\beta \partial p_\gamma} E_\beta E_\gamma.$$

Wenn wir zweimal partiell integrieren, erkennen wir, dass dieser Beitrag verschwindet, weil $\partial^2 p_\alpha / (\partial p_\beta \, \partial p_\gamma) = 0$. Dieselbe Schlussfolgerung trifft offensichtlich auch auf alle höheren g_ν zu, so dass tatsächlich nur ein linearer Term in J_e auftritt.

Wenn jedoch $\tau = \tau(p)$, erhalten wir

$$g_2(\boldsymbol{p}) = -e\,\tau(p)\,E_\gamma\,\frac{\partial g_1}{\partial p_\gamma} = e^2\,E_\beta\,E_\gamma\,\tau(p)\,\frac{\partial}{\partial p_\gamma}\left(\tau(p)\,\frac{\partial f_0}{\partial p_\beta}\right)$$

und

$$J_{e\alpha}^{(2)} = \frac{e^3}{m}\int d^3p\,p_\alpha\,\tau(p)\,\frac{\partial}{\partial p_\gamma}\left(\tau(p)\,\frac{\partial f_0}{\partial p_\beta}\right)E_\beta\,E_\gamma.$$

Wenn wir wiederum partiell integrieren, erkennen wir, dass jetzt stets Terme vom Typ $\partial\tau(p)/\partial p_\gamma$ usw. stehen bleiben. Dasselbe gilt auch für die höheren Ordnungen. Es werden also im allgemeinen Beiträge in beliebig hohen Ordnungen in $|E|$ auftreten.

Lösung Aufgabe 18.4

Wir folgen den Rechnungen im Abschnitt 18.6 und finden

$$\begin{aligned}\frac{dL(t)}{dt} &= \int d^3p_1 \left(\ln\frac{f(\boldsymbol{p}_1,t)}{f_0(\boldsymbol{p}_1)}\right)\frac{\partial f(\boldsymbol{p}_1,t)}{\partial t} \\ &= \int d^3p_1 \int d^3p_1' \int d^3p_2 \int d^3p_2'\,|\boldsymbol{v}_1 - \boldsymbol{v}_2|\,Q(\boldsymbol{p}_1,\boldsymbol{p}_2 \to \boldsymbol{p}_1',\boldsymbol{p}_2') \times \\ &\quad \times [f_1'\,f_2' - f_1\,f_2]\left[\ln\frac{f_1}{f_{01}} + 1\right]\end{aligned}$$

mit $f_1 = f(\boldsymbol{p}_1,t)$, $f_1' = f(\boldsymbol{p}_1',t)$ usw. und $f_{01} = f_0(\boldsymbol{p}_1)$. In einem ersten Schritt symmetrisieren wir diesen Ausdruck bezüglich der Vertauschung der Indizes $1 \leftrightarrow 2$. Dabei ändern sich $f_1'\,f_2' - f_1\,f_2$ und $Q(\boldsymbol{p}_1,\boldsymbol{p}_2 \to \boldsymbol{p}_1',\boldsymbol{p}_2')$ nicht. Damit erhalten wir

$$\begin{aligned}\frac{dL(t)}{dt} &= \frac{1}{2}\int d^3p_1 \int d^3p_1' \int d^3p_2 \int d^3p_2'\,|\boldsymbol{v}_1 - \boldsymbol{v}_2|\,Q(\boldsymbol{p}_1,\boldsymbol{p}_2 \to \boldsymbol{p}_1',\boldsymbol{p}_2') \times \\ &\quad \times [f_1'\,f_2' - f_1\,f_2]\left[\ln\frac{f_1\,f_2}{f_{01}\,f_{02}} + 2\right].\end{aligned}$$

In einem zweiten Schritt symmetrisieren wir bezüglich der Vertauschung der *Paare* $\boldsymbol{p}_1,\boldsymbol{p}_2 \leftrightarrow \boldsymbol{p}_1',\boldsymbol{p}_2'$. Dabei ändert $f_1'\,f_2' - f_1\,f_2$ sein Vorzeichen, während $Q(\boldsymbol{p}_1,\boldsymbol{p}_2 \to \boldsymbol{p}_1',\boldsymbol{p}_2')$ ungeändert bleibt. Also erhalten wir weiter

$$\begin{aligned}\frac{dL(t)}{dt} &= \frac{1}{4}\int d^3p_1 \int d^3p_1' \int d^3p_2 \int d^3p_2'\,|\boldsymbol{v}_1 - \boldsymbol{v}_2|\,Q(\boldsymbol{p}_1,\boldsymbol{p}_2 \to \boldsymbol{p}_1',\boldsymbol{p}_2') \times \\ &\quad \times [f_1'\,f_2' - f_1\,f_2]\left[\ln\frac{f_1\,f_2}{f_{01}\,f_{02}} - \ln\frac{f_1'\,f_2'}{f_{01}'\,f_{02}'}\right]\end{aligned}$$

A.2 LÖSUNGEN DER AUFGABEN

mit $f'_{01} = f_0(p'_1)$ usw. Nun ist

$$f_{01} f_{02} = f_0(\boldsymbol{p}_1) f_0(\boldsymbol{p}_2) = c^2 (2\pi m T)^3 \exp\left(-\frac{\boldsymbol{p}_1^2 + \boldsymbol{p}_2^2}{2mT}\right).$$

Wie im Abschnitt 18.5 begründet, ist $Q(\boldsymbol{p}_1, \boldsymbol{p}_2 \to \boldsymbol{p}'_1, \boldsymbol{p}'_2) \neq 0$ nur dann, wenn $E = E'$ bzw. $\boldsymbol{p}_1^2 + \boldsymbol{p}_2^2 = \boldsymbol{p}'^2_1 + \boldsymbol{p}'^2_2$. Also ist neben $Q(\boldsymbol{p}_1, \boldsymbol{p}_2 \to \boldsymbol{p}'_1, \boldsymbol{p}'_2)$ als Faktor $f_{01} f_{02} = f'_{01} f'_{02}$. Somit können wir den zuletzt erhaltenen Ausdruck für $dL(t)/dt$ umschreiben in

$$\frac{dL(t)}{dt} = \frac{1}{4} \int d^3 p_1 \int d^3 p'_1 \int d^3 p_2 \int d^3 p'_2 |\boldsymbol{v}_1 - \boldsymbol{v}_2| Q(\boldsymbol{p}_1, \boldsymbol{p}_2 \to \boldsymbol{p}'_1, \boldsymbol{p}'_2) \times$$
$$\times [f'_1 f'_2 - f_1 f_2] [\ln(f_1 f_2) - \ln(f'_1 f'_2)].$$

Damit hat $dL(t)/dt$ dieselbe Gestalt wie $dH(t)/dt$ im Abschnitt 18.6, und alle weiteren Schlüsse übertragen sich entsprechend.

Anhang B

Kommentiertes Literaturverzeichnis

- W. Brenig
  Statistische Theorie der Wärme, Gleichgewichtsphänomene
  4. neubearbeitete und erweiterte Auflage 1996
  Springer-Verlag Berlin, Heidelberg u.a.

  Dieser Text baut auf der statistischen Theorie auf, formuliert dann die Grundlagen der Gleichgewichts-Thermodynamik und wendet diese auf ein sehr breites Spektrum von sehr unterschiedlichen Problemstellungen an. Brenig formuliert außerordentlich kompakt und knapp, was schon aus dem Umfang von nur etwa 350 Seiten für die sehr breite Thematik hervorgeht. Das Studium dieses Buches ist deshalb eine Herausforderung und wohl nicht immer ohne die Hinzunahme weiterer Literatur möglich.

- H. B. Callen
  Thermodynamics and an Introduction to Thermostatistics
  2nd Edition 1985
  J. Wiley & Sons, New York, London, Sydney

  Der klassische Text ausschließlich der phänomenologischen Theorie hat Geschichte gemacht, indem er die logische Entwicklung der phänomenologischen Theorie von thermodynamischen Prozessen abgelöst hat und statt dessen den zweiten Hauptsatz von Beginn an auf ein Variationsprinzip (wie in anderen physikalischen Theorien) gründet. Callen's Buch ist ein Vorbild für die konsequente Formulierung einer physikalischen Theorie und hat einen starken Einfluss auf den vorliegenden Text gehabt.

- B. Diu, C. Guthman, D. Lederer, B. Roulet
  Grundlagen der Statistischen Physik
  Walter de Gruyter 1994, Berlin, New York

Ein sehr konsequenter und ausführlicher Aufbau der Statistischen Theorie, didaktisch hervorragend gegliedert und formuliert. Der Leser findet hier alle denkbaren Erläuterungen in einer sehr ausführlichen Darstellung, teilweise in "Ergänzungen" zum eigentlichen Text organisiert. Die große Ausführlichkeit bedingt allerdings einen ungewöhnlichen Umfang, nämlich etwa 1400 Seiten. Dafür eignet sich dieses Buch sehr gut zu einem völlig unabhängigen Selbststudium.

- T. Fließbach
  Statistische Physik (Lehrbuch zur Theoretischen Physik IV)
  3. Auflage 1999, Spektrum Akademie Verlag

Ein einführender Text, der mit elementaren Überlegungen der mathematischen Statistik beginnt und schrittweise in deren Anwendungen auf thermodynamische Systeme übergeht. Die Verständlichkeit und die physikalische Anschauung der einzelnen Schritte hat hier Vorrang vor einer systematischen Darstellung der Theorie. Der dargestellte physikalische Inhalt entspricht etwa dem des vorliegenden Textes

- K. Huang
  Statistical Mechanics
  2nd Edition 1987
  J. Wiley & Sons, New York, Chichester, Brisbane, Toronto, Singapore

Ein Klassiker in der Literatur zur statistischen Physik, der sich seit Jahrzehnten bewährt hat. In seinen drei Teilen behandelt er die phänomenologische Theorie, die statistische Theorie und deren Anwendungen auf spezielle Probleme. Es ist ein sehr kompakter und anspruchsvoller Text, der inhaltlich weit über dieses Buch hinausgeht und in einigen Bereichen den Anschluss an aktuelle Forschungsbereiche der statistischen Physik sucht.

- L. D. Landau, E. M. Lifshitz
  Lehrbuch der Theoretischen Physik (Band V): Statistische Physik Teil 1
  8. berichtigte Auflage 1987
  Verlag Harri Deutsch, Thun, Frankfurt/M.

Dieses Lehrbuch ist seit Jahrzehnten und auch heute noch einer der Standard-Texte der Theoretischen Physik. In dem Band V über Statistische Physik werden die phänomenologische und statistische Theorie in integrierter Weise dargestellt. Die Anwendungen der Theorie gehen weit über den üblichen Rahmen einer Vorlesung hinaus. Die Art der Darstellung ist typisch für die beiden Autoren: Die physikalische Gedankenführung hat stets Vorrang vor formalen Ausführungen. Die Lektüre dieses Buches ist deshalb eine besondere gedankliche Herausforderung, der man sich vielleicht nicht zu Beginn des Studiums stellt, ganz sicher aber nach einem ersten Durchgang durch die Theorie der Thermodynamik.

- W. Nolting
  Grundkurs Theoretische Physik Band 4: Thermodynamik und Band 6: Statistische Physik
  3. verbesserte Auflage 1998
  Vieweg, Braunschweig

Bedauerlicherweise hat die Organisation des Gesamt-Textes von Noltings Grundkurs Theoretische Physik dazu geführt, die phänomenologische und die statistische Theorie auf zwei Bände aufzuteilen. Die phänomenologische Theorie ist eher als eine knappe Einführung gehalten, während die statistische Theorie sehr systematisch und teilweise auch sehr ausführlich behandelt wird. Schwerpunkt des gesamten Textes ist die Theorie der Phasen-Übergänge.

- F. Reif
  Statistische Physik und Theorie der Wärme
  3. durchgesehene Auflage 1987
  Walter de Gruyter, Berlin, New York

Ein sehr behutsam aufbauender und ausführlicher Text mit einer Fülle von Erläuterungen und Beispielen. Phänomenologische und statistische Theorie werden integriert dargestellt. Besonders ausführlich wird die Transport-Theorie behandelt.

- F. Schlögl
  Probability and Heat
  Vieweg, Braunschweig 1989

Der Untertitel *Fundamentals of Thermostatistics* sagt bereits sehr viel über diesen Text. Es wird eine physikalisch und formal klare und konsequente Grundlegung der Theorie gegeben, bei der insbesondere der Zusammenhang mit der Informations-Theorie eine wichtige Rolle spielt. Die Anwendung der Theorie geht weit über den Rahmen des thermodyamischen Gleichgewichts hinaus und legt besonderen Wert auf die theoretische Beschreibung von Nicht-Gleichgewichts-Prozessen.

Index

absoluter Nullpunkt der Temperatur
    Unerreichbarkeit des, 236
adiabatische Entmagnetisierung, 237
adiabatische Kompressibilität, 128
adiabatische Prozesse, 35
Affinität, 74
aktiver Transport, 75
Ausdehnungskoeffizient, 132
Austausch
    chemischer Energie, 26
    elektrischer Energie, 27
    magnetischer Energie, 30
    mechanischer Energie, 24
    thermischer Energie, 32, 62
Austauschkonstante, 205
Autokatalysator, 73
Avogadro–Zahl, 76, 154

barometrische Formel, 300
BBGKY-Hierarchie, 448
Besetzungszahl-Operator, 396
Besetzungszahl-Zustände, 395
Besetzungszahlen, 389, 395
Bewegungsgleichung, 445
Bilanz
    der Entropie, 92
    der Gesamtmasse, 78, 471
    der inneren Energie, 92, 474
    der Komponentenmasse, 81
    des Impulses, 472
    des Impulses , 85
    explizite, 78
    substantielle, 80
Bilanzgleichungen, 76, 468
Boltzmann–Gleichung, 449, 452, 457, 458, 463, 469

Boltzmann–Konstante, 54, 153
Boltzmann–Verteilung, 391
Boltzmannsches H-Theorem, 464
Born–Oppenheimer–Näherung, 341
Bose–Einstein–Kondensation, 407
Bose–Einstein–Statistik, 399
Bosonen, 394
    freie, 401
Boylesches Gesetz, 152

Carnot-Zyklus, 144
chemische Reaktion, 72
chemische Wechselwirkungen, 25
chemisches Potential, 26, 54
Clausius–Clapeyron–Gleichung, 187
Clausius–Theorem, 141
Curie–Temperatur, 205
Curie–Weißsches Gesetz, 209
Curiesches Gesetz, 199

Dampfdruck, 187
de Broglie–Wellenlänge, 333, 409, 438
Debye–Frequenz, 427
Debyesche Theorie der Phononen, 425
Debyesche Wellenlänge, 427
diatherm, 36
Dichte-Matrix, *siehe* Dichte-Operator
Dichte-Operator, 257, 260, 273
Differential
    vollständiges, 25
Diffusion, 81
Diffusionskoeffizient, 84
Dipolmoment, 27
Dispersionsrelation, 426
Druck, 24, 54, 152, 443
Dulong–Petitsche Regel, 304, 429

Einsteinsche Schwankungsformel, 308
elektrische Leitung, 69, 452
elektrische Wechselwirkungen, 27
elektrochemisches Potential, 70
Ensemble, 246
    Äquivalenz, 284
    allgemeine kanonische, 269
    großkanonisches, 279
    kanonisches, 276
    mikrokanonisches, 250, 262, 275
Ensembledichte, 246
Enthalpie, 104
Entropie, 46, 102, 467
    des Paramagneten, 199
Entropieänderung
    reversibel und irreversibel, 65
Entropieproduktion, 64, 97
Entropietransport, 66
Ergodizität, 245
Erwartungswerte, 296
Erzeugungsooperator, 395
Eulersche Gleichung der Hydrodynamik, 86
Eulerscher Satz, 57, 306
Expansion, 93
extensiv, 47, 57
Extremalprinzip, 102

Fermi–Dirac–Statistik, 400
Fermi–Energie, 430
Fermi–Gas
    entartetes, 429
Fermi–Impuls, 430
Fermi–Kugel, 430
Fermi–Wellenzahl, 430
Fermionen, 394
    freie, 401
Ferromagnetismus, 204, 367
Fluktuationen, 43, 194, 212, 284, 317
Fluss, 64
Flussdichten, 97
Fock–Raum, 280
freie Energie, 106
    des Paramagneten, 199
    in magnetischen Systemen, 118
freie Enthalpie, 107
freie Teilchen, 331
Freiheitsgrade, 19
    unabhängige, 328
Fugazität, 403
Fundamentalrelation
    Gibbs'sche, 56, 108

Gaskonstante, 154
Gauß–Verteilung, 44
Gaußscher Integralsatz, 78, 86, 91
Gay–Lussac–Drosselversuch, 154
Gesamtheit
    reine und gemischte, 261
Gibbs'sche Fundamentalrelation, 56
Gibbs–Duhem–Relation, 57, 108
Gibbssche Phasenregel, 185
Gibbssches Paradoxon, 339
Ginzburg–Kriterium, 212
Gleichgewicht
    chemisches, 168
    isolierter Systeme, 39
    lokales, 95
    offener Systeme, 51
    partielles, 49
    rekursive Bestimmung, 53
    thermodynamisch indifferentes, 67
    thermodynamisches, 39
    vollständiges, 49
Gleichverteilungssatz, 301
    Anwendungen, 302
Grundzustand, 226

Hamilton–Funktion, 242
Hamilton–Operator, 255
harmonische Näherung, 344
Hauptsatz der Thermodynamik
    dritter, 55, 225, 227
    zweiter, 46
    erster, 33
Hebel–Regel, 181
Helizität und Spin, 421
Hilbert–Raum, 255

INDEX

Hydrodynamik, 589
Hysterese, 209, 213

ideale Systeme, 151, 327
ideales Gas, 151
    adiabatische Zustandsgleichung, 157
    chemisches Potential, 160
    einatomiges, 335
    Entropie, 159
    freie Energie, 160
    mehratomiges, 354
    mehrkomponentiges, 160
    Zustandsgleichung, 154, 444
    zweiatomiges, 341
Informationsgewinn, 288
Informationstheorie, 287
inkompressibel, 247
innere Energie, 33, 102
    des Paramagneten, 202
intensiv, 57
irreversibel, 44, 61
Irreversibilität
    Maß für die, 64
irreversible Thermodynamik, 61, 441
Ising-Modell
    1-dimensionales, 371
    Molekularfeldtheorie, 367
isolierte Systeme, 36
isotherm, 105
isotherme Kompressibilität, 128

Joule-Thomson-Prozess, 231

Kältemaschine, 145
Kühlmaschine, 146
Kühlprozesse, 231
Katalysator, 73
Kelvin
    als Einheit der Temperatur, 54, 153
Koexistenzgebiet, 181
Komponenten, 26
Kompression, 93

Kondensation, 177, 180
Kontinuitätsgleichung, 249
Kontrollparameter, 193, 207
konvektiver Transport, 79
kooperative Phänomene, 197
Korrelation, 297, 381
Korrelationsfunktion, 320
Korrelationslänge, 220
Kreisprozess, 34
kritische Temperatur, 188, 205, 413
kritischer Exponent, 193, 414
kritischer Punkt, 188
Kumulanten-Entwicklung, 381, 385

Lösungen
    verdünnte, 165
Landau-Modell, 197, 210
Legendre-Transformation, 112
Lennard-Jones-Modell, 376
lineare phänomenologische Relationen, 64
Liouvillesche Satz, 247
Liouvillescher Satz, 445
lokales Gleichgewicht, 95

magnetische Suszeptibilität, 134, 199
magnetische Systeme, 116, 197
magnetische Wechselwirkungen, 30
magnetisches Moment, 197
Magnetisierung, 30, 41, 116, 198
    spontane, 207
Makrodynamik, 23
makroskopische Systeme, 19
makroskopische Variablen, 23
Massenbruch, 83
Massenwirkungsgesetz, 168
maximale Arbeit, 137
Maxwell-Boltzmann-Statistik, 400
Maxwell-Boltzmann-Verteilung, 392
Maxwell-Konstruktion, 182
Maxwell-Relationen, 115
Maxwellsche Geschwindigkeitsverteilung, 298

mean field Theorie, *siehe* Molekularfeldtheorie
Mechanische Wechselwirkungen, 24
Mikrodynamik, 21, 242
Mikrozustand, 22
    repräsentativer, 42, 47
Mischungsentropie, 163
Mittelwert
    zeitlicher, 244
mittlere freie Weglänge, 451
Mol, 76
Molecular Dynamics, 22, 243
molekulares Chaos, 463
Molekularfeldtheorie, 194, 204, 367, 448
Molenbruch, 162
Momente, 296

natürliche Variablen, 109
Navier-Stokes-Gleichung, 90
Nernst-Potential, 71
Neutronenstern, 438

Ohmsche Wärme, 72
Ohmsches Gesetz, 64, 71
Onsagersche Reziprozitätrelationen, 322
Ordnungsparameter, 193, 207, 210, 413
    ortsabhängiger, 217
Osmolarität, 173
Osmose, 171
osmotischer Druck, 172

Paramagnetismus, 197, 363
Partialdruck, 162
partielle Ableitungen
    Nebenbedingungen für, 113
Pauli-Prinzip, 394, 397, 429
periodische Prozesse, 139
permeabel, 26
perpetuum mobile
    erster und zweiter Art, 141
phänomenologische Diffferentialgleichungen, 83

phänomenologische Thermodynamik, 23
phänomenologischer Koeffizient, 64
Phasenübergang, 177
    1. Ordnung, 185
    2. Ordnung, 191
    diskontinuierlicher, 185, 208
    kontinuierlicher, 191, 207, 212
Phasenraum, 242
Phasenraumdichte, 244
Phasenraumfunktion, 244
Phononen, 425
    Thermodynamik der, 428
Photonen, 419
    Thermodynamik der, 422
Plancksches Strahlungsgesetz, 423
Plancksches Wirkungsquantum, 334
Poisson-Klammer, 247
Polarisation, 27, 116

Quantenfluktuation, 178
quasistatisch, 25, 53, 56, 65

Randbedingungen, 35
Reaktions-Diffusions-Gleichungen, 85
Reaktionsgeschwindigkeit, 72, 170
Reaktionslaufzahl, 72
reale Gase, 177
Realgasfaktor, 189
Relaxation, 40
Relaxationszeit, 450, 454
Relaxationszeitnäherung, 450, 458
Rotationsfreiheitsgrade, 346, 355
Rotationstemperatur, 346

Sättigungsmagnetisierung, 198
Schallgeschwindigkeit, 425
Schallschwingungen, 425
Schrödinger-Gleichung, 255
Schwankungsquadrat, 285, 297
Schwingungsfreiheitsgrade, 351, 356
Schwingungstemperatur, 352
Selbstkonsistenz, 370
semipermeabel, 27

INDEX

semipermeable Wände, 35
Skalierung, 58
Spannungstensor, 89
spektrale Energiedichte, 423
spezifische elektrische Leitfähigkeit, 454, 455
spezifische Wärme, 94, 126
Spin
    als mikroskopischer Freiheitsgrad, 41
    Konfiguration, 41
spontaner Prozess, 44, 61
stöchiometrischer Koeffizient, 72
Stabilität, 50, 121, 211
statistische Thermodynamik, 23
statistische Unabhängigkeit, 288, 296
statistischer Operator, *siehe* Dichte-Operator
statistisches Gewicht, 42, 46
Stefan-Boltzmann-Gesetz, 423
Stirling-Formel, 45
Stoßintegral, 458
Stoßzahlansatz, 76, 170
Stoßzeit, 449
Strahlungsdruck, 425
Summationskonvention, 79
Suszeptibilität
    magnetische, 199
    verallgemeinerte, 131, 134, 228

Temperatur, 54, 63
    negative, 55
Temperaturgradient, 63
Temperaturskala, 153
    thermodynamische, 146
thermische Energie, 32
thermische Wechselwirkungen, 32
Thermo-Chemo-Stat, 107
Thermo-Mechano-Stat, 106
thermodynamische Flussdichten, 97
thermodynamische Kraft, 64, 97
thermodynamische Potentiale, 101
thermodynamische Prozesse, 137
thermodynamische Systeme, 19

thermodynamische Temperaturskala, 146
thermodynamische Variablen, 23
thermodynamischer Limes, 21, 43
thermodynamisches Gleichgewicht, 39
Thermostat, 105
Thermostatik, 61
Trajektorie, 243
Transfermatrix, 372
Transporttheorie, 452

Ununterscheidbarkeit, 329, 338, 390, 393

van der Waals-Modell
    Joule-Thomson-Prozess im, 233
    Molekularfeldtheorie, 375
    Zustandsgleichung, 179
van-der-Waals-Modell, 177
Variablen
    extensive, 47, 57
    intensive, 57
    makroskopische, 23
    thermodynamische, 23
Variationen
    höherer Ordnung, 121
Verbunddichte, 295
Verdampfungswärme, 187
Vernichtungsoperator, 395
Verteilungsfunktion, 294, 442
Virialentwicklung, 153, 379
Virialkoeffizient, 153
Virialsatz, 305
virtuelle Variationen, 51, 62
von Neumannscher Satz, 259, 262

Wärme, 32
    latente, 187
Wärmekapazität, 126
    des Bose-Einstein-Systems, 416
    des Paramagneten, 202
    im Landau-Modell, 215
Wärmekraftmaschine, 142
Wärmeleitung, 92

Wärmeleitungsgleichung, 94
Wärmepumpe, 146
Wärmereservoir, 138
Wahrscheinlichkeitsdichte, 294
    bedingte, 295
    marginale, 295, 443
Wasserstoff
    Ortho- und Para-, 350
Wechselwirkung
    zwischen Teilchen, 178
Weißsche Theorie des Ferromagnetismus, 204
Wirkungsgrad
    der Kühlmaschine, 146
    der Wärmekraftmaschine, 143
    der Wärmepumpe, 146
    idealer, 143

Zähigkeit, 88, 455
Zähigkeitskoeffizient, 89, 458
Zeitableitung
    partielle, 79
    totale, 79, 247
Zeitumkehr, 243, 460
Zellmembranen
    Transport über, 69
Zustandsdichte, 253, 279
Zustandsfunktion, 25
Zustandsgleichung
    des Bose–Einstein-Systems, 415
    des entarteten Fermi–Gases, 437
    des idealen Gases, 154
    des van der Waals-Modells, 179
    paramagnetische, 199
Zustandssumme, 272
    1-Teilchen, 328
    klassische, 275
    mikrokanonische, 254, 264
Zustandsvektor, 255
Zwangsbedingungen, 49
zweite Quantisierung, 395
zyklische Prozesse, 139
zyklische Randbedingungen, 402, 419

Your selection in solid state physics

KOSSEVICH, A.M.
The Crystal Lattice
Phonons, Solitons, Dislocations
1999. 326 pages. Hardcover.
€129.-*/DM252.30/£75.-**
ISBN 3-527-40220-9

MARDER, M.P.
Condensed Matter Physics
2000. XXVI. 896 pages. Hardcover.
€116.57*/DM228.-/£67.95**
ISBN 0-471-17779-2

KOVALENKO, N.P./ KRASNY, Y.P./ KREY, U.
Physics of Amorphous Metals
2001. 296 pages. Hardcover.
€119.-*/DM232.74/£70.-**
ISBN 3-527-40315-9

Physica Status Solidi (a)
2001.
Volume 183-188.
15 issues per year
ISSN 0031-8965

SERNELIUS, B.E.
Surface Modes in Physics
2001. 370 pages. Hardcover.
€109.-*/DM213.19/£65.-**
ISBN 3-527-40313-2

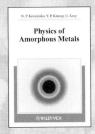

Physica Status Solidi (b)
2001.
Volume 223-228.
15 issues per year
ISSN 0370-1972

Electromagnetic surface modes are present at all surfaces and interfaces between materials of different dielectric properties. These modes have very important effects on numerous physical quantities: adhesion, capillary force, step formation and crystal growth, the Casimir effect etc. They cause surface tension and wetting and they give rise to forces which are important e.g. for the stability of colloids.
This book is a useful and elegant treatment of the fundamentals of surface energy and surface interactions. The concept of electromagnetic modes is developed as a unifying theme for a range of condensed matter physics, both for surfaces and in the bulk. In close relation to the theoretical background, the reader is served with a broad field of applications.

The discovery of bulk metallic glasses has led to a large increase in the industrial importance of amorphous metals and this is expected to continue. This book is the first to describe the theoretical physics of amorphous metals in a very homogeneous and self-consistent way. It covers the important theoretical development of the last 20 years. The authors are outstanding physicists renowned for their work in the field of disordered systems.
While both theorists and experimentalists interested in amorphous metals will profit from this book, it will also be useful for supplementary reading in courses on solid-state physics and materials sciences.

Crystal Research and Technology
2001. Volume 36.
12 issues per year
ISSN 0232-1300

O'HANDLEY, R.C.
Modern Magnetic Materials
Principles and Applications
2000. XXVIII. 740 pages. Hardcover.
€152.36*/DM298.-/£89.50**
ISBN 0-471-15566-7

This book is an essential reference for physicists, electrical engineers, materials scientists, chemists, and metallurgists, and others who work on magnetic materials and magnet design. Focusing on materials rather than the physics of magnetism, it provides a modern, practical treatment of materials that can hold a magnetic field. Cutting-edge topics include nanocrystalline materials, amorphous magnetism, charge and spin transport, surface and thin film magnetism and magnetic recording.

Das ganze Spektrum der Physik

Check us at www.wiley-vch.de

John Wiley & Sons Ltd · Baffins Lane · Chichester
West Sussex · PO19 1UD · United Kingdom
Phone +44 (0) 1243 843294 · Fax +44 (0) 1243 843296
email: cs-books@wiley.co.uk, www.wiley.co.uk

Wiley-VCH · P.O. Box 10 11 61 · 69451 Weinheim · Germany
Phone +49 (0) 6201 60 6152 · Fax +49 (0) 6201 60 6184
email: service@wiley-vch.de, www.wiley-vch.de

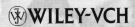

DEÁK, P./ FRAUENHEIM, T./ PEDERSON, M.R. (eds.)
INCL. CD-ROM
Computer Simulation of Materials at Atomic Level
2000. II. 728 pages. Hardcover.
€179.-*/DM350.09/£105.-**
ISBN 3-527-40290-X

Physik komplett:

**Für Studierende der Physik
sowie der Naturwissenschaften, Pharmazie
und Medizin:**

Günter Staudt

Experimentalphysik

Teil 1: Mechanik, Wärmelehre, Wellen und Schwingungen

8., durchgesehene Auflage
326 Seiten, 86 Abbildungen
ISBN 3-527-40360-4

Der erste Teil aus der vorliegenden Reihe zur Experimentalphysik enthält die Themengebiete:

> Mechanik
> Wärmelehre
> Wellen
> Schwingungen

und Übungsaufgaben zu allen Kapiteln

Physik komplett:

**Für Studierende der Physik
sowie der Naturwissenschaften, Pharmazie
und Medizin:**

Günter Staudt

Experimentalphysik

Teil 2: Elektrodynamik und Optik

8., durchgesehene Auflage
326 Seiten, 86 Abbildungen
ISBN 3-527-40361-2

Der zweite Teil aus der vorliegenden Reihe zur
Experimentalphysik enthält die Themengebiete:

      Elektrizität
      Magnetismus
      Optik
      Strahlung

und Übungsaufgaben zu allen Kapiteln

Erlebnis Wissenschaft

Bitte fordern Sie Prospekte und Plakate „Erlebnis Wissenschaft" an!

Bolz, H.
GenComics

2001. 102 S., 89 Abb., Br.
€ 14.90/DM 29.14
ISBN 3-527-30420-7

Mit seinem treffsicheren Humor schafft dieses Buch den perfekten Ausgleich für gestresste Wissenschaftler und bietet einen vergnüglichen Einstieg für jeden, der mehr über die Geheimnisse der Genforschung erfahren möchte.

Deichmann, U.
Flüchten, Mitmachen, Vergessen
Chemiker und Biochemiker in der NS-Zeit

2001. XII, 597 S.,
65 Abb., 28 Tab., Br.
€ 34.90/DM 68.26
ISBN 3-527-30264-6

Dieses Buch ist eine fesselnde und zum Nachdenken anregende Lektüre für jeden, der an Zeitgeschichte und an der Geschichte der Naturwissenschaften interessiert ist.

67411093_gu

Djerassi, C. / Hoffmann, R.
Oxygen
Ein Stück in zwei Akten

2001. IX, 137 S., 4 Abb., Br.
€ 15.90/DM 31.10
ISBN 3-527-30460-6

„Dank dieser Komödie weiß ich nun alles über Sauerstoff und Luft - auch, warum der heilige Franziskus Gott für ihre Erschaffung gedankt hat. Eine intelligente, handwerklich hervorragende und lehrreiche Arbeit!" *Dario Fo, Literatur-Nobelpreisträger 1997*

Emsley, J.
Phosphor – ein Element auf Leben und Tod

2001. IX, 311 S., 17 Abb., Br.
€ 24.90/DM 48.70
ISBN 3-527-30421-5

Die Biographie des Phosphors, den ein Hamburger Alchimist auf der Suche nach dem Stein der Weisen entdeckte und der wegen seines gespenstischen Leuchtens seit jeher mit dem Ruch des Teuflischen umgeben ist.

Häußler, P.
Donnerwetter – Physik!

2001. VIII, 377 S.,
196 Abb., 11 Tab., Br.
€ 24.90/DM 48.70
ISBN 3-527-40327-2

Mit Hilfe von 7 Zauberkunststücken, die von einem pensionierten Physiker erklärt werden wird jeder Jugendliche von der Physik begeistert sein.

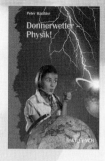

Raabe, D.
Morde, Macht, Moneten
Metalle zwischen Mythos und High-Tech

2001. XI, 235 S., 101 Abb., Br.
€ 24.90/DM 48.70
ISBN 3-527-30419-3

In diesem Buch ranken sich viele geheimnisvolle, fesselnde und informative Geschichten um das Thema Metalle. Da findet ohne Zweifel jeder Leser etwas für sich!

Reitz, M.
Gene, Gicht und Gallensteine
Wenn Moleküle krank machen

2001. XV, 339 S., 33 Abb., Br.
€ 24.90/DM 48.70
ISBN 3-527-30313-8

Der Leser erhält durch dieses Buch einen Einblick in die „Molekulare Pathologie", eine neue und zukunftsweisende Forschungsrichtung, die die Behandlung bisher nicht therapierbarer Krankheiten in greifbare Nähe rückt.

Schwedt, G.
Experimente mit Supermarktprodukten
Eine chemische Warenkunde

2001. Ca. 250 S., Br.
Ca. € 29.90/DM 58.48
ISBN 3-527-30462-2

Kann man mit Supermarktprodukten Chemieversuche machen? Ja, mit diesem Buch erfährt man, dass alles Chemie ist, was unser Leben betrifft.

Wiley-VCH, Postfach 10 11 61
D-69451 Weinheim
Tel. +49 (0) 6201-606-152
Fax +49 (0) 6201-606-184
e-mail: service@wiley-vch.de
http://www.wiley-vch.de/